2. portrait, 21 feuilles où est
l'avertissem.t du f.r Saucin
p. 779 y compris a la fin
Arnari Plessius note salari Vesica

T. 3252. porté
2

MANVEL
ANATOMIQVE
ET
PATHOLOGIQVE

DECANVS   IO. RIOLANVS

ET REG. PROFESS.   PARIS. MED. DOCT.

Non RIOLANVS, at est hic Bibliotheca vocandus.
Quippe quod in tota discitur Arte, tenet.

GVIDO PATIN, D. Med. & Prof. Reg.

Varis pinx.   G Rousselet sculp.

MANVEL
ANATOMIQVE
ET
PATHOLOGIQVE,
OV ABREGE
DE TOVTE
L'ANATOMIE,

& des ~~~~~ s que l'on en peut tirer pour la conn ssance, & pour la g ri n des Maladies.

Par Mᶜ IEAN RIOLAN, *Ancien Doyen de la Faculté de Medecine de Paris, Doyen des Professeurs du Roy, & premier Medecin de la Reine Marie de Medicis, Mere du Roy.* LOVIS XIII.

Nouuelle edition corrigée & augmentée de la sixiéme partie, sur les Memoires & Liures imprimez de l'Autheur.

A PARIS,
Chez GASPAR METVRAS, ruë S. Iacques à la Trinité, prés les Mathurins.

M. DC. LXI.
AVEC PRIVILEGE DV ROY.

A MONSIEVR
MAISTRE
GVY PATIN,

DOCTEVR REGENT EN la Faculté de Medecine de Paris, Doyen de ladite Faculté : Et Profeſſeur du Roy en Anatomie, Botanique & Pharmacie.

MONSIEVR,

On tient pour conſtant, que les eaux reſpanduës par toute la Terre, viennent de la Mer ; que les eaux qui reiaillſſent ſur la Terre, & qui forment les Riuieres ; retournent inceſſamment dans la Mer ; que les eaux des Fontaines ne montent pas plus

haut que leurs sources. Cette con-
sideration m'a fait connoistre que le
docte Manuel Anatomique & Pathologique de Monsieur Riolan,
m'ayant esté donné de vostre part,
pour l'imprimer, comme vn Liure
excellent en Medecine, estant traduit
du Latin en François, deuoit retourner à sa source, dautant que Monsieur Riolan vous l'a dedié en Latin, aduoüant dans son Anthropographie, que vous seul souuentefois
l'auez prié, & incité à reuoir ses
Ouurages Anatomiques, pour leur
donner la derniere façon & correction. Ie sçay que trauaillant sur
l'Impression de l'Anthropographie,
elle fut arrestée, pour imprimer ce
present Manuel, que ledit sieur Riolan a composé à vostre instance &
sollicitation, à mesure que l'Impression s'auançoit en grande diligence.
Voyant qu'il a esté fort bien receu en
Latin, & qu'aussi-tost que ie l'ay mis

en lumiere, on l'a r'imprimé en Hollande; I'ay creu qu'eſtant traduit en François, il auroit la meſme reputation, puiſque de tous les endroits de la France, les Chirurgiens me le demandent. S'il n'a la meſme grace en François, comme en Latin, cela ne doit point eſtre imputé à l'Autheur, puis que ie l'ay fait imprimer en cachette, & à ſon inſceu, n'en ayant eu la connoiſſance, que lors que l'Ouurage a eſté acheué. I'eſpere que la Dedicace de ce preſent Liure François, qui vous a eſté dedié en Latin, portant le nom de M. Riolan, qui eſt voſtre intime Ami, ne vous ſera point deſagreable, & que vous adoucirez l'eſprit de l'Autheur, s'il a quelque dégouſt de cette verſion, que i'ay fait faire à mes dépés, en intẽtiõ de ſeruir aux Chirurgiens François, pour leſquels i'ay fait imprimer beaucoup de Liures en Chirurgie, & ſuis tout preſt de faire imprimer la Chirurgie

ã iiij

EPISTRE.

Allemande de Felix Vvirtzius, *auec la Chirurgie Espagnole admirable de* Hidalgo d'Aguero, *traduites en François par le sieur* Sauuin, *qui a fait cette version. Les Medecins & Chirurgiens vous doiuent sçauoir gré du profit qu'ils receuront de cette Edition, tant Latine, que Françoise, & moy particulierement vous demeureray obligé de m'auoir procuré l'Edition des Ouurages de* Monsieur Riolan, *vous protestant que ie suis,*

MONSIEVR,

Vostre tres-humble, & tres-obeïssant seruiteur,

GASPAR METVRAS.

De Paris, ce dernier iour d'Octobre, 1652.

A TRES-DOCTE
MEDECIN,
DOCTEVR DE LA FACVLTE
DE PARIS,

MAISTRE GVY PATIN,
SON AMY ET CONFRERE,
IEAN RIOLAN.
D. D.

MON ambition ne s'eſt pas portée à rechercher le nom de quelque grand Seigneur, pour le mettre en face de mon Liure, comme ſon Dieu tutelaire, car ie n'ay iamais brigué les faueurs ny les loüanges d'autres perſonnes, que de ceux qui ſont doctes & experts en cét Art, qui aiment les Lettres, & les hommes Lettrez, qui ont vieilly dans les Sciences, & qui ont merité par leurs trauaux, le souuenir des autres, du nombre desquels ie vous ay choisi le premier, & comme celuy à qui le bon droit & les merites ont acquis la Dédicace & la defense de ce Liure. C'est en voſtre parole que i'ay ietté mes filets. Vous auez souuentesfois eſté le solliciteur, & Promoteur de l'Impreſſion de mes Oeuures Anatomiques, & m'auez donné vous-meſme, vn Libraire, homme de bonne foy, & de grande integrité; ce que vous n'auriez fait si vous n'euſſiez eſté aſſeuré, qu'ils eſtoient dignes d'eſtre mis au iour, & qu'il n'y perdroit pas ny ſes peines, ny les frais qu'il y a employez, aſſez grands.

Mais ce qui m'oblige dauantage, c'eſt que vous auez voulu vous-meſme auoir ſoin de l'Impreſſion; ce que ie n'ay pas deu refuser de voſtre humanité & bien-veillance, par ce que ie fais grand estat de voſtre touche, ainſi que diſoit Praxiteles de ſes Tableaux, auſquels Nicias auoit mis la main.

Qui pouuois ie donc choiſir pour Iuge, Protecteur & Defenſeur plus équitable & plus expert, que vous? Pour moy, ie n'en ay voulu autre que vous. C'eſt pourquoy agréez ce Liuret, c'eſt à Vous ſeul à qui ie l'offre. Vn ſeul me ſuffit autant que mille, diſoit Heraclite, au rapport de Galien. Auſſi ſeray-ie plus content d'agir auec vn, qu'auec mil autres, qui ne meritent pas tant que celuy-là ſeul.

C'eſt pourquoy ſi ie manque à preſent d'Approbateurs, le temps en produira, qui loüeront mon Ouurage, & i'en appelleray à la Poſterité, qui iugera ſans enuie de mes trauaux. Car comme (à ce que diſoit Democrite) les malades reconnoiſſent rarement les biens qu'ils reçoiuent de la Medecine, ainſi les Medecins d'vne meſme Ville

*n'ont iamais accoustumé de loüer leurs
compagnons. Et partant si ce n'est pour
autres, c'est pour vous seul, que i'ay
escrit: Car i'ay veu autrefois, & m'en
souuient bien, que vous faisiez grande estime de mes escrits, aussi som-
mes-nous l'un pour l'autre grands
assez. Si vous approuuez ce Liure,
iniuste & ignorant sera celuy qui le
des-approuuera.*

———— Cœnæ fercula nostræ
Malim conuiuis, quàm placuisse
Cocis.

—————————— Non ego Daphnim
Iudice Te, metuam, si nunquam
fallit imago.

ADVERTISSEMENT

AV LECTEVR
ET AVDITEVR.

I L me souuient d'auoir leu dans *Iean Huartes*, Medecin Espagnol tres-subtil, dans *l'Examen des Esprits*, qu'apres qu'vn homme a passé l'âge de cinquante ans, il n'est plus propre à écrire, ains qu'il doit quitter ce trauail, crainte qu'il ne donne suiet de mocquerie, & qu'il ne soit la risée des autres. *Rhasis* conseille à vn Medecin, d'abandonner la pratique & l'exercice laborieux de la Medecine aux autres plus ieunes, quand il est arriué à l'âge de soixante & dix ans, crainte qu'il ne soit rebutté comme vn vieil radoteux. Neantmoins, bien que mon âge ait passé 50. ans, en ayant soixante & sept, ie ne laisse point de m'addonner continuellement aux estudes, tant de l'Anatomie, que de la Medecine, soit en écriuant, soit en enseignant, soit en pratiquant: car ie trouue encore en cét âge, mon corps, aussi bien que mon esprit, infatigable, ayans tous les deux la mesme inclination & gayeté de cœur au trauail, que Dieu par sa grace m'auoit dónée en ma ieunesse. Mesmement i'ay encore l'esprit & la main

aussi habiles, pour les Operations de l'Anatomie, que ie les ay eu autresfois, & suiuant
l'exemple de Solon,

*En apprenant tous les iours plusieurs choses, ie
vieillis.*

Et de mesme que le bœuf lassé, en marche
plus ferme, ainsi en cét âge auancé ayant le
iugement plus meur, & plus éclaircy dans l'A-
natomie, laquelle i'ay bien apprise dés ma ieunesse, & tellement imprimée dans ma memoire, qu'elle ne s'en effacera qu'en perdant la vie
i'ay trouué plusieurs choses, que tous les autres mes predecesseurs ont ou obmises, ou ig-
norées, ou mal expliquées. Sur cette asseuran-
ce, tandis que i'ay esté à la Cour de la Reine
Mere Marie de Medicis, & exercé la charge
de son premier Medecin, (laborieuse, parce
que ie n'osois quitter sa personne, qui estoit
valetudinaire) outre que i'estois éloigné de nostre Vniuersité de Paris & de mon agreable Bi-
bliotheque, i'ay bien pendant ce temps la quit-
té l'exercice manuel de l'Anatomie ; mais l'a-
yant dans ma memoire & le repetant assiduëment, i'ay par ce moyen recuit & corrigé ce
que i'en auois écrit en ma ieunesse, en partie
afin de le mettre au iour plus poli & plus parfait, en partie aussi afin de secourir ma memoire, en cas qu'elle vint à manquer. Car comment se peut-il faire, qu'elle ne souffre quelque detriment de la vieillesse, puisque le Poëte
l'aduouë luy-mesme, disant,

———— *Nunc oblita mihi tot carmina.*

*Multa ferunt (anni) venientes commoda se-
cum, Multa recedentes adimunt.*

Ainsi *Galien* composa les Liures de *la Methode*

de medicamenter, pour suppléer au defaut de
sa memoire; *Platon* disant, que les vieillards se
deuoient seruir de ce remede. C'est pourquoy,
encore bien que mon âge, à raison duquel ie
suis *le Doyen des Professeurs du College Royal
en l'Vniuersité de Paris*, merite bien le priuilege
de la vieillesse, que l'on octroyoit anciennement
aux vieux Soldats, & encor à present aux Professeurs veterans de toutes les Academies, ie ne
puis encore quitter le trauail de l'Anatomie,
voulât tâdisque mes forces le permettrôt, imiter en cela *Fabrice d'Aquapendête*, qui enseigna
l'Anatomie, & en fit la demonstration en l'A-
cademie de Padoüe, iusques à l'âge de 80. ans.

I'ay donc composé & mis en lumiere ce *Manuel Anatomique*, tiré de mon *Anthropographie*; & enrichi de plusieurs belles pensées, &
diuerses inuëtions nouuelles, pour deux raisôs,
l'vne, pour seruir de conduite & de direction
dans l'Anatomie, afin que mes Auditeurs sçа-
chent auparauant, ce que ie dois enseigner &
môstrer en chacque leçon, & que chacun d'eux
puisse auoir en main ce petit Liuret, & le porter plus facilement par tout auec eux : pour ce
suiet on l'a imprimé en petit volume, & en plus
petits caracteres : L'autre, afin qu'il me puisse
seruir de regle & de memoire des choses que
i'expliqueray & monstreray, & que mes Auditeurs reconnoissent par l'inspection; que si i'enseigne vne doctrine Anatomique contraire à
celle des autres, ie ne leur en donne aucunemêt
à garder, non plus qu'à la posterité, ne dissequât
point les parties du corps suiuant ma fantai-
sie, pour les faire paroistre par illusion, & comme vn Enchanteur, aux yeux de mes Auditeurs

autrement qu'elles ne sont, ou pour refuter auec plus d'artifice ce que les autres ont escrit ; sans rechercher ponctuellemét les choses qu'ils ont trouuées, afin de leur oster la gloire de l'Anatomie. Car pour moy ie vous asseure, que ie ne tasche point d'accommoder les choses à mon esprit, mais bien de sousmettre mon esprit à la nature des choses, ne croyant iamais que les choses que i'ay premeditées en l'Anatomie, puissent estre ainsi, iusques à ce que ie les ay veu plusieurs fois confirmées, par diuerses recherches dans les corps mesmes. C'est pourquoy i'escris & fais foy seulement des choses que i'ay veuës.

Galien dit elegamment au liu. 9. des Decrets: *Si quelqu'vn ne veut pas croire les choses qui sont euidentes & par les sens, & par le raisonnemét, ce sera folie de trauailler à l'establissement & constitution de quelque art : au contraire si on connoist que les effets des arts sont vtiles à la vie humaine, il faut necessairement que les hommes, qui en ont esté les iuges les premiers, y ayent adiousté foy par vne croyance & iugement naturel. Et c'est en quoy nous sommes bien plus heureux, qu'ils n'ont esté, par ce que nous pouuons apprendre dans peu de temps toutce qu'ils ont trouué auec les trauaux & les soins de tant d'années, & de siecles. Que si apres cét aduantage nous ne sommes pas negligens à cultiuer les sciences, ains que nous voulions estudier & trauailler assiduëment à discerner les choses semblables & differentes, il n'y aura rien qui nous puisse empescher, de deuenir plus experts & plus sçauans que nos Anciens.* C'est pourquoy estant instruit par les Anatomistes precedens, & ayant esté abusé d'eux en plusieurs choses, i'escris

I'eſcris maintenant plus correctement des choſes bien appuyées ſur l'experience & la raiſon, quoy que differentes & contraires à leurs opinions. *En Medecine* , dit Galien, *il n'eſt pas raiſonnable de croire ſi abſolument aux Anciens; que s'ils en dit ont eſcrit quelque choſe, il y faille auſſitoſt adiouſter foy: au contraire , il faut prealablement examiner & par raiſon & par experience, ſi cela eſt vray , ou faux ; car ceux qui font autrement, s'abuſent grandement , & font abuſer les autres.* Au Commentaire du Liure des humeurs , ſect. 5.

Eſtant donc fondé ſur la longue experience, & ſur vne authorité ſi raiſonnable, parce que l'âge eſt l'accompliſſement de la ſapience, les meditations continuelles m'ont fait reſoudre à ſuiure le Conſeil de Platon : quoy que ieune ie n'ay pas eu égard aux opinions des Anatomiſtes, ains au contraire , i'ay hardiment interpoſé mon iugement dans les choſes les plus difficiles, lors que ie l'ay veu appuyé ſur la raiſon & l'experience.

Et ſi quelqu'vn rencontre quelque choſe dans ce Manuel, qui ne ſoit point à ſon gré, ce ne ſera pas choſe nouuelle , de ne pouuoir plaire à tous , puiſque *Iupiter* n'a ſceu luy-meſme contenter tous les eſprits. Que ſi quelqu'vn y trouue des erreurs contre l'Anatomie , & que cõme tres-excellent en cét Art, il veüille agir modeſtement auec moy, ie luy en rendray graces, & changeant mon opinion, ie ſuiuray la ſienne, apres que ie ſeray aduerty & aſſeuré qu'elle eſt meilleure. Car ie n'ay pas ſi bonne opinion de moy , & ne m'eſtime pas ſi parfait, que ie ne puiſſe faillir & m'abuſer.

Homo sum, nihil humani à me alienum puto;
Car lors que ie relis mes escrits en certains paſ-
ſages, i'ay honte de les auoir eſcrits, y rencontrant pluſieurs choſes, qui à mon aduis meſme, ſont dignes d'eſtre corrigées.

Dum relego ſcripſiſſe pudet, vel plurima cerno,
Me quoque qui ſcripſi, Indice, digna lini.

Car de meſme que Dieu a donné le monde aux
hommes pour l'objet de leurs diſputes, ainſi a-il
aſſujetti l'hōme à ces meſmes difficultez, *Afin*
que perſonne, comme dit le Sage dans ſes Pro-
uerbes, *ne puiſſe connoiſtre l'ouurage qu'il a fait.*
Mais ie puis aſſeurer, que i'ay recherché par
le moyen de la raiſon, & de mes mains oculai-
res, tout ce que i'ay eſcrit, & partāt vous y trouuerez fort peu de choſes à corriger, ſi ce n'eſt
que vous produiſiez contre moy, les authoritez
des autres Anatomiſtes, qui trauaillent autrement que ie ne fay, deſquelles ie ne me ſoucie
pas beaucoup, puis qu'il y a long-temps que nō
ſeulement elles me ſont connuës; mais auſſi
que ie les ay negligées, comme eſtans fauſſes.

Ie ne ſuis pas du nombre de ceux-là, qui ſou-
haittent & ont beſoin d'vn diſſecteur plus expert qu'ils ne ſont, pour rechercher dans le
Corps humain les penſées Anatomiques, con-
ceuës par la ſubtilité de l'eſprit, ainſi qu'ōt eſcrit *Nymmanus, au liure de l'Apoplexie, page* 95.
& *Grigonis, au liure de l'Oeil*, tous deux Profeſ-
ſeurs Anatomiſtes en l'Academie de Turin. A
mon aduis, ces Anatomiſtes ſont auſſi ridicules,
que les Mathematiciens, qui par la connoiſſances des Aſtres, de la terre, & de la dimenſion de
la mer, ont connu ce nouueau Monde, & aſſeurent qu'il y a encore d'autres terres inconnuës

de l'autre cofté de la Mer Glaciale,qui fe trou-
ueront par ceux qui pourront paffer au de là de
cette Mer.

I'ay ponctuellement & veritablement expofé
les mufcles de tout le corps , & declaré la methode de les diffequer , & de connoiftre leur fituation naturelle. De plus , i'ay adioufté vne
Ofteologie nouuelle, inoüye & inconnuë, mais
tres-neceffaire à l'Art , pour conclufion de cét
Ouurage Anatomique,que i'ay enfeigné fe deuoir commencer par la demonftration des Os,
& finir par vne autre expofition differente des
mefmes Os. Lefquelles parties de l'Anatomie
font tellement neceffaires à vn Medecin qui
veut tenir fon rang , conferuer fa dignité , &
monftrer fon fçauoir dans les Confultations &
Confeils des Chirurgiens,que s'il les ignore,il
faut qu'il acquiefce à leurs opinions & iuge-
mens; car de tous les remedes de Chirurgie,de
Pharmacie,& de la Diete , que les Chirurgiens
ont propofez par vn long difcours , ils ne laiffent aux Medecins, que la feule faculté de pref-
crire de leur propre main,la purgation & la faignée. De forte que les Chirurgiens feront do-
refnauant auec nous fi on les laiffe faire , les
Confulteurs des chofes de la Medecine, les
Qualificateurs des maladies , & les Directeurs
des cures.

Ie rougis de honte de rapporter, & de voir le
mépris qu'ils font des Medecins , eftans remplis d'arrogance, de ce qu'ils fçauent *l'Anatomie*, de laquelle ils fe vantent d'eftre les vrais
poffeffeurs & Profeffeurs : mais fi c'est bien ou
mal, i'en laiffe à iuger aux Anatomiftes experts.

Apres auoir expoſé la Conſtitution naturellé
de chaque partie, i'ay adiouſté ſa diſpoſition
contre nature, afin de faire connoiſtre plus facilement les maladies, & les ſymptomes qui ſont
annexez ou dépendent de chacune de ces parties; dautant que la principale indication pour
les guerir, ſe prend de la partie affectée, dont la
diſpoſition naturelle doit eſtre abſolument có-
nuë à celuy, qui la veut methodiquement, & ſelon les regles de la Medecine, bien guerir. I'ay
ſeparé ces deux conſtitutions l'vne d'auec l'autre, afin que les apprentifs puiſſent prealablement apprendre ce qui appartient à la diſpoſition naturelle. Et ſuiuant ces deux methodes,
i'ay reſolu d'enſeigner doreſnauant, & móſtrer
l'Anatomie. Cét artifice d'apprendre *la Patho-*
logie ſera extrémément aduantageux aux Ieunes, & vtile aux Vieux, pour s'en rafraiſchir la
memoire. Cette *Pathologie*, qui n'eſt icy que
ſimplement crayonnée, s'augmentera, & ſera
plus ample par vn Commentaire ſeparé, que ie
mettray en lumiere à part, & l'enrichiray dans
mes Anatomies publiques, où ie découuriray à
mes Auditeurs, les voyes ſecrettes & methodes
particulieres de guerir les maladies, en leur
monſtrant la ſituation des parties, leur connexion, & communication entr'elles. De ſorte que
perſonne ne deura doreſnauant s'excuſer s'il
ignore les voyes, & les mouuemens des humeurs dans le corps humain: quoy qu'Hippocrate diſe, *La Nature aſſez ſage d'elle meſme,*
trouue des voyes qui nous ſont inconnuës & ca-
chées. Les parties du corps ſont tellement liées
& perſpirables, qu'elles conſpirent & communiquent toutes enſemble.

Si l'on trouue dans cette *Pathologie*, des inſtructions contraires à la Doctrine ordinaire, ie reſpondray à cela, que ie les tiens & ay par tradition ſecrete, des Medecins de l'Eſchole de Paris, mes Confreres, & principalement de mon Precepteur *M. Simon Pierre Medecin de Paris, Profeſſeur Royal* & l'vn des plus excellents & celebres Medecins de ſon ſiecle, lequel m'enſeignant cét Art, d'vne affection paternelle, m'a rendu liberalement & auec vſure, les meſmes graces, qu'il auoit receuës de feu mon Pere, ſon Precepteur, pendant deux ans, ſuiuant en cecy l'exemple *d'Hippocrate*, qui exhorte les Medecins d'enſeigner l'Art aux enfans de leurs Precepteurs, ſans en demander aucune recompenſe, & de les fauoriſer en tout, comme leurs freres.

Pour moy, i'aduoüe que i'ay beaucoup appris de ſes inſtructions & leçons publiques, & confeſſe ingenuement, ſans toutesfois preiudicier ny mépriſer ſes deuanciers, que de cent ans noſtre Eſchole n'a produit aucun Medecin plus docte en toutes les parties de la Medecine, ny plus expert à guerir les maladies, meſmes peſtilentielles, qui ſont ordinairement formidables, & en horreur aux autres, auquel cas il teſmoignoit vne hardieſſe incroyable, accompagnée toutesfois d'vne prudence & ſubtilité d'eſprit ſi extraordinaire, que ſouuenresfois allant auec luy viſiter *les Peſtiferez*, ie l'ay admiré, voyant que ny l'intereſt du gain, ny la curioſité, mais la ſeule charité Chreſtienne le portoit à telles viſites. Mais au grand regret de tout le monde, & principalement de moy, & de tous les autres ieunes Docteurs (qu'il menoit

auec ſoy à la pratique auprés des pauures gens,
car les riches ne le permettent point :) la mort
trop cruelle & trop haſtée, nous rauit cét excellent homme, en la 54. année de ſon âge, le 24.
du mois de Iuin l'an 1618. Pour moy, ie luy de-
die & conſacre cét Epitaphe, compris dans ces
deux Vers de Virgile.

Vir bonus & ſapiens, qualem vix repperit vnū
Millibus è multis hominum conſultus Apollo.

On deuroit bien deſcrire ſa vie, comme l'e-
xemplaire d'vn Medecin tres-parfait & accomply de toutes ſortes de vertus : & ſans mentir, ie
prendrois dautant plus volontiers ce trauail à
taſche, que i'ay reconnu & obſerué pendant
l'eſpace de vingt ans, ſes mœurs & ſon eſprit,
n'eſtoit que mon Eloge pourroit déroger à ſes
loüanges, n'ayant pas le ſtyle aſſez releué ; qui
d'ailleurs ſeroit ſuſpect, à cauſe qu'il eſtoit
mon Oncle.

Si quelqu'vn m'obiecte, qu'il y a des choſes
dans mon *Anthropograph* tout à fait contraires à celles qui ſont contenuës dans ce *Ma-*
nuel, ie l'aduertiray que *les ſecondes penſées ſont*
les meilleures, & que mon *Anthropographie*, à
laquelle i'ay donné la derniere touche, (l'ayant
reueuë & corrigée,) eſt à preſent ſous la Preſſe,
pour eſtre imprimée, & miſe dans peu de temps
en lumiere, & ſeroit deſia acheuée, ſi l'Impreſ-
ſiō n'en euſt eſté interrompuë par la ſollicita-
tion de *M. Guy Patin, Medecin tres-docte &*
Profeſſeur du Roy, pour depeſcher à la haſte celle
de cét *Abbregé*, afin que les Eſcholiers de Medecine s'en puſſent ſeruir en la diſſection prochaine, que i'ay reſolu de faire & monſtrer publiquement, ſuiuant ma couſtume, auſſi toſt

que fera venuë la froidure de l'Hyuer, propre à cette operation Anatomique, que nous attendons encor auiourd'huy le 24. Feurier que i'eſcris cecy. C'eſt pourquoy laiſſant à part mon *Anthropographie*, iuſques à ce qu'elle ſoit au iour,

——— *Hunc librum reprehendite, quem non
Multa dies & multa litura coërcuit, atque
Perfectum decies non caſtigauit ad vnguem.*

Cherchez plutoſt à reprendre dans ce petit Liure, que le peu de temps ne m'a point permis de corriger; car il a eſté compoſé tout à la haſte, & ſi bruſquement imprimé, que ie n'ay pas eu le loiſir de le reuoir, & partant il ne ſçauroit eſtre ſi correct & poli, que ſi ie l'auois veu & releu des années entieres. Il n'y a point d'ouurage precipité, qui ſoit accompli de toutes parts. Mais i'ay preferé le deſir de ſeruir, & d'aſſiſter, à la grace de complaire.

La ſeconde Edition qui s'en fera vn iour plus grande, & auec plus d'embelliſſement, ſuppléera au defaut de celle-cy.

*Da veniam ſubitis, non diſplicuiſſe meretur,
Feſtinat, Lector, qui placuiſſe tibi.*

Que ce Liure donc aille hardiment dans les mains des Anatomiſtes.

*Nunc te marmoreum pro tempore fecimus, at tu
Si fœtura gregem ſuppleuerit, aureus ibis.*

ADVERTISSEMENT

AVX CHIRVRGIENS FRANÇOIS,

Par le sieur SAVVIN, *Traducteur du present Liure.*

O N dit communément qu'au bon vin, il ne faut point de bouchon, ny enseigne de lierre, pour attirer les friands, & bons beuueurs. Il en est de mesme des bons Liûres en chacque Profession : Ceux qui sont amateurs, & curieux de la Science qu'ils professent, se portent volontiers à lire de nouueaux Liures, quand ils sçauent que l'Autheur est en reputation, & que le liure contient beaucoup de belles choses nouuelles, seruans à leur Vacation.

Ie ne doute point que ce *Manuel Anatomique & Pathologique de Monsieur Riolan*, ne soit bien receu des Medecins & Chirurgiens, amateurs de leur Profession, si on considere quel est l'Autheur, en quelle estime il est par toutes les Nations, où la vraye Medecine est enseignée, en quelle reputation sont ses Ouurages Anatomiques, & particulierement le susdit *Manuel* parmy les hommes sçauans ; Quel profit on peut tirer de ce liure en la Medecine & Chirurgie. L'Autheur

L'Autheur est le plus ancien Medecin de reception entre six-vingt Docteurs, qui composent cette tres-ancienne, fameuse & illustre Faculté de Paris. Il y a cinquante deux ans qu'il est dans l'Exercice & meditation de l'Anatomie. Il a commencé à l'âge de dix-huit ans à trauailler en l'Anatomie, & à vingt-sept ans il a mis en lumiere ses *premieres Obseruations sur l'Anatomie*, qu'il auoit dictées à ses Escholiers. Ce petit Liure s'est tellement grossi & accrû de temps en temps, que depuis la premiere Impression, il s'en est fait à Paris trois en diuers volumes, & ont esté en mesme temps Imprimez aux Pays Estrangers. Ne vous estonnez point si le dit sieur *Riolan* s'est attaché à cette partie de Medecine; En cela il a suiuy le conseil de Seneque: *Satius est vnum aliquid insigniter facere, quàm plurima mediocriter; magna ingenia nunquam plus quàm in vno eminuerunt.*

Tous les hommes sçauans en Medecine ont loüé l'Autheur, & ses Ouurages Anatomiques, & dans leurs escrits l'ont cité comme tesmoin authentique, & irreprochable. *Gaspar Baubin*, en só Theatre Anatomique, *in quarto*, cite souuent *Riolan*, & a corrigé sa derniere Edition, sur *l'Anthropographie de Riolan*, *in octauo*, imprimée l'an 1618. *Sennertus* en sa Pratique, allegue souuent *Riolan*, pour confirmer son opinion.

Primerose, tres-docte Medecin, demeurant à Londres, en sa Response à *Harueus*, qualifie *Riolan* son *Maistre*, *pour le plus sçauant Anatomiste*, *qui ait esté, lequel par ses nouuelles inuentions, & tres-excellentes explications a estté*

I

ment enrichi l'Anatomie ; qu'il l'a mise au plus haut degré, qu'elle puisse estre. Bachot, tres-docte Medecin de Moulins en Bourbonnois , en ses Liures des Erreurs populaires en la Medecine, appelle Riolan, *la merueille des Anatomistes.*

Zacutus en son 3. Tome, dit que Riolan *a si bien traité de l'Anatomie, auec vn discours si elegant, & vne doctrine si excellente , qu'il merite d'estre mis au rang des anciens , & tres-doctes Medecins.*

Monsieur Naudé , tres-sçauant en toutes les Sciences , & Docteur de Padoüe en Medecine, en diuers endroits de ses Liures, appelle *Riolan, le Prince des Anatomistes sans contredit :* Et en son Liure *de re Militari .* imprimé à Rome , il luy donne toutes les qualitez *d'vn homme tres-sçauant , & tres-expert en l'Anatomie , au iugement duquel il se faut rapporter. Simon Paulli,* Medecin du Roy de Dannemarc , & Professeur du Roy Hafnie , appelle *Riolan , son Maistre, l'Anatomiste incomparable*: Le docte *Slegele* Medecin fort estimé à Hambourg , le nomme *le Prince & le Monarque des Anatomistes , en plusieurs endroits de son Liure ,* qu'il a composé contre l'opinion de *Riolan ,* touchant la Circulation du sang , & asseure, *Que si que'qu'vn se met à lire tous les Anatomistes, sans auoir leu Riolan , il luy manquera beaucoup de choses à sçauoir : mais s'il s'arreste à lire Riolan seul, & qu'il veüille mettre la main à l'œuure, sans lire les autres Anatomistes , il deuiendra vn grand Anatomiste.*

Vn sçauant Medecin , nommé *Vtenbogardus,* Professeur public en l'Vniuersité d'Vtrecht, escriuant à Monsieur *Guy Patin , Docteur de*

Paris, parle de la sorte : *Pour vous dire mon ad-uis touchant* l'Anthropographie de Riolan *i'a-uoü ouy loüer beaucoup ce personnage, mais ce que ie voy dans ses liures surpasse sa renommée: Son* Anthropographie *est vn trauail de grande lecture, de beaucoup d'experience, d'vne profonde doctrine, & d'vn grand esprit.* Vveslingius, Pro-fesseur à Padoüe, disoit souuent, *Entre tous les Anatomistes, il faut croire au rapport de* Riolan; *dautant qu'il a esté aussi exact, à dissequer les corps: (ce que peu de gens font) qu'en la lecture des Autheurs.*

Iean *Valée*, en sa premiere Epistre de la Cir-culation du Sang, cite *Riolan* auec cét Eloge de grand Anatomiste, *Magnus ille Anatomicus Riolanus.* Sinibaldus, tres-docte Medecin à Rome, en son liure *de la generation de l'hom-me*, allegue souuent *Riolan*, auec des eloges de tres-docte, & tres-expert Anatomiste. Seueri-nus Aurelius, le plus sçauant & le plus expert Medecin & Chirurgien de Naples, en sa *Zoo-tomie*, appelle *Riolan*, vn tres sçauant Mede-cin & Anatomiste, auquel il faut adiouster foy, en ce qui concerne l'Anatomie. *Cæcilius Folius*, tres-sçauant Medecin à Venize, où il fait pro-fession publique de l'Anatomie tous les ans en qualité de Professeur de la Seigneurie de Veni-ze, écriuant au Sieur *Alcidius Musnier*, tres-docte Medecin de Genes, il parle du sieur *Rio-lan* de la sorte: *l'ay leu auec grand plaisir ce li-ure admirable que vostre grand Amy* M. Guy Pa-tin, *vous a enuoyé; ie n'y ay rien trouué qui ne soit tres-bon: entre plusieurs loüanges que ie luy pourrois donner, ie puis dire auec verité, que c'est assez qu'il est l'ouurage du sieur* Riolan, *dautant*

I ij

que de ioindre l'agreable auec l'vtile, c'eſt ſon ordinaire. Partant ie puis dire auec verité, que ſes
ouurages ne peuuent eſtre aſſez loüsz, dautant
qu'ils excedent les loüanges, & ne peuuent rencontrer perſonne qui les puiſſe dignement priſer.
C'eſt pourquoy ie conſerueray & liray ſoigneuſement ce Liure.

Si vous deſirez encore ſçauoir d'autres loüanges de *l'Anthropographie*, vous les lirez dans
*la Preface de la verſion Françoiſe de l'Anthro-
pographie*, qu'a fait M. *Conſtant*, premierement Docteur de Thoulouſe, puis de paris. S'il
euſt veu la derniere correction & l'augmentation de *l'Anthropographie*, auec les autres ouurages Anatomiques dudit Sieur *Riolan*, il euſt
encore dauantage admiré & loüé l'Autheur du
preſét *Manuel*, lequel a eſté tellement eſtimé de
toutes les Nations que les Hollandois l'ont im
primé *in octauo*, & y ont fait vne Preface en la
loüange du Liure, qui porte, que *Riolan a corrigé toutes les erreurs Anatomiques, & que dans
ce Manuel, il a reduit toute l'Anatomie auec la
Pathologie, de telle ſorte qu'il ne s'eſt rien fait de
ſemblable, qui merite d'eſtre eſtimé comme ce Liure du ſieur Riolan*.

Harueus, tres-excellent Medecin & Anatomiſte, premier Medecin du feu Roy d'Angleterre, en vne Reſponſe qu'il a fait au ſieur *Riolan*, pour defendre ſa circulation du ſang, tout
au commencement il luy eſcrit de la ſorte; *Ie
me réjoüis auec vous, du bon-heur qui vous eſt
arriué, d'auoir ſi bien reüſſi dans l'Edition de voſtre Manuel: dautant que de repreſenter aux
yeux faiſant l'Anatomie tous les endroits, où ſe
forment les maladies, c'eſt l'ouurage d'vn eſprit*

Diuin, & d'vn Prince des Anatomistes. Il faut
de necessité auoir vne parfaite connoissance des
maladies pour les representer si bien, comme elles
sont rapportées dans ce Manuel Anatomique &
Pathologique: *Et quand le marbre perira, il tes-*
moignera à la posterité, la gloire & la renommée
de l'Autheur.

Vn sçauant medecin, Gentil-homme demeurant à Avranches en Normandie, nómé le sieur
Arturus du Plessis, en vne lettre qu'il escrit au
sieur *Riolan*, apres plusieurs loüanges, qu'il
luy donne pour ses oüurages Anatomiques, &
particulierement pour ce *Manuel*, il confesse,
qu'il doit sa vie à vne Obseruatió que ledit *Rio-*
lan a fait *au Chapitre de la Vessie*, sur l'operation qu'on doit faire au Perinée, quand il y a
suppression totale de l'vrine dans la Vessie, par
obstruction du col, soit par inflammation, ou
autre accident. Ce malheur luy estant arriué, &
reduit à l'extremité, faute d'episser; le sieur *le*
Roux, Medecin & Operateur en Chirurgie, ayát
esté mandé, & voyant son mal & le danger
prompt d'en mourir, luy conseilla *la section du*
Perinée, pour l'encourager dauantage, luy mon-
stra l'endroit dú Liure *de Riolan*, où il a décrit
cette Operation, que ledit *Roux* auoit faite plusieurs fois heureusémét. Ce qu'il executa si dex-
trement sur le dit sieur *du Plessis*, qu'il en receut
vn prompt soulagement, & en a esté gueri. Ledit sieur *le Roux* portoit tousiours auec luy à sa
campagne le Liure du sieur *Riolan*. Ladite lettre se trouuera à la fin du present Liure.

La fabrique de ce Liure est telle, que demon-
strát la structure naturelle de la partie, il enseigne en suite les endroits, où se forment les ma-

I iiij

adies à la partie ; ce qui donne vne grande lu=
miere aux ieunes Medecins & Chirurgiens : &
aux anciens rafraichit la memoire, & à tous les
deux eſtans curieux de leurs vacation leur dóne
matiere de diſcourir ſur la partie malade, & ſur
la maladie en leurs conſultations, propoſant en
peu de mots la ſtructure de la partie, & apres
declarant l'eſpece de la maladie, en reiettant les
autres qu'on peut nommer, pour faire cónoiſtre
qu'on ne les ignore pas. Ioint que les Chirurgiens ayans gagné cét aduantage d'eſtre appellez en Conſultation, auec les Medecins en toutes les maladies, où il y a quelque tumeur ou
vlcere interne, apparent ou ſuſpect, pour declarer la partie malade & l'eſpece de la maladie, ils
ſont les premiers à faire l'ouuerture de la Conſultation, & ſelon qu'ils qualifient le mal, &
ordonnent les remedes tant internes qu'externes, les Medecins ſuiuent leur aduis, leſquels
n'ont que la direction, & deſcription des remedes, que les Chirurgiens ont propoſez auſſi hardiment que s'ils eſtoient Medecins; de ſorte
qu'il ſemble aux aſſiſtans, qu'ils ne different en
rien des Medecins, ſinon, que les Medecins al-
leguent quelques mots Grecs & Latins d'Hippocrate & Galien, pour faire valoir leur mar-
chandiſe. Mais les Chirurgiens parlent en bon
François hardiment & methodiquement de la
maladie, ſuiuant la connoiſſance qu'ils ont des
parties du corps humain, par l'exercice frequent de l'Anatomie. A quoy les Medecins ne
s'eſtudient pas volontiers, laiſſans l'Anatomie
aux Chirurgiens. Ce qui fait, qu'ils ſont deuenus auiourd'huy ſi ſçauans, par les examens ti-
goureux des Aſpirans, qu'ils ont introduits à

Paris, que nous les verrons estre plus estimez
que les Medecins auec leur Grec & Latin, si l'ö
ne prend le soin d'instruire les ieunes Medecins
en l'Anatomie, comme font les Chirurgiens
leurs Aspirans. C'est ce que ie souhaite aux
Academies de Medecine, pour faire valoir
dauantage les Medecins, sçachant tres-bien
que l'Anatomie leur donneroit vne parfaite
connoissance de la Chirurgie.

Vous serez aduerty que ce Liure est augmenté
de la sixiéme partie plus que le Latin, sur les
memoires que l'Autheur m'auoit donnez il y a
long-temps pour les mettre au net, afin de les
inserer en son *Enchiridium* Latin, qu'il pretend
faire r'imprimer bien-tost, desquels ayant retenu copie, ie les ay traduits & rangez en leurs
places, afin de vous donner ce Manuel plus parfait & accomply que le Latin. De plus, i'ay
extrait des Liures Latins de l'Autheur, ces
Traitez que i'ay adioustez; le premier, *des Vei-*
nes Lactées; le second, *de la Circulation du*
Sang; le troisiéme, *des Ongles, des Poils, des*
Valuules des Veines;& finalement, *de l'Anatomie*
Pneumatique, pour contenter vostre curiosité
& afin qu'il n'y eut rien à desirer dans ce *Ma-*
nuel Anatomique.

TABLE
DES CHAPITRES
CONTENVS EN CE LIVRE.

LIVRE PREMIER.

LIVRE SECOND.

DES CHAPITRES.

LIVRE TROISIESME.

LIVRE QVATRIESME.

LIVRE CINQVIESME.

DES MATIERES.

TABLE

LIVRE SIXIESME.

OSTEOLOGIE
nouuelle.

DES CHAPITRES.

Fin de la Table.

PRIVILEGE DV ROY.

LOVIS par la grace de Dieu Roy de France & de Nauarre, A nos Amez & Feaux, Conseillers, les gens tenans nos Cours de Parlement & Maistres des Requestes ordinaires de Nostre Hostel Preuosts de Paris, Baillifs Seneschaux, leurs Lieutenants, & autres nos Iusticiers & Officiers qu'il appartiendra, SALVT. Nostre bien-amé GASPAR METVRAS, Marchand Libraire d Paris, Nous a fait remonstrer que soubs Nostre permission il a cy-deuant fait imprimer *toutes les œuvres Anatomiques*

PRIVILEGE

de Mᵉ IEAN RIOLAN, lesquelles
se sont trouuées fort vtiles au public, en
telle sorte, que l'Exposant a debité la
plus grande partie des exemplaires, sans
s'estre neantmoins peu recompenser de
son labeur & despence, & d'autant
qu'elles ont esté veuës corrigées &
augmentées par l'Autheur auant son
deceds, qui les rend en leur perfection,
il desireroit faire r'imprimer ledit Liure
auec augmentation, ce qu'il craint d'entreprendre, sans nos Lettres de Priuilege particulier, pour empescher que
d'autres ne le priuent de son Labeur,
qu'il nous a tres-humblement fait sup-
plier luy octroyer. A ces causes, voulãt
fauorablemét traitter l'Exposant, Nous
luy auons permis & accordé, permettons
& accordons par ces presentes, de r'imprimer ou faire imprimer *lesdites œuures*
Anatomiques de Mᵉ IEAN RIOLAN,
corrigées & augmentées par l'Autheur,
en tel volume marge caractere & autant
de fois que bon luy semblera, pendant
le temps de dix années consecutiues, à
commencer du iour qu'il sera acheué
d'imprimer, iceluy vendre & distribuer
par tout nostre Royaume, faisons defen-
ces à tous Libraires Imprimeurs & au-

tres, d'imprimer faire imprimer vendre
& distribuer *lefdites œuvres*, foubs quelque pretexte que ce foit, mefme d'impreffion Eftrangere, & autrement fans
le confentement dudit Expofant ou de
fes ayans caufes, fur peine de confifca-
tion des Exemplaires contrefaits, amande arbitraire, defpens dommages & in-
terefts, à la charge d'en mettre deux
Exemplaires en Noftre Bibliotecque
publique, vn en Noftre Cabinet des
Liures en noftre Chafteau du Louure,
& vn en celle de noftre tres-cher & Feal
Cheualier Chancelier de France le fieur
Seguier, & de faire regiftrer les prefentes és Regiftres de la Communauté des
Marchands Libraires & Imprimeurs de
noftre bonne Ville de Paris, auant que
l'expofer en vente, à peine de nullité
defdits prefentes, du contenu defquelles à chacun de vous, Mandons & En-
joignôs faire iouïr l'expofant & fes oyás
caufes pleinement & paifiblement,
ceffant & faifant ceffer tous troubles &
empêchemens contraires, voulons qu'en
mettant au commencement ou à la fin
dut. Liure l'Extraict des prefentes, elles foient tenuës pour deuëment figni-
fées, & qu'aux copies collationnées

PRIVILEGE DV ROY.

par l'vn de nos Amez & Feaux, Conseillers & Secretaires, Foy soit adiouftée comme au present Original, Mandons au premier Noftre Huiffier ou Sergent, fur ce requis, faire pour l'execution des prefentes, tous Exploits requis & neceffaires, fans demander autre permiffion, Car tel eft noftre plaifir, donné à Paris, le 13. iour de Septembre l'an de grace mil fix cens foixante & de noftre Regne le dix-huictiefme. Signé, Par le Roy en fon Confeil

LE COQ.

Regiftré fur le Liure de la Communauté des Marchands Libraires & Imprimeurs, fuiuant l'Arreft du Parlement, du 8. Avril 1653. le 22. Septembre 1660.

G. IOSSE Syndic.

MANVEL

MANVEL
ANATOMIQVE,
OV ABREGE'
DES PRINCIPALES PARTIES
DE L'ANATOMIE,

& des Vſages que l'on en peut tirer
pour la connoiſſance & pour la
gueriſon des Maladies.

LIVRE PREMIER.

Quel eſt le deſſein de l'Autheur.

CHAPITRE I.

ANATOMIE ſe conſidere diuerſe-
ment par les Medecins, & par
les Philoſophes. Les Philoſophes
n'ont point d'autre deſſein, que de
ſe connoiſtre eux-meſmes, & d'admirer l'ouurage de leur Autheur, & ils ſe con-

A

tentent pour cét effet de la seule connoissance
des parties. Les Medecins, outre ces intentions,
ont encore celle de la faire seruir à la perfection
de leur Art, dautant que par elle, ils s'instruisent
de la bonne, ou mauuaise disposition des parties
de l'homme, & que par la dissection qu'ils font
des corps morts, qu'ils rencontrent bien ou mal
disposez, ils peuuent plus facilement connoistre
les dispositions contre la Nature, qui sont capables d'arriuer à ceux qui sont pleins de vie, de
la santé desquels, ils ont dessein de prendre soin.
Nous n'entendons rien autre chose par les dispositions contre la Nature, que les Maladies,
desquelles on considerera, & connoistra facilement la source, & l'on iugera facilement de
leurs bons, ou mauuais euenemens, comme l'on
sera semblablement asseuré des plus courtes, &
parfaites voyes de les guerir, si l'on est sçauant
dans l'Anatomie, tant à la façon des Philo-
ophes, qu'à celle des Medecins. Et ie ne crains
point de dire, que si vn Medecin sçait bien cette
derniere, il deuiendra beaucoup plus habile, &
expert en son Art, que s'il se contentoit de la
seule connoissance des parties.

Cette façon d'enseigner l'Anatomie, est à la
verité nouuelle, mais elle n'en est pas moins pleine de science, & est tres necessaire pour bin faire
la Medecine ; ce qui fait qu'apres auoir parlé de
chaque partie, ie mettray en mesme temps, ce
qui en dépend, & quelle vtilité vn Medecin en
peut receuoir en la pratique.

La disposition naturelle de chaque partie, à laquelle Hippocrate donne vn nom particulier, &
que nous appellons ordinairement la santè, se re-
connoît estre de trois sortes ; Dont la premiere

eſt dite Similaire ; la ſeconde , Organique; & la troiſième , Commune : & de la meſme façon la diſpoſition contre la Nature, que nous appellons la maladie, contient ſous ſoy trois eſpeces; Dont la premiere eſt dite Similaire , & eſt propre aux parties ſimples; la ſeconde, Organique, qui eſt celle qui ſuruient aux Organes ; la troiſiéme, Commune , dautant qu'elle arriue à l'vne & à l'autre de ces parties. La premiere conſiſte dans la ſubſtance, & dans le temperament : Et la couleur depend de ces deux. La ſeconde regarde le nombre des parties , leur grandeur, & leur conformation, qui derechef, contient ſous ſoy les maladies, qui arriuent en la figure, aux conduits, aux cauitez, à la rudeſſe, ou politeſſe de chaque partie. La troiſiéme , qui eſt commune à toutes deux, conſiſte en l'vnion & ionction des parties entre elles.

L'on a icy deſſein de monſtrer , en chacune des parties, dont on parlera, ces trois ſortes de diſpoſitions naturelles , & de faire voir en ſuite les conſequences que l'on en peut tirer pour la connoiſſance, & la diſpoſition qui eſt contraire à chacune d'elles, & qui cauſe la maladie. En ſuite dequoy l'on declarera en peu de mots, comme l'on ſe peut ſeruir de ces connoiſſances, pour prévoir , & pour guerir les maladies. L'Anatomie traitée de cette façon ſera le principe, le moyen, & la fin de toute la Medecine, & donnera vne Methode courte, facile, & claire, pour la ſçauoir, & la faire facilement comprendre dans les diſſections qui ſe font des corps en public, pour peu que l'on ait leu les liures de feu Monſieur RIOLAN , mon Pere, ou les Inſtitutions de Medecine *de Daniel Sennert.* C'eſt ainſi

que ie defire découurir ce qu'il y a de plus beau,
& de caché dans la Medecine.

Ce n'est pas que ie ne croye bien que peut-estre
quelque impertinent, & ignorant en l'Anatomie, ne blasme mon dessein, & ne dise que ie
confonds l'ordre & les parties de cette belle science. L'Anatomie faisant partie separée de la
Physiologie, & deuant estre enseignée à part,
suiuant l'intention de Galien, qui dans le commencement du liure de la dissection des Muscles,
blasme le liure Anatomique d'vn certain *Lycus*,
à cause que parmy *le Traité des Muscles*, il a
meslé quelque chose des Maladies Mais ie croy
que ce causeur rentrera bien-tost dans le silence,
s'il considere que le mesme Galien dit autrepart,
que les anciens Medecins ont tant fait d'estat de
l'Anatomie, qu'ils en ont tousiours meslé quelque chose dans les liures où ils ont traité de la
guerison des maladies. Ce que nostre Hippocrate a tres-bien pratiqué, suiuant le precepte qu'il
en a donné en ces mots, au liure de l'Ancienne.
Il y a tant au dedans, qu'au dehors du corps, plu-
sieurs especes de figures, qui ont de grandes diffe-
rences entr'elles, en vn corps malade, & en vn
corps bien sain. Et il est necessaire de connoistre en
quoy elles different, afin de bien remarquer les
causes de chacune d'icelles.

Aristote met pour les principes de la Medecine, la santé, & la maladie; l'vne & l'autre sont
contenuës dans les parties. Et l'on connoistra
bien plus facilement la maladie, si on la compare à la santé. Le mesme Aristote dit, que quiconque veut guerir l'œil, doit connoistre la structure, & la cóposition de l'œil. Hippocrate veut
de mesme, que les maladies soient distinguées

entr'elles, selon les parties qu'elles occupent, & que les principales indications pour les guerir se prennent de la nature du mal, & de la partie qui est malade. Les remedes mesme, dont on vse tant en Pharmacie, comme en Chirurgie, se prescriuent & s'executent diuersement, suiuant les differentes parties, qui en ont besoin. Et c'est ce qui a obligé Galien de donner à sa Pratique particuliere le nom de *Composition des Medicamens suiuant les lieux*, c'est à dire suiuant les parties, qui sont le sujet de la maladie. Auicenne n'a pas fait moins prudemment, qui voyant qu'vn Medecin ne pouuoit rien connoistre des endroits où les maladies se pouuoient rencontrer, s'il n'estoit éclairé des lumieres de l'Anatomie, a premierement fait la description de chaque partie, auant que de parler des maladies, qui luy peuuent arriuer. Et si nous croyons Galien, la premiere matiere, sur laquelle se doit occuper la Medecine, est le Corps, en tant qu'il est capable de receuoir la santé & la maladie.

Galien dit elegamment, *au 2. liure à Glaucon*. Il faut auoir toutes ces iudications dans la memoire, pour quelque petite partie que ce soit, atteinte de quelque maladie, car, & sa substance, & sa forme, & sa situation, & sa vertu, changent toutes les operations, qui se font en nous, obseruant neantmoins l'intention comme qui se prend de la maladie.

Tout cecy supposé, nous disons, que nostre dessein est d'enseigner, & de monstrer publiquement en la dissection que nous ferons des corps, les sieges de toutes les maladies, tant du dedans que du dehors, & de tous les accidens

qui les accompagnent ; & d'enſeigner en ſuite,
quelques voyes courtes, & particulieres pour
les guerir , ſuiuant l'ordre de l'Anatomie.
C'eſt vn artifice admirable pour ſçauoir bien-
toſt la Medecine , & par ce moyen on deſ-
couurira les abus, & les tromperies qui ſe
gliſſent dans la gueriſon des maladies, l'on
inſtruira à la pratique ceux qui s'adonnent à
cette ſcience, pourueu toutesfois, qu'ils ayent
eſté deux ans durant ſpectateurs, & auditeurs
des Anatomies, & qu'ils en ayent veu du moins
deux en chaque année, qu'ils ayent les liures
des ſçauans Medecins, qu'ils ſe ſoient exercez
à connoiſtre les Plantes, & autres Medicamens, & qu'ils ayent, auec vn ancien Docteur,
(qui leur ſerue de Maiſtre) viſité quelquesfois
les malades.

Le docte FERNEL dit tres à propos vn mot
ſur ce ſujet ; *Ie ne me perſuaderay iamais* (dit-il
au commencement de ſa Pathologie) *que l'on
puiſſe parfaitement connoiſtre vne maladie , ſi
l'on n'eſt aſſeuré, & que l'on ne voye preſque de
l'œil, quelle partie du corps humain a eſté attaquée, & quelle eſt la nature de l'indiſpoſition qui
s'y rencontre ; & ie defends meſme de lire mes
liures, ſi on n'eſt bien verſé dans l'Anatomie, &
ſi l'on n'a ſouuent conſideré dans le corps humain,
ce que l'on peut auoir leu & ouy: & c'eſt là la
ſeule voye par laquelle ces connoiſſances pourront
s'eſtablir fermement en la memoire.*

*Pourquoy l'on a escrit cét Abregé de l'A-
natomie, & ce qui a obligé de le commencer par le discours des Os.*

CHAPITRE II.

GALIEN nous enseigne, que l'on se sert de
deux sortes de discours pour l'explication
de quelque chose. Le premier s'appelle Abregé, quand on en traite succinctement. Le second se nomme ample discours, quand on l'explique tout au long, & que l'on n'oublie rien de
ce qui peut seruir à l'vtilité des choses que l'on
desire enseigner. Et cette derniere façon d'escrire est bien plus propre pour faire entendre, &
posseder clairement vne science, comme la
premiere sert pour soulager la memoire de ceux
qui s'y addonnent. C'est ce qui a obligé le
mesme Galien de diuiser ses liures, en ceux qui
semblent n'estre que des preparatifs pour faire
entendre les autres, & en d'autres qui sont plus
parfaits & accomplis. Hippocrate est dans ce
mesme sentiment, quand il commande au Medecin de proposer à ses nouueaux Auditeurs,
premierement les choses les plus faciles à entendre. Aristote veut aussi que l'on se gouuerne
de cette sorte, à cause qu'vn chacun est bien
aise d'apprendre en gros, & quasi tout à la
fois, la science à laquelle il desire de s'adonner,
& les Abregez des sciences, ne sont pas moins
vtiles à ceux qui commencent à s'y adonner,
qu'à ceux qui y sont entierement consommez,
puis qu'ils monstrent aux premiers, ce qu'ils
doiuent apprendre, & remettent dans la memoi-

re des derniers, ee qu'ils ont defia fceu, & dont
il ne leur refte plus qu'vne legere idée, qui pourroit eftre. enfin entierement effacée. L'Empe-
reur Iuftinian n'a pas témoigné moins d'adreffe
que de fcience, quand il a mis au deuant de fes
autres Traitez celuy *des Inftituts*, qui contient
l'Abregé des principales parties *du Droit*, afin
d'inciter plus fortement au trauail ceux qui cō-
mencent à s'adonner à cette fcience. *L'on fait*
facilement comprendre vne chofe, quand l'on fe fert
au commencement des chemins les plus courts, &
les plus faciles, & qu'en fuite par vne plus longue
explication l'on apporte ce qui fert à fon entier é-
claircifement; que fi d'abord l'on vouloit accabler
l'efprit d'vn apprentif par la quantité & la diuer-
fité des chofes, il arriueroit infailliblement l'vn des
deux, ou que nous ferions caufe qu'il abandonne-
roit entierement les eftudes, ou du moins qu'il ne
paruiendroit que beaucoup plus tard, & auec vn
grand trauail, & vne grande défiance de foy-méme
à la connoiffance de ce qu'il auoit appris fans peine
& fans crainte, s'il auoit efté dés le commencemen,
conduit par vn chemin plus doux, & plus facile.
  C'eft ce qui m'oblige de vouloir efcrire cét
Abregé de l'Anatomie, le plus court qu'il me
fera poffible, fuiuant le precepte de mes Mai-
ftres, & principalement de Galien, qui aima
mieux luy-mefme efcrire *l'Abregé de fon liure des*
Pouls, que d'en laiffer le foin à vn autre, qui ne
comprenant pas bien le fens, & la penfée de
l'Autheur, euft pû y apporter quelque changement, & confufion, qui euft rénuerfé fes fenti-
mens.
  Ie commence ce Traité par le difcours des Os,
dautant qu'ils font les fondemens de toutes les

parties du corps, qui font fouftenuës, renfermées, conferuées, & remuées par le moyen des
Os, qui felon Hippocrate, donnent au corps le
fouftien, & la figure. Ainfi celuy qui defire fçauoir la Medecine, doit auoir vne parfaite connoiffance des Os, deuant que d'approcher au lieu,
où l'on fait la diffection de toutes les parties du
corps. Autrement il fe tromperoit fouuent quand
il entendroit parler des origines, & infertions
des Mufcles, & des endroits où les autres parties font attachées, & des boites, qui fe treuuent dans les Os pour les receuoir. Ce qui ne fe
peut fans vne parfaite connoiffance des Os, laquelle Hippocrate & Galien veulent eftre fceuë
la premiere de toutes les parties de l'Anatomie.

De la diuifion de la fcience qui traite des Os.

CHAPITRE III.

CETTE fcience a deux parties : L'vne eft dite Theorie, & l'autre Pratique. La premiere s'attache à vne fimple connoiffance de la conformation des Os, & de leurs vfages. La derniere
re les confidere en particulier, foit qu'elle les
treuue amaffez & affemblez, fuiuant l'ordre
qu'ils font dans le corps humain, ce que l'on
appelle Scelet, foit que l'on confidere vn chacun d'eux feparément & en particulier, & que
tant par l'vnion, qu'ils ont entr'eux, par les ligamens & cartilages, que par les diuifions que
l'on y rencontre, l'on puiffe venir à la connoiffance des parties interieures & cachées.

De la composition de l'Os, & de sa definition.

CHAPITRE IV.

POVR entendre plus facilement la nature de l'Os, il faut considerer quatre choses en iceluy : Sa matiere, sa cause efficiente, sa forme, & sa fin. La matiere de l'Os est propre ou estrangere : la propre se considere en general, ou en particulier ; Celle qui est en mesme temps & propre, & generale, est double, l'vne estant celle de sa production, & l'autre de sa nourriture. Les Medecins sont d'accord que les Os s'engendrent de la semence ; & cette semence est composée d'humeur & d'esprit, & cette humeur a deux parties, dont l'vne plus déliée, & plus subtile, sert à former les parties nobles ; l'autre plus grossiere, & plus terrestre, est destinée pour la fabrique des Os.

La matiere de leur nourriture est double : l'vne est dite éloignée, l'autre prochaine. Celle qui en est éloignée est le Sang, duquel toutes les parties du corps sont principalement nourries ; la prochaine est la moëlle, qui se treuue dans le creux des Os, ou vn suc moëlleux qui se treuue en ceux qui sont troüez à la façon des éponges.

La matiere propre des Os, considerée en particulier, regarde l'Os desia fait : & elle est differente à raison de la substance, & de la qualité. Ainsi la substance d'vn mesme Os est differente de soy-mesme, à cause de son Epiphyse, qui est plus molle que le reste de l'Os, ou à cause de son Apophyse, qui est plus dure, que pas vne autre

partie. Pour ce qui regarde vn Os tout entier,
s'il eſt ſolide, il paroiſt plus dur, & comme mail-
lé, & renforcé au dehors plutoſt qu'au dedans.
Que s'il eſt creux, il a la ſurface interieure beaucoup plus dure.

Quant à ce qui appartient à la qualité, & particulierement à la couleur, plus l'Os eſt ſolide,
plus il paroiſt blanc : & quand il eſt creux, il eſt
plus palle, & tire plus ſur le rouge.

L'on met auſſi au rang de la matiere de l'Os, la
membrane qui l'enueloppe, & ſon cartilage.
Cette membrane qui le couure exactement, &
qui luy donne le ſentiment, eſt appellée Perioſte.
Ses extremitez ſont des cartilages qui luy donnent vne facilité pour ſe remuer, & empeſchent
que les Os en ſe remuant, ne ſe froiſſent les vns
contre les autres.

La cauſe, qui produit les Os, eſt cét eſprit
engendrant, dont la ſemence eſt imbuë, ou plutoſt ſa chaleur naturelle, qui roſtit, & deſſeche
cette matiere terreſtre, & groſſiere, pour en
former l'Os, ſi ce n'eſt que l'on veüille, comme
Galien, auoir recours à vne faculté particuliere,
formatrice de l'Os, qui ſerue à l'entremiſe de
la chaleur, & de l'eſprit.

La forme de l'Os eſt double, l'vne eſt Eſſentielle, & l'autre Accidentelle. L'Eſſentielle eſt
l'Ame vegetatiue, qui eſt la cauſe de ſon eſtre.
La Face, dit Ariſtote, *n'eſt point Face, non plus
que la Chair, & l'Os, lors qu'ils ſont priuez de
l'Ame*. Les Medecins n'admettent point d'autre forme des parties ſimilaires, que leur temperament, d'où s'enſuit que le temperament de
l'Os, eſtant froid & ſec, la froideur, & la ſeichereſſe ſe pourront dire forme. La forme Ac-

cidentelle n'eſt autre choſe que la figure, qu'vn chacun des Os a propre & particuliere, quoy qu'elle ſoit quaſi ronde à tous, eu égard à la longueur & ſa largeur.

La fin pour laquelle ſont faits les Os, eſt l'vſage, auquel ils ſont deſtinez, l'Os ne produiſant de ſoy aucune action. Cette fin eſt generale, ou particuliere. La generale eſt celle qui ſert à tout le corps, qui eſt triple : La premiere eſt pour eſtablir, & ſouſtenir les parties molles: La ſeconde eſt pour donner l'apparence, & la figure aux parties : La troiſiéme eſt pour aider au mouuement du corps. La fin particuliere, ou l'vſage, eſt ce qui eſt propre à chacun Os en particulier. De toutes ces choſes l'on peut tirer cette definition de l'Os. *L'Os eſt vne partie ſimilaire du corps humain tres-froide, & tresſeiche, engendrée de la plus graſſe & groſſiere partie de la ſemence, & endurcie par le moyen de la chaleur, pour ſeruir de ſouſtien, & donner la figure à tout le corps.*

Des qualitez, ou affections naturelles des Os.

CHAPITRE V.

NOVs ferons deux petits Traittez des Os: l'vn des Os de l'Enfant, depuis le commencement de ſa vie, iuſques à ſept ans; auquel temps ils ſont beaucoup diſſemblables de ceux des hommes parfaits : l'autre ſera de ceux qui ſe trouuent dans vn homme parfait, par lequel nous commencerons.

Et dautant que noſtre deſſein eſt de faire ſer-

uir ce Traitté à l'vſage de la Medecine, nous
deuons premierement apprendre les qualitez &
conditions que doit auoir vn Os, pour eſtre naturellement bien diſpoſé. De ces qualitez, les
vnes ſont communes à tous les Os, les autres
ſont propres à chacun d'eux. Les communes
ſont neuf, que nous declarerons en vn nouueau
Diſcours des Os, que nous auons remis à la fin
de ce Manuel. On en rencontre cinq dans les
Os ſecs, qui ont eſté bien preparez pour former
vn Scelet. La premiere eſt, qu'ils ayent la ſo-
lidité, & la dureté. La ſeconde, que les trous
y paroiſſent au dehors, principalement vers ſes
extremitez, afin que les petites veines & arteres, y puiſſent entrer, pour luy donner la nourriture, & la vie. La troiſiéme eſt, qu'ils ſoient
garnis d'vn cartilage en leurs extremitez, &
qu'ils ſoient enuelopppez de cette membrane
que l'on nomme Perioſte ; excepté aux extremitez, où les cartilages ſe rencontrent. La qua-
trième eſt, que l'Os ſoit contenu, & égal en
toute ſa ſubſtance ; ce qui fait, que le cal qui
ioint enſemble les Os qui ont eſté rompus, eſt
contre nature. La cinquiéme eſt, que chaque
Os ait vne conionction requiſe & naturelle, auec
ceux deſquels il eſt proche. Les diſpoſitions qui
ſont propres à chacun des Os, ſont de deux ſortes ; les vnes regardent l'Os ſeparément, & les
autres le conſiderent, comme ioint à pluſieurs
autres. En la premiere façon, l'on les met au
nombre de quatre. La cauité, l'éminence, la
rudeſſe, & la poliſſeure, & ces quatre diſpoſitions ſont à la ſurface exterieure de l'Os, & ne
peuuent pas ſubſiſter d'elles-meſmes. Il y en a
de creux, comme les teſtes de l'Os de l'épaule,

& de l'ifchium, ou Os des anches, & d'autres,
qui font éleuez en boffe, comme celles de l'Os
du bras, & de l'Os de la cuiffe; l'Os du derriere de la tefte eft rude, & inegal, afin que les
mufcles y foient plus facilement attachez, & les
autres font egaux, & polis. L'on nomme ces affections naturelles, quand elles font telles que
la nature les fait, & on les appelle contre nature, fi elles luy font diffemblables. De ces cauitez,
les vnes font profondes, les autres fuperficielles;
Les premieres font appellées Cotyles, & les autres Glenoïdes, & la partie qui eft éleuée au
deffus des autres parties de l'Os, eft appellée
Apophyfe, ou Epiphyfe, l'vn & l'autre eft ronde, longue, ou creufe; fi elle eft ronde, l'on luy
donne le nom de tefte, principalement, quand
cette partie qui paroift éleuée, eft fort grande
& longuette, eftant appellée Condyle, fi elle
eft vn peu plus platte. Les teftes des petits Os,
que l'on nomme Condyles, font plutoft Apophyfes, que Epiphyfes; ce qui paroift en la machoire d'embas, dans les coftez, & dans les Os
des doigts. Quand l'Apophyfe eft en forme de
pointe, elle s'appelle Coroné; & quand elle eft
fimplement longue, fans aboutir en pointe, elle tire fes noms des chofes aufquelles elle reffemble, comme d'vne touche, d'vn bec de Corbeau, d'vne dent, & autres femblables. Que fi
elles ont encore en leur bout vne petite tefte,
l'on leur donne le nom de Col. De là vient que
ce n'eft point vne chofe hors de raifon, de dire
qu'il y a des eminences ou Apophyfes, qui font
creufes, dautant que ces creux font taillez dans
les mefmes eminences, ou qu'il fe fait vn creux
de deux ou trois eminences iointes enfemble,

comme il se voit dedans le creux de l'Os Ischiu.
Et encore que souuent ce creux face partie du
corps de l'Os ; toutesfois à cause qu'il se forme
d'vn cercle du mesme Os, qui s'eleue au dessus
de la surface de tout l'Os, on ne laisse pas de le
prendre pour Apophyse. *Galien au liure des Os,*
remarque vne Apophyse dedans l'Os de l'épaule, quoy que ce soit vn Col, dont l'extremité est
Glenoïde ; & delà l'on peut voir que les creux
se doiuent rapporter sous le genre d'Apophyse,
& qu'vn creux, s'il est rond, & grand, se peut
appeller teste, puisque le col, selon Galien, est
tousiours au dessous de la teste. En chacun des
Os qu se ioint à vn autre, & qui fait vne Articulation, i'ay coustume de faire remarquer le
corps & les extremitez, lesquelles sont ou formées en mesme temps que luy, ou nées depuis
son entiere perfection. Ce que l'on doit appeller
le Corps de l'Os, est ce qui a esté establi de la
nature, pour estre le fondement des extremitez.
Les extremitez de l'Os, qui sont nées en mesme
temps que luy, se nomment Apophyses, & celles qui suruiennent apres qu'il est parfait, se
nomment Epiphyses, & l'on doit parler de ces
derniers dans *le Traité des Os de l'Enfant* ; ce
qui fait que nous n'en parlons point en cét endroit.

Il est bon toutesfois de sçauoir que les bouts
des Os, qui seruent à l'Articulation, sont Epiphyses, qui paroissent principalement en ces
lieux, & qu'il faut s'en instruire en la dissection
d'vn enfant, à cause que dans les hommes parfaits ils deuiennent Apophyses, & qu'il ne reste
alors aucune marque de leur ancienne diuision,
y ayant seulement quelquesmarques au dedans

qui font reconnoiftre leur nature ; c'eft à fçauoir, qu'ils reffemblent en quelque forte à la
pierreponce, & font ordinairement fanglants:
Les Apophyfes, au contraire, eftans toufiours
en vn autre lieu, qu'en celuy où fe fait l'Articulation, & eftant toufiours plus dures que les
Epiphyfes.

La feconde façon en laquelle on confidere
les Os, regarde la liaifon qu'ils ont entre eux,
laquelle eft differente, fuiuant les Os, & il eft
neceffaire que nous en parlions en general.

De la liaifon & entrelaffement, que les Os ont les vns auec les autres.

CHAPITRE VI.

IL euft efté tres-peu conuenable pour la feureté de l'homme, & mefme pour la bien-
feance, que cét animal tout diuin eut rampé
contre terre, à la façon des vers, & des ferpuns.
La Nature a voulu qu'il euft le corps affermy
par le moyen des Os durs, & folides, & que par
leur moyen, il peût fe tenir droit, quand bon luy
fembleroit. Elle a voulu auffi que fes Os fuffent
en grand nombre, afin qu'il peût fe mouuoir,
& fe tourner de quelque cofté & maniere qu'il
voudroit : Elle s'eft feruie d'vne telle adreffe
pour les ioindre les vns aux autres, que l'extremité de chacun d'eux, entre dedans vn creux de
celuy duquel il eft proche. C'eft ce que l'on
nomme ordinairement Articulation, lequel
mot a fait naiftre beaucoup de debats entre les
Anatomiftes, les vns voulans que toutesfois &
quantes que deux Os fe touchent, l'on nomme
cela

cela Articulation, & les autres ne voulans point
que le nom leur puisse conuenir, si outre, qu'ils
se touchent les vns aux autres, il n'y a encore du
mouuement entre-eux. Si l'on veut que l'Articulation se puisse faire sans mouuement, l'opinion de Galien peut estre facilement defenduë.
Cét Autheur met deux especes d'Articulation,
dont l'vne est auec vn mouuement manifeste, &
se nomme Diarthrose : L'autre est, ou auec vn
mouuement tres-obscur, ou sans aucun mouuement, & elle s'appelle Synarthrose. Et il
donne trois differences de cette espece immobile, qu'il appelle Suture, Harmonie, & Gomphose. Ceux, au contraire, qui ne veulent point
qu'on parle de mouuement dans la definition de
l'Articulation, la rapportent à vne troisiéme
espece d'Articulation, dont Galien fait mention, qu'ils appellent Neutre, & qu'ils mettent
entre la Diarthrose, & Synarthrose. D'aucuns
mesmes y font vn mot nouueau, & la nomment
Amphiarthrose. Alors que la composition est
si difficile à connoistre, & le mouuement si caché, que l'on ne sçauroit dire si on le doit ranger sous la Diarthrose, ou sous la Synarthrose.
Mais mon sentiment est, qu'vn passage de Galien mal entendu a trompé plusieurs Anatomistes, & que son sentiment doit estre expliqué
de cette sorte. Les Os sont ioints ensemble, ou
par Articulation, ou par la Symphyse. L'Articulation se fait, quand deux Os se ioignent, &
se touchent l'vn l'autre, & ces deux premieres
especes sont nommées Diarthrose, quand le
mouuement est euident, & Synarthrose, quand
le mouuement est obscur, ou qu'il n'y en a point
du tout. Et chacune de ces deux especes, aura

B

fous foy de femblables differences : L'vne fe difant, par exemple, l'Enarthrofe de la Diarthrofe, fi le mouuement eft manifefte, & l'autre s'appellant l'Enarthrofe de la Synarthrofe,
fi le mouuement eft obfcur. Et ainfi des autres
differences.

Nous appellons Enarthrofe quand vne grande
& longue tefte entre dedans vn grand creux, laquelle eftant commune à la Diarthrofe, & à la
Synarthrofe, il eft befoin que ie rapporte des
exemples de l'vne & de l'autre de ces differences.
L'on voit l'Enarthrofe de la Diarthrofe, eftre
auec vn mouuement manifefte dans l'Articulation de l'Os Ifchium, & l'on voit l'Enarthrofe
de la Synarthrofe, eftant auec vn mouuement
obfcur dans l'Articulation du talon, auec l'Os
Scaphoide.

L'Arthrodie fe fait quand vne tefte plate &
baffe eft receuë par vn creux qui eft poly, & qui
n'a quafi que la furface. Nous donnerons pour
exemple de l'Arthrodie de la Diarthrofe, l'Articulation qui fe fait de l'Os Humerus, auec
l'Os de l'épaule. Et pour celle de l'Arthrodie de
la Synarthrofe, l'Articulation qui fe fait des
Os du Carpe, auec les Os du Metacarpe.

Le Ginglyme fe fait quand deux Os entrent
mutuellement l'vn dans l'autre. Et cette façon
d'Articulation paroift manifeftement dans les
ferrures des feneftres, & des portes, où il arriue fouuent, que l'vne & l'autre ferrure, fçauoir,
celle qui tourne, & celle autour de laquelle elle
tourne, entrent mutuellement l'vne dans l'autre.
Nous donnerons pour exemple du Ginglyme de
la Diarthrofe, l'Articulation qui fe fait de l'Os
du bras auec celuy du coude. Et pour exemple du

Gynglime de la Synarthrose, où le mouuement
est obscur, nous apporterons celuy du talon, auec
le peroné. Les Anatomistes adioustent encore
vne quatriéme difference d'Articulation, qu'ils
nomment Trochoïde, ou Tournoyante, pour
ce que l'on voit que le mouuement se fait en
tournant, comme il arriue en l'Articulation de
la premiere Vertebre, auec la seconde. Mais ie
croy qu'il la faut rapporter à l'espece que nous
auons nommée cy-deuant Arthrodie. Quant à
ce qui regarde le Ginglyme, il y en a plusieurs
differences, lesquelles ie croy que l'on peut methodiquement diuiser de cette sorte.

Le Ginglyme est vne Articulation de plusieurs
Os, qui se reçoiuent les vns les autres. Cette sorte d'Articulation est simple, ou composée. La
simple est, quand deux Os par vne seule Articulation se ioignent dans la mesme partie; comme l'on voit dans l'Articulation du coude, auec
le bras. La composée, se fait de deux Articulations; & cela arriue, ou dans les deux-mesmes
extremitez, ou aux lieux qui en sont éloignez,
par l'interualle de deux ou trois Os: Ce qui s'ac-
complit par vne double Articulation, qui se fait
dans les mesmes extremitez. L'on voit les exé-
ples de cecy dans les vertebres du col, où les
Apophyses plates & Glenoïdes de la vertebre
d'enhaut, reçoiuent les Apophyses éleuées, &
condyleuses de la vertebre, qui est au dessous
d'elle. Et en mesme temps le corps de la vertebre d'enhaut, est receu dedans le creux de la
vertebre d'embas. L'exemple du Ginglyme,
composé par vne double Articulation en des extremitez éloignées de deux Os, nous paroist
dedans le coude, & le rayon, & celuy qui est

éloigné par l'internalle de trois Os, paroiſt dans
toutes les vertebres des Os du dos, & des reins.
Outre ce qui eſt dit cy-deſſus, il faut encore
ſçauoir, que la Synarthroſe contient ſous ſoy la
Suture, l'Harmonie, & la Gomphoſe. L'Harmonie eſt vne conionction, que deux Os ont
entre-eux, par le moyen d'vne ligne, ſoit
qu'elle ſoit droitte, tortuë, ou tournoyante,
ſans toutesfois qu'ils entrent l'vn dans l'autre.
Et dans cette ſorte d'Articulation, les Os, dont
les coſtez ſont égaux, ont auſſi la ligne commune égale. La Suture eſt vn aſſemblage qui
ſe fait de pluſieurs Os, en forme de ſië, ou de
peigne, comme ſi les dents de deux ſiës, ou de
deux peignes, entroient les vnes dans les autres, & cela paroiſt dans la couſture du Fripier,
& Rauaudeur. Nous n'auons pas pluſieurs differences de Sutures, mais vne ſeule. La Gomphoſe eſt vne emboiture qu'vn Os a dans vn autre, dans lequel il eſt ſi fortement fiché, & attaché, qu'il ne ſe peut aucunement remuer de ſa
place.

La Symphyſe eſt l'eſpece de ionction des Os,
qui eſt oppoſée à l'Articulation : & cette conionction eſt autant immobile, comme ſi vérita-
blement deux Os n'eſtoient qu'vn meſme. Et
dautant qu'il y a certains Os, que la Nature a
fait dés le commencement, diuiſez les vns des
autres, leſquels toutesfois par le ſuccez du temps, s'vniſſent en vn, cela nous oblige à les diuiſer en ceux, dans le milieu deſquels il n'y a aucun corps viſible, & en ceux qui s'vniſſent par le
moyen de quelques autres corps qui ſont entr'eux : Leſquels corps eſtans ordinairement la
chair, le nerf & le cartilage : delà l'on tire trois

differences, que l'on nomme Syſſarcoſe, Sy-
nevroſe, & Synchondroſe. Galien en nomme
vne quatriéme, compoſée du nerf, & du cartilage, qu'il appelle Neurochondroſe, de laquelle nous parlerons plus amplement, *dans le Commentaire, ſur ſon Liure des Os.*

Mon ſentiment eſt donc, que pour expliquer
methodiquement,& ſelon la doctrine de Galien,
toutes les differences de l'Articulation, il faut y
proceder de cette ſorte. La Conſtruction des Os
ſe fait par l'approche, que leurs extremitez ont
les vnes des autres. Cette approche eſt, ou Articulation, ou Symphyſe. L'Articulation eſt vne
naturelle conſtruction de pluſieurs Os, qui eſtás
diuiſez entr'eux,doiuent touſiours auoir le meſme vſage, que la Nature leur a donné,quand ils
ont eſté formez. Cét vſage eſt deſtiné, ou pour
le mouuement, ou pour la tranſpiration,ou pour
donner paſſage à quelques ſubſtances, ou pour
diſtinguer les parties, ou pour leur ſeureté, ou
pour faire qu'elles puiſſent eſtre moins ſuiettes
à la douleur. Les exemples en paroiſſent dans les
Articulations, que nous auons appelle Sutures, Harmonies, & Gomphoſes. La Symphyſe
eſt vne vnion naturelle de pluſieurs Os,qui dans
leur premiere naiſſáce eſtoiēt diuiſez les vns des
autres, & ſe ſont ioints depuis ce temps-là, ſoit
qu'il paroiſſe quelque milieu dans l'endroit où
eſtoit anciennement leur diuiſion, ſoit qu'il ne
s'y en voye aucun, comme dans les Os du Ster-
num, de l'Os ſacré, de l'Os Iſchium, & les Os
qui font partie de la maſchoire d'embas.

L'on voit par là, que la conſtruction des Os
eſt le genre commun à l'Articulation & à la
Symphyſe, qui en ſont les deux premieres eſpe-

ces. Que si au contraire, le mot de Symphyse s'entendoit contre l'opinion de Galien, suiuant celle de nos nouueaux Anatomistes, quelque part où il y auroit Articulation, il y auroit aussi Symphyse, pour lier les Os ensemble; ce qui feroit que Galien auroit impertinemment opposé l'Articulation à la Symphyse.

De la diuision du Scelet.

CHAPITRE VII.

L'Assemblage de tous les Os du corps humain attachez ensemble, est appellé par Galien, Scelet. L'on le diuise ordinairement en la teste, au tronc, & aux extrémitez; quoy qu'Hippocrate semble l'auoir diuisé en six parties, à sçauoir, en la teste, au col, en l'espine, (qui contient & signifie la poitrine) aux reins, aux pieds, & aux mains. Galien mesme, semble vouloir qu'on le diuise en la teste, l'espine, la poitrine, les pieds, & les mains, comme l'on voit par la suite de la doctrine qu'il en a laissé par escrit, & par la distribution de ses Chapitres *du Liure des Os*. Nous suiurons la doctrine ordinaire, & à l'imitation de Galien, nous commencerons par la teste; à cause que c'est l'Os que la Nature a coustume de faire le premier, & qu'elle fait seruir de germe, & de fondement aux autres, & le reste des autres Os, deuans auoir vne proportion qui réponde en grosseur à celle de la Teste.

De la Teste, qui est la premiere partie du Scelet.

CHAPITRE VIII.

GAlien entend par la Teste, la partie, qui est placée au dessus du col, qui sert de domicile, & de siege au cerueau. On la diuise en Crane, & en Face, qui contient sous soy les deux machoires. Le Crane est vn gros corps rond, approchant de la figure d'vn Globe, & entierement creux au dedans. Cette rondeur n'est pas toutesfois entierement Spherique, à cause qu'il y a quelque portion d'Os, éleuée tant au deuant, qu'au derriere, qui font que le Crane paroist longuet, & que des deux costez, vers les tempes, il paroist estre abaissé. L'on voit delà, que la figure de la Teste, doit estre oblongue, autrement elle seroit vicieuse, si cette longueur luy manquoit. Ce qui cause en elle quatre sortes de figures defectueuses. La premiere est, quand cette bosse du deuant luy manque. La seconde est, quand elle n'a point celle de derriere. La troisiéme, quand elle n'a ny l'vne ny l'autre, & alors elle paroist toute ronde. La quatriéme est, quand les bosses qui deuroient paroistre aux deux bouts de sa longueur, paroissent aux deux bouts de sa largeur. Et cette figure change tellement la disposition des parties du Cerueau, qu'il est impossible que l'Animal qui est en cét estat, puisse longtemps demeurer en vie.

Cette figure du Crane n'est pas eóposée d'vn seul Os, mais de plusieurs. Les Autheurs qui les ont décrits, ne sôt pas d'accord de leur nombre.

Galien & Syluius luy en donnent sept. Bauhins,
& quelques autres modernes, les font monter
au nombre de quatorze, y adiouſtant les ſix oſſelets de l'oreile, qui fōt partie de l'Os petreux,
& qui ſont enfermez dans les creux des oreilles
ne ſeruans d'aucune choſe pour eſtablir, ou empeſcher la rondenr du Crane. Ambroiſe Paré,
n'a pas, ce me ſemble, mal rencontré, quand il
en rapporte quatorze, & qu'il les diuiſe en ceux
qui contiennent & qui montent au nombre de
huict, & en ceux qui ſont contenus, qui ſont les
ſix petits Os de l'oreille. Hippocrate ſēble vouloir compoſer le Crane de huict Os, mais dans
ce nombre il meſle quelques-vns des Os de la
Face. Veſale, Colomb, Fallope, & les autres
plus celebres Anatomiſtes, s'arreſtent à ce nombre de huict, & ie croirois manquer ſi ie ne m'y
arreſtois pas, puiſque par l'œil nous le décou-
urons eſtre veritable.

Les interualles & diſtances qu'il y a en tous ces
Os, ſe nomment Sutures, & c'eſt par elles qu'ils
ſont liés enſemble.

De ces Sutures les vnes ſont propres, & les
autres communes; les propres ſont celles, qui
ſeruent à diuiſer entr'eux les Os du Crane; les
communes ſont celles qui mettent la diuiſion
entre les Os du Crane & ceux de la machoire
d'enhaut. Celles qui ſont propres ſe diuiſent en
vrayes & en fauſſes. Les vrayes ſont celles où
l'on void quelques Os, dont les extremitez faites en forme de dent, entrent les vnes dans les
autres. Les Anatomiſtes les mettent au nombre
de trois: La premiere eſt la Coronale, & elle eſt
placée au deuant du Crane, & va de l'vne des
tempes à l'autre, trauerſant par le deuant de la
Teſte.

Teste. La seconde, qui luy est opposée, & qui est placée au derriere de la Teste, s'appelle Lambdoide, & elles sont iointes ensemble par vne troisiesme, que l'on appelle Sagittale, & qui part de la pointe de la Lambdoïde, & se conduit selon la longueur du Crane, descendant mesme quelquefois iusques auprés du nez. L'on nomme l'endroit où elle rencontre la Coronale, la Fontaine de la Teste, & c'est en cét endroit que l'on met ordinairement le cautere.

On remarque au dessus des oreilles deux Sutures entierement dissemblables aux autres, & pour cette raison on les appelle fausses. Elles sont aussi nommées escailleuses, à cause de leur ressemblance, & pource qu'elles font que les Os des tempes, se ioignent & s'attachent à ceux qui sont au dessous en la façon des escailles ou des tuiles. Les Sutures communes sont au nombre de trois. La premiere est placée dans le Front, & part de l'angle exterieur de l'œil, & passant par le milieu de son orbite, arriue au sourcil; & puis passant par l'autre orbite, & gardant le mesme chemin, elle finit dedans le petit coin de l'œil; elle sert à diuiser l'Os du front de la maschoire d'enhaut. La seconde est appellée Sphenoïde, à cause qu'elle entoure tout l'Os qui porte ce nom, & elle commence par le milieu des eleuations qui sont au derriere de la Teste, & finit vers la derniere dent de la maschoire d'enhaut. La troisiesme est celle de l'Ethmoïde, à cause qu'elle entoure vn Os qui porte ce nom, & il semble plustost qu'elle soit propre que commune, & qu'elle doiue estre plustost rangée sous le genre de l'Harmonie, que sous celuy de la Suture.

C

Il n'eſt pas difficile quand on a vne parfaite connoiſſance de toutes ces Sutures, de treuuer les huiĉt Os, dont nous auons cy-deuant fait mention, qui ſe montent quelquefois à neuf, quand la Suture ſagittale vient iuſques deuers le nez, & couppe l'Os du front par le milieu. Ce qui arriue ſouuent, meſmes en ceux qui ſont aſſez aduancez en âge. Ces huiĉt Os ſont tous propres au crane, ſi ce n'eſt que nous mettions le Sphenoide au rang des Os, qui luy ſont communs auec la face, conformément à l'opinion de Galien. Le premier eſt l'Os du Front, qui eſt ſeparé par la premiere Suture commune, & par la Coronale, & quelquesfois couppé en deux par la ſagittale, comme il a eſté deſia dit. Il a en ſoy deux creux deſſous les deux boſſes, qui forment les ſourcils, qui s'eſtendent iuſques aux deux narines.

Le ſecond & le troiſieſme forment les Os du ſommet de la Teſte, qui ſont ſeparez par en haut par la Suture ſagittale, par en bas par les eſcailleuſes, en deuant par la Coronale, & en derriere par la Lambdoïde.

Au deſſous d'iceux, l'on treuue les Os des Tempes, le deſſus deſquels eſt emmenuiſé en forme d'eſcaille, quoy que leur partie baſſe ſoit tres dure, & inégale, ce qui luy a fait donner le nom de pierreuſe, & qui eſt cauſe que l'on diuiſe chacun de ces Os, en la partie eſcailleuſe, & en la partie pierreuſe. L'on treuue dans cette derniere partie quatre eminences, ou Apophyſes, dont trois ſont exterieures, que l'on nomme Maſtoide, Styloïde, & Zygomatique. La quatrieſme eſt interieure, & placée dans la baſe du Crane, que l'on peut appeller auriculaire. Aux

enfans elle eſt au rang des Epyphyſes, & elle ſe
ſepare facilement de l'Os pierreux.

L'on rencontre dans le dedans de cette eminence les trois creux de l'oreille. Le premier eſt
le creux du dehors de l'oreille, que l'on nomme
ordinairement le conduit de l'oüye. Le ſecond
eſt appellé la coquille ſimple, & il contient non
ſeulement l'air qui a eſté dés le commencement
enfermé là dedans pour ſeruir à l'oüye, mais
auſſi trois oſſelets, qui à cauſe de leur reſſemblance s'appellent le marteau, l'enclume,& l'e-
ſtrieu. Ayant outre cela vn trou qui paſſe outre,
iuſques à la capacité du Maſtoïde. Le derriere
de ce creux, qui eſt oppoſé directement au tambour, a deux troux aſſez remarquables, dont
l'vn s'appelle la feneſtre, faite en Ouale, & ſert
d'entrée au troiſieſme conduit, que l'on appelle
le labyrinthe, à cauſe des tournoyemens qu'il
fait, qui retournent enfin où il a commencé.
L'autre trou eſt plus petit, & entre dans la quatrieſme cauité, appellée Coquille de limaçon,
à cauſe de ſa figure aſpre, & tournoyante.

Le ſixieſme des Os du Crane eſt celuy du derriere de la teſte, autrement appellé Lambdoïde,
à cauſe qu'il eſt entouré de la Suture Lambdoïde, de laquelle les extremitez ſont appellées
Cornes par les anciens Medecins, & par Galien
les allonges de la Suture Lambdoïde. Et c'eſt en
ce lieu où l'on met quelquefois le cautere, quand
il ne peut s'attacher au creux du derriere de la
teſte ou qu'il y cauſe vne trop violente douleur.

Le ſeptieſme des Os du Crane eſt le Sphenoïde, dans lequel il eſt neceſſaire de conſiderer ces
deux tables. Celle qui eſt au dehors,& celle qui

eft au dedans. Celle du dedans, a trois eminences, que l'on nomme. Clinoïdes, à caufe de la
reffemblance qu'elles ont au pied d'vn lict. L'v-
ne d'icelle eft au derriere, & les deux autres font
au deuant, & s'eftendent iufques à l'origine des
nerfs Optiques. Ce que l'on appelle la Selle du
Sphenoïde, fe rencontre enfermé entre ces eminences. La table ou face exterieure a auffi quatre
eminences, deux defquelles font appellées naui-
culaires, à caufe qu'elles reffemblent à vne na-
celle, & par Galien Pterygoïdes, à caufe qu'elles reffemblent aux ailes eftenduës d'vne chau-
ue-fouris. Les deux autres, qui font fous le Zygoma, & qui approchent des tempes, font appellées temporales. Entre les deux tables de cét
Os, il y a vn creux vuide ou conduit, qui entre
par deux trous dedans le nez, & a dans fon milieu vne petite feparation, ce qui ne fe treuue pas
quand l'Os du front eft entierement folide.

Le huiétiéme Os du Crane eft nommé Ethmoide, à caufe qu'il eft percé côme vn crible, ou fpô-
gieux, à caufe qu'il a la rareté d'vne efponge, &
l'on remarque en luy ces differentes parties. La
premiere eft fa table ou face exterieure percée
comme vn crible, qui iette au dedans du Crane
vne petite eminence, qui porte le nom de crefte
de cocq, & que l'on compte pour la feptiefme
partie de cét Os. Il fort auffi de cette mefme table vne petite lame d'os, qui fepare les deux narines, & que l'on peut appeller la barriere des
narines, & que l'on compte pour la troifiefme
des parties cy deffus. Et cette barriere eft accompagnée de deux Os, qui tiennent de la nature de l'efponge, & que l'on compte pour la
quatriefme & cinquiefme partie. Comme l'on

met pour la sixiesme & septiesme vne autre petite portion plate, polie, faite en forme d'escaille à
peu prés de la largeur du pouce, qui entre dedans chacune des deux orbites, & en fait vne
partie, qui est auprés du grand coin de l'œil,
iette aussi trois, voire quatre petites aduances,
qui vont du grand coin au dedans de l'orbite, &
qui sont estenduës les vnes auprés les autres.

On remarque quelques conduits dedans la
base ou assiette externe, & interne du Crane: Les
vns desquels portent le nom de sinuositez, les
autres de trous, & les autres de fosses, lesquels
il faut voir au long dedans Syluius, qui les a fort
methodiquement descriptes. Nous en dirons
seulement quelque mot, pour monstrer les endroits où ils se rencontrent.

Les sinuositez sont au nombre de huict, les
deux premieres sont celles des machoires, & on
les treuue dans la machoire d'enhaut : les deux
autres sont celles du front, & on les treuue dedans les deux Os du front. Les deux qui les suiuent sont les Sphenoïdes, & elles se treuuent dans
l'Os qui porte ce nom, & les deux dernieres sont
appellées Mastoïdiennes, à cause qu'on les treuue dedans les eminences Mastoïdes.

Les trous de la Teste paroissent au dedans ou
au dehors. Ceux du dedans sont ordinairement
vingt-cinq, & quelquefois vingt-sept, y en
ayant douze ou treize de chaque costé, & vn
dans le milieu, qui n'en a point qui luy soit opposé, & qui sert pour donner passage à la moëlle
qui sort du cerueau pour entrer dedans l'espine.
Le premier est celuy de l'Os Ethmoïde : Le second celuy du Sphenoïde : Le troisiesme est dit
Optique : Le quatriesme est la seule fissure de

l'orbite de l'œil : Le cinquiefme eft celuy des
tempes, qui donne paffage au nerf de la troifiefme coniugaifon, pour aller dans les mufcles
des tempes : Le fixiefme eft le premier de ceux
qui conduifent le nerf qui fert au gouft : Le feptiéme eft le fecond deftiné pour le mefme vfage:
Le huictiefme donne paffage à la ceruicale : Le
neufiefme à l'artere carotide : Le dixiefme porte
le nerf qui fert a l'oüye : L'onziefme donne paffage aux veines iugulaires ; & le douziefme au
nerf qui remuë la langue. Celuy qui fait le dernier, eftant le trou du derriere de la tefte, comme il a efté defia dit. Les trous du dehors font,
à l'opinion de Syluius, dix de chaque cofté, mais
i'y en adioufte vn onziefme, qui eft le trou du
dehors de l'oreille, il y a en outre, vn trou qui fe
fepare en deux, & qui eft diuifé par vne petite ef-
caille, que l'on prend d'abord pour vne efpece
d'entrée, & il eft fitué prés de la racine de l'A-
pophyfe Styloïde, dedans la partie externe de
l'extremité de l'éminence des oreilles.

Le premier donc de ces trous de dehors eft celuy des fourcils : Le fecond eft celuy de la glande lacrymale : Le troifiefme eft celuy de l'orbite
externe : Le quatriefme celuy de cette partie
qui eft faire de l'Ethmoïde : Le cinquiefme
eft au deffus du palais : Le fixiefme eft à l'extremité du mefme palais : Le feptiefme eft la fente qui eft deffous le Zygoma : Les huict & neufiefme font entre les fiffures des eminences
Pterygoïdes : Le dixiefme eft le Maftoïde, &
l'onziefme eft le trou exterieur de l'oüye.

Les foffes font femblablement au dedans, ou
au dehors. Celles du dedans font au nombre de
fix, & font placées en dedans, vers la bafe du

Crane : Deux d'icelles font celles du front, deux
autres celles des tempes, & les dernieres les
deux du derriere de la tefte. Celles du dehors
font au nombre de fept, aufquelles i'adioufte
pour huitiefme celle qui fait le creux des narines. La premiere eft dans l'orbite de l'œil : La
feconde eft dans le nez ; la troifiéme eft au Zygoma, la quatriéme au deffus du palais, la
cinquiéme au deffous du palais, la fixiéme
prés de l'Apophyfe Pterygoïde, la feptiéme
fert pour l'articulation de la machoire interne,
& la derniere eft dans le trou de la fixiéme coniugaifon.

De la Maſchoire d'enhaut.

CHAPITRE IX.

L'AVTRE partie de la Tefte fe nomme la
Face, qui comprend l'vne & l'autre Mafchoire, & eft feparée du Crane par la premiere
des Sutures communes. La Maſchoire d'enhaut
eft faite de plufieurs Os, du nombre defquels les
Anatomiftes ne font pas d'accord. Ie ne m'a-
muferay point à rapporter les opinions nouuelles, qui pour la plufpart font friuoles ; Ie me
contenteray de reduire ces Os au nombre de
onze, fans parler de ces extremitez de l'Os
Ethmoïde, que quelques Anatomiftes ont compté pour l'onze & douziéme Os. Car il eft certain que les Os feuls qui font feparez & diftin-
guez des Os du Crane, doiuent eftre mis au rang
des Os de la Maſchoire, fans qu'il foit befoin de
metre en ce nombre les parties d'iceux. Et il fe
trouuera, que quelques Os de l'Orbite, qui font

vne partie de fō tour auec l'Os de la Mafchoire,
font partie des Os de la tefte, comme le bout
du Sphenoïde, & cette partie large qui eft dans
l'Ethmoïde ; ce qui fait que l'on les met impertinemment au rág des Os de la Mafchoire. Que
fi quelqu'vn me dit, qu'ils doiuent appartenir à
la Mafchoire, à caufe qu'ils font au deffous de la
Suture commune du Front, qui fepare le Crane
d'auec la Mafchoire, ie leur répondray, que cela n'y fert de rien, puis que par la mefme raifon,
les Apophyfes des Os du crane, & les Pterygoïdes, qui fortent hors de la rondeur du Crane,
& qui font dedans le mefme plat, auec cét Os
large, appellé Vomer, qui feruent mefme à foû-
tenir la Mafchoire, deuroient auffi luy appartenir. Ou puis que Galien met l'Os Sphenoïde parmy les Os de la Mafchoire, & qu'il le compte
comme le dernier, & furnumeraire, ie me tien-
dray au nombre de onze, comme i'ay dit cy-deuant. De ces Os il y en a cinq de chaque cofté,
& vn qui n'en a point, qui luy foit oppofé à caufe
qu'il eft au milieu, pour feruir à fouftenir le palais. Le premier eft appellé l'Os de la iouë, &
l'on peut auffi le nommer Zygomatique, à caufe
qu'il fait la meilleure partie du Zygoma, & qu'il
compofe le petit angle de l'œil, & vne grande
partie de l'Orbite. Ce que l'on nomme Zygoma,
n'eft autre chofe qu'vn demy cercle d'Os compofé de deux eminences, qui font iointes enfemble par vne petite Suture oblique, l'vne
defquelles vient de l'Os pierreux ; & l'autre fait
vne partie de l'Os de la iouë. Le fecond Os de la
mafchoire, s'appelle l'Ongle, ou l'Os de la fiftule lacrymale, & eft placé dedans le grand
coin de l'œil. Le troifiéme eft vn grand Os, qui

contient la moitié des dents, & mesme compose le bas de l'Orbite, & le dedans du nez. On le
pourroit appeller proprement l'Os de la maschoire. Le quatriéme est l'Os du nez; de sorte
qu'il entre quatre Os dans la composition du
nez, dont deux luy sont propres, qui sont nommez cy-dessus, & deux luy sont communs, à
cause qu'ils font partie des Os de la maschoire.
Les nouueaux Anatomistes mettent vn Os entre
le Sphenoïde & le palais, & cét Os que l'on nomme Soc de charuë (à cause qu'il ressemble à ce
fer, que l'on met au bout d'vne charuë, pour
fendre la terre) n'a pas esté inconnu au grand
Hippocrate, & il s'étend iusques au dedans des
narines, & souftient leur entre-deux, auquel il
est ioint par vne Suture ou Harmonie.

Des Os qui forment les Orbites.

CHAPITRE X.

CEs Os sont appellez par Hippocrate, les
Os du dessous des yeux, & ce sont eux qui
font la fosse, ou orbite de l'œil. Piccolominus
les met au nombre de cinq, mais il n'a pas pris
garde, qu'il oublioit la portion de l'Os de la
maschoire, qui y sert aussi, & qui iointe à eux,
fait le nombre de six. Mais ces Os ne sont point
du tout propres à cette partie; si ce n'est celuy à
qui nous auons donné le nom d'Ongle; mais ils
font partie tant des Os du Crane, que des Os
de la maschoire d'enhaut. Le premier est l'Os
du Front, qui fait comme la voûte de cette
chambre. Le second; qui se trouue dans le fond
de l'orbite au costé exterieur, qui tire vers le pe-

tit coin de l'œil, est vne partie du Sphenoïde. Le
troisiéme est le Zygomatique, il fait le petit coin
de l'œil, & le milieu du plancher de l'orbite.
Le quatriéme est l'Os de la maschoire. Le cinquiéme est l'Os de la fistule lacrymale. Et le
sixiéme est cette table écailleuse de l'Os Ethmoide, qui fait l'autre costé de l'orbite, tirant
vers le grand angle de l'œil. Ces Os sont diuisez
entr'eux au dedans de l'orbite, par le moyen des
Sutures propres & communes.

De la Maschoire d'embas.

CHAPITRE XI.

LA Maschoire d'embas à ceux qui sont auancez en âge, n'est faite que d'vn seul Os, dans
lequel il faut remarquer la base, & les extremitez. La base est la partie qui est au milieu, qui est
creusée en dedans, mais fort éleuée au dehors,
ce que l'on appelle le Menton. Les deux bouts
de cette base sont appellez les angles de la
Maschoire. Vn chacun desquels se termine en
forme de corne, & produit deux Apophyses, dont
l'vne est fort pointuë, & elle s'appelle Corone,
& reçoit le tendon du muscle temporal. L'autre
se nomme Condyle, & se peut nommer l'Apophyse de l'Articulation, à cause qu'elle luy sert,
& qu'elle fait que la Maschoire soit plus fortement attachée. Au dessus de ces Apophyses, il
y a vn trou assez remarquable, par où passent les
veines, les arteres, & les nerfs, qui se doiuent
separer pour aller en chacune des dents. Vne
partie desquels vaisseaux passe par vn autre trou
plus petit, & qui paroist plus au dehors, pour se

ietter dans les muscles des levres.

De l'Os que l'on appelle Hyoïde.

CHAPITRE XII.

ON peut mettre au rang des Os de la Teste, l'Os qui à cause de sa figure, ressemble à vn y, & est pour cét effet appellé Hyoïde, & il est mis en ce rang, à cause qu'il est suspendu & attaché par des liens nerueux aux Apophyses, appellées Styloïdes. Cét Os est composé de cinq petits, le plus grand desquels est creux, & est appellé base; ceux qui veulent y mettre vn six & vn septiesme, prennent les ligamens qui seruent à le soustenir pour des Os, dautant que ces ligamens sont ordinairement composez de nerfs, & quelques fois de cartilages. Des deux bouts de ce principal Os, il sort vne petite corne, faite de cartilage, & rarement d'Os, laquelle s'attache à la pointe du cartilage Tyroïde, quelques vns ont voulu faire passer cela pour le huit, & neufiéme Os de l'Hyoïde. Cét Os est le fondement du gozier, & de la langue, & il reçoit dans ses capacitez, la langue, au iugement des Anatomistes; mais l'on reconnoist à l'œil, que l'Epyglotte seule, y est receuë, & que la langue est seulement soustenuë par le haut des costez, qui sortent de la base.

Des Dens.

CHAPITRE. XIII.

LEs dens sont les instrumens destinez pour
hacher la viande par morceaux, & pour former la voix. Ils sont mis sous le genre des Os,
mais ils ont toutesfois vne nature differente des
autres Os. Elles sont faites de deux parties differentes, qui ne sont pas toutesfois separées l'vne
de l'autre, mais continuës. Celle qui sort hors
de la genciue s'appelle la base, & l'autre, qui
est cachée dedans son bassinet, se nomme la racine. Cette racine n'est pas entierement solide; mais elle est vn peu creuse; afin de pouuoir
receuoir vne petite veine, vn petit nerf, & vne
petite artere. Le nombre & la figure des racines
sont differentes. La racine des dens, que l'on
appelle tranchantes, est simple & droite, ayant
seulement vne petite fissure au milieu, afin qu'elle puisse estre plus fortement attachée. Les dens
de chien ont pareillement vne seule racine, mais
les grosses ou machelieres d'enhaut en ont trois,
& les ont courbées, à cause que pendans à la maschoire, elles eussent pû plus facilement tomber.
Pareillement les machelieres d'embas ont vne
double, & quelquesfois vne triple racine.

Le nombre des dens est different selon la difference des âges. Il en sort aux enfans depuis sept
mois iusques à deux ans, & plus le nombre de
vingt petit à petit, & les vnes apres les autres, &
ce nombre demeure en cet estat iusques à quatre
ans, depuis lequel temps il en sort encores huict
ou douze : ce qui fait qu'on en peut compter de-

dans les deux machoires iusques au nombre de vingt-huict, ou de trente-deux.

Ces dents se diuisent en trois ordres, à raison de leur situation & de leur grandeur. Les quatre premieres sont appellées tranchantes, les deux suiuantes se nomment dents de chien, & par le vulgaire les œilleres. Les autres huict ou dix sont appellées machelieres, estant situées & cachées dedans l'vne & l'autre machoire, où il y a des creux faits exprés, qui n'ont aucune continuité les vns auec les autres, mais sont diuisez en forme de cellules, & de bassinets. Cette sorte d'articulation, par laquelle les dents sont attacheés à la machoire, s'appelle Gomphose.

Du Tronc, qui est la seconde partie du Scelet.

CHAPITRE XIV.

LE Tronc contient sous soy l'espine, & les Os qui luy sont attachez, & il est composé de l'espine, & de la poictrine. L'espine est vn conduit fait de plusieurs Os, qui sert à receuoir la moëlle que l'on nomme de l'espine. Et elle s'estend depuis la teste, iusques au croupion. Elle est faite de plusieurs Os, afin qu'elle fust moins suiette aux douleurs, & qu'elle eust plus de seureté dans son mouuement. Il estoit mesme necessaire qu'elle fut faite ainsi pour la necessité des ses actions, & afin que l'homme se peust bailler & couber, quand bon luy sembleroit. Les Os, dont cette espine est composée, sont appellez Vertebres, & en chacune d'icelles il faut considerer deux parties, dont l'vne est in-

terieure, qui eſt groſſe & ronde, & que l'on appelle le corps de la Vertebre; l'autre eſt exterieure, & pleine de boſſes, à cauſe des Apophyſes, qui en ſortent. Ces Apophyſes ſont
de trois ſortes, droites, des biais, & de trauers; celles de derriere, qui ſont en forme
de pointes, ſont proprement dites l'eſpine; celles
des coſtez, ou tranſuerſes, ſont doubles; les
obliques ſont au nombre de quatre, & c'eſt par
leur moyen que les Vertebres ſe ioignent enſemble par le Ginglime compoſé, auquel nous
auons dit, que trois Os eſtoient neceſſaires. De
ces Apophyſes obliques il y en a deux, qui ſont
plus hautes & eleuées, qui ſont celles d'enhaut, &
deux autres, qui ſont plus baſſes, & plus rabat-
tuës, qui ſont celles d'enbas, d'où s'enſuit que
chaque Vertebre a ſept eminences, qui ſortent
de ſon corps.

Toute l'eſpine ſe ſepare en quatre parties, qui
ſont le col, le dos, les reins, & l'Os ſacré. Le
col eſt fait des ſept premieres Vertebres, qui paroiſſent enhaut. Le dos eſt compoſé des douze
qui les ſuiuent, les lombes en ont ſeulemēt cinq;
& l'Os ſacré eſt quelquefois fait d'vn Os ſeul,
quelquefois de trois aux perſonnes meſme qui
ſont deſia aſſez aduancées en âge, mais aux enfans il ſe coupe en cinq ou ſix parts. L'on void
donc que dans les hommes parfaits l'eſpine eſt
compoſée de vingt-quatre Vertebres, auxquelles
ſi l'on adiouſte l'Os ſacré, qui eſt vne tres-grande
Vertebre, & qui fait le bas de l'eſpine, on y en
treuuera vingt-cinq ou vingt-ſept.

La figure naturelle en partie droite, en partie
courbée de l'eſpine eſt extremement bien deſcrite par Hippocrate, dans ſon Liure *des Articula-*

tions , les marques, qu'il donne pour en faire remarquer l'admirable constitution, ne se peuuent pas recônoistre en vn Scelet, de quelque addresse qu'on se soit seruy pour assembler ces parties, mais il est necessaire qu'on remarque ces particularitez dans les restes d'vn corps nouuellement disséqué, & où la pluspart des chairs du dos ayent esté leuées. Il faut principalement prendre garde , que toutes les eminences , qui paroissent en biais, soient troüées pour donner passage aux veines & aux arteres qui montent au col, & courbées vers leurs extremitez, pour conduire plus delicatement le nerf , qui est d'vne nature tres molle. Les eminences qui paroissent au derriere, qui sont proprement en forme d'espine , sont fenduës en deux , & ont deux petites cornes , afin qu'elles puissent plus facilement seruir à l'origine & à l'insertion des nerfs. L'on remarque toutesfois, que les deux premieres Vertebres sont d'vne composition differête des autres, à cause qu'elles seruent au mouuement de la teste. La premiere n'ayant point d'espine , & estant grosse & ronde en son corps. La seconde iettant vne longue dent , que l'on appelle l'eminence Odontoïde , ou Pyrenoïde. Toutes les Vertebres du col sont tres fortement attachées & enlacées les vnes dans les autres, pour empescher qu'elles ne se puissent disioindre durant les violens mouuemens qui peuuent arriuer au col. Les douze Vertebres du dos sont entierement semblables les vnes aux autres. Toutes leurs eminences sont entieres & continuës, sans estre diuisées par aucun trou. La douze ou onziesme a vne articulation toute particuliere , toutes les autres estans iointes en-

femble par Ginglymes, & cellelà eftant attachée à celles qui font proches d'elle par l'articulation qu'on appelle Arthrodie ; & c'eft pour
ce fujet qu'elle eft le fondement de tous les
differens mouuemens que fait l'efpine , foit
qu'elle fe courbe en deuant , foit qu'elle fe re-
dreffe , foit qu'elle fe panche de l'vn ou de l'autre cofté. Les Vertebres des Reins fuiuent celles
du dos, & elles font au nombre de cinq. Leurs
eminences font differentes de celles du dos, celles qui font derriere n'eftans pas courbées en
embas, mais eftant droites , & larges , & celles
qui font aux coftez eftans beaucoup plus longues que les autres, & faifant l'office de petites
coftes.

L'Os facré paroift immediatement au deffous des Vertebres des Reins. Cét Os paroift
de prime abord fimple & continu , mais l'experience nous apprend , que fi l'on le fait boüillir
long-temps dans l'huyle, il fe diuife facilement
en fix parts. L'on remarque en fon extremité
vn Os , qui approche affez de la nature de Cartilage, & que l'on peut feparer en trois ou quatre
parties. L'on le nomme ordinairement le crou-
dion.

De la Poitrine.

CHAPITRE XV.

LE Tronc du Scelet eftant compofé de l'efpine & de la poitrine, cette derniere partie
peut-eftre vn cercle d'Os deftiné pour receuoir
& contenir les parties vitales. Elle eft compofée de quatre fortes d'Os. En deuant l'on y remarque cette partie que l'on nomme le brechet:

des

des deux coſtez les coſtes paroiſſent ; par enhaut, elle eſt finie par les clauicules, & ſon derriere eſt le dos, auquel toutes les coſtes s'attachent.

Le brechet paroiſt n'eſtre compoſé que d'vn
Os à ceux qui ſont aduancez en âge, mais on
ne laiſſe pas de remarquer trois ou quatre lignes
en trauers, qui ſont les marques de ſon ancienne
diuiſion. Ces lignes paroiſſent bien mieux au
dedans que non pas au dehors. Au bas de cét Os
il y a vn cartilage que l'on nomme Xiphoïde, à
cauſe que dans la pluſpart des animaux, il a
quelque ſemblance auec vne eſpée.

Les coſtes ſont au nombre de vingt-quatre,
ſçauoir douze de chaque coſté. Les ſept qui paroiſſent enhaut ſont appellées vrayes, à cauſe
qu'elles s'attachēt à l'Os du deuāt de la poitrine,
& les cinq qui ſont embas, ſont dites fauſſes coſtes, à cauſe qu'elles ne vont pas iuſques à cét
Os, & que le reſte de leurs boûts ſemble eſtre
demeuré imparfait, n'eſtant encore que de la
nature du cartilage, afin qu'il puſt plus commodement ſe remuer, pour ſeruir au mouuement du Diaphragme, & pour ne point apporter d'incommodité aux enfleures, qui pourroient
arriuer contre nature aux parties qui ſont au deſſous d'elle, & principalement à celles du foye &
de la ratte. Les clauicules ſont au nombre de
deux, n'y en ayant qu'vne de chaque coſté, &
elles repreſentent fort bien la lettre Italique que
nous appellons . Ces deux Os ſont attachez par
vn bout à vne partie de l'Os de l'eſpaule, que l'on
nomme Acromium, & l'autre à l'Os du deuant
de la poitrine, elles ſeruent pour retenir l'eſpaule en ſa place, & empeſcher qu'elle ne tombe ſur
la poitrine.

D

Des extremitez qui font la troifiefme partie
du Scelet, & premierement de l'Os
de l'Efpaule.

CHAPITRE XVI.

L'Os de l'Efpaule ne faifant point partie de la
poitrine, mais eftant fimplement couché
deffus fon dos, & attaché en ce lieu par le
moyen des deux mufcles, dont nous parlerons
eu leur lieu, i'ay creu qu'il eftoit neceffaire de
la feparer du tronc, & qu'il valoit mieux la
mettre pour le commencement de la main.
L'on doit exactement remarquer plufieurs
parties qui font dans cét Os, & qui font
tres-neceffaires pour pouuoir auoir la connoiffance de l'origine, & de l'infertion des mufcles.

La partie qui eft couchée fur le dos, &
qui le touche en longueur, s'appelle la bafe,
fes extremitez font appellées les angles, dont
l'vn eft celuy d'enhaut, & l'autre celuy d'embas. Les deux coftez de cette bafe font appellées
les coftes, dont l'vne plus petite, & plus delicate, eft appellée la cofte d'enhaut, & l'autre plus
longue, & plus efpaiffe eft appellée la cofte d'embas. Toute la largeur de cét Os, s'appelle la table à trois angles. Sa partie qui paroift au dehors
eft eleuée en forme de boffe, & celle du dedans
eft creufe, & fert à receuoir le mufcle que l'on
appelle enfoncé. Il y a dans cét Os vne eminence
tres remarquable, qui du bas de fa bafe monte
droit enhaut, & que l'on appelle l'efpine de l'Os

de l'espaule. Son extremité, qui est fort large,
se nomme Acromium, qui au sentiment d'Hippocrate, est vn Os distingué du reste, & il deuient dur & entierement Os aux personnes
âgées, n'ayant esté durant leur enfance, qu'vn
cartilage ; qui apresla vingt-cinquiesme année
s'est endurcy, & fortement vny au reste de cette
espine. De chaquecosté de la mesme espine l'on
remarque vne fosse, l'vne est dite celle d'enhaut,
& l'autre celle d'embas, & dans son milieu il y a
vne petite eminence tortuë & courbée, qu'on
nomme la creste, ou l'aile de chauue-souris; il
y a vne extremité assez grande, & toutesfois vn
peu estroite, qui est au dessous de l'Acromium,
& a la particoppofée à la base de cét Os, que
l'on appelle le col, dans laquelle il faut bien remarquer l'eminence qui porte le nom de bec de
Corbeau, & qui sert pour faire que l'articulation
qui se fait enl'espaule soit plus seure & plus ferme. Le creuxqui est dedans cette partie d'Os,
que nous auonsnommé le col, s'appelle la cauité
Glenoide.

De l'Os du Bras.

CHAPITRE XVII.

TOute la main dépend & semble sortir de cét
Os de l'espaule que nous venons de descrire. L'on la diuise ordinairement en trois parties.
La premiere est le bras, la seconde le coude,
& la troisiesme le bas de la main, ou la petite-
main.

Dans l'Os du bras il faut remarquer ces deux
extremitez, celle d'enhaut, que l'on nomme la

teste, qui est entourée de tous costez de ligamens, & de membranes, qui partent de la cauité Glenoïde, & qui en outre est enueloppée
des quatre Aponeuroses des muscles qui l'enuironnent. Vn peu au dessous de cette teste il y a
vne partie ronde vn peu plus estroite, que l'on
nomme le col. Dedans cette teste il paroist vne
fente assez longuette, par laquelle la teste ou la
partie nerueuse du muscle à deux testes, a coustume de passer. A l'autre bout de l'Os du bras,
il faut remarquer ce que l'on nomme la poulie,
qui est la partie, sur laquelle le coude a coustume
de se tourner. Aux deux costez de cette poulie il
y a deux creux, desquels celuy qui est au dehors,
est beaucoup plus grand que l'autre ; & c'est
dedans ces creux, que les eminences de l'Os du
coude, que l'on appelle Coronnes, sont receuës.
Il y a proche de la mesme poulie deux eminences, appellées Condyles, dont l'vne est dans le
bas, & dans le dedans, l'autre est au haut, &
au dehors.

De l'Os du Coude, & de celuy que l'on nomme le Rayon.

CHAPITRE XVIII.

LA seconde partie de la main se nomme le
Coude. Elle est composée de deux Os. Celuy desquels qui paroist le plus petit, & qui
monte toutesfois le plus haut, est appellé le
Rayon. L'autre qui est plus bas, & qui paroist
au dessous du premier, retenant le nom de
Coude. Il estoit tres important & necessaire
qu'il y eust deux Os en cette partie, à cause des

differens & contraires mouuemens qui s'y deuoient faire, & qui ne pouuoient pas eſtre accompli par vn ſeul Os ioint par le Ginglyme,
par le moyen duquel l'on euſt peu ſeulement
fleſchir, & eſtendre le bras; ſon autre mouuement, qui fait que l'on le renuerſe, ne pouuant
eſtre accomply que par le Rayon, qui pourcét
effet eſt ioint par Arthrodie.

L'on ne peut pas remarquer le tournoyement
qui ſe fait au bras par le moyen du Rayon, ſi ce
n'eſt en vn corps nouuellement diſſequé, & duquel on a oſté tous les muſcles de deſſus; l'on
void alors auec grand ſuiet d'admiration que le
Rayon ſe tourne vers le bas & vers le haut, &
qu'ainſi le bras ſe courbe en deuant, & ſe renuerſe en arriere, ſans que l'Os du Coude ſe remuë en aucune façon, pouuant en méme téps remarquer que quád le bras ſe fleſchit & s'eſtend,
le Coude & le Rayon ſont remuez enſemble. Il y
a encore d'autres choſes à remarquer dans l'Os
du Coude. L'on void dedans ſon bout d'enhaut
vn creux que l'on appelle Sigmoïde, qui embraſſe fortement cette partie de l'Os du bras, que
nous auons appellée la poulie. Ce creux eſt entouré de deux eminences, que l'on nomme Corones. Deſquelles celle de derriere eſt appellée
Olecrane. L'Os du Coude a auſſi vne eminence
pointuë en la partie d'embas, que l'on appelle
Styloïde. Les deux Os cy-deſſus ſont ioints enſemble par l'eſpece de Ginglyme qui ſe fait en
deux Os, qui entrent l'vn dans l'autre, en differens lieux, & éloignez les vns des autres.

De la Main.
CHAPITRE XIX.

LE bas de la main ou la petite main, contient trois parties. La premiere contient le Carpe, ou le poignet. La seconde le Metacarpe, ou la paume de la main, & la troisiesme contient les cinq doigts.

Les Os du poignet sont au nombre de huict, qui sont en deux rangs, au bout les vns des autres, & sont ioints entr'eux par l'espece de Symphyse, que nous auons appellée Harmonie. Ce qui fait ou qu'ils n'ont entr'eux aucun mouuement, ou qu'il est du moins extrememement obscur. Le premier rang se ioint auec l'Os du Coude par l'espece d'Articulation que nous auons appellée l'Arthrodie de la Diarthrose; & ce mesme rang se ioint au second rang des Os du poignet par Arthrodie. Le second rang estant ioint aux Os qui font la paume de la main par l'Arthrodie de la Synarthrose, ce qui fait, qu'il n'y a aussi dans ce lieu aucun mouuement, ou qu'il est tres insensible. Le mouuement, qui est entre le premier & le second rang, est aussi fort caché.

La seconde partie de la main, que nous auons appellée la paume de la main, est composée, de cinq Os, en comprant le premier des Os du pouce, lequel est mis par quelques-vns hors de ce rang, à cause qu'il a vn mouuement manifeste contre la nature des autres Os de la paume, qui sont ioints auec ceux du poignet par l'Arthrodie, & auec les doigts par l'Enarthrose, excepté le quatriéme de ces Os de la paume de la main,

qui fert à fouftenir le petit doigt, auquel on apperçoit vn mouuement vifible.

Vn chacun des doigts fort en droite ligne de
ces Os de la paume, excepté le poulce. Chacun
des doigts a trois Os, qui font ioints enfemble
par le Ginglyme, & pour cét effet, ils font feulement capables de fe fléchir, & de s'étendre. Si
ils fe courbent d'vn cofté ou d'autre, cela fe fait
par le moyen de l'Articulation, qui eft entre
leurs premiers Os, & le Metacarpe, qui font
ioints en cét endroit par Enarthrofe.

Des Os des Iles.

CHAPITRE XX.

LE s deux plus grands Os de tout le corps,
& qui feruent principalement auec l'Os
facré, pour le fouftenir, & pour le dreffer,
font appellez les Os des Iles, à caufe que la plus-
grande des trois parties, dont ils font compofez,
porte ce nom. On les fepare facilement en ces
trois parties dans les enfans, mais dans les hommes âgez, toutes ces parties font entierement
continuës & vniës, & ne laiffent pourtant pas
de retenir leurs premiers noms, encores que les
marques de leur premiere feparation foient entierement effacées. La partie la plus large, &
qui tient quafi toute la largeur de l'Os, & s'é-
tend iufques à la moitié d'vn creux affez remarquable, qui eft en fon milieu, s'appelle l'Os des
Iles. L'autre partie fe diuife en deux, dont celle
d'enhaut fe nomme l'Os du Penil, ou honteux,
& celle d'embas, l'Os de l'Ifchium. Ces trois
parties d'Os iointes enfemble, forment vn affez

grand baſſinet, qui eſt entrecoupé par deuant, vers la partie honteuſe. Il faut maintenant remarquer quelques petites particularitez, que les Anatomiſtes nous obligent d'obſeruer en toutes ces parties.

La face exterieure de l'Os des Iles ſe nomme le Dos. La partie interieure, qui eſt vn peu creuſe, s'appelle le ventre. L'extremité s'appelle la coſte, & les deux bordures ſont appellées les levres, ou les ſourcils, l'vn deſquels eſt interne, & l'autre externe. Le bout de la coſte qui s'éleue, & qui ſe ioint à l'Os ſacré, s'appelle l'eſpine du derriere, & celle qui tire vers le baſſinet, s'appelle l'eſpine haute du deuant, & au deſſous d'icelle, il y en a vne que l'on nomme l'eſpine baſſe du deuant.

Dans l'Os du Penil, à l'endroit où il eſt ioint auec l'Os qui luy eſt oppoſé, auquel il eſt ioint par Symphyſe, on remarque ſemblablement vne eſpine ; dans l'Os de la Sciatique on remarque auſſi vne eſpine, & vne petite boſſe. La boſſe ſe nomme Condyle.

De l'Os de la Cuiſſe.

CHAPITRE XXI.

LE pied auſſi bien que la main, ſe diuiſe en trois parties; la premiere, ſe nomme la Cuiſſe, la ſeconde, la Iambe ; & la troiſiéme, le bout du Pied, ou le petit Pied. La Cuiſſe n'eſt compoſée que d'vn ſeul Os, mais il eſt auſſi le plus grand de tous ceux du corps. Ces deux bouts ſont fort remarquables. Celuy d'enhaut a vne groſſe & vne ronde partie, que l'on appelle Teſte,

au

au deſſous de laquelle il y en a vne plus deliée,
que l'on nomme le Col. De ce Col ſortent deux
eminences, auſquelles les muſcles tournoyeurs
de la cuiſſe, ſont attachée, ce qui eſt cauſe
qu'on les nomme Trochanteres, c'eſt à dire
tournantes. Celuy du deuant eſt le petit ; celuy
qui eſt au deſſus, & à coſté, eſt appellé le grand.
L'autre bout de l'Os de la cuiſſe a deux boſſes,
que l'on nomme Condyles, & au milieu d'elles,
il y a vn creux pour receuoir le bout de l'Os de
la iambe ; cét Os de la iambe ayant auſſi en luy
deux creux pour receuoir ces deux parties, qui
s'auancent au bout de l'Os de la cuiſſe, dont
nous venons de parler ; ce qui fait que ces deux
Os ſont ioints enſemble par vn Ginglyme, qui
eſt extremément lâche. Ce qui paroiſt au deuant de la partie, où cette Articulation ſe fait,
ſe nomme le deuant du genoüil ; & ce qui paroiſt au derriere, ſe nomme le jarret. Cette
Articulation eſt fortifiée, & renduë plus dura-
ble par vn Os qu'on appelle la Rotule, qui eſt
vn petit Os, qui eſt par deuant, au deſſous de
l'endroit, où les deux Os cy-deſſus ſe ioignent,
& il n'eſt attaché à pas vn des deux, par aucune ſorte d'Articulation.

De la Iambe.

CHAPITRE XXII.

LA Iambe eſt compoſée de deux Os, le plus
grand deſquels eſt celuy qui eſt en dedans,
& eſt appellé proprement le grand Os de la
Iambe. Le plus greſle & le plus petit, eſt nommé l'Os de l'eſperon. L'Os de la Iambe eſt

E

ioint à celuy de la cuisse par Ginglyme. Le petit
Os de l'esperon est attaché seulement à l'Os de
la Iãbe, & ne va pas iusques à l'Os de la cuisse.
Les parties basse du dehors & du dedans de la
Iambe, qui paroissent éleuées en forme de bosse, se nomment les Malleoles, ou cheuilles du
pied. L'Os de la Iambe fait celle du dedans, &
l'Os de l'esperon fait celle du dehors.

Du bas du pied, ou petit pied.

CHAPITRE XXIII.

LE bas du pied se diuise en trois parties. La
premiere est appellée le Tarse, ou l'arriere-
pied. La seconde le Metatarse, ou l'auant pied:
& la troisiesme contient les doigts, ou orteils
des pieds. L'Arriere pied est composé de sept
Os, ausquels Rufus Ephesius a donné vn nom
particulier, à cause de leur dureté. Lo premier
Os, qui est ioint à l'Os de la jambe, s'appelle
talon: le second s'appelle l'arriere-talon, le
troisiesme est le nauiculaire, & est ioint à celuy
que nous venons de nommer. Le quatriesme,
auquel la partie basse du deuant de l'arriere-talon est attachée, s'appelle le Dé, à cause de la
ressemblance de sa figure; & les trois autres
n'ont aucun nom particulier, si ce n'est celuy
qui est pris de la ressemblance qu'ils ont auec
des coins de fer, desquels on fend ordinairement le bois.

L'Auant-pied est composé de cinq Os, qui
respondent à ceux que nous auons descrit dans
la paume de la main.

Les doigts sont la troisiesme partie du petit

pied, qui font chacun compofé de trois Os, excepté le gros orteil, qui n'en a que deux. L'on
remarque de certains Os, qui empliffent les efpaces vuides d'être les Os des doigts des pieds,
& des mains, principalement en ceux, qui font
defia âgez, aufquels l'on donne vn nom, à caufe
de la reffemblance qu'ils ont auec la graine de
la plante, que l'on appelle Sefame.

Il y a auffi deux petits Os affez dignes d'eftre
remarquez & d'vne grandeur affez confiderable, que l'on treuue dedans l'articulation du
gros orteil, qui fe treuuent dans tous les corps,
& qui peuuent mefme fe conferuer, & fe ioindre
à ceux que l'on attache enfemble en faifant le
Scelet. Mais pour ce qui eft des deux, dont parle Vefale, qui fe treuuent au commencement
des mufcles gemeaux du pied, & qui s'y treuuent affez rarement, mon fentiment eft qu'il les
faut mettre au rang de ceux que nous auons dit
eftre femblables à la femence du Sefame.

De la difference qu'il y a entre les Os que l'on treuue en l'Homme, auec ceux qui fe treuuent en la Femme.

CHAPITRE XXIV.

PLaterus, & apres luy Bauhin, ont remarqué qu'il y a quelque difference entre les Os
de l'homme & de la femme. Mais ie les prie de
m'excufer fi ie ne crains pas de dire, qu'ils y ont
mis beaucoup de differences, qui ne s'y treuuent point, & qu'il y en a auffi beaucoup, qu'ils

ont omiſes, que l'on ne laiſſe pas de rencontrer. L'vne & l'autre de ces deux propoſitions
ſe preuuera par la ſuite de ce diſcours.

Il eſt premierement tres vray, que les Os de
la femme ſont plus petits que ceux de l'homme,
& qu'ils ſont moins groſſiers, & moins peſans.
Galien adiouſte qu'ils ſont auſſi moins durs, à
cauſe que dans toutes les eſpeces des Animaux,
les parties de la femelle ſont plus molles que
celles du maſle ; ce qu'Ariſtote auoit remarqué deuant luy.

L'on ne remarque aucune difference entre
les Os de la teſte de l'homme, & entre ceux de
la teſte de la femme, & l'vne n'a ny plus ny
moins de Sutures que l'autre, encores qu'Ariſtote ait eſcrit que les maſles les ont en plus
grand nombre que les femelles, leſquelles n'en
ont qu'vne qui va tout en rond ; les hommes au
contraire en ayant trois au ſommet de la teſte,
qui ſe ioignent enſemble en forme de triangle.
Nous pouuons toutesfois tenir pour vray, qu'il
arriue plus ſouuent aux femmes que non pas
aux hommes, que la Suture ſagittale deſcende
iuſques au nez, & coupe par le milieu l'Os du
front.

Il ne ſe treuue point auſſi vray ce qu'Ariſtote
a eſcrit, que les maſles ayent plus de dents que
les femelles, & le contraire ſe void dedans les
brebis, les porcs, & les chevres.

Le larynx (ſi toutesfois on le doit mettre au
rang des Os) eſt plus petit en la femme, qu'en
l'homme, & le cartilage que l'on nomme Thyroïde auance bien moins en dehors.

Les femmes ont la poitrine bien moins eleuée
par le deuant que non pas les hommes, & la na-

ture l'a difposée de la forte, afin que les mammelles treuuaffent plus facilement leur place.

Les clauicules des femmes font beaucoup
moins courbées, afin que leur col & leur poitrine peuffent auoir plus de grace.

La partie d'embas du brechet eft plus large
aux femmes, qu'aux hommes, & il y a en elles
vn trou affez vifible. Il arriue mefme tres fouuent que fon Os d'embas, auquel le cartilage
appellé Xiphoïde eft attaché, foit fendu, &
comme efchancré en forme de Croiffant, de
forte qu'auec l'aide de ce cartilage percé de méme forte, il forme vn grand trou pour donner
paffage à la veine, que l'on appelle Mammaire
interieure, & qui monte de la matrice aux
mammelles. L'on ne treuue point veritable que
les cartilages des coftes qui s'endurciffent dans
les hommes & fe changent en Os vers la quarante ou cinquantiéme année, efpreuuent le
méme changement aux filles, quand les mammelles commencent à auoir leur iufte grandeur, quoy que cela arriue aux femmes qui font
fort vieilles.

Les femmes qui ont beaucoup de mammel-
les, ont la poitrine fort eftroite, & fort pointuë,
à caufe de la pefanteur de leurs mammelles.

La partie éleuée du dos, qui eft au deffus des
reins, ne paroift point par derriere plus courbée aux femmes qu'aux hommes.

Elles ont auffi l'Os facré plus courbé par le
dehors, plus court, & plus large que les hommes.

Le Croupion, fi on le prend à la façon des
Anatomiftes, & non pas fuiuant celle de Galien,
eft auffi en elles plus facile à fe remuer, & atta-

ché auec vn lien plus lasche, & plus courbé en arriere.

Les femmes ont les fesses beaucoup plus larges que les hommes, & Ariſtote veut qu'elles ſoient plus fortes par les parties d'embas, ce qui fait que les Os des Iles ſont en elles beaucoup plus grands ; cette grandeur aduançant en dehors, ce qui les rend beaucoup plus creus.

La Matrice eſtant chargée de ſon fruit eſt ſoûtenuë ſur ſes largeurs comme ſur des fourches, & eſt aſſiſe ſur ce lieu, comme ſur vne ſelle à cheual. Galien appelle fort elegamment la liaiſon qui ſe fait de ſes Os auec l'Os ſacré, la grâde voûte des Os. Le trou de figure en ouale, qui eſt en ce lieu, eſt plus petit, afin que la partie de l'Os du penil, qui eſt vers la iointure, ſoit plus large. L'eſpine auſſi, qui eſt vers cette iointure que l'Os du penil a en cét endroit auec celuy qui luy eſt oppoſé de l'autre coſté, eſt plus aduancée & paroiſt plus au dehors.

Les boſſes & parties d'embas de l'Os Iſchium, ſont plus éloignées entr'elles, & les cartilages, qui ſont entre la iointure des Os barrez, ſont plus eſpais du double & plus mollets, & la ligne qui les ioint, eſt plus petite, afin que dans le temps qui approche de l'enfantement, ils puiſſent plus facilement s'amollir, & ſe relaſcher pour faire entr'ouurir ces deux Os.

L'eſpace pareillement, qui eſt entre l'endroit où l'Os ſacré ſe ioint aux Os des Iles, & celuy auquel les deux Os barrez ſe ioignent enſemble, eſt plus grand aux femmes qu'aux hommes, à cauſe que le peu d'eſpace qui euſt eſté en ce paſſage, euſt pû empeſcher la ſortie de l'enfant.

'Tout le reste des Os de l'homme & de la femme sont d'vne semblable structure.

Du nombre des Os du corps humain.

CHAPITRE XXV

LEs Anatomistes ne sont pas d'accord, au rapport qu'ils font des Os qui se treuuent dans le corps humain. Vesale les fait monter à 307. Galien n'en compte que 242. Et moy ie treuue qu'il est necessaire pour accomplir cette structure, qu'il y en entre iusques au nombre de 256. dont en voicy le detail.

Le Crane contient 8. Os.

La maschoire d'enhaut 11.

Celle d'embas 1.

L'Os hyoide 3.

Les dens sont au nombre de 32.

L'espine est de 24. Vertebres.

L'Os sacré est fait de 3.

Le croupion de 3.

Les clauicules sont 2.

Les costez 24.

Le brechet est fait de 3. Os.

Les deux mains diuisées en leurs 4. parties en ont 62.

Les Os de l'épaule sont 2.

Ceux des bras 2.

Ceux du coude 4.

Ceux du poignet 16.

Ceux de la paume de la main 8.

Et ceux des doigts 30.

Les pieds pareillement diuisez en 4. parties en ont le nombre de 62.

Les Os des Iles font 2.

Ceux des cuiſſes 2.

Ceux de la iambe 4.

Les rotules 2.

Ceux de l'arriere-pied 14.

Ceux de l'auant-pied 10.

Et ceux des doigts 28.

L'on trouue outre les Os que l'on fait entrer dans la compoſition du Scelet, 18. petits Os, qui ſont aſſez viſibles, dont il y en a deux dans chacun des pouces des pieds, & deux autres vers la teſte des deux muſcles gemeaux. Le reſte des autres, qui reſſemblent à la graine de Seſame, eſt auſſi petits, qu'ils ſe perdent en faiſant boüillir les Os qui doiuent former le Scelet.

Il y a auſſi trois Os dans chacune des oreilles, que l'on doit garder auec les autres petits, à cauſe qu'ils ne peuuent pas entrer en la compoſition du Scelet, comme peuuent faire ces deux que nous auons dit ſe pouuoir mettre deſſus la premiere Articulation du pouce du pied.

Il ſe trouuera donc, que ſi ces 18. ſont ioints auec tous ceux que nous auons cy-deſſus nommez en particulier, le nombre des Os du corps humain, ſe montera iuſques à deux cens cinquante-ſix Os.

Discours & remarque sur les Os, que l'on treuue en vn Enfant, depuis son commencement, iusques à l'âge de sept ans.

CHAPITRE XXVI.

AYANT souuent remarqué que les Os que l'on rencontre dedans le corps de l'enfant, depuis le commencement de son origine, iusques à l'âge de sept ans, sont tres-differens, tant en nombre, qu'en figure de ceux des hommes plus âgez, & principalement en ce qui regarde les eminences, que nous auons appellées Epiphyses, qu'ils ont en plus grand nombre, & celles que nous auons appellées Apophyses, qu'ils ont en tres-petit nombre ; i'ay creu qu'il estoit tres à propos de mettre à la fin du Discours, qui traitte des Os d'vn homme parfait, vn petit Traitté particulier des Os de l'enfant, afin de faire mieux reconnoistre en quoy ils sont dissemblables. Et cette comparaison seruira beaucoup pour accorder les differens qu'il y a entre les Anatomistes, & pour éclaircir & débroüiller les difficultez que l'on peut de temps en temps rencontrer, en lisant le Liure que Galien nous a laissé de la doctrine des Os.

Il est fort facile de iuger, par plusieurs passages des Liures de cét Autheur, que cette sorte de connoissance des Os, ne luy a pas esté inconnuë, puis qu'en beaucoup d'endroits il fait mention des Os qui se treuuent dans l'enfant, tantost en décriuant sa teste, tantost en discou-

rant de ſes dens : Et l'on ſçait, qu'il prenoit
bien la peine de parcourir les montagnes, pour
treuuer les enfans qui pouuoient auoir eſté
abandonnez aux beſtes ſauuages. Le Grand
Hippocrate, auoit auſſi eſté, auant Galien, curieux en cette ſcience, comme l'on voit par ce
qu'il en a diuinement écri● dans deux de ſes
Traittez.

L'on peut tirer de grandes commoditez de la
connoiſſance de cette ſcience, non ſeulement
pour ſe bien comporter en la nourriture des enfans, mais auſſi pour reformer les defauts que
l'on remarque dans la diſpoſition de leurs parties, qui peuuent eſtre arriuez par la faute de
celle qui les a receus en naiſſãt, ou de celle qui a
eu le ſoin de les nourrir. Il arriue tous les iours
que nous voyons quãtité d'enfans, qui naiſſent
ou auec vne trop groſſe teſte, ou qui ſont boſſus,
ou qui ont les iambes tournées en dedans, ou
qui les ont courbées en dehors ; qui ont les
talons trop gros, ou qui ont les genoux qui
s'entretouchent, & leſquels enfin deuiennent
tous ſouuent boiteux, quand ils commencent
à démarcher ; tous leſquels defauts l'on peut
facilement reſtablir en cét âge, où les parties
ſont encore molles, & approchent de la nature
de la cire : ce qu'il eſt impoſſible de faire, ſi l'on
ne connoiſt exactement la nature, & la diſpoſition qu'ils doiuent auoir.

Galien deſcrit tres-clairement (en ces mots)
les defauts qui ont de couſtume d'arriuer aux
enfans : *La figure naturelle des membres, & de*
tout le corps ſe rend defeEtŭeŭſƐ, ou lors que l'en-
fant eſt dedans le ventre de la mere, ou alors qu'il
en ſort, ou apres qu'il en eſt ſorty : Les defaũſƐ

qui luy arriuent dedãs le ventre de la mere, viennent de ce que la conformation n'eſt pas en ſa perfection, ſoit à cauſe de la trop-grande quantité de
ſa matiere; ſoit à cauſe des mauuaiſes qualitez qui
s'y rencontrent. Les autres defauts qui arriuent
durant la ſortie de l'enfant; viennent ou de ce
que la Matrone ne le reçoit pas bien, ou pour ce
que l'ayant receu, elle n'obſerue pas toutes les conditions requiſes, pour le bien bander, & enuelopper. Et les troiſiémes defauts qui luy arriuent, quãd
il eſt hors du ventre de ſa mere, viennent de ce que
les nourrices le gouuernent mal en le leuant, ou en
le couchant, en le portant, ou en luy donnant la
mammelle, en le lauant, ou en adiuſtant ſes bandages. Et il arriue ſouuent que l'on corrompt toute la nature, & les diſpoſitions des parties de l'enfant, ſi l'on ne ſe gouuerne auec ſoin & addreſſe
en toutes ces choſes. L'on peut auſſi ſouuent manquer en le remuant hors de ſaiſon, ſoit qu'on le
face tenir trop toſt debout; ſoit qu'on ſouffre qu'il
marche trop toſt, ſoit qu'on le laiſſe aller trop viſte. Ces ſortes de mouuamens faiſans tourner les extremitez d'un coſté où ils ne doiuent pas ſe courber; comme il paroiſt dedans les cuiſſes, leſquelles
en fait tourner ou en dedans, ou en dehors, quand
on les oblige à porter toute la maſſe du corps, a-
uãt qu'ils ayent aſſez de force pour le pouuoir faire; outre cela, les enfãs qui ont les cuiſſes plus droites qu'elles ne doiuent eſtre, courent riſque de les
auoir trop tournées en dehors; & ceux qui les ont
trop courbées, ſon ſuiets à les auoir tournées trop
en dedans. Les parties de la poictrine ſont ſouuent
gaſtées, par la faute des nourrices, qui dès le com-
mencemẽt ſerrent trop leurs enfans: Et nous voyõs
en nos quartiers que cela arriue tres-ſouuent aux

filles, les nourrices desqu'lls voulant faire en forte
que le bas du corps foit tres-grand, & qu'ainsi la
poictrine foit p tis grande & plus deliée, ont coustume de ferrer fortement auec de petites bãdelettes,
toutes les parties, qui font auprés des épaules, &
de la poictrine. D'où il arriue fouuent, que le bandage n'estant pas également ferré en toutes fes parties, il laisse échapper quelque partie du corps
en deuant, ou en derriere : ce qui fait, ou que la
poictrine panche en deuant, ou qu'il reste vne losse
au derriere de l'épine. Il arriue auffi fouuent que
le dos paroisse tout rompu, & femble auoir esté
exprés tiré de l'vn des costez, d'où il arriue qu'vne
des épaules foit tres-petite, & pressée, & l'autre tres grande & éleuée en bosse.

Ainfi Galien nous fait remarquer les miferes
& les deffauts qui peuuent arriuer à l'enfant, à
caufe de la mauuaife difpofition des Os, qui
peut eftre corrigée dans le bas âge, où ces Os
eftans maniables comme de la cire, peuuent
fe tourner comme l'on veut, & prendre facilement la forme qu'on defire leur donner.

Hippocrate nous donne auffi la raifon pour
laquelle les enfans naiffent aueugles, ou boiteux, ou chargez de quelques femblables incommoditez. *Les femmes*, dit-il, *qui ont eu
plufieurs enfans, & qui entre ceux-là en ont eu
quelques vns boiteux, aueugles, ou incommodez de quelque autre façon, nous affeurent
qu'elles ont eu beaucoup plus de peine à paffer
le huictiéme mois de leur groffeffe, que lors
qu'elles eftoient enceintes des autres, qui n'a-
uoient aucune incommodité* Et nous auons veu
vn enfant defectueux auoir efté tres malade
dedans le ventre de la mere deuers le huictiéme

mois, le mal duquel aboutit en vn abscés, comme il a de coustume d'arriuer à la fin des maladies des hommes, qui sont fort robustes. Et les
autres enfans, ausquels il arriue de semblables
maladies, meurent la pluspart bien plutost, que
de rencontrer la fin de leurs maux par vn abscés.
Aristote veut aussi, que les enfans qui ont les
cuisses delicates, se blessent plus facilement dedans le ventre de la mere.

Les plus grands Os de l'enfant, sont creux,
& ont au dedans vne moëlle, ou suc moëlleux,
tout sanglant, qui blanchit toutesfois au bout
des six mois. Ces Os sont enueloppez du perioste, & sont garnis de cartilage par les deux
bouts.

Les extremitez de leurs Os sont quasi tousiours des Epiphyses, ayans en eux vn tres-petit
nombre d'Apophyses, & celuy des Epiphyses
estant si grand, que Ingrassias le fait monter
iusques à 331. mais ie croy cette supputation
tres-inutile; ce qui a fait que ie n'ay pas voulu
iusques à present, me donner la peine de les
compter. I'ay seulement remarqué qu'il n'y a
point de grands Os dedans l'enfant, dont le bout
ne finisse par vne Epiphyse. Ces Epiphyses se
treuuent estre au commencement de la nature
du cartilage, mais ils durcissent, & deuiennent
fermes petit à petit; cette dureté ne leur venant pas, & ne commençant pas par le grand
Os, où elles sont iointes, mais par le milieu de
leurs corps, qui au commencement approche
plus de la Nature de l'Os, & de l'éponge, & petit à petit s'endurcit, en commençant du dehors
au dedans, & du centre à la circonference. Ce
qui n'empesche toutes-fois pas que le dehors

des Epiphyſes, ne ſe durciſſe, & deſſeche au dehors, par le moyen de la chaleur, que cauſe le mouuement, & la froiſſure, que les Os ont les vns auec les autres, quand les enfans commencent à ſe promener.

De la Teſte.

CHAPITRE. XXVII.

LEs Sutures de la Teſte ſe doiuent ranger ſous le genre de l'Harmonie, les Os de la Teſte ne ſe ioignans enſemble, que par vne ſimple ligne, ſans que l'on remarque aucunes dens qui en forme de ſie entrent les vnes dãs les autres. Cét aſſemblage a eſté laiſſé ainſi lâche, afin que la dure mere pût ſortir du dedans du cerueau, pour former le Pericrane, l'origine & l'accroiſſement duquel, il faut exactement conſiderer dedans les enfans. La Suture ſagittale vient ſouuent iuſques au nez, & quelquesfois, quoy que rarement, elle coupe l'Os du derriere de la Teſte, & deſcend iuſques au trou de la moëlle de l'eſpine. La Coronale eſt entr'ouuerte à l'endroit que nous appellõs la Fontaine de la Teſte. Il y a en cét endroit vn aſſez grand eſpace d'vne figure triangulaire, qui n'eſt couuerte que d'vne membrane; ce qui fait que l'on peut reconnoître en cét endroit par la veuë, & par le toucher, le mouuement du cerueau.

L'Os des Tempes, qui eſt fait de deux parties, dont l'vne eſt la pierreuſe, & l'autre l'écailleuſe, a ſes parties ſeparées par vne ligne, ou Harmonie, quoy qu'elle ne paroiſſe pas ſi bien au deſſous du trou de l'oreille, mais bien par delà ce trou , entre les eminences Maſtoïdiennes.

Les enfans ont les Os du Crane fort minces,
& l'on n'y peut point remarquer leurs deux tables, ny la ſubſtance moëlleuſe, qui eſt dans leur
milieu , ſi ce n'eſt apres vn an paſſé. Il y a entr'eux aſſez de diſpoſition : Les Os du derriere
de la Teſte eſtans tres-minces au contraire de
ceux des perſonnes âgées, & les Os du frõt eſtãs
les plus épais de tous. Cette membrane qui bouche le trou de la fontaine de la Teſte , qui eſt à
l'endroit où la Suture Coronale , & la Sagittale ſe rencontrent, eſt fort dure , & épaiſſe, & ſe
change en Os, apres quelque eſpace de temps.
L'Os du front eſt touſiours double, & n'a en ſoy
aucune cauité enfoncée. L'Os du derriere de la
Teſte eſt fait de quatre parties aux enfans nouueaux nez , & cela dure iuſques à la fin de leur
premiere année. La premiere de ces parties eſt
celle qui eſt en haut, & entoure tout le ceruelet.
Elle eſt auſſi quelquesfois ſeparée en deux, mais
rarement, quoy que dans le haut ou la pointe il
y ait vne fête marquée, que la Suture Sagittale
y laiſſe, en s'eſtendant iuſquesà cét endroit. Les
deux coſtez qui forment le trou de la moëlle
de l'eſpine , & la moitié des eminences du derriere de la Teſte , appellée Corone , font la ſeconde, & la troiſiéme partie. La quatriéme eſt
au bout d'embas de l'Os , & ſêble eſtre enlacée
entre la ſeconde & troiſiéme, & fait vne partie
du trou cy-deſſus. Ie n'ay point encore remarqué cette partie ſeparée des autres. A chacune
des eminences du derriere de la Teſte, il y a vne
ligne qui les coupe de trauers, & qui les fait paroiſtre doubles. Les Os Parietaux ſont entr'ouuerts & imparfaits , à cauſe de la fontaine de la

Teſte, à l'endroit où la Suture Sagittale, & la Coronale ſe rencontrent.

Les Os des Tempes ſont manifeſtement ſeparez en deux parties, dont l'vne eſt écailleuſe, & l'autre pierreuſe, & on n'apperçoit point encore dans la partie pierreuſe, l'Epiphyſe Styloide, ny l'Apophyſe Maſtoïde, n'y ayant que celle du Zygoma, que l'on puiſſe remarquer. Il arriue auſſi que la partie de l'Os pierreux, qui eſt au deſſous de l'oreille, & qui fait la baſe du Crane, eſtât fort proche de l'Os Sphenoïde, ſoit appellée pierreuſe, mais on la peut beaucoup mieux dire Auriculaire, à cauſe qu'elle comprend tout ce qui ſert à la compoſition de l'oreille. Cette partie eſt au rang des Epiphyſes, dedans les enfans, & ſe ſepare facilement du reſte; ce qui arriue auſſi dans le reſte des Animaux, quoy qu'ils ſoient aſſez vieils, comme ie l'ay ſouuent remarqué, quoy qu'il y ait beaucoup de difference en ſa conſtruction. Il faut conſiderer beaucoup de choſes dedans cette Epiphyſe Auriculaire; premierement, le conduit de l'oüye n'eſt fait que d'vn cartilage, qui ſe change en Os vers le ſixiéme mois, & qui peut meſme eſtre ſeparée du reſte, iuſques au ſeptiéme; demeurant auſſi entr'ouuert, & laiſſant vn eſpace comme d'vne petite feneſtre, iuſques à trois ans & plus. En auançant au dedans vers le bout de ce conduit, l'on treuue vn cercle d'Os, où le tambour eſt attaché en rond, qui ſe peut facilement ſeparer; mais lors que le conduit de l'oïye s'eſt endurcy, cét Os circulaire s'attache ſi fortement, que l'on ne le peut plus ſeparer. Les creux de l'oreille ſont fort étroits, & l'admirable fabrique du labyrinthe,

fabyrinthe, ne se peut pas remarquer, comme
aux hommes parfaits : Mais ce qu'il y a de
plus admirable, c'est que les trois osselets que
nous auons nommé le marteau, l'enclume, &
l'estrieu, sont de mesme substance, grandeur,
& figure, depuis le commencement de l'origine
de l'homme, iusques au dernier periode de sa
vie.

L'Os Sphenoïde est aussi coupé en quatre
parties, au sentiment de Fallope, deux desquelles
sont ces deux auances, que nous auons dit estre
semblables aux ailes de la chauue-souris : La
troisiéme est le siege de la glande pituitaire ; Et
la quatriéme est cette partie qui sert à receuoir
les nerfs, qui portent l'esprit visuel. Lesquelles
quatre parties s'vnissent ensemble bien-tost a-
pres la naissance. Ces diuisions du Sphenoïde
ont esté, à mon aduis, mal décrites par Fallope,
puis que la troisiéme partie doit comprendre ce
que l'on appelle la selle à cheual, & aussi les
eminences qui reçoiuent ces nerfs Optiques, &
que la quatriéme est placée immediatement au
dessous de cette selle à cheual, & s'étend iusques
à ces eminences du derriere de la teste, que nous
auons appellées Corones, & que cette diuision
demeure fort visible iusques à la seconde &
troisiéme année. L'on ne remarque aucun
creux, ny trou dans cét Os. L'Os Ethmoïde
est entierement de la nature du cartilage ; la
barriere du nez a bien dés le commencement la
forme d'Os, mais elle ne s'endureit que long-
temps apres les autres parties.

L'orbite est composée de six Os dans les hommes parfaits, que nous auons dit estre celuy du
Zygoma, le Sphenoïde, l'Os du front, l'Eth-

E

moïde, l'Os de la fiftule lacrymale, & l'Os de la machoire, vne partie duquel femble eftre fepa-rée, pour entrer en l'orbite, & y fait comme vn plancher aux enfans, eftant alors entourée d'v-ne Suture particuliere, qui dure iufques à la deux & troifiéme année. Les lignes, ou Harmo-nies de la machoire d'enhaut font femblables à celles des hommes parfaits. L'on remarque feu-lement vne fente, qui commence dedans l'em-boucheure du bas de l'orbite, & qui finit dedans le trou qui eft au deffous. Au commencement du palais l'on voit vne ligne de l'vne des dens tran-chantes à l'autre, & qui comprend toutes les 4. dens de ce nom : Pour ce qui regarde les Os, ils ont mefme figure, mefme nombre, & mefme fituation que les autres. L'Os de la machoire n'eft point creux, & les baffinets des dens, font couuerts d'vne membrane, & femblent eftre bouchées par ce moyen. La machoire d'embas eftant diuifée vers fon milieu par vne fente & Harmonie, à l'endroit que l'on appelle le men-ton, Cela eft caufe que les enfans l'ont feparée en deux Os, qui s'vniffent toutesfois en vn vers la fin de la deuxiéme année.

Les dens s'engendrent bien dedans la matrice auec les autres parties, mais elles font couuer-tes de chair, & cachée dedans les baffinets de la machoire : leur nombre eft moindre qu'aux hommes parfaits, & on n'en treuue que vingt, fçauoir, dix dans chaque machoire, dont il y en a quatre des tranchantes, deux des œillie-res, & fix des machelieres. Pas vne de ces dens ne paroiffent auoir de racine.

Les dens ne commencent point à percer la genciue, & à fortir de leurs baffinets, fi ce n'eft

vers le septiéme mois, quoy qu'il arriue quelquesfois, qu'elles paroissent plutost à cause de
la grande chaleur du laict de celle qui nourrit
l'enfant. Peu d'enfans sont nez auec des dens
qui peussent estre veuës, quoy que l'Histoire
nous marque que cela soit arriué à Cneus Pa-
pyrius Carbo, & à Marcus Curtius Dentatus,
à qui ce nom fut donné pour ce suiet. Les
dens ne sortent pas toutes ensemble, mais
petit à petit, les vnes apres les autres, durant l'espace de deux ans. Celles d'enhaut
sortent auant celles d'embas, & les premieres qui paroissent, sont celles qu'on appelle
les tranchantes, en suitte les maschelieres, &
puis les œillieres, qui apportent en sortant de
tres-griéues douleurs aux enfans. On dit que les
enfans ont toutes leurs dens quand on leur en
apperçoir vingt, & on n'en doit point attendre
d'autres, que vers la trois, ou quatriesme
année.

Les Anatomistes manquent, à mon aduis, en ce
que rapportant que l'on ne treuue que vingt
dens dans les maschoires, ils n'expliquent
point où sont retenuës & cachées les huit ou
douze autres, n'estant pas vray-semblable qu'il
arriue de nouueaux germes, & semences de
dens lors que toutes les autres dens sont formées, mais deuant plustost estre cachées dedans les bassinets. L'experience que i'ay faite,
resoudra ce doute, puis qu'ayant cassé la machoire d'enhaut, i'ay souuent treuué quatre ou
six dens de la mesme machoire cachées dedans
son bout, qui est au dessous du Zygoma, & que
i'ay veu aussi les quatre ou six dens de la machoire d'embas dedás les deux bouts de la mes-

me machoire, qui ne font pas plus grandes que
des petits points, & qui font cachées en la partie qui eft proche des eminences que l'on appelle Corones. Et il a efté neceffaire que la
nature fe comportaft de la forte, y ayan ttrop
peu d'efpace dans les deux machoires pour pouuoir contenir vingt-huict ou trente-deux dés.
Auffi voyons-nous que ces huict ou douze dens,
ne fortent point que la machoire ne foit agran-
die ; ce qui arriue vers la fin de la quatriefme
année. Mais en recompence, elles durent iuf-
que à la fin de la vie, & fi elles viennent à eftre
arrachées, elles ne peuuent pas renaiftre, comme les vingt autres dont nous auons parlé cy-
deffus.

Il eft donc neceffaire de fçauoir, que l'on remarque vne double origine des dens, l'vne fe
faifant dedans le ventre de la mere, & l'autre
hors d'iceluy. En la premiere naiffance qui fe
fait d'elles dans le ventre auec les autres, elles
font tres imparfaites, y ayant feulement dans
chaque baffinet vne fubftance glaireufe, &
quelque peu dure, qui eft couuerte d'vne peau
ou membrane fort blanche, & cette fubftance
fe deffeche petit à petit ; & quand elle a entierement acquis la nature d'Os, elle perce de
fa pointe la genciue, pour s'ouurir le paffage.
Et cette peau qui la couuroit s'attache tout autour du baffinet en forme d'vn cercle ; pour
coler la dent, & la retenir en fa place. L'autre
partie de la dent, qui eft la racine, & qui eft cachée dans le baffinet, demeure encore quelque
temps molle, & glaireufe, comme l'on void au
bout des plumes des oyfeaux, & des coraux ;
mais elle s'endurcit peu à peu à mefure que les

dens sortent plus au dehors , & en creusant la machoire , elles se fendent en deux ou trois racines. Au dessous de ces dens il y a en chacun des bassinets vne autre semence de dents, qui est separée de l'autre dent , par le moyen d'vne membrane , & qui souuent est accreuë par le moyen de la faculté formatrice , ce qui fait que les dernieres dens chassent les premieres ; & c'est ce qui a trompé quelques Anatomistes, qui croyoient , voyans ces Os au dessous des membranes , que la dent fut faite de deux parties , & que la racine ne fust au commencement qu'vne Epiphyse ; ce qui a obligé Vesale & Colombe de donner conseil de ne iamais arracher les dens entieres , mais de les rompre à l'égal de la machoire , afin qu'il peust naistre vne nouuelle dent de la racine qui seroit demeurée. Celse , à mon aduis , a bien mieux rencontré quand il a dit , que de la même racine il sortoit vne dent nouuelle aux enfans, qui souuent chasse la premiere , & venant aussi quelquesfois au dessus , ou au dessous d'icelle.

La moitié de l'Os Hyoïde , qui fait toute sa base , est de la nature du cartilage , mais elle se change bien-tost en Os , & ses deux costez demeurent cartilage.

De l'Espine , & de la Poitrine.

CHAPITRE XXVIII.

L'Espine est composée de 24. Vertebres, sans compter l'Os sacré. Toutes ces Vertebres, durant l'espace de la premiere année, se peuuent separer en trois parties, excepté les deux premieres du col. La premiere partie fait le corps de la Vertebre : les deux autres forment les trous des costez, & ne pousfent aucunes eminences. Fallope dit auoir veu la premiere Vertebre du col estre en quelques enfans composée de cinq parties, & en d'autres de trois. Quand elle estoit composée de cinq parties, la premiere estoit ce qui estant en la place du corps, se ioint auec la dent à la seconde Vertebre : La seconde & la troisiéme estoient les costez, dans lesquels les trous tant de haut que de bas, qui seruent à l'articulation, paroissoient estre taillez : La quatre & cinquiéme partie acheuoient de former le reste du trou.

La seconde Vertebre du col, outre les trois parties qu'elle a communes auec les autres, en a encore vne quatriéme qui est cette longue auáce qui sort hors d'icelle, que l'on appelle la dĕt. En toutes les Vertebres la partie de dériere, qui est pointuë, & enforme d'espine, est entierement de cartilage, mais elle deuient apres de la nature de l'Os, & s'attache au reste en forme d'allonge. Les eminences qui sont du trauers tiennent aussi de la nature du cartilage, mais ils se changent bien-tost en la nature de l'Os.

L'Os sacré est fait de cinq Vertebres, qui sont separées les vnes des autres par quantité de cartilages qui sont entr'eux, cóme entre les autres Vertebres. La pointe espineuse de derriere est aussi faite de cartilages, & c'est en cette partie que les Vertebres sont mieux vnies entre elles.

Chacune de ces Vertebres est faite de trois Os, comme les autres Vertebres de l'espine. Le

Croupion est tout fait d'vn cartilage qui n'est en aucune façon diuisé; mais peu de temps apres il se coupe en trois ou quatre parties, qui retiénent la nature du cartilage iusques à sept ās.

Les bouts des costes qui sont attachées au dos, sont faits de cartilages, mais ils s endurcissent de fort bonne heure.

Le brechet de l'enfant est dans sa premiere origine entierement fait de cartilages, & tout continu, n'estant separé par aucunes lignes, mais alors qu il commence de prendre la nature de l'Os, les parties d enhaut approchent plutost de cette nature que celle d'embas, & celle du milieu de sa longueur, plustost que ses extremitez; ce qui fait que ces parties d Os estant de tous costez pressées de cartilages, ressemblent à vne table où il y auroit plusieurs nœuds.

Quand l enfant vient au monde; les parties basses du brechet sont toutes de cartilages, & ne sont aucunement separées entr'elle, mais elles se changent apres en Os, comme ie viens de dire; & le brechet a en ce temps-là tout au plus six parties, qui sont diuisées entr'elles par des lignes qui vont en biaisant des vnes au autres, des cartilages des costes. On peut aiouster à ces parties, celle qui tient en estat le cartilage Xiphoïde.

Fallope *en ses Obseruations*. donne huit Os au brechet de l'enfant, qui se reduisent en apres à sept, ne s'en faisant qu'vn des 2. derniers, & en suite il y en a encore moins, n'y ayant que six iusques à l'âge de sept. ans. Quelque chose que veut dire Fallope, i'en ay tousiours rencontré moins. Le mesme Fallope décrit ainsi l'vnion qui se fait de ces Os; quand ils se reduisent à vn

plus petit nombre apres la septiéme année. Ils
se reduisent, dit-il, au nombre de six, ne s'en
faisant qu'vn du quatre, & du cinquiéme, & vn
autre du six, & du septiéme : en suite dequoy
cette vnion s'augmentant, l'on n'en treuue que
quatre, se faisant vn assemblage du 3. 4. 5. 6. &
7. desquels à la fin il ne se fait qu'vn seul Os, &
le reste. On peut voir ce que dit *Syluius au Cō-*
mentaire qu'il a fait sur le second Chapitre du
Liure des Os, que Galien nous a laissé.

Des extremitez d'enhaut.

CHAPITRE XXIX.

LEs Apophyses, & Epiphyses de l'Os de
l'épaule sont faites de cartilages; le col, &
la cauité Glenoïde, sont de mesme nature. L'é-
minence, qui ressemble au bec de corbeau, est
vne Epihhyse : Cette partie que l'on appelle A-
cromium, ne paroist point faire vn Os separé,
mais estre plutost vne Apophyse, entourée &
bornée d'vne grande quantité de cartilages, laquelle se desseiche apres trois ou quatre ans, &
deuient cette Epiphyse d'Os, que Galien, &
Hippocrate décriuent, & que l'on nomme A-
cromium; cette Epiphyse toutesfois, deuient
à la fin entierement Apophyse, & s'attache fortement au reste de l'Os.

Les Allonges de l'vne & l'autre extremité de
l'Os du bras, sont au commencement faites de
cartilages, mais elles s'endurcissent peu à peu,
& deuiennent de la nature de l'Os. La Poulie
pareillement, qui est au bas de cét Os, est au
commencement vn cartilage, mais elle se
change

change bien plutoſt en Os, que les parties qui
ſont aubout d'enhaut de l'Os du bras. La partie
d'enhaut de l'Os du coude, que nous auons
nommé Olecrane, eſt Epiphyſe, mais apres
vn an elle s'endurcit, & s'attache fortement à
l'Os.

Les Os du poignet ſont faits d'vn cartilage,
quand l'enfant vient à naiſtre, mais ils ſe changent apres en Os, & ſe ſeparent les vns des autres, deuenans premierement ſemblables à la
ſubſtance de l'éponge, comme les autres, qui
de cartilages ſe changent en Os. Le huictiéme
Os du poignet, paruient le dernier à ſa perfection. Les Os de la paume de la main, & des
bouts des doigts ſont cartilages, qui s'endurciſſent auant que la premiere année ſoit paſſée.

Des extremitez d'embas.

CHAPITRE XXX.

LES Os des Iles ſont au commencement iuſques à ſept ans, compoſez de trois parties,
à chacune deſquelles les Anciens ont donné vn
nom particulier : La premiere partie comprend
ce grand eſpace qui arriue iuſques au milieu
du baſſinet. l'autre partie qui eſt en deuant, ſe
coupe en deux portions égales. La ligne qui les
diuiſe, paſſant du milieu de ce baſſinet au trauers de ce trou, qui eſt fait en ouale, & allant
iuſques au coſté de ce trou, qui eſt proche l'endroit où cét Os ſe ioint à celuy qui luy eſt pre-
poſé pour faire l'vnion des Os du penil. L'Os
d'enhaut ſe nomme l'Os du penil, & celuy
d'embas ſe nomme l'Os de l'Iſchium. Les le-

G

vres du creux font faites de cartilages. L'Os
de la cuiſſe a en ſa partie d'enhaut trois allonges, qui ſont ſa teſte, & les deux tournoyeurs:
& ces trois parties ſont quelque temps Epiphyſes, & tiennent de la nature du cartilage. Les
deux boſſes qui ſortent de la partie d'embas des
deux Os de la cuiſſe, ſont ſemblablement faites
de cartilage. La Rotule eſt au commencement
entierement vn cartilage, & demeure long-
temps ainſi, mais enfin elle ſe change auſſi en
Os. L'Os de la Iambe & l'Os de l'eſperon ne
ſont en rien differens de ceux des hommes parfaits, ſi ce n'eſt que leurs bouts tant de haut que
de bas ſont cartilages, qui s'endurciſſent, &
ſont en quelque façon ſeparez du tout iuſques à
dix ans, & plus.

Tous les Os de l'arriere-pied ſont cartilages
durant pluſieurs mois, excepté celuy du talon,
qui a vn petit Os en ſon milieu tout entouré de
cartilages. Les Os qui prennent leur nom de la
graine de Seſame, ſont quaſi touſiours cartilages iuſques à l'âge viril, excepté deux qui ſont
au deſſous de la premiere articulation du pouce, qui commencent à s'endurſir peu apres
la naiſſance, & petit à petit ſe forment en Os.

Du nombre des Os de l'Enfant.

CHAPITRE XXXI.

ET DERNIER.

IN graſſias rapporte de quatre façons le nombre des Os des enfans : en la premiere il en
met 273. en la ſecôde 345. en la troiſieſme 259,

& en la quatriéme 192. Mais ie voy que ce dernier nôbre eſt imaginaire, & ie n'ay pas encore
bien compris ce qu'il veut dire. Il entre de cette
ſorte en la preuue de ces nombres: Les hommes
parfaits ont 305. Os, c'eſt à ſçauoir 70. en la teſte, dont il y a en a huict du Crane, douze de la
machoire d'enhaut, vn de la machoire d'embas,
ſix dans les oreilles, & 32. qui ſeruent de dens. Si
bien qu'y adiouſtant les onze oſſelets de l'Os
Hyoïde, cela fera enſemble le nombre de 70:
Le tronc en a 77. dont il y a 24. Vertebres, deux
Os de l'eſpaule, deux Os du larynx, ou clauicules, trois du brechet, & deux des Iles, ce qui
fait ſoixante & ſept. Et ſi l'Os ſacré eſt compoſé
de trois ou de cinq Os, cela fera 66. Les deux
mains en ont 84. y adiouſtant les 24. Os qui
reſſemblent à la graine de Seſame, & les deux
pieds 84. y adiouſtant auſſi les 24. Os de ſemblable nature, ſi bien que de tous ces nombres
ſe forme celuy de 305. Que ſi de ce nombre on
oſte les 32. dens qui ne paroiſſent point aux enfans, il n'en reſtéra plus que 273. Os, puiſque
les dens ne paroiſſant point, elles ne doiuent
eſtre miſes au nombre des Os, quoy qu'elles
ſoient formées au dedans de la genciue.

Il donne pareillement ainſi la preuue du ſecond nombre qu'il rappporte. Les Vertebres de
l'eſpine & de l'Os ſacré, ſôt ſeparez dans les enfans chacune en trois parties, excepté la ſecôde,
qui à cauſe de ſa dent ſe ſepare en quatre. Les
Os des Iles ſont auſſi ſeparez chacun en trois
Os, le brechet en huit, la machoite d'embas en
deux & l'Os du front en deux. Ce qui eſtant
exactement compté fera le nombre de 72. qu'il
faut adiouſter à celuy de 273. ce qui fera le nô-

bre de 345. Duquel nombre si vous ostez les Os
qui meritent plustost le nom de cartilage, que
celuy d'Os, comme sont les seize Os de l'a-
uant-pied, les 8. du poignet, les 4. du croupion,
les 48. qui ressemblent à la graine de Sesame, les
deux Rotules, les huit Os de l'Hyoïde, en y en
laissant tousiours trois, cela montera au nombre
de 86. qui estant osté du premier, il le sera reue-
nir au nombre de 259. sans comprendre en ces
nombres les allonges ou aboutissemens, qui
sont 351. & qui estant adioustez auec les 345. Os
cy-dessus, monstreront que le corps delicat de
l'enfant est composé de six cens soixante & seize Os.

Fin du Liure premier.

MANVEL ANATOMIQVE,

OV ABREGE'

DES PRINCIPALES PARTIES DE L'ANATOMIE,

& des Vſages que l'on en peut tirer pour la connoiſſan-ce & pour la gueri-ſon des Maladies.

LIVRE SECOND.

Preceptes generaux, dont la connoiſſance eſt neceſſaire à l'Anatomiſte.

CHAPITRE I.

P VISQVE ſuiuant la doctrine d'Ariſto-te, toute diſcipline qui eſt conduite par la raiſon, & par l'intelligence, ne peut

G iij

eftre en fa perfection, fans les connoiffances, qui la doiuent preceder; & que l'Orateur Romain veut que rien ne fe puiffe entendre, que l'on ne doiue entreprendre aucune difpute fur vn fujet, ny chercher, fans auoir auparauant eu quelque pre-connoiffance: I'ay creu qu'il eftoit neceffaire, auant que de difcourir de l'Anatomie, de donner dés le commencement quelques preceptes generaux, qui non feulement feruiffent de fondement à cette œuure, mais auffi adiouftaffent beaucoup de clarté à ce que nous dirons de cette fcience.

L'Anatomifte confidere le corps de l'homme comme compofé de plufieurs parties, qu'il examine les vnes apres les autres, & demonftre petit à petit par diuerfes fections.

Ce bel ouurage eft compofé durant fa vie, felon Hippocrate, de trois chofes, dont les premieres font pour enfermer, & on les appelle parties folides. Les fecondes font propres à eftre enfermées par les premieres, & on les nomme les humeurs: Et les troifiémes font de leur nature en vn perpetuel mouuement, elles feruent à chaffer & pouffer les humeurs & les parties, qui pour leur propre poids, femblent eftre empefchées de fe remuer, & on les nomme les efprits.

Des ces trois chofes, l'Anatomifte, qui n'examine que le corps mort, laiffe le foin des humeurs & des efprits, & ne confidere que les parties folides, laiffant la connoiffance des autres à la Phyfiologie, qui eft la fcience qui traite de la conftitution naturelle de l'homme: ces parties folides font ou pour preparer les humeurs & les efprits, ou pour les côtenir, ou pour eftre les

inſtrumens du mouuemēt: qui fait la principale
action de l'animal, pour lequel ſeul il ſemble
eſtre fait; toutes leſquelles parties ſōt, ou d'vne
meſme, ou d'vne differente nature: Les premieres ſont celles qui ſont ſimples, leſquelles eſtant
iointes enſemble, ſeruent à la compoſition des
autres, & elle ſōt au nombre de dix, qui ſe tteu-
ue preſque en toutes les parties compoſées, &
ſeruent à former leur ſtructure, à ſçauoir, l'Os,
le cartilage, le ligament, la membrane, la fibre,
la veine, l'artere, le nerf, la chair, & la graiſſe;
Les poils, & les ongles ne ſe mettent pas en ce
rang, mais ſeulement parmy les parties exterieures & les excremens.

C'eſt par la connoiſſance de ces dix parties, que
l'on doit commencer l'Anatomie, afin qu'ē diſ-
ferant de celles qu'elles compoſent, on ſoit
inſtruit de ce qui eſt la cauſe de leur ſtructure.

L'Os eſt la partie la plus froide, la plus ſeche,
la plus terreſtre, & par conſequent la plus dure
de tout le corps, afin de ſeruir de ſouſtien & de
defenſes à toutes les autres. Le cartilage eſt vne
partie moins dure que l'Os, qui toutesfois en
quelques parties des vieillards ſe change en ſa
nature; qui entoure, & eſt collée aux extremités
des Os pour leur conſeruation, & pour rendre
leur mouuement plus facile. Ce qui n'empeſche
pas pourtant, qu'il ne s'en treuue de ſeparées
des Os, comme en la machoire d'embas, en
l'articulation de la clauicule auec le brechet, &
celle de la iambe auec la cuiſſe, auſſi bien qu'au
goſier & à l'aſpre artere, & que meſme il n'y
ait en quelques-vnes des parties molles
pour les ſoûtenir, comme au nez & aux oreilles.

Le ligament eſt ce qui ioint les Os enſemble,
& eſt d'vne nature moyenne entre le cartilage,
& la membrane , plus mol , que le premier , &
plus dur que cette derniere.

La menbrane , ou tunique , eſt vne partie
molle , facile à s'eſtendre & s'eſlargir, qui ſert
de couuerture aux autres parties , & de vaiſſeau
pour receuoir quelque choſe de liquide, comme
au ventricule , à la veſſie , au reſeruoir du fiel;
elle eſt & proprement tunique , quand elle eſt
creuſe, & reçoit quelque liqueur; & membrane,
quand elle ſert á couurir & entourer quelque
partie.

La fibre ou filet eſt vn fil eſtendu ſur la membrane , ou entretiſſu pour la rendre plus forte,
ſoit qu'elle couure ſeulement , ſoit qu'elle ſerue de vaiſſeau. Et ſelon ſa differente ſituation
nous l'appellons ou droite, quand elle va de
haut en bas , ou trauerſante , quand elle va de
droit á gauche; ou biaiſante quand elle fait l'vn
& l'autre. Comme quand allant de haut en bas,
elle commence par le coſté droit d'vne partie, &
quelle ſe termine au gauche. Celles qui ſont
droites attirent : celles qui ſont de trauers retiennent : & celles qui ſont obliques repouſſent
& chaſſent em as. Quoy que veritablement
toutes ces actions dependent de la vertu, qui
eſt propre à la partie; laquelle comme elle peut
eſtre eſtenduë par violence, par les choſes qui y
arriuent, auſſi elle a la force de ſe reſſerrer
naturellement d'elle meſme, à cauſe de ces fibres qui l'enuironnent.

La veine eſt vn vaiſſeau rond , fait d'vne
membrane , & en forme de canal , deſtiné pour
contenir le ſang, & pour le porter en toutes

les parties du corps, pour leur seruir de nourriture.

L'Artere est vne mébrane taillée en forme de canal,cóme la veine,mais plus dure & espaisse, propre à porter & enfermer vn ság plus purifié, & le porter aux parties du corps où il est necessaire. L'opinion des Medecins est, que les veines partent & naissent du foye, & les arteres du cœur, quoy qu'Aristote ait creu le contraire, & qu'il tire du cœur le principe des vnes & des autres. Le nerf est aussi vn canal, fait pour porter l'esprit que l'on nomme Animal, lequel est tres-subtil, & passe par vn conduit si petit, qu'il semble qu'il n'y en ait point, ou qu'il soit trop petit pour estre apperceu de l'œil.

La chair aux parties organiques, & de differente nature, est le fondement & le soustien des autres parties, qni sont sans Os, & elle fait la principale partie de son corps. Elle est d'vne substance assez molle, & espaisse. Celle qui est rouge, est faite d'vn sang recuit & caillé. Celle qui paroist blanchastre, d'vne matiere melée de sang & de semence.

L'on en met de quatre especes. Celle des entrailles, & celle des Muscles sont plus rouges: celle des membranes, & des glandes, sont plus blanches.

L'on reconnoist ces quatre differentes especes, en ce que la substance de chacune des entrailles est nommée chair, ou Parenchyme, ce qui vient d'vn sang pris & caillé. La plus espaisse de quelques-vnes des membranes, qui sont destinées pour retenir, attirer, ou repousser quelque chose,en s'eslargissant ou s'estresissant, est aussi dite chair, ou substance charnuë : La

ſubſtance des glandes qui eſt eſpaiſſe, & ſpongieuſe, eſt auſſi appellée chair, quoy que le
nom de chair ne ſoit deu principalement qu'à
celle qui ſe treuue dans les Muſcles.

La graiſſe eſt auſſi miſe au nombre des parties
qui ſont d'vne meſme nature, car bien qu'elle
ne s'engendre que quand l'enfant eſt aſſez
grand, & quand toutes les parties ſont ache-
uées, auſquelles elle ſuruient, toutesfois comme elle augmente de beaucoup le corps des parties organiques, elle ſe met au nombre des parties qui ſont compoſées. Elle ſe fait de la plus
ſubtile, la plus graſſe, & la plus huileuſe partie
du ſang, qui s'eſcoule par la tendreſſe des membranes, & s'attache à d'autres, ou ſe fige. Ariſtote en met vne interieure, & plus dure, l'autre exterieure & plus molle.

Les trois autres parties, dont nous auons parlé, l'Os, le cartilage, & le ligament, ſeront
expliquées enſemble, apres que nous aurons
diſcouru des muſcles, vers la fin de noſtre Anatomie, dautant qu'elles ſont tellement iointes,
que l'on ne ſçauroit parler de l'vne ſans parler
en meſme temps des deux autres.

I'ay icy vn aduis à donner à ceux qui ſont curieux d'apprendre la Medecine, de ne point aſſiſter aux diſſections des corps, qu'apres auoir
appris la ſcience des Os ſur le Scelet, laquelle
s'ils ſçauent, ils comprendront facilement ce
qui ſe dira dans la demonſtration des parties,
& s'inſtruiront facilement de ce qui appartient
à la connoiſſance des Os.

Le reſte des parties, que nous auons dit eſtre
d'vne ſeule nature, ſeront expliquées dans le
diſcours que nous ferons des parties diſſembla-

bles, qu'elles composent. Dautant que la substance des parties, que l'on nomme dissemblables, est faite d'Os, de cartilage, ligament, membrane, fibre, veine, artere, nerf,
chair, & graisse; ce qui fait qu'en leur explication ces parties sont nommées similaires, quoy
qu'en quelques endroits elles soient seules, &
ayent leurs particuliers vsages. Elles sont vnies
dans les parties que l'on nomme Organes, &
concourent ensemble à faire l'action, & selon les
effets differens qu'elles produisent, elles se diuisent en quatre ordres; y ayant en chaque Organe
la partie principale, par laquelle l'action se fait;
celle sans laquelle l'action ne se feroit pas;
celle qui cause que l'action se fait mieux, &
celle qui conserue l'action.

Dans chaque Organe, la principale partie
doit estre du nombre de celles que nous auons
dit estre d'vne mesme nature, & elle luy doit
estre si propre, qu'en vn autre Organe elle ne
se rencontre point. Toutesfois comme cette
partie ne peut faire son action seule, si elle n'est
aidée des autres, cela fait que le concours &
vnion des parties de mesme nature, luy est necessaire; de sorte que toute l'action qui regarde le mouuement conuient proprement & veritablement à la partie Organique, & que l'alteration seule conuient à la partie similaire,
qui outre ce qu'elle sert à la composition de
l'Organe, n'a que le seul vsage, qu'elle fournit pour accomplir l'action de l'Organe.

Au reste, les Organes, à cause de la dignité
de leurs actions, se diuisent en ceux qui sont
principaux, & ceux qui sont faits pour leur seruir: les principaux sont ceux qui fournissent la

matiere, & portent la puiſſance à tout le corps,
comme le foye, le cœur, & le cerueau, ſelon
les Medecins, mais ſelon Ariſtote, le cœur eſt
comme le ſeul Prince qui commande & gouuerne tout le corps; le reſte des parties qui ne
ſont pas princeſſes, ſont faites pour ſeruir &
obeïr à celles-cy. Les parties ont auſſi vne autre
diuiſion, tirée de la diuerſité de la compoſition
des parties Organiques, d'où il arriue que les
vnes ſont plus & les autres moins compoſées,
comme l'on voit dans le doigt qui eſt vne partie Organique compoſée, & les membres, la
main, ou le pied eſtans plus, comme les bras
& les jambes eſtans des parties tres-compoſées.

Il eſt neceſſaire pour bien rechercher la compoſition d'vne partie, d'en ſçauoir le nom, la
ſubſtance, le temperament, l'origine, la ſituation, la quantité, le nombre, la figure, la
couleur, la liaiſon, la communication, l'a-
ction, & l'vſage. L'attachement differe de la
communication. L'attachement ou connexion
eſt ce par quoy la partie eſt attachée aux parties
voiſines, deſquelles elle dépend, ſoit qu'elles
ſoient en grand ou petit nombre, & c'eſt ce
qui ſe prend quelquesfois pour ſon origine,
l'origine eſtant auſſi quelquefois differente de la connexion, mais la communication,
qui ſe fait generale, qui n'eſt proprement autre choſe que la communication qu'vne partie a auec les autres parties proches & éloignées, laquelle luy arriue par le moyen des veines, des arteres & nerfs, auec les parties voiſines ou éloignées, eſt generale, parce que par
leur moyen toutes les parties ont quelque choſe de commun auec les parties principales. Cet-

te communication eftant auffi quelquesfois
particuliere, quand quelques parties ont des canaux particuliers , par le moyen defquels elles
enuoyët ou de l'humeur ou des efprits, ou d'autres parties qui font ou ptoches ou éloignées,
comme il arriue à la veficule du fiel qui reçoit
par vn canal particulier la bile qui vient du
foye, & qui l'enuoye par vn autre dans le premier des boyaux : & aux reins , qui enuoyent
l'eau dedans la veffie par vn conduit particulier. Si l'on comprend bien cette methode , l'on
fçaura tres-parfaitement ce qui fe peut demander & refpondre fur chaque partie : mais lors
que l'on defire difcourir de ces chofes , il faut
commencer fon difcours par celles qui font
communes à tout l'organe, & parler en fuite de
celles qui font particulieres aux parties de differente nature , qui font en cét Organe.

Ie ne fuiuray point d'autre ordre en la defcription que ie vay faire , de tout ce qui fert à la
compofition du corps de l'homme, que celuy
dont i'ay couftume de me feruir, quand ie tra-
uaïlle publiquement à la diffection des corps, &
à la demonftration de toutes les parties qui s'y
rencontrent.

Comment le Corps de l'Homme doit eftre naturellement formé.

CHAPITRE II.

NOftre deffein n'eftant pas feulement de
donner la connoiffance des parties , mais
auffi de monftrer l'vtilité , que l'on eu peut tirer , foit pour la connoiffance de foy-mefme,

soit pour la guerison des maladies, i'ay creu
qu'il estoit à propos auant que de discourir
desdites parties, de descrire de quelle sorte,
elles doiuent estre naturellement establies, des
signes de la bonne & mauuaise disposition de
l'homme & de la femme, & cette connoissance
qui estoit autresfois necessaire pour faire a-
chapt des esclaues, faire des mariages, qui
fussent de durée, & remplis d'enfans, comme
aussi pour faire choix des meilleurs Soldats,
n'est pas aujourd'huy inutile, puisque dans
plusieurs maisons Religieuses, le Medecin est
appellé pour considerer ceux qui desirent y entrer, depuis la plante des pieds, iusques à la
teste, & obserue le poux, la respiration & la
voix : ce que l'on pratique en quelques païs, où
l'on achepte des esclaues, & mesme en ces quartiers quand on fait le choix des nourrices des
Princes, elles sont visitées de cette sorte par
leurs Medecins. L'on doit donc considerer en
l'homme le sexe, la substance du corps, le temperament, la grandeur, la couleur, la forme,
ou la figure, & voir de quelle sorte toutes ces
choses sont en vn homme parfait, afin que cela
nous serue d'vne regle asseurée pour connoistre
ce qui manque à ceux qui s'éloignent de la perfection.

Pour ce qui regarde le sexe, l'hõme est distingué en masle, ou femelle, ce nom d'homme
estant commun à l'vn & l'autre sexe, la femme
forte ayant mesme dans l'Escriture Saincte, vn
nom qui est deriué de celuy de l'homme, ce qui
fait que les raisons, que l'on apporte pour
pretendre, que la femme ne doit point auoir ce
nom d'homme sont ridicules, & i'ay répondu

aux raiſons qu'apporte Cujas pour cet effet,
ayant peut-eſtre eſté mal-traité de ſa femme,
& pour ce ſujet taſché d'oſter cét honneur à
tout le ſexe. Toutes ces difficultez ſont decla-
rées en ma grande Anatomie. Mais les ſignes
d'vne bonne conſtitution, ſe doiuent pluſtoſt
tirer de l'homme, que de la femme : il eſt donc
à ſouhaitter en l'homme, que la ſubſtance de
ſon corps ſoit plus charnuë, que graſſe, ferme
& ſolide, & non pas molle que les extremitez
ſoient mediocrement couuertes de poil ; les
hommes, qui n'en ont point, approchent
plus de la delicateſſe & molleſſe des femmes.

Le temperament le plus ſain eſt celuy qui eſt
chaud & humide, la vie ſe conſeruant dans la
chaleur & dedans l'humide radical: ce qui n'empeſche pas que chacun n'ait ſon temperament
particulier & ſpecial, que Galien ſouhaittoit
de connoiſtre, pour ſe pouuoir rendre égal au
Dieu Eſculape,& qui toutesfois ſe doit rapporter au temperament general.

Hippocrate dit au liu. I. *des maladies.* Que
le corps de la femme eſt ſpongieux, & ſujet
aux fluxions, à cauſe de ſa molleſſe. Le corps
qui eſt plus ſec, conçoit plus facilement les
maladies, & ſouffre naturellement dauantage. Au contraire, celuy qui eſt humide ne
ſouffre point tant ; car la maladie, qui eſt en vn
corps ſec s'y eſtablit, & ne ceſſe pas ſi-toſt, au
lieu qu'en vn corps humide, elle ſe répand ſur
d'autres parties, qu'elle occupe facilement.
Hipp. liu. des lieux en l'homme. Et le meſme
Autheur, *au liu.* 2. *des Prorrhetiques, dit.* Que
pour diſcerner les vlceres & les abſcez, il faut

premierement confiderer les natures des perfonnes, les âges, les temperaments, & voir quels font les meilleurs, ou les pires.

Les fignes de ce temperament fe connoiffent affez, par les Liures que Galien en a fait, & dans les autres, qui ont écrit de cette matiere dans leurs Traittez de la Simiotique, ou des fignes de l'vne & l'autre difpofition. La grandeur fe prend felon les trois dimenfions ordinaires; nous n'en confiderons que la longueur, & la largeur. Homere veut que la vraye & naturelle hauteur de l'homme, foit de quatre coudées, & la largeur d'vne coudée. Vitruue la veut eftre de fix pieds Romains, qui eft prefque la mefme chofe. Agellius veut apres Varron, que les plus hauts ne paffent pas fept pieds, & qu'il s'en treuue plus au deffous, qu'au deffus de ladite mefure. Vegetius vouloit que les Soldats fuffent choifis de fix pieds de hauteur; ce qui ne preuue pas que tous les hommes doiuent eftre de mefme taille, la petiteffe, ou grandeur dépendante du pays où l'on prend naiffance, du fexe, & des maladies. Ceux de l'Afie font ordinairement plus grands, que ceux qui naiffent en l'Europe: Et dans l'Europe, ceux qui approchent plus du Septentrion, comme les Danois, Hollandois, & Allemans, Hippocrate en a décrit plufieurs mefures, en l'vn de fes Liures. L'homme eft pour l'ordinaire plus grand que la femme, quoy que parmy le refte des Animaux, la grandeur de la femelle furpaffe celle du mafle.

La largeur ou groffeur, doit eftre en vn corps bien proportionnée, de la moitié, comme de trois pieds, fi la hauteur eft de fix; la maigreur

greur eftant vicieufe aux grands hommes, &
fubiette à faire naiftre vne fechereffe dedans les
poulmons ; & vn corps ne peut eftre de long
trauail, s'il n'a la groffeur proportionnée à fa
taille.

Ariftote veut que la grandeur, le courage, &
la beauté, fe treuue dans les grands, vn homme de petite taille ne pouuant eftre beau. Toutesfois la grandeur de l'efprit n'accompagne
pas toufiours celle du corps, les plus grands fe
rencontrans fouuent eftre fans adreffe, ny induftrie.

Celfe veut que le mieux foit d'eftre d'vne
bonne habitude, comme le grefle, & le trop
gras n'eftant point loüable ; car comme vne
longue ftature n'eft point eftimée en la ieuneffe, de mefme elle eft tres-incommode fur
le declin de la vie. Vn corps grefle & déchargé
eft ordinairement plus maladif ; & vn trop
groffier, eft plus debile, & foible.

L'on doit auffi tres-exactement confiderer fa
couleur du corps, d'autant que celle qui paroift
au vifage, & en la furface de la peau, découure fouuent l'humeur qui domine en l'homme. Les fanguins font d'ordinaire plus rouges,
les bilieux plus iaunes, les melancholiques plus
bruns, & les pituiteux plus pales. La couleur
qui tire fur le rouge, & fur le brun, eft pre-
ferable à la palleur, qui témoigne fouuent
quelque chofe d'effeminé.

Il femble qu'il y ait à douter de la couleur,
touchant le choix d'vne nourrice, Ariftote pre-
ferant les brunes, & d'autres aimans mieux
celles qui font plus rouges, ou plus tirans vers
la palleur. Et il femble que l'opinion d'Ariftote

Hi

soit aidée, & confirmée par Hippocrate, quand
il prefere le laict d'vne vache noire à vne autre,
quoy que ce passage s'explique autrement dans
le Commentateur, qui veut qu'Hippocrate
entende en ce lieu, preferer les vaches qui paissent en vne terre, dont le mesme nom Grec
signifie vne chose noire; & outre cela peut aussi signifier le nom d'vne Isle, ou territoire où
les meilleures vaches estoient nourries. Il reste
maintenant à parler dela figure que doiuent
naturellement auoir la teste, la poitrine, le bas
ventre, les bras, & les iambes.

La teste doit estre ronde, & non pas en pointe, n'estoit qu'elle eust vn col gros & ferme.
La grande est tousiours preferablea la petite. La
teste nous découure la nature des Os, veines,
nerfs, chairs, & autres, tant du haut que du
bas, selon Hippocrate: & Martial se raille d'vn
certain en ces termes;

Celuy que t'apperçois de loin vers nous venir,
Et la teste duquel en pointe on void finir,
Qui plus haut que pas vn les deux aureilles
porte,
Et les sçait quand il veut remuer à son gré,
Du folastre Gytta n'est-il point engendré?
Ces marques me le font iuger de cette sorte.

Vne grande teste demande vne grande ceruel-
le, qui doit aussi estre accompagnée d'vne grande poitrine, à cause des parties qui y sont contenuës, auec lesquelles elle doit auoir proportion. La grande poitrine estant necessairement
suiuie d'vn grand ventre; & ainsi de la grandeur, & de la cauité de la teste, dépend celle
des autres cauitez.

La poitrine doit estre grande, & en ovale

ayant l'efpine fort droitte, le deuant large, & en forme de voûte ronde, non pointuë, enfoncée ny plate.

Les mammelles doiuent eftre plattes aux hommes, & éleuées aux femmes, & imiter la figure d'vn Globe bien arondy : Elles doiuent eftre plus pleines de glandes que de graiffe, ou de chair, parce qu'elles leur feruent à attirer toutes les impuretez de la poitrine, fi elles ne font point nourrices. Hippocrate veut que celles qui ont les mammelles grefles, foient plus fubiettes aux maladies, & que celles dont le bouton eft trop palle, ayent quelque indifpofition en la matrice.

L'on demande fi les plus grandes font preferables aux mediocres. Mofchion ne les veut pas grandes, dautant que celles qui les ont grandes de graiffe, ont moins de laict. Ce qui fait que fouuent on doit preferer vne Nourriee vn peu maigre, dont la mammelle eft remplie de beaucoup de laict, à vne graffe & charnuë, & fouuent vne de mediocre taille eft preferée par Ariftote, à vne plus grande.

Les plus blanches eftans trop pituiteufes, ont le plus mauuais laict, ainfi parmy les animaux à quatre pieds, le laict qui tire plus fur le noir eft meilleur. *Coftau* corrige le paffage. Ie laiffe au iugement des doctes Medecins, fi cette correction eft bonne ou mauuaife.

Ayant difcouru de ce qui regarde la poitrine, ie parleray en fuite du bas ventre, qui doit eftre vn peu éleué & en rond. Les Poëtes veulent qu'vne femme bien faite ait le ventre en forme de voûte, & méprifent les femmes, dont le ventre eft trop plat. Hippocrate veut que le

Medecin face reflexion sur le bas-ventre, & qu'il remarque si il est long & gresle, tant que l'ô en tire vne regle asseurée pour la facilité de la purgation. Celles qui ont ces parties fortes, & bien disposées, peuuent seurement estre purgées, & les autres ne sont point sans danger des purgatifs vn peu violens.

Les femmes trop grasses ne conçoiuent que rarement, & les hommes trop gras par le ventre, ont de la peine à faire l'action Venerienne s'ils ne cherchent quelque situation qui leur soit commode.

L'on doit aussi auoir égard aux parties qui seruent à engendrer. Heliogabale choisissoit pour les meilleurs Soldats, ceux qui auoient vn plus beau membre, comme estans les plus robustes. Les plus longs ne sont pas les plus propres à satisfaire les femmes, soit que les esprits de la semence se dissipent en cette longueur, selon le sentiment de Galien, soit que les nerfs qui seruent à le roidir, se lassent plutost en soustenant vn trop grand faix. Vn mediocre est plus lascif, & engendre plus souuent, chatoüille dauantage, & a plus de force pour soustenir le combat auquel il est destiné. Les plus grands emplissent la matrice, mais elle ne peut conceuoir, & nuisent à celles qui sont suiettes aux suffocations, au lieu de leur seruir, dautant qu'ils remuent & estendent par trop les parties de la femme, tant s'en faut qu'elles soient soulagées, & ne laissent point de lieu à leur mouuement naturel. Il ne faut pas aussi croire, que les testicules trop grands, & pendans plus bas, soient les meilleurs.

I'acheue ce Chapitre par le discours des ex-

tremitez. Les pieds & les mains doiuent auoir de
l'égalité aux hommes, bien proportionnez, la
longueur deuant eftre égale depuis l'aine, iufques au talon, & depuis l'aiffelle iufques au
bout du doigt de la main. La grandeur du pied,
depuis l'aine iufques au talon, doit eftre de trois
pieds de long, fi tout le corps l'eft de fix pieds.
Ils doiuent eftre peu charnus, pour paffer pour
robuftes, & adroits aux actions, où les pieds
& les mains font neceffaires, quoy que le contraire fe pratique dans les cheuaux, qui font
prifez pour auoir les iambes feches.

On lit dans Sidonius Apollinaris, le parfait
modelle d'vn beau corps, & bien compofé, dans
la defcription qu'il a faite de Theodoric Roy
des Goths, où les Critiques fe font lourdement
trompez, en lifant au Latin vn mot pour vn
autre, fçauoir, *excrementa*, pour *exitema*.

La diuifion du Corps de l'homme.

CHAPITRE. III.

L'ON doit diuifer le corps humain deuant
que de couper aucune de fes parties, en
quelques principales Regions, afin que felon
leur nombre, & leur ordre, le curieux Anatomifte fçache, par où il doit commencer fon
ouurage. Entre les diuifions que l'on propofe,
celle-cy eft la meilleure de toutes.

L'on diuife le corps au tronc, & aux extremitez; le tronc a trois parties, ou trois regions
principales, la tefte, la poitrine, & le bas ventre; Ie rapporte le col au Thorax, à caufe des
deux conduits qu'il contient, à fçauoir celuy

qui porte les alimens ; & l'autre, l'air, ou les esprits. La teste est au lieu le plus éleué du tronc, la poitrine est au milieu, & le ventre au lieu le plus bas : Il y a quatre extremitez, qui sont comme les rameaux de l'arbre ou du corps, à sçauoir les deux bras, & les deux iambes.

Nous discourerons en chacune de ces regions, des bornes que la Nature leur a donné à chacune d'elles

Remarques particulieres sur ce qui appartient à la Medecine.

IE ne m'arresteray point à raconter en détail les parties exterieures de chacune de ces regions, mon dessein n'estant que de considerer la structure du corps reuestu de sa chair, comme d'vn habit, lequel, quoy qu'il paroisse exterieurement tres-beau, est bien souuent tres-sale au dedans.

Et souuent ceux qui sont fort beaux par le dehors,
Cachent la plus vilaine ordure dans leurs corps.

Cette habitude du corps se nomme la troisiéme region du corps, à laquelle sont chassées par la force de la Nature, les mauuaises humeus du centre à la circonference, & dont les effets paroissent dans les maladies & accidens exterieurs, dont la cause ne laisse pas de venir du dedans.

La racine poussant au dehors a fait naistre,
La verdeur que l'on voit sur la feüille paroistre.

Ie déduiray les principales maladies, qui sont

de cette nature. Les principales viennent de trop de repletion, ou de l'amas qui se fait d'vne trop grande quantité de graisse, & de la contraire disposition, qui rend le corps extremément attenué, & se reconnoist par la maigreur des parties ; ce qui cause le rheumatisme, la goutte, l'espece d'hydropisie, qui est vniuerselle, la mauuaise habitude du corps la Verole, la trop grande abondance, ou le defaut des sueurs ; ce qui vient de ce que les pores sont ou trop lasches, ou trop resserrez ; les Paralysies, conuulsions, lassitudes, & douleurs insupportables de tous les membres, & generalement toute sorte d'enfleure generale, ou particulieres, qui eleue la peau contre sa nature.

Lors que le corps ne change point de couleur, ny de caractere pendant les maladies, c'est vne marque qu'elles seront longues, ainsi que dit Hippocrate dans les Prognostiques.

La chair de l'homme est la plus delicate de toutes, pource qu'elle se nourrit du plus pur sang ; & les peuples, qui ont assez d'inhumanité pour viure de la chair de leurs semblables, y treuuent vn goust plus exquis qu'en aucune autre.

Il y a quelques interuales entre les chairs, & les muscles, qui sont ordinairemm remplies de sang ; & d'esprits; lesquels, s'ils viennent à se remplir de vent, ou d'vne serosité acre & piquante, donnent lieu à ces fluxions, & rheumatismes vniuersels, & aux maladies particulieres de la peau.

La trop forte & replete habitude du corps se purge par ces sueurs & cornets, qui se pratiquent en Allemagne, & s'appliquent par tout

le corps auec scarifications legeres, par les
frictions à la façon des Anciens, selon la doctrine de Galien, les bains, les flagellations,
singlemens, battemens, phenigmes, & vesicatoires.

C'est ce qui peut donner lieu de croire, que
les petites veroles estans comme vne escume de
toutes les humeurs; que la Nature iette à la surface du corps, l'on peut, & au commencement
& vers la fin, vser de remedes, qui attirent vers
cette parties, & prouoquent les sueurs, la frequente saignée n'estant pas toussiours necessaire, & suffisant souuët quand ellea esté faite vne
fois ou deux, afin de ne point empescher le mou
uement de la Nature, qui pousse ces humeurs
au dehors. Les saignées ne se doiuent toutesfois
point limiter, quand il y a assoupissement, op-
pressions, fiévres, & dysenterie, qui est tres-
funeste en cette maladie, & doiuent respondre
à la grandeur du mal, qui les desire; sans mé-
priser les pigeonneaux coupez en deux & mis
sur le Cœur, & sur les deux poignets & le bout
des pieds. Les cornets sont aussi tres-vtiles, appliquez par tout le corps, apres vne legere pon-
ction. Le bain d'eau tiede cause quelquesfois
vne plus facile sortie, estant fait en vne saison
qui le requiert.

Du bas Ventre en general.

CHAPITRE IV.

QVoy que cette region soit la moins noble
des trois, l'Anatomiste ne laisse pas de
commencer son ouurage par icelles, à cause
qu'elle

qu'elle est l'égout & la cuisine du corps ; ce qui fait qu'elle se corrompt plus facilement , & qu'elle engendre quantité de puanteurs tres-importunes, à celuy qui prefereroit l'ordre de la dignité à celuy de la necessité.

Les Grecs l'appellent d'vn nom qui signifie vn grand creux, cauité ; & les Latins luy donnent celuy de Ventre, à cause qu'il ressemble à vn outre.

Sa substance est charnuë, & de plusieurs parties ; dont les vnes sont de semblable nature, les autres de differente, lesquelles nous nommerons toutes en leur ordre.

Ce composé de plusieurs choses differentes n'a point d'autre temperament que celuy des parties, qu'il contient, lequel il emprunte principalement du foye.

Il se fait en la premiere conformation, dans le mesme temps que se font les autres parties du corps.

Sa situation est au bas de la poitrine, sa grandeur s'estend depuis les fausses costes, & le muscle, que l'on nomme Diaphragme, iusques aux Os pubis. Ce que l'on diuise en trois autres regions, haute, moyenne, & basse, ou celle de l'estomach, du ventre, du nombril, & du bas ventre.

De plus, en chacune des regions, l'on considere le milieu, & les deux costez. Les costez de la premiere se nomment hypochondres ; les costez de la seconde sont les anches, & le milieu, le nombril, qui est le centre du ventre, & de tout le corps. Les costez de la troisiesme, sont les aines, le milieu le haut de la motte, dont le bas se nomme la partie honteuse, qui

I

fe couure de poil aux mafles & aux femelles vers les quatorze ou quinze ans, comme fi la Nature vouloit cacher les parties, que la bien-feance nous oblige de ne pas montrer.

Bien qu'il n'y ait qu'vn feul ventre & continu, fans aucune feparation, on le diuife toutesfois en deux, à caufe du redoublement du peritoine: fçauoir, en deux cauitez, vne grande & vne petite; la grande enueloppe les parties qui feruent à la nourriture, & s'appelle la veffie: & les parties qui feruent à engendrer, mefme la matrice à celles qui n'ont point encore porté d'enfans.

Le bas ventre, eu efgard aux parties, dont il eft compofé, fe diuife en fes parties qui enferment, & celles qui font enfermées.

Les premieres font communes, propres, ou eftrangeres. Les communes, qui fe treuuent auffi aux autres parties, font la furpeau, la peau, la membrane graffe, la membrane charnuë, & la membrane commune des mufcles. Les propres font les mufcles du bas ventre, & de la poitrine; les eftrangeres fôt celles; qui quoy qu'elles feruent à la circonfcription de cette cauité, font toutesfois pour d'autres vfages, & font les parties charnuës & offeufes du rable, côme les Vertebres du troifiéme rág, & le creux ou baffin fait de l'affemblage de l'Os facré, & des Os des anches. Les autres du nombre des Mufcles, comme le Pfoas, Sacrolumbaire, le tres-large, le facré, le demy épineux, & le quarté, fe nomment parties eftrangeres, les Os des Mufcles cy-deffus nommez, placez en la partie de derriere du ventre, parce qu'elles contribuent à former la cauité du ventre, encore qu'elles fe rappor-

tent ailleurs, & qu'elles appartiennent à vn autre vsage.

Celles qui sont enfermées seruent, ouà la nourriture, ou à la generation. Les premieres seruēt
ou pour la reparation du Chyle, ou pour celle
du sang. Les dernieres sont, ou propres aux
hommes, ou particulieres aux femmes. La
figure de cette region est en ovalle, à raison des
parties qu'elle contient, lesquelles estās ostées,
si on la considere à part, comme vne enueloppe,
sa figure se creuse, pour estre le siege des parties qui sont destinées pour la nourriture, &
pour la generation ; ce qui a obligé les Latins,
& les Grecs, à luy donner des noms qui nous
le monstrent.

La couleur du ventre, qui paroist en sa surface, répond à celle du reste du corps. En l'homme le poil ne pousse pas seulement dans le bas,
mais aussi iusques au nombril, quand l'âge où
on a pouuoir d'engendrer son semblable, est
arriué. Le ventre est ioint exterieurement par
la peau, & interieurement à la poitrine, & aux
extremitez d'embas par le peritoine, & a communication auec les parties principales, par les
veines, les nerfs, & les arteres.

Son vsage quand il est entier, est d'enuélop-
per, & de contenir les parties qui seruent à la
nourriture, & à la generation, & il est pour cét
effet composé de chairs musculeuses. Son a-
ction est de presser les parties qu'il contient,
pour chasser haut & bas les impuretez qui s'y
rencontrent, & pour pousser l'enfant hors de la
matrice.

Reflexions sur ce qui concerne la pratique de la Medecine.

DE ce que deſſus, le Medecin peut tirer des connoiſſances, pour la gueriſon des maladies.

Premierement, que le ventre eſt l'égout pour receuoir toutes les impuretez du corps; que c'eſt-là où paroiſt le plus noſtre intemperance; qu'il eſt la cauſe de toutes les maladies, & le pere nourricier des Medecins.

On appelle ventru celuy de qui le ventre eſt extraordinairement éleué, & ſort d'vn demy pied. Et l'on void vn exemple remarquable des hommes de cette nature dans Galien, en Nicomachus de Smyrne, & dans Athenée, d'vn certain Magan Roy de Cyrene, que le trop de graiſſe étouffa. Et *Neander* rapporte, que Rabbi Eliazer, & Rabbi Iſmaël, auoient des ventres ſi épouuantablement gros, qu'eſtans debout, & ſe regardans l'vn l'autre, & leurs ventres s'entretouchans, deux puiſſants bœufs euſſent pû paſſer entr'eux, ſans toucher ny l'vn ny l'autre.

Nous liſons dans Strada Hiſtoriographe l'hiſtoire d'vn homme extraordinairement gras, lequel par l'vſage du vinaigre qu'il beuuoit ordinairement deuint maigre. I'ay veu reuſſir ce meſme remede à vn Courtiſan de la Reyne Mere Marie de Medicis: mais il eſt dangereux, crainte qu'à la fin il ne ronge les fibres du foye, ſuiuant la doctrine d'Auerrhoes.

Le bas ventre, à raiſon de ſa ſubſtance graſſe

& charnuë, est suiet à plusieurs tumeurs, &
particulierement aux abscés, soit que la matiere luy soit enuoyée du foye par la veine Vmbilicale, soit qu'elle vienne des reins, àpres
leur suppuration, lesquels estans enfermez dans
le peritoine redoublé, peuuent décharger
leurs impuretez dans les parties interieures du
ventre.

Cette graisse & chair, doit estre mediocre;
s'il y en a trop, elle est incômode à la vie; & s'il
y en a trop peu, elle témoigne la mauuaise disposition des entrailles. Hippocrate veut que dãs
toutes les maladies, ce soit vn mauuais signe,
quand les parties sont trop attenuées, & fonduës, le contraire se debuant croire, quand elles sont bien remplies; ce qui oblige le Medecin d'y mettre la main, en visitant les malades, afin qu'en les tastant, il voye si les dispositions loüables s'y rencontrent, & estant
necessaire pour auoir bonne esperance d'vn malade, qu'il luy treuue les costez du ventre (que,
l'on nomme les hypochondres) tres mollets
exempts de douleur, égaux en toutes leurs parties, & bien charnus.

La grandeur du ventre se considere exactement, selon la longueur & profondeur, afin que
l'on iuge suiuant cela, quelle partie peut estre
malade, ou blessée dans les playes qui se reçoiuent, ou dans les grandes douleurs qui s'y res-
sentent.

Suiuant cette profondeur, les douleurs legeres témoignent que les parties proches de la
surface, sont mal disposées, & les violentes témoignent que les parties du dedans sont offensées, & donnent lieu de croire le mal plus
dangereux.   I iij

Par la diuifion des lieux, felon la longueur, on peut connoiftre les parties où eft la douleur de la playe, par la veuë feule & le toucher. La partie d'enhaut cache dans fon cofté droit le foye, qui eft placé vers le cartilage pointu, & d'vn trauers de doigt, plus bas que les fauffes coftes, & vers le deuant du trauers de deux; vers le milieu le petit ventre fe rencontre, il tire plus vers le cofté gauche, & eft enuiron quatre doigts deffous les coftes : Dans le gauche eft la rate, qui pend au deffous des fauffes coftes, enuiron de la largeur d'vn poulce, quand elle eft en fa fituation naturelle.

La region du milieu, qui eft celle du nombril, contient premierement le nombril, qui luy donne le nom, fur lequel eft couché en trauers le gros boyau, où fe forment ordinairemét les coliques; d'où il apris fon nom, fe repliant au deffus; & dans tout le tour de cette region, eft placé le boyau que l'on appelle le Icufneur. Vers l'épine on treuue les reins, & le commencement du gros boyau; qui eft vers le rein droit, & retourne par deffus le foye, le petit ventre, vers la rate, puis defcend vers le rein gauche, en biaifant, ce qui fait que les coliques qui arriuent en ce boyau, font tres-difficiles à diftinguer des nephritiques, ou celles des reins.

Dans la region Hypogaftrique, ou du bas du ventre, au milieu, & aux coftez, eft contenu le boyau Ilium, ou des anches, & tout au bas du ventre la veffie, fous laquelle eft placée le boyau culier, que l'on nomme le boyau droit : mais aux femmes, la matrice eft entre la veffie, & ce dernier boyau.

Il y a vne partie, nommée le Mefentere, qui

est couchée sous tous les boyaux, &vne grosse glande charnuë, qu'on appelle pancreas, sous le ventricule. Tous les boyaux sont couuerts d'vne coiffe, qui est estenduë par dessus, qui distingue les parties superficielles, d'auec les profondes, & commence vn peu au dessous du nombril, & elle separe auec le peritoine, les parties du dedans, d'auec celles du dehors, c'est à dire, celles qui sont enfoncées, d'auec celles qui sont vers la surface.

Remarques particulieres pour la Medecine.

TOVTES les especes de tumeurs arriuent frequemment au bas ventre : Les abscés, les enfleures, qui viennent, ou de la tumeur des parties, ou des vents, ou de l'amas des eaux.

Dans les difficiles accouchemens on l'ouure en son costé, vers le bas du ventre, pour tirer l'enfant, en l'operation que l'on nomme *Section Cesarienne* : On le pique auprés de l'Os barré, pour tirer l'vrine, quand on ne peut introduire la sonde : & on le perce tout au bas de l'hypogastre, pour en tirer la matiere superfluë, & proche du nombril, en l'espece d'hydropisie, que l'on nomme ascites, pour en tirer les eaux; ce que l'on appelle *Paracentese*.

Au reste touchant la grandeur & grosseur du bas ventre, il faut considerer ces choses pendant les maladies, lors qu'il a esté long-temps plat & abbaissé : s'il deuient tout à coup enflé, & tumefié, vous rechercherez si c'est de la fermentation ou distension des parties mesmes, ou des humeurs. ou de quelque flatuosité, ou

I iiij

fi c'eſt quelque vent qui eſtende ſeulement le
boyau colon, au deſſus du nombril. De la
conuulſion du bas ventre. *Hecſtetterus, decad.*
5. de ſes Obſeruat. Et *Tulpius liu. 3. chap. 22.*
ont eſcrit, que cette maladie s'obſerue par
fois.

Au reſte, les tumeurs du bas ventre dans le
Peritoine ſe font de diuerſes parties tumefiées,
par quelque grande obſtruction, qui fait enfler
ces parties. Les plus frequentes tumeurs ſont
aux hypochondres, à raiſon de la ratte & du
foye. Et outre ces deux viſceres, il y a encore
d'autres parties, qui s'enflent extraordinairement, & donnent ſuiet aux Anatomiſtes experts
de douter de la partie affectée. Si la tumeur eſt
dure, & qu'elle aduance en dehors, entre le
cartilage Xiphoide & le nombril, on peut douter ſi c'eſt le Pancreas, qui ſoit tumefié, & tendu iuſques là, ou bien ſi la portion de l'Epiploon, qui eſt ramaſſée entre le ventricule &
la ratte, ſoit tombée, ou ſi c'eſt l'autre portion du meſme Epiploon, qui pendille, &
s'eſtend par deſſus les boyaux. Quand la tumeur occupe les parties laterales iuſques aux
Iles, on pourra conſiderer s'il n'y a pas quelqu'vn des deux reins, qui ſoit hors de ſa place,
ou ſi ce n'eſt pas la ratte qui deſcende iuſques
aux Iles. Lors que la tumeur eſt profonde, on
examinera ſi c'eſt le Meſentere glanduleux, qui
ſoit tumefié en forme de Steatome. Si la tumeur
eſt dans l'Hypogaſtre, on conſultera ſi c'eſt la
portion pendante de l'Epiploon tumefié, qui
arriue iuſques-là, ou ſi c'eſt le rein ou la ratte,
ou ſi c'eſt la matrice qui ſoit enflée à ce point
là; ou ſi c'eſt la veſſie, qui ſoit eſtenduë de cer-

te forte, ne fe pouuant vuider naturellement, ny par le moyen de la bougie en fe fondant, à caufe que les voyes font bouchées.

Or l'on peut facilement difcerner les tumeurs de ces parties deplacées, tandis qu'elles font recentes, & deuant qu'elles foient fortement adherentes aux autres parties voifines; car pour lors ces parties font mobiles, & en les maniant auec la main, on les peut encore remettre ou repouffer en leurs lieux, foit la coëffe, foit la ratte, foit l'vn ou l'autre des reins. Mais les tumeurs du Pancreas, du Mefentere, & de la matrice demeurent toufiours fixes & immobiles.

Neantmoins les tumeurs des autres parties fufdites, lors qu'elles font inueterées, & aggrandies, deuiennent auffi immobiles, & ne fe peuuent difcerner que fort difficilement, & par des Medecins & Anatomiftes tres-experts. *Trincauellus liu.* 3. *confeil* 107. *Zecchius confeil* 48. *& Ballonius liu.* 2. *conf.* 7. ont traité des tumeurs, & fcirrhes des glandes du bas ventre.

De la furpeau.

CHAPITRE V.

LA partie qui paroift premierement à nos yeux, eft la petite peau. Sa fubftance approche de la nature de celles qui font faites de la femence, quoy qu'elle leur foit diffemblable. Son temperament n'eft pas confiderable, n'en ayant aucun particulierement; mais la maniere, dont elle s'engendre, l'eft beaucoup, fe faifant d'vne vapeur gluante de la peau, qui en

fortant en façon de rofée, s'épaiſſit par le froid
de l'air, & ſe ſechant, forme vne petite peau, qui
entoure toute la vraye peau, & pour ce ſujet, la
cicatrice ſe forme bien plus facilement quand
la peau eſt expoſée à l'air, d'où vient qu'elle
y eſt par tout eſtenduë ſur elle au dehors, &
elle y eſt tres-fermement attachée, & que
leurs grandeurs & leurs bornes ſont entierement ſemblables. Bien que ſa ſubſtance paroiſſe ſimple à la veuë, Fabricius veut toutesfois qu'elle ſoit double, & que l'vne ſoit inſeparablement attachée aux pores de la peau, &
que l'autre s'éleue & s'en ſepare ſans luy nuire.
Mais pour eſtre plus, ou moins épaiſſe, il ne
la faut pas multiplier pour cela, bien qu'en
quelques lieux elle ſe puiſſe diuiſer en pluſieurs
petites peaux ; elle peut toutesfois, en aucune
part, eſtre amplement arrachée : elle n'a point
de figure propre, mais elle l'emprunte de la
peau, de laquelle elle differe, à cauſe qu'elle
n'a point ces petits trous, que l'on appelle les
pores.

L'on croit qu'elle prend la couleur de la vraye
peau, mais l'on void pourtant qu'elle eſt noire
dés la naiſſance dans les Negres, la peau de
deſſous ſe treuuant eſtre blanche.

Elle eſt fortement attachée à la vraye peau, &
y tient lieu d'excrement, comme le poil. Elle
n'a aucune communication auec les parties
principales, par les nerfs, veines, & arteres
n'ayant aucun de ces vaiſſeaux, parce qu'elle eſt
inſenſible, comme chacun peut l'éprouuer en la
razant.

On ne luy donne aucune action ; ſes vſages
ſont de fermer les pores de la peau, & de la ren-

dre belle, polie, & égale en toutes ses parties.

Remarque particuliere pour le Medecin.

LE Medecin considerera de ces choses, que la surpeau a ses maladies propres, encore qu'Hippocrate ne les nomme que deformitez Il demande en vn autre lieu, si l'on doit appeller les accidens qui suruiennent à cette partie, absces, ou maladies; ce qui peut beaucoup seruir pour auoir la veritable connoissance de leur nature, & pour les pouuoir seurement guerir. Elle est suiete à receuoir plusieurs taches, dont les vnes sont naturelles, comme les rousseurs, & autres taches semblables de la peau : Les autres sont mises au rang des maladies, comme les rougeoles, & les taches rouges, qui paroissent dans les fiévres pourprées, ou d'autre couleur, quelquesfois sans fiévre, quand la Nature chasse sous cette membrane, vne serosité d'vne autre couleur.

Les marques qui partent des maladies, se peuuent & doiuent effacer, mais celles qui sont de la naissance, s'effacent tres-difficilement, parce qu'elles ne sont pas seulement en la surpeau, mais qu'elles sont attachées tres-fortement au cuir.

Il y a vne partie de la Medecine destinée pour perfectionner la surpeau, & la rendre plus belle, appelée Cosmetique, ou l'art d'embellir, que Galien croit indigne d'estre pratiquée par le Medecin, qui doit estre vn homme de bien & d'honneur : la laissant aux Medecins de Cour, & aux maquereaux : il en parle d'vne autre, qui

ſert à orner la peau , qu'il nomme Commotique.

Les femmes ont la ſurpeau plus épaiſſe,& plus
polie,ce qui fait qu'elles ont les pores plus bouchez,& la tranſpiration moins libre. Les hommes l'ont plus eſtenduë,& preſque toute poreuſe,pour laiſſer la ſortie plus libre à leur poil; ce
qui rend la tranſpiration beaucoup plus facile.

Enfin,comme cette membrane donne l'ornement & la beauté du corps, ainfi ſi les puſtules
la rendent inégale,ſi les taches la rendent vilaine, ou que le ſoleil la bruſſe, elle eſt auſſi cauſe
de ſa laideur.

C'eſt vne choſe ridicule de la la vouloir enleuer auec des veſicatoires , pour en faire naiſ-
ſtre vne plus belle, & l'on ne perd pas
moins ſon temps, & ſa peine, qu'à lauer la
peau d'vn Ethiopien. Elle s'écorche, & s'en-
leue en pluſieurs endroits , quand elle eſt
bruſlée, ou trop deſſechée , & ſe leue en forme
d'écaille, en ceux qui ont la lepre, ou quelques
veroles.

De la peau.

CHAPITRE VI.

APRES la ſurpeau paroiſt ce que nous appellons ordinairement le cuir, ou la peau.
Sa ſubſtance eſt differēte des autres membranes
du corps,n'y ayant qu'elle ſeule qui ſoit formée
du ſang, & de la ſemence meſlée enſemble,
en ſorte toutesfois que la portion de la ſemence
eſtant coulante, & ſe repandant par tout , do-

mine à celle du fang; d'où il arriue que le cuir
eſt eſtimé vne partie ſpermatique.

Il s'enſuit de cela que ſon temperament eſt
froid, & ſec, ou ſi vous voulez exactement tem-
peré, afin qu'il puiſſe ſeruir de milieu & de iuge
du toucher. Elle eſt tenduë par tout le corps,
qu'elle entourne exactement par tout, en forme
d'vn veſtement, d'où vient qu'elle eſt égale à la
dimenſion de tout le corps.

Encore que la veuë & le toucher, nous la facent iuger ſimple & vnique, pluſieurs veulent
qu'elle ſoit double, & faite de deux peaux. Ie ne
la treuue point facile à eſtre ſeparée, ſi ce n'eſt
qu'à cauſe de ſon épaiſſeur, on la puiſſe couper
en pluſieurs écorces.

Sa figure eſt ſemblable à celle du corps, qu'elle entoure, & qu'elle couure en forme de l'habit d'vn pantalon. Sa tiſſure eſt rare, & pleine
de petits trous, pour la liberté de cette tranſpiration, que l'on appelle inſenſible, & pour laiſſer le paſſage aux excremens de la derniere coction. Elle eſt auſſi percée de plus grands & viſibles trous, en pluſieurs de ſes parties, comme
aux oreilles, aux yeux, au nez, à la bouche, au
fondement, & aux parties naturelles de l'homme & de la femme.

Sa couleur dépend de l'humeur qui domine
au corps. L'humeur qui domine interieurement, ayant couſtume de paroiſtre à l'exterieur, ſi ce n'eſt que la couleur en ſoit telle dés
la naiſſance, comme dans vn Ethiopien.

Elle eſt attachée fortement aux parties, qu'elle couure; ce qui la rend par tout immobile,
excepté ſur le front. Elle ſe rend commune auec
toutes les parties principales, par le moyen

d'vne grande quantité de veines, d'arteres, & de nerfs, dont elle reçoit les extremitez de toutes parts, n'ayant de foy-mesme, ny veine, ny artere, qui luy soient particulieres, ny mesme de nerf pour son sentiment, qu'elle a receu tres-subtil, & tres-delicat, pour pouuoir estre l'organe du toucher.

L'on peut demander, si au regard du toucher, elle a vne action propre, & si cela estoit, les membranes qui sont les instrumens du toucher interne, auroient vne action, ce que iamais personne n'a dit.

Ses vsages sont particuliers, & de grande consequence, à sçauoir, d'embellir, & de defendre les corps, de receuoir les restes & excremens de la troisiéme region, & de chasser dehors, les saletez, les vapeurs, & les sueurs.

Considerations particulieres pour le Medecin.

CE T T E conformation de la peau peut seruir au Medecin; premierement, la substance de la peau paroist estre contre Nature quand elle est trop épaisse, son temperament se change en plusieurs maladies.

Il y a defaut dans le nombre, quand la surpeau est consommée ou rongée, ou que le vray cuir s'est perdu. Souuent la peau qui estoit egale & bien vnie, se rend inégale & raboteuse, par le moyen des pustules, qui causent cette inégalité, & qui la gastent.

Souuent ces petits trous sont plus ouuerts, ou plus serrez qu'ils ne doiuent estre : Sa continuité est rompuë dans les playes, & dans les vl-

ceres, & son action est blessée, quand elle est
renduë insensible, comme dans l'engourdissement; & dautant qu'elle sert de soûpirail, &
d'émonctoire à tout le corps, auec la membrane grasse, qui luy est attachée. Elle reçoit non
seulement les ordures de la troisiéme coction,
mais aussi celles de tout le corps, que la Nature
chasse souuent en ces parties. C'est ce qui rend
l'homme suiet à vne grande quantité de maladies de la peau, parce qu'elle est le soûpirail du
corps: Si bien que s'il arriue que les pores soient
bouchez, le corps est rendu suiet à de grandes
incommoditez, à cause de l'empeschement de
la transpiration, deuant estre de sa nature percé
de tous costez, comme vn crible, pour receuoir
l'air, & laisser écouler les fumées qui luy sont
nuisibles; comme Hippocrate l'a tres-bien remarqué.

Ce qui luy a fait dire en vn autre lieu: *Que ceux*
dont le corps est plus propre à la transpiration, sont
plus sains: & que ceux qui pour auoir le cuir
trop épais, & trop serré, y sont moins propres, &
sont plus maladifs. Il veut aussi que ceux qui ont
la facilité de cette transpiration, soient plus de-
biles, iouyssans plus facilement de la santé, &
se restablissans plus facilement apres qu'ils ont
esté malades; ceux qui n'ont pas cette facilité,
estans plus forts auant que de deuenir malades,
mais en reuanche, ils se remettent tres-difficile-
ment apres les maladies qui leur arriuent.

Les maladies du cuir, & les fiévres malignes,
sont plus dangereuses l'hyuer, à cause qu'en ce
temps, cette transpiration est moins libre, &
que la chaleur naturelle est étouffée par les vapeurs & fumées qui sont retenuës au dedans, à

quoy l'on peut remedier par la faignée.

Hippocrate tire de la fubftance, & de la couleur de la peau, deux coniectures, pour predire les euenemens des maladies. Soranus fait quelques remarques fur les taches de la peau. Le cuir eft de mefme couleur que l'humeur qui domine dans les corps. Polemon, Autheur Grec, & Septalius Milanois, ont écrit exactement quelques coniectures, que l'on peut tirer des marques qui font en la furpeau, que l'on appelle vulgairement les feins. Ariftote croit que l'on peut tirer de plus affeurées confequences de l'adreffe, & fubtilité de l'efprit, tant par la confiftance delicat du cuir, que par le fang.

La fubtilité & foibleffe du cuir, fait que l'homme feul eft fuiet à la lepre blanche. C'eft vne chofe certaine, que les maladies contagieufes fe prennent & fe communiquent par le moyen des pores qui font ouuerts en la peau.

Touchant la puanteur de la peau, foit en la tefte, foit aux aiffelles, aux pieds, ou par tout le corps, lifez les Epigrammes *de Martial. liu. 6. Ligne derniere.* Touchant les taches qui paroiffent fur la peau, pendant les fiévres pourpreufes, on peut douter fi elles font produites, ou d'vne ferofité repanduë par toute la circonference du corps, ou d'vne fumée qui exhale par les pores de la peau, ou du fang mefme qui petille, ainfi que nous voyons petiller l'huile dans vne poifle bien chaude.

Le cuir fe deffeche, & eft rendu fuiet aux creuaffes par les fiévres ardentes : Souuent il s'épaiffit en forme de peau d'Elephant, principalement

palement au dos, vers l'endroit des reins, &
aux cuiſſes, comme ie l'ay veu pluſieurs fois.

La ſubſtance de la peau eſtant perduë, il ne
s'en engendre point de ſemblable, mais il ſe
fait ſeulement vne cicatrice, par vne ſeconde
intention de la Nature, la premiere n'ayant
pû eſtre accomplie.

De la Membrane graſſe.

CHAPITRE VII.

CE qui ſuit la peau ſe nomme la Membrane
graſſe, & fait vne membrane commune
dans les Animaux, on la nomme *Aruina*, &
ie ne voy pas pourquoy elle ne peut receuoir le
meſme nom dans l'homme.

Sa ſubſtance, quoy que ſolide, eſt molle,
& comme huileuſe, ſe pouuant fondre ſans feu,
par le ſeul maniement des doigts. Elle s'engendre de la plus ſubtile portion du ſang, coulante hors des veines en forme de roſée, & s'é-
paiſſit à l'entour des chairs; c'eſt la matiere
certaine de la graiſſe.

L'on doute ſeulement de ſa cauſe efficiente,
ſi c'eſt la chaleur, ou le froid, qui luy donne
la conſiſtence : Et l'opinion commune eſt, qu'v-
ne chaleur moderée épaiſſit, & colle cette liqueur graſſe & huileuſe autour des membranes.

C'eſt ce qui fait que ſon temperament eſt
mediocrement chaud & humide.

Elle ſe treuue par tout le corps deſſous la
peau, excepté au front, aux bourſes, & au
membre de l'homme, auſquels lieux, il ne ſe
treuue aucune graiſſe.

C'eſt pourquoy elle a tout autant d'eſtenduë que la peau. Elle eſt vnique en ſa tiſſure; car il ſeroit inutile de confondre auec elle la membrane charnuë, qui ſemble eſtre meſlée & tiſſuë auec elle; comme a fait Syluius, qui luy donne vn nom, qui explique la nature des deux; puiſque l'on parlera cy-aprés de la charnuë en particulier.

Elle n'a aucune figure propre.

Sa couleur eſt blanche, & ſi on la void en quelque endroit rougeaſtre, & comme tachée de ſang, c'eſt qu'elle y a eſté déchirée.

Elle eſt ſi fortement attachée à la peau, que l'on ne l'en peut ſeparer, que par le couſteau. Elle eſt auſſi inſeparablement iointe à la membrane charnuë, ces deux n'en faiſant veritablement qu'vne, comme le monſtrent fort bien les Anatomiſtes.

Elle n'a aucune communication auec les parties principales, ne viuant point, & ne ſe nourriſſant que par appoſition de partie, comme les pierres. Elle n'a auſſi aucun ſentiment, & n'a ny veines, ny arteres, quoy qu'ils paſſent au trauers de cette membrane, pour arriuer à la peau.

Elle a differens vſages pour le corps, qu'elle entoure comme vn habit, & échauffe en Hyuer, & rafraiſchit en Eſté, en empeſchant la chaleur qui vient du dehors, d'entrer au dedans. Aux feſſes elle ſert de couſſinet pour s'aſſeoir plus mollement, & dans la fin elle ſe change en la ſubſtance des parties charnuës, qui luy ſont voiſines, & qui dans ſon temps ſuccent tout ſon ſuc.

De la Membrane charnuë.
CHAPITRE VIII.

AV deſſous de cette graiſſe ſe treuue & s'attache la membrane charnuë, qui eſt facile à remarquer aux enfans nouueau-nez, où elle n'eſt point encor remplie, ny cachée de graiſſe, mais dans ceux qui ſont auancez en âge, la graiſſe qui l'enuironne, empeſche de la deſcouurir, cela n'empeſche pas toutesfois, qu'elle ne retienne quelque choſe de la propre ſubſtance de la chair, ce qui paroiſt plus clairement vers l'endroit des reins, aux bourſes, au front, & au col, où l'on void au premier que la membrane des bourſes, appellée *aartos*, eſt vne continuation de la membrane charnuë, de meſme qu'au col, ce qu'on appelle le muſcle large, eſt engendré de la partie de la membrane charnuë, qui eſt vers les oreilles, & qui en s'éleuant forme les muſcles du front & des oreilles.

Son temperament eſt chaud & humide auſſi bien que celuy du reſte des chairs, & elle eſt faite du ſang dedans la premiere origine.

Elle eſt couchée deſſous la graiſſe, & s'eſtend par tout le corps, comme la quatriéme couuerture commune : & elle eſt aux beſtes attachée immediatement au cuir, ce qui fait qu'ils la remuent par ſon moyen. Elle eſt continuë, & ne fait qu'vne ſimple membrane.

Sa figure eſt priſe de ces corps qu'elle enueloppe, ſa couleur eſt differente ſuiuant les differens endroits où elle ſe treuue, eſtant plus rou-

ge dans le col, au front & aux bourfes, qu'elle
n'eft aux autres endroits du corps.

Elle fe treuue en quelques lieux fi fortement
attachée à la graiffe, que l'on ne l'en peut feparer ; ce qui a obligé quelques-vns à ne faire
qu'vne membrane de ces deux, encores qu'en
beaucoup de lieux, l'on puiffe facilement feparer l'vne de l'autre.

Cette membrane a vne communication
tres-grande auec les principales parties, par le
moyen des extremitez des veines, arteres, &
nerfs, qui aboutiffent à la furface du corps.

L'on reconnoift par le mouuement qui paroift aux corps dedans les friffons, qui font fe-
couffes generales de tout ce corps, & qui arriuent par le moyen de cette membrane, qu'elle
eft tres-fenfible : & cette action fe fait deflors,
que cette partie fe treuue eftre attaquée de
quelque chofe qui la violente & pique. Elle a
quelques mouuemens certains au front, au col
& aux bourfes, à caufe des fibres ou filets des
nerfs qui y font femez, & qui la fait approcher
de la nature des mufcles.

Son vfage eft de feruir de bafe & de fondement, à ce que la graiffe s'engendre & s'amaffe en vn mefme lieu, ayant auffi le pouuoir de
conferuer la chaleur naturelle des parties interieures, & de les defendre des accidens, qui
leur arriuent par dehors, auec l'aide des autres
enueloppes.

Remarque particuliere pour la Medecine.

L'On doit particulierement remarquer à ce sujet, que si les maladies que l'on croit vulgairement estre attachées à la peau, durent fort longuement, elles tirent leur source de la membrane charnuë & grasse, & qu'elles y sont attachées & en dépendent : toutesfois le frisson & le frissonnement appartiennent particulierement à cette membrane charnuë.

Or le tremblement & le frisson se font par vne serosité, qui se respand au dos & aux Lombes ; car le Pannicule charnu est fort lasche en ces parties, & les humeurs y peuuent facilement tomber de la teste le long de l'espine. C'est pourquoy nous voyons tant de fluxions entre cuir & chair. Aussi n'estoit-ce pas sans raison, que les Arabes appliquoient anciennement, & encore auiourd'huy, des cauteres escarotiques, deça & delà sur les chairs du dos, & des Lombes, pour y resserrer & bien aggluter la peau. Ce que faisoient les Nomades, quand les articles ou iointures estoient trop lasches, au rapport *d'Hipp. liu. de l'air, des eaux, & des lieux.*

Aristote escrit *au liu. 8. de l'hist des animaux, chap 7.* que les vieux bœufs s'engraissent plus facilement, lors qu'on leur fait vne incision à la peau, & qu'on les souffle, puis aussi-tost apres on leur donne leur pasturage. Ce que Pline confirme *au liu. 9. chap. 41.* en ces termes : *On dit que les bœufs s'engraissent en les lauant d'eau chaude, & en faisant vne incision à la peau, par laquelle on les souffle auec vn tuyau.* Pour moy, ie doute fort s'il est vray. Le corps se peut bien enfler, à cause du vent, qu'on y a soufflé ; mais il n'en sera pas plus gras pour cela : au contraire, il en deuiendra maladif : Et ce sera vne tumeur trompeuse, & non pas de la graisse, ainsi qu'Aristote remarque luy mesme I. *lib. Elenchorum. Casaubon, liu 5. des commens. sur Athenée*, explique cette façon de souffler les bœufs ; ce qui se faisoit en Athenes dans les sacrifices publics, où les Tribus auoient ialousie & disputoient les vnes contre les autres, touchant la grandeur de leur Victime. Mais pour tromper le peuple, ils souffloient ainsi les bœufs vn peu auparauant que de les faire venir deuant les spectateurs. Or de mesme que la graisse excessiue du corps est importune, ainsi la maigreur extréme par faute de graisse, n'est pas si saine, que s'il y auoit vne graisse mediocre au dessous de la peau. C'est pourquoy les Medecins ont prescrit des remedes, pour diminuer la graisse, & d'autres pour reparer la graisse fonduë, touchant lesquels il faut lire les Autheurs, qui ont escrit de l'embellissement du corps humain.

De la Membrane commune des Muscles.

CHAPITRE IX.

QVand l'on a leué la membrane charnuë, l'on void immediatement au dessous celle qui se nomme la membrane commune des muscles du bas ventre, & c'est la cinquiesme membrane du corps, qui s'estend du derriere de la teste, iusques aux pieds, & la teste enferme, & enueloppe tous les muscles, de quelque region ou partie que ce soit, afin que durant tout le mouuement, ils ne sortent point de leur place; ce qui n'empesche pas que chacun d'eux n'ait sa membrane particuliere.

C'est pour cette raison que sa substance est tres-forte, encore qu'elle paroisse fort mince & nerueuse.

Cette partie estant faite de la semence, est de sa nature froide & seche, & elle est faite dés la premiere origine, auec les autres parties. Elle touche immediatement, & enueloppe les muscles, au dessus desquels elle se rencontre. Sa grandeur est esgale à celle de tout le corps, quoy que l'on ait bien de la peine à la rencontrer en la face, au col, & aux extremitez d'en-haut, & mesmes en celles d'embas, où la partie, que l'on appelle la large bande, semble estre mise pour faire sa fonction. Cette membrane estant fort deliée, ne peut pas estre separée en deux.

Elle n'a point d'autre figure, que celle que les parties qu'elle enueloppe luy donnent. Sa couleur est d'elle-mesme assez blanche. Elle est fortement attachée aux muscles qu'elle enueueloppe, & il est besoin d'auoir vn homme qui soit fort adroit à disscquer pour les separer. Elle n'a point de nerfs, de veines, & d'arteres qui luy soient particuliers. Elle a la nourriture & le sentiment semblables aux autres parties, que nous venons de nommer. L'vsage qu'elle a pour le seruice du corps est tres considerable, puis qu'elle enueloppe en forme d'vne ceinture tous les muscles.

Elle eſt auſſi auec la membrane charnuë, le fondement de la graiſſe, qui ſe rencontre vers la peau; ce qui fait qu'aux endroits où elle ne ſe treuue point, ny autre choſe qui tienne ſa place, il ne s'y treuue point auſſi de graiſſe, comme nous voyons au front, à la teſte, à la face, & aux bourſes, où nous remarquons qu'elle touche immediatement la peau, ſans qu'il y ait de graiſſe entre les deux.

Des Muſcles en general.

CHAPITRE X.

IL eſt neceſſaire de dire quelque choſe des muſcles en general, auant que de parler en particulier des muſcles du bas ventre. Le muſcle eſt l'organe & l'inſtrument du mouuement volontaire, qui dépend de noſtre libre arbitre, à cauſe qu'il conduit toutes nos actions. C'eſt vne partie compoſée de pluſieurs autres, qui ſont de meſme nature; mais en cette compoſition il y entre beaucoup plus de chair que d'autres choſes; ce qui fait que l'on dit ordinairement, que la ſubſtance du muſcle eſt charnuë, & que meſme les Autheurs anciens, comme Hippocrate & Ariſtote, entendent parler des muſcles, quand ils font mention des chairs.

Outre la chair qui entre dans la compoſition du muſcle, on y treuue encor la veine, l'artere, les nerfs, le filet, la membrane, le lien, ou tendon. C'eſt ce qui fait que tous les muſcles eſtans tres-charnus, leur temperament eſt chaud & humide.

Les

Les mufcles prennent leur naiffance du fang,
au temps où toutes les autres parties fe formēt,
ce qui n'empefche pas qu'eu efgard aux deux
extremitez, où chacun des mufcles eft attaché,
l'on ne dife ordinairement qu'il prend fa fource
d'vne partie ferme & immobile, pour s'aller attacher de la à vne autre, qui eft deftinée pour
eftre remuée, d'autant que le mufcle eft principalement fait pour le mouuement, & que tout
mouuement fe fait fur quelque chofe qui demeure en repos. L'on connoift l'endroit d'où
le mufcle prend fa naiffance, & celuy où il s'attache, par le moyen des filets que l'on y remaq-
que, qui felon leur fituation, nous môftrent que
le mufcle eft ou droit, ou de biais, ou de trauers.
Et toutes ces chofes me font croire, que tous
les mufcles, tant du dedans, que du dehors, fe
treuuent difpofez de cette forte. La quantité &
la grandeur des mufcles, eft differente, fuiuant
les differens endroits & parties où ils font, & à
proportion que leur pefanteur demande de plus
grands, ou de plus petits mufcles, pour les pouuoir remuer. Le nombre des mufcles du corps,
eft extremément grand; ie les ay reduits à mon
compte, & par nos Obferuations, au nombre
de 431. mais comme les parties de noftre corps
font doubles, la plufpart des mufcles font auffi
doubles, s'en treuuant peu de ceux qui font
feuls, & qui n'en ont point qui leur foit oppofé, comme l'on void au diaphragme. & en
ceux qui ferment la veffie, ou le fondement.
La figure des mufcles eft extremément diuerfe,
& il eft tres-difficile de la defcrire. Les vns
font d'vne figure quarrée, les autres triangulaires, ronds, longs, en forme de table, ou

L

de la lettre Δ, ou en figure Scalene, qui eſt
vne eſpece de triangle ; ce qui n'empeſche
pas que la pluſpart des muſcles n'ayent vne
figure ronde, ſi vous regardez leurs circonfe-
rences, alors qu'ils meuuent leur groſſeur en
vn long & gros muſcle, & c'eſt ce qui a obligé
Hippocrate de dire, que le muſcle eſt vne
chair contournée en rond, quoy que la pluſpart des muſcles ſoient pluſtoſt longuets.

En chacun des muſcles on remarque, que la
partie qui eſt au milieu eſt plus éleuée & groſſe,
& que les deux bouts ſont plus eſtroits. Ce milieu s'appelle le ventre, le bout qui demeure en
meſme eſtat, & immobile, ſe nomme la teſte,
ou le commencement du muſcle, & l'autre
bout, qui eſt fait pour ſe remuer, ſe nomme
le tendon, aponeuroſe, ou la queuë, dautant
que c'eſt la fin ou l'endroit où il eſt attaché pour
remuer vne partie. L'vn & l'autre des deux
bouts eſt remply ordinairement de nerfs, mais
particulierement le tendon eſt tout nerueux,
principalement aux muſcles qui ſont longs. Le
ventre eſtant preſque touſiours charnu, & rarement nerueux.

La couleur des muſcles eſt ordinairement
rouge, & ſi quelques-vns ſont blafards, & ap-
prochans de celle du plomb, cela vient de l'impureté des lieux où ils ſont placez. L'attachement des muſcles eſt double en ſes deux bouts,
& ſe fait en deux differentes parties, l'vne deſquelles doit demeurer en ſon lieu, & l'autre
doit eſtre remuée.

Il arriue auſſi ſouuent que les muſcles remuent
en paſſant les parties, auſquelles ils s'attachent, encores qu'ils n'ayent pas eſté faits pour
ce ſujet.

Les muscles ont communication auec les
principales parties du corps, par le moyen des
veines, des arteres, & des nerfs, qu'ils reçoi-
ent au dessus de leur ventre, afin qu'ils puissent auoir la vertu de remuer, & la donner aux
autres parties.

L'action des muscles est, ou generale ou particuliere. La generale est le mouuement, & la
particuliere est le mouuement d'vne partie particuliere. Le mouuement se fait par le resser-
rement du muscle, quand il se retire vers son
principe, & qu'il s'accourcit, & s'enfle au de-
ors. Ce qui arriue à tous les muscles, excepté
à ceux du bas ventre, qui en agissant & se resserrant grossissent en dedans, à cause qu'ils
n'ont point d'Os qui leur soient opposez, &
qui leur resistent.

L'on connoist delà que la veritable action du
muscle, est de se retirer & resserrer, & de se conseruer en cét estat, tant que son action dure.
On appelle ce mouuement là, le mouuement
onique, soit qu'il se fasse en vn seul muscle,
u en plusieurs qui agissent ensemble, comme
quand toute la main est leuée en haut, & qu'el-
e est estenduë.

Les mouuemens des autres muscles, comme
extension & le relaschement, ne leur sont
u'accidentaires, & de ces mouuemens depen-
ent les mouuemens des parties, qui ne sont
as seulement distinguées par la difference des
ieux, deuant, derriere, en haut, embas, mais
at la figure de la partie, qui est la situation
ui entretient la partie dans le mouuement.

Or la situation est ou plus grande, & en droi-
ligne, & est nommée extension, ou va de

L ij

biais, & alors elle eſt ou de coſté, comme l'approche ou l'éloignement dedans les doigts, ou
en renuerſant le membre, comme en la main,
retournant au rayon, & lors qu'elle eſt ou couchée platte, ou miſe à l'enuers; ce que l'on appelle rapplatiſſement & renuerſement.

On doit auſſi diligemment remarquer, que
les muſcles, à raiſon qu'ils ont vn mouuement
ſemblable, ou côtraire, ſont dits eſtre de meſme
genre & freres, ou Antagoniſtes & oppoſez. On
les appelle freres, quand ils ſont placez dans le
meſme endroit, ou qu'eſtans placez dans des
parties differentes & oppoſées, ils ne laiſſent
pas de conſpirer enſemble à vne meſme action;
L'exemple du premier paroiſt dans les muſcles
qui fléchiſſent le coude, qui ſont ſituez en meſme partie: & celuy du ſecond eſt fort euident
dans les muſcles temporaux, qui ſeruent à remuer la maſchoire, qui ſont ſituez en des parties
differentes. On les appelle oppoſez, quand ils
cauſent vn mouuement contraire, & cette ſorte
de muſcles qui font fleſchir & courber vne partie, ſont oppoſez & contraires à ceux qui l'eſtendent. Les muſcles, qui ſont de meſme genre,
ſont pareils en grandeur, ou en nombre, ou en
force, & non pas à ceux qui ſont oppoſez, quoy
qu'ils doiuent auoir grande difference entr'eux, ſuiuant que la partie, qui doit eſtre remuée, eſt peſante, ou que l'action doit eſtre violente. L'on reconnoiſt facilement la façon dont
doit agir vn muſcle, par la ſituation, en conſide-
rant les fibres, qui paroiſſent en luy, & par ce
moyen l'on diſtinguera vn muſcle droit d'auec
vn qui eſt de trauers, ou de biais; & ainſi l'on
iugera que tels muſcles, ſont ou droits, ou de
biais, ou de trauers,

La differente façon dont les fibres sont conduits dans vn mesme muscle, suiuant que ces fibres se portent directement à diuers commencemens, & à diuerses fins, tesmoignent aussi la diuersité des actiós d'vn mesme muscle, comme nous le voyons dans le muscle trapeze; car par l'extremité de ses fibres, vous connoistrez sa teste & sa queuë. On doit croire que la reste du muscle est l'endroit où le nerf y entre, & que celuy qui luy est directement opposé, & qui paroist beaucoup plus nerueux, est la queuë ou le tendon; que si le muscle fait vne ou plusieurs actions, il s'attache à differens endroits, selon la diuersité des lieux d'où il part, c'est à dire; qu'il a plusieurs testes & plusieurs tendons.

De la fin du Muscle ou tendon.

CHAPITRE XI.

LE tendon est le bout du muscle qui sert à estendre & remuer les Os. On croit qu'il est composé du nerf, & du ligament meslez ensemble, si bien que l'on ne rencontre point le tendon, que vers la fin du muscle, à l'endroit où il est attaché à la partie qu'il doit remuer.

Nous voyons toutesfois par experience, que ce corps est fait dés le commencement que les parties sont formées, & que c'est la premiere & principale partie du muscle, qui part de l'endroit où le muscle commence, & passe par tout le corps du muscle; si le bien que si le tendon est beaucoup nerueux au commencement, il le sera

aussi vers la fin, & lors qu'il est au commencement separé en plusieurs filets, qui se perdent
dans les chairs du muscle, ces filets ne viennent
par apres à s'vnir & forment le tendon.

Le tendon a esté adiousté aux muscles les plus
forts, qui doiuent faire vne action fort vigou-
reuse, & qui a besoin de grande force, soit en
courbant, ou en estendant vne grande partie, &
dans le mouuement tonique, comme il paroist
aux bras & aux jambes, & au dos, pour releuer
l'espine, ou le tronc du corps: les autres muscles
vers leurs fins remplis de ces fibres, à proportion qu'ils en ont en leur commencement.

Il s'attache beaucoup de graisse dure aux tendons, qui sont les plus durs & roides, pour seruir à les amollir, & rendre leur mouuement plus
facile.

L'on connoist de là que les fibres, qui paroissent separez en plusieurs endroits de la chair du
muscle, ne sont autre chose que le tendon, qui
a esté ainsi separé en plusieurs petites parties, &
pareillement que le tendon n'est rien autre
chose que les fibres vnies, & ainsi l'on peut
considerer le tendon, ou vray & solide, ou diuisé en ces fibres.

Des tendons, les vns sont fermes, & solides,
les autres plats, & tenans de la nature de la
membrane; les autres sont ronds, les autres
courts ou longs. Ils sont nerueux à la fin, à
proportion qu'ils l'ont esté au commencement:
& quelquesfois mesmes, ils ne paroissent nerueux qu'à la fin, encore que le commencement
du muscle soit charnu. Il y a quelque chose
digne d'admiration dedans le tendon, solide,
long, & membraneux, en ce qu'il est tres-

ferme, tres-espais, tres-poly, & qu'il a vne
blancheur qui approche de la couleur de l'argent, & qu'il reluit tres-agreablement ; ce
qui luy donne tant de beauté, que Fallope
asseure n'auoir rien veu dans tout le corps de
plus beau, que le tendon du muscle, & l'humeur crystalin.

L'on peut connoistre de ce qui a esté dit
cy-dessus, que le tendon estant vne partie similaire, engendrée de la semence, & ayant vne
substance toute particuliere, telle que l'on ne
la rencontre point hors du muscle, on doit pour
ce sujet le prendre pour la partie principale du
muscle, de laquelle dépend son action, & croire que les autres parties qui s'y treuuent, ne
sont que pour concourir à son action, & la rendre plus accomplie.

Des Muscles du bas Ventre.

CHAPITRE XII.

NOus auons remarqué qu'il y a sur toute la
surface du bas ventre, vne grande quantité
de chairs & de muscles qui se ioignent ensemble, pour luy faire vne couuerture, qui luy est
particuliere. Toutes ces chairs se diuisent en
douze muscles, dont il y en a six de chaque costé, qui prennent leur nom de l'endroit où ils
sont placez, de celuy d'où ils partent, de la figure qu'ils ont, & du seruice qu'ils doiuent rendre. Ce qui fait qu'on les nomme le descendant
en biais, le montant en biais, le droit, le tra-
uersal, le muscle pyramidal, celuy qui leue les
testicules, que l'on appelle cremaster : de ces

douze mufcles il y en a dix qui feruent pour preffer les parties du dedans, & quelques-vns qui feruent à remuer l'affemblage de l'Os facré, & des Os des hanches. Les deux autres petits feruent à fouftenir les tefticules. Il eft befoin d'expliquer tous ces mufcles.

Chacun des mufcles a fa figure propre: L'oblique, à raifon de fa fituation, de fon action, & de fes fibres, fe diuife en celuy qui monte, & en celuy qui defcend, où il faut remarquer en paffant, que les mufcles qui montent, ou qui trauerfent d'vne partie à l'autre, ont ordinairement vne figure platte, & femblable à vne membrane qui feroit eftenduë.

Leur grandeur refpond à celle de la largeur, & de la grandeur de la moitié du bas ventre: ce qui n'empefche pas que celuy qui defcend en biaifant, ne foit plus grand que celuy qui monte, & que ce dernier ne foit plus grand que celuy qui va en trauers d'vn cofté à l'autre. La longueur du mufcle doit eft proportionnée à l'efpace qu'il y a depuis le cartilage Xiphoïde, iufques aux Os barrez.

L'on doit remarquer, que bien que ces mufcles prennent leur fource en differentes parties, ils viennent toutesfois s'affembler, & fe ioindre enfemble en vn endroit que l'on nomme la ligne blanche, auquel lieu les fortes membranes des mufcles d'vn mefme genre font tellement vnies, qu'il femble qu'elles ne faffent qu'vn feul mufcle.

Cette ligne blanche n'eft autre chofe, que la marque de la feparation, qu'il y a entre les mufcles du bas ventre; ce qui fait vne ligne qui part du cartilage Xyphoïde, & paffant par le

ßombril, finit vers les Os barrez qui font au
deſſus des parties honteuſes. Cette ligne ſe void
bien mieux, quand les membranes nerueuſes des
deux muſcles qui deſcendent en biais, ſont leuées, d'autant que l'on void alors entre les muſcles droits vne diſtance qui va en droite ligne,
& qui eſt remplie d'vne graiſſe fort blanche.
Ce que l'on prend pour cette ligne, dont nous
venons de parler.

Encore que ces muſcles du bas ventre ſoient
attachez à pluſieurs endroits, deſquels l'on dit
qu'ils prennent leur origine, ils ne laiſſent pas
neantmoins d'aboutir tous, & de s'aſſembler
vers la ligne blanche, & vers les Os barrez.
Chacun d'eux a ſes veines, ſes arteres, & ſes
nerfs en ſon particulier.

L'action, pour laquelle les muſcles du bas
ventre ſont deſtinez, eſt commune ou particuliere : Leur action eſt appellée commune quand
ils agiſſent tous enſemble également, pour preſſer de toutes parts le bas ventre, en laquelle
action ils ne peuuent point agir ſeparément.
L'action particuliere eſt quand deux muſcles
d'vne ſemblable nature, comme ſont les deux
qui montent, ou les deux qui deſcendent, agiſſent en particulier. Les premiers abbaiſſent la
poictrine, & les derniers remuent l'aſſemblage d'Os qui eſt compoſé des Os barrez, des Os
des hanches, ou des Iles, qui ſont ioints enſemble auec l'Os ſacré, ſans qu'en ce temps-là
ils preſſent en aucune façon, ou tres-peu le bas
ventre.

Il arriue auſſi que, quand ces muſcles agiſſent
également enſemble, pour preſſer & ſerrer les
parties du dedans du bas ventre, cét aſſemblage

d'Os, dont nous venons de parler, demeure a-
lors fans mouuement.

Quand ces mufcles ne fe remuënt point, ils
ne laiffent pas de feruir à couurir les parties
du dedans, & à les defendre des iniures qui
leur pourroient venir du dehors, en confer-
mant foigneufement la chaleur naturelle en
fa force.

Ie treuue qu'il eft maintenant à propos de
defcrire chacun de ces mufcles en particulier,
en fuite dequoy nous parlerons de ceux qui feruent à remuer l'affemblage des Os barrez, &
de l'Os facré.

Le mufcle Oblique defcendant paroift tel,
à caufe de la fituation des fibres que l'on y rencontre : Son origine vient des fept ou huict coftes inferieures, & il y paroift de certaines en-
trecoupures charnuës faites en forme de dents,
qui fe meflent comme des doigts, ou peignes
parmy les bouts ou fibres charnuës du grand
mufcle dentelé, eftant auffi attaché à la cofte
de l'os des hanches, & à l'Os barré ; il vient a-
boutir par vne large, forte & nerueufe membrane Aponeurofe à la ligne blanche, ne faifant
auec celuy de l'autre cofté, qui luy eft femblable, & porte le mefme nom, qu'vn mefme &
feul tendon.

Le mufcle Oblique afcendant prend fon origine de l'Os barré, & de la cofte de l'Os des
hanches, s'attachant de là aux extremitez de
toutes les coftes, tant vrayes que fauffes, iufques au cartilage Xyphoide, vient finir par vne
large Aponeurofe, ou forte membrane, à la
ligne blanche.

Les nouueaux Anatomiftes ont remarqué

deux tendons en ce mufcle, lefquels ils difent
feruir comme de guayne à embraffer le mufcle
droict, mais on ne void pas que cette feparation
paroiffe au deffous du nombril, comme elle
fait au deffus : ce tendon ne fe pouuant en aucune façon feparer au deffous.

Le mufcle droit fort charnu du brechet, vers
le cartilage Xyphoide ou pointu, & en paffant
droit le long du bas ventre, fe termine par vne
fin nerueufe à l'Os barré. On remarque en luy
trois ou quatre endroits, qui paroiffent comme
entre-coupez, & reffemblent à des nœuds ; ce
qui eft fait pour luy donner plus de force. On
void auffi en le retournant deux veines, qui fe
conduifent fuiuant fa longueur, dont l'vne eft
celle qui defcend des mammelles, & l'autre
celle qui monte du ventre, appellées Mammaire & Epigaftrique, lefquelles s'vniffent
enfemble vers le milieu de ce mufcle: & c'eft
par le moyen de cette vnion, que Galien veut
qu'il y ait vne tres-grande alliance entre les
mammelles, & la matrice ; ce que les Anatomiftes, qui font venus depuis, ont reconnu
eftre vray. On remarque au bout d'embas des
mufcles droicts deux petits mufcles, couchez
deffus, qui fuiuant leur figure font appellez
Pyramidaux, quoy que l'on ne les treuue pas
toufiours, & principalement le droict, au lieu
duquel il y a vn morceau de chair, placée en
cette partie. Ces petits mufcles feruent à preffer
la veffie, & à renuerfer fon fond ; ce qui fait
qu'ils paffent leurs tendons au trauers des mufcles droits, & les inferent dans la partie du Peritoine, qui fert à enuelopper la veffie. On
croid que dans l'enfant nouueau né, la partie

que l'on appelle Ouraque, eft produite de ces
tendons des Pyramidaux, qui s'affemblent en
vn petit cordon, paffant par le trou du nombril, & s'attachant au fond de la veffie, pour
ayder à la fouftenir; ce qui fe void rarement
quand il commence à eftre plus grand : l'attache qu'ils ont en dehors, fert à preffer la veffie, & à la tirer vers le bas, eftans aydez en
cette action par la partie d'embas du mufcle
droict.

Le mufcle Tranfuerfal vient & prend fon origine des Apophyfes tranfuerfes des Vertebres
des Reins, & fe va de la attacher aux Os des
hanches, & aux fauffes coftes, puis paffant par
deffous le mufcle droict, il enuoye vne large
Aponeurofe vers la ligne blanche, où il aboutit, & fe joint fortement à vne autre, qui eft
enuoyée par le mufcle femblable en l'autre cofté. Outre ces mufcles du bas ventre, qui feruent à le preffer, il y a prés la partie honteufe,
en tirant de trauers vers les aines, vn mufcle
de chaque cofté, pour fouftenir le tefticule.
L'on void qu'il fait partie du mufcle qui monte
en biais, & qu'il s'attache au deuant & au bas de
l'efpine de l'Os des Iles. On remarque toutesfois qu'il eft different de ce mufcle qui monte en biais, à caufe qu'il a la chair plus rouge,
plus deliée, & qu'il en eft feparé de la largeur
d'vn doigt. Il enueloppe la production du Peritoine, & la conduit iufques au tefticule, où il
fait la plus rouge de fes tuniques, appellée Ery-
troide. On remarque dans l'aine vn trou que
font les tendons des mufcles du bas ventre, qui
font alternatiuement difpofez en ce lieu, pour
donner paffage à cette production du Peritoine,

& aux muscles qui seruent à soustenir le testicule.

D'autant qu'il y a quelques-vns des muscles du bas ventre qui seruent à remuer cét assemblage d'Os, qui est fait de l'vnion des Os des hanches auec l'Os sacré, nous descrirons par mesme moyen le mouuement de cét assemblage, & les muscles qui seruent à le faire. Ils sont ioints tres-estroitement ensemble par symphise, & sont appuyez par les cuisses, placez dessous les vertebres des Reins; ils sont remuez par l'action en laquelle l'homme & la femme se ioignent pour produire leur semblable.

Et durant cette action ces Os ainsi ioints se remuent en deuant & en derriere dans le temps que les Os des cuisses, & ceux de l'espine demeurent immobiles. Ce mouuement se fait en deuant par le moyen des muscles droits, & de ceux qui descendent en biaisant, la poictrine se reposant ou se remuant en ce temps tres-doucement, & laissant beaucoup d'interualle entre chaque respiration. Le mouuement en derriere est fait par le moyen du muscle sacré, & du demy espineux, qui sont placez au derriere, lesquels muscles partent des parties d'enhaut de l'espine, qui durant ce temps est priué de mouuement.

Remarques particulieres qui peuuent seruir au Medecin.

ON void fort souuent dedans ces muscles du bas ventre arriuer des inflammations, des abscez, & des douleurs causées par les vents qui

s'y rencontrent. Hippocrate voulant que les pores, la chair, & les espaces qui sõt dans les muscles, soient remplis de sang & d'esprits, tandis
que les hommes sont en santé, estans au contraire remplis de serosité & de vent alors qu'ils
sont malades ; ce qui cause vne espece de conuulsion à ces muscles, tres-bien descrite par
Daniel Senert ; ce qui produit quelques mouuemens, meslez de tremblemens & de conuulsion, en ces muscles, qui sont causez par les vapeurs qui s'esleuent des impuretez amassées
dans le foye, la ratte, & autres parties qui sont
dedans le haut du bas ventre. On appelle cét
accident Spasmotromos.

De la membrane commune qui sert à enue-
lopper toutes les parties du bas ventre,
que l'on appelle Peritoine.

CHAPITRE XIII.

APRES auoir osté les muscles du bas ventre, on void paroistre le Peritoine, qui est
cette membrane, qui enueloppe toutes les parties du bas ventre, ce qui luy a fait donner ce
nom. Cette partie estant faite de la semence, son
temperament ne peut estre que froid & sec.
Sa substance membraneuse n'est pas simple &
vniforme, mais double, & inégale en son espaisseur, d'autant que l'on y remarque deux membranes, fermement attachées l'vne à l'autre, &
toutesfois elle est separée en de certains lieux,
comme en deuant, & où il est besoin qu'elle
laisse passer les vaisseaux ymbilicaux, & dans

le fond de cette region du bas ventre, où elle enueloppe dans son reply la vessie, & les parties qui seruent à la generation. Comme aussi vers les Reins, où elle enueloppe le corps du Rein, les Vreteres, ou les canaux qui portent l'eau du Rein à la vessie, la veine caue, la grande artere, & les vaisseaux Spermatiques.

C'est pourquoy Hippocrate a dit au nombre pluriel *Peritonea & Epiploa*, à cause que ces deux parties sont doubles.

L'inegalité qui est dans les differentes parties de cette membrane, paroist principalement aux femmes, lesquelles l'ont beaucoup plus espaisse depuis le nombril iusques au bas du ventre, afin que quand leur ventre vient à s'enfler, apres qu'elles ont conceu, cette membrane puisse facilement s'estendre. L'on remarque au contraire qu'elle est plus espaisse aux hommes, depuis le nombril iusques vers le cartilage Xiphoide, afin que ceux qui sont adonnez à leur ventre, y puissent mettre beaucoup de choses sans en estre incommodez, & qu'elle se puisse estendre à proportion que la partie qui est faite pour les receuoir, se treuuera estre plus remplie.

Cette membrane se fait dés le commencement auec les autres parties, si ce n'est que l'on vueille tirer son origine des membranes qui enueloppent le cerueau, qui comme elles produisent la pleure ou membrane qui enueloppe le dedans des costes; ainsi la pleure produit le Peritoine. Et il semble qu'il ne soit pas moins necessaire qu'il y ait la mesme continuité des enueloppes du dedans du Corps, par le moyen de ces membranes, qu'il y en a au dehors par

le moyen de la peau. Elle ne pouuoit eftre mieux placée, que d'eftre mife immediatement
en fuite des mufcles, afin qu'elle peuft enuelopper, & preffer les parties, & leur ayder à
chaffer les impuretez qui leur font entierement
inutiles. Elle eft auffi tres-grande, afin qu'elle puiffe eftre proportionnée à la grandeur de
tout le bas ventre; elle eft double, à caufe qu'elle eft faite de deux membranes, couchées l'vne
fur l'autre, defquelles celle qui eft en dedans,
eft plus courte & plus mince, non feulement à
caufe qu'elle donne vne enueloppe particuliere
à toutes fes parties, & mefme produit le Mefentere, mais auffi pource qu'elle n'accompagne
pas celle du dehors iufques aux tefticules, &
qu'elle ne paffe pas le bas du ventre.

La membrane de deffus defcend iufques dans
les bourfes, enueloppe les tefticules, & forme la
membrane qui luy eft propre, qu'on nomme
Blytroide : En fuitte dequoy elle forme vn petit canal, qui enueloppe en forme de guayne
tous les vaiffeaux qui remontent en haut, & qui
feruent à porter & reporter la femence. On remarque encores la production de la membrane
exterieure du Peritoine dedans les aines des
femmes, où elle va iufques à la partie que l'on
nomme la Landie, ou Clitoris, & y conduit le
ligament rond qui vient du bas de la matrice.
On dóne à cette membrane vne figure ronde &
longuette, à caufe que le bas ventre eft de cette
figure, mais elle n'en a aucune de foy, la changeant à proportion que les parties, qu'elle enueloppe, font plus ou moins enflées. On ne
laiffe pas pourtant de luy pouuoir dóner cette figure ouale, à caufe de fa cótinuité, par laquelle
elle

elle forme vn corps rond & spherique. La suite
& continuité de cette membrane n'est en aucune façon troüée, & l'artifice auec lequel les vaisseaux y entrent, & en sortent est extremément
admirable ; tout cela se faisant entre le reply
de cette membrane, celle du dedans demeurant
tousiours entiere, & enueloppant les parties de
la premiere region, comme celle du dehors fait
celle de la seconde, qui sont au dedans du
ventre.

Sa couleur est blancheastre comme celle des
autres membranes. Elle est fortement attachée
aux vertebres des Reins, par sa membrane du
dehors; celle du dedans n'y estant point du tout
attachée, mais laisse vn espace separé po... enuelopper les Reins, en suitte dequoy elle se redouble, & forme le Mesentere : Elle remonte
mesmes en haut, & donne vne enueloppe au
Diaphragme & au foye, auquel elle donne aussi
vn ligament, qui sert à le soustenir, & qui est
attaché & pend au cartilage Xiphoïde.

Outre ce qu'elle a de commun en general
auec les principales parties par les veines, les
arteres, & les nerfs, elle est aussi particulierement iointe auec celles qu'elle enueloppe, ausquelles elle donne des membranes particulieres, plus ou moins épaisses, selon qu'elle l'est
plus ou moins aux lieux où elle les rencontre,
ce qui fait qu'on la peut nommer la mere de
toutes les membranes qui sont dans le bas ventre, comme celle du cerueau l'est de toutes
celles du corps.

Elle n'a de soy aucune action, mais elle a des
vsages tres-necessaires au bas ventre, comme
nous auons remarqué.

M

La propagation ou extenſion du Peritoine
deſſus toutes les parties, qui ſont renfermées
dans la capacité du bas ventre, ſe peut monſtrer par cette portion, qui s'éſtend ſur le
Diaphragme, puis ſur le foye, ſur le ventricule, ſur les boyaux & autres parties : Et en la
partie inferieure du bas ventre elle ſe connoiſt
par le redoublement du meſme Peritoine, dans
lequel il y a vne infinité de parties renfermées.

*Remarques particulieres, que l'on peut ti-
rer de ce qui a eſté dit au precedent
Chapitre, & qui peuuent ſeruir
pour la pratique de la
Medecine.*

ON doit remarquer de ce que nous auons
dit, que le Peritoine eſtant compoſé de
deux membranes miſes l'vne ſur l'autre, cela
eſt cauſe, que quantité d'humeurs ſereuſes,
picquantes, & bilieuſes, ſe iettent dedans ſes
eſpaces, & y engendrent de tres-violentes douleurs, qui font naiſtre vne fauſſe colique, dont
la cauſe ne ſe rencontre pas dedans les boyaux,
comme il arriue aux autres coliques; mais entre les membranes du Peritoine & des boyaux,
ce qui fait que cette maladie eſt fort ſouuent
longue, & excite de violentes douleurs, au
ſujet dequoy l'on peut voir des choſes tres remarquables dans la Pathologie de Fernel.

Il arriue auſſi quelquefois que d'autres humeurs qui coulent du foye, & des Reins, s'arreſtent entre ces replis vers le nombril, les ai-

æes, ou l'Os ſacré, ce qui cauſe enfin vn abſ-
cés, ſi ce n'eſt que le pus y tombe tout fait.

Les douleurs, dont nous auons parlé cy-deſſus, paroiſſent plutoſt eſtre en la ſurface que
vers le fond du ventre, & on ne ſçauroit y
toucher ſi peu, que l'on n'augmente la douleur.
Elles s'eſtendent ſouuent iuſques au Diaphragme, à cauſe que cette membrane eſt continuë
iuſques en ce lieu, & ce mal eſt alors beaucoup plus dangereux. Il arriue auſſi que ces
humeurs tombent dedans les bourſes, & y engendrent vne ſorte d'enfleure, que l'on appelle Hyrdrocele; ce qui ſe fait, à cauſe que les
allonges ou productions du Peritoine, vont iuſques aux Teſticules. Il faut auſſi prendre garde
que cette production du Peritoine eſtant dilatée
dedans l'aine, ou rompuë (ce qui arriue rarement) reçoit le boyau Ilium, ou bien l'Epiploon, d'où naiſt la tumeur de l'aine appellée Hergne de boyau, ou Enterocele de la
coëffe, ou Epiplocele, & de tous les deux : s'ils
s'y treuuent en meſme temps, ou Enteroepi-
plocele.

De la diuiſion des parties du bas Ventre.

CHAPITRE XIV.

TOutes les parties du bas Ventre, qui ſont
enfermées par cette grande enueloppe
commune, que nous auons deſcrite cy-deſſus,
doiuent eſtre à mon aduis duiſées en ſorte, que
celles qui ſont nourries, & arrouſées par la veine Porte, appartiennent à la premiere Region,

au nôbre defquelles l'ô doit mettre l'Epiploom,
la partie concaue du foye, la veffie du fiel, l'e-
ftomach, la ratte, la glâde charnuë ouPancreas,
les boyaux, le Mefentere, la veine Porte, & l'artere Celiaque. Toutes ces parties compofent la
premiere Region du corps, fituée au bas ventre:
les autres parties, qui font enfermées par le redoublement & reply du Peritoine, appartenans à
la feconde Region, au nôbre defquelles on doit
mettre dans le ventre, les reins, les vreteres, la
veffie, les parties genitales en l'homme, & en
la femme, la matrice, & toutes les parties qui en
dependent. Cette mefme Region s'eftend iufques au haut de la Poitrine, & enferme le Diaphragme, le mediaftin, ou la double peau, qui
eft au deffous du cœur, vers le milieu de la poictrine, le cœur, & fon enueloppe propre nommé pericarde, les poulmôs, & l'artere Trachée,
la langue, l'Oefophage, & les troncs de la veine
caue & de la grande artere. Le fentiment de
Fernel eft, qu'elle aille depuis le col iufques aux
aines, & moy ie la fais aller iufques aux extremitez du corps, aufquelles vont les principales
branches de la veine Caue, & de la grande Artere. Laiffant les petits rameaux répandus par
toute l'habitude du corps qui eft la troifiéme
region.

Du Nombril.

CHAPITRE XV.

LE Nombril, depuis l'enfance iufques à la fin
de l'âge, eft vn affemblage noüeux, fait des
quatre canaux ou vaiffeaux, qui feruoient à la
nouriture de l'enfa nt auant fa naiffance. Ces ca-

naux font extremément longs, quand l'enfant
vient au monde; mais on les coupe : comme luy
eftant inutiles. Cela n'empefche pas qu'ils ne
demeurent conduits en dedans aux mefmes
lieux où ils aboutiffoient : ils fe fechent petit à
petit, quand ils ne rendent plus le feruice qu'ils
rendoient en ce temps-là. Ce qui fait qu'on les
doit confiderer d'vne autre forte en vn enfant
qui eft dans le ventre de fa mere, que non pas
dans vn homme parfait.

Nous deuons maintenant en parler conformément à l'eftat où ils font dans vn homme
parfait, ils font alors comme abolis, ne tenans lieu que de liens, qui font enfermez entre
les deux membranes du Peritoine. Le tout aboutit au Nombril, qui eft ce nœud, qui paroift
au dehors, d'où on tire leur origine, quand
l'enfant eft hors du ventre de fa mere, & cét endroit eft non feulement le milieu du bas ventre,
mais aufsi de tout le corps.

La veine du Nombril eft feule, & va droit à
vne fente que l'on treuue dans le foye. Ses arteres font deux, & defcendent iufques aux arteres Iliaques, & mefmes quelquesfois iufques
aux Hypogaftriques, paffans à cofté de la veffie. Parmy ces arteres, l'on treuue vn autre ligament aboly, appellé Vracque, lequel feruoit autrefois à porter hors du corps de l'enfant, les eaux qui tomboient dans fa veffie,
eftant attaché à fon fond, comme vn ligament
long & rond, & ne feruant à rien qu'à la fouste-
nir. Voila ce que l'on peut dire de l'endroit
d'où partent ces vaiffeaux, & de celuy où ils
aboutiffent. La veine qui fort du Nombril retire le foye en haut, afin qu'il ne preffe point par

sa pesanteur les parties qui sont dessous luy, & les arteres soustiennent la vessie, afin qu'elle ne descende point trop bas, encores qu'elle soit enfermée dedans le reply du Peritoine. Aristote a pour ce sujet comparé le Nombril aux pierres qui forment les voûtes, en forme de cizeaux, & qui s'estendent en arcade, à qui l'on donne dedans l'Architecture le mesme nom que cette partie a dans le corps.

Remarques particulieres pour seruir aux Medecins.

CE qui est dit cy-dessus sert à nous faire connoistre, que quand la veine du Nombril est coupée l'homme est en danger de mort, ou du moins il doit passer vne vie assez mal saine. On peut aussi voir que la transpiration se peut faire par ce lieu que l'on nomme le Nombril, à cause qu'il n'y a rien qui en couure l'entrée, ny par le dedans, ny par le dehors. Ce qui est cause que le Medicament que l'on met dessus, peut auoir la vertu de purger, & que les choses odorantes que l'on y applique pour soulager les femmes, peuuent aller iusques à la matrice. Hippocrate veut que l'endroit, où se terminent les abscez du ventre, soit le nombril, que les eaux des Hydropiques puissent sortir par là, & que cette partie soit sujette à de grands accidens, non tant à son égard, qu'à cause que par son moyen, les entrailles peuuent estre blessées.

Souuentefois le nombril des femmes aduance fort en dehors, par quelque accouchement difficile qu'elles ont eu : Parfois aux hommes, par vne toux violente, & de longue durée. On ap-

pellé cette tumeur *Exomphalos*. On le fait rentrer & contenir en son lieu, par le moyen d'vne
ligature conuenable, auec vn emplaſtre pour
les ruptures, & vn morceau de liege. Quelquesfois la tumeur deuient ſi grande, que le trou
vmbilical ſe dilate à tel point, que les boyaux
ſortent par là, & alors on l'appelle *hergne vm-*
bilicale : elle differe de celle du ventre par la
difference de ſa ſituation, & de la partie. On
doute ſi les eaux qui coulent par fois du nombril ſortent du foye par la veine Vmbilicale, ou
par l'ouraque : car on void ſouuent de ces excretions. Quelquesfois on a veu vuider les eaux
des hydropiques par le nombril, s'y eſtant fait
quelque abſcez.

Il faut auſſi voir ſi le nombril eſt iuſtement au
milieu du ventre, d'autant que ſi la partie qui
eſt au deſſous du nombril eſt plus grande, que
celle du deſſus, ce corps ſera ſujet à pluſieurs
maladies du bas ventre, pource que la veine du
nombril eſtant trop courte, elle ne pourra pas
ſuffiſamment retirer le foye, qui pour ce ſujet
preſſera l'eſtomach, & les autres parties qui
ſont deſſous luy.

De la Coëffe ou Epiploon.

CHAPITRE XVI.

AVant que de venir à la Coëffe, & de la renuerſer, il faut regarder de quelle ſorte elle couure les parties du bas ventre, & remarquer auec ſoin la ſituation de ſes parties, à cauſe que cela eſt de tres-grande conſequence,
pour la connoiſſance, & gueriſon des maladies.

La Coëffe eft vne peau fort delicate, qui eft parfemée d'vne grande quantité de graiffe. Elle eft double par tout, & en de certains lieux elle eft tellement feparée, que l'on peut mettre la main entiere entre fes deux peaux, principalement à l'endroit, où elle eft couchée fur les boyaux, & à vn autre, où elle femble fe ramaffer entre l'eftomach, & fa ratte, tirant vers le Diaphragme : en quelques endroits la feparation n'y eft pas fi vifible : dont il femble que le Poëte Lucain ayt voulu dire vn mot, quand il dit, que quelquesfois cette partie des entrailles ne découure pas bien fes cachettes.

Ceux qui obferuoient autresfois tout ce qui fe rencontroit dedans les animaux, & qui en tiroient la connoiffance de ce qui deuoit arriuer, prenoient vn tres-finiftre prefage de ce que la coëffe ne fe treuuoit pas eftenduë fur les boyaux, dont Senecque, Poëte tragique, femble parler, quand il dit, *la Coëffe auec fes peaux couure mal fes entrailles.*

La partie qui paroift aux yeux eft la moindre : Elle fe doit eftendre iufques deuers le nombril, quelquesfois elle defcend iufques aux aines & aux bourfes, & aux femmes entre le col de la matrice & la veffie.

Sa plus grande partie eft, comme nous auons dit, cachée vers le haut du cofté gauche du bas ventre, que l'on appelle l'hypochondre gauche.

On diuife l'Epiploon en quatre parties, à caufe des principaux endroits, où il s'attache : La premiere eft celle des boyaux, & elle comprend ce qui couure les boyaux : La feconde eft celle du foye, qui femblant fortir de fa partie con-

caue,

ecue, elle enueloppe son petit lobe, & s'e-
stend mesme iusques aux endroits les plus
creux du foy, La troisiéme est celle de la ratte,
à cause qu'elle est couchée dessus icelle : Et la
quatriéme est celle qui propremēt fait la Coëffe, & est dite, la Coëffe du Mesentere, à cause qu'elle sort de cette partie, à laquelle tous
les boyaux sont attachez, que l'on appelle le
Mesentere, ou la fraise, & c'est de là qu'il faut
tirer son origine.

Mais à quel vsage y a-il vne grande portion
de la coëffe ramassée entre la ratte & le ventricule ? N'est-ce point pour eschauffer le ventricule, crainte que par le voisinage & attouche-
ment de la ratte, qui est farcie d'vne humeur
melancholique, naturellement froide & seiche,
il ne soit trop refroidy ? N'est-ce point aussi
pour estre l'emonctoire des deux parties ? cecy
ne se peut que par accident.

Pourquoy y a-il des vēines dispersées par toute la coëffe, veu que l'ō n'en void point dans les
autres sortes de graisse ? C'est peut estre afin
qu'il soit le reseruoir & magazin de sang,
duquel le foye en puisse tirer, pour la nourriture du ventre, quand les alimens luy manquent.

Remarque de ce qui peut seruir au Medecin.

LA Coëffe a plusieurs sortes de maladies, &
en ressent toutes les trois especes generales.
En premier lieu, elle peut auoir les maladies
d'intemperie, ou de l'excez d'vne des qualitez,
ce qui fait qu'elle peut auoir quelque inflam-

N

mation, mais rarement. Elle eſt beaucoup plus
ſujette aux abſcez, à cauſe qu'elle reçoit les ordures du foye, & de la ratte. Elle s'enfle auſſi
tres ſouuent, & deuient fort groſſe, à cauſe d'vne
pituite fort eſpaiſſe qui s'y amaſſe, & qui ne
peut facilement s'en chaſſer ny par les remedes, qui s'appliquent au dehors, ny par ceux
qui ſe prennent en dedans. Si toutesfois durant
ce mal elle paroiſt extremément molle, l'abſcez
pourra venir à ſuppuration; ce qui a rarement
vn heureux ſuccez, encores que l'on y applique
le cautere de fort bonne heure. Hippocrate
dit, que l'eau des hydropiques s'amaſſe quelquesfois dans le fond de la Coëffe, & cette
eſpece d'hydropiſie eſt pire, que ſi l'eau flot-
toit dans le ventre, auquel cas les veines qui
ſont ſemées dans le Meſentere, la ſuccent plus
facilement; ce que feroit auſſi la ratte, qui
pourroit ſeruir comme d'eſponge : mais cela
n'arriue gueres que toutes ces parties n'ayent
eſté bien purgées, par le moyen des medicamens qui purgent les ſeroſitez, auant l'vſage
deſquels il eſt neceſſaire de dégager les conduits qui ſont bouchez.

Pour moy ie croy, que toutes les deux eſpeces
d'aſcites ſont également dangereuſes, & que
la ſeroſité ſe retire auſſi facilement en l'vne,
qu'en l'autre dedans le ventre, pour ſe vuider.

La Coëffe tombe quelquesfois dedans l'aine,
ou dedans la bourſe, & y forme de differentes
hergnes. Elle ſort auſſi hors du ventre, quand
il eſt bleſſé & ouuert de quelque coup, & alors
il faut lier fort proche du ventre la partie qui
ſort, & la couper, à cauſe qu'elle ſe corrompt,

& pourrit tres-facilement, & qu'il n'y a point
de seureté de la remettre en dedans.

La Coëffe estant coupée de cette sorte, ie ne
treuue point que l'estomach en doiue plus mal
faire sa fonction, & que la cuisson des viandes
qui s'y fait, en doiue estre plus imparfaite,
encore que Galien ait esté dans ce sentiment,
dautant que ie ne treuue point que la Coëffe
couure l'estomach, mais seulement qu'elle est
attachée & suspenduë à son fond.

Si vous en desirez dauantage, pour les maladies de la Coëffe, lisez mon *Anthropographie*

Nouuelle dissection du Ventre inferieur, & ce qu'il faut remarquer en icelle dans le bas Ventre, & le Thorax.

CHAPITRE XVII.

IE veux vous enseigner vne dissection nouuelle, afin que tous les Assistans puissent
voir toutes les parties, qui sont cachées
aux hypochondres, sous les fausses costes, d'autant que suiuant la methode ordinaire, on ne
les monstre que confusément, & ce encore à
fort peu des Assistans.

Apres que toutes les parties, qui sont contenuës dans la capacité du bas ventre, auront esté
monstrées au doigt, comme elles sont en leur
situation naturelle, sans en distraire ny remuer
aucune, on dissequera adroitement les muscles
du Thorax, & les ayant renuersez à costé, vous
couperez le Sternon de chasque coste, depuis
les Clauicules, iusques embas, mais si dextre-

N ij

ment, que vous n'offenfiez point les grands
vaiffeaux qui font au deffous. En leuant le Sternon petit à petit par la partie fuperieure, fans
le feparer du Diaphragme, vous monftrerez,
comment le Mediaftin eft attaché à tout le
Sternon fuiuant fa longueur, iufques au cartilage Xiphoide, & comment le Pericarde, qui eft
enfermé dans le redoublement du Mediaftin,
eft auffi attaché au Sternon, afin d'y fufpendre
le cœur; & comme il eft circulairement attaché
au centre nerueux du Diaphragme, duquel le
cœur eft fort proche, le touchant immediatement. Vous verrez en fuite les Poulmons, qui
embraffent le Pericarde, & que le Mediaftin eft
creux dans fon reply, & qu'il tient le Diaphragme fufpendu, luy feruant de fufpenfoi-
re, & de lien tres-fort. Toutes ces chofes
fe peuuent monftrer fans en déchirer aucune.

Cela fait, vous reuiendrez au Ventre inferieur, & obferuerez comment le foye eft attaché au Diaphragme en l'hypochondre droit,
comment la Veficule du fiel eft placée fous le
foye, comment à l'hypochondre gauche la
ratte eft differemment du foye attachée au
Diaphragme.

Le Ventricule eft placé entre ces deux Vifceres; & entre la ratte & le Ventricule, vous
chercherez la grande portion de l'Epiploon,
qui en ce lieu là eft ramaffée, & comme entaf-
fé, puis vous verrez fa continuation, à fçauoir l'autre portion qui eft eftenduë fur les
boyaux.

Ayant bien remarqué toutes ces parties, vous
en viendrez au Pancreas, duquel vous obfer-

nerez la situation, son estenduë, & sa connexion
auec les parties voisines. Vous rechercherez
pareillement le tronc de la Veine porte, & l'endroit où il se diuise aux rameaux Mesenterique
& Splenique : comme aussi le canal Pancreatique de *Virsungu*, & le pore, ou conduit Bilai-
re Hepatique. Vous verrez en sutie la situation
& l'estenduë du Pylorum, & du boyau Duodenum à mesme temps. Et si vous pouuez le tronc
de l'Artere Celiaque, & l'artere Splenique, qui
va de trauers proche du Diaphragme iusques
à la ratte. Mais ces parties sont tellement confuses, meslées, & entrelacées ensemble, qu'il n'appartient qu'à vn Anatomiste expert de les separer, & en faire la demonstration, encore faut-
il, qu'il les destache fort doucement & à loisir
auec les ongles, crainte de déchirer les vaisseaux remplis de sang.

Toutes ces obseruations vous feront connoistre, quels sont les Visceres, qui sont appuyez
au dessus, ou qui dépendent au dessous du
Diaphragme, qui est l'instrument de la respira-
tiõ libre. Vous connoistrez par la mesme voye,
comment ses indispositions se peuuent communiquer aux parties voisines, & reciproquement
les parties voisines luy communiquent leurs
maladies. Apres cela, vous n'ignorez plus que
la difficulté de respirer, ne puisse prouenir de
l'indisposition seule du bas ventre, sans que le
Thorax soit esleué ny les Poulmons malades,
ausquels neantmoins on attribuë ordinairement, mais souuent à tort, la cause de cette
difficulté de respirer.

Vous obseruerez aussi le voisinage du Cœur
auec les parties Nutritiues, desquelles il n'est

éloigné, que par l'entredeux ou separation de la partie nerueuse du Diaphragme. Vous remarquerez aussi dans le Thorax comme le Diaphragme est suspendu & soustenu du Mediastin, autrement la pesanteur des Visceres nutritifs l'attireroit embas. Comment le Cœur incliné vers le centre nerueux du Diaphragme, luy donne ce mouuement perpetuel, bien que dissemblable au sien.

Dans le bas Ventre vous considererez, comment le Diaphragme est retiré embas par la pesanteur des autres Visceres, afin qu'en sa contraction & dilatation il se puisse esleuer & abbaisser pour esuenter tous les deux Ventres. Car il est naturellement retiré en haut, à cause de sa connexion auec le Mediastin : de sorte que le Diaphragme estant ainsi agité, il resueille & donne par son mouuement le branle à celuy des Poulmons dans la Poitrine : & dans le bas Ventre il excite le foye, la Vessicule du fiel, le Ventricule, la Ratte, les Boyaux, le Pancreas, le Mesentere, & chacune des parties à son office particulier, veillant à la santé de chaque indiuidu, au seruice duquel la Nature les a destinées. Or les Boyaux estans ainsi poussez du Diaphragme, agitent en suite par leur propre mouuement peristaltique les Reins, la Vessie, & la matrice aux femmes, pour les esmouuoir aussi à leurs fonctions.

Mais sur tout ie souhaite, que les Medecins considerent les mouuemens violens du Ventricule, quand il vomit auec violence, comment il secoüe le Diaphragme, les Poulmons, mesme le Cœur & les vaisseaux, qui luy sont attachez. Et si par vne agitation si violente de ces

parties, le Cœur & les Poulmons ne peuuent
pas eſtre facilement ſuffoquez: s'il ne faut point
que les Viſceres ſuſpendus au Diaphragme &
toutes les autres parties, qui dépendent de
ceux-là, ſoient extraordinairement agitez &
troublez.

De meſme, vous examinerez par cette Anatomie d'où procedent les humeurs qu'on euacuë par ces vomiſſemens, & ſi ces parties les
contiennent. Car en effet, ces matieres ne peuuent ſortir d'ailleurs que du Foye, de la Veſſie
du fiel, & de ſes conduits, qui portent la bile,
de la Ratte, par les veines; Du Pancreas, par
le canal de Virſungus; du Meſentere, par les
menus boyaux. Mais, dira quelqu'vn, ces
mouuemens violens du Ventricule & du Diaphragme, ne peuuent-ils pas auſſi ébranler &
forcer le Cerueau, puiſque tout le corps eſt agité iuſques à ſes extremitez, deſquelles ils taſ-
chent de retirer les humeurs?

Cela ſe peut faire, mais non pas ſans danger,
car le Ventricule à raiſon des deux nerfs ſtoma-
chiques, qui ſont des branches de la ſixiéme
coniugaiſon, peut émouuoir & ſecoüer le Cerueau, mais auec grand riſque.

Cela fait, vous admirerez cét entrelacement
des parties, qui ſont au deſſus & au deſſous du
Pancreas: & remarquerez comme le Pancreas
tumefié donne de l'empeſchement au Pyloron
& au boyau Duodenum, interceptant la diſtribution du chyle, d'autant qu'il preſſe ces parties, eſtant couché deſſus. Vous verrez comment le conduit du fiel Hepatique s'introduit
dans le Duodenum, & quelles incommoditez
il produit au Foye, en ſupprimant l'euacuation

N iiij

de la bile. Apres que toutes ces chofes feront
curieufement & adroitement depefchées, vous
retournerez à la demonftration des boyaux, puis
du Mefentere, & des rameaux de la Veine Porte. En fuite dequoy ayant ofté les boyaux hors
du ventre, comme il appartient, vous trauail-
lerez à l'adminiftration & demonftration du
Foye, de la Veficule du Fiel, de la Veffie, &
des parties genitales, & deuant que de monftrer les boyaux, vous remettrez le Sternon en
fa place, & les mufcles du Thorax par deffus,
recoufant exactement la peau, crainte que les
parties Thoraciques eftans trop expofées à
l'air, ne fe deffechent, & fe manient par les
Efcholiers, & autres affiftans.

Des Boyaux.

CHAPITRE XVIII.

NOVS deuons parler en fuitte des boyaux,
qui font parties Organiques, faites en
forme de flutes ou de canaux, tant pour porter
le chyle, ou l'humeur qui fort de l'eftomach, &
qui doit apres fe changer en nourriture, que
pour feruir de referuoir & de paffage aux plus
groffieres ordures du corps; les gros boyaux
n'eftans pas moins neceffaires pour conduire
cette matiere, que les menus le font pour porter l'humeur, dont nous auons cy-deffus parlé.

Leur fubftance eft compofée de membranes
& de fibres. Les membranes font au nombre
de deux, qui leur font propres, dont l'vne eft en
dedans, & eft tres charnuë; l'autre en dehors,

& eſt plus nerueuſe. Celle du dedans eſt pleine
de rides, & de plis, afin qu'elle puiſſe arreſter le
chyle en paſſant, & laiſſer le loiſir de le tirer
aux veines lactées, qui ſemblent eſtre miſes en
ce lieu, pour ſucceꝛ comme des ſangſuës, la
partie la plus ſubtile, & la plus delicate de
cette humeur.

Outre ces rides, il y a vne certaine glaire
baueuſe, qui fait vne couche, & ſemble ſeruir
de deffenſe au dedans des boyaux, afin que l'a-
creté de la bile qui y paſſe, ne les puiſſe point
endommager. Elle a encor outre ces deux
membranes propres, celle que luy donne le
Peritoine, comme il fait à toutes les autres
parties qu'il enueloppe.

Les boyaux ſont placez dans le bas ventre, l'é-
pliſſans preſques entierement, excepté le haut
des deux coſtez, où ſont auſſi contenus le foye,
la rate, & l'eſtomach; & eſtans enueloppez
les vns dedans les autres, font pluſieurs differens tours & retours, ſans toutesfois aucun deſ-
ordre, à cauſe qu'ils ſont attachez de ſuitte à
vne meſme partie, que l'on nomme la fraiſe, ou
Meſentere.

Leur longueur paſſe de ſept fois celle de la
hauteur du corps, & on ne les meſure point autrement. Cette longueur eſt diuiſée en deux
parties, non pas à l'eſgard de leur ſituation,
mais à cauſe de la difference que l'on voit dans
leurs membranes : La premiere comprend les
menus boyaux, & commence immediatement
au ſortir de l'eſtomach, & eſt beaucoup plus
longue, que l'autre; & elle a ſes membranes
beaucoup plus deliées. La ſeconde contient les
gros boyaux, qui ſuiuant leur rang ſont infe-

rieurs, quoy que leur fituation foit fupericure,
& cette partie eft plus courte, & a les membranes plus efpaiffes, & les boyaux beaucoup
plus larges, & gros.

La premiere partie; qui contient les menus
boyaux, fe diuife en trois autres : Le premier
s'appelle Duodenum, ou le court : Le fecond eft
le Ieiunum: Le troifiéme eft l'Ileum, ou le boyau des hanches. La feconde partie a femblablement trois boyaux, dont le premier eft appellé
le Cœcum, ou Aucugle: Le fecond eft le Colon:
& le troifiéme eft appellé le droit. Tous les
boyaux font creux & faits en forme de flute, ou
de tuyau, afin de pouuoir donner paffage au
chyle, & aux ordures qui doiuent fortir du
corps. Ils font pleins de rides en dedans depuis
l'eftomac iufques au fondement; afin d'arrefter
quelque temps cette matiere, & qu'elle ne
coule point trop vifte, mais auffi ils ont vn
mouuement appellé Periftaltique, qui fait
qu'ils fe refferrent & vont de haut en bas, en
fe rerirant, afin que cette matiere n'y faffe
point vn trop long feiour.

Ils font auffi munis & garnis d'vne certaine
mucofité, pour fe deffendre contre l'acrimonie
des humeurs qui y paffent continuellement.
Ils vont pareillement en tournant, faifans plufieurs tours & deftours finueux comme vne
couleuure, qu s'entortille autour de quelque
chofe.

Le mouuement des boyaux eft puiffant, ainfi
que l'on peut voir, quand il y a quelque ouuerture au ventre : car pour lors, ils en fortent
impetueufement, & fe remettent fort difficilement dedans la capacité. L'on croid qu'ils font

ce mouuement afin d'exciter en pouſſant les parties voiſines, leurs facultez excretrice & traductiue à faire leurs fonctions, tant au dedans, qu'au dehors : car par ce moyen les actions de toutes les parties contenuës en chacun de ces deux ventres, ſont reſueillées en partie par l'attraction, en partie par l'agitation & mouuement deſdites parties.

Ce que nous auons dit cy-deſſus, eſt commun à tous les boyaux, il reſte maintenant à dire ce qu'ils ont chacun de particulier.

Le premier des boyaux s'appelle Duodenum, à cauſe que ſa longueur eſt de douze doigts en trauers, ce qui s'eſtend iuſques à l'endroit où le boyau commêce à ſe tortiller. Ce boyau eſt extremément difficile à deſcouurir, & il le faut aller chercher auec le commencement de celuy qui le ſuit, vers le Pancreas, auprés de l'eſpine du dos.

L'on doit bien prendre garde à cette ſituation, d'autant qu'elle eſt ſouuent cauſe, que ce conduit, par où les alimens doiuent paſſer, eſtant bouché, ils rebrouſſent en haut, & qu'on vomit, ſans qu'il ſoit beſoin d'en accuſer le Pylore : Il eſt cauſe auſſi quelquesfois que le conduit qui porte la bile, eſtant bouché, elle remonte, & regorge dedans l'eſtomach.

A l'endroit ou ſe ioint le Duodenum auec le Ieiunum, le conduit qui porte la bile perce le boyau, ſe trainant quelque peu entre les deux membranes, deuant que de percer celle qui eſt en dedans. C'eſt auſſi en ce lieu où l'on treuue le conduit, ou canal Pancreatique, découuert par Vvirſungus.

Alors que le boyau commence à ſe courber

vers le coſté gauche, l'on remarque le commencement du Ieiunum, que l'on croit eſtre
plus vuide que l'Ileon, à cauſe que le foye en
eſtant plus proche, & les veines Meſeraiques
en cét endroit plus frequentes, il eſt placé quaſi tout entier vers l'endroit du nombril, & ſa
grandeur va ſouuent iuſques à vne aulne & demie, meſure de Paris.

Le troiſieſme, vn peu plus deſlié & d'vne
couleur vn peu plus blaſarde, ſe nomme l'Ileon,
ou le boyau des hanches, à cauſe qu'il eſt placé en cét endroit. Il eſt plus long luy ſeul que
tous les autres boyaux enſemble, & il remplit
tout l'eſpace qui eſt vers les hanches par le deuant, & tout le derriere du bas de cette partie
du ventre. Il entoure auſſi la partie inferieure
du Ieiunum : C'eſt dans ce boyau que la mala-
die, qu'on nomme le *Miſerere*, ou paſſion Iliaque, rencontre ſa cauſe & ſon ſiege.

Le quatrieſme des boyaux, qui eſt le premier des gros, eſt appellé le Cœcum par les
Anciens, & on luy a laiſſé ce nom, encore que
l'on le treuue tres-diſſemblable à la deſcription qu'ils nous en ont fait. Il ne paroiſt point
large comme vn ſacq, & ne fait point vne ſeconde fois l'office du Ventricule, en recuiſant
les viandes, qui n'auroient pas eſté bien cuites.
Ce qui ſort auſſi de luy, & ce qui y entre, paſſe
par le meſme trou. On n'y remarque rien de
particulier, qu'vne petite allonge ou Appendice, faite d'vne membrane redoublée, qui
paroiſt plus grande aux enfans nouueaux nez,
qu'à ceux qui ſont auancez en âge. Et c'eſt de
cette remarque que Syluius a pris ſuiet de monſtrer que nos corps ſont beaucoup diſſemblables

à ceux de nos Anceftres, tant pour la grandeur, que pour la difference qu'il y a entre la
defcription qu'ils ont fait du premier boyau,
& de l'aueugle, & de ce que nous y voyons
maintenant

Le cinquiefme boyau eft celuy que l'on nomme le Colon, il y a en luy plufieurs chofes dignes de remarque, à fçauoir fa grandeur, fa
fituation, fon vfage, fa languette, ou valuule,
fes deux ligaments, les franges adipeufes, &
fa connexion.

Il eft le plus ample & le plus large de tous les
boyaux. Son commencement eft vers le Rein
droiċt, au lieu où fe rencontre cette Appendice, dont nous auons parlé. Là il fe recourbe
en haut, & couché deffous le foye, & le ven-
ticule, paffe vers l'hypochondre gauche, où
il fe tortille, & deuient plus eftroit. En biaifant
& defcendant vers la hanche gauche, il touche
le Rein, & vn peu plus bas, il forme la figure
de la lettre Romaine S, finiffant vers la pointe
de l'Os facré. C'eft en ce lieu que les ordures &
impuretez des boyaux s'amaffent, & c'eft le
principal magazin des vents & flatuofitez de la
premiere region.

La Nature a donné deux ligamens tres forts à
ce boyau, afin qu'il ne fuft point defchiré par le
trop grand amas qui s'y fait des impuretez
groffieres,& par l'impetuofité des vẽts. Ces liés
eftans conduits felon fa longueur, font qu'il y a
en luy plus de replis & de rides qu'aux autres, fi
bien qu'il a comme de petites cellules differentes pour retenir ces ordures : L'on y remarque
auffi, que n'eftant pas attaché au Mefentere,
comme les autres, & qu'ainfi eftant priué de

cette agreable rofée, qui fort de fa graiffe &
de fes glandes, la Nature l'a enuironné en plufieurs endroits de bordures remplies de graiffe,
pour luy fournir cette humidité qui luy eft neceffaire.

Il ne faut pas oublier cette valuule, ou languette, qui a efté caufe de tant de differentes
difputes, laquelle eft attachée au commencement de ce boyau, comme vn cercle membraneux, de forte qu'elle empefche le retour des ordures dans l'Ileum, & que les lauemens ne paffent pas outre. Et pour ce fuiet elle s'ouure en
tirant vers les parties d'embas, pour laiffer
paffer les excremens, & empefcher qu'ils ne
remontent. Ne pouuons-nous pas auffi croire
que cette valuule vienne de ce que ce boyau eft
plus eftroit à l'endroit où il fe ioint, auec celuy
qui le precede, qui eft l'Ileon. Si bien que de
ces deux ligaments du Colon, cette allonge
creufe fe fait, laquelle ceffe de paroiftre quand
ils font defchirez & oftez. Ce boyau eft attaché au Peritoine, par quelques liens membraneux, à caufe qu'il ne l'eftoit pas au Mefentere,
quelque chofe que *Laurenberghe* ait voulu efcrire à l'encontre, qui ne feint point d'accufer
Riolan d'ignorance, ou d'auoir la veuë trouble.

Le dernier des boyaux eft appellé le droit, à
caufe qu'il defcend du haut de l'Os facré droit
au fondement. Ce boyau contre la nature des
autres, outre fa membrane interieure & char-
muë, a vne autre enueloppe par dehors, qui reffemble à la chair d'vn mufcle, & qui l'enueloppe en forme d'vne guayne; afin qu'il foit plus
fort pour chaffer les gros excrements, qui s'ar-

restent souuent dans sa capacité, & vers la fin
du Colon, auquel il est attaché, si bien qu'outre le mouuement qu'il a commun auec les autres boyaux, & l'ayde qu'il tire des muscles du
bas ventre, qui le pressent, il a encores cet
estuy charnu, qui fait sortir & pousse comme
auec la main les ordures, qui pourroient y demeurer.

Ie ne parle point icy de ce qu'il y a de remarquable dedans le bout d'embas de ce boyau
droit, à cause que l'on a coustume de le laisser,
lors que l'on vuide les autres parties du bas
ventre : Ie reserue à dire ce qui est necessaire
sur ce suiet, apres que i'auray expliqué tout ce
qui appartient à la description du membre viril.

Remarques que le Medecin peut faire sur les choses, qui ont esté dites au precedent Chapitre.

EN suitte des maladies & accidens, que i'ay
expliqué, ie feray icy remarquer que les
boyaux sont suiets aux trois especes generales
de maladies, puis qu'ils sont trauaillez par l'excez des qualitez froides, & chaudes, tant simples, que iointes auec quelque matiere, qui pé-
che dans vn semblable excez. Ils sont suiets aux
inflammations. Il leur arriue des playes, des
viceres; ils peuuent deuenir trop reserrez par
l'vsage des choses astringentes, & qui ont la
force de faire approcher les parties les vnes des
autres, ou estre tendus trop lasches par l'vsage de celles qui humectent & amolissent par
excez. Ils peuuent estre aussi rendus trop polis,

quand les rides qu'ils ont en dedans, s'abolis-
sent, ce qui arriue par les longues lienteries &
Diarrhées. Ils peuuent aussi estre tellement
bouchez, qu'ils soient obligez de rendre les
gros excrements par en haut, & de les reietter
par la bouche.

Outre les maladies qui arriuent aux boyaux
en general, chacun d'eux en a de particulieres.

Le Duodenum peut estre bouché, à cause
qu'il est trop pressé du Pancreas, au dessus duquel il est; ce qui fait, que deux ou trois heures
apres la cuisson des viandes, on reiette les alimens par la bouche, à cause que l'endroit
par lequel ils doiuent passer, se trouue bouché.

L'Ileum est suiet à vne passion que l'on appelle le *Miserere*, laquelle n'est qu'vne inflammation, quoy que l'on croye ordinairement que
cela vienne de ce que ce boyau se tortille, ou
se mette en double. Il arriue aussi, qu'à cause
que ce boyau est proche des aines, il y tombe
quelquesfois, & mesme dans les bourses, ce
qui fait deux differentes sortes de hergnes; sçauoir le Bubonocele ou Oscheocele. Nous voyons aussi, quoy que rarement, que la partie droite du boyau Colum, principalement aux petits
enfants, tombe dans ces mesmes lieux, & deuient la cause des hergnes. Les boyaux peuuent
aussi sortir par le deuant du ventre, quand le
Peritoine se rompt, & s'eslargit par trop à l'endroit du nombril : on appelle cette maladie
Omphalocele, & le premier boyau qui sort en
cette hergne, est le Ieiunum. Le boyau Colum est fort suiet aux violentes douleurs des coliques,

liques, soit qu'elles soient causées par la trop
grande acrimonie de l'humeur, qui s'y rencontre, soit que cela luy arriue par le moyen des
vents, ou d'vn air trop froid, qui y entre.

C'est aussi en ce lieu que les vers ont coustume de s'engendrer, & ils se glissent souuent de
là iusques à l'estomach, qui est obligé de s'en
décharger par le vomissement. Il est le seul
entre tous les boyaux, le plus suiet aux excoria-
tions & vlceres fort purulentes, d'où vient que
plusieurs, croyans que cela vienne d'vne vlcere
qui soit dedans le Mesentere, vsent de medicamens, & clysteres purgatifs, ce qui leur reussit
tres-mal, la maladie estant entretenuë & augmentée par ces remedes. Le bout d'embas de ce
boyau, qui est ioint au boyau droit, est beaucoup
plus charnu, & pour cette raison plus suiet à ces
abscez, qui sont accompagnez de grandes douleurs: mais apres que le pus en est sorti, ils se
guerissent bien plus promptement, que ceux qui
sont dedans le Mesentere. Il s'y engendre aussi
des Scirrhes ou tumeurs tres-dures, d'où il
vient aux malades vne tres-grande difficulté
de vuider les gros excremens; ce qui les conduit enfin à la mort.

Voyez Hollier, *au Chapitre de la Colique,*
où il rapporte deux exemples remarquables.
Ballonius rapporte aussi vn pareil exemple,
artic. 30. *Paradigm.*

Le boyau droit a pour ses maladies particulieres le Tenesme, qui est vne enuie continuelle d'aller au bassin, sans pouuoir rien faire, l'inflammation, & l'abscez qui se change
souuent en vlcere, & mesmes en des fistules,
qui se conduisent au dedans de sa substance; &

O

qui ne peuuent estre gueries, que par le moyen
de la Chirurgie.

Le mouuement des boyaux excite toutes les
parties; du bas ventre à leurs offices, & pour
ce suiet les boyaux touchent toutes ces parties:
De mesme que le mouuement du Cœur resueille celuy de toutes les parties contenuës dans le
Thorax. Pareillement le mouuement du Cerueau, & de la Dure mere fait mouuoir toutes
les parties du Cerueau.

Le mouuement Peristaltique, qui est particulier aux boyaux, se trouue quelquesfois tellement peruerty, que les ordures sont poussées
en haut, & les lauemens reiettez par la bouche;
D'habiles Medecins, & sçauans en la pratique,
nous ayans mesme asseuré qu'ils ont veu reietter des suppositoires; ce qui ne se peut faire,
sans que la valuule du boyau Colum soit entierement brisée.

La pluspart des accidens, qui arriuent aux
boyaux, se peuuent ranger sous ce genre de
maladies, qui regarde l'immoderation des excremens qui sortent du corps, soit qu'ils s'é-
coulent en trop grande quantité, comme il arriue dans les flux de ventre, soit qu'il n'en sorte
pas assez comme quand le ventre est constipé,
& qu'il ne rend pas proportionément à la nourriture que l'on a prise, ou qu'il ne s'en décharge qu'apres y auoir esté obligé par l'vsage de
quelque medicament purgatif. Et la santé de
l'homme est extrémément incommodée par
l'excez, ou par le defaut de ces choses.

Le flux de ventre ordinairement appellé
Diarrhée, est vne euacuation excessiue par bas,
ou chyle, ou d'autres humeurs. Le flux de

chyle retient proprement le nom de Diarrhée;
celuy d'humeur est ou Cœliaque, ou Mesenterique, ou Intestinal.

S'il y a vlcere accompagée de douleurs & de
sang, cette maladie se nomme Dysenterie, si
ce qui sort est semblable à l'eau qui a serui à lauer des viandes cruës, & qu'il ne cause point de
douleur; on le nomme flux Hepatique, à cause qu'on a conneu qu'il vient du foye. Si la cause vient de ce que le dedans des boyaux ou du
ventricule ait esté rendu trop poly, cela s'appelle Lienterie. S'il y a du pus meslé parmy les
excremens, c'est vn flux Mesenterique. On
treuue les causes de ces maladies dedans ceux
qui ont escrit de la Pratique; ce qui fait que
ie ne m'arresteray point à les descrire.

Neantmoins ie vous diray en peu de mots,
que les flux de ventre sont produits par diuerses
causes, ont diuers sieges, & qu'il y en a de plusieurs sortes. Le flux chyleux a son siege & sa
cause ou dans le Foye oppilé, ou dans les Veines, qui portent le chyle, bouchées. Le flux lienterique dépéd en partie de l'imbecillité du Ventricule, & de la relaxatió ou foiblesse des boyaux
superieurs. Au flux cœliaque, on ne rend que
des serositez, & prouient de l'intemperie du
Ventricule, qui est trop ardent, ou trop froid:
car tous ces excez corrompent l'aliment. Le
flux dysenterique est causé par vne erosion du
Foye, ou excoriation & vlcere des boyaux. Le
flux mesenterique humoral se fait par le defaut
du Mesentere vlcere, ou du boyau Colon rongé. Le flux hepatique prouient de la debilité du
Foye, causé par vne intemperie chaude, ou
froide, auec vne mauuaise disposition de sa

substance deprauée, lesquelles choses destrui-
sent la vigueur naturelle du Foye.

Il arriue aussi quelquefois que le peau du dedans des boyaux se détache & se dépoüille ; ce
qui a fait croire à plusieurs, qu'elle se chan-
geoit en vn ver long de deux ou trois coudées,
auquel on a donné le nom particulier de *Tænia*.
L'on peut voir sur ce suiet Spigelius, au liuret
qu'il a fait *du ver large*.

Du *Mesentere*, ou *Fraise*, qui est au mi-
lieu des boyaux.

CHAPITRE XIX.

LE Mesentere est vne partie qui sert de lien
& d'attache à tous les boyaux, & qui les
conserue tous en leur situation, afin qu'ils ne
soient point renuersez & entortillez les vns
dedans les autres ; ce qui empescheroit leur
action, & seroit cause qu'ils ne pourroient pas
faire les fonctions & vsages ausquels ils sont
destinez.

Il est composé de deux membranes, entre
lesquelles il y a beaucoup de graisse & de glandes, y ayant aussi quatre differentes especes de
vaisseaux, comme nous l'auons décrit.

Le Mesentere est placé iustement au milieu
du ventre, à cause qu'il est attaché aux eminences, qui sont aux costez des vertebres des lombes, par le moyen de quelques ligamens qui
s'y rencontrent : Et c'est de là que l'on peut dire
qu'il prend son origine.

Il est si fortement attaché auec les boyaux,
que l'on ne void aucune marque qui fasse croi-

res qu'ils puissent estre separez d'ensemble. Il y a vne quantité de veines, qui se glissent entre les deux membranes de cette partie, & qui partent du tronc de la veine Porte. On les appelle ordinairement veines Mesaraïques, ou veines du Mesentere. L'on y treuue aussi vne grande quantité d'arteres, qui procedent de l'artere Cœliaque. & Mesenterique. Ses nerfs sortent, & ont leur origine des nerfs des lombes.

La quatriéme espece de ces vaisseaux comprend les veines differentes des autres, que l'on appelle les veines Lactées, desquelles Asellius a esté le premier Inuenteur, & il est hors de raison d'en douter maintenant, puisque c'est vne chose fort commune, & que tous ceux qui se veulent donner la peine de les chercher en vn animal viuant, demeurent d'accord, qu'elles s'y rencontrent. Tout ce qui donne de la peine est de sçauoir de quelle sorte elles sont parsemées, & conduites en ce lieu, d'autant que nous remarquons, apres auoir fait l'ouuerture d'vn Animal viuant, qui a esté remply de beaucoup de nourriture, vne grande quantité de veines, qui sont de la couleur du laict, & qui sont separées en differens endroits de la Fraise; mais les vnes aboutissent au Pancreas, ou grosse glande du Mesentere, de laquelle fait mention Vesale, où se fait la rencontre de la plus grande partie des Veines mesaraïque. Les autres au foye, les autres à la veine Caue, n'y en ayant point qui aille à la rarte. Et l'on ne void point que ces veines s'assemblent en vn gros tronc, comme fait la veine Porte; tout ce que l'on peut coniecturer estant, que leur origine & fondement est dans le Pancreas, & que de là elles fe répandent en diuers endroits.

Si les veines laſtées s'inferent & aboutiſſent dans le tronc de la veine Caue, n'eſt-ce point pour ce ſuiet que nous voyons ſouuent les vrines laſtées, ſans qu'il y ait aucune purulence dans les reins, le chyle s'eſtant tranſporté dans la veine Caue, qui l'euacuë en ſuite dans les reins.

La rencontre que l'on a fait de ces veines-laſtées, coupe le pied à quantité de difficultez que l'on auoit autresfois, touchant le paſſage du ſang & du chyle par le meſme canal, puiſque ces veines laſtées ſont faites pour porter cette derniere humeur au foye, & que le ſang qui doit ſeruir de nourriture aux boyaux, eſt porté par les veines Meſaraïques, que nous auons cy-deſſus deſcrites. Et ainſi les vnes peuuent eſtre bouchées, ſans que les autres le ſoient, & la nourriture peut eſtre empéchée d'aller aux boyaux, ſans que pour cela le cours du chyle, ou de l'humeur, qui va des boyaux au foye, en ſoit interrompu; ce qui eſt aſſez conſiderable, pour n'eſtre pas trompé dans la gueriſon que l'on entreprend des maladies qui arriuent dans le ventre.

Le Meſentere ayant vne grande communication auec le foye par la veine Porte, & auec la ratte par l'artere Cœliaque, & par la veine Splenique, auec les boyaux, par la liaiſon qu'ils ont entre eux, & ayant outre cela vne ſubſtance toute-remplie de glandes & de graiſſes, & pour ce ſuiet tres-propre à receuoir toutes ſortes d'humeurs, il ne faut pas s'eſtonner ſi les Medecins ont declaré ce lieu, l'égouſt de tout le corps, où toutes les impuretez de la premiere re-

gion fe déchargent ; ce qui a fait nommer cette
partie la nourrice des Medecins, parce qu'elle
eft la fource & la femence de toutes les maladies qui viennent au bas ventre, & qu'elle eft
fuiette d'en faire naiftre de tres-longues, & difficiles à guerir. Ce qui oblige les Medecins en
leurs confultations, de ne parler d'autres chofes, que de bien purger & nettoyer cette partie.
Ce fentiment eftant celuy du docte Fernel, que
les autres Medecins obferuent tres foigneufement.

Remarques tres-neceffaires pour la pratique de la Medecine.

ON doit demeurer d'accord, que le Mefentere peut auoir les maladies qui procedent de quelqu'vne des qualitez fimples &
compofées, eftant tres-fuiet à l'inflammation, aux abfcez, aux vlceres ; & à raifon des
vaiffeaux, qui y font, il eft ordinairement
bouché ; ce qui fait naiftre beaucoup de maladies. Cette partie, à caufe de la graiffe des
glandes que l'on y treuue, deuient quelquesfois fort enflée, & tres-dure, fait vne tumeur fcirrheufe, reffemblant au Steatome, &
mefmes l'on croid, que la fource des écroüel-
lez eft en ce lieu, n'arriuant que rarement
qu'elles fortent au dehors en grande quantité,
fi elles n'ont leur racine en cette partie.

Il eft auffi fuiet à la colique fauffe, ou bilieufe, caufée d'vne bile tres-acre, & mordicante, qui par fois degenere en vne Paralyfie
des iambes, par fois auffi des bras, & parties
fuperieures, ou du moins en vne Parefie. C'eft

dé là que procede auſſi la maladie, qu'Hippocrate appelle, *Ructuoſus morbus*, lors que les
malades rottent inceſſamment, & l'autre qu'il
nomme ἀνατη, laquelle deſſeche, & tabefie
peu à peu le corps. Voyez ſur ce ſuiet des maladies du Meſentere, *Daniel Seneri*, & *Mat-
thieu Martinius*, qui ont expreſſément eſcrit
dé cette matiere.

Du Pancreas, ou de la glande charnuë qui eſt deſſous le premier boyau, & l'eſtomach.

CHAPITRE XX.

LE corps du Pancreas n'eſt proprement, ny
charnu, ny glanduleux, mais c'eſt vne ſubſtance, approchante de l'vn & de l'autre, qui
toutesfois eſt ſpongieuſe, afin de receuoir les
impuretez du foye, & de la ratte.

Il eſt placé au deſſous du ventricule, & luy
ſert comme d'vn petit couſſinet, pour le mettre
à ſon ayſe, s'eſtendant depuis le foye, iuſques
à la ratte, de la largeur de la paume de la main,
lors qu'il eſt en ſon eſtat naturel.

Il reçoit le tronc de la veine Porte, les veines
lactées, cy-deſſus décrites, & la veine Splenique, qui va à la ratte.

Vvirſungus a auſſi remarqué depuis peu vn
nouueau canal en cette partie, qui partant d'v-
ne de ſes extremitez, & trauerſant la longueur
du Pancreas, en tirant vers la ratte, ſe iette en
ſuitte dedans le boyau Ieiunum, proche du lieu
où ſe décharge le conduit qui porte la bile.

On

On n'eſt pas bien d'accord de la fin pour laquelle la Nature a mis ce canal dans le Pancreas : c'eſt peut-eſtre pour conduire dedans les boyaux les ordures de la ratte & de ce corps, qui ſert à les receuoir ; & Faloppe approche de ce ſentiment, quand il treuue dedans ce corps des canaux, qui n'ont aucune communication auec les veines, & qui ſont tous pleins d'vne bile, qu'ils déchargent dedans les boyaux.

C es canaux ne ſont-ils point pluſtoſt faits pour ſuccer & porter à la ratte, vne partie du chyle, afin que la ratte, qui fait ſouuent l'office du foye, la puiſſe changer en ſang? Mais on ne pourra pas certainement luy donner cét vſage, ſi ce canal ne va pas iuſques dans la ratte, & il ne ſeruira qu'à conduire dedans les boyaux, les impuretez qui s'amaſſent dans le Pancreas, ſoit qu'elles viennent du foye, ou de la ratte, ſoit qu'elles procedent du chyle.

L'on a ſouuent remarqué, que cette partie eſt deuenuë fort groſſe, & meſmes à l'égard du foye, à ſçauoir lors que la ratte ne fait pas ſon office, eſtant deſſeichée & languiſſante, de ſorte, que le Pancreas ſe peut & ſe doit appeller pour lors, le Vicaire de la ratte, puis qu'il fait la fonction, que ce Viſcere deuroit faire.

C'eſt là auſſi où l'on met le ſiege de la melancholie, que l'on appelle Hypochondriaque, & de pluſieurs autres maladies, deſquelles la ſource eſt auſſi bien en cette partie, que dedans le Meſentere; ce qui fait que les Medecins les accuſent d'eſtre intemperéos, & plus remplies d'ordures, que pas vne autre des parties du corps.

P

De la veine Porte.

CHAPITRE XXI.

ON rencontre dedans le ventre deux veines tres-confiderables, qui prennent toutes deux leur naiffance dans le foye: L'vne fe nomme la veine Porte, & elle arroufe feulement les parties qui feruent à la nourriture, fans paffer plus auant. L'autre donne la nourriture à toutes les parties du corps, depuis les pieds iufques à la tefte, & on la nomme Veine Caue, qui au fortir du Peritoine, fe ioint à la grande, artere, & arroufe tout le dos & les Reins; ce qui a fait croire qu'elle fortoit pluftoft du cœur que du foye.

La veine Porte naift de la partie concaue du foye, où l'on void vne fente, dans laquelle elle fe iette, & qu'elle remplit. Ce nom luy a efté donné, à caufe qu'elle eft à la porte ou entrée du foye.

Le tronc de la veine Porte defcendant dans le ventre, enuoye plufieurs branches. La premiere defquelles arroufe le ventricule & l'Epiploon; & pour ce fuiet, on luy a donné vn nom qui contient celuy de ces deux parties, à fçauoir rameau Gaftrepiploique. Le fecond eft conduit dedans les boyaux, & principalement dedans le premier, & s'appelle le rameau Inteftinal. Le troifiéme contient les deux qui arroufent la veficule du fiel, eftans nommez Cyftiques. Et la derniere arroufe le cofté droit de l'eftomach, que l'on appelle petite Gaftrique.

Cette veine ayant ietté ces petits rameaux, fe

diuife en deux grands rameaux, l'vn defquels
eft celuy de la ratte, appellé Splenique; &
l'autre, celuy du Mefentere, dit Mefenterique.
Ce dernier fe fend derechef en quatre autres
rameaux.

Le premier defquels retient le nom de fon Superieur, & fe nomme Mefenterique: Le fecond
va droit au dernier des boyaux, & s'appelle He-
morrhoidal: Le troifiéme arroufe le boyau Cæ-
cum, s'eftendant iufques au commencement
du Colum: Et le quatriéme arroufe & nourrit
le refte de ce boyau. Le Rameau Splenique, qui
va droit à la ratte, apres s'eftre caché quelque
temps dedans le Pancreas, produit quatre petites veines, qui font oppofées l'vne à l'autre, en
haut & embas: La premiere defquelles appellée Gaftrique maieure arroufe le cofté gauche
de l'eftomach: La feconde fe iette dedans le
cofté droit de l'Epiploon, & fe nomme Epiploique: La troifiefme allant à l'eftomach,
s'appelle Coronaire Stomachique: Et la derniere qui arroufe la partie gauche de la Coëffe,
s'appelle Epiploique gauche.

Des chofes que l'on doit remarquer dans la veine Porte.

CHAPITRE XXII.

IL faut prendre garde à plufieurs chofes,
qui appartiennent à cette veine.

Premierement, elle compofe la premiere
Region du corps, auec les parties qu'elle nourrit, & qu'elle arroufe de fon fang.

En fecond lieu, elle contient vn fang particulier & different de l'autre, en ce qu'il n'a point de mouuement circulaire, comme celuy de la veine Caue, quoy qu'il puisse entrer dedans les branches de l'artere Cœliaque.

En troisiéme lieu, elle ne conduit que le sang, & non pas le chyle, puisque nous auons treuué les veines lactées, qui le portent au foye, ce qui n'empesche toutesfois, qu'outre le sang qu'elle contient, elle ne reçoiue les impuretez du foye, & de la ratte, & les transporte dans le Pancreas, dans le Mesentere, & dans les boyaux.

Elle peut aussi, en cas de necessité, à sçauoir lors que les veines lactées sont bouchées, faire cét office.

La quatriéme chose qu'il faut remarquer, est, que cette veine n'a aucune communication dedans le foye, auec les racines de la veine Caue; ce qui est cause que chacune de ces deux veines a son sang particulier; la veine Porte l'ayant beaucoup plus espais, & moins épuré, à cause qu'il ne doit seruir qu'à nourrir les parties de la premiere Region; la veine Caue au contraire, l'a beaucoup plus épuré & plus subtil, agité d'vn mouuement circulaire, perpetuel, & nourrissant les parties de la seconde & troisiéme Region.

La cinquiéme, que le tronc de la veine Porte, qui a sa racine dans le foye, y est beaucoup plus grand, que celuy de la veine Caue, ce qui fait douter, si celle-cy a son origine du foye.

La sixiéme, que comme elle contient en vn corps qui est malade, vne grande quantité d'impuretez, l'on peut douter auec raison, s'il est à propos de seigner beaucoup en ce cas, crainte que ce sang impur de la veine Porte, ne vienne à remplir les grandes veines dediées à la Circulation, comme estans vuidées par les frequentes seignées, & par consequent, toute la masse du sang se corrompe par le mélange de ces ordures.

La septiéme, sçavoir si apres deux ou trois seignées du bras, le sang qui est dans cette veine, se peut vuider plus facilement, en ouurant les veines Hemorrhoidales, ou la Saphene de l'vn des deux pieds?

La huictiéme, que toutes les ordures du bas ventre sont dans les conduits de cette veine, & principalement dedans ceux qui vont au Mesentere, & à la ratte; ce qui fait que les maladies qui arriuent des obstructions de la ratte & du Mesentere, sont si rebelles & de si longue durée.

La neufiéme est, que l'on ne trouue en cette veine aucunes valuules, comme il y en a dans les branches de la veine Caue.

La dixiéme & derniere, est, que cette veine Porte a beaucoup de voyes, par lesquelles elle se descharge, quand elle est trop remplie, soit qu'elle chasse vne partie de son sang par les hemorrhoïdes, soit qu'elle en enuoye vne partie dedans la grande artere, par le moyen du rameau Cœliaque; soit qu'elle fasse naistre vn vomissement de sang contre nature, comme il arriue souuent aux personnes qui sont fort repletes.

Encore que les veines de la fraise ou mesentere nommées lactées, qui portent la matiere qui sort du ventricule pour aller au foye, soient

toutes attachées aux boyaux comme des fang-
fuës, toutes ces differentes matieres font toutesfois conduites differemment par les canaux,
le foye tirât le chyle par les veines lactées, &
luy-mefme enuoyant le fang pour la nourriture des boyaux par les veines Meferaïques, d'où
il arriue que ces parties peuuent eftre diuerfe-
ment bouchées, les veines lactées le pouuant
eftre en toute leur eftenduë par vn fuc groffier,
ou en leurs branches qui font dans le foye. Que
fi elles font bouchées en toute leur eftenduë, ce
qui fort par le flux de ventre eft blancheaftre &
de couleur de cendre ; & fi elles font bouchées
dans les branches qui font proches du foye, ce
qui fort peut auoir la teinture de fang ; fi elles
font bouchées dans le foye, les ordures du foye
ne font pas facilement vuidées ; mais demeurent dans iceluy, ou dans les veines Meferai-
ques ; & tous ces vaiffeaux aboutiffans à vn
mefme trou, elles fe bouchent plus facilement
& debouchent, à caufe de la grande quantité
des rameaux qui font dans le foye.

Les veines lactées n'ont aucun tronc; mais plufieurs, qui font feparez, & fe iettent dans l'a partie creufe du foye, afin qu'elles ne foient pas fi
faciles à fe boucher ; ce qui fait connoiftre, que
quand on iette des humeurs par le flux de ventre, la caufe en vient du foye, ou des veines de
la fraife, qui pechent par excez de quantité, ou
qui font émplies d'ordure. Le flux de ventre,
où l'on reiette des humeurs plus épaiffes, vient
des veines lactées, où le chyle eft corrompu.
Ces deux fortes de flux de ventre fe gueriffent
par la mefme voye, & par l'vfage des medicamens qui defbouchent, & qui purgent les hu-

meurs épaisses, mais quand le flux qui vient des
veines de la fraise est liquide, il faut aussi vser
des choses qui fortifient, & la saignée & le vomitif seruent plus à cette sorte de flux de ventre, que non pas à celuy qui vient des veines de
lait.

Du Rameau de l'Artere que l'on nomme Cœliaque.

CHAPITRE XXIII.

LA grande Artere qui descend embas, enuoye vn rameau pour tenir compagnie à la
veine Porte, qui s'appelle l'artere Cœliaque, &
qui se diuise en autant de petites branches, que
nous en auons compté dedans cette veine. Elle
n'a pas pour cela moins de communication
auec le cœur, dont elle suit le mouuement aussi
bien que les autres arteres. Toutesfois comme
elle n'a pas le mouuement circulaire, que les
autres arteres ont, & qu'elle est comme vne artere separée, son mouuement est quelquesfois
changé ; ce qui fait que l'on remarque, en pressant le bas ventre, vn battement comme d'vne
inflammation en cette artere, quoy que les autres arteres du corps battent assez doucement &
lentement : ce qui arriue principalement dedans la melancholie hypocondriaque, & dans
les dispositions, inflammatoires des hypocon-
dres.

Cette artere a neantmoins grande communication auec la veine Porte, par leurs abouche-
mens mutuels, ou application des extremitez
de leurs branches, d'où il arriue que le sang des

vnes entre dans les autres, & que les parties qui
le reçoiuent par ce moyen ont aussi leur part du
sang arteriel, que le cœur enuoye en tous les endroits du corps. Cette sorte de mouuement n'a
pas esté inconnuë au grand Hippocrate, comme l'on void dedans l'histoire qu'il fait d'vn
malade, auquel on sentoit vn mouuement des
arteres beaucoup plus grand vers le nombril,
que vers le cœur, quoy qu'extraordinairement
agité par vne course, & par vn tremblement.
Il entend aussi parler de cette palpitation, quand
il dit dans ses Coaques & Prognostiques, que si
les veines des entrailles battent fort, cela nous
fait croire que le malade entrera dans quelque
resverie, & sera troublé.

Le battement ou palpitation violente de
l'artere celiaque, laquelle dure dix, ou douze
anníes, & dauantage, iusques à la mort, denote en ceux qui naturellement ne sont point
melancholiques, vn aneurisme en cette artere.
Le tronc de la grande artere ne souffre iamais
cette maladie, à cause qu'il est plus gros, &
à raison du mouuement continuel du sang.

L'artere Cœliaque est, selon Hippocrate,
ce qui sert de souspirail à tout le bas ventre.
Louys Dure nous a escrit sur ce suiet des choses
tres-dignes d'estre veuës.

On doit remarquer que l'artere Splenique
ne passe point par le Pancreas, par où passe la
veine qui l'accompagne, mais qu'elle coule le
long du Diaphrame auprès de l'espine. Elle
égalle la grandeur de la veine, mais elle fait
en son progrés plusieurs tours. Elle n'enuoye
aucune branche aux parties voisines.

Elle se diuise en deux en entrant dans la rate

te aussi bien que la veine. C'est pourquoy inu-
tilement on cherchera d'autres branches de cette artere, car on n'en trouvera que deux ou
trois petites, qui vont à l'estomach.

L'artere Splenique ennoye deux de ses rameaux à l'estomach, qui sortent de leur trone
prés de la ratte ; ce qui fait connoistre assez
clairement par quelle voye les vapeurs malignes, esleuées de la ratte & du Mesentere, se
portent au cœur. C'est sans doute ce qui a fait
dire à Plaute, il y a long-temps, Que mon
cœur trauaillé de la ratte, tressaille à tous momens, & que pressé de douleurs il bat ma poitrine.

Du Ventricule ou Estomach.

CHAPITRE XXIV.

LE Ventricule, qui est la partie du corps, où
se fait la premiere cuisson, ou digestion des
viandes, est composé de deux membranes qui
luy sont propres, & d'vne autre commune, qu'il
reçoit du Peritoine. La membrane interieure
du ventricule est toute veluë comme du ve-
lours. L'exterieure, ou celle du dehors est charnuë, afin qu'elle puisse mieux receuoir la chaleur du foye, & de la ratte, pour ayder à la digestion, & afin qu'elle puisse mieux embrasser
& serrer la membrane interieure. A cette fin
elle a de trois sortes de fibres, & afin qu'elle
soit plus robuste ; de sorte qu'estant relaschée
par la trop grande quantité de viandes, elle les
puisse chasser dehors lors qu'elles sont cuittes
& digerées, & en suite se resserrer les ayant
chassées.

L'eſtomach eſt placé & couché entre le foye
& la ratte, comme entre deux foyes, penchant
vn peu vers l'hypocondre gauche, pouruec que
la ratte garde ſa groſſeur nuturelle, autrement
ſi elle eſt plus grande qu'elle ne doit eſtre, elle
le repouſſe au milieu.

La grandeur de l'eſtomach ne ſe peut pas
bien exactement deſcrire, dautant que quand il
eſt vuide, s'il eſt fort & robuſte, il ſe reſtrecit
de telle façon, qu'alors il n'eſt pas plus gros
qu'vn poing. Au contraire eſtant eſtendu &
remply par la quatité des alimens, il peut contenir trois pintes meſure de Paris, qui font ſix
liures de vin, ou d'eau, auec ſept ou huit liures
de viandes ſolide, ainſi que nous obſeruons tous
les iours aux yurognes & gourmands.

L'homme n'a qu'vn ſeul eſtomach, quoy que
l'on le voye parfois ſeparé en deux cauitez de ſa
longueur, leſquelles ont leurs entrée & ſortie
de meſme que les deux orifices de l'eſtomach,
qui ſont le ſuperieur & le Pylorum.

Ceux qui ſont diſpoſez de cette ſorte, ont vne
tres-grande difficulté à vomir, & quand ils vomiſſent ils reiettent des humeurs, qui eſtoient
amaſſées en ce lieu, ſans qu'ils vomiſſent les
alimens, bien que tres-liquides, & receus
preſque à meſme temps. Ce qui peut bien arriuer par le moyen d'vne faculté, qui ſepare l'vn
de l'autre, ou pluſtoſt pource que cét aliment
liquide eſt tombé dedans ce ſecond eſtomach,
dont il ne peut facilement ſortir, à cauſe
que l'orifice ſuperieur eſt extremément e-
ſtroit.

S'il n'y a qu'vn ſeul eſtomach bien formé, ſa
figure eſt ronde & longuette, & reſſemble tres-

bien à vne Cornemuse , principalement quand
on y laisse l'Oesophage , & vne grande partie
du boyau.

La sortie de l'estomach est égale en hauteur à son entrée, c'est à dire, que ces deux em-
boucheures sont égales en hauteur. Ce qui a e-
sté fait afin que les alimens , tant liquides que
solides , ne peussent pas sortir, qu'ils ne fussent
parfaitement cuits. Le ventricule ayant alors
la force de se reserrer , & de faire descendre, le
chyle par ce moyen dedans les boyaux , en ouurant de force le Pylorum, qui empesche qu'ils
n'en sortent.

L'entrée, ou la partie d'enhaut du ventricule,
se nomme proprement l'estomach , & est le siege de la faim, ou de la soif, à cause qu'elle est entourée d'vn double nerf , dont le sentiment est
tres-exquis.

La sortie ou l'emboucheure s'appelle *Pilorum*
ou Portier , & l'on void en ce lieu vne valuule
ronde , aussi remarquable que celle qui est d'e-
dans celuy des gros boyaux, que nous auons appellé Colum. Cette vualuule empesche que ce
qui est sorty du ventricule n'y puisse rentrer.
Outre ces deux orifices du ventricule, on y remarque le fond , ou sa partie inferieure , qui est
la plus charnuë , à raison que c'est le lieu où la
digestion des alimens se doit faire.

L'action propre du ventricule est de cuire
les alimens, lesquels quoy que diuers , & d'vne
nature tres-differéte, ne laissent pas, par vne faculté qui luy est touteparticuliere, d'estre lique-
fiez, meslez, & changez en vne substáce qui ressemble à la cresme , qui est nommée Chyle, &
qui doit par apres estre portée au foye , pour

eſtre changé en ſang. L'on peut voir au long,
comme tout cela ſe fait, *dans le grand liure que
i'ay fait de la deſcription des parties de l'homme*, & dans la Réſponſe que i'ay fait à Vvalleus,
tres-ſubtil Medecin de Leyden.

Le Ventricule a grande communication, à
cauſe du voiſinage, auec le foye, la Veſicule
du fiel, la ratte, le Pancreas, les boyaux ſuperieurs, la partie ſuperieure du Meſentere, &
par les veines qu'il reçoit du tronc de la veine
Porte, & du rameau Splenique. Il a pareillement communication auec le cœur & les poulmons, par les nerfs Stomachiques, vne portion deſquels eſt portée en paſſant au cœur &
aux poulmons. Il ſympathiſe auſſi auec le cerueau par ſes nerfs, qui prouiennent de la ſixieſme conjugaiſon.

L'eſtomach eſt ordinairement incommodé,
lors que les Reins ont quelque indiſpoſition, ou
en perdant l'appetit, ou par des frequens vomiſſemens. Cette ſympathie ſe fait par le
moyen de l'entrelaſſement des nerfs, qui eſt
fait du coſtal, & du Stomachique, & qui eſt
placé entre les deux Reins. Duquel endroit il
ſe reſpand des nerfs par toutes les parties du bas
ventre.

Il a auſſi communication auec tout le corps,
à raiſon de ſa ſubſtance nerueuſe. Ce qui fait
que le gras des jambes a des contractions &
mouuemens conuulſifs, lors qu'on eſt tour-
menté du *Cholera morbus*, & de l'*Alymos*, qui
eſt vne inquietude extréme de tout le corps,
cauſée par l'indiſpoſition du ventricule.

Remarques particulieres qui peuuent seruir pour la pratique de la Medecine.

LE ventricule est suiet aux trois especes generales des maladies. Il est trauaillé par l'excez de l'vne des qualitez, soit qu'elle soit simple, ou qu'elle soit attachée à quelque matiere, alors qu'il est refroidy, trop eschauffé, trop desseché, ou rend trop d'humidité. Galien explique tres-exactement toutes ces indispositions.

Il change aussi par fois de place, descendant plus bas, ainsi que *Fabricius Hildanus* a veu, ayant remarqué vne hergne du ventricule descendu à l'Hypogastere par l'vsage de l'Antimoine.

Il est aussi suiet aux grandes inflammations, aux abscez & vlceres; ce qui arriue plus souuent aux orifices qui sont enhaut & embas, à cause qu'ils sont plus charnus; ce qui peut aussi arriuer en son fond, dont les playes sont guerissables, & qui souffre incision quand il en faut tirer quelque fer, ou autre chose dure qui l'incommode, & le blesse, n'en pouuant sortir ny par enhaut ny par embas: Comme son en void vn exemple tres-remarquable, dedans l'escrit qui a esté fait d'vn homme de la Prusse, qui auoit auallé vn coûteau. Hippocrate a aussi remarqué vne ardeur à l'entour de l'estomach, qui est tres-dangereuse, à cause de la bile qui est enfermée entre ses membranes, ou à cause des parties voisines qui sont échauffées & enflammées.

La bourſe ou ſe reſerue le ſiel, touche quelquesfois l'eſtomach, & le teint de la liqueur qu'elle contient ; ce qui l'incommode comme ſi l'on en approchoit vn tiſon ardent.

Le ventricule eſt auſſi ſuiet aux maladies, qui viennent du trop, ou du trop peu de grandeur, de la ſituation, de la cauité, de la figure, & de la poliſſeure. L'on voit des exemples d'vne grandeur demeſurée de cette partie, dans les goulus ; ce qui fait que ſes fibres ſe laſchent tellement, qu'elles ne peuuent plus apres eſtre ſuffiſamment reſtrecies. D'où il arriue que l'eſtomach leur demeure touſiours tres-foible, & que ne pouuant pas bien enfermer & cuire les viandes, ils ſontſuiets à quantité de cruditez, & le chyle ne ſe peut pas cuire parfaitement.

Il arriue au cõtraire qu'il eſt trop reſtrecy, ou par vne trop grande ſeichereſſe, ou à cauſe que ſes membranes s'abreuuent de quelque humeur, & ſont beaucoup enflées ; ce qui fait qu'il ne peut pas eſtre ſuffiſamment eſlargy, pour receuoir la quantité des viandes qui luy ſont neceſſaires, & que pour peu qu'il en reçoiue, il reſſent de la douleur.

Mais la plus ordinaire de ſes maladies, eſt la trop grande diſtenſion ou relaxation tant aux ſains qu'aux malades, pour auoir eſté trop ſouuent remplis de boüillons, ou d'vne boiſſon trop froide, & humide. Ce qui nuit à ſa force & conſtitution naturelle, & fait venir vn flux de ventre ; & on ſe trompe ſouuent, en atribuant la cauſe à vne corruption des alimens, qui vienne de la trop grande chaleur de cette partie, ou de ce que les conduits des veines, qui portent cette nourriture au foye, ſoient bouchées ; la cauſe en

deuant plustost estre rapportée à ce que les mé-
branes du ventricule sont trop relaschées. Ce
que Fernel appelle maladie de la matiere, & on
y doit remedier par l'vsage des choses qui le
fortifient, & le resserrent. Et i'ay souuēt remarqué, en ouurant cette partie dedans les corps
morts, apres vne pareille incommodité, qu'il
estoit tellement attenué & relasché, que l'on y
eut peu trouuer place pour metre la teste d'vn
enfant. D'où l'ō peut apprendre que la connoissance des maladies de la matiere, qui se guerissent par l'vsage des choses, qui desseichent &
resserrent, soit que son les applique au dessus,
ou qu'on les prenne au dedans, est tres-necessaire pour bien reussir en la pratique ; & c'estoit la
doctrine des Methodiques, qui rapportoient
toutes les causes des maladies aux parties trop
lasches, ou trop resserrées.

Madame de Cerisay ayant esté nourrie l'espace de deux ou trois mois d'alimens liquides
en vn flux de ventre, que ses Medecins croyoiēt
venir de l'obstruction des veines meseraiques,
elle en empira tellement qu'ils l'abandonne-
rent comme moribonde, On appella vn autre
Medecin, qui la nourrit d'alimens solides &
luy fit boire du vin, & dans peu de temps la
guerit.

Le ventricule change quelquesfois sa situatiō
naturelle, estant retiré vers le Diaphragme; ce
qui fait qu'apres le repas on a peine de respirer.

Quelquefois aussi il pend iusques à l'endroit
du nombril, comme l'on a remarqué en quelques corps ; ce qui est fort nuisible à la perfection de la vie, empeschant la digestion des
viandes.

L'on trouue auffi en cette partie les deffauts de cauité; & des conduits bouchez, quand l'orifice fuperieur, ou le Pylorum. qui eft l'inferieur, font bouchez par quelque humeur; rien n'y pouuant entrer, ou en fortir.

Il eft auffi fuiet à vne maladie, qui vient de la trop grande poliffeure de fa membrane interieure, quand fes rides font effacées; ce qui fait que les alimens en fortent, comme ils y entrent, & caufe vne efpece particuliere de flux de ventre, qu'on appelle Lienterie.

L'eftomach eft pareillement incommodé de plufieurs Symptomes, tant en l'action bleffée, qu'en l'immoderation des excremens. Son action eft l'appetit, & la concoction ou chylification.

L'appetit eft bleffé, ou lors qu'on n'en a point du tout, ou qu'il eft diminué, ou qu'il eft depraué. On n'en a point du tout en l'Anorexie, ou en l'Apofitie, qui eft vne grande auerfion contre les viandes, principalement contre la chair, & pour ce fuiet ce dernier eft pire que le premier. L'appetit eft fort fouuent diminué dans les maladies; ce qui ne prefage rien de funefte; mais l'appetit depraué eft plus à craindre. Or il eft depraué en la faim Canine, ou Boulimie, à fçauoir lors que l'on ne peut fe raffafier d'alimens, ou lors que l'on n'a point d'appetit, que pour des chofes mauuaifes. Pline appelle cét efpece d'appetit depraué, Malacie; & Galien la nomme Pica.

La Chilification abolie, ou diminuée s'appelle Apepfie, ordinairement indigeftion & corruption du chyle. Lors que la digeftion fe fait plus tard qu'elle ne doit, on appelle cét
accident

accident Bradopepfie, & quand le chyle fe
change en mauuaife fubftance, Dyfpepfie.

Le fentiment, le mouuement, & la douleur
du ventricule appartiennent à fon action bleffée. Il a bien le fentiment par tout; mais plus
exquis en fon orifice fuperieur, à caufe des
nerfs de la fixiefme coniugaifon, qui y font
entrelaffez d'vn artifice admirable.

Ce fentiment eft aboly & diminué lors que
l'on n'a ny faim, ny foif, quand on en deuroit
auoir. Ce qui arriue à caufe d'vne grande intemperie, chaude ou froide, qui mortifie la
partie, à moins que le malade ait l'efprit troublé.

Le fentiment douloureux de l'eftomach confifte, ou en tout fon corps, ou en fon orifice fuperieur, & fe communique facilement au
cœur & à toutes les parties nobles. C'eft pourquoy on appelle cette douleur d'eftomach,
Cardialgie, & Cardiagmos, eftant fouuent
fuiuie d'vne Sympathie du cœur auec l'eftomach.

C'eft auffi à cette douleur d'eftomach, que
l'on doit rapporter l'inquietude extraordinaire
que l'on a de tout le corps, que les Grecs appellent *Riptafmos*, ou *Affé*, & là fievre, qui
en procede en retient le nom, eftant appellée
Affodes.

Le mouuement du ventricule eft de fe relaf-
cher, ou fe refferrer, felon le befoin qu'il en a
pour cuire les viandes. C'eft pourquoy ce mouuement venant à manquer, les viandes flottent
dans l'eftomach, plein ou vuide.

Le mouuement de l'eftomach eft depraué au
hocquet & aux rots. Le hocquet eft plus faf-

Q

cheux que les rots, & fort suspect aux febricitans, soit qu'il arriue par le defaut de l'estomach mesme, soit par le consentement d'autres parties, principalement du foye. Hippocrate fait mention d'vne maladie, en laquelle on rotte fort souuent, qu'il appelle *Morbus ructuosus.*

Il y a de certaines personnes qui ruminent comme les bestes, ce que l'on doit rapporter au mouuement du Ventricule. Touchant quoy vous pouuez lire *la disput. 3. decad. 3. des disputes de la Faculté de Basle* ; Et le *liu. 3. des Epistres de Horstius, fueillet 245.*

Il y a souuent dedans le ventricule des maladies qui arriuent par le desordre & immoderation des excremens ; ce qui fait ou qu'on les rejette par enhaut, en vomissant ou en bauant, ou bien par embas, aux trois especes de flux de ventre, dont nous auons cy-dessus parlé.

Le vomissemēt arriue à cause que l'vn des deux orifices du ventricule est bouché : Et l'on connoist que le defaut est en celuy d'enhaut, quand l'on reiette la viande à l'heure mesme qu'elle a esté aualée, estant au contraire en celuy d'embas, quand elle demeure quelque temps deuant que d'estre reiettée. Ceux qui vomissent tous les iours de la bile, ne doiuent pas estre mis au rang des malades, aussi cét accident n'est-il pas dangereux, dautant que cela n'arriue qu'à raison que le conduit, qui porte la bile, s'estend iusques au fond de l'estomach, ainsi que Galien remarque, & prouue par plusieurs exemples.

Le vomissement de sang, est tousiours tres-dangereux, soit qu'il coule du foye, par les bras ches de la veine Porte, qui vont au ventricule, soit qu'il vienne de la ratte, & qu'il y entre par le court vaisseau, qui va de l'vn à l'autre. Cét accident fait que l'on vomit souuent l'ame auec le sang.

Ceux qui prescriuent des vomitifs metalliques & violens, ne sçauent point la grande liaison qu'il y a du Cœur auec le Diaphragme, lequel est extraordinairement secoüé dans les vomissemens violens, & partant il y a grand danger d'vne syncope cardiaque, qui peut facilement arriuer par la suffocation du Cœur.

On peut mettre au rang des vomissemens la sortie des vents, qui dure long temps, & qui est accompagnée de rots, & c'est peut-estre ce qu'Hippocrate a appellé colere seche, dont Duret a donné les signes dedans *les Coaques.*

Entre tous les accidens il n'y en a point de plus dangereux, que le *Cholera morbus,* ou cholere humide, par lequel la bile se reiette auec violence promptement, & en grande quantité par haut, & par bas. Ce qui cause souuent la mort auant la fin du quatriesme iour, à cause du danger qu'il y a de vuider beaucoup en mesme temps le corps; ce qui est dans l'excez, ennemy de la Nature.

La cause de cette violente maladie vient d'vne grande ardeur de l'estomach, qui ne peut estre appaisée que par l'vsage des choses, qui rafraischissent, & qui resserrent, soit que l'on les prenne par le dedans, ou qu'on les applique au dehors. Ie treuue que rien ne soulage plus en ce mal, que les eaux de Spa, & la composition que l'on appelle *Laudanum,* preparée & ordonnée prudemment. Il faut bien se garder de donner simplement de ces poudres qui fortifient le cœur & le ventricule, pource qu'elles seruent plustost à irriter ses membranes, & à augmenter le mal.

Les Medecins de Paris saignent fort à propos, mais en petite quantité en cette maladie, mesmes le poux estant tres-foible afin d'empescher que la grangrene n'arriue en cette partie, où la chaleur naturelle pourroit facilement estre estouffée.

Au rapport d'Hippocrate, le *Colera morbus* suruenant à vne fievre Leipyrie, la guerit, en éuacuant haut & bas la bile, qui estoit enracinée dans la partie concaue du foye, dans la Veine porte, & dans la ratte. De sorte que le *Colera morbus* est produit d'vne bile farouche & maligne, laquelle estant espanchée dans le Ventricule, & les boyaux, excite cette éuacuation si soudaine & si immoderée, de mesme que si on auoit pris vn vomitif tres-violent, qui éuacuë de tout le corps, iusques aux conuulsions. Le Foye, la Ratte, & la Vessie du fiel semblent estre les principes de cette violente éuacuation, mais par succession des parties vuides, les autres humeurs de tout le corps y sont attirées, & par ce moyen, il s'amasse vne si grande quantité d'eaux dans le ventre.

La saliue ou flux de bouche vient du cerueau & fort souuent de l'estomach, qui reçoit vne serosité superfluë, que la ratte luy enuoye, & s'en descharge par la bouche, si ce n'est que cela arriue par artifice, comme en ceux qui ont esté frottez d'onguent composé de Mercure, qui en ce cas, se deschargent par la bouche, des ordures, qui font en toutes les parties de leur corps.

L'on peut mettre auffi au rang des maladies
du ventricule, le mal de cœur, ou maladie
Cardiaque, dont Trallian & Mercurial font
mention. Senecque dit, que ce mal eft foulagé,
par le bain, & par la fueur ; & Pline veut que le
vin foit fon principal remede ; ce qu'il a pris de
Varron, qui dit que le mal Cardiaque vient
d'vne grande defaillance de l'eftomach, auec
beaucoup de fueur.

L'on peut auffi mettre au rang des maladies de
cette partie, la couftume que quelques-vns
ont de renuoyer les alimens vers la bouche, &
de les remafcher, & raualler en fuite ; ce qui
eft ordinaire en la pluf-part des animaux qui
ruminent, & dont parle Horftius en fes Epi-
ftres.

L'on peut voir, par ce que nous auons dit
cy-deffus, les parties, qui fe defchargent de leurs
impuretez par le vomiffement, & iuger de là
s'il eft à propos de prendre quelque remede
violent pour vomir, ou de s'y accouftumer de
foy-mefme. Pour moy, ie croy qu'il n'eft point
à propos, que la partie qui eft faite pour cuire
les viádes, ferue à defcharger les autres de leurs
impuretez ; & ie croy qu'il vaut mieux conferuer, & fortifier cette partie, que de l'affoiblir, en
l'obligeant à ce mouuement qui luy eft contraire, fi ce n'eft que la Nature nous monftre
la premiere ce chemin, & que le malade y treuue grande facilité ; auquel cas on luy peut donner des vomitifs pour feconder la Nature en
fon deffein, pourueu toutesfois que l'on ait preparé le corps à cette éuacuation, comme faifoient les Anciens. C'eft pourquoy ceux-là

font, à mon aduis, fort imprudens, pour ne
pas dire impies, qui apres auoir fait prendre
diuers remedes aux malades, hazardent encore
de leur donner, lors qu'ils font moribonds, &
leurs forces entierement abbatuës, des vomitifs, comme derniers remedes, qui fuffoquent
à mefme temps ce qu'il y peut auoir de refte
de chaleur, & de vie dans le corps, & ainfi
auancent la mort aux hommes. Mais il n'y a
que les Empiriques & Charlatans, qui en font
de mefme : Nous voyons auffi comme ils y
reuffiffent.

Si nous contions les malades aufquels ils en
ont donné ainfi malheureufemét, nous en trou-
uerions cent de morts, pour deux, qui par la vigueur de leurs forces en feront efchappez; auffi
n'eft-ce pas la vertu de ce remede, mais bien
plûtoft leur deftinée, qui les aura garantis de la
mort. Il vaut bien mieux fe feruir d'Emetiques
dés le commencement des maladies, lors que
l'humeur bilieux eft en orgafme & émotion
dans le voifinage de l'eftomach, que d'en donner à l'agonie de la mort. *C'eft eftre homicide,*
que de pecher & manquer fi lourdement és chofes
qui regardent la vie de l'homme. Les Empiriques, qui font plus prudens & raffinez, eftans
appellez à de tels malades, ont accouftumé de
cenfurer, & defapprouuer, ce que les autres ont
fait, declarent hautement le danger de mourir,
où eft le malade, & pour ce fujet luy font prendre adroitement de l'or potable, ou quelque
autre femblable drogue, comme pour reftaurer fes forces, iufques à ce que la Nature ayant
pris du repos & du relafche, foit libre de tous
troubles. Et pour lors ils prennent l'occafion

de donner quelque vomitif doux & benin, qui purge haut & bas les serositez, ou autres humeurs semblables. Hippocrate nous enseigne, qu'il y a plusieurs maladies, ausquelles il ne faut rien faire, estant plus expedient de se reposer, que de se droguer : Et si le Medecin n'oublioit iamais son office, qui est d'estre le Ministre de la Nature, il en gueriroit beaucoup mieux, & bien plus de malades. Lisez *Valesius, en la Particule* 19. *sect.* 2. *liu.* 6. *des Epidem.*

Du Foye.

CHAPITRE. XXV.

LE Foye, qui est la partie principale, dont la Nature se sert pour faire le sang, a vne substance toute particuliere, & tres-semblable au sang caillé. Elle est rouge, & donne cette couleur au sang, encore que l'on trouue quelques poissons qui ont le foye d'vne couleur verte, noire, ou iaune, dont toutesfois le sang deuient rouge en passant par le cœur.

Le sang est toutesfois entierement fait dans le foye en l'homme, & aux autres animaux, qui ont deux veines separées l'vne de l'autre, la veine Porte, & la veine Caue. Ce qui n'empesche pas que le sang, qui est porté aux parties qui seruent à la nourriture par la veine Porte, ne soit plus grossier & moins parfait que celuy, qui est porté par la veine Caue au cœur, où il se change en sang arteriel, qui est distribué à toutes les parties par les arteres, & rentre apres dans les veines par les bouts des arteres, qui le portent derechef au cœur, pour luy conser-

uer son mouuement par cette circulation du
sang, de mesme que les rouës d'vn moulin font
perpetuellement tournées par le moyen des
eaux, ou de l'air : Et ce sang est enuoyé à toutes les parties qui despendent du cœur, ou du
cerueau, qui ont le mouuement & le sentiment.

Le foye est placé dedans le haut du costé droit
du bas ventre, & il remplit tout ce grand creux,
qui y est, & va iusques au cartilage Xiphoïde,
quelquesfois il passe les bornes, qui luy sont
prescriptes par la Nature, & y couurant entierement l'estomach, s'estend iusques à la ratte,
descendant trois ou quatre doigts plus bas que
les fausses costes, soit que cela arriue, à cause
que les ligaments qui le souttiennent sont re-
lâschez, ou qu'il vienne de ce que tout son
corps est enflé par les ordures qui s'y sont amassées.

L'homme n'à qu'vn seul foye, il est continu,
& n'est point fait en forme d'aisles, mais bien
diuisé en plusieurs lobes, comme il l'est dedans
les bestes brutes. On y peut toutesfois remarquer vne petite fente à l'endroit où s'attache la
veine Ombilicale. Il y a aussi quelquefois deux
petits lobes separez, qui sont au dessous des
grands; quelquefois il n'y en a qu'vn, qui sert
à receuoir le tronc de la veine Porte; & celuy-
cy est enueloppé du redoublement de la coëffe,
afin que les impuretez du foye s'y puissent décharger.

Encores que le foye soit continu, les Anatomistes ne laissent pas de le separer en deux Regions, dont l'vne est superieure & exterieure,
que l'on nomme la partie conuexe ou bossuë, en
laquelle sont respanduës les racines de la veine
Caue

Caue. L'autre est inferieure, & interne, qui fait
la partie concaue du foye, & contient les racines de la veine Porte.

Outre les racines de ces deux veines, on void
les scions des conduits qui seruent à porter la
bile, & les branches des veines lactées, qui entrent dedans la partie concaue du foye, proche
le tronc de la veine Porte. Les Medecins veulent, que l'on discerne tres-soigneusement ces
parties, l'vne de l'autre, à cause que la matiere des maladies peut estre dans l'vne, sans
estre dans l'autre, & qu'on la doit chasser &
nettoyer par differentes voyes. L'ordure qui
est dans sa partie conuexe du foye, se deuant,
à cause de la veine Caue, vuider par les Reins,
& celle qui est dans sa partie concaue, par les
boyaux, à cause que les branches de la veine
Porte, qui conduisent le sang, & les humeurs
vicieuses du foye, aboutissent en ce lieu; si
bien que nous voyons souuent qu'il se forme vn
abscez dans la partie conuexe du foye, sans que
sa partie concaue en soit incommodée, s'en
pouuant aussi engendrer vn en cette partie, sans
que celle qui est au dessus s'en ressente en aucune façon. I'ay toutesfois bien de la peine à croire, qu'vne de ces parties puisse estre offensée,
sans que l'autre s'en sente, ne voyant aucune
membrane, qui les separe, si ce n'est que l'humeur qui cause le mal, soit renfermée seulement dedans les petits tuyaux des veines ou
dans vne bourse qu'on appelle cyste.

Les Anatomistes sont d'vn sentiment bien
different, touchant la communication que peuuent auoir ensemble les racines de ces deux veines, d'aucuns voulans qu'elles entrent les vnes

R

dedans les autres; & d'autres au contraire, au rang desquels ie me mets, ne trouuant point qu'elles ayent aucune communication. I'en ay apporté les raisons autre part, & la Nature semble auoir donné cét ordre, afin que les humeurs naturelles & loüables, ne se meslassent point dans le foye auec celles qui sont corrompuës.

Il faut soigneusement remarquer, que la veine que l'on prend pour la veine Caue, sort de la partie conuexe du foye, & s'insere dans le tronc de la veine Caue prés du Diaphragme, afin que la veine Caue puisse verser le sang, qu'elle a tiré du foye dans le cœur, qui n'en est esloigné que de trois ou quatre trauers de doigts, estant par le moyen de son enueloppe, qui est le Pericarde, attaché en rond à la partie nerueuse du Diaphragme; d'où l'on void que la plus grande partie de ce sang, entre dedans le costé droit du cœur, afin qu'il se change en vn sang plus subtil, par le moyen des deux mouuemens circulaires, qui se font, dont l'vn est particulier, qui se fait quand du ventricule droit du cœur, le sang passe par les poulmons, pour arriuer au ventricule gauche; le mouuement general se faisant par le moyen de tous les canaux de la veine Caue, qui ont communication auec ceux de la grande artere, comme ie l'ay descrit dedans *mon Discours du mouuemens circulaire du sang.*

Les remarques que le Medecin peut tirer
de ce Chapitre , pour luy seruir en
la pratique de la Medecine.

LE foye peut receuoir, estant malade, toute
sorte d'intemperies, ou simples, ou iointes à quelque matiere, quand au lieu d'engendrer vn sang loüable, il en fait vn qui tient
trop de la Nature de la bile, de la pituite, ou
de la melancholie.

Il reçoit changement en sa substance, & se
corrompt quand sa force se perd, qu'il n'a pas
la fermeté, qu'il se relasche, & deschet de la
perfection qui est necessaire à ses actions.

Tulpius dit en la page 154. que iamais il n'a pû
obseruer les creuasses & fentes, que l'on void
par fois dans le foye aride & desseché, par lesquelles il sort vne serosité, comme d'vn pot
fendu. Ce que neantmoins i'ay remarqué deux
ou trois fois.

Sa situation est changée, quand le foye se
treuue dans le costé gauche, & la ratte dans le
droit ; ce qui arriue rarement, ou quand les
ligamens, par le moyen desquels il est attaché
au Diaphragme , & au cartilage Xiphoïde,
sont trop lasches, & qu'ils luy permettent de
descendre iusques au dessous des fausses costes,
vers le nombril.

Sa grandeur naturelle est changée quand il
est abbreuué de quantité d'humeurs , & qu'elles le rendent plus grand qu'il ne doit estre.

Il n'a pas la figure qu'il doit auoir , quand en
le maniant il se treuue estre rond, & ramassé en

luy-mefme : fes conduits, qui font les racines de la veine Porte, & de la veine Caue, font fouuent bouchez, & les racines de la petite vef-fie, qui feruent à luy porter la bile, le peuuent auffi eftre feparement.

Cette partie a communication auec celles qu'elle touche, à caufe qu'elles luy font voi-fines, comme auec l'eftomach, qu'il incom-mode fort, quand il a quelque inflammation, ou quelque abfcez, & quelquefois mefme il y en-gendre vlcere, & perce fes membranes, pour pouuoir par là vuider fon pus. Il touche les boyaux par fa partie concaue, ce qui fait qu'ils fe reffentent des incommoditez du foye, com-me fait le Peritoine, à caufe de la membrane qu'il luy donne, & le Diaphragme, à caufe qu'il eft fortement attaché auec luy.

L'action propre du foye, qui eft de faire le fang, eft fouuent empefchée par les accidens, que nous auons cy-deffus rapportez ; ce qui eft caufe de plufieurs douleurs ou maladies.

La maladie fimilaire du foye eft donc toute d'intemperie & de relafchement, à raifon de la-quelle on appelle Hepatiques, ceux qui ont vn flux de ventre caufé de cette intemperie, pen-dant lequel leurs excretions font fort liquides, & fanglantes, côme fi on auoit laué de la chair cruë en icelles, ou bien teintes de diuerfes mau-uaifes humeurs, & de couleurs differentes.

Sa maladie Organique font les obftructions, aufquelles il eft fort fuiet : Et la commune font les vlceres & les playes ; La compofée eft toute forte de tumeur. C'eft pourquoy on appelle in-flammation, le fcirrhe & l'abfcez purulent, qui arriuent affez frequemment au foye.

LEs accidens qui accompagnent les maladies du foye, font de differente nature, car les
vns bleſſent ſon action, d'où vient que la faculté, qu'il a d'attirer le chyle, eſt abolie; ce qui
fait vn flux de vêtre blãchâtre, le chyle ſortant
du corps comme il eſt au ſortir du ventricule,
& ce ſymptome eſt appellé Diarrhée chyleuſe,
ou bien ſa faculté retentrice eſt diminuée; ce
qui fait vn flux de ventre, que l'on appelle flux
Hepatique : en vn mot la principale action du
foye, qui eſt de faire le ſang, eſt entierement
abolie en l'hydropiſie, diminuée en latrophie,
à ſçauoir quand le corps ſe ſeche peu à peu; &
deprauée en la cachexie, quand il ne produit
que des mauuaiſes humeurs, deſquelles le corps
eſtant mal nourry, en reçoit vne mauuaiſe habitude.

L'hydropiſie ſe definit vn deffaut du foye, par
lequel il eſt empeſché de pouuoir faire du ſang,
& qu'au lieu d'iceluy, & de l'eſprit naturel, il
ne fait que de l'eau & des vents, qui s'eſpandent
dans tout le ventre; ce qui fait deux eſpeces
d'hydropiſie : Celle qui ſe forme de vents eſt
appellée *Tympanites*, enflant le ventre comme
vu tambour; L'autre, qui ſe fait des eaux flot-
tantes dans le ventre, ſe nomme *Aſcites*; ou
bien ſi ces eaux ſe reſpandent par tout le corps,
elles font l'*Anaſarca*, & les vents l'*Empneur-
matoſe*.

La matiere de l'hydropiſie appellée *Aſcites*,
eſt contenuë, ou dans la capacité du bas ventre, ou dedans l'Epiploon, ou bien entre le Peritoine & les muſcles, y ayant eſté tranſpor-
tée par la veine Vmbilicale; auſſi ne deſcend-
elle poi au deſſous du nombril, mais ſe reſ-

pand par les coſtez, & ſur le dos. Dans l'Anaſarca, la graiſſe dont le corps eſt enuironné boit
la ſeroſité, comme vne eſponge, & la laiſſe
eſcouler, quand on la veut vuider par des hy-
dragogues. Cette eſpece d'hydropiſie ſe guerit
plus facilement.

Cela n'empeſche pas que l'hydropiſie ne
vienne quelquesfois par le defaut de la ratte,
& des autres parties, mais cela ne ſe peut pas
faire, ſans que le foye ſoit indiſpoſé, ny meſmes
ſans que le cœur y prenne part, à cauſe du mouuement circulaire du ſang.

L'Atrophie, ou maigreur de tout le corps, ſe
fait par le manquement de la nourriture, à cauſe
que le foye ne produit pas aſſez de ſang.

La Cachexie eſt vne nourriture deprauée,
lors qu'il ne produit qu'vn ſang vicieux. Ces
deux accidens viennent ordinairemēt apres celuy que les Grecs appellent *Cacochreia*, qui veut
dire, mauuaiſe couleur du viſage, ou blaffar-
de, ou liuide, ou iaunaſtre, à raiſon de la ſeroſité, ou de la bile qui ſe répand par tout le
corps, iuſques à la face; ce qui nous fait connoiſtre les indiſpoſitions du foye.

De la petite Bourſe, ou Veſſie, qui contient le fiel.

CHAPITRE XXVI.

ON void en ſuite des parties cy-deſſus
nommées, la petite Veſſie du fiel, qui eſt
faite pour reſeruer la bile ſuperfluë, qui ſort du
foye, pour s'en pouuoir en ſuite décharger par
les voyes, que la Nature treuuera luy eſtre les
plus commodes.

La Membrane, dont sa substance est composée, se peut separer en deux autres.

Elle se rencontre au dessous du grand lobe
du foye, estant attachée en sa partie Inferieure, & comme enfoncée dans sa substance.

Le fond de la petite Vessie qui porte la bile,
regarde plus en embas, & le col en enhaut, &
son canal se porte de trauers, en sortant d'icelle, afin de rencontrer le canal Hepatique, son
sinus est proche de l'entrée de la Vessie.

Sa grandeur dépend de la grande ou petite
quantité de bile qu'elle contient. L'on n'en
treuue ordinairement qu'vne, & quand il y en a
deux, cela est contre le dessein de la Nature.

On considere en elle plusieurs parties, l'vne
desquelles se nomme le Fond, qui est placé
vers le bas, l'autre s'appelle le Col, & est placé
en vn lieu plus haut.

Elle approche fort de la figure d'vne poire
vn peu grande, estant en quelque façon longuette, large vers le fond, & estroitte vers le
col.

Elle est creuse pour receuoir & garder la bile,
dont elle se doit décharger, quand il en est besoin.

L'on remarque plusieurs conduits qui en
sortent, l'vn desquels plus large, & plus long
que les autres, s'estend depuis le foye, iusques
au commencement du boyau Ieiunum, & c'est
par ce conduit, que la bile la plus espaisse, y
tombe en droite ligne. L'autre conduit plus
menu, & plus court, sort du col de cette petite
Vessie, & entre de trauers dedans ce premier
conduit. I'appelle le premier conduit Hepatique, & l'autre Cystique, à raison de son origi-

R iiij

me, & de son orifice. Car le Cystique porte
dans l'Hepatique la bile la plus subtile, que la
membrane poreuse, & percée de toutes parts,
de la Vesicule cachée dans le foye, à succée. De
sorte, qu'il y a dans le foye, deux sortes de bile,
& que la Nature a deux sortes de conduits, pour
s'en décharger en diuers temps; ce qui est de
grande importance, pour la guerison des maladies.

Cette petite Vessie a communication auec le
Ventricule, auquel elle touche, l'échauffant
tellement en de certains temps, qu'elle le brûle à lors que la bile, qui est en elle, est allumée, & en feu.

Elle est aussi quelquesfois attachée au boyau
Colum, qui passe auprès d'elle; ce qui fait qu'elle luy donne quelque chose de sa couleur, & que
laissant passer quelque petite portion de bile au
trauers de sa substance, elle l'excite à se décharger des ordures qu'il retient.

Il arriue de grandes incommoditez, quand
cette bile manque de se décharger.

On observe par fois, mais rarement, vn troisiéme conduit de la bile, qui va au Ventricule;
& pour lors, c'est le conduit Hepatique, qui
enuoye vne portion au Pylorum. La Vessie du
fiel a deux veines assez visibles, qu'elle reçoit
de la veine Porte, & sont appellées Cystiques.
Ses nerfs & ses arteres, ne se découurent pas si
facilement.

Remarques particulieres, que le Medecin
doit faire sur ce suiet.

LE nombre des maladies de la Vessie du fiel
est petit, les plus ordinaires viennent de ce
que sa cauité & ses conduits sont bouchez, se
remplissans de petites pierres, entre lesquelles
il y en a souuent vne tres-grande, faite de la
plus espaisse partie de la bile, qui s'est petrifiée.
Elle se bouche aussi dans le foye, ou dedans le
boyau.

Elle peut aussi se rompre par vn mouuement
violent, comme par le vomissement, & quelquesfois elle s'élargit tellement, à cause que le
passage de la bile est bouché, que l'on la void
deuenir aussi grosse, que les deux poings.

Quelquesfois elle se desseiche quasi toute
la bile estant toute sortie, il ne demeure que le
conduit Hepatique. Fernel veut que quelques
vns n'ayent point eu d'autre cause de leur mort,
que l'entiere euacuation de la Vessie du fiel:
mais ie croy qu'en ce cas, il auroit fallu,
que la mauuaise qualité de la bile, eust infecté le cœur, ou quelque autre partie noble.

Les plus ordinaires accidens qui arriuent en
cette partie, viennent, ou de ce que son action
est blessée, ou de ce que la bile y est trop, ou
trop peu retenuë L'action propre de cette partie, estant d'attirer la bile, elle peut, ou ne la
point attirer du tout, ou en attirer moins qu'il
est necessaire ; & pour ce qui regarde l'autre
espece de ses accidens, elle peut, ou s'en de-
charger d'vne trop grande quantité, ou n'en
ietter pas assez.

Les defauts de cette partie, paroiffent plutoſt
dans les autres, que dans elle meſme; ce qui ſe
voit principalement aux parties qu'elle incommode, comme à l'eſtomach, qui reiette cette
bile par le vomiſſement, & en toutes les parties
du dehors du corps, auquel les veines portent
cette matiere; ce qui rend la peau tres-vilaine,
ou bien quand elle tombe en trop grande abondance dans les boyaux; ce qui fait ou la Dy-
ſenterie, ou la Diarrhée bilieuſe.

On doit pourtant rapporter tous ces accidens,
à la mauuaiſe diſpoſition du foye.

Democrite auoit, à mon aduis, grande raiſon, de rechercher auec ſoin l'endroit, où la
bile ſe reſerue, & de connoiſtre de quelle nature elle eſtoit, alors qu'il faiſoit la diſſection
des Animaux, afin de pouuoir par ce moyen
plus facilement remedier aux maladies du
corps, & de l'ame.

Lors que ie voids vne iauniſſe fort colorée,
tout le cuir porte la marque d'vne bile eſpanchée deſſous, que les vrines teignent les linges
en iaune, & que ce qui ſort par le ventre eſt
blanc, & qu'en vne autre eſpece de iauniſſe, les
vrines ſont iaunes, & ce qui ſort par le ventre
eſt iaune, cela m'oblige de croire, qu'il y a
deux ſortes de bile, & qu'il faut deux ſortes de
conduits pour les vuider, puiſque dedans ce premier, le conduit de la bile Hepatique, eſt bouché
dedans ſa partie creuſe; & dans l'autre eſpece,
où ce qui ſort par le ventre eſt auſſi iaune, il eſt
à croire qu'il y a quantité de bile, qui ſe iette
par les vrines, & par les boyaux, & ainſi le conduit n'eſt pas ſi fort bouché, & n'eſt pas ſi difficile à deſgager, comme dans l'autre. Ce qui

fait que l'on doit plutost en attendre la guéri-
son.

De la Ratte.

CHAPITRE. XXVII.

LA Ratte est vne partie qui est opposée au
foye, comme pour le contre-balancer, &
tenir lieu d'vn autre foye, afin que s'il ne pouuoit pas bien faire le sang, elle pût luy ayder
en cét office.

Aussi sert elle de contrepoid au foye, afin que
la pesanteur des deux costez soit égale.

Sa substance est fort spongieuse, elle est molle, & toute pleine de petits vaisseaux, qui ne
ressemblent qu'à des petits filets, estant toutesfois tres-dissemblable à celle du foye. Elle
est couuerte d'vne membrane, qui luy est particuliere, n'en receuant aucune du Peritoine,
Sa couleur est liuide, & d'vn rouge obscur, tirant vers le noir.

On ne peut pas dire sa veritable grandeur,
pource qu'elle croist ou diminuë, selon les humeurs qui s'amassent en elle, si bien qu'il n'y a
point de partie au dedans du corps, qui croisse
ou diminuë si facilement, que la Ratte.

L'homme n'en a ordinairement qu'vne, quoy
que l'on ait rencontré des corps ou il y en auoit
deux, & mesmes trois.

Les parties qui sont les plus remarquables en
elle, sont celles d'enhaut, que l'on appelle la
teste, & celles d'embas, que l'on appelle la
queuë.

Elle est placée dedans l'Hypochondre gauche, estant opposée au foye, comme pour luy seruir de contre-poids.

Quand elle est en sa constitution naturelle, elle est d'vn temperamment chaud & humide, tirant toutesfois vers la secheresse.

Sa figure est vn peu longuette, & ressemble dans les bestes à vne langue de bœuf : mais dans l'homme elle ressemble bien mieux à la plante du pied.

En deuant, vers l'endroit où elle approche de l'estomach, elle est courbée, pour receuoir les Rameaux des veines & arteres Spleniques, & elle est esleuée en arriere en forme de bosse, du costé qui regarde les costes.

Elle est attachée à l'estomach, par deux ou trois veines assez remarquables, lesquelles sont appellées, *Vas Breue*, c'est à dire, vaisseau court, à cause qu'elles font tres peu de chemin, & c'est d'elles que l'on parle tres-souuent, à cause que c'est par ces veines que la Ratte se décharge dedans l'estomach, de mesme qu'elle se décharge dedans les boyaux, & dans les Reins, par les arteres & veines Spleniques.

Elle est attachée aux fausses costes par des fibres membraneuses, qui sont assez fortes, estant aussi quelquesfois iointe à l'estomach, & par sa pointe au Diaphragme.

Elle a grande communication auec le cœur, par vne artere qu'elle a tres-remarquable, qui luy est particuliere, & admirable, qui par vn chemin tres-court, luy enuoye ses vapeurs, & humeurs corrompuës.

Il y a vne grande controuerse, entre les Medecins & les Anatomistes, touchant l'action

de la Ratte, y ayant presque autant de sentimens differens sur ce suiet, comme il y a de
differentes personnes qui en parlent. Hippocrate veut qu'elle attire du Ventricule, l'humeur sereuse, qui y est inutile, & Aristote a
esté de ce sentiment, quoy que beaucoup veulent faire croire, qu'il a dessein de dire, qu'elle
attiroit le chyle, soit qu'il vienne du Pancreas, du Mesentere, ou du Ventricule. Galien veut que son action propre, soit de tirer
du foye l'humeur melancholique.

Les autres veulent qu'elle serue à preparer le
sang, afin que le cœur le puisse plus facilement
changer en sang arteriel, soit que la portion
la plus grossiere du chyle, soit que la lie du
sang y soit portée.

Les autres veulent qu'elle prepare seulement
vne serosité qui reste de la matiere, dont elle
s'est seruie pour se nourrir, & qu'elle la reiette
dedans le Ventricule, pour seruir de leuain aux
viandes qui y sont, & pouuoir ayder le changement qu'elles doiuent receuoir en cette partie.

Les Arabes n'ont pas ignoré cette humeur,
dont nous venons de parler : mais ils veulent
qu'elle serue seulement à réueiller l'appetit, &
Galien croid qu'elle sert aussi à fortifier le Ventricule.

Entre tant de sentimens differens, que dirons-
nous? Chacun des Autheurs que nous venons
de nommer, ayant apporté des raisons qui semblent assez probables. Hofman croit auoir appuyé son opinion de si bonnes raisons, qu'il ne
pense pas qu'aucun des sages luy puisse contredire; & moy, quoy que ie ne me mette pas en

ce rang, ie ne laisseray pas d'expliquer vne
opinion, qui ne se rapporte pas à la sienne. La
Ratte attire, à mon aduis, le sang fort espais,
& approchant de la nature du limon, pour seruir à sa nourriture, & du reste de ce sang, elle
produit vne certaine serosité aigre comme du
leuain, & qui a les mesmes effects, qu'elle décharge dans l'estomach par les arteres Spleniques; & sa substance estant fort spongieuse,
elle attire & boit les humiditez superfluës du
Ventricule, afin qu'il puisse mieux digerer les
viandes.

Ce n'est pas que ie ne tombe facilement d'accord, que la Ratte a le pouuoir de faire par accident la fonction du foye, quand il n'est pas
capable de la faire, mais elle ne reüssira iamais
si bien, & le sang ne passera si accomply, que
s'il auoit esté fait dedans le foye; Et ce faux
foye ne pourra faire que de faux sang, veu
principalement, qu'il n'aura pas esté déchargé de la partie la plus impure qui est en luy.

Hofman merite d'estre raillé, de ce qu'il
soustient tres-constamment dedans le petit
liuret, qu'il a depuis peu mis au iour, & en
plusieurs autres endroits de ses escrits, que la
partie la plus grossiere du chyle, se porte à la
Ratte, par le moyen des arteres du Mesentere;
que là elle se change en sang, & donne la nourriture aux parties voisines, les excrements de
ce sang se vuidans par les vrines, par les selles,
& par les sueurs. Ce bon Vieillard ne sçait pas
que la partie la plus grossiere du chyle, n'est
pas succée, mais qu'elle se separe & se décharge
dans les gros boyaux; que les arteres Meseraiques ne peuuent pas seruir à cét office, puis

qu'elles sôt toutes pleines de sãg arteriel. Ie diray biê plus, qu'il n'y a point de ces arteres qui
aillent vers la Ratte, & que la Nature luy en a
donné vne particuliere, que i'ay souuent mon-
strée, & qui a esté premierement décrite par
Arantius. Il deuoit aussi rebuter les Veines lactées d'*Asellius*, que neantmoins il admet,
puis qu'il n'y en a pas vne qui aille à la Ratte.

De plus, le sang bastard & impur fait d'vn
chyle feculent & limoneux, par ce faux foye, ne
sera pas propre à nourrir les parties voisines destinées à la cuisine, puis qu'estans desia d'elles-
mesmes assez salles & impures, elles ont besoin
d'estre nourries d'vn sang pur & net, pour se
conseruer.

Pour ce qui regarde les excrements de ce
sang bilieux, melancholique, ou sereux, il est
certain qu'ils ne pourront estre vuidez, que
par les veines, ou par les arteres. Or les arteres
estant desia occupées à porter, selon son sentiment, ce chyle grossier vers la Ratte, il faut necessairement qu'ils soient portez au foye par la
veine Splenique, afin que de là ils se déchargent
par les boyaux, ou par les Reins; ce qui cause-
roit vne grande confusion dedans le foye.

Si *Hofman* eust pris garde que la Ratte est d'v-
ne substance tres-dissemblable à celle du foye,
que sa grandeur est souuent differente, que le
nombre en est incertain, qu'elle est d'vne differente couleur, qu'elle n'est pas tousiours placée
dans le mesme lieu, tombant souuent vers le
bas du costé gauche, & montant souuent fort
prés du Diaphragme, ou descendant mesmes
sur le Rein gauche, quand ses ligaments sont

par trop relaschez, & enfin s'il eust veu que cette figure est toute contraire aux actions qu'il luy donne, & que parfois il y a des corpsqui n'en ont point, que ses vaisseaux sont disposez d'vne autre façon que ceux du foye, il ne se seroit iamais si fortement obstiné, d'asseurer que la Ratte fait tousiours vn sang particulier d'vne partie du chyle qu'elle attire.

La Nature ne se ioüe point ailleurs si souuent, que quand elle fait la Ratte ; mais la structure des parties qui sont absolument necessaires à la vie, est tousiours faite d'vne mesme façon.

On connoist en suite la difference qu'il y a entre la substance du foye, & celle de la Ratte, quand on se donne la peine de les faire boüillis, & on void alors que la substance du foye, est ferme, dure & rouge, & celle de la Ratte est mollasse, spongieuse, & blafarde. La chair du foye de bœuf, de mouton, & de chevre, peut aussi seruir de nourriture; celle de leur ratte au contraire, n'estant pas mesme propre à la nourriture des bestes, si ce n'est qu'elles ayent beaucoup de faim. Que si la Ratte & le foye auoient dans les bestes les mesmes actions que dans l'homme, ils auroient mesme substance, & engendreroient vn semblable sang ; ce qui n'arriue pas toutesfois, ne se treuuant point dans la Ratte de reseruoir pour retirer la bile, comme l'on en treuue vn dans le foye. Ioint, que si la Ratte attiroit la plus grossiere partie du chyle, elle auroit les vaisseaux plus grands, & on ne les rencontreroit pas déliez comme des filets ; ce qui nous oblige de dire, que Hofman a tort de

chercher

chercher les raisons, pour lesquelles la Ratte
fait cette action, auant que d'estre assuré si elle
la fait : Et que pour connoistre l'action qu'vne
partie naturellement doit faire, on doit regarder si elle a vne naturelle disposition pour s'en
pouuoir acquitter. Vn homme d'esprit est
capable de s'imaginer beaucoup de choses,
mais on n'en doit pas faire cas, si les pensées ne
sont fondées sur quelque raison approuuée par
les sens ; & si on n'a reconnu par la dissection
des corps, que ces choses sont appuyées
par la raison, suiuant ce que nous enseigne
Aristote.

S'il auoit appris d'Aristote, que les Animaux
qui boiuent, ont vne Ratte, des Reins, & vne
Vessie, il eust mieux expliqué ce passage d'A-
ristote, tiré d'Hippocrate, & ne se fust pas tant
donné de vanité, de l'interpretation qu'il luy
donne ; ce passage se deuant entendre de cette
sorte ; La Ratte, quoy qu'elle ait en soy vne
grande quantité de sang, ne laisse pas de tirer
les humiditez superfluës, qui se rencontrent
dedans le Ventricule.

Au reste, la Ratte estant fort spongieuse, attire & boit le sang superflu, & le renuoye par
la veine splenique dans le tronc de la grande
artere descendante, où elle s'en décharge par
les hemorrhoides, par fois aussi par les vrines,
quelquesfois par le vomissement ; mais cette
derniere euacuation est là plus mauuaise. Et
tous ces lieux sont les plus proches, par lesquels la Ratte se décharge: car ie ne parle point
des plus éloignez, suiuant la longueur de la
partie malade.

Remarques particulieres pour seruir à la pratique de la Medecine.

LA Ratte est suiette à toute sorte d'intemperies, à diuerses tumeurs, & particulierement aux Schirrhes, quelquesfois à l'inflammation, & pour lors on y trouue vn battement ou palpitation, à cause de la grande quantité des arteres qu'elle a, & c'est ce qui fait que les abscez s'y font rarement. La membrane qui la couure s'épaissit fort souuent, & semble alors qu'elle soit couuerte d'vn cartilage.

Tulpius a fait l'obseruation d'vne Ratte, qui battoit les costes, & à son aduis, elle estoit cartilagineuse. Pour moy i'ay souuent obserué ce battement de Ratte aux costes, mais c'estoit lors que la Ratte estant enflammée, elle les choquoit si rudement, qu'on en ressentoit les coups.

Sa grandeur s'augmente souuent, à cause de la quantité des humeurs qui y arriuent. Quelquesfois elle diminuë d'elle mesme ; ce qui luy arriue aussi par l'vsage des medicaments purgatifs. On doit plutost souhaiter d'auoir vne petite Ratte, que grosse. Il n'est pas aussi meilleur d'en auoir deux ou trois, n'estant qu'vn deffaut qui s'est fait dans la premiere conformation.

La Ratte change quelquesfois de place, quand ses ligaments sont relaschez, soit que son propre poids l'attire en embas ; soit que ce qui la soustient estant rompu, elle tombe & descende iusques au bas du ventre. Ce que i'ay remarqué quatre fois, & qui peut estre cause que les Me-

decins se trompent, principalement dans les
femmes, où il semble que leur matrice soit
schirreuse, & ayt vne extraordinaire dureté,
ou qu'elle soit remplie d'vne mole, se prenant
aussi aux hommes pour vne tumeur des glandes
du Mesentere, en forme de Steatome.

L'on a veu quelquesfois l'vn des deux Reins
tomber de cette sorte : mais il est facile de
distinguer l'vn d'auec l'autre ; car quand le
Rein est tombé, la tumeur paroist ronde, estant
beaucoup plus longue quand c'est la Ratte qui
est cheute, & l'on reconnoist aussi en ce temps,
que l'endroit, où elle doit estre naturellement
placé, se rencontre estre vuide. Que si cette tumeur est mobile, & change de place, comme elle est au commencement du mal, l'on peut
facilement remettre la Ratte ou le Rein dans
son lieu naturel, duquel ils sont partis ; autrement si cela dure plus de six mois, ils s'attachent si fortement au Peritoine en deuant, au
fond de la vessie, & aux boyaux, & mesmes à la
matrice aux femmes, qu'il est necessaire que ces
parties se pourrissent en ce lieu ; ce qui arriuera
bien plûtost, si l'on vse de medicamens qui a-
molissent, ou pris par le dedans, ou appliquez
au dehors.

L'on peut allonger la vie pour quelque
temps, en seignant le malade de temps en
temps, & en soustenant par quelque brayer
ou bandage propre, l'endroit où paroist la
tumeur.

L'on demande, s'il est à propos de brûler la
ratte auec vn fer chaud, quãd elle est plus grosse qu'elle ne doit estre, ou qu'elle est tombée
hors de sa place, comme cy-dessus. Mon aduis

est, que cela est tres-dangereux, encore que quelques anciens Escriuains, de ceux qui ont escrit des maladies de cheuaux, nous asseurent, qu'il a fort bien reussi en des cheuaux, & mesmes en quelques esclaues, sur lesquels ils ont bien voulu faire l'experience de cette operation, quoy que remplie d'vne tres-grande cruauté.

Il est beaucoup moins seur d'arracher la Ratte hors du corps apres auoir ouuert l'hypocondre gauche : Et ie ne pense pas que ceux qui ont treuué l'inuention de la frapper sur vn gros carton ou cuir, puissent par ce moyen rendre l'humeur grossiere qui y est, plus coulante, ny qu'ils puissent auec seureté la chasser dehors. Ie craindrois plûtost qu'ils n'y fissent vne violente contusion, à laquelle il faudroit necessairement qu'il suruinst suppuration de toute la substance de la Ratte ; ce qui ne receuroit point de remede.

Il n'y a pas vne de toutes les parties du dedans, qui change si souuent de figure que la Ratte, tantost elle s'allonge, tantost deuient d'vne figure carrée, & tantost ronde, à proportion qu'elle treuue de l'espace vuide pour pouuoir estre augmentée.

Mais quand elle est couchée sur le Ventricule, elle l'incommode beaucoup, & interrompt son action ; & quand elle est attachée au Diaphragme, elle le rend plus pesant, & empesche par son poids la liberté de son mouuement.

Plusieurs maladies prennent naissance de ce que les conduits qui sont dans la Ratte, se rencontrent bouchez. La premiere est cette espece de iaunisse, dont la couleur est plus noirastre,

l'efpece de melancholie, que l'on appellé hypocondriaque ; les pafles couleurs des filles & des
femmes ; le Scorbut, qu'Hippocrate a appellé les
grandes Rattes, defquelles il coule en toutes les
parties du corps, vne humeur fereufe-tres-ma-
ligne, qui caufe vne enfleure aux levres & genciues auec vlceres, & dedans les cuiffes vn reti-
rement & contraction, & des fluxions par tout
le corps, qui courent tantoft d'vn cofté, tantoft
d'vn autre, & quelquesfois s'arreftent en de certaines parties ; ce que nous appellons rheumatifmes. Les Allemands rapportent cette maladie à vne efpece de Scorbut, comme l'on peut
voir dans plufieurs Autheurs Allemands, qui
ont efcrit fur ce fuiet, & principalement dans
Eugalenus ; ce qui fait qu'aptes les remedes generaux, ils en mettent d'autres en vfage, qui
font propres à guerir ce mal, tel qu'eft le Syrop
Scorbutique, décrit par *Senneertus, en fon Traité
du Scorbut.*

Il faut foigneufement remarquer dans la
pratique le tranfport des humeurs, qui fe fait
d'vn hypocondre à l'autre, ce qu'Hippocrate
appelle, *au liure 6. des Epidem.* ἀιδμαδέξιες
τῶ ὑπχοιδειῶν, Galien efcrit, *au Commentaire*, que la Ratte reçoit les humeurs du Foye,
& reciproquement le Foye celles de la Ratte.

Des parties de la Veine Caue, & de la grande Artere, que l'on rencontre dans le bas Ventre.

CHAPITRE XXVIII.

L'On croit ordinairement, que le tronc de la Veine Caue prend son origine du foye. Il se diuise au tronc superieur & inferieur, comme s'ils estoient separez, de mesme que se diuise aussi la grande Artere au sortir du cœur. Mais la demonstration oculaire fait voir, que le tronc de la Veine Caue est separé du foye, qui est placé au dessous de luy, & que ce tronc reçoit vn rameau sortant du foye, proche sa partie superieure, tout contre le Diaphragme ; lequel rameau verse dans la Veine Caue, le sang nouuellement fait par le foye, afin qu'il soit porté auec l'autre sang, qui monte au cœur par la Circulation. C'est pourquoy il faut demeurer d'accord, que ce tronc de la Veine Caue continu, & sans estre interrompu, s'estend depuis les Clauicules, iusques à l'Os sacré. C'est dans ce tronc que i'establis la cisterne du sang, dautant que la plus grande partie y est contenuë.

Le tronc de la Veine Caue se peut neantmoins diuiser en deux parties, à sçauoir au tronc superieur, & inferieur, à raison du foye qui luy fournit sans cesse de nouueau sang, par le rameau susdit. Le tronc inferieur produit la veine Adipeuse, qui se répand dans la membrane adipeuse du Rein ; Puis produit l'Emul-

gente, qui fe diftribuë au Rein ; En fuite la
veine Spermatique, laquelle du cofté droit,
fort du tronc mefme de la veine Caue; & du
cofté gauche, elle fort du vaiffeau Emulgent.
Enfin il produit les Lombaires, qui font trois,
ou quatre, & arroufent les lombes, s'eften-
dans iufques à la moëlle de l'efpine du dos.

Ce grand tronc eftant arriué au commencement de l'Os facré, fe diuife en deux canaux,
que l'on appelle, à caufe de leur fituation, les
veines Iliaques, lefquelles de chaque cofté,
produifent d'autres rameaux, principalement
la veine facrée, l'Hypogaftrique, laquelle eft
fort grande; l'Epigaftrique, & la veine honteufe. Les femmes ont l'Hypogaftrique plus
ample, d'autant qu'elle doit nourrir plus de
parties, & que le fang menftruel fe referue
dans ce vaiffeau, iufques au temps de fa fortie:
C'eft pourquoy les femmes ont beaucoup plus
de fang autour des parties genitales, que les
hommes.

On obferue deux Epigaftriques aux femmes,
l'vne defquelles monte iufques au mufcle droit,
& l'autre, qui luy eft oppofée, defcend iufques à
la matrice. Fernel a mis, apres Galien, le fiege
de la fiévre continuë dedans le tronc defcendant, ou inferieur de la veine Caue, comme fi
le fang demeuroit immobile en ce lieu, mais
parce qu'il eft dans vn perpetuel mouuement,
ie mets le fiege de cette fiévre dans tout le
tronc, tant d'en-haut que d'embas de cette
grande veine, & mefmes dans les grands canaux, qu'il enuoye dans les extremitez; le
foyer & le fiege des fiévres intermittentes,
eftant dedans la veine Porte, ou dedans les

entrailles qu'elle nourrit..

Toutes les veines n'eſtant faites que pour porter & retenir le ſang, ſont tiſſuës d'vne membrane aſſez deliée, hors le tronc de la veine Caue; qui en a eu beſoin d'vne plus forte & plus eſpaiſſe, afin qu'elle ne fuſt pas ſuiette à ſe rompre, lors que le ſang bouït & s'agite dans iceluy : mais il falloit que les autres euſſent vne membrane plus mince, afin que le ſang en pût plus facilement exhaler ſes vapeurs, & receuoir du rafraichiſſement par la tranſpiration.

L'on met en doute, ſi les veines ont des fibres meſlées parmy leur ſubſtance, les vns leur en donnant, & les autres ne voulans point qu'elles en ayent. Mon ſentiment eſt, que le ſang eſtant pouſſé par la force des eſprits & de la chaleur, monte naturellement vers le cœur, & qu'ainſi il n'eſt point beſoin que les veines ayent des fibres pour le tirer, & quand quelques-vnes leur ſeroient neceſſaires, elles n'en deuroient auoir que de droites. Mais ces fibres circulaires, qui y ſont entrelaſſées, ne ſeruent qu'à les fortifier, & ces filets que l'on remarque dedans la membrane de la veine, ne ſeruent qu'à la rendre plus forte, & non pas pour tirer le ſang; ce qui fait que la pluſpart des debats, qui arriuent ſur ce ſuiet, principalement en la ſeignée, où l'on veut que l'on regarde la ligne droite des fibres du vaiſſeau, eſt plus inutile, que l'obſeruation de la partie malade, & de ſa ſituation. Hippocrate appelle elegamment les veines, les ſouſpiraux du corps, à cauſe que quand elles ſont ouuertes, il en ſort des fumées & vapeurs fuligineuſes auec le ſang, &

que

que par la mefme voye, elles tirent l'air qui
leur eft neceffaire, pour le rafraichiffement.

Les Anciens auoient couftume de prendre
garde au fang, que l'on tiroit des victimes, &
cette obferuation leur feruoit beaucoup, pour
connoiftre ce qui deuoit arriuer, toutes chofes
deuant tres-bien reüffir, quand le fang paroiffoit pur, & loüable, & y ayant lieu de defefperer de leur euenement, quand il paroiffoit corrompu, & defectueux; ce que le Poëte Lucain
explique en ces termes: *La liqueur n'en eft pas*
fortie à l'ordinaire, mais au lieu de fang vermeil,
la playe large & profonde, n'a rendu qu'une Vi-
rulence noire.

Remarques particulieres pour la pratique de la Medecine.

LEs veines eftant les parties, où fe referue
le fang, il faut fçauoir les qualitez que doit
auoir vn bon fang, dedans des perfonnes qui fe
portent bien, afin que l'on puiffe plus facilement iuger, de celuy qui fera corrompu. Le
fang doit eftre dans les fains rouge, fibreux,
& detrempé d'vn peu de ferofité.

L'on doute fi fes fibres font faites de la plus
terreftre & pituiteufe partie du fang, qui eft
tirée en filets dedans les canaux, & fe fait plus
déliée dedans les plus petits vaiffeaux.

Plufieurs doutent fi la maffe du fang contient
en foy les quatre humeurs. Les vns veulent que
le fang y foit pur, & feparé des autres humeurs,
cette feparation eftant faite dedans la premiere
region. Les autres mettent de la difference entre les humeurs, qui doiuent feruir pour la

T

nourriture, & celles qui font fuperfluës, voulans que les premieres foient meflées dans cette
maffe du fang, & que les dernieres fe retirent &
s'amaffent dans les lieux, qui font faits exprés
pour les receuoir, comme la bile dans fa petite
Veffie, la melancholie dedans la Ratte, la pituite dedans toutes les parties du bas ventre,
quoy qu'Hippocrate reconnoiffe deux fources
de la pituite, à fçauoir la tefte & le ventricule.

Le temperament du fang eft chaud & humide.
Il eft prefque impoffible de dire la quantité
qu'il y en a dedans le corps. Les Arabes, &
principalement Auicenne, veulent qu'il y en
ayt vingt-quatre liures, dans vn corps fanguin, & bien formé, fi bien que l'on en puiffe
ofter iufques à vingt liures, fans qu'il meure,
la mort eftant ineuitable, fi l'on paffe plus
auant.

Nous efprouuons que la mort nous arriue fort
fouuent, de la mefme caufe qui nous conferue
la vie, & que le fang, qui eftant en fon entier,
& dans vne quantité mediocre, nous fait viure
fainement, & auec gayeté, nous donne auffi la
mort, quand il vient à fe corrompre, ou qu'il
eft en plus grande quantité, que les forces de la
nature ne le permettent.

Le defaut qui arriue dans la qualité du fang,
s'appelle *Cacochymie*, celuy de la quantité fe
nomme *Plethore*. Le fang fe corrompt par fois,
la ferofité demeurant en fon entier, par fois
auffi la feule ferofité fe gafte, fans que le fang
participe à fa corruption. La ferofité corrompuë eft la pire de toutes les humeurs, qui infecte
grandement les parties où elle fe rencontre, &
les deftruit peu à peu.

Quelques-vns, aſſez experts en la pratique,
ſont en doute, ſi chaque humeur contenuë dans
les veines à ſa ſeroſité particuliere. Pour moy ie
croy qu'il n'y en a que d'vne ſorte, laquelle
ſuiuant les diuers degrez de corruption, & de ſa
teinture, paroiſt tantoſt bilieuſe, tantoſt verte
& liuide, tantoſt atrabilaire, tantoſt lactée. A-
riſtote appelle corruption le changement de
ſang en ſeroſité. Il y a par fois vne ſi grande
putrefaction dans le ſang, qu'il ſe change tout
entierement en vne ſeroſité pourrie, & quand
la corruption eſt encore plus grande, il s'engendre des petits vers dans les veines, deſquelles i'en ay veu ſortir pluſieurs fois, en faiſant
tirer du ſang du bras. C'eſt vn de ces vers,
engendré dans les veines, qui peut monter
auec le ſang, dans l'oreille droite du cœur,
où il croiſt à tel point, qu'à la fin il ronge
le cœur, ainſi que l'on a remarqué en
pluſieurs corps, que l'on a ouuerts.

Quelquesfois le ſang ſe corrompt & putrefie
de telle façon dans les veines, que ſa ſubſtance, ou ſa ſeroſité deuiennent lactées, à raiſon
de cette grande putrefaction.

Celuy qui eſt contenu dans les veines capillaires eſt plus rouge que celuy des grandes, à cauſe
qu'il eſt comme filtré, ou coulé. Suiuant Ariſtote, liu. 2. des parties des animaux, les fibres du
ſang ſont tout ce qu'il contient de terreſtre. Or
cette portion la plus terreſtre eſt contenuë dans
les plus grands tuyaux, & ſert à purifier le ſang,
de meſme que les roſeaux, qui croiſſent dedans
les lacs & riuieres, rendent l'eau qui fluë, plus
claire.

Les veines ont la force de retenir le ſang. Que
T ij

si cette faculté est affoiblie,elle le laisse couler par plusieurs endroits & mesmes par les sueurs, comme i'ay veu quelquesfois. Il coule souuent par le nez , par la bouche, par les poulmons,par les boyaux , par la vessie, aux femmes par la matrice,& par le ventricule , qui s'en décharge par le vomissement.

I'ay remarqué quelquesfois dedans les fié-vres chaudes malignes , que le sang s'estoit es-paissy & endurcy dedans les veines , de mesme que la moëlle de sureau ; ce que Fernel a tres-bien descrit *en sa Physiologie.* Aretée dit, que la veine Caue est capable de receuoir vne in-flammation , qui la fasse rompre , ce que i'ay veu arriuer. Les membranes de son tronc ne peuuent pas estre eslargies , tant qu'il y a li-berté dedans le mouuement circulaire du sang, & il n'y peut pas arriuer de varices , lesquelles viennent ordinairement aux jambes. L'on or-donne deux sortes de remedes pour guerir les maladies qui suruiennent à cette grande veine, & au sang qu'elle contient , qui sont la purga-tion & la saignée ; mais il est beaucoup plus necessaire de saigner , quand il y a plenitude, soit que les vaisseaux soient trop pleins , soit que la quantité de sang surpasse les forces de la nature , soit qu'il y ait Cacochymie Pletho-rique , c'est à dire grande corruption d'hu-meurs , & repletion extreme , afin que par la saignée on diminuë la quantité du sang , & à mesme temps on oste vne partie de son impu-reté.

Quand les conduits sont bouchez par le sang, il n'y a point de remede , qui soit plus propre que la saignée ; mais non pas aux obstructions

faites des autres humeurs amaſſées en quelque
partie : Ce qui fait que cette liberté du cours
des humeurs, dont on parle ſi hautement, ſe
doit entendre de la fluidité du ſang, & de la liberté qu'il a de ſe mouuoir dans les veines, non
pas de l'euacuation des humeurs, qui ſont a-
maſſées & entaſſées dedans les parties.

On peut demander, en cas que la ſaignée ne
ſe puiſſe, ou doiue faire, ſi la purgation ſeule
doit eſtre faite en ſa place, ſuiuant l'opinion de
Galien ; ou ſi l'on doit faire abſtinence, s'addonner à differens exercices, & ſe faire frotter
& ſuer, pour tenir la place de la ſaignée ? Ie
croy que l'on peut mettre en vſage tous ces remedes, pourueu que l'on n'ait point de fievre,
& que toutes ces choſes oſtent la plenitude. L'on
peut auſſi ſe ſeruir des Medicamens qui purgent
les eaux, afin que la ſeroſité qui eſt en trop
grande quantité dans les veines, puiſſe eſtre
eſpuiſée, & que les veines eſtant deſemplies,
tout le reſte du corps deuienne plus déchargé,
& attenué. Ce qui ſe fait par les Nations eſtrangeres, qui craignent la ſaignée.

Il eſt toutesfois bien plus ſeur de ſaigner deux
ou trois fois, & on en reçoit vn ſoulagement
beaucoup plus prompt ; Syluius, & Charles
Eſtienne ayans eſcrit, que l'on treuue vne valuule dans le foye, aupres du tronc de la veine
Caue, qui empeſche le ſang de retourner, côme feroit vn verroüil attaché à vne porte. On
peut voir ſi cette remarque eſt veritable, en la
cherchant dans le foye d'vn bœuf, où Corin-
gius dit l'auoir treuuée ; & cela fauoriſe le tranſ-
port du ſang qui va droit au cœur au ſortir du
foye. Il ſemble auſſi, que la Nature ait mis là

cette valuule, afin que les ordures de la maſſe
du ſang, ne puiſſent pas retourner dans le foye,
ny le boucher; & cette grande veine s'en deliure par les vrines, ou en enuoye vne partie
par quelque voye cachée en la veine Porte, &
en l'habitude du corps.

De la grande Artere deſcendante.

LE tronc de la grande Artere, qui deſcend
embas, iette autant de Rameaux que celuy
de la veine Caue; mais le plus remarquable de
tous, eſt celuy qu'il enuoye en tournoyant, &
ſans eſtre diuiſé, vers la Ratte,

Cette grande & large Artere, qui approche
de la groſſeur d'vne plume à eſcrire, enuoye à
la ratte vne partie du ſang arteriel, afin que le
ſang groſſier qui eſt en elle, puiſſe eſtre rendu
plus deſlié, & propre à nourrir le ventricule, &
les autres parties, qui en ſont proches, & afin
que par le meſlange de ces deux ſangs, l'humeur
qui entre dans le ventricule, pour tenir lieu de
leuain, & aider la cuiſſon qui s'y fait, puiſſe produire cet effet. Il ſe peut auſſi faire quand le
foye eſt malade, & que ſes conduits ſont bouchez, que le ſang des Arteres y ſoit porté par la
veine Splenique, & qu'il luy ſerue d'vn naturel
tartre vitriolé.

En ſuitte dequoy il donne l'origine à l'Artere
Celiaque, qui ſe diuiſe en autant de rameaux,
que la veine Porte, auec les extremitez deſquelles elle a communication, par le mutuel abou-
chement des vaiſſeaux.

L'artere celiaque eſt par fois incommodée de
l'aneuriſme, & peut-eſtre cette grande palpi-

tation incurable que l'on sent en pressant vn
peu le ventre, dépend de la dilatation de cette
artere.

Le sang de cette Artere n'a point de part au
mouuement circulaire: Il peut neantmoins retourner dans la grande Artere, dont il est sorty,
& y porter auec soy les superfluitez du sang qui
regorge en ce lieu; & tout cela estant entré dans
cette grande Artere, peut estre facilement mis
hors du corps par la saignée du pied.

Le tronc de la grande Artere est fait d'vne
membrane, six fois plus espaisse, que celle de
la veine; ce qui fait qu'elle n'est pas sujette à
la dilatation, ou Aneurisme; ce qui arriue aux
autres petites, quand leurs peaux, pour estre
trop foibles, s'eslargissent, ou qu'elles se rompent, ou qu'elles s'ouurent, quand on coupe
l'artere pour la veine en la saignée du bras.

La grande Artere & la veine Caue, sont ensemble la region, & le siege de toutes les fievres
continues; ce qui ne fait pourtant pas que le
sang demeure immobile en icelles, veu qu'il
se remuë perpetuellement, par le moyen du
mouuement circulaire, ces deux grands vaisseaux semblant estre faits exprés pour reseruer
tout le sang, & pour seruir à ce mouuement : &
on les peut, auec raison, appeller les vaisseaux
du mouuement circulaire du sang.

Des Nerfs qui se rencontrent dans le bas Ventre.

ENTRE les deux Reins, vers la base du Mesentere, il faut soigneusement rechercher
cet entrelacement de nerfs, dont Falloppe fait

T iiij

mention, qui se fait des nerfs Stomachiques,
& de celuy des costes, lesquels viennent des
deux costez pour faire ce lacis, duquel partent
tous les nerfs qui sont enuoyez aux parties du
bas ventre.

Ce lacis estant abbreué de mauuaises humeurs, peut causer de violentes conuulsions
dedans les coliques aux hommes, & aux femmes, sans que toutesfois le ceruau soit en aucune façon blessé.

Des Reins.

CHAPITRE XXIX.

LEs Reins sont faits exprés pour attirer la
serosité, & pour la separer de toute la
masse du sang. Ils sont composez d'vne
substance charnuë, dure, & qui leur est tellement propre, qu'il ne s'en trouue point de semblable en tout le reste du corps. Il ont vne
membrane fort deliée, qui est fortement attachée à leur chair, & vne autre plus lasche, qui
est entourée de beaucoup de graisse, que l'on
appelle membrane grasse, ou Adipeuse des
Reins, qui sert à les enuelopper, & qui est produite du Peritoine.

Les Reins ont vn temperament chaud, & sec,
afin qu'ils puissent plus facilement attirer les
serositez. Ils sont placez en cét endroit, où l'on
met ordinairement la ceinture ; ce que l'on
nomme les lumbes, ou le rable, ou la region
des Reins. Ils sont dedans le reply du Peritoine, qui n'est autre chose que la menbrane Adipeuse, cy-dessus décrite. Ce qui fait qu'ils pas-

roiſſent eſtre hors du creux du bas ventre. L'on
prend le commencement des Reins, à la derniere des fauſſes coſtes.

Leur grandeur, pour ce qui regarde la longueur, eſt de quatre ou cinq trauers de doigts,
& ſont eſpais de deux, & larges preſque de
trois.

Ils ſont deux en nombre ; & il arriue rarement que l'on n'en treuue qu'vn, encores eſt-
il en ce cas auſſi gros que deux, & eſt preſque
au milieu du dos ; les canaux de la veine Caue
& de la grande Artere, ſe retirans pour luy faire
place.

Liſez *Sennert, liu. 3. de ſa Pratique*, touchant le nombre des reins & leurs vertus.

Leur figure approche de cette eſpece de legu-
me, que l'on appelle Phaſéole ; leur couleur eſt
rouge.

Dedans leur partie courbe, on remarque les
vaiſſeaux emulgents qui viennent de la veine Caue, & qui attirent la ſeroſité, & c'eſt du
fond de ce meſme creux, que part l'vretere, ou
le canal qui porte l'eau, depuis les Reins iuſques à la veſſie. Les principaux vaiſſeaux que
l'on y rencontre, ſont les veines, & les arteres emulgentes que les troncs de la veine
Caue, & de la grande artere, leur enuoyent. La
forme exterieure du Rein, paroiſt de cette ſorte en vn homme parfait : mais il eſt tout autrement dedans les enfants, qui ſont au deſſous
d'vn an, & l'on void en eux que la face du dehors, reſſemble à vne grape de raiſin, qui ſeroit ramaſſée ; ce que repreſentent aſſez bien
les roignons des veaux. Il y a auſſi au deſſus
d'eux vne glande, que l'on nomme la glan-

de du Rein, qui imite ſa figure; mais elle ſe deſſeiche aux enfants, & deuient platte, quoy que ſéparée du Rein, par la membrane graſſe, qui luy ſert de barriere, eſtant toutesfois proche du Rein, en l'vn des deux coſtez.

L'on ne peut pas voir ſans admiration, la compoſition du dedans des Reins; mais pour la bien voir, il le faut couper adroitement par la partie creuſe, & alors on void la ſubſtance de l'vretere, qui eſt eſlargie, & forme vn petit baſſin, dedans lequel la ſeroſité coule goute à goute des parties d'enhaut, comme d'vn toict, par le moyen de neuf petites caruncules papillaires c'eſt à dire, des chairs, comme petits mamellons pointuës en dehors, & enfermez, & enfoncez dedans neuf petits tuyaux, faits de l'élargiſſement de cette membrane; ſi bien que tout cét endroit, d'où decoule cette eau en forme de pluye, peut-eſtre appellé, le crible des Reins. Et c'eſt dedans ces neuf petites chairs, que la ſeroſité ſe ſepare d'auec le ſang, lequel ſert à nourrir les Reins, ou retourne dedans les veines emulgentes, dont il eſt ſorty.

Il n'eſt pas vray-ſemblable, que les reins contribuent à la production ou perfection de la ſemence, bien que *Sennert* le vueille prouuer *dans ſa Pratique, liu. 3.*

Remarques dont on peut ſe ſeruir dans la pratique de la Medecine.

LEs Reins ont vne diſpoſition contraire à leur nature, quand ils n'ont pas la ſubſtance, & le temperament qu'ils doiuent

auoir. L'excez de l'vne de leurs naturelles qualitez fimple, ou auec matiere, rendant leur
fubftance trop lafche, engendre la foibleffe, &
manque de vigueur.

La trop grande chaleur leur peut apporter vne
inflammation, en fuite de laquelle vient l'abfcez, & en fuite l'vlcere, non feulement en
fes parties du dedans, mais auffi en celles du
dehors, d'autant que l'on void affez fouuent
qu'il s'amaffe vne matiere qui forme vn abfcez, entre la membrane graffe, & fait de cette
graiffe vne tumeur affez groffe, qui preffe
le Rein.

Il deuient lafche par l'excez du froid, & de
l'humidiré, ou par vne tres-grande chaleur, qui
corrompt la chaleur naturelle de cette partie.
Delà viết la fleftriffeure du Rein, & foibleffe en
fon action, qui eft fuiuie d'vn flux continuel, &
violent d'vrine, appellé Diabere, ou d'vne entiere fuppreffion d'icelle, non feulement dedans
le Rein qui eft malade, mais auffi dans celuy
de l'autre cofté, à caufe de leur fraternité, &
vnion qu'ils ont enfemble, & de l'employ commun, la mauuaife vapeur ou la matiere purulente, paffant facilement de l'vn à l'autre. Et
cette incommodité s'appelle Ifchurie, laquelle
eft fouuent precedée par vn degouft, à caufe de
la grande alliance qu'il y a entre le Rein & le
ventricule.

Pour *le Diabete*, ie diray en peu de mots,
que c'eft vne maladie des reins trop efchauf-
fez, & ordinairement en Symptome de fiévre
maligne, dans laquelle les malades ne font
que boire & piffer en mefme temps, Galien
dit qu'il ne l'a veu que deux fois, *lib. 6. de locis*

affectis ; ie l'ay veu plus de vingt fois dans Paris, & deux fois en mon voyage de Flandres, que i'ay fait auec la Reine Mere Marie de Medicis : mesmes ie l'ay veu encores depuis peu chez vn Corroyeur, prés *de S. Iacques de la Boucherie*, nommé *M. Noel*, chez lequel i'estois appellé en Consultation auec Messieurs *René Moreau*, & *Guy Patin*, tous deux des plus sçauans Docteurs de nostre Faculté, & Professeurs du Roy. Ie le vis boire en vne heure de temps, 4. bouteilles d'eau boüillie, & en rendre pareille quantité par les vrines.

Le nombre des Reins se change rarement, & quand il n'y en a qu'vn, cela ne se peut reconnoistre, & il ne fait pas si bien que deux ; ce qui fait que ceux qui sont disposez de cette sorte ont vne vie tres-defectueuse, & suiette à plusieurs accidens.

Encor que les Reins semblent fortement attachez par la graisse, comme auec de la colle aux lombes, ils ne laissent pourtant pas de pouuoir quitter leur place, d'estre demis, & de tomber en deuant, quelquesfois mesmes ils tombent iusques au bas ventre, ce qui ne se peut faire sans qu'on soit en danger de la vie, ce qui est si veritable, qu'il n'en faut douter aucunement : la cause en vient non seulement de ce que la graisse, dont ils sont enueloppez, se fond, mais aussi de ce qu'éstans deuenus trop grands & sourds, soit par vne tumeur qui y soit engendrée, soit par vne pierre qui est enfermée dedans leur bassinet, ils sont portez en embas par leur poids, leurs attaches n'éstans assez fortes pour les retenir en leur place, d'où

il arriue qu'apres auoir demeuré quelque
temps dans le lieu où ils font tombez, il se
pourriffent, & deuiennent pleins d'abfcés.

Alors qu'ils font dans le lieu, où naturellement ils doiuent eftre, s'ils font trop grands &
trop lourds, ils engourdiffent la cuiffe, à caufe
qu'ils preffent le mufcle Pfoas, fur lequel ils
font pofez, & les nerfs qui defcendent aux cuiffes, qui paffent au milieu des chairs de ce
mufcle.

Si le dedans de leur conduit eft mediocrement bouché, ou par vne humeur ou par vne
pierre, les vrines qui fortent font claires & fub-
tiles, & s'ils font entierement bouchez, l'vrine
ne fort point du tout.

S'il y a vlcere au dedans de leur fubftance,
l'vrine qui en fort eft purulente. Volcherus
Coiter remarque dans fes Obferuations, que le
rein droit eft plus fuiet aux vlceres, que le
gauche, peut-eftre à raifon de la chaleur du
Foye, qui eft au deffus de luy. Si quelqu'vne de
leurs veines eft entre-ouuerte, lafchée, ou rompuë, les vrines qui fortent font fanglantes, &
quand les Reins font malades, on a des def-
goufts & enuie de vomir, à caufe de la grande
vnion que le ventricule a auec les Reins, par les
nerfs Stomachiques.

L'action propre des Reins eft de tirer à foy
la ferofité, de la feparer du fang, & de la mettre dehors. Or ils ne peuuent pas faire toutes fes
actions, s'ils ne font fains & entiers, d'où l'on
connoift que toutes les maladies cy-deffus def-
crittes, peuuent renuerfer fes actions. Le fentiment de la chair de cette partie eft tres-petit,
& obfcur; mais la membrane qu'elle a en de-

dans, eſt extremement ſenſible.

Les pierres s'engendrent tres-ſouuent dans la cauité du Rein, ſoit qu'elles croiſſent en maniere de corail dans les petits tuyaux des Vreteres, cy-deſſus deſcrites ; ſoit qu'elles ſe faſſent dedans le baſſin où elles deuiennent rondes. S'il arriue que la pierre deuienne ſi groſſe qu'elle cauſe la ſupuration du Rein, & que la matiere tende vers les lumbes, on peut mettre vn cautere, & faire vne ouuerture tres-profonde, & par ce moyen en tirer le pus, & meſme la pierre ; autrement ſi la Nature ne leur enſeigne ce chemin, & qu'elle ne commence à le faire, c'eſt vne entrepriſe trop hardie, de couper & ouurir le Rein, pour ce ſuiet, à cauſe que ſes chairs ſont trop eſpaiſes, & trop enfoncées.

I'ay veu en vne femme âgée de quarante ans, morte d'vne Iſchurie dont elle ſentoit les douleurs au deſſus des reins, qu'il y auoit dans chacun des reins autant de petites pierres enfoncées dans les fiſtules, qu'il y a de petits canaux. Ces pierres égaloient la groſſeur d'vn noyau de prune *Cælius Rhodiginus pag* 83. parle de spierres, qui ſortent prés des lombes, par l'ouuerture qu'on y fait, le rein eſtant pourry.

Les Reins peuuent deuenir extenuez, & tabides ; cette indiſpoſition en cauſe auſſi vne ſemblable en tout le corps. Ce mal vient, ou de ce que le Rein ſe pourrit, & ſe conſomme par vne trop grande chaleur, ou de ce que l'on jette hors le corps vne trop grande quantité de ſemence.

Les noulueaux mariez, & ceux qui ſont fort addonnez au plaiſir de l'amour, ſont fort ſuiets à cette extenuation des Reins, d'où l'on

pourroit croire que la matiere dont la femence
eſt faite, parte des reins, & qu'ils feruent beaucoup à l'action de la generation.

C'eſt vne choſe qu'il faut bien remarquer,
que ſans qu'il y ait aucun defaut dans le foye,
la ſeule foibleſſe des reins, qui n'attirent pas la
ſeroſité, peut eſtre cauſe de l'hydropiſie, &
leurs conduits eſtans bouchez, on ne peut pas
les deſgager par les remedes diuretiques, quoy
qu'ils ſoient tres-forts; ce qui oblige principalement à donner des purgatifs, qui puiſſent emporter l'impureté de ces parties là, & de celles
qui ſont voiſines, n'eſtant pas auſſi inutile de
ſe ſeruir de quelques fomentations, qui puiſſent
reſtablir cette force des Reins, qui eſt affoiblie.

On peut demander, s'il eſt à propos de paſſer
au trauers du Rein vn fer tres-pointu, pour dō-
ner paſſage à la ſeroſité qui eſt amaſſée dans
les grands vaiſſeaux, alors que l'on ne peut pas
la faire ſortir par les medicamens qui purgent
ſes eaux.

De l'Vretere, ou du Canal qui conduit l'v-
rine depuis le Rein iuſques à la veſſie.

CHAPITRE XXX.

L'Vretere eſt vn conduit particulier, que la
Nature a fait pour porter l'vrine depuis le
Rein iuſques à la veſſie.

Il eſt fait d'vne membrane ſimple, qui eſt
enueloppée dedans le Peritoine redoublé, duquel on dit qu'elle emprunte vne ſeconde membrane.

Il est égal en longueur, à l'espace qu'il y a
entre les Reins, & la vessie: Il est couché tout le
long du muscle Psoas, & va en biaisant vers les
Os des hanches ou des Iles, & de là remontant
à la vessie, il se iette dedans son fond, passant en-
tres ses deux membranes, presques iusques à son
orifice, où il la perce entieremēt. Elle n'a point
en son bout de valuule, pour empescher que l'v-
rine ne rentre dedans, mais les deux membranes sont si bien vnies & iointes ensemble, qu'elles bouchent tres-exactement le trou.

La grosseur naturelle de l'Vretere, est à peu
prés égale à celle d'vne plume à escrire, mais
en ceux, qui sont suiets à la pierre, & qui les iettent auec grande effort, sa cauité s'eslargit tellement, que l'on a souuent veu dans les corps
ouuerts apres leur mort, qu'elle égalloit la
grosseur du doigt.

Ce canal prend plûtost naissance de la vessie, que du Rein, à cause qu'il est fait de membranes, & estant arriué dans la cauité du Rein,
il se couppe en neuf petits tuyaux, qui s'aiustent
auec les neuf petites Caruncules, dont nous auōs
parlé, pour faire couler la serosité dans le bassinet, qui est la cauité que nous auons marquée
dans le Rein, formé de l'Vretere.

L'on croid qu'il y a des nerfs meslez dedans
cette membrane, à cause qu'elle est exrremé-
ment sensible, mais la grande douleur que l'on
y ressent, vient de ce qu'elle s'eslargit extraordinairement quand la pierre tombe. Ce conduit
n'estant donc fait que pour donner passage à
l'eau, qui tombe en la vessie, il est suiet à estre incommodé par toutes les choses, ausquelles il
donne passage, soit par l'vrine, qui est trop acre

&

& mordicante, soit par quelque pus qui descende du Rein, soit par quelque petite pierre, soit
enfin par quelque humeur grossiere & gluante, & difficile à couler, qui bouche son conduit.
Ce qui fait que la plus ordinaire maladie qui
luy arriue, est l'obstruction, & si l'vn ou l'autre
des conduits est bouché dans le reply de la vessie, il se fait là vne pierre qui croist petit à petit, qui ne flotte point, mais est attachée à la
vessie, d'où il arriue que quand ceux qui tirent
les pierres de ce lieu, la veulent oster, ils sont
contraints de deschirer la vessie : Et ie croy
qu'vne disposition de cette nature a obligé
quelques-vns de dire, qu'ils auoient treuué
deux cauitez en la vessie, & que dans l'vne des
deux, l'on auoit rencontré vne pierre.

De la Vessie, où l'vrine se reserue.

CHAPITRE XXXI.

CETTE Vessie est le reseruoir de l'vrine, &
est faite d'vne substance membraneuse,
composée de deux membranes, la troisiesme
qu'on luy attribuë, est le redoublement du Peritoine, dans lequel elle est cachée. Elle y est
soustenuë, comme vne bouteille qui seroit renuersée, & la separation qu'il y a en cét endroit,
entre la Vessie, les boyaux, & les autres parties,
se rencontre dans l'homme seul ; ce qui a esté
fait, afin que la pesanteur des boyaux ne la fist
point tomber plus bas. Son estenduë naturelle
est tres petite alors qu'elle est vuide, & elle a
coustume de s'estendre, & de se restressir, à
proportion de la quantité de l'vrine qu'elle re-

soit. Elle se resserre, par le moyen de cette seconde membrane, qu'elle a au dehors, & qui est toute charnuë. Fabrice d'Aquapendente, a crû, qu'elle estoit musculeuse, & apres luy Spigelius, qui appelle cette membrane, le muscle qui pousse la Vessie; mais il auroit mieux dit, le muscle qui la presse.

La figure de la Vessie, comme nous auons dit, ressemble à vne bouteille renuersée, dont le fond est au bas de l'Hypogastre, & son col encore plus bas, couché sous les Os barrez.

Il n'y a qu'vne seule Vessie, & quand on la trouue separée en deux, cela arriue de la sorte, que i'ay dit cy-dessus.

Elle a trois trous qui la percent, fort proche de son col; le premier, & le plus grand, est, celuy par où l'vrine sort dehors. Les deux autres, qui sont à ses costez, estant les bouts des Vreteres par où elle entre.

L'orifice de la Vessie se ferme par le muscle Sphincter, qui est formé de la substance de la Vessie, mesme resserrée en cét endroit. Il y en a encore vn autre externe, appellé Spleniatus, large de deux trauers de doigts, qui enuironne le col de la Vessie, & les glandes des Prostates qui sont en cét endroit. C'est celuy-là qui fait ouurir & fermer la Vessie.

La Vessie a ses veines, & ses arteres, qui sortent des rameaux Hypogastriques. Elle a aussi quelques nerfs vers son col, qui partent de l'Os sacré, & d'autres dans son corps, qui viennent de la sixiesme paire des nerfs; ce qu'il faut soigneusement remarquer dedans les maladies de la Vessie, qui causent vne suppression d'vrine, lors que le corps est tombé sur les Reins, & sur l'Os sacré.

Remarques particulieres que les Medecins peuuent faire sur ce qui a esté dit cy-dessus.

LA Vessie est suiette à quantité de maladies. Sa substance est capable de receuoir toute sorte d'intemperies, principalement chaude & froide. Elle est suiette aux inflammations, aux vlceres, à la paralysie, soit qu'elle arriue en son corps, ou en son col. Toutes ces maladies sont assez de consequence, pour estre expliquées plus en destail.

Son temperamment se change, alors que de froide, & seiche qu'elle doit estre, elle s'eschauffe peu à peu, & en fin se treuue attacquée d'vne violente inflammation : Elle peut changer de place, quand la partie du Peritoine, dont elle est enueloppée, se lasche, & la laisse vn peu couler vers le bas ; ce qui fait que l'on a grande peine à se descharger de l'vrine, & en ce cas l'on reçoit quelque soulagement, quand on releue auec la main les parties qui sont en cét endroit du bas ventre. Quelquesfois elle se iette en forme de sacq aux costez du boyau droit, vers son propre col; ce qui arriue à cause de la pesanteur qu'elle reçoit de la quantité des pierres, qui y sont enfermées, où ces pierres prennent vne place particuliere, & se nichent, ne pouuans pas mesme estre descouuertes pas la sonde que l'on met dans la Vessie; celuy qui les cherche estant obligé pour les treuuer, de mettre le doigt dedans le fondement.

On ne peut pas dire au vray, de quelle grandeur est la Vessie, si ce n'est alors qu'elle est

vuide. Elle s'eſlargit beaucoup, à proportion de
la quâtité de l'vrine qu'elle reçoit, & lors qu'elle s'eſt ſi fort eſlargie, que cela paſſe les bornes
de la nature, alors les fibres de ſes membranes
eſtans, ou trop relaſchées, ou rompuës, elle ne
peut plus chaſſer l'vrine dehors, à cauſe que la
membrane charnuë, qui doit ſeruir à cette a-
ction, n'a plus pour lors de mouuement, & en
ce cas il eſt neceſſaire que l'on mett la ſonde
dedans la Veſſie, pour en faire ſortir l'eau, ce
qui ſe doit quelquefois faire l'eſpace d'vn mois
ou deux, & deux fois le iour, iuſques à ce quelle
ait repris ſa premiere force.

Quelquefois la Veſſie eſt tellement reſſerrée,
qu'elle ne peut plus eſtre élargie, & cela ſe fait
à cauſe d'vn vlcere qui ſe trouue dans ſa partie interieure, qui y cauſe grande douleur, &
alors ſa membrane deuient beaucoup plus eſpaiſſe, & ſemble eſtre auſſi ferme, qu'vn cartilage ; ce qui l'empeſche de s'eſtendre, & cauſe
vn grand mal en vrinant.

Le col de la Veſſie, qui comprend auſſi le canal de l'vrine, qui va iuſques à l'extremité de la
verge, a ſes maladies particulieres. Il eſt fort
ſuiet à l'inflammation. Il deuient quelquefois
extremément enflé, il s'y fait des vlceres, il
peut eſtre bouché, eſt affoibly par la Paralyſie,
ne ſe pouuant eſlargir n'y reſſerrer, à cauſe
qu'il eſt plus eſpais, & plus charnu que le corps
de la veſſie. il reçoit facilement l'inflammation, & Fernel croid, que c'eſt en cét endroit
ſeulement que la Veſſie eſt capable de la receuoir.

Cette maladie laiſſe vn vlcere, qui n'eſt pas ſi
difficile à guerir, que celuy qui eſt au dedans de

la Veſſie, à cauſe que les inſections, & les bougies,qui ſeruent à le guerir,peuuent facilement
arriuer en ce lieu.

I'ay bien ſouuent obſerué, que l'Iſchurie, ou
Dyſurie,s'augmétét en pleine Lune; ie veux dire,que les douleursde la veſſie ſont plus cruelles
en ceux qui ont la pierre, en ayant fait l'experience en moy-meſme. *Tulpius* fait mention
en ſes Obſeruations d'vne Iſchurie lunatique.
Quelquefois il s'engendre des Vers dans la
Veſſie, qui excitans de grandes douleurs, &
faiſans piſſer du ſang, abuſent ceux qui croyent que c'eſt la pierre, ainſi qu'a doctement
remarqué *Tulpius en ſes Obſeruations*, où il enſeigne beaucoup de belles choſes & fort notables pour la pratique, touchant les pierres adherentes à la veſſie, & du danger qu'il y a de les
tirer. I'ay veu auſſi bien que luy des pierres de
la veſſie des hommes, dont la couleur reſſem-
bloit à celle du Bezoard Oriental. Liſez Bon-
tius *en ſes Obſeruations des Indes*, touchant les
vertus de cette pierre de Bezoard humain, laquelle il prefere à l'Oriental.

Ce conduit eſt ſouuent bouché, tant par vne
pierre, qui a eſté quelque temps cachée en la
Veſſie, & qui s'eſt enfin iettée en ce lieu, que
par le moyen d'vne carnoſité ou ſurcroiſſance
de chair, qui s'y fait. Il arriue meſme par delà le col,& dedans la veſſie, que quelques chairs
prennent naiſſance; ce qui cauſe vne grande incommodité à la Veſſie,qui en eſt remplie,& cela ſe fait ſouuent à cauſe d'vne hemorrhoïde,
ou d'vne veine qui s'enfle extraordinairement,
laquelle s'ouure quelquefois, & cauſe vne hemorrhagie incurable, à cauſe que les grumeaux

de fang qui font demeurez en ce lieu, y engendrent bien-toft la gangrene.

Il fe forme auffi par fois des chairs fpongieufes, au dehors du col de la Veffie, dans le conduit de la verge, que l'on nomme carnofitez. Il eft facile de les confommer, & emporter auec des petites bougies de cire, où l'on mefle quelque medicament, qui font faites tout exprés. Et cela arriue fouuent en ce conduit, quand on a eu quelque chaudepiffe, dont on a efté mal guery.

Il y a auffi quelques caufes qui viennent du dehors, qui font capables de boucher le col de la Veffie; comme les enfleures des Proftates, ou glandes, où la femence eft referuée, qui font couchez deffus la Veffie; mais la fortie de l'vrine eft tres-fouuent empefchée par la Paralyfie, qui arriue au col de la Veffie, alors que les mufcles, qui la ferment & ouurent, ne peuuent eftre ny lafchez ny ferrez.

L'on a trouué vn inftrument admirable pour ouurir la Veffie, & connoiftre les maladies qui s'engendrent, tant au dedans, comme au dehors. Ie l'appellerois volontiers la clef de la Veffie, mais on a couftume de luy donner le nom de fonde, quoy qu'il foit tres-different de la fonde ordinaire, dont on fe feruoit anciennement. Et nous auons maintenant des hommes tres-habiles pour la taille, qui s'en feruent auec vne grande adreffe. Il faut remarquer, que tant qu'on la peut faire entrer facilement dans la Veffie, il y a grande efperance aux maladies, dont elle eft incommodée, y ayant au contraire grand fuiet de defefperer de tout, quand elle ne peut treuuer paffage pour y entrer. Et en ce

cas l'on perce la Veſſie , dedans le bas de l'Hypogaſtre, proche des Os barrez, pour faire vuider l'vrine par cét endroit, où l'on fait l'ouuerture au Perinée ou entrefeſſon , comme l'on l'a
faite pour tirer la pierre, mais comme l'on ne
peut faire entrer la ſonde creuſe, pour abaiſſer
le col, qui eſt caché ſous l'Os barré, ſur laquelle
on a couſtume de faire l'inciſion , alors on enfonce le biſtoric de coſté iuſques à la Veſſie,
tant que l'on voye que l'vrine en ſorte. Nous
en auons veu pluſieurs qui ont eſté deliurez par
ce moyen de la mort , dont ils eſtoient tres-
proches.

Aux vieillards, qui ont vne difficulté d'vrine,
accompagnée d'vne tres-violente douleur, &
qui eſt cauſée par vne tres-groſſe pierre, que
l'on ne peut oſter ſans les mettre en grand danger de mort, l'on a couſtume , pour alleger en
quelque façon les miſeres de leur vie languiſſante, d'ouurir le Perinée de la meſme ſorte,
que quand on en veut tirer la pierre, & d'y
laiſſer le trou ouuert; par vn tuyau ou canulé,
dedans le conduit de laquelle on met vne tante
& eſponge par deſſus , pour receuoir l'vrine
qui degouſte, s'il y en a, & on retire la tente,
quand il arriue quelque grande enuie d'vriner,
apres laquelle on la remet ; ce qui fait que ces
malades-là ne reſſentent plus les violentes douleurs qu'ils ſouffroient, quand ils auoient enuie
d'vriner.

On peut auſſi par ce moyen nettoyer & deſ-
ſecher les vlceres, qui ſont en la Veſſie, pourueu qu'il n'y ait point de pierre dedans , qui ſe
frotte contre, & qui entretienne leur malignité.

Zecchius, dedans ses Conseils, s'attribuë la gloire d'auoir treuué cette inuention, pour soulager les vieillards qui sôt malades de la pierre, mais les Medecins de Paris s'en estoient seruis lông-temps deuant qn'il fust né, & il y a plus de cent ans qu'on la pratiquoit.

Lors que la pierre, qui est enfermée dedans la Vessie, est fort petite, & s'attache en son col, ou s'est iettée au commencement du conduit de la verge, on la peut tirer en suçant fortement la verge, ou eu faisant adroitement incision en l'vretre. Si la pierre est grande, on ne peut pas l'oster qu'en coupant la Vessie à l'endroit du Perinée, de la façon que nos Operateurs le pratiquent, & il est tres-difficile & tres-dangereux, de se seruir de la methode des anciens, qui nous a esté descrite par Celse. Mon sentiment n'est pas aussi que l'on puisse facilement tirer la pierre de la sorte que l'on fait en Egypte, en eslargissant la Vessie auec vn soufflet; & cette operation, quoy que descrite par Prosper Alpinus, me semble si contraire au sens, que ie ne croy pas qu'elle ait esté iamais pratiquée, à cause qu'elle feroit de tres-grandes douleurs en eslargissant la vessie; son col, ny le conduit de la verge, ne pouuant estre entrouuerts, iusques au point qu'il est necessaire pour ce suiet.

Ie n'estime pas qu'il y ait moins de sottise ny de danger dedans la façon de tirer la pierre, qui nous a esté descrite par Fabricius Hildanus, & ie croy que le seul moyen d'y reussir, est celuy qui se pratique à Paris, par de tres-habiles gens pour la taille, qui y font leur seiour, & en Italie par quelques-vns de la famille des Nierses.

Cette

Cette façon de deliurer les malades de cette incommodité est tres-facile, & tres-seure, tant à cause des outils, dont on se sert, qui y sont tres-propres, qu'à cause de l'adresse particuliere de ceux qui les manient ; Et ie souhaitterois tres-fort, que tous les autres pays eussent d'aussi habiles gens, pour les soulager, comme nous en auons a Paris.

Des parties Genitales de l'homme, & premierement du membre Viril.

CHAPITRE. XXXII.

NOus sommes maintenant arriuez aux parties qui seruent à l'homme, pour engendrer son semblable, au nombre desquelles est mis le membre Viril, qui a grande communication auec la Vessie, à cause qu'il iette l'vrine dehors, par l'Vretre, qui est vn conduit le long de cette partie.

Le membre Viril, afin qu'il fust plus délicat, est composé de la peau seule, des deux ligamens cauerneux, de l'Vretre, du Balanus ou teste, de muscles, de liens membraneux, de nerfs, d'arteres, & de veines.

La peau seule a esté donnée à cette partie, sans qu'elle fust couuerte d'Epiderme, qui finit à la racine de ce membre. Cette peau estant lasche, se redouble en forme de chapiteau, afin de couurir la glande, ou la teste du membre Viril, ce qui compose le prepuce, que les Iuifs & les Mahometans font couper par vne Loy de leur Religion : Et ce membre estant priué de cette peau, donne moins de plaisir aux fem-

X

mes, ce qui fait que les femmes de ce pays-là, se plaisent bien plus au congrés des Chrestiens.

Le Prepuce est attachè au Balanus, par vn lien. Cette peau estant découuerte, on rencontre vne petite membrane, qui serre ou enuironne estroittement les ligaments du membre Viril, laquelle peut estre vne Production du Pannicule charnu.

Cette membrane estant leuée, on void des vaisseaux, qui s'estendent le long du dos de cette partie, à sçauoir des nerfs, des veines, & des arteres. Les nerfs sortent de l'Os sacré; les veines, & les arteres sont des portions de la veine honteuse, respanduës par les parties exterieures.

On oste en suite les muscles du membre Viril, desquels les deux premiers sont appellez Erecteurs, & les deux autres, Eiaculateurs. Les Erecteurs sont issus de la Tuberosité de l'Os Ischion, estendent de chasque costé, le long des ligamés du membre Viril. Les Ejaculateurs sortans du ligament transuersal, qui est entre les Os de l'Ischion, & d'vne portion du muscle Sphincter, sont couchez sur l'Vretre, afin de pousser dehors les gouttes de l vrine, ou de la semence, quand il en demeure vers l'orifice de la Vessie.

La dissection de ces muscles estans faite, on voit trois differens corps, desquels la verge est composée, à sçauoir les deux ligaments cauerneux, & l'Vretre, qui se separent aussi.

Les ligaments cauerneux sont separez l'vn de l'autre en leur partie inferieure, à sçauoir au Perinée; ils sortent des Tuberositez des Os de d'Ischion, & embraffent dans leur progrez le conduit de l'vrine. Puis fe ioignans enfemble vers les Os barrez, ils font vn corps pendillant qui eft la Verge, au bout duquel il y a vne groffe glande, qui eft appellée *Balanus*. Voila ce que l'on appelle membre Viril, ou la verge.

Il faut remarquer la fubftance interieure de ces ligamens, qui reffemble à la moëlle de fureau, eftant fort fpongieufe, noiraftre, & arroufée d'vn fang noir & groffier; afin qu'ils fe puiffent eftendre, & enfler, ou ramolir & deuenir flafque, en l'action Venerienne, car l'Erection du membre Viril dépend abfolument d'eux.

L'Vretre eft auffi d'vne fubftance fpongieufe, afin que ces ligaments eftans enflez, il fe puiffe tumefier pendant le Coït. De là l'on peut iuger qu'il n'eft pas vne continuation du col de la Veffie, mais qu'il y eft feulement attaché.

L'on doit foigneufement obferuer, que ce conduit de l'vrine fe courbe au Perinée, & que la fituation de l'orifice de la Veffie, eft cachée fous les Os barrez.

Le Perinée eft fuiet à diuerfes tumeurs, defquelles celles qui font attachées au conduits de l'vrine, & qui fe terminent en abfcez, font tres-dangereufes; degenerans ordinairement en fiftules; à caufe que la fubftance de ce conduit, ne fe confolide pas facilement. Si elle eft rongée par quelque vlcere malin, comme du Virus Venerien, elle ne fe guerit & reftablit qu'auec grande difficulté, & feulement par le moyen d'vne diéte fudorifique, ou d'vn flux de bouche, prouoqué par les frictions, ou parfums mercuriaux.

Le reste du membre Viril est vne glande creuse en dedans ; la cauité de laquelle est plus ample au milieu, que n'est le trou, que nous voyons
au bout.

Remarques particulieres de la description de cette partie.

L'Action propre du membre Viril, qui est de
se roidir, ou l'Erection, deuant estre volontaire, si elle arriue contre le consentement
de la volonté, & qu'elle soit accompagnée de
douleur, on la met au rang des maladies, &
c'est ce que l'on appelle *Priapisme*.

La cause de cette maladie vient de l'inflammation des ligaments cauerneux, & de l'Vretre, qui participe à leur indisposition, à raison
du voisinage, & de la societé qu'ils ont en leur
ouurage.

Le defaut de l'Erection est vne imbecillité
de tout le membre Viril, sans douleur, qui prouient de la Paresie, ou Paralysie de ses muscles, & de ses nerfs, ou de la mauuaise indisposition, & obstruction des ligamens cauerneux de la verge.

Il arriue aussi par fois, que la verge se courbe
ou à droit, ou à gauche, ou en haut, ou embas.
Ce qui se fait par la conuulsion de l'vn des muscles, ou par la repletion excessiue, ou secheresse & endurcissement de ses ligamens cauerneux.

Cette contorsion est aussi par fois causée par
le Ganglion, qui se forme dans les ligamens
cauerneux. De laquelle indisposition, *Holliera*
traité au Comment. du 63. Aph. de la 5. section,

Et Arantius au liure des Tumeurs, Chap. 50.
En outre, toute la verge est suiette à l'inflammation, aux tumeurs, & aux vlceres.

Cælius Aurelien, *en son liu.* 3. *des maladies aiguës, Chap.* 18. parle d'vn membre Viril, qui estoit aussi dur qu'vne corne.

Zacutus raconte *en son Histoire admirable*, qu'il en a veu vn autre de mesme nature, le croira qui voudra. Galien *au* 6. *liure des parties malades*, fait mention de la Palpitation du membre Viril, laquelle se fait à raison des ligamens spongieux de la verge. Si vous voulez voir l'histoire d'vn membre Viril monstrueux, lisez Hecsteterus, *Decade* 6. *pag.* 467.

Il n'y qu'vn seul membre Viril en l'homme, aussi auroit il esté inutile, qu'il y en eust deux; Et si on trouue quelqu'vn qui en ait deux, ce sera vne chose monstrueuse, & tous deux seront inutiles, ou l'vn ne sera que la ressemblance d'vn membre Viril, ou vne excroissance charnuë.

La longueur conuenable du membre Viril doit estre de six, à huict trauers de doigts, autrement s'il est plus long il incommode, & blesse la femme en l'action, & en ce cas il le faut racourcir auec vn bourlet de laine. Galien veut, que la longueur excessiue soit nuisible à la generation, parce que la vertu du sperme se dissipe par vn trop long chemin. Ce que ie ne croy pas.

Si le membre est trop court, il ne chatoüille point du tout, ou fort peu la femme, & n'est pas bien fecond. Fallope enseigne *au liure de la decoration*, les moyens de faire aggrandir le membre Viril. Et dans Martial il en est fait

X iij

mention d'vn si grand, que quand il estoit roide celuy à qui il estoit, s'en pouuoit releuer la moustache.

Le prepuce a aussi ses maladies ; parfois il est trop court, parfois trop long, iusques à incommoder. On le circoncit aux Iuifs, c'est de là qu'on les nomme en Latin *Apelle*. S'il couure si estroittement le Balanus, qu'on ne le puisse découurir, & renuerser le prepuce, il produit le *Phymose*. Si estant renuersé à la racine du Balanus, il est tellement enfoncé ou restrecy, qu'on ne le puisse reduire sur le Balanus, il fait le *Paraphymose*.

Ces deux accidens se peuuent facilement guerir, pourueu qu'ils ne viennent que de la trop grande ardeur & feruer du Coït : car en fomentant ou bassinant long-temps auec de l'eau fort froide le Balanus, encore tumefié, il se dessenfle, & par ce moyen le prepuce se peut retirer ou reduire en son lieu, qui est vn secret admirable.

Cette partie est par fois vlcerée, par des pustules Veneriennes ; Estans cicatrizées, si elles laissent quelque dureté, elle doit estre fort suspecte, car c'est vne marque de quelque virulence renfermée au dedans. Le prepuce estant fait de deux membranes, quand on le coupe, il faut également couper l'interne, & l'externe.

Si le filet, ou le lien du prepuce est trop gros, & arriue iusques au trou du Balanus, de sorte qu'il le courbe, selon Galien, il rend l'homme *Hypospadien*; Ce qui nuit à la generation, ou du moins à l'éjaculation conuenable, à moins qu'on le coupe.

Le Balanus peut estre enflé diuersement, & auoir des vlceres au dedans, & au dehors. Ils peuuent arriuer au dedans, à cause d'vne matiere tres-acre qui y croupit, & vlcere en suite la partie. Quand on a la verole, le Balanus se couure de poireaux, & deuient tres-difforme, Ces poireaux se peuuent deraciner auec la poudre de Sabine, mais ils repoussent facilement, si l'on ne nettoye le dedans par les remedes qui sont propres à la verole.

Le conduit de l'Vretre, qui est au dessous des deux ligamens, a aussi ses maladies particulieres, pouuant estre bouché par vne pierre que l'on oste, en faisant incision ; ou enflammé, à raison de sa substance spongieuse, & noirastre, de mesme que celle des ligamens cauerneux. On y ressent souuent vne cuisson & douleur, à cause de l'acreté de l'vrine.

Il arriue aussi souuent qu'vne humeur corrompuë, qui passe par dedás, luy cause l'inflammation, comme en la gonorrhée virulente ; & quand il est tumefié, il fait courber le membre Viril, & à cause qu'il semble estre retiré par vne corde, on nomme cette gonorrhée, *chaudepisse cordée* : l'acrimonie du pus, qui passe par là, soit qu'elle vienne d'vn vlcere mal guery, ou d'vne autre cause, y engendre souuent des vlceres, qui produisent des chairs spongieuses inutiles, que l'on nomme Carnositez. Il les faut extirper auec des bougies faites exprés pour ce suiet, sinon elles peuuent boucher le conduit, & empescher que l'vrine ne passe, d'où il arriue de tres-grandes douleurs.

On peut mettre au rang des maladies, qui arriuent aux bourses, & aux conduits du membre

X iiij

Viril, ces especes d'Hermaphrodites, si les testicules sont cachées au dedans du Peritoine, les
bourses sont vuides, & quelquefois ouuertes
vers leur milieu, l'Vretre estant percé en cét
endroit. Si bien qu'en ce cas, les peaux des bourses, imitant les levres de la partie honteuse de la
femme; & le membre Viril paroist si petit à ces
garçons, que les sages femmes moins expertes
s'y trompent fort souuent, prenant les masles
pour les femelles.

Il arriue aussi par fois, que le conduit de la
verge ait vn trou au dessus des bourses, ou vers
la racine du Balanus, qui pour lors est bouché
en son bout, ce qui empesche l'éjaculation
droite de la semence, si ce n'est que l'on fasse vn
trou au bout, & qu'on y mette vne canulle pour
former le conduit : La chaleur naturelle s'augmentant auec l'âge, le membre Viril deuient
plus grand, & apres quelques violens exercices, les testicules qui estoient cachez dans les
aines, tombent dedans les bourses, pourueu
qu'elles ne soient point percées, comme nous
auons dit, ou bien ils demeurent dans les aines,
qui trompe souuent les Medecins, qui prennent
cela pour vne espece de Bubonocele.

On a veu des enfans que l'on prenoit au commencement pour femmes, qui sont par apres
deuenus hommes ; mais vne femme ne peut pas
changer de sexe, elle peut bien abuser de son
Clitoris beaucoup alongé, ou de quelque excroissance de chair semblable en figure, & en
dureté au membre Viril ; mais elles ne se trou-
ueront point estre composées de la mesme façon. C'est pourquoy les femmes prennent plutost plaisir à se frotter les vnes les autres, que

d'estre chatoüillées par l'introduction inutile
de ces parties.

Des Aines.

CHAPITRE XXXIII.

AVant que de parler des Testicules, il faut
remarquer ce que l'on appelle les Aines,
qui sont les endroits, par où passent les veines,
les arteres, & les nerfs, qui descendent dans
les cuisses, sur lesquels il y a vne production du
Peritoine, qui passe par les troux des tendons
des muscles obliques, & transuersaux.

C'est au dessus de cette production, que le
muscle Cremaster est couché, qui passant obliquement par les Aines, se iette dans la bourse, & descend iusques aux testicules, qu'il enueloppe de deux membranes, à sçauoir de l'E-
rytroide, & Elytroide.

A l'endroit, où est le ply de l'Aine, on void
quelques glandes couchées sur ladite production du Peritoine, & au dessous du ply, on remarque d'autres petites glandes, qui sont proche des vaisseaux.

Dedans cette production du Peritoine, sont
contenus les deux vaisseaux spermatiques, desquels l'vn porte au testicule la matiere propre
à faire du sperme ; & l'autre reporte le sperme,
que le testicule a desia fait, dans les Capsules
ou vesicules seminaires. Le boyau Ileon tombe
parfois à l'Aine dedans cette production, à sçauoir lors que la tunique interieure du Peritoine est relaschée.

S'il tombe dedans le Scrotum, la tunique du

Peritoine fufdite est rompuë ; mais il faut bien obferuer la defcente du boyau, par les troux des tendons rangez l'vn apres l'autre, crainte qu'on ne remette le boyau entre les Aponeurofes, en faifant l'operation de Chirurgie, car il faut decouper le trou du dernier tendon, pour pouuoir repoufler le boyau dans la capacité du ventre. En quoy plufieurs Chirurgiens, mefmes tres-habiles, ont manqué aux defpens dela vie des patiens.

L'on doit remarquer, que les *Bubons Veneriens* viennent ordinairement dans les glandes, qui font au deffus de l'Aine : *les Peftilentiels,* dans celles qui font au deffous : Et les bubons communs fortent vn peu plus haut.

On doit bien confidererer, s'il y a feureté de faire *le point doré*, ou plutoft *de plomb*, vers la production du Peritoine, afin de refferrer ladite production qui eft defchirée dans *l'Ofcheocele* : ou bien fi l'on doit plutoft appliquer vn bouton de feu fur l'Aine, pour fair venir vn calle, qui puiffe boucher le paffage au boyau qui tombe ; Mais en ce cas, il faut bien fe donner de garde, que le feu ne penetre iufques aux vaiffeaux, qui font en cét endroit, à fçauoir la veine & l'artere, car eftans vne fois touchez du feu, il en faut mourir.

Pour ce qui regarde les vaiffeaux fpermatiques, on les peut bien bien brufler fans mourir, & quand ils le font, les tefticules fe deffechent peu à peu, ne receuans plus leur nourriture ordinaire, & ainfi les hommes fe trouuent infenfiblement chaftrez. Mais de quelque façon que ce foit, toutes ces operations manuelles me femblent tres-dangereufes, & ie croy qu'il vaut bien mieux s'en passer.

De l'Anus, ou du fondement.

CHAPITRE XXXIV.

A Mesme temps que l'on fait dissection du Scrotum, ou des bourses, celuy qui la fait est obligé de monstrer ce qui appartient au fondement, ces deux parties estans proche l'vne de l'autre.

L'Anus, ou le fondement, n'est autre chose, que l'extremité du boyau droit, laquelle est enuironnée d'vn muscle circulaire, appellé Spincter, qui sert à le fermer, & à l'ouurir, quand il en est besoin.

Ce muscle est double, l'vn est membraneux; l'autre est plus large & charnu; celuy-cy est attaché au ligament transuersal, qui est entre les Apophyses des Os de l'Ischion, & à l'extremité du croupion.

L'Anus a quatre muscles releueurs, deux larges, & deux autres petits. Les larges sortans de l'Os sacré, & de l'Os des Iles, se vont inserer dans le grand Sphincter. Des deux petits, l'vn est appellé anterieur, & sort du ligament transuersal: L'autre, posterieur, & naist du croupion; ils aboutissent tous deux au mesme muscle circulaire.

Ces quatre muscles retirent, ou releuent en haut le siege sorty, & tombé en dehors, quand on pousse les excremens les plus solides & endurcis. Les deux circulaires ferment le siege, afin que les ordures des boyaux ne puissent pas sortir malgé nous, & sans nostre consentement.

C'eſt pourquoy la ſortie des excremens dépend de noſtre arbitre, & ſommes les Directeurs de cette excretion.

Remarques particulieres pour la pratique.

IL arriue quantité de maladies au fondement. Il peut y auoir vn grand excez de chaleur, & demangeaiſon ſi incommode, qu'elle eſt preſques intolerable, excitant vne enuie perpetuelle d'aller à la ſelle ; ce qui fait vne maladie appellée *Teneſme*.

Le ſiege peut tomber, en pouſſant les excrements trop ſolides, & l'on ne le peut remettre, qu'à grande peine, & auec grande douleur. Quelquesfois il eſt Paralytique, ou priué de ſon mouuement ordinaire, & pour lors, les ordures ſortent ſans le conſentement de la volonté. D'autresfois il eſt ſi reſſerré, que l'on ne peut rien faire. Il s'enfle au dedans, & au dehors, par les orifices des veines hemorrhoïdales, tumefiez en cét endroit. Ce qui fait les *hemorrhoïdes Internes, ou Externes*. Il luy arriue auſſi par fois des inflammations, & abſcez, qui degenerent ſouuent en vlceres ſinueux, que l'on nomme *fiſtules*.

Il vient auſſi par fois au ſiege des Poireaux, ou Verruës pendillantes, que l'on appelle *Condylomes, ou les Creſtes*.

Les creuaſſes, dont il eſt ſouuent excorié, s'appellent *Rhagades*.

Hippocrate veut, que l'on puiſſe ſeurement faire inciſion à l'Anus, ſans bleſſer le muſcle Sphincter. Toutes les autres eſpeces de mala-

dies peuuent auſſi ſe rencontrer en cette partie.

Il s'y forme par fois vne tumeur ſcirrheuſe,
qui bouche entierement le trou, & qui empeſche d'vriner; le voiſinage qu'il y a entre le
boyau droit, & le col de la veſſie, faiſant que
ces deux parties ſe communiquent facilement
leurs indiſpoſitions.

Des Bourſes, & des Teſticules.

CHAPITRE XXXV.

NOvs en ſommes maintenant au *Scrotum*,
ou aux *Bourſes*, qui ſert d'enueloppe aux
Teſticules. Il eſt compoſé de deux peaux, dont
l'vne eſt *Exterieure*, qui ſe couure de poils,
quand on eſt en l'âge de quatorze ou quinze
ans.

Elle eſt auſſi couuerte d'vne cuticule, ou Epiderme, & au deſſous d'elle, il y a vne autre
membrane charnuë, appellée *Dartos*, qui eſt
la continuation de la membrane charnuë du
bas ventre, qui vient iuſques aux Bourſes, &
qui fait, qu'elles ſont ou dilatées, ou reſtrecies, retirées & ridées.

Le Scrotum eſt diuiſé en deux Cauitez, ſeparées l'vne de l'autre, par vne membrane, que
la Nature a miſe au milieu, afin que chaque
Teſticule ayant la ſienne à part, il ſoit moins
ſuſceptible des incommoditez de l'autre.

Les veines, & les arteres, qui arrouſent cette partie, ſont portions de la veine & artere
honteuſe. Ses nerfs viennent de l'Os ſacré.

Le Teſticule eſt vn corps glanduleux, deſtiné

à la preparation & perfection de la femence. Il
eſt compoſé de pluſieurs parties, & premierement de trois tuniques, qui luy ſont propres,
outre les deux membranes communes du Scrotum, que chacun a.

La premiere de ces tuniques s'appelle *Ery-*
throïde, qui naiſt du muſcle Cremaſter, ou
Suſpenſeur du Teſticule, dilaté & deſcendu
pour cét effet. La ſeconde appellée *Elythroïde*,
eſt la production meſme du Peritoine, qui enueloppe le Teſticule. La troiſiéme, qui reueſt
immediatement ſa ſubſtance, eſt appellée *la*
membrane nerueuſe.

Apres auoir leué ces trois membranes, on
void la ſubſtance glanduleuſe du Teſticule, qui
eſt fort blanche, & mediocrement ferme, ſur
laquelle on trouue de trauers, vn petit corps
ſemblable à vn ver à ſoye, appellé *Epididyme*,
à l'vne des extremitez duquel eſt attaché le
vaiſſeau ſpermatique, *Deferant*, qui entre au
dedans du Teſticule, & y verſe la matiere, dont
la ſemence s'y doit preparer. De l'autre bout
de cét Epididyme, ſort le vaiſſeau *Eiaculatoire*,
qui eſt anfractueux en ſon principe, de meſme
que le corps de l'Epididyme, qui eſt fortement
attaché par ſes deux extremitez au Teſticule,
mais fort laſche, & ſeparé d'auec luy par ſon
milieu.

Les Teſticules ſont placez hors de la capacité du bas ventre, dans les Bourſes. Leur groſſeur ordinaire eſgale celle d'vn œuf de pigeon,
ou d'vne poulette. Leur figure eſt en ouale, &
ſeruent à perfectionner la ſemence.

Remarques particulieres pour la pratique.

AYant décrit la constitution naturelle de ces parties, voyons maintenant les dispositions contraires, qui s'y rencontrent.

Le Scrotum est souuent enflé, soit que la fluxion tombe sur ses membranes mesmes, soit que les Testicules la reçoiuent.

Si le boyau, ou l'Epiploon tombe dedans les Bourses, il fait vne hergne, appellée *Oscheocele.* Si l'eau, ou les vents, qui sont dans le bas ventre y coulent, ils font *l'Hydrocele*, ou le *Pneumatocele.*

Si quelque sang grossier, & espais tombe dans les vaisseaux spermatiques, tant *Deferant*, qu'*Eiaculatoire*, proches des Testicules, il en arriue vne tumeur, nommée *Cirsocele.*

Quand il s'engendre dans la membrane du Scrotum, nommée *Dartos*, vne chair spongieuse, cette humeur est appellée *Sarcocele.*

Hildanus remarque en sa 4. Centurie, observ. 64. auoir veu vn Sarcocele au Testicule gauche, quoy qu'il s'engendre tousiours au Testicule droit. Ce qui n'est pas absolument vray.

Et si le Testicule s'attache à cette croissance charnuë, sa maladie retient le mesme nom. Si le Testicule s'enfle, & deuient plus gros qu'il ne doit, le Scrotum en est aussi tumefié.

Si les vents & les eaux penetrent iusques au dedans des membranes du Testicule, elles y produisent vn Pneumatocele, ou Hydrocele de Testicule.

Les Bourſes ſont ſuiettes à l'inflammation, peuuent eſtre trop laſches, ou trop reſſerrées; ce qui incommode la vie, & la generation.

Quand ces membranes ſont trop laſches, on appelle ce deffaut *Rhagoſis*. Mais il ne ſe faut pas eſtonner, ſi l'on void le coſté gauche, pendre plus bas que le droit; cela arriuant naturellement, à cauſe que le Teſticule gauche eſt plus lourd que le droit, ou que la partie gauche eſt ordinairement plus foible, & plus froide, que la droite.

Les Teſticules pechent en leur ſituation, quand ils ſe trouuent, ou dans la capacité du bas ventre, ou dans les aines. Et le premier defaut ſuffit, pour faire diuorce, declarant les hommes impuiſſans, encore que d'ailleurs ils ſoient fort vigoureux, à cauſe que ces parties ne ſont pas naturellement placées.

Leur nombre eſt defectueux, quand il n'y en a qu'vn, ou qu'il y en a trois, comme ont ceux qu'on appelle *Triorches*, qui ſont fort lubriques, au dire de quelques-vns. Ie connois des familles, auſquelles ce vice eſt hereditaire, & il doit paſſer pour maladie.

Leur figure eſt dereglée, quand on y remarque quelque inegalité le corps de l'Epididyme eſtant enflé, relaſché ou déchiré.

S'il y a quelque defaut dans leur couleur, c'eſt vn ſigne que leur ſubſtance eſt pourrie. Cette ſubſtance doit eſtre aſſez ſolide, y ayant quelque defaut, quand elle eſt trop flaſque, & trop molle. Quand les Teſticules paſſent en groſſeur celle d'vn œuf, ils n'en valent pas mieux, & ſont plus ſuiets aux fluxions, & quand ils ſont enflez, ils ne peuuent pas faire

leur

feur action. S'ils font petits comme vne noi-
fette, ils ne font pas propres pour engendrer.

L'action propre du Tefticule eft de donner la
derniere perfection à la femence, par vne vertu
particuliere que la Nature luy a donnée; & c'eft
pour ce fuiet qu'il reçoit la matiere propre à
cét effet, & quand il l'a preparée, & perfectionnée comme il faut, & abreuuée de cét efprit fecond il la renuoye aux vaiffeaux Eiacula-
toires, qui en fuite la portent dans les veficules
feminaires.

Des vaiffeaux qui feruent à porter la fe-
mence, des Veficules feminaires qui
la conferuent, & des Proftates.

CHAPITRE XXXVI.

IL ne nous refte maintenant plus qu'à dire
quelque chofe des vaiffeaux, qui portent la
femence vers les petites veffies, où la Nature a voulu qu'elle fuft referuée. Ces vaiffeaux
femblent prendre leur naiffance de l'Epidyme,
& en leur commencement, ils font fort anfractueux, & l'on y remarque beaucoup de rides.
Ces rides eftant effacées, le vaiffeau en eft vne
fois auffi long. Ces replis font faits, afin que
cét efprit tres-fubtil, qui rend la femence feconde, puiffe eftre plus facilement retenu; ce
qui n'empefche pas qu'il ne forte auec impetuofité durant l'action, s'eftant ioint auec vne matiere fubtile, & pleine d'efprits, qui rencontrant dedans les petites capfules feminaires, vne
autre matiere feminale plus groffiere, fe iettent
enfemble dedans le conduit de la verge; & de

mesme qu'en l'acte venerié, cét esprit tres-pur, & tres subtil, sort des Testicules auec la matiere à laquelle il s'attache; ainsi la matiere spermatique, qui est dedans les petites vessies, est poussée dehors par le moyen des muscles du membre Viril.

Mon sentiment est, qu'il y a trois sortes de matiere, qui seruent à composer la semence : La premiere est tres-pure, & elle se garde dedans les Testicules: La seconde semble estre au rang des excrements, mais ne laisse pas d'estre vtile pour former l'enfant; & elle est poussée par les Testicules, & descend petit à petit aux vessies, qui gardent la semence, n'estant pas à croire que la Nature ait voulu que cette matiere tres-subtile, & cét esprit si espuré, fust parmy les ordures & l'vrine; La troisiéme matiere est en quelque façon huyleuse, & a coustume d'arrouser le conduit de la verge en l'homme, & le col de la matrice de la femme, ce que nous sentons aussi couler; quand nous pensons fortement à quelque suiet lascif, ou que nous voyons quelque femme fort belle. On peut douter si elle sort des vessies qui regardent la semence, ou des glandes Prostates, qui sont en cét endroit, & contiennent la matiere seminale, & la iettent par quelques petits pores au dessous du poireau de l'vretre.

La matiere qui est resserrée dedans ces petites vessies seminaires, sort par les trous, qui sont proches de ce poireau, & reiallit auec impetuosité

Il faut bien remarquer auant que d'oster ces petites vessies, qu'elles sont couuertes & cachées d'vne grande quantité de vaisseaux, qui les enuironnent. On ne void pas bien d'où partent ces veines ou arteres, entrelaſſées les vnes dedans les autres : mais il y a de l'apparence qu'elles portent à ces veſſies la matiere, qui doit puis apres arriuer aux Proſtates, pour y eſtre perfectionnée. L'on n'a pas encore aſſez d'eſclaircliſſement ſur le ſuiet de ce lacis de vaiſſeaux.

Remarques particulieres pour le Medecin, touchant les parties cy-deſſus décrites.

ENtre les maladies qui peuuent arriuer à ces vaiſſeaux ſpermatiques, aux veſicules ſeminaires, & aux Proſtates, on peut metre l'intemperie chaude & froide, qui peut apporter vne corruption à la matiere de la ſemence, ſoit que cela arriue par vne cauſe interne, ou externe.

Ces parties eſtans trop laſches, laiſſent couler la ſemence, ſans le conſentement de la volonté, & ſans que l'on en reſſente ny plaiſir, ny douleur ; c'eſt ce que l'on nomme, la Gonorrhée ſimple. Que s'il y a inflammation, & que l'on reſſente douleur, cela vient d'auoir veu quelque femme infectée, & alors on luy donne le nom de chaudepiſſe, ou de Gonorrhée virulente, qui a ſon ſiege dans les Proſtates, & veſicules ſeminaires. Que ſi on l'arreſte trop toſt, la virulence ſe communique à tout le corps, ou tombe ſur les Teſticules, qui en deuiennent enflez, ou bien ſi elle s'eſtend iuſques au Perinée, à moins qu'on ne l'en chaſſe promptement, elle y produit vn abſcez, & ronge le côduit de l'vrine.

Y iij

Vous, deuez confiderer en la chaudepiffe, s'il n'y a point de danger de faigner du bras, lors que l'ardeur des parties genitales, n'eſt pas grande, & qu'il n'y a point de fiévre; ou s'il vaut mieux ouurir la Saphene du pied. A mon aduis, il eſt plus expedient de faigner du pied, d'autant que la Saphene prend naiſſance aupres des aines, & enuoye deux rameaux à ces parties. Pour cette raiſon, vne faignée du pied copieufe fait vne puiſſante reuulſion des poulains, ou bubons Veneriens, quand ils commencent à fortir.

Il y a fort peu de Medecins, & meſmes pas vn, excepté *Iulien Palmarius*, Medecin de Paris, & *Falloppe* Italien, qui facent faigner du bras, pour la chaudepiffe. Car cela eſt trop dangereux, & peut donner la verolle, à caufe du reflux, & retraction de la virulence dans les entrailles, & par tout le corps.

La pollution, ou flux de femence nocturne, qui arriue en dormant, eſt appellé Exoneirogmos. Elle prouient de la grande quantité de femence fort efchauffée, & remplie d'efprits.

L'homme a grand befoin de cette humeur huyleufe, dont nous auons parlé, & fans elle l'acreté de l'vrine incommoderoit fort le conduit de la verge, & la femence ne pourroit pas eſtre iettée au dehors, auec la meſme facilité, & viſteffe, comme l'a fort bien remarqué Galien. I'en ay veu plufieurs qui auoient ces incommoditez, qui en ont eſté gueris, par vn regime de viure, qui fes humectoit beaucoup, par le demi-bain, & par les iniections d'huile d'amande douce. Cette meſme humeur coule fouuent aux femmes lafciues, dans le col de la matrice, fans qu'il forte ancune femence.

L'action propre du membre Viril, n'eft pas
d'écouler l'vrine, mais pluftoft de ietter la femence dans le col de la matrice; & quand il n'a
pas cét vfage, l'homme peut eftre dit impuif-
fant; ce qui fe fait, ou par la faute du membre,
dont les ligaments ne fe peuuent enfler, ou
dont les mufcles font priuez de mouuement, ou
par le deffaut des Tefticules trop froids, ou qui
font plus foibles, plus lafches, plus petits, ou
plus grands, qu'ils ne doiuent eftre : ou par le
deffaut des vaiffeaux fpermatiques, comme fi
les arteres ne fe meflent point auec eux; ou enfin faute de matiere, comme quand on releue
de maladie: L'impuiffance de faire des enfans
deuant eftre auffi rapportée à la mauuaife difpofition du corps, qui fait que la matiere propre à eftre changée en bonne femence, n'arriue pas iufqu'aux parties, qui font deftinées
pour la perfectionner.

C'eft vne chofe inutile & vaine de s'attendre,
qu'vne femme puiffe eftre feconde, & conceuoir, fi l'homme & la femme ne font tous deux
en parfaite fanté, ou fi les defauts confidera-
bles, que l'on remarque dedans les parties
genitales, ne font entierement corrigez.

Des parties genitales de la femme, & pre-
mierement de celles qui font au dehors.

CHAPITRE XXXVII.

LEs parties genitales de la femme, font diuifées en Externes & Internes. Les Internes
preparent la femence, ou la matiere feminale,

pour parler comme Ariſtote, & fourniſſent le
lieu de la conception. Les Externes ſe voyent à
l'œil, qui les doit conſiderer auant qu'on en
faſſe la diſſection. Mais auparauant que nous
entrions dans cét autre ſacré, voyons vn peu
ſes dehors, & ſon entrée.

La partie Externe, qui eſt ornée de poils, eſt
appellée *Pube*, en Latin, & *la Motte* en François. Le trou qui eſt formé de Valuules, ſe
nomme par les Latins *Vulua*, *Pudendum mu-*
liebre, par les Grecs *Gyneeaum*, en François,
la partie honteuſe de la femme, lequel eſt diuer-
ſement placé en diuerſes femmes & nations,
ainſi que i'ay appris des hommes deſbauchez,
qui ont couru pluſieurs pays, & par fois eſt fort
elleué, par fois fort abbaiſſé & applaty, ce qui
vient des Os barrez plus eſlenez, ou abbaiſſez.
Partant, ſi cette partie eſt fort éleuée, le mont
de Venus eſt plus large, plus ample, & plus
couuert de poils. Si elle eſt abbaiſſée, elle deſcend iuſques entre les cuiſſes, & n'y a point de
mont de Venus. Et ces femmes ont beſoin de
mettre vn oreiller ſous les feſſes, en l'action
Venerienne legitime, pour ſuppléer à ce defaut
de nature.

Les Valuules ſont *les levres* de la nature, leſquelles eſtans eſlargies, on void les *Nymphes*,
qui ſont des croiſſances membraneuſes vn peu
ſolides, & plus larges en haut, qu'embas. L'on
remarque au haut de ces Nymphes, vn tubercule ou bouton charnu, couuert d'vne pellicule,
qui eſt appellée le Clitoris, ou la Landie. Et
lors que l'on a coupé ces Nymphes, on void
quantité d'autres petites caruncules, appellées
Myrtiformes, deux deſquelles ſont és deux co-

ſtez, & la troiſiéme placée embas vers l'Anus,
la quatriéme eſt touſiours miſe à l'extremité
du conduit de l'vrine.

Les pucelles ont les levres beaucoup plus reſſerrées, & quand elles eſlargiſſent leurs cuiſſes,
ces levres ſont en quelque façon tenduës, auſſi
bien que la membrane inferieure des Nymphes
ſuſdites : mais quand elles ont perdu leur puce-
lage, & qu'elles ſe ſont ſouuent exercées en ce
meſtier, tout cela s'abbaiſſe & deuient laſche.
Et quand vne femme a enfanté, ces connexions
ſont entierement effacez.

Ce que nous venons de dire cy-deſſus, ſe peut
facilement voir aux femmes viuantes. Et ſi l'on
met le doigt dedans le col de la matrice, on le
trouuera plein de rides au dedans ; & en entrant
plus auant, l'on rencontre l'Orifice interieur de
la matrice, le doigt vn peu long pouuant atteindre iuſques-là. Tout l'eſpace qui eſt depuis l'entrée, iuſques à cét Orifice, s'appelle
le *Col de la matrice*, ou la gaine du membre viril, eſtant dediée à le receuoir pour la generation.

Aux pucelles, l'on trouue apres les Nymphes,
vne petite membrane, qui couure l'Orifice
exterieur, laquelle n'eſt percée, que d'vn petit
trou. On appelle cette peau *Hymen*, & quand
on trouue cette partie, les caruncules, dont
nous auons parlé, ne s'y rencontrent pas : comme au contraire, lors qu'elle n'y eſt pas, les
caruncules Myrtiformes ſont ſi enflées, qu'elles bouchent l'Orifice à tel point, que l'on n'y
peut paſſer le doigt, ſans douleur. Voila ce qui
rend ce paſſage ſi eſtroit, à ſçauoir ces caruncules entrelaſſées de leurs membranes.

Il faut remarquer, que toutes ces caruncules s'effacent à l'accouchement, & qu'il n'en paroiſt plus aucune, iuſques à ce que l'Orifice exterieur commence à ſe reſtrecir, n'eſtans que comme les plis de cét Orifice, qui ſe dilatent & déployent pendant l'enfantement, pour donner paſſage à l'enfant; auſſi le col de la matrice eſt-il fort eſpais, afin qu'il ſe puiſſe dilater plus facilement en ce temps-là. C'eſt ce qui fait croire, que les caruncules ſuſdites, ſont pluſtoſt carnoſitez ou rugoſitez de l'Orifice exterieur, qu'autre choſe.

Ayant obſerué toutes ces parties, il faut commencer la diſſection, afin de connoiſtre la compoſition & ſtruĉture de chacune d'icelles.

Les levres de la nature ſont faites d'vne Cuticule, d'vne peau veluë, au deſſous de laquelle il y a de la graiſſe, & le Pannicule veritablement charnu, qui reſſemble à vn muſcle deployé en cét endroit, pour approcher les levres l'vne de l'autre. Et eſtant arriué au Clitoris, il ſemble faire le meſme office, que font en l'homme les muſcles du membre viril, quoy qu'il y ait beaucoup de difference entre les deux.

Celles qui ont la nature fort charnuë, & les levres d'icelle fort groſſes, n'ont qu'vn mouuement fort petit & obſcur dans ces muſcles.

Les Nymphes que nous auons deſcrites ſont fort molles aux ieunes filles, mais elles s'édurciſſent auec le temps, & principalement ſi elles s'adonnent ſouuent au déduit, de ſorte qu'elles deuiennent quelquesfois preſque auſſi dures qu'vn cartilage, & ce n'eſt autre choſe qu'vne production de la peau des levres, qui a eſté miſe

en

en cét endroit, pour pouuoir conduire l'vrine auec plus de facilité. Le Clitoris eſt le ſiege
de l'enuie Venerienne, & de laſciueté aux femmes, qui pour cette raiſon prennent plaiſir à le
chatoüiller. Il ſe fait de deux petits ligamens
nerueux, qui ne ſont pas creux, comme aux
hommes, & qui ſortent de la tuberoſité de l'os
Iſchion, & reçoiuent vn autre corps blanc, qui
ſe iette entre ces ligamens, à l'endroit de la fente, ou iointure des os barrez. Et toutes ces choſes iointes enſemble, font vn corps qui imite en
quelque façon le membre viril, comme les
mammelles qui ſont aux hommes, imitent celles des femmes.

Ces ligamens du Clitoris, ont des muſcles
qui luy ſont attachez, qui ſortent du meſme
lieu que ceux des hommes, & qui ſont couuerts
de peau, le bout meſme en eſtant redoublé
comme le prepuce de l'homme; ce qui a obligé
quelques-vns d'appeller cette partie, la verge
de la femme.

Il faut conſiderer en ce meſme lieu, les ligamens ronds de la matrice, les bouts deſquels
eſtans frotez s'eſchauffent, & reçoiuent vn chatoüillement qui va iuſques à la matrice, & iuſques aux Teſticules, d'où ils prennent origine.

Ces ligamens de la matrice ſont peu creux,
& vont iuſques aux aines; ce qui fait que la virulence, qui ſe rencontre dedans les parties genitales, ſe décharge aux aines, & y fait paroiſtre
non ſeulement les poulains, mais auſſi d'autres
ſorte de tumeurs, qui n'ont aucune malignité.

La gaine, ou le col de la matrice, eſt compo-
Z.

fée de deux tuniques differentes, defquelles l'interieure approche plus de la nature de la membrane, l'externe eftant plus charnuë, & approchante de la nature du mufcle, afin qu'elle fe puiffe plus ferrer, ou élargir, & embraffer comme il faut le membre viril, quand il trauaille à l'action de la generation. Celle du dedans eft pleine de rides, & femblable à vn palais de bœuf.

Remarques particulieres pour la Medecine, tirées de la connoiffance de ces parties.

TOutes ces chofes ayans efté confiderées auec foin, voyons les maladies qui y peuuent arriuer. Il peut premierement arriuer que l'Orifice exterieur de la partie honteufe de la femme, foit entierement fermé, & que les levres foient collées l'vne auec l'autre. Cela se void fouuent aux filles nouuellement nées, & quelquesfois le paffage eft entierement bouché par les Nymphes ; quelquesfois on remarque, que l'Hymen eft beaucoup plus charnu, & n'eft en aucune façon percé. Il arriue auffi quelquesfois, que ces parties ayans efté defchirées en vn enfantement violent, elles fe ioignent & s'vniffent enfemble : Or il eft neceffaire en ces deux fortes d'accidens, de feparer ces parties, qui ne doiuent pas eftre naturellement iointes enfemble.

I'ay veu quelquesfois des femmes conceuoir, quoy que ces parties fuffent iointes de cette forte, & qu'il n'y eut qu'vn trou, par lequel paffoit la femence, qui eft attirée auec force par la matrice affamée ; & il arriue en ce cas, que quand le temps de l'enfantement approche, la grande quantité des humeurs qui tombent sur ces parties, fait qu'elles s'entrouurent. Les filles & femmes qui ne sont point percées, sont appellées d'vn nom particulier, *Atreta*.

Quelquesfois aussi ces parties sont si lasches, & tellement ouuertes, qu'elles apportent grand ennuy, & incommoditez aux femmes. Cela se fait principalement à celles, qui ont eu vn enfantement violent. En ce cas, il est besoin de se seruir de quelques medicamens adstringents, pour resserrer la partie.

Quelquesfois aussi les femmes, quoy qu'elles n'ayent point eu d'enfans, ont cette partie tellement élargie, à cause qu'elles se sont trop adonnées au deduit, qu'elles sont souuent contraintes de demander le secours des Medecins, pour remedier à cette disgrace, & mieux debiter leur marchandise. Mais il faut tenir pour tout asseuré, que quand vne fois la virginité est perduë, on ne la peut plus remettre en son entier ; on peut bien auoir quelque adresse, qui face croire que toutes choses, soient encoredans leur premier estat, mais vn Medecin ne doit pas auoir assez de lascheté pour les enseigner. Il en doit laisser le soin à ceux, qui font leur seiour ordinaire dans les lieux publics & qui tirent du profit de ces infames commerces.

Les leures ont aussi leurs maladies particulieres : Elles sont suiettes aux inflammations, elles s'enflent, elles se remplissent d'vlceres, soit par vne cause generale & commune, soit par vne particuliere, & extraordinaire, comme

Z ij

par la verole. Elles peuuent aussi auoir en dedans des poireaux, des verruës, & condylomes.

Il y a des femmes, & mesmes des Nations entieres, qui ont les Nymphes si grandes, qu'elles aduancent en dehors plus loin, que le bout
des leures; ce qui est tres-vilain, & ne faut
point feindre de les couper. Elles sont aussi
capables d'estre incommodées par les poireaux
& par les vlceres causez de la verole.

Le Clitoris est par fois si extraordinairement
long, que l'on le prendroit pour vn membre
Viril; cette difformité est appellée *Cercosis*, &
les femmes qui ont vne queuë de certe sorte,
en abusent souuent les vnes auec les autres. Et
ce sont ces femmes que l'on prend pour des
Hermaphrodites : car il ne faut point croire,
qu'vne femme puisse deuenir homme, estant
absolument impossible. Mais quand il arriue
qu'vn maslesoit pris au commencement pour
vne femelle, cela se fait à cause que les parties
qui le rangent sous le sexe de l'homme, sont
cachées en dedans, & sortent auec le temps en
dehors, par vne plus grande chaleur.

On void quelquesfois paroistre en dedans du
col de la matrice vne surcroissance de chair, qui
va iusques au bout des leures, & par delà; ce
qui est tres-incommode & vilain, & approche
en quelque façon de la figure du membre Viril.

Cette chair prend racine proche de l'orifice
interieur de la matrice, & sort du fód de la gay-
ne. Il n'y a point de remedes plus propres que
de la couper iusques à la racine, autrement elle
repousse tousjours, & apporte vne grande in-

commodité aux femmes mariées, qui ne peuuent pas facilement en ce cas faire leur deuoir.
Touchant cette croiſſance, voyez la *Centurie*
4. *de Poterius*; *chap.* 47.

Vers l'endroit où ces petites caruncules paroiſſent, on remarque en dedans vne veine, qui
eſt vn peu gonflée, & quelquesfois deux ou
trois, qui laiſſent couler le ſang goutte à goutte comme s'il y auoit des hemorrhoïdes ouuertes. Le deduit eſt empeſché par ce moyen,
& les eſcorcheures qui arriuent en cette partie,
peuuent degenerer en vlceres malins, ſi l'on
n'y prend garde de bonne heure.

Nous auons auſſi remarqué aſſez ſouuent,
que les femmes ſont fort ſujettes à eſtre incommodées d'vne tumeur ſcirrheuſe, qui ſe change
en vlcere malin; & l'endroit où il arriue eſt le
haut du col de la matrice, & meſme l'orifice interieur d'icelle. Ce mal eſt extremément pi-
toyable; mais s'il arriue par le defaut de la
matrice, ou des parties voiſines, il ſe guerit plus
facilement, que s'il vient d'vne cauſe verolique
pourueu que l'vlcere n'ait point encore deuoré
cet orifice interieur, & qu'il ne ſe ſoit point
gliſſé iuſques au dedans du corps de la matrice.
On peut connoiſtre en quel eſtat ces parties
ſont, non ſeulement auec vn inſtrument qu'on
appelle le miroir de la matrice, mais auſſi en y
mettant le doigt fort auant.

La tumeur ſuſdite, fait par fois croire aux
femmes, qu'elles ſont groſſes, & pouuant arriuer aux pucelles, & aux veſues, elle les rend
difformes en cette partie : C'eſt pourquoy les
Medecins doiuent iuger & prononcer leur aduis
ſur ce ſujet auec beaucoup de prudence. Et faut

noter qu'Hippocrate, bien que fort modeste,& retenu dans ses discours, *aux liures des maladies des femmes*, quand il s'agit de connoistre les maladies des parties internes de la femme, aime mieux en rechercher la cause en y mettant le doigt, qu'en les regardant auec le miroir de la matrice, d'autant que le doigt va plus auant, & l'on s'en peut seruir plus honnestement, sans qu'il soit besoin de leuer la chemise, ny exposer toutes ces parties honteuses à l'œil, comme on est contraint de faire auec le miroir.

Des parties genitales internes de la femme.

CHAPITRE XXXVIII.

LEs parties externes ayans esté considerées, & exactemét anatomisées; il faut à mesme temps faire la dissection de celles de l'Anus, afin qu'apres les auoir descouuertes, on separe les Os Barrez, en coupant auec vn couteau bien tranchant, le cartilage, qui les ioint ensemble par symphyse, & que par ce moyen, l'on puisse mieux escarter les cuisses, pour montrer commodément toutes les parties internes de la matrice.

On diuise ces parties en celles qui composent, & appartiennent au corps mesme de la matrice, & en celles, qui preparent, la matiere seminale. Nous commencerons par ces dernieres.

Les vaisseaux Spermatiques qui portent la semence, sont aussi bien qu'aux hommes, composez de la veine, & de l'artere Spermatique, &

ceux des femmes fortent du mefme lieu, que
ceux des hommes. Ils different feulement en
ce qu'ils ne font pas fi ferrez, & ne font pas
tant de tours pour faire les Proftades Cirfoïdes,
que l'on ne rencontre point aux femmes. On
doute neantmoins de l'artere Spermatique, laquelle femble naiftre d'vn rameau de l'Hypogaftrique, qui monte aux Tefticules.

Ces vaiffeaux fe diuifent en trois parties, l'vne
va droit aux Tefticules, l'autre va au fond de la
matrice, & la troifiéme va iufques à l'entrée du
col.

Les Tefticules des femmes font fort diffemblables de ceux des hommes, ils n'ot point d'E-
pidyme. Ils ne font couuerts que d'vne fimple membrane, ils ont la fubftance fort molle,
& faite de plufieurs veffieules, dedans lefquelles
il y a vne humeur fereufe, qui fouuent en les
coupant, reiaillit iufques en la face de celuy qui
fait la diffection, s'il n'y prend garde.

Cette ftructure & compofition des Tefticules
de la femme, & de fes vaiffeaux Spermatiques,
a donné lieu à Ariftote, & à fes Sectateurs, de
douter de la nature de la femence de la femme,
n'ayans pas voulu tomber dans le fentiment
d'Hippocrate, qui veut que la femence de la
femme, foit prolifique, & participe à la production de l'homme; Cette opinion ayant auffi
depuis efté fouftenuë par Galien.

Les vaiffeaux qui feruent à preparer la femence, font conduits depuis les Tefticules, iufques
au fond de la matrice, & à fes cornes, & leur
difpofition eft bien differente de celle qui fe
rencontre aux hommes.

Apres auoir confideré toutes ces chofes, il
Z iiij

faut remarquer à loifir le corps de la matrice,
& fes parties exterieures, où l'on void fortir par
en haut deux cornes, & quatre ligamens, deux
defquels font larges, & membraneux, qui font
productions du Peritoine, plus eftendus aux
vierges, & aux femmes, qui n'ont point eu d'enfans. Ils reffemblent affez bien aux aifles eftenduës de la chauue fouris. Ils retiennent la matrice en fa place, & empefchent qu'elle ne tombe embas.

Les deux autres ligamens font ronds & longuets, & fortent du fond de la matrice vers les
cornes. Ils font creux en leur fortie, & par tout
le chemin qu'ils font, iufques vers les Os barrez, ils font tels. Quand ils font arriuez au
Clitoris, ils fe fendent, & s'eftendent en forme
d'vne patte d'Oye, par toute la partie anterieure de la cuiffe, & c'eft moy qui ay remarqué le premier ces creux, & leurs vfages. Les
Anciens Anatomiftes, auffi bien que les Modernes, veulent, qu'ils empefchent la matrice
de remonter en haut; mais fans cela elle ne
peut pas monter, à moins que fon col, & les
autres parties honteufes, qui font continuës
auec elles, ne fuffent renuerfées.

La corne de la matrice eft fiftuleufe, & pà-
roift déchirée par embas, & comme rongée de
fouris. On treuue dedans icelle vn gros filet
dur & long, qui imite en quelque façon la fubftance du vaiffeau Ejaculatoire de l'homme.
Et dedans iceluy on treuue vne femence blanche, qui s'y conferue.

Il faut en fuite regarder le corps mefme de
la matrice, dont la fubftance eft charnuë &
moëlleufe; & à peu prés de l'efpoiffeur d'vn

doigt. Elle eſt couuerte par deſſus d'vne peau,
ſoit qu'elle luy ſoit propre, ſoit qu'elle la reçoiue du Peritoine.

Son temperament eſt chaud & humide, elle
eſt placée dans le bas de l'Hypogaſtre, entre le
boyau droit, & la veſſie. Elle eſt fort petite &
dure aux filles, iuſques au temps de leurs purgations menſtruelles; mais apres qu'elles les
ont eu, elle s'amollit beaucoup; & quand les
femmes ont eu des enfans, elle deuient beaucoup plus grande, & beaucoup plus eſpaiſſe.

Sa figure a quelque reſſemblance auec vne
petite courge, ou ventouſe. Il n'y a qu'vne
ſeule matrice en la femme, mais par fois elle
eſt diuiſée en deux cauitez, y ayant vers le
milieu, comme vne petite ſeparation, ou bien
elle a comme deux cornes, & c'eſt ce qui eſt
cauſe, que les femmes ont quelquesfois deux
ou trois enfans d'vne portée. La cauité de la
matrice eſt ſi petite aux vierges, ou aux femmes qui n'ont point encor eu d'enfans, qu'à
peine y pourroit-on placer vn gros pois, ou
vne petite febue. L'action propre de la matrice eſt de conceuoir, ou bien d'attirer la ſemence, & de la reduire en acte. Ce qui n'empeſche pas qu'elle ne puiſſe par accident auoir
d'autres vſages, comme de receuoir les impuretez, qui abondent en tout le corps, & qui
perpetuellement coulent en cette partie, comme on void en celles qui ont des fleurs blanches, ou ſeulement en de certains temps; ce
qui paroiſt par la ſortie du ſang inutile, qui
reſte apres la nourriture du corps de la femme,
qui eſtant petit à petit amaſſé, eſt reietté tous
les mois, ſi ce n'eſt qu'il ſoit employé à la nour-

riture de l'enfant, qui eſt dedans le ventre de la mere, ou apres qu'il en eſt ſorty, il remonte vers les mammelles, pour y eſtre changé en lait, & ſeruir en ſuite de nourriture à l'enfant né.

Remarques tres-particulieres, & tres neceſſaires pour la pratique de la Medecine, tirées de la connoiſſance des parties genitales internes de la Femme.

IL n'eſt pas difficile de connoiſtre les deſordres, qui peuuent arriuer en toutes ces parties, quand on a parfaitement connu de quelle ſorte, elles doiuent eſtre natuiellement diſpoſées.

Les vaiſſeaux Spermatiques ſont ſuiets à eſtre bouchez, & remplis de quelque matiere trop eſpaiſſe, qui empeſche le cours des purgations menſtruelles; ce qui eſt tres-incommode, & tres-nuiſible aux femmes. Ces vaiſſeaux ſe peuuent auſſi tumefier, & les Teſticules auſquels ils ſe ioignēt, participent à cette indiſpoſition, deuenans quelquesfois gros comme le poing, à cauſe d'vn amas d'humeur vicieuſe & eſpaiſſe, qui reſſemble en quelque façon à celle du Steatome. L'on reconnoiſt cette indiſpoſition, lors que l'on void les deux coſtez du bas de l'Hypogaſtre, eſtre extremement gros & remplis.

Les cornes de la matrice peuuent eſtre élargies, & agitées par vne ſemence corrompuë, qui y eſt enfermée, & qui cherche à ſortir. Mais ce qui eſt digne de grande admiration, eſt, que la ſemence de l'homme peut arriuer iuſques en

ce lieu, & qu'il s'y peut engendrer vn enfant,
comme nous le voyons par plusieurs Histoires
tres-veritables; & cela pourroit faire croire,
que la conception se peut faire hors de la matrice, comme l'ont voulu Paracelse, & *Amatus
Lusitanus*, qui ont escrit l'Histoire d'vn petit
homme formé dans vne fiole de verre, dans laquelle il y auoit de la semence de l'homme,
meslée auec du sang menstruel d'vne femme,
la fiole estant entourée de fumier de cheual.
Mais ces deux hommes sont trop peu confide-
rables, pour adiouster foy à ce qu'ils disent;
car l'vn d'eux estant Iuif, & l'autre Athée, nous
pouuons les mettre au rang des imposteurs, &
n'adiouster aucune foy à ces paroles.

Il est tres-certain, que la matrice est la source, & le fondement presque de toutes les maladies, qui arriuent aux femmes; car ou elles
se forment dans la matrice, ou en sont produites.

Si elle a vne intemperie chaude, & qu'il s'y
fasse inflammation, l'on ressent des ardeurs en
cét endroit insupportables; ce qui cause des
fievres Synoques & ardentes, des demangeai-
sons tres-incommodes, des vlceres, le cancer,
& enfin la gangrene.

Si la matrice est eschauffée d'amour, du grand
desir qu'elle a d'estre arrousée de semence, il
luy arriue des mouuemens, & des fureurs épou-
uantables, les femmes en estant transportées
de rage, & deuenans comme troublées & Maniaques, ne pouuans demeurer en vne place,
elles remuent les Reins, & font mille postures
deshonnestes, pour tascher de descharger, &
enfin laissans l'honneur, & la pudeur à part,

elles font contraintes d'implorer l'affiſtance de quelque homme.

La matrice ſe remuë, tantoſt d'vn coſté, tantoſt de l'autre, ſelon la liberté qu'elle en peut auoir par la longueur de ſes ligamens, & de ſes attaches. Mais ce mouuement ne la porte pas iuſqu'au foye, au ventricule, & au Diaphragme, comme quelques vns veulent, pour y eſtre éuentée & humectée.

Durant ces mouuemens, les femmes paroiſſoient eſtouffées, & eſtranglées : tout leur corps eſt capable de mouuemens tres-violens, & treseſtranges, & meſmes de grandes conuulſions. En fin l'on peut comparer cette partie de la femme à vne beſte farouche, qui la rend ſuiette à vne grande quantité de miſeres.

Mon ſentiment n'eſt pas, que l'on doiue adiouſter foy à ce qu'Hippocrate nous a laiſſé par eſcrit, & Fernel en ſuite, à ſçauoir que la matrice ſe mette en forme de boule, & ſe roule par toute la capacité du bas ventre. Il eſt bien plus croyable que ces mouuemens viennent des cornes de la matrice, leſquelles eſtans remplies d'vne ſemence corrompuë, qui produit grande quantité de vapeurs eſchauffées, s'enflent extraordinairement, & ne ceſſent point de ſe remuer, qu'elles ne ſe ſoient deſchargées de cette ſemence dans la capacité du bas ventre, où cette ſemence eſtât eſpanchée, elle cauſe de tres-violentes douleurs, & enfle tout le bas ventre, iuſques à ce que la force des eſprits ſe diſſipe, & c'eſt de là que l'on void enfler ſi ſoudainement le ventre des femmes, que ces enfleures montent iuſques au Diaphragme, & ſemblent ſuffoquer.

Cela n'empefche pas que les mauuaifes vapeurs qui s'éleuent de la matrice, n'entrent fouuent dans les veines & dans les arteres, & ne montent iufques aux poulmons, & aux glâdes de la gorge; ce qui les peut eftrangler & eftouffer, & mefmes ces vapeurs malignes de la femence font fi nuifibles, qu'eftans enuoyées de la matrice au cerueau, elles peuuent en fuitte eftre communiquées auec violence en toutes les parties du corps.

Nous auons dit que la matrice eft extrémement petite alors qu'elle eft vuide, mais fi elle fe remplit de mauuaifes humeurs, elle deuient tres groffe, & nous en auons veu, qui approchoient de la groffeur de la tefte d'vn enfant nouueau né: Et le mal eft alors incurable, d'autant qu'il y a en cette partie vne tumeur fcirrheufe, qui tient de la nature du cancer, & qui s'aigrit par l'vfage des remedes.

Quelquefois l'orifice interne de la matrice eftant extrémement bien fermé, il coule dedans fa cauité des eaux du bas ventre, qui fe referuẽt en ce lieu, & font l'hydropifie de la matrice.

Quelquefois auffi il s'y amaffe quantité de mauuaifes humeurs, que la nature iette dehors auec violence, & cela arriue fouuent aux vierges, qui ceffent d'auoir chaque mois leurs purgations, l'orifice interne de la matrice eftant tres exactement bouché.

La matrice eft naturellement arroufée de deux humeurs, de femence, & de fang menftruel, la retention defquelles apporte de grandes incommoditez à la femme, de mefme que l'excretion les comble de fanté.

On ne trouue pas neantmoins dans aucun

paſſage d'Hippocrate, que la retention de ſemence ait eſté nuiſible aux femmes, bien qu'il
ait eſcrit, au liure de *Virgin.* que la matrice
eſtant trop deſſechée, monte en haut vers les
parties ſuperieures, afin qu'elle ſoit humectée.
(Ce que Galien a refuté,) diſant que c'eſt,
qu'elle deſire la ſemence virile, & pour cette
raiſon, qu'il faut marier les ieunes filles Nobles, qui ſont ſuiettes aux ſuffocations. Et
partant il attribuë la cauſe generale de toutes
les maladies des femmes, ou à la retention &
ſuppreſſion des menſtruës, ou à l'abondance
exceſſiue de leur flux, car vne femme doit auoir
ce que les autres ont pour eſtre ſaine. Si donc
vne fille ou vne femme a perdu ſes purgations
ordinaires, les peut-elle rappeller, ou faire
venir par les ſaignées reïterées trois ou quatre
fois du bras & du pied? I'ay leu l'Hiſtoire de
Galien, qui fit copieuſement ſaigner cette
femme qui eſtoit tabide, par le defaut de ſes
purgations menſtruelles.

Mais pour paruenir au but, que l'on pretend
en ce cas, il y a trois choſes à conſiderer, à
ſçauoir, *la matiere, le lieu, & la faculté excretrice.*

La matiere eſt le ſang ſuperflu, qui reſte
apres la nourriture d'vn mois, & deſtiné ou à la
conception de l'enfant dans la matrice, ou à ſa
nourriture hors du ventre de la mere. C'eſt
pourquoy touchant cette matiere, il faut conſiderer ſi la femme abonde tellement en ſang,
qu'elle en puiſſe fournir de reſte, & en ietter.
Car ſi elle n'a que fort peu de ſang, à raiſon de
quelque maladie precedente, ou de ce qu'elle
ne mange que fort peu, il n'y a pas lieu d'eſpe-

rer, qu'elle puisse auoir ses purgations menstruelles.

Le lieu, par où ce sang doit couler, est la
matrice, auec les veines hypogastriques, &
spermatiques : car ces vaisseaux contiennent,&
gardent ce sang superflu, iusques au temps legitime & destiné à sa sortie, & pour lors le laissent escouler, ou par la capacité de la matrice,
ou par les vaisseaux Spermatiques, iusques au
col, & de là au dehors. Or si la matrice est dessechée, ou endurcie, & les vaisseaux spermatiques, & les veines sont oppilez & bouchez,
on ne doit pas non plus esperer, que ces purgations menstruelles puissent venir, par le moyen
de la saignée, bien que plusieurs fois reïte-
reé.

Quant à la faculté expultrice, les parties genitales, qui sont plutost accoustumées de receuoir, que de chasser, n'en ont point, mais
elle depend de la force & vigueur de tout le
corps, qui pousse dehors ce sang superflu.

Or ces trois choses doiuent contribuer à l'excretion du sang menstruel, à sçauoir la matiere, le lieu, & la faculté, & faut que les remedes soient proportionnez à ces intentions. L'on
saignera plutost du pied, que du bras, on appliquera des ventouses seiches sur les vaisseaux
au dedans des cuisses, on purgera la malade par
quelque purgatif conuenable, on donnera des
Apozemes diuretiques, attenuatifs, & anasto-
motiques, c'est à dire, qui ayent la faculté
d'ouurir les orifices des vaisseaux: On pourra
aussi donner des pilules composées d'acier preparé, de myrrhe & d'aloë: on donnera le demy
bain, ou bien on receura seulement la fumée

de l'eau feule, tandis qu'elle eft chaude, ou
bien mefme à cét effet, on y fera boüillir des
herbes hyfteriques aperitiues : On fera des fomentations fur l'Os facré, & fur le bas ventre,
on obferuera bon regime de viure, non pas qui
puiffe efchauffer, mais bien attenuer les humeurs, & ouurir les vaiffeaux.

L'action propre de la matrice eftant la conception, lors qu'elle ne fe peut faire, la femme eft
appellée fterile; ce qui vient ou de quelque inté-
perie de la matrice, ou de fa mauuaife conformation, ou de la dureté de fon orifice interieur,
qui peut auffi eftre tourné autrement qu'il ne
doit eftre, ou par quelque defaut des tefticules
& vaiffeaux Spermatiques, aufquels il manque
quelque chofe, à raifon de leur ftructure, ou de
la matiere.

Il faut auffi remarquer, que quand la femme
eft valetudinaire, elle ne peut pas produire de
femence propre à la conception, fi ce n'eft apres
auoir recouuré fon entier fanté, & corrigé les
defauts des parties genitales, fi on les peut
guerir.

Et dautant que la matrice n'eft pas feulement
deftinée à la conception de l'homme; mais auffi
pour feruir de paffage à la nature, quand elle fe
veut defcharger des humeurs naturelles inutiles au corps, comme font la femence, & le fang
menftruel : Quand il arriue que la fortie de ces
chofes n'eft pas libre, ou qu'elles fortent en
trop grande quantité; la femme ne peut pas
eftre en fanté. De là viennët la gonorrhée fimple, les pertes de fang, les flux humoraux; & ce
dernier eft dangereux, lors qu'il eft malin, que
l'humeur eft acre, corrofif, & de mauuaife couleur

leur ; ce qui procede parfois d'vne cause virulente , externe , & contagieuse. Et en ce cas , il
faut auec prudence interroger les femmes de ce
qui s'est passé, afin que ne celás pas la verité, elles n'en donnent pas à garder au Medecin , luy
faisant entendre , que ce n'est qu'vn flux ordinaire de fleurs blanches. Mais à leur dam, si elles le trompent , & ne reconnoissent pas leur
faute, ou du moins ne l'attribuent à leurs maris,
lesquels il vaut mieux accuser , que de blesser
l'honneur des femmes.

En parlant de l'action propre à la matrice,
qui est la conception , il est à propos de dire
succinctement , de quelle sorte la femme est
disposée , pendant le temps de la conception,
quel est le fruict ou l'ouurage de la conception,
à sçauoir le *Fœtus* ; comment il peut sortir du
ventre de la mere, la disposition de la mere au
temps de l'enfantement , & apres , iusques à ce
qu'elle soit remise en son premier estat, n'estant
point necessaire de parler icy des autres maladies de la femme , qui ne sont point differentes
de celles, qu'elle a , lors qu'elle n'est point
grosse.

Il faut donc remarquer , que comme l'action
de la matrice est entierement abolie en la steri-
lité , ainsi elle est deprauée, quand au lieu d'vn
veritable *Fœtus*, il ne s'engendre qu'vne Mole
ou vn faux germe, où se fait vn flux de semence
durant les huict premiers iours , ou finalement
la femme ne porte pas à terme , n'ayant qu'vne
fausse couche, Galien nie absolument , qu'vne
Pucelle puisse produire vne Mole , sans qu'elle
ait receu la semence virile. Neantmoins Vein-
richius soustient le contraire , aussi bien que

A a

Horſtius *au liure de ſes Obſeruations*, 57. &
Schenchius liur. 4. pag. 677.

Si la conception eſt vraye & naturelle , il en
naiſt vn enfant. Or la conception ſe fait , lors
que la ſemée de l'homme eſtant iettée dedans
le col de la matrice , elle eſt ſuccée , & retenuë
dans ſa capacité. Alors la matrice fermant ſon
orifice interne tres-exactement, elle ſuſcite par
ſa chaleur , & par vne vertu , qui luy eſt toute
particuliere, ſa faculté formatrice , qui agit ſur
cette matiere conceuë.

C'eſt du meſlange des deux ſemences , à ſçauoir de l'homme, & de la femme , que le *Fœtus*
ſe forme , commençant par vn petit point , lequel a vn battement ou palpitation dés le troiſieſme iour, ainſi que l'on peut remarquer dans
des œufs couuez par vne poule. En ſuite dequoy ſe forment les pellicules , dans leſquelles
ſe tracent les premiers lineamens des vaiſſeaux
& des autres parties : (que nous appellons en
Medecine Spermatiques) & ſe font de la ſemence meſme , auec leſquelles le ſang men-
ſtruel de la femme ſuruenant , s'incorpore, &
les couure. Pour lors le *Placenta* , ou l'arriere-
faix ſe forme , qui n'eſt autre choſe qu'vne
maſſe de chair , laquelle s'attachant & colant
aux parois de la matrice , ſe place entre les
vaiſſeaux vmbilicaux du *Fœtus* , & ceux de la
matrice de la mere , leſquels eſtoient auparauant ioints enſemble.

Or la formation du *Fœtus* eſt fort differente
en ſes parties , mais cette difference paroiſt
plus manifeſtement dans les vaiſſeaux du cœur,
qui s'vniſſent par des doubles Anaſtomoſes,
telles que i'ay deſcrites en l'Hiſtoire du *Fœtus*,

Quant au temps de la groſſeſſe, il y a pluſieurs
femmes qui eſtans en autre temps valetudinaires, ſe portent fort bien, tandis qu'elles ſont
groſſes; ce qui ſe fait pourtant au détriment
de l'enfant, qui eſt abbreuué & nourry des impuretez du ſang de la mere. D'autres ſe trouuent plus mal qu'à l'ordinaire, pendant leurs
groſſeſſes, parce que les ordures de la maſſe du
ſang, qui auoient accouſtumé de s'eſcouler par
la matrice, ſe tranſportent en diuerſes autres
parties du corps : Et ſi elles s'attachent à l'eſto-
miach, elles y cauſent ou le degouſt, ou les en-
uies de choſes extraordinaires, lequel mal eſt
appellé *Pica*, ou des vomiſſemens fort frequents, qui aux vnes continuent pendant tout
le temps de la groſſeſſe, aux autres iuſques à
quatre mois & demy.

Au reſte, encore bien qu'vne femme ſoit
grandement malade, nous pouuons croire auec
raiſon, que ſon enfant ne l'eſt pas tant qu'elle;
dautant que l'intemperie chaude, & la mauuaiſe qualité du ſang maternel, ſe peut corriger en paſſant par les membranes ſpongieuſes
de la matrice, & par la maſſe charnuë de l'arrierefaix, qui en retient la meilleure part. Et
ſi on ſaigne pluſieurs fois vne femme groſſe,
ſon enfant, pourueu qu'il ſoit deſia grandelet,
n'en aura pas ſi toſt diſette, dautant qu'il y a
touſiours vn reſeruoir de ſang, pour ſa nourriture, & dans la ſubſtance ſpongieuſe du corps
de la matrice, & dedans celuy du *Placenta*.

Neantmoins dautant que la mere peut communiquer toutes ſes diſpoſitions à l'enfant, pendant tout le temps de ſa groſſeſſe, de meſme qu'il participe à la ſanté, ainſi peut-il pren-

dre part à toutes les maladies de sa mere.

On peut demander en ce lieu, s'il estàpropos de saigner, ou de purger vne femme grosse, & l'on respond qu'il est tousiours permis de la saigner, principalement durant les premiers mois, auquel temps l'enfant n'a pas besoin d'vne si grande quantité de sang pour sa nourriture. Durant les autres mois on peut aussi saigner quand la grandeur de la maladie le requiert, si ce n'est que l'on connoisse, que l'enfant & la mere en soient incommodez. Et s'il arriue durant ce temps quelque accident, il faut bien plutost en rapporter la cause à la violence du mal, que non pas à la saignée.

On demande aussi s'il est à propos de saigner vne femme grosse de sept ou huict mois, à laquelle il seroit suruenu vn deuoyement de bile *cholera morbus* par haut & par bas. Pour moy, ie croy que, puis que ce remede n'est pas approuué, pour les femmes, qui ne sont pas grosses, au contraire, qu'il est fort suspect, crainte de dissiper encore dauantage les forces, qui le sont desia beaucoup par la violence du mal, il ne peut pas estre permis en cette maladie : beaucoup moins quand vne femme grosse a eu de grandes euacuations dautant que la saignée en ces cas, fait blesser les femmes, en priuant l'enfant de sa nourriture, & mettant la mere en estat de ne luy en pouuoir plus fournir. C'est vne chose inoüye & fort dangereuse, de saigner vne femme grosse en ces cas; car si pour les hommes, & pour les femmes, qui ne sont pas grosses, ce remede est des-aprouué de tous les bons Medecins, Grecs, Arabes, Latins, tant anciens, que modernes, à plus forte raison le faut-il repudier en vne femme grosse de sept ou huict mois : Dautant que si on saigne en petite quantité, cette saignée sera inutile ; car que peut faire vne pallette de sang tiré à refrener la furie des humeurs agitées, ou à esteindre la fièvre, puis qu'en ce cas il a accoustumé de ne couler que fort lentement, & goutte à goutte, & n'en sort que le plus pur.

Ie ne diray rien dauantage sur ce suiet, afin que l'on ne croye point que ie parle icy exprés de cette question, qui doit estre plus fortement debattuë en vn autre temps. Ceux qui veulent voir beaucoup de choses, touchant la guerison des maladies des femmes grosses, doiuent lire *le cinquième liure des Aphorismes d'Hippocrate.*

C'est vne chose tres-remarquable, que la matrice s'espaissit, & que cette masse de chair, que l'on appelle le *Placenta*, grossit à proportion que l'enfant croist, de sorte que quand le temps de l'enfantement approche, elle est de l'espesseur d'vn poulce ; ce qui est contre la nature des autres corps, qui ont coustume de diminuer leur espaisseur à proportion qu'ils s'estendent : Que si en quelques-vnes cette espoisseur de la matrice est moindre, ces femmes sont fort maigres, & ont peu de sang, ou ont eu vn peu auparauant leur couche, quelque perte de sang ; Et apres leur couche elles n'ont que fort peu, ou point du tout de vuidanges.

Or l'enfant est dedans le ventre de sa mere comme vne boule, flottant au milieu des eaux; il est enueloppé de deux membranes, dont l'vne est appellée *Amnios*, & l'autre *Chorion*, il

a l'arriere-faix au deſſous de luy, attaché aux
parois de la matrice, lequel luy ſert d'oreiller,
& à eſputer le ſang de la mere. C'eſt en ce *Pla-*
centa où ſont attachez & enracinez les vaiſſeaux ombilicaux, à ſçauoir la veine, & les deux
arteres, qui portent le ſang de ſa mere au foye,
& au cœur de l'enfant pour ſa nourriture. La
veine Porte de l'enfant a ſon ſang particulier,
de meſme que la veine Caue a le ſien, pour le
porter au cœur, afin qu'il ſoit circulé.

Partant l'enfant reçoit ſa nourriture par le
nombril, il reſpire tres-peu. Son cœur ſe remuë,
& exerce ſa faculté vitale. Il a le ſentiment & le
mouuement, & meſmes l'on en a oüy crier dans
le ventre de leur mere. En fin lors que l'enfant
eſt au point de ſa perfection; ce qui arriue le
ſeptiéme, ou le neufiéme mois, qui eſt le temps
où il ſort ordinairement, il commence à ſe laſ-
ſer d'vne ſi longue priſon, & dans l'impatience
où il eſt d'en ſortir, briſant toutes les membranes dont il eſt enueloppé, il cherche à ſortir dehors, ſe preparant le chemin auec la teſte, qui
ſort la premiere, laquelle ſortie s'appelle, l'enfantement naturel & legitime.

La Nature a couſtume, auant que d'entreprendre ce grand ouurage, d'arrouſer petit à petit l'orifice interieur, & tout le col de la matrice, d'vne humeur viſqueuſe & gluante, afin que
ces parties, qui ſe ſont eſpoiſſiés pendant les
derniers mois de la conception, ſe trouuans ab-
breuuées de cette humeur, puiſſent plus facilement s'eſtendre, & donner paſſage à l'enfant
qui veut ſortir.

Lors que l'enfantement eſt conforme aux
loix de la Nature, l'éfant doit preſenter la teſte

là premiere, ayant la face tournée vers le fondement de la mere, & ayant premierement rompu ses peaux, & fait sortir l'eau qui y estoit contenuë. Il doit estre suiuy de l'arriere-faix, qui
est cette masse de chair, qui aydoit à sa nourriture, & ne doit estre aucunement deschirée. Immediatement apres que l'éfant est sorty, on luy
lie le nombril vn poulce au dessus de la peau, &
apres l'auoir lié, on laisse encore la longueur
d'vn poulce au dessus de la ligature, & on le
coupe en cet endroit. Apres que l'enfant a esté
bien nettoyé, qu'on a vn peu pressé & vny sa
teste, on le met entre les mains de la Nourrice,
tandis que la Matrone a soin de la mere, qui
ressent de violentes douleurs aux parties qui
ont esté élargies durant l'enfantement.

Si l'enfantement est difficile & accompagné d'vn grand trauail, la mere ne manque pas
d'auoir la fiévre, & toutes les parties de la generation sont extremément enflées, à cause de la
peine qu'elle a eu, & des efforts qu'elle a faits.
Elle tombe quelques fois en defaillance, & en de
tres-grandes conuulsions, auquel cas on la doit
promptemét saigner du bras & du pied; l'on doit
apliquer aux parties malades des fomētations,
faites de medicamens emollients, & qui relaschent; il faut ioindre les parties internes auec
des huyles qui les puissent adoucir, comme auec
du beure frais. On met quelquesfois la malade
dans vn bain d'eau tiede, on luy donne des lauemens vn peu acres pour vuider son ventre,
& exciter la matrice à faire le mesme. On luy
donne aussi quelques potions aperitiues, pour
dégager les conduits, & susciter les parties à
s'ouurir, & enfin si toutes ces choses sont inu-

tiles, & que la femme ait defia paffé deux ou trois iours dans ces tourments, qu'elle foit moribonde, & fes forces entierement abba-tuës, fi l'on void aux parties genirales des marques d'vne gangrene prochaine, il faut auoir des crochets, & tirer l'enfant de force, encore que l'on ne foit pas affeuré qu'il foit mort, afin que l'on puiffe par ce moyen confer-uer la mere, eftant bien plus à propos qu'il n'en meure qu'vn que deux, & la vie de la mere de-uant eftre preferée à celle de l'enfant. C'eft vne chofe qui ne fe doit pas faire, que de fauuer l'enfant par la mort de fa mere. Et par ainfi on ne doit point hazarder de faire la fection Ce-farienne, qui eft de fendre le ventre de la mere à cofté, pour en tirer l'enfant, de crainte que l'on ne tuë la mere, en voulant fauuer fon en-fant.

Tertullien dit elegamment à ce fujet, que c'eft vne cruauté neceffaire, de donner en ce cas, la mort à l'enfant, non pas l'exempter du danger où il eft de mourir, puis qu'il feroit caufe de la mort de fa mere, s'il demeuroit en vie.

Lors que l'enfant fort de la matrice, & que l'arriere-faix ne vient pas en fuite, il y faut mettre doucement la main, & le tirer auant que le fond de la matrice foit remonté en haut.

Si vous regardez les parties d'vne femme morte pendant l'enfantement, vous obferuerez que ces petites caruncules font toutes effacées, & les Nymphes beaucoup diminuées, n'y en re-ftant que les veftiges. L'Orifice interne de la matrice, eft auffi tellement ouuert, qu'il eft ca-pable de donner paffage aux quatre doigts ioints enfemble.

La Nature eſt admirable dans les efforts qu'elle fait, pour élargir les parties, afin de donner
paſſage à l'enfant, & en l'adreſſe auec laquelle
elle les reſſerre peu de temps apres.

Tout cét eſpace qui demeure vuide dedans la
matrice, & l'épaiſſeur qui eſt en ſes membranes, ſe diminuent petit à petit par les vuidanges
que fait la femme apres l'enfantement, leſquelles vuidanges ne ſont autre choſe, que le
ſang qui eſtoit contenu dans les parois ſpongieux du corps de la matrice, que la nature
fait égouter peu à peu, iuſques à ce qu'elle ſoit
en ſon eſtat ordinaire.

S'il arriue que l'épaiſſeur & la grandeur de
cette partie ne diminuë point, & que le ſang ne
s'écoule pas, il ſe pourrit enfin, & produit vne
grande inflammation en la matrice, qui deuient dure, comme ſi elle contenoit encore vn
enfant, & enfin la gangrene ſuruient, qui cauſe
la mort ineuitable.

Si tout l'arriere-faix n'a pas eſté tiré dehors, le
cas n'eſt pas abſolument mortel, & le lieu d'où
le reſte a eſté arraché de force, demeure ſeulement enflé, rude, & inegal, iuſques à ce que
toute la matrice ſoit deſſeichée, & remiſe en ſa
figure naturelle. Il faut ſoigneuſement prendre garde à toutes ces choſes, principalement
quand les femmes en couche ſont d'ailleurs
malades.

Alors que le corps de la matrice demeure
gros & dur, & que l'on a la fiévre, l'affaire eſt
plus dangeureuſe. Ce qui fait douter ſi on doit
ſaigner du bras, ou du pied. *Fernel* fait hardiment ſaigner du bras; & *Pereda*, Medecin Eſ-

Bb

pagnol, veut qu'on ait esgard non pas à la partie, d'où le sang fluë, mais à celle sur laquelle il se iette, & que l'on ouure tousiours la veine qui en est la plus proche.

Cortesius, dans ses questions meslées, debat fort cette matiere, & se declare du sentiment de *Fernel:* mais mon sentiment est qu'il y a plus de seureté & d'vtilité, de tirer du sang du pied, assez abondamment; ayant toutesfois esgard aux forces de la malade, sans oublier les clysteres, qui peuuent apporter du rafraichissement, les Epithemes, les fomentations, les Pessaires, qui obligent la matrice à se descharger du sang putrefié, & mortel, & pour euiter le blasme des femmes, & crainte de diffamer les remedes qui ont apporté la guerison à plusieurs personnes.

Quand la saignée du bras prouoque les purgations menstruelles, cela se fait, parce qu'elle rend le corps fluide, & que les esprits, qui donnent le bransle & la force à tout le corps, poussent le sang par le bas, vers les parties genitales.

L'Enfant n'a point de maladies particulieres, si ce n'est les maux de dents, quand elles poussent, la petite verolle, & la rougeole. Hippocrate met au rang des maux de dents, toutes les maladies qui arriuent aux enfans, à cause que le plus souuent ils sont si malades, quand elles commencent à sortir, que l'on en void mourir plusieurs. Ces violentes douleurs font naistre plusieurs autres maladies. Il y a principalement deux temps, ausquels les enfans souffrent beaucoup, & sont en danger, à sçauoir lors que les dents germét, & sortét dehors.

La verole & la rougeole font maladies nouuelles, que l'on croit auoir esté inconnuës à
nos Anciens, & viennent de l'impureté du fang
menstruel de la mere, qui fait impreffion fur
l'enfant, alors qu'il eft dedans fon ventre, & la
Nature fe décharge de cette impureté, comme
d'vne efcume, par la fortie de ces petites puftu-
les.

Ie ne diray autre chofe fur ce fuiet, crainte
de paffer les bornes de l'Anatomie, mon deffein n'ayant pas efté de donner icy vne Pathologie exacte ; mais feulement de faire remarquer les maladies, dont la connoiffance dépend de celle de la difpofition naturelle des
parties de tout le corps.

Des douleurs qui arriuent vers les Lombes,
ou à l'endroit des Reins.

CHAPITRE XXXVIII.

L'On ne rencontre rien de plus ordinaire, en
lifant Hippocrate, & en exerçant la Medecine, que les douleurs qui arriuent à l'endroit
des Reins, foit qu'elles procedent d'vne caufe, produite premierement en cét endroit, foit
qu'elles fuccedent à d'autres maladies. Quelques Medecins negligent la guerifon de ces
douleurs, comme n'eftans que fymptomati-
ques, fi ce n'eft qu'elles foient obftinées, qu'elles ne foient feules fans aucun autre mal, &
qu'elles foient fans fiévre. Ie treuue que ceux
qui ont efcrit la pratique de la Medecine, n'ont
pas expliqué affez exactement les caufes de ces
accidens, & n'ont pas affez bien monftré de

quelle forte on les doit chasser. I'ay dessein maintenant de suppléer à ce defaut, & de ne rien oublier de ce qui se peut dire sur ce suiet.

Apres donc que l'on a monstré toutes les parties du bas ventre, & que l'on en a osté les boyaux, l'on peut remarquer l'endroit des lombes, qui est couuert de muscles, tant en dehors qu'en dedans, & les portions charnuës du Diaphragme, qui s'estendent iusques à l'Os sacré. On peut aussi obseruer le tronc de la veine Caue descendante, la grande Artere, & les deux Reins, & si l'on se souuient de la connexion du Mesentere auec les Lombes, on pourra remarquer que les veines Lombaires, sortent de la veine Caue, & les arteres de la grande Artere, que toutes les deux passent par les troux des vertebres, & qu'elles se glissent iusques à la moëlle de l'espine du dos. Toutes ces choses estans bien reconnuës, donneront vn grand esclaircissement à ce petit discours, que nous auons dessein de faire.

Galien se plaint en plusieurs lieux, de ce qu'il y a quelque chose de caché dedans les douleurs de la partie, qui est autour des Reins, à cause que l'on n'a pas vne parfaite connoissance des choses, qui la composent, & qui la peuuent incommoder. Il en rapporte toutesfois quelques-vnes, & Loüis Dureté, ce grand genie, & digne Interprete d'Hippocrate, y en a adiousté quelques autres, mais l'vn & l'autre n'ont pas tout dit. C'est pourquoy ie m'efforceray d'esclaircir cette matiere.

Il faut premierement sçauoir que cette douleurs s'exprime auprès des Grecs, d'vn seul mot, à sçauoir *Osphyalgie*, qui signifie douleur de

Reins, le mot Grec ὄσφυς signifiant pluſtoſt les
vertebres des lombes, que l'Os ſacré, encore
que quelquesfois il ſoit compris ſous ce nom.
Les Latins luy donnent auſſi vn nom particulier, à ſçauoir *Lumbago*, comme à ceux qui ſont
trauaillés de ce mal *E lumbes*, en François *Erné*,
comme qui diroit trauaillés des Reins, à cauſe
que les Reins ſont en ce lieu, & qu'ils en ſont la
principale partie: & lors que la douleur vient de
quelques conuulſions, & de ce que les fibres
ſont ſeparées les vnes des autres; l'on dit vulgairement que l'on a les Reins entr'-ouuerts.
C'eſt pourquoy on appelle *foris de Reins*, ceux
qui ſont robuſtes des Lombes, & le nom François, *Courbature*, eſt deriué du Latin *Curuatu-*
ra.

Quand la douleur ſe treuue ſoulagée par
quelques lauemens, les humeurs qui ſont dedans les boyaux, ou dedans le Meſentere, eſtans
chaſſées dehors par ce moyen, l'on dit ordinairement que l'on a les Reins bien déchar-
gez.

Afin que le diſcours que nous deuons faire
des douleurs, qui ſuruiennent en ce lieu, ſoit
clair & diſpoſé par ordre, il faut premierement
demeurer d'accord des parties qui entrent en ſa
compoſition, & qui ſont ſuſceptibles de la douleur, & des parties qui leur ſont voiſines, qui
peuuent eſtre la cauſe de ces maux, ſans toute-
fois oublier celles, qui en ſont éloignées. En
ſuite dequoy il fera beſoin d'eſplucher les cauſes communes des douleurs, tant exterieures,
qu'interieures, & en vn mot parler des parties
qui enuoyent les humeurs, de celles qui les reçoiuent.

Les parties qui composent cét endroit, que l'on nomme les Lombes, qui est le lieu où les Reins sont placez,& qui est suiet aux douleurs, dont nous auons dessein de parler,sont la peau, & la membrane charnuë, les muscles qui courent leurs cinq vertebres tant en dehors qu'en dedans, & l'Os sacré. Il y a aussi dans les cauitez de ces vertebres, la moëlle de l'espine du dos, auec ses membranes, & vn grand nombre de nerfs,les ligamens membraneux,qui ioignēt les vertebres entre elles.Il faut en suitte remarquer, que la moëlle de l'espine du dos, est icy diuisée en vn nombre infini de filamens, comme vne queuë de cheual, que tout le mouuement de l'espine du dos se fait en ce lieu,à cause que la derniere des vertebres du dos est iointe par articulation,auec la premiere des Lombes.

Et ceux-là se trompent, qui croyent qu'Hippocrate ait entendu par ce mot de Lombes, toutes les parties qui sont enfermées en ce lieu, à sçauoir les nerfs, les muscles, la moëlle de l'espine auec ses membranes, & les Reins mesmes. Et de plus, la veine Caue, la grande Artere, les vaisseaux Spermatiques, ceux qui appartiennent aux Reins, à la matrice,yceux qui font les hemorrhoïdes, & les gros boyaux. Hippocrate en diuers endroits, comprend bien toutes ces choses sous le nom des Lombes: Mais ie desire qu'on me monstre les passages, où il parle precisément de ces parties.

Les parties qui sont voisines des Lombes, & qui les peuuent blesser, à cause du voisinage, & de la pesanteur, ou à cause des matieres dont ils se déchargent sur iceux, sont le Mesentere, qui y est attaché, la partie inferieure du boyau Co-

lon, les deux Reins, qui y sont placez & attachez
par leur membrane adipeuse, les troncs de la
veine Caue, & de la grande Artere, qui sont
couchez sous eux ; & les vaisseaux qui en sortent, se iettent dedans les muscles, passans au
trauers de l'espine du dos, comme sont les veines & arteres, que l'on appelle Lombaires ; les
veines hemorrhoïdales, qui descendent le long
de cette partie au fondement, les vaisseaux
Spermatiques, qui sont enflez de l'humeur
qu'ils contiennent, & en passant enuoyent de
petits Rameaux aux Lombes ; la matrice aussi
auec ses ligamens, & les testicules, peuuent
incommoder cét endroit du corps, & encore
dauantage, pendant la grossesse, à cause de la
pesanteur de la matrice, & de l'enfant qu'elle
contient. Les veines & les Arteres qui sortent
des Rameaux Iliaques, & qui sont dispersées
dedans l'Os sacré, peuuent aussi causer les douleurs des Lombes.

Entre les parties éloignées qui leur nuisent,
on peut mettre le foye, la veine Porte, & le
Mesentere, la teste mesme, quand elle se décharge, comme le veut Hippocrate, de l'humeur qui en sort, & descend par la cauité de la
moëlle de l'espine du dos, iusques aux lombes,
ne pouuant passer outre, à cause que la moëlle
se diuise en cét endroit, en mille petits filamens.

Or ces fluxions se font ordinairement le long
du dos, par dessus le pannicule charnu, qui est
lasche, & comme separé des muscles du dos, &
les autres fluxions par dessus le muscle fleschisseur ou Triangulaire, & le muscle tres-large,
lesquels estans ioints ensemble, font vn muscle

Bb. iiij.

tres-ample, qui s'eftend depuis la refte, iufques à l'Os facré. Et ainfi par ces deux voyes
externes, les humeurs de la tefte tombent fur
les parties inferieures des lombes.

En la pleurefie Dorfale, on reffent des douleurs tout le long du dos, comme fi on y auoit
des playes par tout, le malade a d'abord peine de
refpirer, crache fort peu, & le troifiéme, ou quatriéme iour, fait de l'vrine fanglante. La maladie, ou douleur du dos, d'Hippocrate, en eft de
mefme. C'eft pourquoy cette maladie a befoin
de faignées fouuent reïterées, de mefme que la
vraye pleurefie. Duret veut *dans les Coaques*,
que les inflammations, & les abfcez qui fe forment fur les parties de l'efpine du dos, fe puiffent guerir par vne Dyfenterie fanglante, ou
par les vrines de mefme nature. Auffi Hippocrate dit, qu'vn flux de sãg, ou hemorrhagie copieufe, emporte la Diftorfion de l'efpine du
dos.

Il faut en outre remarquer les caufes communes des douleurs que l'on trouue fouuent l'eftre
auffi de celles dont nous parlons, comme les
Rheumatifmes ou fluxions d'humeurs, tant interieures, qu'exterieures, qui viennent par les
veines, ou par deffous la peau, & qui defcendent
de la tefte entre les mufcles & la membrane
charnuë.

Les Rameaux qui fortent de la veine Caue,
& de la grande Artere, portent auffi quelquesfois vne partie du fang trop boüillant, & excef-
fif en quantité dedans les lombes, ce qui les in-
com mode, ou la iettent dedans les mufcles, ou
dedans les membranes, ou dedans la moëlle de
l'efpine du dos, ce qui fait que la Paralyfie vient

souuent apres la colique, ou la goutte, qui se change souuent en colique, & la colique en Sciatique. Les abscez qui arriuent exterieurement aux Reins, & les maladies qui enflent ou escorchent le boyau Colon, se communiquent aux lombes.

Il se peut aussi former des tumeurs, des abscez, & des vlceres, tant au dedans qu'au dehors des lombes; mesmes il s'y peut faire luxation, ou distortion par vne grande fluxion, ou par quelques amas d'humeurs qui s'y engendrent. Leurs fibres peuuent-estre separées les vnes des autres par quelque conuulsion; mais ces douleurs arriuent souuent par vne cause externe, comme quand on tombe sur le dos, ou que l'on y reçoit quelque coup violent.

Ceux qui ont douleurs des lombes, ne peuuent demeurer en vne place, ils tremblent, & pendant le tremblement, sont comme perclus des mains, & maniaques; ainsi que dit Hippocrate, *dans les Coaques de Duret, pag.* 191. Ce qui se doit entendre de la rougeole, ou d'autres exanthemes, dautant que deuant leur sortie, le malade sent grande douleur dans les lombes, à cause de l'ebullition du sang dans les grands vaisseaux qui sont en cét endroit.

Toutes ces choses estans dites & bien entenduës, on ne peut facilement expliquer quantité de passages d'Hippocrate, qui parlent des douleurs des lombes, & qui sont fort obscurs. Vous en rencontrerez quelques-vns dans le Commentaire de Duret, *sur les Coaques,* & d'autres amassés en mesme lieu, dans les Commentaires que Morinellus a fait sur Hippocrate, & vous les trouuerez sous le mot de *Lumbi.*

L'on range donc les accidens des lombes fous deux genres, les vns eftans dedans les lombes mefmes, & les autres en procedent. Ils font tous deux tres difficiles au fentiment d'Hippocrate. Il dit abfolument *dans les Cosques*, que ceux qui ont les douleurs des lombes, font en tres-mauuais eftat: & dans le mefme Liure, il dit, que les maladies qui viennent des douleurs du dos, font tres-difficiles. Or, il eft impoffible d'entendre, & d'accorder ces differens paffages, fi on ne connoift les parties qui enuoyent & reçoiuent les humeurs, comme ie l'ay cydeffus expliqué.

Il faut tenir pour tout affeuré, que s'il aduient douleur en ces lieux, au commencement des maladies, & qu'il y ait en mefme temps pefanteur & fiévre, le fang efchauffé, on en trop grande quantité, eft enfermé dans les grands vaiffeaux qui tombent le long du dos, & des lombes, & que s'il vient à s'efchauffer dauantage, & que l'on n'y donne pas ordre de bonne heure, il peut eftre tranfporté au cerueau, & aux poulmons, & y caufer de tres dangereufes maladies. En d'autres lieux, il explique plus particulierement les douleurs des lombes, & fi ie voulois rapporter tous ces paffages, ils ne pourroient pas eftre defcrits en vne vingtaine de fueilles; ce qui fait que i'abbrege en peu de mots.

Il faut bien prendre garde aux douleurs des lombes, qui accompagnent les fiévres aiguës, ou autres, dés le commencement du mal, dautant qu'elles font connoiftre que le fang eft fort efchauffé, & qu'il boult dedans les vaiffeaux; ce qui eft fort à craindre, fi dés le commence-

ment on n'en tire vne grande quantité par l'ouuerture des veines, principalement des pieds,
pour empefcher que le fang ne remonte en la
poitrine, & en la tefte; ce qui cauferoit des
accidens tres eftranges, & qui feroient les
auant-coureurs d'vne mort tres certaine.

Il faut pour ce fuiet fe défier des douleurs de
cette nature, qui accompagnent les fiévres, &
qui durent long-temps, encore que l'on ait tiré
beaucoup de fang, dautant que c'eft vn figne
que les humeurs font profondement cachées
dans la region du ventre, & qu'elles fe peuuent
ietter auec violence fur quelque autre partie, fi
l'on n'a foin de les bien purger. C'eft ce qui
oblige Hippocrate, d'ouurir les veines du dedans du pied, afin de pouuoir guerir ces douleurs, & fon fentiment paroift dans ce paffage
des Coaques. Les maux & douleurs des lombes, iettent beaucoup de fang, & les Hemorrhagies qui viennent en fuite des douleurs des
lombes, font tres-grandes, & tres abondantes;
ce qui monftre qu'il eft tres neceffaire de faigner en ces douleurs, quand la fiévre les accompagne.

On ne doit pas auffi manquer d'ordonner la
purgation, afin que l'ordure qui eft amaffée
dans tous les endroits du bas ventre, puiffe eftre
attirée & chaffée dehors, encore qu'Hippocrate dife, que ceux qui fe plaignent des Reins,
ont le ventre lafche; cela n'empefche pas qu'il
ne foit befoin de les purger.

Le fang qui fort par les Hemorrhoïdes, ne
fert pas moins aux douleurs des lombes, qu'aux
affections des Reins, & il eft bon pour ce fuiet
de les faire ouurir.

Quand il y a douleur obſtinée en cét endroit fans chaleur, ou inflammation, & qu'elle ne s'en va point par les fomentations faites en ſuite de quelques purgations & ſaignées; il y faut appliquer des ventouſes auec ſcarification, pour eſpuiſer par ce moyen l'humeur, ou faire vn cautere en chacun des coſtez de l'eſpine, fans oublier le bain d'eau tiede, compoſé d'herbes Medecinales, ny l'vſage des eaux minerales, & la douche ou cheute d'eau que l'on fait de fort haut ſur la partie malade.

Car les douleurs des lombes font plus violentes, & plus rebelles, quand elles viennent d'vne matiere ſereuſe, renfermée dans les muſcles, iuſques aux vertebres, & elles font encore pires & plus difficiles à guerir, quand cette humeur va iuſques à la moëlle de l'eſpine du dos.

Au reſte, les accidens que l'on void venir des parties des lombes, ne viennent pas de celles qui compoſent les lombes, mais pluſtoſt de celles qui leur font voiſines, & eſtans couchées ſur icelles, y engendrent la douleur, & enuoyent les humeurs qu'elles contiennent dedans les autres parties, quelquesfois peu à peu, & d'autresfois auec violence; par les veines, & par les arteres, comme font la veine Caue, & la grande Artere, les veines hemorrhoidales, & celles qui font parfemées dedans le Meſentere; & Galien eſt de ce ſentiment.

Cette eſpece d'Eryſipele, ou feu ſacré, qui occupant la moitié du corps, eſt appellé *Zoſter*, appartient auſſi aux Lombes; touchant laquelle maladie, voyez *l'Epiſtre 31. du Premier liur. page 160. de Tulpius.*

Pour conclusion de ce Liure, nous dirons que le siege de la lasciueté, & de luxure, est dans les lombes. C'est pour ce suiet, que ceux qui sont froids & tardifs à l'erection, se font fouëtter en cétendroit. Dequoy il y a exemple dans Seneque, & dans *Calius Rhodiginus*. Et moy-mesme, i'en ay veu vn pareil exemple d'vn Courtisan, qui estoit à la Cour de la Reine Mere Marie de Medicis qui se faisoit fustiger de verges par les putains, afin de luy eschauffer les Reins. Le Poëte nous témoignant assez, que la chaleur des Reins est necessaire à l'acte Vene-rien, quand il dit.

Mascula sed calidos habitat lascivia lumbos.

Or les lombes contiennent les Reins, & quád ils sont robustes & vigoureux, on est plus lascif & plus prompt au deduit : mais ceux-là ont les Reins froids & tardifs,

Qui duros nequeunt monere lumbos.

I'ay vn liure Arabique manuscrit, intitulé le *Liure des Sages* où parlant des lieux des actions diuerses de l'ame, il y a; Le siege de la raison, est au cerueau ; le lieu de la verité, est aux yeux; le lieu de la vanité, aux oreilles ; le lieu de la pudeur, au visage; de la volonté, en l'ame ; de la sagesse, à la teste; des ennuis & fascheries, à la poitrine ; le lieu du courage & magnanimité, aux poulmons ; du conseil, & de la colere, au foye; de la ioye, au cœur ; de la tristesse, à la ratte ; de la force, aux lombes; & de l'enuie, en la pensée.

Fin du Second Liure.

MANVEL
ANATOMIQVE,
OV ABREGE'
DES PRINCIPALES PARTIES
DE L'ANATOMIE,

& des Vſages que l'on en peut
tirer pour la connoiſſan-
ce & pour la gueri-
ſon des Maladies.

LIVRE TROISIESME.

Du Thorax, ou de la Poitrine.

CHAPITRE I.

POVRSVIVONS noſtre deſſein, &
voyons les parties du Thorax. Or le
Thorax eſt le domicile des parties vitales, qui eſt borné en haut par les Clauicules

& embas par les fauſſes coſtes, & le Diaphragme ; & tout ſon circuit eſt formé de toutes les
coſtes, des vertebres du dos, & du Sternon.
Neantmoins, dautant que le col contient les
principes de quelques-vnes, qui appartiennent
à la Poitrine, on le doit plutoſt rapporter à
cette region, qu'à celle de la teſte, quoy qu'il
ſoit ſon appuy & ſouſtien.

La Poitrine, qui eſt bien formée, doit auoir
ſa figure Ouale, & non pas abbaiſſée & plate
par deuant, comme vne table ; car celle-cy eſt
defectueuſe, & annonce que l'on deuiendra tabide, ou pulmonique.

Le Thorax eſt compoſé de diuerſes parties,
qui ſe diuiſent en externes & internes ; c'eſt à
dire, en celles qui contiennent les autres, &
celles qui ſout contenuës. Celles qui contiennent ſont, ou Communes, ou Propres. Les
Communes ſont cinq, à ſçauoir la Cuticule,
ou l'Epiderme, la peau, la membrane adipeuſe,
la membrane charnuë, & la membrane commune des muſcles, leſquelles parties ont eſté
expliquées au Ventre inferieur.

Les membranes adipeuſe & charnuë, ont
cela de particulier au Thorax, qu'elles contiennent les mammelles aux hommes, auſſi
bien qu'aux femmes. Mais aux hommes, elles
ne ſont que les marques, ou veſtiges des mammelles ; & aux femmes, ce ſont des parties
qui leur ſeruent non ſeulement d'ornement,
mais auſſi pour nourrir les enfans. Pour ce ſuiet, parlons des mammelles, deuant que d'aller
plus auant.

Des Mammelles.

CHAPITRE II.

LEs Mammelles font compofées de petits corps glanduleux, fort femblables aux amandes, ou noyaux de prunes entaffez, & confuſément rangez fur vne membrane particuliere, au milieu defquels il y a la plus groſſe glande, placée fous le Mammelon, ou bout de la Mammelle.

Les Mammelles font placées à la poitrine, non pas pour feruir de defenſe, & de rempart au cœur n'y d'ornement à la femme, mais bien pour nourrir commodément l'enfant, en l'appliquant au fein, quand la mere l'embraſſe, & le tient fur fes bras, & afin que l'enfant par le chatoüillement qu'il produit en tettant, augmente l'amour de la mere enuers fon petit Nourriſſon; ce qui l'oblige à le baiſer fi fouuent.

La grandeur des mammelles eſt diuerfe, fuiuant la difference des corps plus charnus, & plus lafcifs : car la chaleur Venerienne de la matrice enfle & tumefie les Mammelles. Ce qui fait que les filles, qui font propres à fouffrir vn homme, les ont plus grandes, principalement quand elles en ont deſia gouſté auec plaiſir & volupté.

La Nature remplie de bonté, a donné deux mammelles, afin qu'vne femme pûſt nourrir deux enfants à meſme temps, ou bien, fi l'vne vient à manquer, & eſtre mal difpoſée, l'autre puiſſe fuppléer à fon deffaut, & nourrir l'enfant

fant pour quelque temps. C'est pourquoy elles se communiquent l'vne à l'autre leurs vaisseaux.

La figure des mammelles n'est point platte, mais eminente & ronde, afin que sa capacité soit plus grande. Elles ont en leur extremité vn mammelon, ou vn bout, par où sort le laict, que l'enfant succe.

Ce bout est formé d'vne peau plus resserrée en cét endroit, il est percé de petits troux, & ridé en dehors, afin que l'enfant le puisse plus facilement prendre, & retenir dans sa bouche.

L'on void autour de ce mammelon aux femme, vn cercle de diuerses couleurs, suiuant la difference de l'âge, & que la matrice est pleine, ou vuide: Car les pucelles l'ont rougeastre & vermeil, & celles qui ne le sont plus, l'ont liuide. Les femmes grosses l'ont plus ample, & si elles portent vn masle, il est liuide ou rougeastre; si elles sont grosses d'vne femelle, ce cercle est palle & blesme.

Considerations & Remarques sur ce qui a esté dit.

LA Poictrine qui est d'vne grande estenduë est plus commode à la vie. Celle qui est trop resserrée & estroitte, n'est pas bonne, parce qu'elle cause difficulté de respirer, à cause que les poulmons y estans mal placez, & trop pressez, ils ne peuuent librement estendre leurs aisles. Ce que les Medecins doiuent curieusement obseruer, quand ils voyent la respiration blessée. C'est pourquoy le Thorax, pour estre bien formé aux personnes saines, doit estre

G c

rond par deuant, non pas pointu; il doit auffi
eftre droit par deuant & par derriere, car s'il
eft courbé, il faut que l'efpine du dos foit defe-
ctueufe : Dequoy nous parlerons dans l'Ofteologie, ou difcours des Os.

Terence a fuiet de blafiner la folie des meres,
& le foin particulier qu'elles ont, de refferrer
la Poictrine des petites filles : (ainfi que l'on
fait encore à prefent plus que iamais auec ces
bufques,) afin que leur corps paroiffe plus
menu.

La mauuaife conformation du Thorax, prouenant de la diftortion de l'efpine du dos, arriue plus fouuent aux femmes, qu'aux hommes,
parce qu'elles font plus plus foibles. On tafche
de corriger ce deffaut, par le moyen d'vn cor-
felet, fait ou de cuir ferme, ou de toille pi-
quée, & garnie de baleine, ou d'vne plaque de
fer bien deliée.

L'efpine deuient fouuent torturë par des mouuements contraires frequents. Par fois on apporte ce deffaut au monde, ayant efté contracté dés le ventre de la mere, en la premiere
conformation, auquel cas il n'y a point de
moyen de le corriger, quoy que puiffent pro-
mettre tous ces Renouëurs ou Rhabilleurs
d'Os.

Il tombe fouuent des fluxions dans les mufcles de l'efpine du dos, qui la rendent torturë,
faifans mefmes des luxations de fes vertebres,
& pour lors la forme du Sternon eft deprauée,
& par confequent celle du Thorax, parce qu'elles dependent de celle de l'efpine du dos.

L'on peut mettre au rang de ces déffauts, celuy qu'on appelle la cheute de la Poictrine,

qui se fait, quand le Cartilage Xyphoide est
courbé, & presse le ventricule ; ce qui cause des
vomissemens, & difficulté de respirer ; le Diaphragme en estant incommodé. C'est pourquoy il faut de bonne heure redresser ce Cartilage, & le remettre en son lieu. Baptiste Co-
dronchus, & Louys Septalius, ont escrit de
cette maladie.

Les maladies de Cauité de la poictrine, sont
l'Empyeme, qui n'est autre chose qu'vn amas
de matiere purulente dans sa capacité ; & l'Hydropisie du Thorax. Ces maladies demandent
pour en guerir, la Paracentese, c'est à dire
vne ouuerture entre la quatriesme & cinquiesme costes inferieures du Thorax de l'vn ou de
l'autre costé de l'espine, selon qu'on iugera que
la matiere sera en l'vne ou en l'autre capacité.

Quelquesfois les vents destendent les Poulmons auec tant de violence, qu'ils causent vne
suffocation, à moins qu'on ouure la poictrine
par cette Paracentese, ainsi qu'on fait souuent
a Paris, auec bon succez & grand soulagement
des malades, encore qu'il n'en sort point du
tout d'eau, mais seulement des vents auec impetuosité. Hippocrate appelle πνευματίας, c'est
a dire, essoufflez ceux dont la poictrine est remplie & destenduë de vents.

Quant aux mammelles, elles se doiuent considerer en diuers temps & diuerses personnes, à
sçauoir ou en vne pucelle, ou en vne femme
mariée, ou en vne femme grosse, ou en vne
accouchée, dautant qu'elles sont suiettes à
diuerses maladies, suiuant la diuersité de
ces temps. En vne fille preste à marier, elles
sont fermes & solides, elles deuiennent plus

molles & plus tumefiées quand elles sont paf-
sionnément amoureuses ; & tant plus les mammelles s'esleuent sans douleur & s'approchent
l'vne de l'autre, d'autant plus grande peut-on
iuger l'ardeur & le désir qu'elles ont de satisfaire à leurs amours, & peut-estre en ont elles
desia gousté.

Si en pressant les mammelles il sort du laict,
il y a suiet de croire, qu'elle est grosse, bien
qu'Hippocrate ait iugé cette marque incer-
taine.

Les mammelles d'vne femme mariée, qui
sont augmentées par l'ardeur Venerienne,
s'enflent peu à peu. Les femmes qui ont beaucoup de sein, sont d'vn temperament chaud,
luxurieuses, & addonnées au vin: Et si elles
sont froides de leur naturel, la grosseur de leur
sein procede d'vne humeur sereuse, qui est attirée par les glandes des mammelles, comme
d'vne esponge. C'est ce qu'en dit Hippocrate.
Pour ce suiet Martial haïssant les femmes qui
auoient de grosses mammelles, disoit.

Mammosas metuo, tenera me trade puella.

Les mammelles grosses & pesantes nuisent
à la respiration, en pressant la poitrine. De méme les mammelles enflées des vieilles filles &
des femmes mariées, sont suiettes à ces maladies suiuantes. Car ou par quelque fluxion, ou
par quelque contusion, il y vient de l'inflammation, qui se termine en abscés, ou les mammelles deuiennent scirrheuses, ou scopuleu-
ses, à raison des glandes. Et pour lors s'il n'y
a qu'vne glande ou deux, & qu'elles soient mobiles, il les faut extirper en faisant incision de
la peau, auant qu'elles s'attachent fortement

à la graiffe, & que le mal fe communique aux autres glandes, d'où il s'enfuiuroit vn Cancer incurable.

Et d'autant que les mammelles font glanduleufes & fpongieufes, pour ce fuiet la Nature les a deftinées a receuoir les humeurs fuperfluës du corps, & partant les femmes, qui les ont deffechées, font Valetudinaires, & crachent fouuent.

Les mammelles des femmes groffes s'augmentent peu à peu, à caufe que le fang qui deuoit s'écouler par autre part, rebrouffe en haut dans icelles, & dégouttent vne ferofité blanche comme du petit laict. Mais les accouchées les ont encore beaucoup plus amples, à caufe de l'affluence du fang, qui y monte en plus grande quantité, qu'elles ne peuuent contenir ; & cette grande diftenfion caufe la fiévre le troifiéme iour apres l'enfantement, laquelle dure vn iour ou deux, & dauantage, à moins qu'on ne repouffe le fang embas, ou qu'on ne faffe tetter l'enfant.

Les Latins appellent le premier laict *Colaftrum*, lequel fuiuant l'opinion de plufieurs, ne vaut rien du tout, pour la nourriture de l'enfant : Mais Spigelius prouue, qu'il n'eft pas mauuais, & qu'on en peut hardiment faire tetter.

Si les mammelles des femmes groffes font fuiettes aux inflammations, aux tumeurs, aux vlceres, elles le font encore beaucoup plus aux accouchées, & aux Nourrices, à caufe que le laict fe grumelle dans le fein, & c'eft ce que l'on appelle vulgairement *le Poil*.

Diofcoride efcrit, que les tumeurs des mammelles fe diminuent ; en y appliquant de la Ciguë pilée, ce qui eſt confirmé par l'experience, bien que Dodonée n'approuue point ce remede, à cauſe de la qualité maligne & veneneuſe de cette herbe, laquelle eſtant appliquée aux mammelles, peut nuire au cœur.

Hippocrate dit ſans ſes Epidimies, que ſi le bout des mammelles, & le cercle rouge qui eſt autour, deuient paſle, le vaiſſeau, c'eſt à dire la matrice, eſt indiſpoſé.

Les mammelles ont grande ſocieté & communication auec la matrice, non ſeulement par les Veines Mammaires & Epigaſtriques, ramais auſſi par les Thorachiques, qui ſont des meaux de la veine Caue, laquelle enuoye la veine Hypogaſtrique à la matrice dans le bas ventre.

Les anciens Chirurgiens coupoient les mammelles chancreuſes, mais voyant que ce cruel remede reuſſit malheureuſement, les femmes n'en veulent point oüyr parler ; & auiourd'huy il n'eſt plus en vſage. Neantmoins quand les glandes des mammelles s'endurciſſent, & ſont encores mobiles, pour empeſcher que le Cancer ne s'y forme, il n'y a point de remede plus prompt, & plus ſalutaire, que de les extirper. En quoy le ſieur Pimpernelle, Chirurgien tres-expert, a ſouuenteſfois reuſſi fort heureuſement. Ce qui eſt auſſi confirmé par Tulpius en ſes Obſeruations.

Des parties externes du Thorax.

CHAPITRE III.

LEs parties contenantes propres font les Os, ou les Mufcles, ou les Membranes Il y a quatre fortes d'Os, à fçauoir les douze coftes, les deux Clauicules, le Sternon, & les douze Vertebres, dequoy nous auons parlé dans l'Ofteologie.

Les Mufcles font externes, ou internes, ou du moins placez entre les Os. Les mufcles font ou propres à la poictrine, ou communs à d'autres parties, comme font le Pectoral, le petit Dentelé anterieur, le grand Dentelé. Tous les autres appartiennent à la poictrine, defquels nous parlerons en la Myologie ou difcours des Mufcles.

Les Mufcles internes fon les Intercoftaux, tant internes qu'externes, & font placez dans les efpaces qui fe trouuent entre les coftes.

De la Pleure, du Mediaftin, & du Pericarde.

LA partie membraneufe continuë, qui contient & enferme toutes les parties internes du Thorax, leur fournifant mefmes à toutes des membrane, ainfi que le Periroine en donne à celle du bas ventre, s'appelle la *Pleur*, laquelle eftant de toutes parts eftenduë fous toutes les coftes, s'attache fortement aux Os & au Diaphragme. Et à caufe de fon efpaiffeur, on la tient double, mais cela ne fe peut demonftrer

à l'œil fans la déchirer. Neantmoins on la peut
plus facilement feparer, lorfqu'elle eſt tumefiée par les maladies de la poiĉtrine. Arriuant
de chaque coſté au dos elles fe recourbe, &
monte vers le Sternon, fe redoublant & for-
mant le *Mediaſtin*, au milieu duquel elle laiffe
vn efpace vuide remply de filaments, qui contient auffi le Cœur, & le Pericarde, qui n'eſt
autre chofe qu'vne production, ou le reply du
Mediaſtin.

Il faut foigneufement remarquer cette cauité du Mediaſtin pour la formation de la voix,
à laquelle elle eſt neceffaire, comme vn Echo
pour la mieux faire retentir. Ce Mediaſtin fepare auffi la capacité du Thorax en deux efpaces, dans lefquels les poulmons font contenus.

Le Mediaſtin eſt attaché aux Clauicules, &
au Diaphragme, à raifon du Pericarde, lequel
eſt adherant tout autour du centre nerueux du
Diaphragme, & par deuant au Sternon. De
forte que par le moyen du Pericarde le Mediaſtin tient le Cœur fufpendu au milieu, feruant
auffi de lien au Diaphragme. Or le Pericarde
n'eſt autre chofe que l'enueloppe du Cœur,
dans laquelle il eſt comme en vne bourfe, qui
contient auffi vne humeur aqueufe, pour hume-
ĉter le Cœur, duquel cette enueloppe eſt toutà
à l'entour, autant éloignée qu'il eſt neceffaire
pour luy laiffer fon mouuement libre. Si le
Pericarde n'a pas de Tunique particuliere, au
moins en a-t'il vne autre, dont le Mediaſtin
l'enuironne; & neantmoins à caufe de l'eſtroite
liaifon qu'il y a entre ces deux membranes, elles
ne paroiffent pas plus efpaiffes en cét endroit,
que le Mediaſtin l'eſt en autres lieux.

Remarque

Remarques particulieres pour la Medecine.

COmme l'on reconnoiſt mieux la nature de deux contraires, quand on les oppoſe l'vn à l'autre, ie décriray les maladies, auſquelles toutes ces parties ſont ſuiettes, afin que leur diſpoſition naturelle en ſoit mieux connuë. Les Muſcles qui ſont couchez ſur les coſtes, & ceux qui ſont placez dans l'eſpace qu'elles ont entre elles, ſont ſuiets à diuerſes maladies, cauſées tất par la deſcếte des humeurs qui viếnent des autres parties, que par l'amas quis'en fait en iceux. Ils ſont ſuiets à pluſieurs tumeurs, inflammations, abſcez, & rheumatiſmes, qui ſe font tous d'vne ſeroſité acre, & piquante, qui cauſe des douleurs de coſté fort aiguës, accompagnées ſouuent de fiévres, & d'vn toux ſeiche; ce qui fait que l'on les prend ſouuent pour vne pleureſie, eſtant pourtant de grande conſequence, de les diſcerner d'auec elle, les meſmes remedes qui ſeruent à ſa gueriſon, ne deuant pas eſtre mis en vſage, pour celles de ces autres douleurs de coſté. Hippocrate a fort bien remarqué cette difference, & apres luy Duret, ſon fidele interprete; car toute pleureſie eſt douleur de coſté : mais non pas au contraire, toute douleur de coſté n'eſtant pas pleureſie, ou du moins n'eſtant que fauſſe,

Mais quelqu'vn me pourra dire, que ces deux maladies ſe gueriſſent par les meſmes remedes, pour ce qui regarde la ſaignée, d'autant que l'humeur des parties externes ſe peut facilement ietter ſur les internes. Ie ne nie pas qu'il ne faille faigner pour le mal de cofté, mais non pas en fi grande abondance, qu'en la vraye pleurefie. C'eft pourquoy Hippocrate, aux douleurs de cofté, fe feruoit de fomentations autant que de faigner, afin de reconnoiftre, fi la douleur venoit du mal de cofté fimplement, ou de l'indifpofition de la pleure; d'autant que les fomentations appaifent les douleurs fimples de cofté, & au contraire, augmentent celles de la pleurefie, en laquelle il y a inflammation, auec fiévre continuë, la toux, & vne douleur picquante du cofté.

Il faut donc remarquer, que les douleurs de cofté font differentes; ou pour la fituation, ou pour la matiere, qui les caufe. Elles font diffe-rentes de fituation, en ce que les vnes fe reffen-tent en la pleure, ou aux mufcles, qui font en-tre les coftes, ou en ceux qui font couchez fur elles, comme le pectoral, le grand & petit den-telé, le large, & les mufcles du dos. Elles diffe-rent en matiere, les vnes eftans caufées par le vent, d'autres par vne ferofité, & d'autres par le fang qui fe gliffe dans les grands mufcles externes, ou tombant du cerueau, paffe par les veines Thoraciques, & l'humeur qui arroufe les mufcles, qui font entre les coftes, paffe au trauers des petits rameaux de cette veine, qui eft fans pareille appellée *Azigos*, & produit la vraye pleurefie.

Il n'eft pas neceffaire que l'humeur foit con-tenuë dans la pleure, dautant qu'elle n'eft pas capable de receuoir fluxion dés que la douleur commence; mais elle fe refpaud dans l'efpace qui eft entre les mufcles, & la pleure. La dou-leur fe rencontre toufiours, mais auec bien plus

de violence dans la pleure, qui eſt plus ſenſible, à
cauſe qu'elle a plus de nerfs en ſa compoſition,
que n'a pas la chair des muſcles. L'vne des a-
ctions de la Poitrine, eſt ſon mouuement, qui
ſe fait pour la reſpiration. Il a beſoin pour cette
action, de muſcles, & de nerfs, qui ſont ſuiets à
la Paralyſie, & conuulſion.

On peut mettre au rang de la conuulſion de ces
muſcles, les vents qui offenſent, qu'Hippocrate appelle, πνευμα προσκόπτον, la difficulté de
reſpirer, & la reſpiration qui ſe fait en deux
fois.

Quand il y a inflammation en la pleure, iointe à vne fiévre continuë, vne douleur picquante
de coſté, auec toux, le mal s'appelle Pleureſie,
que beaucoup de Modernes ne croyent pas pouuoir durer long-temps ſeule, ſans que l'humeur
ſe communique aux poulmons, qui ſouuent
ſont attachez à la pleure, & meſme que l'humeur quitte la pleure, pour paſſer aux poulmons, où elle engendre la Peripneumonie.

Le premier qui a auancé ce ſentiment, eſt
Zecchius en ſon liure des Conſeils, où il apporte l'authorité d'Hippocrate ; les autres en ont
apporté les raiſons en leurs eſcrits, comme *Vin-*
cent Baron, dans le liure de la Pleuropneumo-
nie, donnant à cette maladie, qui eſt compoſée
de deux, vn nom qui exprime la nature des deux
enſemble, mais deuant eux, i'en auois dit mon
ſentiment, *en mon liure de la deſcription des*
parties de l'homme, au chap. du Poulmon. Le
paſſage d'Hippocrate eſt fort remarquable, &
pluſieurs ont taſché de l'expliquer ; à mon aduis, il ſe doit entendre de cette ſorte.

Souuent les Poulmons en l'vn des deux co-

ftez, & par fois en tous les deux, fe treuuent attachez à la membrane qui enueloppe les coftes,
ou bien, encore qu'ils n'y foient pas attachez,
lors que l'inflammation vient à occuper le
cofté, cette petite membrane eftant arroufée &
abreuuée de la quantité d'humeurs qu'elle attire, il en fort vne ferofité fort gluante, par le
moyen de laquelle les poulmons, qui empliffent
toute la cauité, quand ils s'enflent en la refpiration, s'attachent facilement à la pleure, laquelle
attache fe rend plus ferme par la chaleur de la
fiévre, qui deffeiche puiffamment l'humeur, &
colle ces parties enfemble, fans que le mouuement continuel des Poulmons, les puiffe détacher, dautant que le malade fentant vne violente douleur en fon cofté, & craignant qu'elle
ne s'augmente en refpirant trop fort, il tire
feulement fon haleine petit à petit ; ce qui fait
que le Poulmon a plus de facilité à s'attacher
aux coftes, & alors la pleurefie fe change en
Peripneumonie, où ces deux maux fe rencontrent enfemble, d'où il arriue que l'humeur fe
vuide facilement par les crachats, qui font au
commencement fanglans, à caufe de l'excoriation, tant de la pleure, que de la membrane
des Poulmons. En fuitte, le refte de la matiere
fe vuide, & vient partie du cofté, où elle eftoit au
commencement amaffée, partie des Poulmons,
où il fe treuue beaucoup d'excremens, du refte
du fang qui fert à les nourrir, les impuretez
mefmes de toute la maffe du fang, pouuant fe
vuider par ce moyen ; par ce que tout le fang
agité de fon mouuement circulaire par tout le
corps, paffe de temps en temps par les Poulmons, qui à caufe de leur fubftance fpongieufe,

attirent à eux toute l'impureté, & l'ayans espaissie, la reiettent par les crachats ; ce qui
fait que l'on crache en toussant, vne si prodi-
gieuse quantité d'humeur bilieuse & pituiteuse.

Que s'il arriue que le Poulmon ne soit point
attaché à la pleure, cette humeur sereuse ou
purulente s'épanche dans la Poitrine, estant
difficilement attirée par les Poulmons ; ce qui
donne origine à l'empyeme : & si cette matiere
ne se vuide d'elle-mesme, il faut venir à l'ouuerture du costé, laquelle reussit souuent auec
succez.

C'est pourquoy, suiuant la doctrine d'Hippocrate, que Horophile, au iugement de *Cœ-
lius Aurelianus*, & Corneille Celse, ont suiuie ; la pleuresie est vraye, quand la Peripneumonie est dans l'vn des deux costez. Que si tous
les deux costez sont malades, c'est vne veritable Peripneumonie, parce que le droit & le
gauche se treuuent malades, & que laissant couler de leur substance vne partie de la serosité,
dont ils sont abbreuuez, ils en peuuent infecter
les costes, & les rendre malades. Il faut donc
demeurer d'accord, que la pleuresie, & la Peripneumonie, sont des maladies, qui ont beaucoup d'affinité, & de liaison entre-elles, &
qu'elles s'aydent l'vne l'autre, pour la guerison, ou pour la perte du malade, à proportion
que la disposition des Poulmons, se treuue forte
ou foible, & qu'ils ont esté peu, ou beaucoup
soulagez par les remedes & par la frequente
saignée.

C'est vn abus de croire, que cette matiere que
fait la Pleuresie, se puisse transporter, ou com-

muniquer aux Poulmons, par d'autres voyes, soit en paſſant d'vn lieu à l'autre, soit en engendrant ailleurs vne ſemblable.

Nous voyons toutesfois dans les corps de ceux qui ſont morts de la Pleureſie, que la pleure qui eſt du coſté du mal, eſt vne fois plus eſpaiſſe, que l'autre; ce qui nous doit perſuader qu'elle auoit en ſoy la cauſe de la maladie; ce qui ne m'empeſche pas de confeſſer, que le mal peut paſſer de la pleure au Poulmon; mais alors la Pleureſie ſe change en Peripneumonie, cela ſe faiſant de la ſorte que nous auons dit.

Quant à ce qui regarde la ſaignée que l'on doit faire, pour la gueriſon de la Pleureſie, il y a eu de puis cent cinquante ans, diuerſes conteſtations entre les Medecins de la France, d'Eſpagne, d'Italie, & d'Allemagne, s'il eſtoit plus à propos de tirer du ſang du meſme coſté de la douleur, ou de celuy qui luy eſt oppoſé; & apres toutes ces diſputes, la doctrine d'Hippocrate, appuyée de celle de Galien, & debatuë ſeulement de la ſeule erreur des Arabes, s'eſt trouuée la plus forte.

Les Medecins de la Faculté de Paris, ſuiuent en cela Hippocrate, comme font tous ceux qui ont la vraye pratique de la Medecine. Ils ſaignent d'abord le malade, du coſté de ſon mal, & apres trois ou quatre ſaignées du bras, ils en font faire vne du pied, pour faire reuulſion; ce qui ne ſe fait pourtant point, que le coſté malade n'ayt eſté bien déchargé.

En ſaignant, il n'eſt pas inutile de choiſir les veines, le malade eſtant bien pluſtoſt ſoulagé, par l'ouuerture de la baſilique, dont les fibres tirent droit à la partie malade, dautant qu'elle

vient de la veine Axillaire, laquelle produit
auſſi la Thoracique : qui en arrouſant les parties externes de la Poîtrine, ſe ioint aux extremitez de la veine Azygos. Cette remarque a
eſté premierement faite par *Gordon*, & *Louys*
Duret, en ſes *Commentaires ſur la Pratique*
d'Hollier, & la confirment par diuerſes Hi-
ſtoires.

Le Mediaſtin eſt ſuiet à differens accidens.
Les membranes reçoiuent vne inflammation
ſemblable à celle de la Pleureſie, à cauſe du voiſinage du Cœur. Il s'y fait auſſi abſcez du Pus
qui s'y amaſſe, & qui ſe peut tirer dehors en
perçant le Sternon, & y appliquant vne canule.
L'on y trouue auſſi ſouuent des vents, qui cauſent grande douleur, & la font reſſentir à toute
la Poîtrine.

Le Pericarde eſt auſſi capable d'inflammation auec douleur ; ce qui eſt tres-dangereux, à
cauſe du voiſinage du Cœur. On tombe alors
ſouuent en ſyncope, le battement des arteres
eſt plus frequent, la fiévre eſt plus violente, la
ſoif plus grande que dans la Pleureſie, & Peripneumonie.

Il arriue auſſi ſouuent, que la quantité de
l'humeur, qui s'y amaſſe, accable le Cœur, &
eſtouffe le malade. Ce qui a fait mettre en queſtion, ſi ne pouuant empeſcher cette ſeroſité,
par les medicamens, qui tirent les eaux, il ne
peut pas eſtre permis d'ouurir le Sternon auec
le Trepan, à vn poulce loin du cartilage Xiphoide, auquel le Pericarde eſt attaché, pour
ſouſtenir & ſuſpendre le Cœur.

Pour moy, ie treuue qu'il vaut mieux auoir
recours à vn remede dont l'euenement eſt dou-

teux, que d'abandonner le malade au defefpoir.
Il eft plus conuenable d'auoir recours à vn
remede, quoy que le fuccez n'enfoit pas infaillible, que de n'en mettre aucun en vfage,
principalement en des maux, où il n'y a aucun
fecours à attendre, des forces ordinaires de la
Nature.

Les abfcez, qui par fois fe forment dans le Pericarde, caufent des frequentes defaillances de
Cœur ; ce qu'il faut bien remarquer dans les
maladies, qu'on attribuë au Cœur, ou à fes
parties voifines.

Et quand Hippocrate perçoit le Sternon en
l'hydropifie des Poulmons, il croyoit qu'il y
euft de l'eau contenuë dans la cauité du Mediaftin ; car pour euacuer le pus de l'empyeme, il
faifoit l'ouuerture entre deux coftes.

L'on a remarqué en plufieurs perfonnes, que
le corps fe deffeiche, & deuient hectique, quand
l'eau qui doit eftre dans le Pericarde, ne s'y
rencontre point.

Il eft aufli tres-certain, qu'il fe rencontre
dans le Pericarde des vers, qui piquotent la
fubftance du Cœur, & que l'vfage du *Scordium*
les fait mourir. *Pierre Salius* a amplement parlé
de cette matiere.

Il n'eft point aufli hors du fens de dire, qu'il
fe treuue des vers dans les ventricules du Cœur,
pourueu que l'on tombe d'accord, qu'ils y
foient venus de la veine Caue, où ils eftoient
engendrez.

Il faut remarquer, que le Cœur eftant attaché au Sternon, il n'eft point inutile d'y appliquer quelques remedes topiques, chauds, froids,
& cardiaques, dont la vapeur agreable penetre

facilement, selon que le Cœur se treuuera diuersement attaqué.

Du Diaphragme.

CHAPITRE V.

L'Ordre de l'Anatomie nous oblige maintenant à parler du Diaphragme, que l'on peut
nommer le principal organe de la respiration
volontaire : Il separe en forme de muraille cu
d'entresol les parties contenuës en la Poitrine,
d'auec celles du bas ventre. Il est attaché à toutes les fausses costes, & à deux des vrayes, & au
cartilage Xiphoide, & entourant toutes les parties, il enuoye deux Apophyses charnuës & longues, iusques aux dernieres vertebres des lombes.

Il est composé de chair, & d'vne membrane
nerueuse, qui se rencontre en son centre, le reste de son circuit estant charnu, & musculeux.
Du costé qui regarde le bas ventre, il est couuert du Peritoine, & celuy qui regarde la Poitrine, est couuert de la pleure.

Il a en son milieu vn centre nerueux, afin d'a-
uoir assez de force, pour receuoir les coups,
dont il est frappé de la pointe du Cœur, durant
son mouuement, & de pouuoir soustenir le foye,
qui y est attaché. D'autant que le Diaphragme
est le propre suspensoire du foye, & luy-mesme
est retiré en haut, & soustenu par le Mediastin,
parce que la figure du Diaphragme est concaue
en dedans du ventre, & dedans la Poitrine elle
est conuexe.

Il reçoit les veines & arteres Phreniques. Il a

deux nerfs fort remarquables, qui sortent d'entre la quatriéme & cinquiéme vertebre du col, & aboutissent en son centre nerueux.

Le Diaphragme estant vn muscle particulier en son espece, & tel qu'il n'a point en tout le corps son semblable, il a aussi vn mouuement particulier, qui respond à celuy du Cœur, & se remuë quelques fois lentement, quelquesfois auec violence, quelquesfois il remuë tout seul, quand la respiration est tres-douce; souuent il se remuë auec les Poulmons, quand le corps est mediocrement agité; mais quand la respiration est violente, il est contraint de suiure le mouuement de la Poitrine.

Hippocrate l'appelle l'euentail du bas ventre, d'autant qu'en ses mouuemens de contraction & de dilatation, il monte & descend, & euente l'vn & l'autre ventre.

La respiration ayant deux parties, dont l'vne attire, & l'autre chasse l'air, il est necessaire de sçauoir, de laquelle des deux se fait son mouuement de contraction.

Quand les Poulmons attirent l'air, alors il s'abbaisse, & se remet en ligne droite, c'est à dire, que de vouté qu'il estoit, il deuient plat, & ainsi le Diaphragme se resserre; & quand l'air est poussé dehors, il s'esleue, & de droit il deuient creux. Que s'il se remuë tout simplement, la respiration est alors libre, & elle est faite en partie d'vn mouuement insensible, que l'on ne laisse pas pourtant d'apperceuoir se faire dans les parties de la Poitrine, quoy que le reste du corps soit en repos. Suiuant au contraire, en la respiration violente & forcée, le mouuement de la Poitrine, qui est esleuée,

ou abbaissée par les muscles Intercostaux, par
ceux qui sont couchez dessus elle, & par les
muscles du bas ventre, & en ce cas, le Diaphragme est emporté de force, estant obligé de suiure
le mouuement forcé de la Poitrine.

Remarques particulieres pour la Me-
decine.

LE Diaphragme est suiet à plusieurs maladies, dont les vnes luy sont propres, & les
autres dependent des parties, qui ont communication auec luy.

Entre les maladies qui luy sont propres, l'on
peut mettre les intemperies, chaude & froide,
les inflammations, les abscez, dont il fait part
aux parties voisines, & an cerueau; ce qui fait
qu'il est souuent cause de la phrenesie.

Fernel a veu quelques tumeurs dures, attachées à la racine du Diaphragme, en suite
desquelles les malades deuenoient Tabides petit à petit, sans qu'il y eust aucune alienation
d'esprit.

Quand il y a inflammation au Diaphragme,
on ne manque pas d'auoir vne fiévre violente,
& continuë; & on sent vn battement aux hypochondres qui en sont voisins, y arriuant mesme quelques conuulsions, à cause que la membrane de Peritoine leur est commune. On n'a
pas en cette maladie la respiration tousiours
égale, au contraire elle est tantost frequente,
tantost ta diue, quelquefois grande, & quelquefois petite, & les conuulsions ne manquent
pas d'arriuer.

Quand le Diaphragme est blessé, on meurt

ordinairement en riant , fuiuant l'opinion
d'Hippocrate , de Pline , & des Medecins de
noftre temps. Les blefleures de fa partie charnuë ne font pas fi dangereufes & mortelles, que
celles qui font dans la partie nerueufe : ce qui a
fait remarquer à Galien dedans Homere , que
quand on voulut faire tuer le Cyclope par
Vlvífe, on luy a fait frapper le Diaphragme à
l'endroit, où le foye y eft attaché. Quand on
eft paralytique de tout le corps, le Diaphragme prend fa part en ce mal , ce qui fe recon-
noilt par la difficulté de la refpiration que
l'on a pour lors.

Des Poulmons.

CHAPITRE VI.

LE Poulmon eftant l'inftrument de la refpí-
ration & de la voix , a efté pour ce fuiet
compofé d'vne fubftance legere, molle, & fpongieufe , blanche au dehors, & rougeaftre en dedans, tiffuë d'vne grande quantité de vaiffeaux,
qui font femez par toutes fes parties : comme
font les canaux de l'artere Trachée, & ceux de
la veine arteriele , & de l'artere veneufe , qui
s'accompagnent de telle forte , qu'il y a touf-
fiours vn des canaux de l'afpre artere entre la
veine & l'artere fufdites.

Le Poulmon eft placé dans la poictrine, &
remplit auec le cœur toute fa capacité , alors
qu'il s'enfle, & qu'il attire l'air, y laiffant beaucoup de vuide , quand il fe refferre pour chaffer
les fumées , qui luy font nuifibles.

. Ces deux fortes de mouuemens fe fuiuent l'vn

l'autre, & durent depuis le commencement de la vie, iusques à la fin.

La Nature a separé le Poulmon en deux Parties, placées en deux cauitez differentes, & chacune d'icelles en plusieurs lobes & morceaux, pour faciliter leur mouuement, & pour la conseruation de ce Viscere leurs ailes s'estendans ainsi auec plus de facilité: & y en ayant toûjours quelqu'vne qui exempte du mal, quand les autres se treuuent offensées.

Si l'on prend garde à la figure du Poulmon, quand il est tiré du corps, on connoistra que ses costez approchent assez bien de la figure d'vn pied de bœuf, ou de cheual, estant fendu par embas, voutez par le dehors, & creux du costé qu'il touche au dos.

Il est reuestu d'vne membrane fort deliée, qui est percée comme vn crible, ses pores estans visibles, afin qu'estant oppressé & accablé pendant les suffocations, il se puisse promptement descharger dans la capacité du Thorax, & mesmes attirer & boire les ordures, qui croupissent dans cette capacité.

Cette seule partie se nourrit d'autre façon que tout le reste du corps, à cause qu'elle prend son sang du cœur, & que les vaisseaux qui luy portent sa nourriture, en sortent immediatement, & non pas de la veine Caue, d'où il arriue que les Medecins se trompent, qui croyent que dans les maladies des Poulmons, ils sont accablez par la quantité du sang, que beaucoup de veines espanchent dedans leur substance.

Il ne peut pas receuoir les humeurs qui viennent de la teste, si ce n'est auec la toux; & s'il n'y en a point, son indisposition luy vient seulement du cœur.

Remarques particulieres pour la pratique de la Medecine.

LE Poulmon est vn Viscere des plus necessaires à la vie, puisque nous ne viuons qu'autant que nous auons liberté de respirer, & ne nous est pas assez d'auoir la respiration; si elle n'est faite auec vne grande facilité, qui est necessaire pour la bonne disposition du cœur, & de tout le corps; la difficulté de respirer estant de grãde consequence dans les maladies, Hippocrate y ayant plus d'égard qu'au poulx, & Galien ayant composé trois Liures tres-beaux, *de la difficulte de respirer*, suiuant la doctrine d'Hippocrate, dedans lesquels on treuue en apparence beaucoup d'obscurité, n'y ayant que les habiles Medecins, & sçauans en l'Anatomie, qui les puissent entendre. I'en toucheray quelque chose, apres auoir parlé des maladies, qui arriuent en cette partie.

Fracastor dit au *liu. 2. des maladies contagieuses, chap. 9.* que les Poulmons deuiennent parfois si flestris & si corrompus, à cause de la quantité de pituite, qui est contenuë dans la capacité de la poitrine, qu'il s'ensuit vne phthisie incurable. Laquelle inuention est attribuée à *Fernel*, bien que *Fracastor* ait esté au temps de *Fernel*. Neantmoins on appelle ordinairement cette maladie, la *Phthisie de Fernel*; mais on la doit nommer la Phthisie de *Fracastor*, puis qu'il l'a descrite deuant, & plus clairement que *Fernel*.

La substance des Poulmons estant molle & spongieuse, ils sont plus suiets aux fluxions,

que les autres parties, soit qu'elles tombent du
cerueau, soit qu'elles viennent des autres entrailles par le moyen du cœur. Ils sont placez
entre la teste & le Diaphragme, non pas comme l'on dit ordinairement entre le marteau, &
l'enclume, mais plutost entre deux marteaux,
qui le frappent & blessent fort souuent, soit que
la teste enuoye au Poulmon & au Foye le plus
impur de son sang, soit qu'elle en enuoye vne
trop grande quantité au cœur, qui s'en descharge sur les Poulmons, dont ils sont incommodez & accablez.

Toutesfois cette indisposition des Poulmons
ne vient pas proprement du cœur, mais de toutes les entrailles qui sont mal disposées, & in-
temperées; ce qui fait qu'elles enuoyent au
cœur vn sang fort impur, qui ne peut estre purifié que par le moyen de plusieurs circula-
tions. Les Poulmons sont cependant fort incommodez de ce sang, qui passe par leur substance, & durant ce temps-là ils ne peuuent
pas faire leur fonction necessaire, ne seruant
pour lors que d'égoust & d'emonctoire au
cœur, qui leur enuoye ses ordures auec le
sang; ce qui l'assujettit à diuerses maladies.

En premier lieu, il est trauaillé d'intemperie chaude, ou froide. Il a souuent des erysipe-
les, des tumeurs, causées par vne humeur pituiteuse, des inflammations, que l'on nomme Peripneumonies, ou du moins vne disposition à ces maladies. Il luy arriue aussi des abscez, des vlceres, & en suitte la Phtysie, le
crachement de sang estant ordinairement suiuy
de celuy de purulence, & celle-cy de la con-

fomption vniuerfelle du corps, qui en deuient
tout tabide.

Il s'y fait auffi par fois des amas de matiere,
qui degenerent en vne maladie appellée Vomi-
que, de laquelle il en efchappé fort peu. Que fi
le pus entre dans le cœur, & qu'il ne paffe au
mefme inftant dedans la grande artere, il y a
grand danger d'eftre eftouffé à l'heure mefme;
& s'il tombe dedans le Ventricule droit du
cœur, il y a encore plus de danger, à caufe
qu'il n'en fort pas fi facilement.

De plus, les Poulmons font bouchez aux
Aftmatiques, laquelle difficulté de refpirer eft
ou continuë, ou periodique, & à proportion
qu'elle eft plus ou moins grâde, on luy donne de
differens noms, y en ayant vne plus petite, &
fimple, qui fe nomme *Dyfpnœa*, c'eft à dire
difficulté de refpirer, & vne autre plus grande,
en laquelle on eft obligé d'eftre à demy debout,
pour pouuoir refpirer, que l'on nomme *Or-*
thopnœa.

Par fois auffi la difficulté de refpirer eftfort
grande, les malades eftans tout eftoufflez &
hors d'haleine au moindre mouuement qu'ils
font; ce qui arriue à raifon d'vne groffe tumeur
de la raxe, qui preffe le Diaphragme. Cecy eft
confirmé par *Plante*, & autres Autheurs Medecins, principalement par Galien, *au liu. 3.*
de la difficulté de refpirer, chapitre penult.

Quant aux eftouffemens, ou fuffocations,
elles dépendent ou des Poulmons, ou du Cœur,
ou de la circulation du fang interrompuë, ou
du mouuement du Diaphragme bleffé.

Aux Poulmons on doit confiderer la fubftance, qui eftant trop humectée & remplie d'humeurs,

meurs, on eſt oppreſſé auec vne toux continuelle, ou bien l'artere Trachée, auec ſes rameaux, eſt remplie & bouchée des meſmes humeurs.

Pour ce qui regarde la circulation interrompuë, cela ſe fait par l'obſtruction des vaiſſeaux
du Cœur, qui appartiennent aux Poulmons.
eſtans oppilez ou tout aupres du Cœur, ou dedans les Poulmons meſmes.

Il faut obſeruer au Cœur l'entrée, & la ſortie
des grands vaiſſeaux, à ſçauoir de la veine & de
l'artere, les oreilles du Cœur & ſes cauitez, ou
Ventricules. Toutes leſquelles parties peuuent
eſtre bouchées, ou de quelque grumeau de
ſang, ou de quelque morceau de graiſſe & de
chair, ou de l'abondance d'vn ſang groſſier,
qui accable le Cœur.

On doit remarquer au Diaphragme, s'il eſt
oppreſſé par la peſanteur des parties, qui luy
ſont attachées, ou bien par la douleur, ou tumeur de ſa ſubſtance meſme. Or toutes ces
cauſes de ſuffocations ſont communes, tant aux
hommes, qu'aux femmes. Mais les femmes
ſont en outre ſuiettes aux ſuffocations de matrice, cauſées par les vapeurs malignes & corrompuës, qui s'en éleuent, & par fois des vapeurs de la ratte indiſpoſée ; ce qui peut auſſi
arriuer aux hommes.

C'eſt pourquoy il faut auoüer, que des ſuffocations, les vnes ſont Idiopathiques, c'eſt à dire,
qui ont leur cauſe dans les parties meſmes dediées à la reſpiration : les autres ſont Sympa-
thiques, ou eſtrangeres, qui dépendent des
autres parties inferieures, ou ſuperieures, à
ſçauoir quand elles ſe deſchargent de leurs hu-

E e

meurs dans les Poulmons, ou fur les mufcles du Thorax, ou fur la Pleure. Et c'eft ce que les Medecins doiuent bien examiner & difcerner dans la cure des maladies.

La toux eft auffi vne maladie fort frequente aux Poulmons, elle eft quelquefois mediocre, quelquefois tres-grande, & empefche la refpiration, mettant le maláde en danger d'eftouffer. Ce qui vient d'vne fluxion fort acre, ou d'vne grande quantité d'humeurs qui tombe tout à coup. Il arriue fouuent en fuite de cette toux, que lés vaiffeaux du poulmon s'eftargiffent, ce qui fait vne efpece de dilatation d'artere tres-dangereufe.

Le plus fouuent les Poulmons indifpofez cauffent vne hydropifie dans le Thorax, que *Rondelet* croid plutoft arriuer par le defaut du Cœur que des Poulmons. Parfois elle arriue tout foudainement; vne grande affluence d'humeurs fereufes fe iettant inopinément dans les cauitez de la poitrine. Ce qui eftouffe & tuë le malade, à moins qu'on ne face promptement la Paracentefe du Thorax : car les faignées copieufes, quoy que reïterées, n'y font rien.

Il y a vn grand debat touchant la faignée que l'on doit faire en l'inflammation du Poulmon, à caufe que les anciens Medecins nous ont commandé, de tirer du fang par les veines communes; & toutesfois nous ne voyons point que les veines que nous ouurons ayent aucune communication auec lés Poulmons, n'y ayant aucun des rameaux de la veine Caue, qui fe iette dedans iceux; ce que Galien fouftient en plufieurs lieux *contre Erafiftrate.*

La nature femble auffi nous monftrer ce cho-

min, d'autant que durant les maladies des entrailles & fiévres continuës, elle soulage souuent les malades par les hemorrhagies du nez,
qui ne seruent de rien aux Peripneumoniques,
ou inflammation des Poulmons, à cause que
les veines du nez, qui rendent ce sang, n'aboutissent point aux Poulmons.

Que s'il est vray, que le sang passe naturellement du Ventricule droit du Cœur par les
Poulmons, pour estre conduit dans le gauche &
de là dans la grande Artere, & que l'on demeure d'accord de ce mouuement circulaire
du sang, il est facile à voir que durant les maladies des Poulmons, le sang y arriue en plus
grande quantité, & les accable dauantage, si
l'on ne vuide les vaisseaux par la saignée, qui
d'abord doit estre faite copieusement, & ensuite plus petite,& partagée en differentes fois.
Hippocrate a esté dans ce sentiment, & commande,quand les Poulmons sont enflez,d'oster
du sang de toutes les parties du corps, de la
teste,du nez de la langue des bras & des pieds,
afin de remedier à l'excez qui est dans la masse
du sang,& de tirer celuy qui est dans les Poulmons.

Il commande mesme dedans les maladies
des Poulmons, de tirer du sang iusques à ce
qu'il semble que le corps n'en ait plus. Et en ce
malade qui estoit hectique, à cause de l'impureté du sang qui corrompoit les Poulmons,il fit
saigner iusques à ce que son corps parut n'auoir
plus de sang du tout.

Si l'on demeure d'accord du mouuement
circulaire du sang, l'on connoistra les voyes,
Par lesquelles les Poulmons peuuent estre des-

gagez par la ſaignée ; & ſi on le rebutte, ie ne
voys point de quelle ſorte ce ſag puiſſe en eſtre
oſté : car s'il rentre par la veine Arterieuſe dedans le Ventricule droit du Cœur, ſon paſſage
ſera empeſché par les valuules Sigmoïdes ; de
meſme qu'il ne peut ſortir du Ventricule droit
du Cœur, pour repaſſer dans la veine Caue, à
cauſe des valuules Triglochines, ou Triangulaires. Et par conſequent, il faut aduoüer, ſuiuant cette circulation, que l'on épuiſe le ſang
des Poulmons, quand on ouure les veines des
bras, & des pieds. Ce qui deſtruit l'opinion de
Fernel, qui veut que dãs les maladies des Poulmons, l'on ſaigne pluroſt du bras droit que du
gauche, d'autant que le ſang ne peut pas retourner dans la veine Caue, qu'en briſant ces deux
eſcluſes qui ſont dans le Cœur, & qui l'empeſchent de repaſſer.

Outre la ſubſtance des Poulmons, qui eſt
conſiderable dans ſes maladies, il faut remarquer ſes deux ſortes de vaiſſeaux, à ſçauoir ceux
qui contiennent le ſang, & celuy qui contient
l'air, qui eſt l'artere Trachée. Car la ſaignée
peut bien vuider les vaiſſeaux du ſang, & deſcharger les Poulmons, mais non pas le vaiſſeau
de l'air. C'eſt pourquoy lors qu'és maladies
des Poulmons, il n'y a point de fiévre, ny de
diſpoſition inflammatoire, il faut eſtre cir-
conſpect, & vſer de prudence. Car s'il n'y a
que l'artere Trachée trauaillée par l'obſtruction de ſes rameaux, & que ce ſoit vne perſonne âgée, il ne faudra ſaigner, que fort peu.
L'on doit ſouuent preferer la purgation à la
ſaignée, lors qu'on a eſté ſaigné vne fois ou
deux. Mais les maladies des vaiſſeaux du ſang,

se doiuent éuacuer par les saignées souuent reïterées. Et cette maladie se doit plutost appeller *Sanguisuge*, bien que *Gordonius* l'explique autrement *en la partie 4. Chap. 8. de sa Pratique.*

L'obstruction des vaisseaux du Cœur dispersez par les Poulmons, soit qu'elle se fasse d'vn Tubercule, où d'vn autre corps, ne peut estre la cause de l'inégalité du battement, qui se trouue aux arteres & au Cœur, dautant que ces vaisseaux sont separez de la grande Artere, & n'ont aucune communication auec elle. Mais cela dépend de la circulation du sang empeschée, soit que cét empeschement se trouue dans les Ventricules du Cœur, ou dans la grande artere, ou dans l'oreille droite du Cœur.

Les vlceres des Poulmons sont souuent causez d'vne toux violente, excitée par vne serosité tres-acre : ou bien ils succedent au crachat de sang, qu'on appelle Hemopthisie, lequel n'est pas si à craindre, lors qu'il se fait par l'Anastomose, c'est à dire, par l'ouuerture des orifices des vaisseaux, que quand il arriue par l'excoriation de ces parties.

Car pour lors il est suiuy de la *Phthisie*, maladie tres-difficile à guerir, de laquelle il y a plusieurs especes; l'vne est des Poulmons, l'autre du dos, telle qu'est celle qui arriue aux nouueaux mariez, pour vne trop grande perte de semence, ou d'vne grande destorse de l'espine du dos; l'autre est des Reins, quand ils se consomment, & se corrompent; l'autre est Ischiadique, telle qu'elle est descrite par Hippocrate, en vne maladie de la hanche. *La Phthisie.*

ſuccede à la Phthiſie, à ſçauoir lors que les
Poulmons vlcerez ſont arriuez à tel point de
puttefaction, que le malade ne crache plus que
du ſang corrompu, ou tout à fait purulent.

La Nature en ce cas a voulu nous eſtre bonne
mere, & ſonger à noſtre conſeruation, en ſe-
parant les Poulmons en pluſieurs lobes & canaux, afin que le mal ne s'eſtendiſt pas à tous
les Poulmons; ce qui ſeroit arriué ſi leur corps
euſt eſté continu. Et nous voyons beaucoup de
perſonnes qui ont les Poulmons vlcerez, qui
ne laiſſent pas de viure tres-long temps, quand
ils prennent vn peu garde à eux.

Si l'on tombe d'accord du mouuement circulaire du ſang, & que l'on aduoüe qu'il paſſe
par les Poulmons, & non pas à trauers de la
cloiſon, ou *Septum medium*, qui eſt au milieu du
Cœur, & qui fait la ſeparation de ſes deux ventricules, il faut eſtablir deux ſortes de circula-
tions, dont l'vne eſt particuliere au Cœur, &
aux poulmons, par le moyen de laquelle le
ſang paſſe du Ventricule droit du Cœur par les
Poulmons, pour paruenir au Ventricule gauche; car ſortant d'vn meſme viſcere, il retourne
dans le meſme: Puis par vne autre circulation
plus longue, ſortant du Ventricule gauche du
Cœur, il ſe tourne tout au tour du corps par les
arteres, & par les veines, & reuient en ſuite dedans le Ventricule droit du Cœur. Et quiconque demeurera d'accord de l'vn de ces mouuemens, conſentira facilement à l'autre.

Les Poulmons ſont ſuſpendus, & fortement
attachez aux clauicules, & au Sternon, n'eſtant
point ſouſtenus par l'artere Trachée, dautant
que dans la violente toux le goſier & les par-

ties qui en sont proches, seroient entierement
deschirés par la pesanteur des Poulmons. Ce
qui n'empesche pas, selon Hyppocrate, que si
le Poulmon estant enflammé auec le Cœur, il
tombe de quelque costé, le malade ne soit ab-
batu, deuienne froid, & sans sentiment,& qu'il
ne meure le second, ou troisiesme iour. Que si
l'inflammation ne se communique point au
Cœur, il demeure plus long-temps en vie, &
quelquesfois il en eschappe.

La substance du Poulmon deuant estre lé-
gere & molle, afin que l'on puisse facilement
respirer, elle deuient ordinairement seiche, &
dure aux vieillards, soit que leur corps se desseiche, soit que ses conduits se remplissent de
pituite; ce qui fait qu'ils ont ê courte haleine,
& qu'il en meurent à la fin.

Galien dit en diuers endroits, que le Thorax
donne le mouuement aux Poulmons. C'est
pourquoy il faut conseruer les forces du malade dans les maladies des Poulmons,c'est à dire,
les esprits,tant vitaux qu'animaux,auec le sãg,
afin que les costez soient robustes, c'est à dire,
les muscles du Thorax vigoureux, afin de pouuoir cracher. Ce qui fait connoistre, qu'il ne
faut saigner qu'auec grande prudence & circonspection, principalement lors que dés le
commencement, & pendant les premiers iours,
on a desia fait plusieurs saignées. Mais c'est le
mal, que l'espargne n'est plus de saison, quand
on en est au fond de la bourse. Et de là s'ensuit
la mort.

De la Respiration.

CHAPITRE VII.

L'Action propre des Poulmons est la Respiration. L'vsage de la Respiration est la mo-
deration de la chaleur naturelle, & la nourriture de l'esprit animal. Or il faut considerer de
quelle façon la Respiration se doit faire és personnes saines, afin de cónoistre ses defauts, quád
elle est deprauée. Car en pratiquant la Medecine, principalement des maladies aiguës, on ne
remarque aucune maladie, ou Symptome si frequent, que la Respiration blessée, ou difficulté
de respirer. Les affaires d'vn malade sont tousjours en fort bon estat, en toute sorte de maladies, principalement aiguës, s'il respire auec
grande facilité, daurant que la vie est insepara-
ble de la Respiration. *Gal. liur. 6. des lieux*
malades. L'on est encore plus asseuré de l'heureux succez de la maladie, quand outre la facilité de respirer, on repose tranquillement,
& que l'on n'a point de pressantes douleurs en
aucune des parties nobles. Hippocrate asseu-
rant n'auoir iamais veu mourir personne, qui
ait eu ces trois aduantages.

L'on remarque de deux sortes de Respiration,
dont l'vne est libre & volontaire; l'autre est
contrainte, & forcée.

La premiere se fait quand on pousse doucement l'air, sans que l'œil découure en aucune
façon le mouuement de la poitrine; celle-cy
dépend du Diaphragme seul, sans que les costes, & toute la poitrine se remuent, n'y ayant
que

que les fausses costes qui soient legerement agitées ; & cette respiration est dite veritablement
naturelle.

L'autre espece de Respiration, que l'on appelle contrainte & violente, est en partie naturelle, & en partie contre nature. Elle est naturelle, quand elle dépend de nostre volonté,
& que nous la pouuons haster ou retarder, selon que nous le souhaittons, comme en soufflant ou en retenant nostre haleine. Elle est contre nature, quand elle ne dépend plus de nous,
comme celle qui arriue par la violence de la
maladie. En cette sorte de Respiration, toute
la poitrine se remuë auec tous ses muscles, &
le Diaphragme, pour empescher que le Cœur
& les Poulmons, qui ont besoin d'air pour leur
rafraischissement, ne soient oppressez, &
estouffez, & pour faire sortir les fumées qui les
incommodent.

La Respiration naturelle a deux parties; l'inspiration, & l'expiration. La premiere se fait,
quand la poitrine attire l'air, & s'eslargit en
montant vers le haut. La seconde, quand les
fumées sont reiettées dehors, & que la poitrine se resserre en descendant vers le bas. Entre
ces deux mouuemens, on remarque vn double
repos, dont l'vn est entre la fin de l'inspiration, & le commencement de l'expiration ; &
l'autre est entre la fin de l'expiration, & le commencement de l'inspiration. Le double repos
se rencontre aussi au poulx, & s'appelle *Perisy-*
stole.

Galien remarque dedans la Respiration trois
sortes d'organes, à sçauoir le Cœur, qui est le
premier, & le principal moteur ; les Muscles

F f

qui font le fecond moteur : & le troifiéme eft le Mobile, à fçauoir la Poitrine, & les Poulmons: Les Organes, par le moyen defquels le mouuement eft accomply, font les efprits animaux, & les nerfs.

Or afin que l'on puiffe connoiftre la difference qu'il y a entre la Refpiration naturelle, & celle qui eft forcée, il faut fçauoir, que la naturelle confifte dans la mediocrité, & efgalité de l'infpiration, & de l'expiration, & de toutes les chofes qui contribuent à cette action, qui font au nombre de quatre ; à fçauoir, *le mouuement*, *le repos*, *le mobile*, & ce qui eft receu ou chaffé par le moyen du mouuement, d'où il s'enfuit, que la Refpiration eft moderée, lors qu'en elle on remarque vne mediocrité dedans le mouuement, & dedans le repos, & dans laquelle la poitrine s'eflargit mediocrement, & reçoit vne mediocre quantité d'air, ou chaffe vne mediocre quantité de fumées, & en vn mot, quand l'eftat de la perfonne qui refpire n'eft en aucune façon diffemblable à celuy d'vn homme bien fain.

Cette refpiration naturelle doit feruir de regle pour connoiftre celle qui luy eft contraire, & bleffée ; laquelle peut eftre telle par quatre voyes, qui font oppofées aux quatre chofes dont nous auons cy-deffus parlé ; le mouuement & le repos pouuans eftre trop violents, ou trop lents, & ainfi les defauts de cette Refpiration arriueront de ce que le repos fera trop petit, ou arriuera trop peu fouuent, ou de ce que l'infpiration, & l'expiration feront trop grandes ou trop petites ; les Poulmons pouuans auffi eftre indifpofez quand ils reçoiuent trop, ou trop peu

d'air, ou qu'ils chassent dehors trop, ou trop peu
de fumées, ou que l'on y remarque trop de
froid, ou trop de chaud. Ce qui fait que tous les
defauts de la Respiration sont, ou de ce qu'elle
est trop grande, ou dece qu'elle est trop petite,
ou de ce qu'elle arriue trop rare, ou trop frequente, & trop viste, ou trop tardiue. Ainsi on
appelle vne inspiration defectueuse, quand elle
est trop grande, ou trop petite, qu'elle va trop
viste, ou trop doucement, ou que les mouuemens se suiuent de trop prés, ou qu'ils sont trop
esloignez les vns des autres, ou qu'ils sont accompagnez de trop de chaleur, ou de trop de
froidure.

En ce cas, on doit remarquer la difficulté qui
sera, ou dans le defaut, ou dans l'excez, & s'il
est dans les deux parties de la Respiration, ou
dans l'vne des deux, y en ayant mesme d'aucunes, qui sont petites au dehors, & grandes au
dedans; & au contraire, d'autres qui sont grandes, & vistes, & se suiuēt de prés; & d'autres petites, & rares & tardiues. Il y en a aussi qui sont
doubles, tant dedans l'inspiration, que dedans
l'expiration; ce qui fait toutes les differences
composées de la respiration blessée.

On demande, si la transpiration peut tenir
lieu de respiration, quand celle-cy est empeschée. Galien semble auoir esté de ce sentiment,
quand il dit, qu'elle n'est autre chose qu'vne é-
uacuation d'esprit, ou d'air, qui se fait par les
Arteres, qui sont dispersées en toute l'habitude
du corps, soit qu'il reçoiue l'air, soit qu'il laisse
sortir les fumées. Hippocrate a escrit, que le
corps estoit tout remply de pores, tant en dedans qu'en dehors; le Cœur estant le principal

autheur de cette tranſpiration, il ſe ſert des Arteres, comme d'inſtrumens, & des pores de la
chair, comme de conduits.

Ie doute fort que cette Tranſpiration puiſſe
tenir quelque temps la place de la Reſpiration,
ſans que le Cœur ſe remuë, ne me pouuant imaginer, que l'air puiſſe arriuer iuſqu'au Cœur,
par le moyen des petites Arteres, ſi elles ne ſont
fort ouuertes, veu meſmes qu'elles ſont remplies de ſang, qui s'oppoſe à ſon paſſage. Ie croy
bien qu'elles chaſſent les fumées, qui incommodent le ſang quelles contiennent; mais ie ne
puis pas croire, qu'elles puiſſent attirer l'air
qui eſt neceſſaire à la vie.

Galien remarque, que l'on void arriuer quantité de fiévres, accompagnées de pourriture,
quand cette tranſpiration eſt empeſchée, à cauſe que les fumées qui ſont retenuës, corrompent
le ſang, & il n'y a point de remede, qui puiſſe
plus facilement éventer cette maſſe de ſang,
& empeſcher cette corruption, que la ſaignée
meſme reïterée.

Il eſt quelquefois neceſſaire que les perſonnes qui ſe portent bien, ſe ſeruent de cette Reſpiration, que nous auons appellée forcée, ſoit
pour chaſſer les fumées dehors, en ſoufflant
fort, ſoit pour pouſſer embas les ordures en-
durcies du bas ventre, ou l'enfant qui eſt en la
matrice, en retenant ſon vent. Le ſoufflement
reſpond à l'expiration, de meſme que de retenir
ſon haleine; c'eſt vne longue inſpiration qui
dure tant qu'il eſt neceſſaire. Et ce qui eſt admirable, eſt que cela ſe fait par vn fort petit
muſcle, qui ferme l'Arytenoïde & la Glottide:

Du Cœur.

CHAPITRE VIII.

LE Cœur eſt le principal, & le plus noble de tous les viſceres du corps, la ſource de ce nectar, par le moyen duquel la vie de toutes les parties du corps, eſt conſeruée & entretenuë. Cette partie eſt la premiere viuante & la derniere mourante, toutes les autres ne viuant & ſubſiſtant que par ſon moyen. C'eſt pour ce ſuiet que la Nature a conſtruit cette partie auec vn artifice ſi admirable, tant au dedans qu'au dehors, luy ayant donné vne ſubſtance charnuë, robuſte, eſpaiſſe, & tiſſuë de toute ſorte de fibres, & entourée d'vne ſuffiſante quantité de graiſſe, & arrouſée d'vne douce ſeroſité pour empeſcher, qu'elle ne ſe deſſechaſt par la chaleur naturelle, dont elle eſt le ſiege.

Il eſt placé au milieu de la poitrine, ſuſpendu par le moyen du Mediaſtin & du Pericarde, ces deux parties eſtant iointes enſemble, pour cét office, comme nous auons dit cy-deſſus au Chapitre du Mediaſtin. La grandeur du Cœur n'eſt pas touſiours égale, quelques hommes robuſtes l'ayans plus ferme & plus petit, comme ceux qui ſont plus delicats l'ont mol, & grand; ce qui arriue auſſi ordinairement aux femmes.

Sa figure eſt aſſez ſemblable à celle d'vne pomme de Pin: car eſtant large par ſa baſe, il aboutit en pointe. Le bout qui eſt large, qui ſe nomme la Baſe, reçoit quatre vaiſſeaux, *la Veine Caue*, qui paſſant au trauers de la Poi-

F f iij

trine, s'ouure à l'endroit du Cœur, y estant
comme collée : *La Veine Arterieuse, la grande Artere, & l'Artere veneuse.*

Le Cœur des bestes est plus dur on substance,
& sa figure est veritablement Conoïde, ayant
l'extremité pointuë : mais celuy des hommes a
sa base plus large & plus ample, & la substance
plus molle.

On y treuue aussi de petites bourses ou oreilles, qui sont proches de ces vaisseaux qui apportent le sang, elles sont creuses pour cét effet.
Celle qui est au costé droit est plus grande que
celle qui est au costé gauche, le contraire arriuant aux enfans, vn peu deuant & apres leur
naissance, qui ont l'oreille gauche du Cœur
plus large, que la droite. L'autre bout du
Cœur, est appellé la pointe, & l'on void en sa
surface quelques veines, & quelques arteres,
qui semblent estre faites pour entretenir la
graisse qui y est.

Ce n'est pas mal parler, que d'appeller les
oreilles du Cœur les moderatrices du sang, qui
entre auec violence dans ses ventricules, crainte
qu'il ne suffoque le Cœur. Mais elles sont
plustost parties des veines, que du Cœur, dautant que leur cauité est commune auec celle
des veines; au lieu qu'elles sont separées des
Ventricules par des Valuules, qui ne sont données qu'aux veines seules. Elles ont aussi des fibres charnuës, ou musculeuses. Leur mouuement est different de celuy du Cœur.

Il est tres à propos, auant de descrire la composition du dedans du Cœur, de faire remarquer de quelle sorte il se remuë. Son action
propre estant le mouuement, ou le poulx, par le

moyen duquel il chaſſe hors de ſoy le ſang qu'il
a receu.

Il faut donc remarquer deux mouuemens
dans le Cœur, par le moyen deſquels il ſe reſſerre & ſe dilate. Il s'eſlargit quand il reçoit le
ſang, & ſe reſſerre quand il le chaſſe. Entre ces
deux mouuemens il y a vn double repos, & l'on
eſt extrémement empeſché à deſcrire de quelle
ſorte tout cela ſe fait.

Ie ne m'arreſteray point à deſcrire les opinions des autres, me contentant d'expliquer
ſimplement la mienne. Le mouuement du
Cœur dépend de la faculté mouuante, qui reſide au Cœur comme en ſon organe, eſtant vn
muſcle inſigne, & determiné par la Nature à ce
mouuement par le moyen du ſang, qui s'y porte. C'eſt pourquoy le mouuement du Cœur, en
ce qu'il dépend de la faculté motrice, eſt naturel, mais en ce que l'ame le gouuerne & le rend
tel, il eſt le mouuement de l'ame.

Il y a bien de l'apparence que le Cœur eſtant
eſlargy ne peut rien receuoir, ſi ce n'eſt que cét
eſlargiſſement ſe faſſe, lors que la baſe s'approche de ſa pointe, & en ce temps les vaiſſeaux ſe
deſchargent de leur ſang, qui eſt attiré par le
Cœur. En la Syſtole le cœur ſe reſſerre, & pouſſe dehors le ſang, qu'il a receu, & alors il s'allonge, & ſe reſtrecit. Et comme le Cœur eſt
enfermé dans le Pericarde, qui eſt attaché au
Centre nerueux du Diaphragme, il frappe de ſa
pointe cette partie nerueuſe, battant au meſme
inſtant la poitrine auec ſa baſe, & la grande
Artere, éleuée en cét endroit, quand il s'eſtend,
& s'allonge.

Ce mouuement perpetuel du Cœur luy vient

E f iiij

bien d'vne faculté particuliere qu'il a , mais il
ne pourroit pas durer long-temps,si le sang n'y
arriuoit continuellement, & ne luy donnoit la
matiere necessaire pour faire l'esprit vital. Que
si le Cœur à chaque fois qu'il bat, reçoit vne
goutte ou deux de sang, & en chasse autant
dedans la grande Artere, il s'ensuit, que battant pour le moins deux mille fois en vne heure,la plus grande partie du sang, ou toute sa
masse, doit passer par le Cœur dans douze ou
quinze heures de temps.

Car la quantité du sang enfermé dans les vaisseaux estant de quinze ou vingt liures,il est necessaire qu'en l'espace de vingt-quatre heures,
tout le sang passe deux ou trois fois par le
Cœur , selon que son mouuement sera plus
hasté , ou plus tardif.

Or afin que ce mouuement circulaire se pûst
faire plus facilement,Guillaume Haruée, Medecin du Roy d'Angleterre,qui a le premier expliqué cette doctrine, & Iean Vualeus, Professeur de Leyden,qui la soustient & defend vigou-
reusemét,veulent que le sâg passe du Ventricule
droit du Cœur par les Poulmons,pour se rendre
dans le gauche , n'admettans point le passage à
trauers la cloison , qui est au milieu du Cœur,
& ainsi ils veulent , qu'en vne ou deux heures,
tout le sang passe par le Cœur , & par tout le
corps ; ce que ie ne croy pas, en ayant rapporté
les raisons & les inconueniens qui s'ensuiuent,
en vn Traité , que i'ay fait sur ce sujet.

En effet,reconnoissant que le Tronc de la Veine Caue est separé du Foye, qu'il est continu
depuis le col iusques à l'Os sacré , sans qu'il
y ait aucune interruption à l'endroit mesme du

Foye comme l'on le defcouure à l'œil , & en paſſant vn baſton dedans ; ie n'ay pû m'empeſcher de croire que la Veine Caue prend ſon origine du Cœur , comme la Veine Porte la ſienne du Foye , & que ces deux Veines ont en elles vn ſang tout different , encore que l'vn & l'autre ſoit fait par le Foye ; l'vn eſtant enuoyé dedans la Veine Porte, & l'autre porté au Cœur par vn rameau , qui prend ſa ſource du Foye,& qui eſt deux fois plus petit que le Tronc de la Veine Caue.

Celuy qui eſt enfermé dans la Veine Porte, n'a point de mouuement circulaire , encore qu'il ait flux & reflux dans ſes conduits,& qu'il ait communication auec les Arteres Celiaques qui ſont iointes entr'elles par leurs Anaſtomoſes mutuelles. Le ſang peut auoir vn flux & reflux alternatif dedans ces vaiſſeaux ; mais il ne ſe diſperſe point par tout le corps, & n'a rien de commun auec le grand mouuement circulaire.

L'on peut connoiſtre par ces choſes , que le mouuement circulaire qui ſe fait dans le Cœur tire ſa matiere du foye par la veine Caue,& que les vaiſſeaux qui ſeruent à ce mouuement, ſont la veine Caue , & la grande Artere , ſans que leurs petits rameaux y ayent aucune part, dautant que le ſang eſtant eſpanché dans les parties de la ſeconde & troiſiéme region , il y demeure pour leur donner la nourriture,& ne retourne point dans ces grands vaiſſeaux, s'il n'y eſt pouſſé par force , ou qu'ils ayent beſoin de ſang , ou qu'eſtant eſchauffé , il s'écoule dedans ces vaiſſeaux, qui ſeruent à la circulation.

Il faut auſſi croire, que le ſang qui eſt porté du foye au ventricule droit du Cœur, paſſe par le *Septum medium*, pour paruenir au ventricule gauche; ce qui n'empeſche pas, que quand le mouuement circulaire ſe fait auec violence, le ſang ne puiſſe paſſer par les poulmons, pour arriuer audit ventricule gauche, & que de là, il ſe iette auec impetuoſité dedans la grande Artere, pour paſſer en ſuite de ſes extremitez, dás les grandes veines, qui ont communication auec les arteres, par leurs Anaſtomoſes mutuelles. En ſuitte dequoy il remonte en haut vers le Cœur, & entre en ſon ventricule droit, & recommence touſiours le meſme mouuement, le ſang des veines montant touſiours naturellement, & retournant vers le Cœur: & celuy des arteres deſcendant touſiours, en ſortant du Cœur, ſi toutesfois les petites veines des bras & des cuiſſes ſe deſempliſſent, il ſe peut faire par ſucceſſion, & pour euiter d'eſtre vuides, que le ſang des veines deſcende, comme i'ay monſtré contre *Harueus*, & *Vualeus*.

Perſonne ne peut nier, que les veines & les arteres n'ayent communication les vnes auec les autres, puiſque Galien nous l'a laiſſé par eſcrit, & nous en a donné les preuues, & meſmes que l'experience iournaliere nous en aſſeure. Hippocrate meſme nous promet de faire vn diſcours exprés, pour monſtrer la communication que les veines & les arteres ont entre-elles.

L'on void par là comme il eſt neceſſaire d'admettre le mouuement circulaire du ſang, pour faire que le mouuement du Cœur, puiſſe eſtre de durée, & de qu'elle ſorte il ſe fait, ſans confusion, sans troubler les humeurs, & sans détruire les fondemens de l'Ancienne Medecine.

Il est donc necessaire, que ce mouuement de sang se fasse, afin que le Cœur continuë le sien, de la mesme façon qu'aux moulins, qui tournent par le moyen de l'eau, nous voyons que l'eau qui tombe dans les creux qui sont en leur roüe, les oblige de continuer leur mouuement; ainsi qu'il est necessaire, afin que le sang soit réchauffé, & restably apres la perte qu'il a fait de ses esprits, qui se sont dissipez dedans les lieux, où le sang se trouue esloigné de sa source, qu'il retourne derechef dedans le Cœur, pour y faire vne nouuelle prouision d'esprits, & afin que le Cœur, qui est la source de la chaleur naturelle, soit perpetuellement arrousé de cette douce liqueur, & qu'il ne desseiche point, ce qui se pourroit faire sans l'influence continuelle de ce nectar viuifiant, que luy fournit ce mouuement perpetuel.

L'on connoist aussi facilement par le moyen de ce mouuement circulaire, les causes de la vie & de la mort; estant bien plus à propos d'en rapporter la cause à ce mouuement, que non pas à cét humide radical, que l'on veut auoir esté planté dés le commencement dans ce Cœur, en si petite quantité, qu'il peut estre facilement consommé. Et le Cœur se remuant perpetuellement, sans iamais cesser ny nuit, ny iour, il pourroit à la fin perdre quelque chose de sa substance, si le sang n'y arriuoit à tous momens, pour l'arrouser & restablir, ce qui pourroit estre dissipé, par le moyen de cette action.

Cela n'empesche pas toutesfois, que le Cœur

& les Arteres n'ayent leur mouuement alternatif, c'est à dire, les vnes apres les autres, & non
pas au mesme temps, & par vn semblable mouuement, faisant seulement leur charge les vnes
apres les autres, dautant que lors que le Cœur
iette le sang hors de soy, les arteres le reçoiuent, & l'enuoient dedans les veines, non pas
celuy qui sort dans ce mesme temps, mais celuy
qui en est voisin, & qui en est sorty vn peu auparauant.

Ces choses estant ainsi supposées, il est necessaire que ces parties se remuent, les vnes
apres les autres, & le mouuement que l'on reconnoist estre en l'artere, quand elle s'enfle, est
vn eslargissement, & non vn restrecissement,
encore qu'il semble estre semblable au bâtte-
ment, que l'on remarque au Cœur.

Le mouuement circulaire du sang estant expliqué de cette sorte, il reste maintenant à ouurir le Cœur, qui est diuisé en deux ventricules,
separez l'vn de l'autre par le *Septum*, ou la cloison du milieu. L'vn s'appelle le droit, qui est
plus large & plus mol; l'autre est le gauche,
plus dur & plus estroit, & entouré d'vne chair
plus épaisse, & s'estend iusques à la pointe. Le
ventricule droit reçoit la veine Caue, & la veine Arterieuse. La veine Caue épanche le sang
dedans le Cœur, & la veine Arterieuse porte
dans les Poulmons, ou tout ce sang, ou vne
partie d'iceluy.

L'orifice de la veine Caue a les valuules Tri-
glochynes, ou portillons, qui empeschent le
sang de rentrer dans la veine Caue.

L'orifice de la veine Arterieuse est garny des
trois valuules Sigmoydes qui l'enuironnent, &

empeſchent que le ſang ne retourne dans le
ventricule droit.

Le ventricule gauche du Cœur a auſſi deux
vaiſſeaux, que l'on peut appeller Arteres, à
ſçauoir la grande Artere, & l'Artere veneuſe.
Cette derniere conduit le ſang des Poulmons
dedans le ventricule gauche du Cœur, ſelon
l'opinion de quelques-vns, ou porte à ce meſme coſté l'air qui a eſté preparé dedãs les Poulmons, & en remporte les fumées; ce que pluſieurs ne tiennent pas eſtre fort aſſeuré. Cette
Artere veneuſe a en ſon entrée deux de ces portillons, ou valuules à trois pointes, qui ſeruent à boucher ſon orifice.

La grande Artere reçoit le ſang Arteriel du
ventricule gauche du Cœur, & ſon entrée eſt
bouchée par trois valuules Sigmoïdes, afin
d'empeſcher que le ſang ne retourne dans ce
ventricule gauche.

Il faut bien remarquer, que ces valuules Triglochines ſont membraneuſes à l'endroit des
vaiſſeaux, mais qu'elles ſont attachées aux petites colonnes charnuës, qui repreſentent des
petits muſcles dans le Cœur, attachez aux parois du *ſeptum medium*, qui durant le mouuement du Cœur, demeure immobile, ſi ce n'eſt
vers la baſe, où il eſt plus mollet, & obeyt vn
peu quand la baſe ſe releue, & que le Cœur s'é-
largit.

Cette partie charnuë qui fait le *Septum*, du
milieu du Cœur, eſt toute poreuſe, & pleine
de troux, leſquels on void facilement vers ſa
pointe.

Et il eſt bien plus probable, que le ſang paſſe
naturellement par là, lors que le Cœur ſe re-

muë paifiblement & lentement, que de vouloir
qu'il paffe par les Poulmons; & cela eft conforme à la doctrine de Galien. Neantmoins ie
ne nie pas, que pendant les violens mouuemens
du Cœur & des Poulmons, le fang ne puiffe
paffer par leur fubftance, pour aller au ventricule gauche du Cœur.

Remarques particulieres, que l'on peut ti-vrer de ce Chapitre, pour feruir à la pratique de la Medecine.

AYant au long deduit toutes ces chofes, il
me refte maintenant à parler des maladies
du Cœur. Car comme Dieu feul eft le fcruta-
teur des Cœurs, & connoift toutes les penfées,
qui s'y forment: Ainfi le Medecin doit foigneufement contempler les actions, tant naturelles,
que contre nature du Cœur. Pline dit, que cette partie ne peut pas eftre beaucoup tourmen-
tée, ny beaucoup fouffrir; & au fentiment de
Galien, les Medecins n'ont point encore trouué
de remede, qui puiffe garantir l'homme de la
mort, quand la malignité de l'humeur, ou
l'excez de la qualité qui caufe fa maladie, font
paruenus iufques à la fubftance du Cœur. Ce
qui nous oblige à auoir grand foin de cette partie, qui ne peut fouffrir par fon propre defaut,
mais eft feulement incommodée par les ordures qui luy viennent des autres parties. Galien
traite *au Liure de l'vfage de la Refpiration,*
Chap. 3. des incommoditez, & du danger, que
la chaleur immoderée produit pour la deftru-
ction des parties, & la ruine entiere du corps
humain.

C'eſt pourquoy, ſi nous faiſions en ſorte qu'il n'y arriuaſt point de ſang, qui ne fuſt pur & loüable, & qu'il ne fuſt point incommodé par les maladies qui arriuent aux Poulmons, & au foye, il conſerueroit touſiours ſa force & ſa vigueur, & donneroit vne tres longue vie. Mais noſtre intemperance ne luy permet pas de ſe bien porter, & de faire part aux autres parties de ſa parfaite ſanté : D'où il arriue qu'il eſt ſouuent incommodé de diuerſes maladies.

Comme de toute ſorte d'intemperies, à ſçauoir chaude & ſeiche, qui ſont les plus frequentés, lors que par les ardeurs des fiévres il ſe bruſle & ſe deſſeiche : ou froide & humide, lors que ſa ſubſtance rouge & vermeille ſe defleurit & fleſtrit. Il peut eſtre auſſi incommodé des maladies de nombre & de figure, à ſçauoir, lors qu'il eſt fendu, depuis ſa pointe iuſques au milieu, comme s'il y auoit deux Cœurs, ou bien quand il eſt naturellement mal formé, l'vn des deux ventricules n'y eſtant point, ou eſtans trop petits, ainſi que l'on a remarqué à Paris, dans les Cœurs de deux Polonois, qui eſtoient freres. Il peche en grandeur, lors qu'il eſt ſi grand, qu'il peſe deux ou trois liures, comme l'on a veu en quelques-vns, & en la Reyne Marie de Medicis, Mere du Roy Louys XIII. Sa ſituation ſe change par fois, lors qu'en ſautant violemment, ou courant la poſte, ou par vne toux longue & violente, il ſe diſloque & panche du coſté droit, s'attachant meſmes aux coſtes droites, ainſi que l'on a veu en la Reyne Mere ſuſdite ; cela arriuant auſſi par fois naturellement. Neantmoins, quand dés la premiere conformation il occupe le coſté

droit, cela eſt prodigieux ; ce changement faiſant ordinairement, que la ſituation des parties de la Poitrine & du bas ventre ſoit en pluſieurs endroits, autrement diſpoſée qu'elle ne
doit. Mais on n'a iamais veu, que le Cœur ayt
manqué parmy les entrailles, bien que *Teleſius*
aſſeure, que cela s'eſt remarqué en vn homme.
La diſpoſition naturelle du Cœur, ſe deſtruit
par la perte de ſes forces, c'eſt à dire, par la
diſſipation de ſes eſprits, ainſi que l'on void en
la Syncope & Lipothymie, ou defaillance de
Cœur; ces deux accidens ne differans que ſelon
le plus & le moins, car la Syncope eſt plus grande, que la Lipothymie.

Quelquesfois ces maux paſſent pour Apoplexie, mais on n'y void point de rallement, & ne
laiſſent point de paralyſie, ny d'engourdiſſe-
ment dedans les parties ; toutesfois s'ils ſont
frequents, il y a grand danger que le Cœur
n'en ſoit oppreſſé, & eſtouffé, non ſeulement
à cauſe que le cours du ſang eſt interrompu, &
que les vaiſſeaux ſont trop pleins, mais auſſi par
ce que le Cœur eſt preſſé, & engagé par quelque partie de ſang eſpaiſſie, qui eſt pouſſée
en vn de ſes deux ventricules ; ce qui empeſche
le battement du Cœur & des arteres, oſte entierement la parole, & cauſe enfin la mort.

Les Allemands ſont auſſi ſuiets à cette maladie, comme à l'Apoplexie, à cauſe qu'ils ont
touſiours vn corps fort remply de ſang, par les
grands excez qu'ils font de boire, & de manger, principalement en leur diſner, qui dure
ſouuent iuſques à la nuit ; ſe ſoucians fort peu
de remedier à cette plenitude par les ſaignées,
d'où il ne faut pas s'eſtonner, ſi cette grande
quantité

quantité de fang les rend fuiets à l'Apoplexie, &
aux defaillances de Cœur.

L'explication *de l'Aphorifme 42. du liure
fecond*, depend de la connoiffance de ces chofes.

Iamais le Cœur n'eft bleffé, fans que l'on
meure à mefme temps; mais il eft fouuent vi-
ceré, fans que la mort s'enfuiue, ainfi que les
cicatrices, qu'on y treuue affez profondes, principalement du cofté gauche, nous le tefmoignent.

L'action du Cœur eft le poulx, ou le mouuement, qui eft depraué en la palpitation, & intercepté en la fyncope, & defaillance de Cœur.
Or le poulx eft depraué par diuerfes façons, lefquelles font toutes defcrites par Galien, *au
liure des poulx aux Tyrons, & autres liures des
poulx*. Mais toutes ces differences de poulx deprauez, fe reduifent en plus petit nombre.

Or, encore que le poulx, ou le mouuement
foit donné au Cœur, dés le commencement de
la vie, il eft neantmoins fomenté, & confeiué
par l'influence du fang veneux, deftiné à la generation de l'arteriel & vital dans le Cœur.
Cette influence de fang eft continuelle, par le
moyen de la circulation du fang, de laquelle
nous auons efcrit en autre lieu.

Le poulx intermittant & inegal, à moins qu'il
ne continuë ainfi par plufieurs iours, & plufieurs
mois, n'eft pas tant à craindre, dautant qu'il
ne fe fait pas d'vne caufe fort prochaine du
Cœur, ny qui foit attachée aux orifices de fes
vaiffeaux, ou pouffée dans fes oreilles; & quand
cela feroit, elle fe peut diffiper, ou fe defcharger dans les vaiffeaux plus efloignez. Galien efcrit *au liur. 5. des parties malades*, en ap. 7, Lors

G g

que le froye eſt indiſpoſé d'vne intemperie froide, le ſang qui croupit dans les veines, eſt groſſier, & difficile à ſe mouuoir. C'eſt pourquoy les vieillards ayans le ſang groſſier, & tardif au mouuement, il excite facilement cette inegalité de poulx autour du Cœur.

Ses deux ventricules & leur milieu, ſont ſouuent bouchez par quelque morceau de graiſſe, ou de chair, qui eſtouffe le Cœur, & empeſche le mouuement circulaire.

Quelquesfois ces choſes demeurent dedans ſon oreille droite; ce qui fait ou palpitation, ou l'inegalité du poulx, ou qui l'interrompt entierement.

Les vers s'engendrent auſſi quelquesfois dans le Cœur, comme *Salius* a deſcrit; & on lit dedans les Oeuures *d'Aurelius Seuerinus*, vne Hiſtoire tres remarquable d'vn Anglois, dont le Cœur auoir eſté rongé par vn ver.

Vvolphangus Gabelchouerus Centurie 3. pag. 3. a eſcrit des vers du Cœur. *Fernel* a veu des coſtes rompuës, par la violence d'vne palpiration de Cœur. Et *Ballonius* dit, qu'on a treuué à Paris, deux pierres dans le Cœur d'vn homme.

Le mouuement circulaire du ſang, n'eſt pas ſeulement intercepté dans le Cœur, mais auſſi dans les veines, quand elles ſont bouchées d'vn ſang trop eſpais, ou amaſſé en grumeau, comme de la moëlle de ſureau, ainſi que i'ay veu ſouuent dans les fiévres chaudes, & comme Fernel a ſouuent remarqué.

Le Cœur eſtant la ſource de l'humide radical, & le premier ſiege de la chaleur naturelle, toutes les autres parties empruntent de luy ces

deux originaux & influences. C'est pourquoy
les fiévres ardentes consomment ces deux choses dans leur source mesme, & par fois lors que
la putrefaction du sang est si grande, & qu'elle
est insinuée dans la substance du Cœur, elle
corrompt & destruit entierement l'vn & l'autre:
D'où s'ensuit la mort inopinée & precipitée, à
raison de la pourriture & corruption de l'humide radical. Or, la circulation du sang, sert à
chasser cette pourriture, crainte qu'elle ne demeure & s'attache au Cœur; principalement
lors que l'on boit en quantité vne boisson temperée, cordiale, douce, & arrousée d'vn peu de
vin odoriferant, afin qu'elle puisse plus facilement penetrer dans les ventricules du Cœur,
les lauer, & rafraischir. Car (dit Galien) quel remede peut-on trouuer, qui resiste à cette pourriture, qui a penetré & corrompu la substance
du Cœur?

Les maladies les plus ordinaires qui arriuent
au Cœur, sont les fiévres, qui l'eschauffent &
le brûlent, apres auoir consommé & desseiché
tout son humide radical. La substance de nostre
corps, dit *Louys Duret*, se diminuë beaucoup
plus en sept iours d'vne fiévre continuë, que la
chaleur naturelle n'en consommeroit en soixã-
te & dix ans. Et la chaleur d'vne fiévre maligne, emporte en sept iours vn ieune homme, qui
auoit assez de chaleur naturelle, pour viure encore soixante ou quatre vingt ans.

C'est en ce lieu que ie dois parler des fiévres,
mais ie n'en diray que fort peu de chose. L'on
appelle fiévre, l'excez de chaleur qui arriue au
Cœur, & ses differences se retirent de trois choses, qui en sont la cause. A sçauoir, ou des ef-

prits, ou des humeurs qui sont dans les vaisseaux, ou de l'humide radical, qui est attaché aux parties. Et suiuant cela, on diuise les fiévres en celles qui s'attachent aux esprits, en Humorales, & Hectique.

Quoy que l'on apporte trois sortes d'esprits, les naturels, les vitaux, & les animaux, la fiévre s'attache au seul esprit vital, & les humeurs qui sont dans les vaisseaux estans au nombre de quatre nous mettons aussi quatre differences de fiévres Humorales, dont la premiere s'attache au sang, la seconde à la bile, la troisiéme à la pituite & la quatriéme à l'humeur melancholique. Il y a aussi trois sortes de degrez en la fiévre Hectique. Le premier eschauffe seulement l'humide radical, le second le diminuë, & le troisiéme le consomme entierement, & s'appelle fiévre Hectique, *Marasmodes*.

Toutes les fiévres attaquent de deux façons, ou par vn cours continu, ou par vn interrompu. Les premieres s'appellent continuës, les autres intermittétes. Les vnes sont iointes auec vne humeur, qui a desia de la pourriture, les autres n'en ont point. Les vnes sont benignes, & les autres malignes. La continuë ne laisse point le malade sans fiévre, qu'alors qu'elle veut tout à fait le quitter. Les Intermittentes luy donnent quelque temps de relasche, pendant lequel il n'a point de fiévre.

La cause de la continuité des fiévres est le foyer des humeurs, & son voisinage du Cœur, de mesme que sa distance & esloignement est cause de l'intermission. La pourriture produit les fiévres putrides; de mesme que celles qui ne le sont point, procedent de la seule ardeur des esprits, & des humeurs contenus dans les vaisseaux, ou attachez aux parties solides.

La fiévre est maligne par le moyen d'vne pourriture insigne, ou par la diuersité des Symptomes, qui blessent grandement les parties nobles. La fiévre benigne n'a rien de tout cela. La grande fiévre est la mesme que maligne, de mesme que la petite ne differe pas de la benigne. C'est de là que l'on prend toutes les differences des fiévres.

Celle qui consiste dans les esprits est bien continuë, mais elle ne dure qu'vn iour, c'est pourquoy on l'appelle aussi Ephemere. La fiévre sanguine ou Synochale, est aussi continuë, & y en a de trois sortes; l'vne est croissante, l'autre est tousiours égale, & la troisiesme decroissante, & toutes trois sont accompagnées de pourriture, ou sans icelle. Quelques-vns l'appellent Continente, pour la discerner des autres fiévres humorales. Car les continuës sont ou bilieuses, ou pituiteuses, ou melancholiques, alors que ces humeurs, dont elles sont produites, se pourrissent dans les grands vaisseaux. Et quand elles ne sont que dans les petites veines, ou hors d'icelles, elles ne sont que des fiévres Intermittentes. La fiévre Ectique est aussi continuë, mais lente.

Le retour des Intermittentes s'appelle accez, ou Paroxysme; la plus grande ardeur ou vigueur des continuës, Redoublement. Le commencement de l'accez se peut nommer l'Inuasion. Le temps de relasche & de redoublement, d'intermission & d'accez, s'appelle circuit, ou periode.

Or les accez & redoublemens des fiévres different entre eux, à proportion des differents

mouuements des humeurs. Les accez qui arriuent de trois en trois iours, sont causez par le
mouuement propre de la bile, d'où vient que
toutes les fiévres qui sont produites de la bile,
sont appellées fiévres tierces, & que leur accez
vient chaque troisiesme iour, de mesmes que
les accez des fiévres quartes arriuent, de quatre
en quatre iours, à cause que l'humeur melancholique a son ouuerture ce iour là, & que
celles qui viennent de la pituite, retournent tous
les iours, & sont appellées Quotidiennes, à cause que cette humeur est tous les iours en mouuement.

Il y a aussi d'autres sortes de fiévres, qui sont
appellées quintaines, à cause qu'elles retournét
chaque cinquiesme iour, comme d'autres viennent le septiesme, & le neufiesme. Mais comme ces especes arriuent fort rarement, on n'a
point fait de regle particuliere pour elles.

Les accidens qui ont coustume d'accompa-
gner le commencent des accez, nous font connoistre l'espece de chaque fiévre Intermitten-
te; ce qui fait que les Grecs les appellent les
premieres apparences. Nous connoissons au
premier accez que la fiévre doit estre tierce,
quand il est accompagné d'vn petit frissonnement; Qu'elle doit estre quarte quand nous sentons vn tremblement qui agite esgalement les
parties du dehors, & du dedans; Et qu'elle doit
estre quotidienne, quand nous sentons seulement de la froidure. La double tierce prend
tous les iours aussi bien que la quotidienne;
mais son accez vient auec frisson, au lieu que
la quotidienne vient auec froidure.

Les fiévres confuses & compliquées se font

des autres simples especes que nous venons
d'expliquer. Les confuses arriuent à cause que
differentes humeurs se meslent ensemble, comme la fiévre tierce bastarde, qui est causée par
la pituite, meslée auec la bile. Les fievres compliquées se font, à cause de la pourriture des
humeurs, ou du mouuement alternatif qu'elles
ont; ce qui fait que plusieurs accez viennent les
vns aprés les autres, comme l'on void en la
double tierce, en la double, ou triple quarte, &
en l'Hemitritée, qui est composé le la fievre
quotidienne continuë, & de la fievre tierce In-
termittente, & dedans vne autre espece, dont
les accez durent trente heures, & plus, qu'on
appelle *Tritœophyea*.

On remarque aussi quelquesfois que les accez des deux especes de fievres se suiuent, on
les discerne par les marques de leur inuasion,
vn accez arriuant quelquesfois deuant que le
precedent soit acheué, qui est pire que luy. Les
fievres sont appellées Errantes, quand elles ne
gardent pas tousiours le mesme ordre, & qu'elles n'arriuent pas le mesme iour.

Il y a aussi d'autres differences des fiévres,
qui prennent leurs noms des accidens qui les
accompagnent, quoy qu'on les puisse ranger
sous les especes que nous auons apporté, comme sont les fiévres appellées Epiale, Lipyrie,
Typhodes, Eleodes, la Pestilétielle, & la fiévre
chaude ou Causos : Car toutes ces fievres sont
Humorales, & continuës, mais elles different
entre elles par quelques accidens fort remarquables.

Dans la fievre Epiale on ressent à mesme téps
e chaud & le froid, à raison du mouuement iné

gal de l'humeur qui la produit, En la Lipyrie on a grand froid au dehors, & l'on brûle au dedans du corps, la chaleur de la fievre se retirant dans les parties internes. Le Typhodes & Eleodes sôt vne sorte de fievre, en laquelle on suë beaucoup, sans que la sueur soulage le malade. La fievre Pestilentielle n'est pas autre, que la putride, mais elle est causée d'vne insigne putrefaction, & corruption extreme, & pour ce suiet elle est mortelle, aussi en meurt-il beaucoup plus de personnes, qu'il n'en reschappe. La fievre chaude ou le Causos, marque assez par son nom, l'ardeur & la chaleur extreme dont elle est accompagnée, telles que sont les fievres bilieuses continuës, lesquelles sont par excellence appellées Causos.

La fievre qui se fait de l'inflammation des Poulmons est appellée *Crimnodes* : mais celles qui sont causées de l'inflammation des parties internes, ne sont que Symptomatiques, & ne se doiuent pas proprement appeller fievres. Car nous ne traitons des fievres en ce lieu, qu'autant qu'elles sont vne intemperie chaude du Cœur, & quelles sont principalement en luy.

Des Veines, des Arteres, & des Nerfs, que l'on rencontre dedans la Poitrine.

CHAPITRE IX.

IL me reste fort peu de chose à dire de l'autre partie du Tronc de la Veine Caue, en ayant beaucoup parlé dans la description des parties
du

du bas ventre. Vous remarquerez donc que le Tronc Superieur ou Aſcendant de la Veine Ca-ue, en penetrant le Diaphragme, reçoit le ra-meau Hepatique qui ſort du haut du foye, & qui porte le ſang dedans cette grande Veine, & que depuis l'endroit où ce rameau s'inſere obli-quement dans la Veine Caue, iuſques à l'en-droit où elle s'ouure, pour entrer dedans le Ventricule droit du Cœur, il n'y a que deux trauers de doigt de diſtance.

Cela nous oblige à croire que le ſang du Foye ſe porte droit au Cœur, encore qu'il ſe meſle auec l'autre ſang qui monte par le moyen du mouuement circulaire. On void cette cou-uerture, & attachement, que ce Tronc a auec le Ventricule droit du Cœur, au dedans du Pe-ricarde, & apres qu'il s'eſt ietté en cét endroit, il monte vers les clauicules; ſi bien que l'on peut connoiſtre que le mouuement circulaire s'eſtend auſſi iuſques au goſier, pour aller de là dedans les bras, ſe meſlant auec le ſang, qui deſcend de la teſte par les veines.

Il faut auſſi remarquer que ce Tronc n'enuoye point de veines au Cœur, que celle que l'on nomme la Coronaire, mais ſeulement aux au-tres parties de la Poitrine, où l'on peut conſi-derer de quelle ſorte le ſang qui eſt épanché du Ventricule droit du Cœur dans les Poulmons, peut en eſtre tiré par la ſaignée, puis qu'auant que de pouuoir rentrer dedans la Veine Caue, il a deux fortes barricades à rompre, qui em-peſchent qu'il ne puiſſe ſortir des Poulmons.

L'on doit auſſi prendre garde, ſi la Veine Ar-terieuſe & la Veine Caue ont communication enſemble par quelque Anaſtomoſe, pour faire

H h

ce reflux, ou pluſtoſt s'il ſe doit faire par vn autre moyen, à ſçauoir, que le ſang au ſortir des Poulmons rentre dans le Ventricule gauche du Cœur, & ſoit reietté promptement dans la grande Artere, puis rentre par les extremitez dans les Veines, & à la fin ſort par l'ouuerture de la ſaignée ?

Vous chercherez en ſuite la Veine Azigos, ou ſans pareille, qui nourrit les coſtes ; l'on y treuue deux, ou quatre Valuules, qui la ferment, & ſont diſpoſées proche les vnes des autres, pour empeſcher que le ſang n'y vienne trop à coup. Ie puis aſſeurer, qu'elles ne ſont point imaginaires, les ayant monſtré pluſieurs fois, & fait voir auſſi la production inferieure de cette Veine, qui ſe conduit iuſques au Tronc de la Veine Caue, au deſſous des Reins. Ce qui empeſche, qu'elle ne puiſſe receuoir le pus qui eſt dans la Poitrine, & le porter aux Reins. Cette production ſert à deſcharger la Veine Caue, qui eſt au deſſus du Cœur, quand elle eſt trop remplie de ſang, ou que les rameaux de la Veine ſans pareille ſont trop pleins.

Il faut auſſi taſcher de rencontrer les Anaſtomoſes des rameaux de cette Veine ſans pareille, auec ceux de la Veine Thoracique, ſous le muſcle, que l'on nomme le petit dentelé, proche les aiſſelles : ce qui eſt cauſe, que quand en la Pleureſie on ouure la Veine du bras, que l'on appelle Baſilique, le coſté reçoit beaucoup plus de ſoulagement, & la douleur en eſt bien pluſtoſt appaiſée.

Apres la Veine ſans pareille, il ſort du Tronc de la Veine Caue Aſcendante, les deux

Veines Intercoſtales, vne de chaque coſté, neantmoins ce n'eſt qu'alors que les rameaux de la Veine ſans pareille ne s'eſtendent pas iuſques aux coſtes ſuperieures.

Le Tronc eſtant vers les clauicules produit les deux Mammaires, l'vn eſt interne, & l'autre externe, & ſe gliſſent toutes deux le long du Sternon, iuſques aux mammelles. Celle qui eſt au dedans eſt la plus grande, & paſſe vn petit rameau par le trou du Sternon aux mammelles, qui ſe traiſne de là vers le muſcle droit, pour ſe ioindre à l'Epigaſtrique. Celles du dehors, eſtoient quelquesfois ouuertes par Hippocrate dedans les inflammations & douleurs de la Poitrine; ce que l'on ne fait plus maintenant, à cauſe qu'il y a trop de peine à les rencontrer, mais au lieu de faire cette operation, on applique les ventouſes, auec ſcarification.

A l'endroit où cette Veine ſe ſepare, l'on doit remarquer vne groſſe glande, qui eſt au deſſous à l'endroit du col, & des clauicules, qui ſert de couſſinet pour ſouſtenir & embraſſer les deux rameaux, que l'on nomme Souſcla-uiers. Cette glande s'appelle *Thymus*, & vul-gairement la Fagoüe; & dedans les ieunes animaux elle eſt fort molle & delicate. Ceux qui ſont friands des ragouſts, choiſiſſent cette viande dedans, les veaux, auſſi bien que la groſſe glande du Pancreas, pour des mor-ceaux tres exquis.

Cette glande eſt ſujette à eſtre enflée, & cauſe des eſtranglemens aux hommes, mais bien plus ſouuent aux femmes, qui ſont ſuiet-tes aux ſuffocations, dont elles peuuent eſtre eſtouffées, ſi on ne les ſaigne de bonne heure.

H h ij

Il y a trois fortes de petites Veines, que le Tronc enuoye en cét endroit, dont la premiere arrouſe la fagoüe, & pour ce ſuiet s'appelle Thymique; l'autre s'appelle Capſulaire, à cauſe qu'elle arrouſe le Pericarde; & la troiſiéme s'appelle Mediaſtine, ſuiuant l'opinion de quelques-vns : mais ces deux dernieres ne ſont qu'vne meſme Veine.

Il ſort du Rameau ſouſclauier quatre Veines aſſez conſiderables. La premiere eſt la Ceruicale anterieure, qui eſtant couchée ſur les muſcles Maſtoïdes, monte vers le menton; & arrouſe les parties du deuant du col. La ſeconde eſt la Iugulaire interne, qui eſt plus grande que celle du dehors : elle ſe gliſſe deſſous le meſme muſcle Maſtoïde, & montant au haut du col, iette en paſſant trois rameaux, dont le plus grand paſſant le long des Vertebres, monte dedans la Teſte, y entrant par vn trou qui eſt proche de l'Apophyſe Styloïde, pour donner du ſang aux deux canaux, qui ſont couchez ſur les coſtez de la dure mere, & ne paſſe pas outre. Le ſecond Rameau du col ſe coulant le long des coſtez du col, ſe diſtribuë en pluſieurs endroits de la maſchoire. Le troiſiéme arriue iuſques à la langue, & fait les deux Veines Ranulaires qui ſont ſous la langue, dont l'ouuerture apporte tant de ſoulagement aux maladies du cerueau.

La Iugulaire externe, qui n'eſt éloignée de l'autre que d'vn trauers de doigt, ſe porte obliquement ſous la Clauicule, où elle enuoye deux petits rameaux, deſquels le premier paſſant ſous l'Apophyſe Acromion, va obliquement au Deltoïde, & ſe ioint à la Veine Cephalique. L'autre

monte obliquement aux coftez de la tefte , &
eftant arriué aux angles de la mafchoire,fe fepare en deux portions , l'vne defquelles arroufe
le gofier , & toutes les parties qui font au deffous de la mafchoire ; l'autre paffant par auprés des oreilles,fe diftribuë fur le front , & au
derriere de la tefte , laiffant plufieurs de fes
branches au deffus des tempes:auquel lieu Fernel veut qu'il s'amaffe vne grande quantité de
ferofité,qui tombe fur les parties inferieures,&
rend tout le corps fuiet aux fluxions. Le mefme
Fernel veut auffi que le cautere , qui eft mis au
creux du deffous de l'oreille , profite beaucoup
plus à ceux qui ont des fluxions fur les yeux,que
non pas celuy que l'on met fimplement à l'occiput , à caufe qu'il y a vne des branches de la
Iugulaire , qui s'eftend iufques à l'œil.

.La Iugulaire externe eftant ouuerte par vn
Chirurgien fort adroit,fert & foulage beaucoup
dedans les affoupiffemens , & nous en auons
beaucoup d'exemples , quoy que quelques· vns
ne l'approuuët pas, aymans mieux mettre deux
ou trois Sangfuës le long de cette Veine , iufques aux coins de la mafchoire inferieure , où
cette Veine paroift dauantage.

On doit fçauoir que la Iugulaire interne a au
dedans du col communication auec l'externe,&
qu'ainfi , bien que l'externe n'aille pas iufques
au cerueau , elle ne laiffe pas de le defcharger,
auffi bien l'interne eftant cachée fous le mufcle
Maftoïde , ne fe peut ouurir , & l'ouuerture que
l'on commande de faire des Iugulaires , fe doit
toufiours entendre des externes.

Les Arteres eftans toufiours iointes aux veines,il faut auffi en ce lieu parler du Tronc de la

grande Artere afcendente. Au fortir du vétricule gauche du Cœur, elle enuoye deux petites
Arteres dites Coronaires, qui enuironnent le
Cœur en forme de Courone, & qui font difficiles à voir, fi l'on ne coupe la grande Artere,
par le ventricule gauche du Cœur, pour les voir
Si l'on n'en void qu'vne, elle a ordinairement
vne petite valuule, qui bouche fon orifice, comme nous auons dit qu'il y a dans la veine Coronaire.

Le Tronc de la grande Artere eftant forty du
Pericarde, fe fepare en deux gros Rameaux, l'vn
defquels s'appelle defcendant, & l'autre afcendant. Celuy qui monte fe fend en trois Arteres,
dont la premiere, qui eft la foufclauiere droite,
monte vers le cofté droit des clauicules. Les
deux autres montent au cofté gauche, la premiere defquelles, qui eft la Carothide gauche,
monte en haut; & la feconde fe nomme la
Soufclauiere gauche, & plus bas l'Axillaire
gauche, quand elle arriue aux aiffelles; produi-
fant la Ceruicale, quand elle eft aupres de l'A-
cromon.

L'Artere Soufclauiere droite ayant paffé les
clauicules, produit la Carotide droite, qui fe
fend en deux Rameaux notables, vers le coin
de la mafchoire inferieure, dont l'vn eft exterieur, & l'autre interieur, comme la veine. L'on
nomme ces Arteres Carotides, à caufe que
quand elles font preffées, elles engendrent en
l'homme vn affoupiffement, que les Latins appellent *Carus*, & luy oftent la voix. Ce que
i'ay fait fouuent voir dans les chiens, le mefme
arriuant auffi quand on lie le nerf, qui fort de là
fixiéme paire des nerfs.

Galien prouue par experience qu'il a fait dans
es Animaux viuans, que les Arteres Iugulaires
estant serrées, l'Animal ne ressent aucun mal;
pour ce suiet il rapporte la cause de l'assoupissement aux veines Iugulaires, mais mon sentiment est, que dedans l'assoupissement, & dedans
l'Apoplexie, les Arteres sont plustost bouchées
que les veines.

Valuerda rapporte, que Colomb a publiquement monstré dedans le Theatre Anatomique,
comme l'assoupissement despend des Arteres
Carotides, pressées ou liées, & qu'il en fit
l'experience sur vn ieune homme, mais il n'explique pas les moyens par lesquels cela se fait.

Afin de reconnoistre comment les Arteres
Carotides montent & entrêt dedans le cerueau,
par les troux du crane, vous introduirez dans
les diuers rameaux de cette Artere, vn fil d'or
fort subtil, qui se puisse fleschir & obeyr aux ob-
stacles qu'il rencontrera, & qui ayt vne petite
teste au bout, Ce qui se peut faire & demonstrer
non point par la dissection vulgaire du Cerueau, qui commence par la partie d'enhaut; mais
bien par celle d'embas, ainsi que l'a faite Varolius : C'est au col qu'il faut mettre ce fil d'or
dans la Carotide.

Le Tronc de la grande Artere estant tortué
vers le costé gauche, & retournant vn peu en
embas, est soustenu par les corps des vertebres,
& en allant iusques vers l'Os sacré, il iette autant de petites Arteres de chaque costé, qu'il y
a de vertebres. La veine que l'on nomme sans
pareille, n'a point d'Artere qui l'accompagne,
mais ces petites Arteres suppléent à son deffaut.

Hh iiij.

Celles qui sont dans la poictrine, se peuuent appeller les Arteres Intercostales, & celles qui sont dans les bas ventre, se peuuent appeller les Arteres Lombaires. Il y en a aussi quelques-vnes qui se glissent dans la moëlle de l'espine du dos. Ce qui se preuue par vn exemple tres-remarquable, que Galien rapporte, Liu. 4. des *parties malades.*

I'ay veu vn homme malade d'vne tres-violente Peripneumonie, estre tombé dans vne paralysie des deux bras, & auoir esté guery a-pres que l'on luy eust simplement frotté les nerfs Intercostaux superieurs. I'ay veu aussi en la compagnie de M. Merlet, Medecin de nostre Faculté, tres habile, que la matiere de la Pleuresie s'estant transportée dans la moëlle de l'espine du dos, engendra vne paralysie, laquelle deliura le malade d'vn tres-grand danger de la vie, où sa pleuresie l'auoit mis.

Hippocrate veut, conformément à cela, que les conuulsions terminent & chassent la fiévre, à cause du transport qui se fait de la matiere qui la causoit, dedans la moëlle de l'espine du dos. L'Artere ceruicale de derriere qui arrouse la moëlle du col, peut faire la mesme chose.

L'on ne sçait de quelle façon l'humeur qui fait l'Apoplexie, tõbant par le quatriéme Ventricule du Cerueau dans la moëlle de l'espine, rend plutost paralytique vn costé que l'autre: Ie croy que cela arriue par le chemin dont nous venons de parler, à sçauoir que les Arteres Ceruicales & Intercostales, peuuent receuoir cette serosité, & s'en décharger sur l'vn ou sur l'autre costé.

De mesme, la matiere qui sort du Mesentere, par les Arteres Celiaques peut remonter dedans la grande Artere, & par le moyen des petites Arteres qui vont dans la moëlle de l'espine du dos, se glisser dedans les nerfs des jambes; comme au contraire, la matiere qui fait la vraye ou la fausse Sciatique, peut remonter le long du gros nerf dedans la moëlle de l'espine du dos, & retourner dans le Mesentere par la grande Artere.

On doit remarquer principalement huict nerfs dedans la poitrine, deux desquels sont Diaphragmatiques, deux autres sont appellez Recurrants; deux Stomachiques, & deux Costaux. Les deux du Diaphragme sortent d'entre la quatre & cinquiéme vertebre du col, naissent de ce gros nerf du col, qui va dans les bras, & apres auoir passé entre le reply du Mediastin, ils descendent dedans la partie nerueuse du Diaphragme. Les Recurrants & les Stomachiques sont des branches du nerf de la sixiéme coniugaison, dont le Tronc se treuue au col, proche de la Iugulaire interne, vis à vis de l'Apophyse Mastoïde; où il se fend en deux rameaux, le premier desquels est semé dans les muscles superieurs du col; le second passant entre la Iugulaire interne & la Carotide, descend aux Clauicules, où il se fend en deux rameaux, à sçauoir Recurrant & Stomachique susdits.

Le Recurrant gauche se recourbe au mesme endroit, que la grande Artere descendante se courbe.

On peut aussi rencontrer vne partie du droit aupres de l'Artere sousclauiere droite. I'ay souuent esprouué, & monstré publiquement,

que ces nerfs eſtans coupez aux chiens, ils viuent & courrent encore, mais ſans voix; quand
ces nerfs ne ſont que liez, ils n'ont point de
voix, mais ils la recouurent en les deſliant. Or
les nerfs ſeruent à la voix, parce qu'ils retournent en haut, pour s'inſerer dans les teſtes des
muſcles du larynx, de la langue, & de l'Os
Hyoïde, qui naiſſent des parties inferieures.

Les nerfs Stomachiques ſe doiuent chercher
au deſſous du Cœur, proche des Vertebres,
entre le redoublement du Mediaſtin, d'où
ils iettent dix ou douze petites branches dedans les Poulmons; & des rameaux des deux
nerfs Stomachiques, entrelacez enſemble,
ſe forme ce Rets admirable qui eſt à l'orifice de l'eſtomach. En ſuitte de cela, ils ſe
gliſſent au derriere du ventricule, vers l'eſpine
entre les deux Reins, & ſe ioignent aux nerfs,
coſtaux, où ils font vn entrelacement de nerfs.
duquel ſortent tous ceux, qui arrouſent le bas
ventre.

Tous les Anatomiſtes tirent le nerf Coſtal
de la ſixiéme paire des nerfs, mais il ſort du
cerueau, au meſme endroit, d'où cette coniugaiſon eſt ſortie. Le nerf Coſtal ſortant du
crane, eſt entouré d'vn Ganglion, qui le for-
tifie, & empeſche qu'il ne ſe ſepare iuſques à
ce qu'il ſoit au deſſous du col, où eſtant arriué à ces trois dernieres vertebres, il eſt encore renforcé d'vn autre Ganglion, & ſe groſſit
par l'arriuée de trois petits nerfs, puis tombant dans la poitrine à l'endroit de l'eſpine, il
reçoit au deſſous de la pleure des nerfs, de la
moëlle du dos, qui le groſſiſſent encore. Et
apres auoir paſſé le Diaphragme, il ſe ioint,

comme nous venons de dire aux Stomachiques, afin de faire cét entrelacement en forme de Rets, qui se treuue au milieu des deux
Reins.

Fin du Troisiesme Liure.

MANVEL ANATOMIQVE,

OV ABREGE'

DES PRINCIPALES PARTIES

DE L'ANATOMIE,

& des Vſages que l'on en peut tirer
pour la connoiſſance & pour
la gueriſon des Maladies.

LIVRE QVATRIESME,

De la Teſte.

CHAPITRE I.

LA Teſte eſtant le ſiege de l'ame
& le domicile du cerueau, eſt placée au lieu le plus eminent du
corps, comme vne Citadelle, qui
domine & commande à toute la
ville. Galiē veut que ce lieu luy ait eſté choiſi,
à cauſe que les yeux deuans ſeruir de cõduitte à
l'homme, & découurir de loin les accidents qui
luy peuuent arriuer, ils ne pouuoient le faire

plus commodément qu'en ce lieu-cy. Aristote dit, que la principal raison est, afin que le cerueau puisse enuoyer commodément au cœur le rafraischissement, dont il peut auoir besoin, pour moderer la violence de son ardeur.

La Teste pour auoir vne loüable constitution, doit estre d'vne grandeur mediocre, celles qui sont trop grandes ou trop petites, estant mises au rang des vicieuses.

La figure naturelle de la Teste doit estre ronde, ou plustost Spherique, & en quelque façon longuette, elle doit estre esleuée en deux endroits au deuant & au derriere, & vn peu abaissée vers les tempes.

La Teste se diuise en deux parties, dont l'vne est presque sans poils, & se nomme la Face, l'autre est couuerte de cheueux, & retient le nom du tout, s'appellant *le Chef*.

L'on la diuise autrement dans le discours des Os, l'vne de ses parties comprenant le Crane, dont le front fait aussi portion, & l'autre ses deux maschoires, celle d'enhaut & celle d'embas.

Quelques-vns diuisent la Teste en cinq parties, trois vers son milieu, & deux en ses costez: La premiere se nomme le deuant de la Teste, & s'estend l'espace de quatre ou 5. trauers de doigt en montant, depuis la racine des cheueux, iusques au haut de la Teste: La seconde est le sommet de la Teste, qui contient l'espace de deux trauers de doigts autour du point, qui est iustement au milieu du haut de la Teste, que l'on appelle *le Point vertical*: La 3. se nomme *l Occiput, ou le derriere de la Teste*: Les deux costez sont appellez *les Tempes*, à cause qu'ils marquent le temps & les âges des hommes par leur blancheur, leur cauité, ou par la cheute du poil.

De toutes les parties dont la Teste est composée, les vnes sont *exterieures & contenantes*; les autres *interieures & contenuës*. Les premieres, qui seruent à enfermer & contenir; les autres sont, ou des Os, ou des membranes Les dernieres enfermées, sont *le cerueau*, *le ceruelet*, *ou petit cerueau*, *les quatre racines de la moëlle de l'espine*, & en vn mot, toutes les petites parties qui sont dans les creux, que l'on y rencontre

La premiere des parties externes *est la peau*, laquelle, bien que toute couuerte de poil, ne laisse pas d'estre garnie de son *Epiderme*; celle qui suit est la *membrane charnuë*, en laquelle les cheueux ont leurs racines; si elle se treuue beaucoup charnuë, la peau qui est couuerte de cheueux, s'en remuë plus facilement, à cause qu'elle se ioint à elle, sans qu'il y ait beaucoup de graisse entre les deux.

Le Pericrane, ou la membrane qui couure immediatement le Crane, paroist en suitte. Elle est produite par la dure Mere, au temps que les enfans n'ont pas encore les sutures iointes ensemble, & bien fermées; cette dure Mere passant à trauers ces sutures, & enuironnant tout le Crane par dehors.

Outre le Pericarne, les Os de la Teste ont encore vne autre enueloppe, à sçauoir *le Perioste*, comme tous les autres Os du corps. C'est pourquoy le Pericrane n'est pas le Perioste du Crane; mais par vne grande prouidence particuliere, la Nature l'a mis en ce lieu, pour enue-

lopper fortement les mufcles, qui fortent du
Crane, comme ceux des tempes, qui font les
plus forts de tout le corps, & feruent à ferrer
en haut la mafchoire, ou quelquesfois ils fup-
portent de plus pefans fardeaux eux feuls, que
beaucoup d'autres mufcles enfemble ne peuuent faire. Cette membrane enueloppe pareillement, & ferre eftroitement les mufcles du
deriere de la Tefte ; defcendant en fuitte vers
les yeux, & paffant fous les paupieres, elle
forme la premiere Tunique de l'œil, que l'on
nomme *Conionctiue.*

Toutes ces parties eftant leuées, le Crane fe
découure. Il eft compofé de plufieurs Os plus
proches, ou plus efloignez les vns des autres,
felon que les futures font plus ou moins fer-
rées ; quelquesfois mefme elles ne paroiffent
point, lors que le Crane eft continu, & tout
d'vne piece: mais l'hiftoire du Crane appartient
aux difcours des Os, que nous auons defia efcrit
au commencement, & que nous donnerons encore à la fin de cét ouurage,

Remarques particulieres pour le Medecin, fur ce qui a efté dit en ce pre- mier Chapitre.

LA Tefte eftant, felon Hippocrate, la fource
& l'origine de prefque de toutes les maladies, à caufe des fluxions, qui viennent & fe iet-
tét fur toutes les parties, qui font au deffous d'i-
celle, iufques au bout des pieds ; elle a auffi fa
part de la douleur que toutes les autres parties
reffentent, & il eft prefque impoffible qu'elle
ne participe à toutes leurs infirmitez.

Toute Teſte languiſſante, & tout Cœur at-
triſté, rendent le corps tellement indiſpoſé, que
depuis la plante des pieds, iuſques au ſommet
de la Teſte, il n'y a point du tout de ſanté, dit le
Prophete Iſaye. La Teſte eſtant placée au deſſus
du tronc du corps, attire à ſoy comme vne ventouſe toutes les vapeurs qui s'eſleuent des parties inferieures, & montent en haut, ainſi que
teſmoigne Hippocrate au liure 4. des maladies
deſquelles vapeurs le cerueau ſpongieux de
meſme qu'vne glande, s'abbreuue, comme dit le
meſme autheur au liure des Glandes. Ces vapeurs s'eſtans congelées en eau par la froidure
naturelle du cerueau, retombent embas ſur les
parties inferieures, puis retournent derechef en
haut, imitans le flux & reflux de l'Euripe, ainſi
qu'Ariſtote les compare : mais Hippocrate l'a-
uoit deſia propoſé de meſme auant luy, & pour
ce ſuiet appelloit le cerueau la partie metropo-
litaine, ou le magazin de l'humeur la plus froide, plus humide, & plus gluante du corps.

Si la figure de la Teſte ſe rencontre deprauée
& defectueuſe, comme quand elle aboutit trop
en pointe, ou que ſa longueur ſe change en largeur, vne telle Teſte ne peut pas eſtre ſaine,
au contraire elle eſt, ou maladiue, ou ſes principales facultez, ou celles qui leur ſeruent, n'exer-
cent pas bien leurs fonctions.

Si l'on reconnoiſt ces deffauts dés l'heure meſme que l'enfant vient au monde, on peut par
adreſſe, & auec l'ayde de la main y apporter du
remede, de meſme que ſi la Teſte eſt trop groſſe
apres vn ou deux mois, on peut appliquer deſſus
quelques-yns des medicamens qui deſſechent,
& mettre vn cautere au derriere de la Teſte,
afin

afin que l'humidité superfluë qui se rencontre
en cette Teste soit dessechée, & qu'elle deuienne par ce moyen plus petite; ce qui ne se
peut pas faire en ceux qui sont plus âgez : Si
la Teste se trouue trop estroite en quelque âge
que ce soit, & de quelque adresse que l'on se
serue, on ne la peut pas rendre plus large.

Quand on a les sutures de la Teste trop serrées, ou que l'on n'y en a point du tout, on est
suiet à quantité de maladies, à cause que les
fumées du cerueau n'en peuuent pas exhaler
auec facilité, & quand on les a trop lasches,
on est suiet aux iniures de l'air qui nous enuironne. Les Medecins peuuent remedier à ces
incommoditez, en conseillant de porter vn
chapeau, ou calotte qui soit commode, ou
d'aller souuent la Teste nuë.

Le sommet de la Teste est fort propre, &
commode pour rafraischir le cerueau, à raison
des sutures qu'il y a, & parce que la chaleur
monte plutost aux parties extremes du cerueau,
qu'aux Ventricules, à cause des canaux de la
dure mere: C'est pourquoy les Epithemes qu'on
applique au sommet de la Teste rasée, sont
meilleurs estans liquides, aqueux & faits d'O-
xycrate, que ceux qui se font auec de l'huile
& du vinaigre, car ils rafraischissent mieux le
cerueau. Vn vieillard de quatre-vingts ans se
lauoit tous les matins au sortir du lit la Teste
auec de l'eau fraische, & vne esponge; ce
qu'il auoit pratiqué depuis sa 29. année, &
par ce moyen s'estoit garanty d'vne douleur
de Teste continuelle, dont il estoit trauaillé
auparauant; & quoy que sollicité par les Me-

Ii

decins de quitter cette couſtume, n'en voulut
iamais rien faire.

Ie dois maintenant parler des maladies particulieres qui arriuent aux parties contenantes
de la Teſte, & premierement de celles de la
peau, où les cheueux ſont attachez. L'action
propre de laquelle eſt de les engendrer, le temperamment chaud & ſec, & vne mediocre con-
ſiſtance de la peau, en eſtant la cauſe efficiente;
comme les vapeurs & fumées qui s'attachent à
la peau, & ſortent par les pores, en ſont la cauſe materielle : que ſi cette action eſt bleſſée, on
rapporte ce Symptome à la peau où les cheueux
ſont attachez ; ce qui arriue de trois façons.
Car ou elle diminuë, comme quand la peau ne
produit guere de cheueux, ou qu'ils ſont mal
rangez, imitans le reply des ſerpents, & pour
ce ſuiet on appelle ce Symptome Ophiaſis ; ou
elle eſt entierement abolie, la teſte deuenant
toute chauue & pelée, & en l'Alopecie, où elle eſt deprauée.

L'intemperie chaude & ſeiche de la peau, auec
vne humeur maligne & acre, qui ronge la racine des cheueux, ſont la cauſe de leur cheute.
Or la malignité de l'humeur ſe reconniſt par la
couleur de la peau, & par celle du ſang, qui
ſort quand on la pique.

Nous diſons qu'vne Teſte eſt chauue, quand il
n'y a point de cheueux, & que cela vient d'vn
excez de ſechereſſe en la peau, qui par la longueur du temps, la rend fort dure. Cette intemperie vient manque de nourriture, & de
l'humeur neceſſaire à la production de ces excremens fuligineux, deſquels les cheueux ſe
font, d'où il arriue que les chaſtrez ne deuien-

nent iamais chauues, a caufe qu'ils font fort
humides.

L'action eft deprauée quand la Tefte blanchit auant le temps, n'y ayant rien contre nature,quand la Tefte deuient blâche en l'âge où
elle la doit eftre; ces deux chofes arriuent toutesfois par la mefme caufe,à fçauoir par vn excez de froideur & d'humidité, qui furuenant à
la peau, donne cette teinture aux vapeurs dont
les cheueux font faits. Et quand ie parle de cét
excez de froideur, i'entends parler de celle qui
arriue par la foibleffe de la chaleur naturelle;
ce qui eft caufe que plufieurs blanchiffent apres
vne maladie, ou vn grand defplaifir,la chaleur
naturelle eftant tres-affoiblie par l'vn & l'autre
de ces deux accidents.

Les vlceres qui furuiennent à la Tefte, font
legers, n'occupans que la cuticule, qui s'en
va toute en petites efcailles & craffe farineufe,
quand on fe peigne, & cette maladie eft appellée par les Grecs *Pitiriafis*, & par les Latins
Porrigo. Ces vlceres font ou fecs, & fort peu vifibles; ou bien tres-efleuez,& faciles à defcou-
urir à l'œil. Leur caufe eft vne intemperie chaude & feche, & la peau iointe à vne humeur picquante & defliée.

Celle qui eft appellée par les Latins *Achor*,
eft vne maladie de la peau de la Tefte, qui eft
compofée partie de tumeurs, & partie d'vlceres. La tumeur fe reconnoift par l'inegalité qui
eft en la partie,& l'vlcere par quantité de petits
trous que l'on y void; defquels fort vne humeur
gluante; ce qui a obligé Pline de leur donner le
nom de κηρίον, ou rayons de miel à tous les
vlceres de la Tefte purulents. Ces vlceres &

tumeurs sont tous de la mesme peau, mais
l'*Achor*, a les trous plus grands, desquels il
sort vne humeur purulente semblable au miel,
ou approchante de sa consistance. La cause de
ces deux maladies vient d'vn excez de chaleur,
& de secheresse qui arriue à la peau, iointe à
vne humeur acre & mordicante, qui oblige à se
gratter; ce qui fait enfler la partie, & en fin venir des vlceres, dont les trous paroissent. Le vulgaire appelle cette maladie la *Tigne*, à cause
que les trous qui s'y rencontrent, sont semblables à ceux qui sont faits par les Teignes, vers
qui rongent les habits.

L'*Hydrocephalos*, ou *l'Hydropisie de la Teste*, est
vne tumeur faitte par vn amas de serosité respanduë, ou entre la peau & le Pericrane, ou
entre le Pericrane, & le Crane, ou entre le Crane, & la dure Mere; ou dans les Ventricules du
cerueau, qui versent cette serosité de toutes
parts. Cette maladie peut arriuer aux enfans, à
cause que leur teste a esté trop pressée au sortir
du ventre de leur mere; mais en ceux qui sont
desia âgez, cette maladie vient d'vne intemperie chaude & humide de la teste, & de toute le
corps, ou d'vne serosité transportée à cette partie, qui la fait enfler, & augmenter sa grandeur
de beaucoup, cette humeur estant renfermée
sous la peau, ou contenuë au dedans de la teste

La *Phthiriasie* est vn Symptome, touchant les
excremés de la peau de la teste où sont les che-
neux; lequel arriue lors qu'au lieu des ordures
espaisses qui s'y doiuent engendrer, ou mesme
auec elles, il s'engendre vne quantité de poux,
tant à la surface de la peau, que mesme au dedans. La cause de cette maladie est vne intem-

perie chaude & humide de cette peau , accompagnée d'vne humeur pourrie , qui n'a pas
beaucoup d'acreté. Cela arriue ordinairement
aux enfans , & vieillards, à cause qu'ils abondent en pituite.

Il faut bien remarquer les muscles temporaux, qui couurent vne partie du Crane, les
playes desquels, aussi bien que les contusions,
causent de grandes conuulsions , & resserrent
fortement la machoire.

Du Cerueau.

CHAPITRE II.

AYant sié le Crane , comme l'on a de coustume , & osté le couuercle de dessus , l'on
void paroistre le Cerueau, qui est proportionné
au Crane, dans lequel il est contenu. La chose
contenuë deuant respondre à celle qui la contient ; ce qui n'empesche pas que si les Os sont
mols , le Cerueau ne soit cause de leur figure,
& que le Crane ne soit grand ou petit à proportion de sa grandeur. Que s'il n'est pas de la
grandeur & figure qu'il doit estre, le Cerueau
est infailliblement mal composé ; ce qui le
rend suiet à quantité de maladies , qui arriuent tant aux principaux sens interieurs, qu'à
ceux qui en dependent, dont les actions sont
pour ce suiet tres-souuent blessées.

Le Cerueau est composé d'vne substance molle , comme la cire blancheastre, qui boit &
succe, en forme de glandes , les humiditez superfluës de tout le corps ; ce qui a fait qu'Hippocrate le nomme la grosse glande.

Il se diuise en deux parties, dont l'vne est trois fois plus grande que l'autre, & retient le nom du tout, l'autre est beaucoup plus petite, & est placée au derriere de la Teste, & se nomme le Ceruelet, ou petit Cerueau. Ces deux parties ont des membranes communes qui les enueloppent, qu'on appelle Menynges. La premiere est fort épaisse, & est appellée la dure Menynge. La seconde est fort deliée. Les Arabes leur donnent le nom de Meres, à cause qu'ils ont veu que les autres membranes de tout le corps en estoient engendrées.

La premiere est dure & épaisse, & est fortement attachée dans les sutures du Crane, afin qu'elle peust soustenir toute la masse du Cerueau; l'on void assez visiblement ses attaches, quand on leue le haut du Crane.

C'est pourquoy quand on frappe violemment le Cerueau, si ces attaches de la dure Mere viennent à se relascher, ou à se rompre, le Cerueau tombe à bas & se suffoque, sans qu'il soit autrement blessé, ny qu'il y ait fracture du Crane, ny effusion du sang.

On remarque en cette membrane vne grande quantité de vaisseaux dont elle est arrousée, qui sont presque tous des Arteres, qui viennent du Rets admirable, qui y arriuent du bas en haut, iusques aux canaux qui sont en cette membrane, où elles se déchargent du sang qu'elles portent. Ce qui fait qu'on reconnoist plutost le battement dans cette membrane, que dans la propre substance du Cerueau.

Les canaux qui sont en cette membrane sont au nombre de quatre, dont deux sont à costé, qui suiuent les costez de la suture Lambdoïde,

pour receuoir le fang des veines Iugulaires Internes & Ceruicales, & c'eft par cette mefme
voye, que ceux qui admettent la circulation,
veulent que le fang retourne au cœur. Le troifiefme canal, appellé *Longitudinal*, fe forme
à l'vnion des deux premiers, & s'eftend directement aux narines, & du concours de ces
trois, il s'en fait vn quatriéme, qui entre dedans
la propre fubftance du Cerueau, entre le Cerueau & le Ceruelet: Il n'eft point enfermé dans
le redoublement de la dure Mere, mais c'eft
vne grande Veine (: ainfi que Galien la nomme)
qui defcendant dedans les Ventricules anterieurs du Cerueau, fait ce Lacis Chorroide, qui
fe difperfe par tous les Ventricules, iufques à
la bafe du Cerueau. Le Canal *Longitudinal* merite mieux le nom de *Preffoir*, que le quatriefme, dautant que le fang en fort de toutes parts,
par vne infinité de petites veines, & fe diftribuë
par les replis du Cerueau à fes parties inferieures.

Les veines & les Arteres n'entrent point dans
les canaux qui font à coftez; mais leurs membranes finiffent à leur entrée; ce qui fait que ces
canaux approchent plus de la nature des Arteres, que des veines. Le Cerueau, qui eft d'vne
nature froide, & d'vne confiftence molle, deuant bien pluftoft eftre nourry d'vn fang Arteriel, chaud & fubtil, que du fang des veines,
qui eftant fort efpais, auroit beaucoup de peine
à paffer au trauers de fa fubftance.

Que fi le fang des veines, & celuy des arteres
eftoient meflez enfemble dans ces cauaux, on
n'y remarqueroit point de battement, & celuy
qui s'y trouue ne pouuant pas prouenir des Ar-

teres, à caufe qu'il n'y en a point en ce lieu, il faut neceſſairement qu'ils viennent du reiailliſ-ſement de ce ſang, lors qu'il ſe remuë; ce qui fait que ces membranes imitent le mouuement des Arteres.

Or cette groſſe Membrane ou Dure Mere ſe-pare le Cerueau en deux parties, iuſques à la moitié, vers vn certain corps dur & calleux; l'endroit de cette ſeparation ſe nomme *la Fau-cille*, & ſon redoublement ſepare à droit & à gauche le Cerueau d'auec le Ceruelet.

On void en ſuite le Pie Mere, ou Menynge, qui enueloppe immediatement la ſubſtance du Cerueau, & ſe gliſſe meſme dans ſes replis an-fractueux, car la ſubſtance interieure du Cer-ueau eſt fort profonde & fait pluſieurs replis, afin qu'il ſoit plus leger, & qu'il puiſſe plus fa-cilement donner paſſage aux arteres, qui eſpan-chent le ſang de coſté & d'autre. Et c'eſt ce qui obligea Pelops, Precepteur de Galien, en voyant toutes ces petites arteres, de croire, que toutes les veines du corps tiroient leur naiſſance de ce lieu.

Cette Membrane deſliée eſt trois fois plus longue que l'autre, qui eſt plus eſpaiſſe & groſ-ſiere, à cauſe que celle-cy entre dans les parties interieures du Cerueau, & que par le moyen de la couuerture qu'elle leur dône, elle ſepare tou-te ſa maſſe en trois parties. Car la moitié du Cerueau, qui eſt en haut, qui contient les Ven-tricules, & qui eſt placé ſur ce corps calleux en eſt tout entouré, & ſe peut leuer iuſques aux racines de la moëlle de l'eſpine du dos, leſquel-les ioignent cette partie ſuperieure, ſi bien que le Cerueau ſe ſepare par ce moyen trois

parties,

parties, deux defquelles font des deux coftez au deffus des Ventricules ; la troifiéme, qui contient les Ventricules, eft continuë, & non en aucune façon diuifée.

Apres auoir coupé vne petite partie de ce corps calleux, on void paroiftre les deux Ventricules Anterieurs & Superieurs, lefquels font beaucoup plus grands en leur partie inferieure vers la bafe du Cerueau : car c'eft de là qu'ils fortent & montent en haut. Ils font feparez par vn milieu membraneux qui fe forme du redoublement de la Pie Mere, & s'appelle le *Miroir luifant*, à caufe qu'il eft transparent.

Ces Ventricules anterieurs font troüez en deuant vers l'Os Ethmoïde, afin que les ferofitez qui tombent d'enhaut fe vuident par là. Au deffus de ces Ventricules l'on void vn petit corps qui a trois pointes, appellé *le Corps Pfalloïde*, qui femble eftre porté par trois colomnes, dont deux font laterales, recourbées à l'endroit ou paroiffent les Eminences, que Galien appelle les *Couches des nerfs Optiques*. L'autre colomne eft anterieure, placée entre les deux Ventricules. Si l'on pourfuit les deux colomnes laterales, on connoiftra qu'elles font productions des nerfs Optiques, qui s'vniffent enfemble dedans les Ventricules, comme ils font en la bafe du Cerueau, derriere la Coane ou Entonnoir, où ils s'vniffent encore vne autre fois ; ce qui me fait croire que l'entendement & la connoiffance des chofes, eft principalement contenuë au deuant du Cerueau, & que de là viennent les efprits animaux qui font enuoyez aux yeux.

Du concours de ces deux Ventricules, entre

K k

les deux grandes Collines & autres Eminences
suiuantes, il se forme vn conduit ou canal, qui
fait le troisiéme Ventricule, vers la base duquel
on trouue vn trou qui va dedans l'Esgoust ou la
Coane, pour reietter dans le gosier, vers le palais, la serosité pituiteuse qui pourroit nuire
au Cerueau.

Aux costez de ce conduit on void quelques
petites eminences, dont les vnes sont la partie
qu'on appelle *les Fesses*, & les autres *les Testicules*, ces noms leur ayant esté donnez à cause
qu'elles sont disposées d'vne sorte qui respond
à la situation de ces parties. Et le trou qui sort
de ce conduit pour aller au quatriéme Ventricule, s'appelle aussi *l'Anus*.

On void aussi au haut de ce canal vne glande
qui va en pointe, qui a quelque chose de la figure d'vne pomme de Pin, & pour ce suiet on
l'appelle *Conarium*. Et il y a vne petite membrane couchée sur le quatriesme Ventricule,
qui est vne continuation de la Pie Mere, sur laquelle se glisse le *Lacis Choroide*, qui s'estend
par tous les ventricules anterieurs.

On peut remarquer à l'entrée du quatriéme
Ventricule vne portion du Cerueau, plus dure
que les autres, qui ressemble à la queuë d'vne
Ecreuice de riuiere écorchée : elle se nomme le
conduit *Scalicoide*, ou Vermiculaire, c'est ce
qui ferme & ouure l'entrée du quatriéme Ventricule, situé dedans le petit Cerueau, lequel
contient les deux parties posterieures de la
moëlle de l'épine, comme le Cerueau contient les deux autres parties anterieures, que
j'ay nommées auec Galien, les couches des
Nerfs Optiques. On remarque en ce quatriéme

Ventricule vne fente qui reſſemble à vne plume taillée pour écrire; ce qui fait la ſeparation des differentes parties de la moëlle de l'eſpine du dos.

Apres auoir ſeparé le petit Cerueau, l'on void de quelle ſorte il contient le quatrieſme Ventricule entre les deux racines poſterieures de la moëlle de l'eſpine, & comme il donne naiſſance aux ſept ou huit paires de nerfs, excepté aux nerfs Optiques, eſtant d'vn temperament plus ſec que le Cerueau. Il n'eſt pas plein de replis ny anfractueux par le haut, mais ſeulement par le bas proche de la ſurface exterieure du Cerueau. Il eſt ſemblablement par embas ſeparé en deux parties, & continu en haut.

Si vous oſtez doucement la partie anterieure du Cerueau iuſques à ſa baſe, vous pourrez facilement voir les deux nerfs Optiques qui portent l'eſprit viſuel aux yeux. Et deux autres qui ſeruent à les remuer. On peut auſſi voir la Corne ou l'eſgouſt qui laiſſe couler la ſeroſité ſur la glande pituitaire, qui emplit toute cette partie que l'on nomme la Selle à cheual. Il faut remarquer en cét Eſgouſt quatre canaux, qui font couler la ſeroſité dans le palais & dans le goſier & chercher en ſuitte l'origine de tous les Nerfs qui ſont deſcrits en ces vers.

Optica prima, oculos mouet altera, tertia guſtat,
Quartaque; quinta audit; ſexta eſt vaga, ſeptima lingua.

Des ſept paires de Nerfs, dont la teſte eſt pourueuë.

La premiere conduit les eſprits pour la veuë;
La ſeconde aux deux yeux donne le mouuement;

La langue auec la trois gouſte parfaitement:
Receuant de la quatre vne vertu pareille;
La cinq nous fait oüir, allant droit à l'oreille.
La ſix en differents endroits du corps prend
    cours.
Ses rameaux y faiſans diuers tours & retours.
Et la derniere en fin, qui peut eſtre aperceuë,
Se reſpand dans la bouche, & la langue
remuë.

Il faut en ſuite chercher exactement ſous la
Dure Mere, à la baſe du Cerueau proche le circuit de la *Selle Sphenoide ce Retz admirable*, fait
de l'aſſemblage de pluſieurs Arteres, qui s'entrelacent les vns dans les autres, & qui viennent des deux Carotides.

Il faut auſſi obſeruer que la ſeroſité ou le ſang
qui cauſent les grandes douleurs de teſte, accompagnées d'inflammation, ſe peuuent eſcouler par la baſe du Cerueau, & que lors que ces
humeurs cherchent paſſage par les cauitez des
oreilles, elles y apportent des douleurs ſi violentes, qu'elles troublent l'eſprit & cauſent ſouuent la mort. On peut deliberer en ce cas, quand
toutes choſes ſont deſeſperées, s'il eſt permis
d'ouurir l'vn des coſtez du derriere de la teſte
auec le Trepan, pour faire ſortir cette humeur
inutile & corrompuë qui pourrit le Cerueau.

Le Nerf qui ſert à l'oüie eſt digne d'eſtre conſideré, dautant qu'il entre dedans la cauité de
l'oreille, & par vn petit conduit tombant dedans le palais, il ſe iette au dedans du Larynx,
ce qui eſt la cauſe de la ſympathie qu'il y a entre les oreilles, les dents, le goſier & les poulmons.

Chacun peut prendre garde ſi ces deux Nerfs

s'entrecoupent, & si faisant la croisée, celuy qui naist du costé droit se porte au costé gauche, & celuy qui naist du costé gauche se porte au costé droit ; ce que ie n'ay point encore veu.

Il faut aussi regarder si ces nerfs sont seuls, & s'il n'y a point d'arteres, qui les accompagnent, s'ils sont composez de plusieurs filets, & enfin si les autres nerfs sont differens des nerfs Optiques.

On ne doit point passer plus auant sans considerer & resoudre quatre questions importantes: A sçauoir, si le Cerueau se remuë de soy mesme, s'il donne du rafraischissement au Cœur ? Si les ventricules du Cerueau sont faits seulement pour reseruer ses impuretez ; & si le mouuement circulaire du sang se fait en cette partie, & en quelle sorte ?

Pour respondre à la premiere question, ie diray, que la substance du Cerueau ne se remuë pas d'elle-mesme en s'eslargissant & se resserrant à la façon des arteres ; mais seulement la Dure Mere qui est toute remplie d'arteres, qui venans du Lacis admirable des arteres, montent aux canaux superieurs de cette Dure Mere. Que ces Canaux ont aussi vn battement ; & que le Cerueau peut se remuer en esleuant & abbaissant sa propre substance, selon qu'elle est plus ou moins poussée par la force des esprits.

Quant à la seconde question, ie dis en deux mots, que le Cerueau donne du rafraischissement au Cœur, à cause que par le moyen du mouuement circulaire, le sang qui a esté rafraischy dedans le Cerueau retourne au Cœur, & modere ainsi ses violentes ardeurs.

Pour ce qui regarde la troisiéme, les Ventricu-

K k iij

les anterieurs & superieurs du Cerueau, sont les reseruoirs des esprits. Ce n'est pas que la serosité qui sort de toute la masse du Cerueau ne puisse descendre dans les Ventricules superieurs, mais elle se iette en mesme temps dans ceux d'embas pour s'écouler dedans les narines au trauers de l'Os Cribreux ou Ethmoïde : Et si l'Os Ethmoïde est bouché, elles tombent par la Coane, ou par les troux qui en sont voisins, & qui vont au palais & dedans le gosier.

Or il s'engendre ou s'amasse deux sortes de serosité dans la teste ; l'vne en la partie superieure anfractueuse du Cerueau, laquelle se peut écouler par deuant, suiuant les anfractuositez du Cerueau, iusques à l'os Ethmoïde : ou bien elle distille par la faucille, qui est la separation du milieu du Cerueau, sur le toict, ou la voute des Ventricules anterieurs, afin de se porter à l'os Ethmoïde ou Cribreux, & s'écouler par les narines. L'autre serosité, qui s'engendre dans les Ventricules anterieurs, & dans les parties inferieures, tombe per l'égoust de la Coane ou Entonnoir dans la palais & le gosier.

Pour ce qui regarde la circulation du sang, elle se fait dans le Cerueau tres-lentement, & le sang sortant du Rets admirable monte par les arteres de la Dure Mere, iusques aux quatre canaux, retombant en suite par les veines dans le Cœur, tous ses esprits ayans esté épuisez par le Cerueau ; ce qui fait que ce sang estant par ce moyen refroidy, on dit qu'il apporte du rafraischissement au Cœur. Cela est décrit plus amplement dedans mon Liure de la description de l'homme.

Le Cerueau estant de sa nature froid & humide, se nourrit seulement du sang arteriel, qui est le plus pur & le plus remply d'esprits, montant & se transportant en ce lieu par les Carotides. Et encore que les esprits soient temperez, ils ne perdent rié de leur subtilité, ne se meslans point auec l'air. Le sang monte de ce Lacis admirable par les arteres qui en sortent, & qui le portent iusques au sommet de la teste, à l'endroit où les canaux du Cerueau sont situez, & de ces canaux le sang tombe aux parties inferieures & laterales du Cerueau, & à mesme temps il se distribuë aux parties inferieures, par cette gráde Veine dont Galien parle, qui fait le Lacis Choroïde. Pour ce sujet nous voyons que c'est tousiours le sang le plus pur qui sort par les hemorrhagies du nez, encore que celuy qui sort des veines, quand on les ouure aux bras & aux pieds, paroisse tres-impur.

Ce qui fait clairement voir que le seul sang des Arteres nourrit le Cerueau, & s'escoule par le nez, & que ce n'est pas sans suiet que Fernel nous commande de l'arrester, pourueu qu'il y en ait quelque quantité suffisante, comme vne liure, qui en soit sortie, pour rafraischir tout le corps & esteindre la fievre. Or pour remedier à cette perte de sang, nous deuons non seulement mettre au derriere du col des choses rafraischissantes & astringentes, mais aussi au deuant sur les deux Arteres Carotides.

Il faut cependant remarquer, que l'air qui est attiré par le nez n'entre pas dedans les Ventricules anterieurs du Cerueau, dautant qu'ils ne sont point percez, mais enuironnant seulement

le circuit exterieur de la Dure Mere, il rafraif-
chit tout le Cerueau, fans fe mefler en aucune
façon auec les efprits, qui deuans eftre tres-fub-
tils deuiendroient beaucoup plus groffiers, s'ils
eftoient meflez auec l'air; ce qui empefcheroit
qu'ils ne fe tranfportaffent par les nerfs auec la
viftef e neceffaire dans toutes les parties du
corps. Ie fuis de mefme fentiment pour ce qui
regarde l'air qui eft receu par les Poulmons,
croyant qu'il ne fe mefle pas auec ces efprits vitaux, mais qu'il apporte feulement quelque rafraifchiffement à ces parties, fe refpandant par
les rameaux de l'artere Trachée.

Pour pouuoir monftrer le Cerueau de la forte
que Varolius nous l'a defcrit dedans vn Liure
particulier qu'il a fait fur ce fuiet, il faut couper
& fier en rond le crane d'vn corps nouuellemét
mort proche des yeux, & vers le creux du dr-r-
riere de la Tefte, & auec vn fort cifeau ou te-
nailles incifiues on arrachera la partie fuperieure de l'orbite, afin que les yeux en puiffent
eftre oftez, & demeurer attachez au bout de
leurs nerfs.

En fuite de quoy il faut deftacher la Dure Mere d'auec l'os, par le moyen de la fpatule, & la
laiffer vers la bafe du Crane, où elle eft fortement attachée aux os, & leuer tout le Cerueau,
& la plus grande partie que l'on pourra de la
moëlle de l'efpine, & le Cerueau renuerfé de
cette forte fera fouftenu de quelqu'vn auec les
deux mains, iufques à ce qu'on en ait fait entierement la diffection.

La premiere chofe qu'il faut faire, eft de chercher dedans la Dure Mere ces quatre canaux,
le lieu du Preffoir, la premiere Veine, que Galié

a defcrite, qui fait le LacisChoroïde,& le lieu
où l'on treuue la diuifion du Cerueau,qu'on appelle la Faucille.Apres cela, on retourne en la
bafe du Cerueau, & on apperçoit que la Pie
Mere du Cerueau fe fepare & fe leue auec plus
de facilité par le bas que par le haut, dautant
que le Cerueau n'eft pas fi plein de replis embas qu'en haut. On void donc premierement,
apres auoir ofté la Dure Mere, le Rets admirable qui eft fait des deux arteres Carotides,
& de deux autres qui montent par les troux
des vertebres du col, qui paroiftra toutesfois
prefque tout defchiré, cette diffection ne fe
pouuant faire autrement. Chaque Artere Carotide fe fend en deux en entrant dans la Tefte,
pour conftruire ce Rets admirable, puis montans en haut par les anfractuofitez du Cerueau,
elles fe difperfent de cofté & d'autre, iufques
au canal Longitudinal de la Dure Mere.

La Carotide, pour paffer du col au dedans
du Cerueau, entre obliquement, & comme
boffuë dans le trou finueux qui eft à la bafe du
Crane, & en cét endroit elle a dans fa cauité
des petits offelets, femblables à ceux que nous
auons appellé Sefamoïdes. Et ce n'eft pas en
ces arteres feulement que la Nature a mis de
ces offelets : mais on en trouue auffi en d'autres, où ils eftoient neceffaires, pour tenir le
paffage de ces arteres libre & ouuert.

Vous obferuerez en fuite, que les Apophyfes Mammillaires, ne vont pas fi loin que
Varolius a dit.

Vous verrez par apres l'endroit où les nerfs
Optiques s'vniffent enfemble proche de l'éf-
gouft de la Coane, & pour ce fuiet les mafchi-

catoires peuuent apporter de l'vtilité aux maladies des yeux & de ces nerfs. On void aussi que
les veines du Lacis Choroïde, qui descendent
vers la base du Cerueau, sont entretissuës de
petites glandes. Ce Lacis Choroïde est beaucoup plus euident en ce lieu qu'au dessus des
ventricules anterieurs.

Les quatre eminences esleuées en forme de
bosse, dont deux sont en deuant, situées vers la
partie du milieu du Cerueau, & deux en derriere qui forment le Ceruelet, doiuent aussi
estre exactement considerées.

Ces quatre eminences reçoiuent les quatre
racines blanches, & dures de la moëlle de l'espine du dos, desquelles les deux anterieures
plus longues & plus dures, passent dedans les
deux plus grandes eminences du Cerueau. Les
deux autres plus courtes, se iettent dedans le
petit Cerueau; où vne portion de sa moëlle
plus espoisse & condensée que le reste, & qui
est large d'vn trauers de poulce, passant de
trauers au dessus de ces deux racines de la
moëlle de l'espine, les tient liées & collées
ensemble comme vne bande. Varolius appelle
cét endroit, le *petit Pont*, mais l'on peut plutost dire que c'est le *Paué* du canal, qui va du
trois au quatriesme Ventricule.

Ce Canal est placé sur les racines anterieures
de la moëlle de l'espine, s'estendant de leur
long. Et l'on void paroistre entre l'vnion des
nerfs Optiques, & ces racines anterieures de
la moëlle de l'espine, vn trou quarré, que l'on
prend pour la Coane, ou l'esgoust qui sert à
descharger les impuretez, & excremens des
ventricules du Cerueau.

Apres auoir obſerué toutes ces choſes, vous
paſſerez au petit Cerueau, l'Apophyſe Vermi-
forme duquel eſtant placée entre ſes deux eminences tubereuſes, ſe doit ſeparer d'auec la
moëlle de l'eſpine, ayant prealablement oſté
la mébrane Choroide, afin de pouuoir conſiderer le quatriéme Ventricule, qui eſt la ciſterne,
& le receuoir des eſprits animaux.

Par apres vous couperez par le milieu le petit pont, ou le lien des racines de la moëlle de
l'eſpine, afin d'expoſer les Vétricules anterieurs
& ſuperieurs du Cerueau, leſquels vous verrez
ſeparez par vn entredeux de la longueur d'vn
doigt, qui s'eſtend depuis vne extremité du coſté du front, iuſques au Ceruelet. Il eſt attaché
à la voute des Ventricules; mais en ſa partie inferieure, il eſt laſche ſans aucune liaiſon, afin
que le paſſage des eſprits ſoit plus libre.

Mais vous remarquerez, s'il vous plaiſt, ſoigneuſement, que les extremitez de cét entredeux, ou ſeparation ſont fenduës en deux; eſtans
comme eſcartillées, & que les branches du derriere plus grandes que celles du deuant, ſont attachées au ligament tranſuerſal, qui tient liées
enſemble les deux eminences tubereuſes du
Cerueau, & qui eſtant ainſi eſtendu, ſouſtient
comme vne poultre la voûte des Ventricules:
Les branches du deuant ſont attachées au lien
tranſuerſal, qui reſſemble aux nerfs Optiques,
touchant ſa groſſeur, & ſa couleur.

Ayant oſté cét entredeux ſuſdit, qu'on appelle *Barriere luiſante*, ou *ſeptum lucidum*, vous
verrez clairement la voute des Ventricules, laquelle eſt appellée, *le corps Pſalloide*, & remarquerez que les Ventricules anterieurs ont ſi

grande communication entre eux, qu'ils ne font qu'vne mesme continuité ensemble.

Cependant vous connoistrez que les Ventricules inferieurs qui sont à la base du Cerueau, sont plus grands, ou du moins aussi grands que ceux d'enhaut, & qu'ils ont aussi communication entre eux ; Ou plutost que l'on peut dire qu'il n'y a en tout le Cerueau que deux Ventricules, qui occupent toute sa substance, le quatriesme estant caché dans le Ceruelet ou petit Cerueau, & pouuant facilement estre veu tout entier.

Prenez enfin garde que tous les nerfs, exceptez les Optiques, sortent de ces racines de la moëlle de l'espine, & qu'ainsi l'on peut dire absolument, que tous les nerfs tant du dehors que du dedans du Cerueau, sortent de la moëlle de l'espine, puis que Galien mesmes dit, que ces eminences, qu'il nomme les couches des nerfs Optiques, sont produites des racines de la moëlle de l'espine, nous pouuons aussi asseurer que les nerfs Optiques en sont issus.

Vous verrez que les nerfs qui donnent e mouuement aux yeux, sont aussi continus, ne faisans qu'vn mesme filet, & que les nerfs Optiques, à l'endroit de leurs couches, se recourbent, & montent vers les Ventricules superieurs.

Ce que l'on nomme les Testicules, sont portions des racines de la moëlle de l'espine, mais de celles qui naissent du Cerueau, & ce que l'on appelle les Fesses, sont parties des deux autres racines qui sortent du Ceruelet.

Quiconque se donnera la peine de voir le Cerueau, en commençant par le bas, comme

nous venons de le deſcrire, verra que la deſcription en eſt beaucoup plus belle, & plus ample,
que celle de *Varolius*, & quand on m'aura veu
vne fois ou deux en faire la demonſtration, on
en fera ſoy-meſme l'experience, pour mieux
connoiſtre & admirer la verité de toutes ces
choſes.

Il eſt à propos pour connoiſtre les ſieges des
maladies du Cerueau, de le diuiſer en trois parties. Le Cerueau, le Ceruelet, & la moëlle de
l'eſpine du dos. Ce qui n'empeſche pas que
dans les diſſections, ie ne le diuiſe en trois regions, ſuperieure, moyenne, & inferieure.
L'on void en la ſuperieure les anfractuoſitez,
la faucille, & le corps calleux. Dedans celle du
milieu, qui eſt au deſſous de la voute, on conſidere le toict qui couure les Ventricules, le
Septum lucidum, ou barriere des Ventricules,
portée de trois petites colomnes; les trois Ventricules, auec quelques eminences, qui forment le conduit, qui va vers le quatriéme. Et
de plus, le Lacis Choroide, le *Conarium*, ou
glande aboutiſſante en pointe, & le Ceruelet,
& le quatriéme Ventricule qui eſt caché en iceluy; Et enfin dans celle d'embas, on remarque la Coane, ou l'égouſt, les Glandes, les
Apophyſes mammillaires, les ſept paires des
nerfs, le Rets admirable, & les racines de la
moëlle de l'épine du dos.

Et dautant que *Gaſpar Hofman*, dans le li-
vre qu'il a écrit *contre Montanus*, & meſmes
dans ſes Inſtitutions, appelle ſtupides, & inſen-
ſez, ceux qui croyent que les Ventricules du
Cerueau ſont les lieux où ſe reſeruent les eſprits
animaux; aſſeurant ſi hardiment & ſi arrogam-

ment, que cela eſt impoſſible, qu'il veut faire croire que c'eſt vne folie d'en auoir la penſée. I'examineray les raiſons, qu'il croid infaillibles & inuincibles, d'autant que perſonne n'a encore oſé leur contredire, mais auparauant ie veux monſtrer le contraire de ſon opinion.

Les eſprits animaux, ſont faits des eſprits vitaux, qui ſont conduits à la baſe du Cerueau, en grande quantité par le moyen des Arteres Carotides, & en ce lieu les rameaux de ces Arteres s'entrelacent les vns dans les autres, & compoſent ce Rets, que tout le monde reconnoiſt pour admirable, duquel vne infinité de branches ſortent en ſuitte, & vont ſe ietter dedans la dure Mere, afin que le ſang monte de toutes parts dedans les conduits ou canaux qui ſont en cette Meninge, laquelle à mon aduis eſt la ſeule qui fait le battement, ou palpitation que l'on remarque en cét endroit; ayant veu aux fractures du Crane le Cerueau immobile, lors que cette dure Mere eſtoit deſchirée ou rompuë.

Si bien que les Ventricules anterieurs eſtans ouuerts à la baſe du Cerueau, & leur grandeur eſtant égale aux cauitez ſuperieures des meſmes Ventricules, eſtans auſſi proche de ce Rets admirable, ils en peuuent facilement attirer les eſprits, dautant plus que les Arteres de ce Lacis, ſont extremément minces; ou bien les eſprits qui d'eux meſmes ſont diſpoſez à ſortir, ſe conduiſent dedans ces Ventricules du deuant, d'où paſſant incontinent par le troiſiéme Ventricule, qui ne tient lieu que de conduit, ils ſe portent tout d'vn temps dans le quatriéme Ventricule comme au reſeruoir des eſprits.

qui les diſtribuë a tous les nerfs, qui ſont au
deſſous, & dedans le creux de la moëlle de l'é-
pine.

Les ſept paires de nerfs ſortent auſſi de ces
quatre eminences, dont les deux plus grandes
forment, & ferment les coſtez des Ventricules
de deuant, & les deux autres font les coſtez du
quatriéme Ventricule, dont le toiſt & les parties anterieures ſont compoſées par les deux
eminences que l'on nomme Scolicoïdes.

Ces quatre eminences ſont ſpongieuſes, &
reçoiuent les eſprits, qui tout d'vn train ſe
gliſſent dedans les nerfs, ſituez immediatement au deſſous d'elles, & dans la moëlle de
l'eſpine par le moyen du quatriéme Ventricule.

Or perſonne ne peut nier, que les nerfs du
Cerueau ne prennent leurs origines de ces quatre eminences : Et c'eſt de cette ſorte qu'il faut
expliquer la propoſition que i'ay auancée cy-
deſſus, que tous les nerfs du corps, & du Cerueau, naiſſent de la moëlle de l'eſpine, dedans
ou dehors le Cerueau.

I'aduoüe auſſi fort librement, que les eſprits
ſont répandus par toute la ſubſtance du Cerueau, & ne ſont pas entierement renfermez
dedans les bornes de ſes Ventricules ; mais
cela n'empeſche pas que ces Ventricules ne
ſoient le vray lieu, où l'eſprit animal ſe forme, pour eſtre delà diſtribué aux ſept paires des
nerfs, & à la moëlle de l'eſpine.

Hofman veut au contraire, que cela ſoit
impertinent, & impoſſible, & il en apporte
pluſieurs raiſons, dont la premiere eſt, que
l'eſprit ſe fait dans le meſme lieu où l'action
eſt faite.

Ie dis pour responce à cette premiere raison, que plusieurs actions sont faites par des parties, dedans lesquelles il ne s'engendre point d'esprits, & ie ne demeure pas d'accord que toutes les actions se fassent dans le corps du Cerueau. De plus, il n'est pas besoin d'autre chose pour engendrer les esprits, que du passage qu'ils ont par le Cerueau.

Car de mesme que le sang qui sort des veines, n'a point besoin d'autre chose pour deuenir arteriel & vital, que de passer par les Ventricules du cœur, ainsi cét esprit vital deuient esprit animal, quand il a passé par le Cerueau, & est arriué à son quatriéme Ventricule. Et s'il demeuroit plus long-temps dedans la substance du Cerueau, il se perdroit beaucoup de sa legereté, & de sa delicatesse, à cause de la froideur, & de l'humidité de cette partie.

La seconde raison de *Hofman* est, que si l'esprit doit agir, il doit estre dans les vaisseaux, & soubs la conduite de l'ame, & que quand il seroit entré dedans les grands espaces de ces Ventricules, il n'y auroit rien qui le fist rentrer dans les petits conduits des nerfs.

Ie responds à cette seconde raison, qu'il est encore plus difficile que l'esprit retourne dedans les nerfs, apres auoir esté dispersé dedans toute la masse du Cerueau, qui est molle comme de la cire. Et mesmes on ne void point de vaisseaux qui soient semez parmy cette substance. Les marques sanglantes qui y paroissent, estans celles du sang, qui descend du haut embas, par le moyen des Arteres qui courent en tournoyant par toute la substance

du

du Cerueau, & le fang ne pouuant pas paſſer par le milieu du Cerueau, l'adreſſe de la Nature le conduit par les petits canaux, qui ſont dans la dure Mere, iuſques aux conduits qui ſont pleins de ſang, pour le faire enſuitte tomber embas, & par le Preſſoir, ou par cette grande veine, qui fait le Lacis Choroïde, le conduire dedans les Ventricules.

Il ſeroit plus à propos de mettre le ſiege & le lieu où ſe font les eſprits dedans ce Lacis, qui ſe diſperſe dans tous les lieux du Cerueau, iuſque à ſa baſe, mais *Hofman* auroit bien de la peine à me monſtrer les voyes, par leſquelles les eſprits animaux qui ont eſté faits des eſprits vitaux, s'eſpandent par toute la ſubſtance du Cerueau, & retournent de là dedans les nerfs.

La troiſiéme des raiſons de *Hofman* eſt, que le dedans des ventricules eſt enuironné de la pie mere, ou membrane deſliée du Cerueau, & qu'ainſi l'entrée & la ſortie des eſprits eſt empeſchée.

Ie reſponds à cela, que puiſque les ventricules ont cette enueloppe, les eſprits y arriuent bien plus facilement, & ſans ſe diſſiper.

I'ay deſia monſtré comme ils entrent par la baſe du Cerueau dedans le quatriéme ventricule, auſſi n'eſt-il pas beſoin qu'ils retournent, puiſque le ſang des Arteres, qui monte le long de la dure Mere, ſe reſpandant par tout le Cerueau, à meſme temps luy diſtribuë par tout des eſprits, car le ſang ne peut penetrer ſans eſprits.

Le quatriéme Argument de *Hofman*, qui eſt le plus fort & le plus vigoureux eſt, que les deux ventricules ſupérieurs ayans vne ouuerture qui va dans le troisiéme, & celuy-cy entrant dedans l'esgoust qui respond au palais, il y a bien de l'apparence que les esprits sortiroient, & se dissiperoient par ce passage.

Ie responds à cela, que les esprits estant continuellement poussez auec force vers leur Reseruoir, ne sont point en danger de se dissiper par là. Ioint que ce trou est fort petit, & que de là à l'Os Sphenoïde, il ny a pour le moins la longueur d'vn doigt. Et *Hofman*, qui croid que le sang passe par les poulmons pour aller du vétricule droit du Cœur, dedans le gauche, deuroit bien plustost craindre, que ses esprits ne s'y dissipassent par l'expiration continuelle.

La cinquiéme raison qu'il apporte est, que les ventricules ne sont pas continus auec les nerfs, mais auec le corps du Cerueau. Et ie responds, que puisque les nerfs naissét de ces eminences, qui sont les racines de la moëlle de l'espine dedans le Cerueau, & le Ceruelet, & qu'elles sont la principale partie du Cerueau, pourquoy ne dira-t'on pas que les nerfs naissent du Cerueau ? *Hofman* a escrit luy-mesme, que les nerfs dedans le Cerueau, sortent des racines de la moëlle de l'espine.

La sixiéme raison que rapporte Hofman est, que les ventricules ont desia vn autre Office, qui n'est pas compatible auec celuy de faire les esprits. Et ie luy responds, que ie nie qu'ils soient faits pour l'vsage qu'il leur donne, lesgoust qui est au dessus du palais, estant assez capable de décharger le Cerueau de tous ses excremens, & de toutes ses serositez inutiles. Et que la plus grandes partie d'icelles s'écoule par les anfractuositez exterieures du Cerueau, ius-

ques dans ſa baſe, & tombe en partie ſur l'Os
Ethmoïde, partie vers la baſe du Cerueau, & ſur
le palais, par l'eſgouſt de la Coane, ou par les
trous qui en ſont proches.

Mais ie croy que l'eſprit manque à *Hof-*
man, pour traitter cette queſtion, & que l'on
auroit bien de la peine à s'empeſcher d'en rire,
ſi ie voulois rapporter toutes ſes paroles. Laiſ-
ſons luy la bonne opinion qu'il a de luy-meſme, & n'empeſchons pas (pour parler comme
luy) qu'il ne ſoit le chef des Pecores d'Ar-
cadie, qui ſuiuront les reſueries qu'il rumine.

Mais ie croy qu'il ne doit point ſi-toſt crier
victoire, ny dire qu'il ne craint pas meſme,
qu'vn autre Hercule le puiſſe abbatre, & de-
ſtruire ſes raiſons, puiſque ce que ie viens de
dire, monſtre qu'elles ſont tres-mal fondées.
Ie montreray ſeulement par l'exemple de deux
maladies, qui ont leur ſiege dedans le ventricule du Cerueau, à ſçauoir l'Apoplexie, &
l'Epilepſie, que cette nouuelle doctrine de
Hofman deſtruit tout l'ordre, qui a eſté doctement eſtably pour la connoiſſance des maladies
du Cerueau.

Hofman met le ſiege de l'Apoplexie dans toute la ſubſtance du Cerueau, & non pas dans ſes
ventricules, & veut que l'Epilepſie n'ait point
d'autre cauſe, que les vapeurs qui montent au
Cerueau, & qui ſe répandent par toute ſa ſubſtance. Il ne veut point qu'il y ayt d'Epilepſie
ou mal caduc, qui ſoit eſſentielle, ou prouenante du Cerueau-meſme, mais que toutes ſes
eſpeces dépendent des indiſpoſitions des autres
parties, ne ſe faiſant au Cerueau que par ſympathie.

Il met le siege de l'Apoplexie en toute la substance du Cerueau, à sçauoir lors qu'elle est
bouchée, & veut que l'effusion du sang seul en
soit la cause, admettant neantmoins, suiuant
l'opinion de *Nymmanus*, que l'obstruction du
Pressoir en soit la cause. Mais si cét endroit,
qui est le quatriéme conduit, qui porte le sang
vers le lacis Choroïde, est bouché, le passage
du sang & de l'esprit en sera empesché. *Et Hof-*
man veut au contraire, que dans l'Apoplexie
on treuue le sang seul épanché dedans les ventricules, par consequent le pressoir ne peut pas
auoir esté engagé. Il est tres-certain, & plusieurs experiences que nous en auons veu, nous
témoignent assez clairement que les ventricules du Cerueau sont bouchez en l'Apoplexie,
soit en l'égoust de la Choane, soit en autre lieu,
mais c'est le plus souuent le trou du quatriéme
ventricule, qui est fermé par l'Apophise Sco-
licoide. Ces lieux estans ordinairement bouchez par vne pituire fort épaisse & visqueuse,
qui s'attache fortement aux lieux où elle se
rencontre, & qui apporte infailliblement la
mort, si on ne s'en décharge par l'égoust de
la Choane.

Et s'il arriue que cette matiere soit plus sereuse, elle se glisse dedans la moëlle de l'épine,
& fait la Paralysie au lieu de l'Apoplexie, ainsi
vn moindre mal en guerir vn plus grand, la
matiere se transportant ailleurs.

Mais si le sang s'épanche dans les ventricules, le malade meurt subitement. Que si l'A-
poplexie estoit causée par le seul sang, comme
le veut *Hofman*, comment est-ce que le sang
qui est épanché dans les ventricules, pourroit

paſſer ſans putrefaction dans les nerfs, & penetrer dedans leurs cauitez?

Hofman nous a fait connoiſtre ſon ignorance dans ces deux maladies, encore qu'il n'ait
point treuué de difficultez dans le mal caduc,
telles que Craton y en a reconnu, qui ſouhai-
toit de voir deuant que de mourir, l'eſſence de
cette maladie, & les moyens de la guerir, expliquées comme il eſt neceſſaire.

Remarques particulieres, que l'on peut ti-
rer de la connoiſſance des parties du
Cerueau, pour bien prati-
quer la Medecine.

LE Cerueau peut eſtre attaqué de pluſieurs
maladies, d'intemperie chaude, froide, humide, ſimples, ou accompagnées de diuerſes
humeurs pituiteuſes, bilieuſes, atrabilaires, du
ſang, & de la ſeroſité, toutes ces humeurs pouuant non ſeulement nuire aux membranes qui
l'enueloppent, principalement à celle qui eſt la
plus eſpaiſſe, mais auſſi ſe gliſſer dans ſes canaux, & y faire naiſtre de grandes douleurs,
apres y auoir croupy quelque temps. Elles peuuent auſſi ſe ietter dedans les anfractuoſitez exterieures, & de là tomber dedans la ſubſtance
du Cerueau, ou dedans ſes ventricules, ou dedans le Ceruelet, ou ſur les parties qui ſont vers
le bas du Cerueau.

Si l'humeur monte au Cerueau par les Arteres Carotides, elle peut engendrer les meſmes
maladies, mais celles qui ſe font par conſentement ou ſympathie, que le Cerueau peut auoir

auec les autres parties, si elles sont sans matiere,
ne portans qu'vne simple vapeur, sont beaucoup moins dangereuses, que celles qui s'engendrent dans le Cerueau mesme, & dont il
a en soy la cause, & la matiere qui les produit.

Au reste, quand la Teste est trop replete,
c'est à dire qu'il y a Plethore particuliere de
la Teste, il faut craindre le sur-vomissement de
sang, qu'Hippocrate appelle, *Hyperemetos*, &
qu'il décrit par la connoissance qu'il auoit de
l'Anatomie. Dautant que le sang se répand du
conduit longitudinal dans les replis sinueux,
anfractueux, & profonds des extremitez du
Cerueau. D'où il ne se peut point facilement
retirer, ains tombe dans les ventricules, passant
du quatriéme conduit, ou Sinus aux parties interieures du Cerueau. La Nature voulant remedier à cette incommodité, a construit & placé en la base du Cerueau, le Rets admirable
entrelacé dés arteres Carotides, crainte que le
sang arteriel tout boüillant estant porté au
Cerueau, ne se transportast aux parties extremes & superieures d'vne vistesse trop violente.
Car il seiourne quelque peu dans ce lacis, afin
qu'il perde quelque chose de son ardeur & impetuosité : Pour cette mesme fin, le trou par
lequel la Carotide passe à trauers du Crane, est
oblique, & a en son orifice deux petits osselets,
qui seruent comme de valules. Et lors que ce
sang est paruenu aux Sinus, ou canaux, il s'y
amasse, & se distribuë aux parties inferieures
du Cerueau ; ce qui est superflu, retombant
embas hors du Cerueau, par les veines Iugulaires internes.

Outre les maladies d'intemperie qui arriuent
au Cerueau, & à cause que sa substance est trop
lasche, il est aussi suiet aux maladies de la conformation, quand sa masse s'augmente, ou diminuë en differens temps, selon les change-
ments des Lunes; ou à celles qui arriuent aux
conduits, quand les canaux, qui sont dedans la
dure Mere, se treuuent bouchez, & principalement le quatriéme, que l'on nomme le *Pressoir*, lequel estant bouché cause l'Apoplexie,
selon l'opinion de quelques-vns, à raison que
les esprits n'ont pas la liberté de se communiquer à toutes les parties; ce que ie ne croy
pas veritable; les esprits se communiquants
au ventricule d'embas, au sortir du Rets admirable des Arteres, le Lacis Choroide estant
seul priué de sang, lors que ce Pressoir est
bouché.

Les ventricules peuuent estre aussi bouchez,
& principalement le quatriéme, lequel en ce
cas apporte vne mort soudaine, à cause que les
esprits ne peuuent plus descendre dedans les
parties inferieures, & dedans la moëlle de
l'espine.

L'égoust de la Choane peut aussi estre bouché; ce qui empesche que l'humeur pituiteuse,
& la serosité ne puisse sortir; ce qui les fait
rebrousser dedans le Cerueau, d'où s'ensuit le
mal caduc, l'Apoplexie, & d'autres maladies
mortelles. Si les ventricules anterieures ont
des trous qui aillent dedans les narines, le
Cerueau est extrémément incommodé, quand
ils viennent à estre bouchez.

Les defauts qui arriuent au Cerueau par
sa mauuaise conformation, ne peuuent pas

estre corrigez ; mais ils peuuent estre dimi-
nuez par les choses qui le fortifient , & le desseichent.

L'inflammation peut suruenir non seulement
aux Meninges , qui enueloppent le Cerueau ,
mais aussi à la propre substance , d'où la Phrenesie & la Siriasie prennent leur origine ; Celle-cy faisant enfoncer les yeux dans la teste ,
les creusant extremément , & causant vne tres-
sensible douleur de teste. Ce mal a pris son
nom de l'astre , appellé Sirien , à cause que
principalement pendant l'influence de cét
Astre , aussi bien les enfans , que ceux qui sont
plus âgez , se treuuent incommodez de la Siriasie , qui arriue le plus souuent par vne cause externe , comme pour auoir esté trop au Soleil ; de mesme que la phrenesie vient d'vne
cause interne , qui est ou dedans le Cerueau ,
ou dedans les autres parties , auec lesquelles il
sympathise , comme il arriue dans la fiévre
continuë.

Le Cerueau est aussi suiet aux tumeurs , pouuant s'enfler par vn mouuement extraordinaire d'vne cause externe , comme d'vne violente
commotion ; l'estourdissement de la teste , qui
vient de quelque coup , estant selon Hippocrate , tres-dangereux , & estant fort souuent siui-
uy d'vne corruption & gangrene.

De plus , il se peut par fois tumefier par vne
humeur aqueuse , qui se répand en sa circonference , ou qui est contenuë dedans ses ventricules , laquelle tumeur s'appelle *Hydrocephale*,
eu Hydropisie du Cerueau. Quoy qu'elle ne
soit qu'autour du Cerueau , la serosité ne laisse
pas de tomber petit à petit dedans les ventricules,

les, où estant, elle cause l'assoupissement Comateux, & enfin l'Apoplexie.

Ie croy que voila les maladies du Cerueau,
encore que *Fernel* ait écrit, que la pluspart des
indispositions qui arriuent à la teste, se doiuent
mettre au rang des Symptomes, & non pas en
celuy des maladies. Mais cét Autheur diuise
tres-doctement & elegamment, selon sa coustume, en trois ordres les Symptomes du Cerueau, selon les trois sortes de parties qu'ils attaquent; Les premieres s'attachant aux membranes; les secondes à la substance du Cerueau,
& les troisiémes aux canaux, ou conduits.

Le Pericrane & les deux membranes qui en-
ueloppét le Cerueau, sont susceptibles de grandes douleurs. La substance du Cerueau, qui est
le siege des principales fonctions de l'ame, contient les phantaisies deprauées, & les Symptomes du iugement, ou raisonnement troublé,
comme sont le Delire, la melancholie, l'extase,
la Lycanthropie, & la manie. De mesme les
Symptomes de la memoire abolie, comme
l'oubly, la folie, la bestise, & la stupidité de
l'entendement. Et pour ce qui regarde les accidens, qui arriuent aux conduits, ils regardent
principalement le sentiment & le mouuement,
comme au sommeil & à la veille toutes les especes d'assoupissement, à sçauoir le *Coma* & le
Carus. Les defauts du mouuement sont les pro-
menades des Noctanbules qui se font de nuit, la
Catalepsie, le Cochemar, les conuulsions, le
mal caduc, ou Epilepsie, l'inquietude, le frisson, le tremblement, la Paralysie, la Paresie ou
Courbature, l'Apoplexie.

Les Symptomes qui regardent la sortie des

excremens; sont aussi mis auec ceux qui arriuent aux conduits, comme les catharres, les rheumatismes, les hemorrhagies. Voyons maintenant tous ces accidens en particulier.

La douleur de Teste occupe, ou le Pericrane, ou les Meninges; celle qui est au Pericrane est externe; celle des Meninges est interne. Ces deux douleurs s'estendent iusques aux yeux, d'autant qu'ils reçoiuent des Meninges leurs membranes Cornée, & Vuée, & du Pericrane la Conionctiue.

Or; l'espece de la douleur donne à connoistre l'espece de la maladie. La douleur de teste aiguë & mordicante, marque vne intemperie bilieuse; celle qui est pesante, vne pituiteuse; celle qui se fait auec battement, témoigne vne disposition inflammatoire, de mesme que celle qui est picquante comme d'vne pointe, denote l'excoriation, ou erosion de quelque humeur acre, ou par vn ver qui pique. La douleur accompagnée de distension, monstre qu'il y a si grande quantité d'humeur, ou d'esprits flatueux, qu'elle peut estendre les membranes.

La douleur est ou en toute la Teste, ou en la moitiée seulement, ou en vne des parties de la Teste. Si l'on se plaint de toute la Teste, cette douleur s'appelle *Cephalalgie*; s'il n'y en a que la moitié de douloureuse, elle s'appelle *Migraine*, à cause que le Cerueau semble estre separé en deux parties. Et si l'on ressent douleur en vne seule partie, semblable à celle que l'on sentiroit, si vn clou y estoit fiché les Arabes la nomment le *Clou*, ou l'Oeuf. L'on donne le nom de *Cephalea* à la douleur de Teste, qui est obstinée & dure long-temps, laquelle de mes-

me que la migraine eſt Periodique, n'arriuant
que de temps en temps ; mais la *Cephalalgie* eſt
continuë.

Au reſte, Hippocrate tient, que la douleur de
Teſte continuë, qui accompagne vne fiévre
continuë, iointe aux autres mauuais ſignes, eſt
tres perilleuſe, *Liu. 2. des Prognoſt.*

Les cauſes des douleurs de Teſte ſont ou dedans la Teſte meſme, & luy ſont propres, ou
bien dedans les autres parties, qui luy peuuent
communiquer. Et ces dernieres ne ſont pas ſi
dangereuſes que les premieres.

Les principales actions qui ſe font dans le
Cerueau, ſont l'imagination, le raiſonne-
ment, & la memoire, leſquelles peuuent eſtre
diminuées, ou deprauées, ou entierement abo-
lies.

Le Delire altere & depraue la fantaiſie & la
raiſon, mais la folie & l'extrauagance les diminuent. La memoire peut eſtre bleſſée auſſi
en trois façons, mais il n'y a que celle, où
elle eſt abolie, qui ait vn nom propre, & que
l'on nomme l'oubliance. La folie ou alienation d'eſprit eſt faite par toute ſorte de grande
intemperie du Cerueau, qui ſe reconnoiſt par
ſes cauſes, comme par des ſignes, ou bien elle
procede de la mauuaiſe conformation de la
Teſte; ce qui ſe void à l'œil. Le Delire conſiſte
en des penſées, ou paroles, ou actions abſurdes
& ridicules.

Les diſcours que le Delire produit, ſont
ou eſloignez, & contraires à la verité, ou à la
raiſon, ou au deſſein de ceux qui les diſent.
Les actions ſont ou indécentes, ou diſſemblables à celles, que l'on a accouſtumé de faire

Les penſées ſont ſottes, ridicules, & chime-
riques.

On doit bien diſcerner les façons du Delire
afin de connoiſtre les differences de la melancholie ; car le Delire auec la phantaiſie deprauée, s'appelle Melancholie, qui conſiſte en
vne fauſſe opinion que l'on a, touchant les
choſes preſentes, paſſées, & futures. Cette
fauſſe penſée eſtant diuerſe, & de pluſieurs ſortes, ſe definir par la crainte, l'inquietude, ou
déplaiſir, & la triſteſſe ſans ſuiet.

De plus, la Melancholie eſt ou propre, ayant
ſa cauſe dedans le Cerueau meſme, ou accidentaire, ſa cauſe venant des hyponchondres ; c'eſt
pourquoy on l'appelle la Melancholie Hypochondriaque, laquelle eſt ou humorale, ou
flatueuſe, ſa cauſe venant ou des humeurs, ou
des vents.

La melancholie propre ou eſſentielle eſt pire
que l'accidentaire ; car elle degenere en Phreneſie, en manie, & par fois en rage. L'exſtaſe
melancholique eſt vn excez de la melancholie.
Il y en a de trois ſortes : La premiere eſt ſimple : la ſeconde eſt accompagnée de ſilence : la
troiſiéme Phrenetique. Toutes les trois ſont
cauſées par l'humeur atrabilaire, ſelon qu'elle eſt plus ou moins aduſte.

La folie, accompagnée de ioye & de ris, eſt
moins dangereuſe que celle qui eſt ſerieuſe &
farouche. Celle qui eſt ſans fiévre eſt d'autant
moins à craindre, que l'on reconnoiſt y auoir
moins de chaleur dedans les entrailles & dedans le Cerueau.

De meſme que le ſommeil n'eſt autre choſe
que le repos des ſens liez, ainſi quand ils ſont

deliez , & que le sommeil est empesché , on
veille. Or , il peut y auoir de l'excez en l'vn &
en l'autre ; ce qui est maladif. Si le sommeil
est trop profond, il s'appelle *Camateux,* ou *Ca-*
rus , & si cét accident semble estre meslé du
sommeil & de la veille , & que le malade soit
incliné au sommeil , & fort assoupy , fermant
les yeux , sans toutesfois pouuoir dormir , on
l'appelle *Coma Vigilans* , ou assoupissement
éueillé. Lors que le malade Comateux extra-
uague toutes les fois qu'on le réueille , cela
s'appelle *Typhomanie* , ou saillies de folie.

Que s'il arriue que le malade soit couché tout
roide, ayant les yeux ouuerts, qu'il connoisse &
se souuienne de toutes les choses que l'on luy a
fait , pendant ce temps-là , on nomme cela *In-*
cube , ou *Cochemar* , qui vient souuent à ceux
qui dorment couchez sur le dos , ou qui ont
trop mangé ; si bien qu'estans enseuelis dans le
vin , & dans vn profond sommeil , il semble
qu'on ait quelque demon couché sur soy , ou
qu'on soit estranglé par quelque voleur , qui
surprend la personne.

Lors que le mouuement & le sentiment sont
abolis, & qu'il ne reste que la respiration ; cela
s'appelle *l'assoupissement des veillants* , ou *Ca-*
talepsie & Catoche , & le malade demeure dans
le mesme estat, où il estoit quand le mal a commencé. Les Interpretes des Arabes nomment
cette maladie, *Congelation,* à cause que les malades paroissent roides, & comme morts. Cette
maladie vient d'vn grand excez de froideur du
Cerueau , iointe à vne matiere pituiteuse.

L'assoupissement qui vient en suitte des fié-
ures, ou des blesseures des muscles des tempes,

s'appelle *Carus*. Il se fait ou par l'intemperie chaude & humide, ou à cause d'vne grande quantité de serosité; ou de vapeur espaisse, qui arrousent la substance du Cerueau.

La Lethargie est vne diminution du sentiment, & du mouuement, & mesme de la memoire des choses les plus necessaires. Cette maladie vient d'vn excez de chaleur, & d'humidité du Cerueau mesmes, accompagné d'vne humeur corrompuë, qui cause la fiévre, & l'entretient lóg-temps. Elle est aussi accompagnée du Delire. Il y a vn passage dedans Hippocrate, *en ses Coaques, page.* 75. qui explique bien les accidens de ce mal, lors qu'il dit, que la Lethargie, & l'assoupissement viennent, de ce que les parties sont trop relaschées. Et la Catalepsie, de ce qu'elles sont trop bandées & tenduës. Ceux qui apres la lethargie, sont long-temps assoupis, tombent enfin en Apoplexie.

L'Apoplexie arriue souuent de soy-mesme, & tout d'vn coup, mais elle ne laisse pas de venir quelquesfois en suitte des assoupissemens Comateux. En cette maladie, le mouuement & le sentiment, sont entierement abolis, & la Respiration est blessée. Et enfin, les malades tombent dedans vn rallement, qui les estouffe, par le moyen d'vne pituite espaisse, qui tombant de l'égoust de la Choane, bouche les conduits du gosier. Sa premiere cause vient de ce que les ventricules du Cerueau sont remplis de pituite, ou de serosité, ou de sang; quelqu'vne des petites Arteres, qui forment le Rets admirable, de la base du Cerueau, s'estant rompuë, ou le sang estant porté au haut du Cerueau d'vn corps Plethorique, tombe du quatriéme Canal dedans les ventricules.

Ce qui est cause, que *Sextus Aurelius Vi-*
ctor, dans l'abregé de la vie des Cesars, nomme cette maladie, le Coup, ou *la Chenue* de
sang.

Si cette maladie est causée par vne simple serosité, la force de la nature la fait tomber des
ventricules anterieurs, dans le quatriéme ventricule, duquel en suite elle tombe dans la
moëlle de l'espine, & engendre la Paralysie. Si
c'est vne pituite qui croupisse dedās le quatriéme, ou troisiéme ventricule, l'on ne l'en peut
pas chasser, & le Cerueau en est enfin accablé.
Si c'est le sang qui est espanché, le malade estouffe encore bien plus viste.

Dedans le *Carus*, & autres assoupissemens,
les ventricules anterieurs du Cerueau, sont
seulement accablez d'vne serosité, qui les abbreue, les esprits ne laissans pas d'auoir la liberté de se ietter en toutes les parties du corps:
mais en l'Apoplexie, tous les ventricules sont
bouchez, & principalement le quatriéme, de
sorte, que si la matiere ne se iette dedans la
moëlle de l'espine, la mort en est ineuitable.

Fernel veut, que l'Apoplexie vienne de l'obstruction du Rets admirable, lors que le sang
arteriel, qui vient du cœur au Cerueau, ne peut
trouuer passage. Et c'est pour ce suiet, que ces
Arteres ont esté appellées Carotides, à cause
qu'estans bouchées, elles donnent naissance à
cét assoupissement, que les Latins appellent
Carus.

Pour guerir l'Apoplexie, & les assoupissemens, outre les remedes generaux, comme
deux ou trois grandes saignées du bras, & du

Mm iiij

pied, & vne forte purgation, qui chaſſe & vuide fortement les eaux, & les vantouſes auec ſcarifications profondes, miſes aux eſpaules & au derriere de la Teſte, il n'eſt pas hors de propos de ſe ſeruir de remedes topiques, qui puiſſent tirer l'humeur des lieux voiſins, & les vuider, comme l'on fait par le moyen de l'ouuerture des veines Ranulaires, de la Iugulaire externe, & meſme de l'Artere des tempes, ſi elle ſe peut ouurir ; des grands veſicatoires mis au haut des eſpaules, au deſſus de la Cephalique, les medicamens qui font eſternuer, vn Seton paſſé au col, dont on remuëra ſouuent la corde, que l'on aura frottée d'huile de vitriol, afin qu'elle pique dauantage ; l'ouuerture des veines du nez faite à la façon des Anciens, auec vne plume rude, & pointuë, que l'on pouſſe iuſques à la table de l'Os Cribreux, les iniections acres, & piquantes faites dedans le nez, auec vne fyringue, & conduites iuſques dedans les cauitez, qui ſont à coſté de l'Os du milieu, appellé le *Vomer*, ne ſe doiuent pas negliger, pouuans apporter quelque ſoulagement à ce mal.

On peut auſſi eſſayer d'oſter l'humeur pituiteuſe, & épaiſſe, tombée & attachée dans le goſier, en fourrant bien auant vne plume dedans ce conduit, & la retirant apres. Les vomitoires violents peuuent auſſi ſeruir à faire ſortir ce qui ſeroit tombé dedans l'Artere Trachée. L'on ne doit pas oublier les fortes frictions auec le ſel, ny le mouuement du corps, tant en le pouſſant & ſecoüant, qu'en taſchant de le faire pourmener. Tous ces remedes ſe doiuent faire promptement en l'Apoplexie, & d'vn ne precipitation comme temeraire, dautant que ce mal ne veut point de retardement, ne donnant pas mesme le loisir de consulter. Dedans les assoupissemens qui vont lentement, & qui procedent d'vne matiere qui tombe d'enhaut, on peut se conduire plus doucement & vser des remedes, sans rien hazarder, ny precipiter.

Il faut remarquer, qu'vne grande partie des humeurs s'amasse aussi dans les destours de la substance exterieure, & superieure du Cerueau, où elles se putrefient, ou bien tombent dedans les ventricules; & neantmoins, on considere fort peu ces destours & anfractuositez.

La Paralysie est vne abolition de sentiment & de mouuement, non pas en tout le corps, comme en l'Apoplexie, mais seulement en la plus grande partie du corps, ou en la moitié, que l'on appelle *Hemiplegie*, ou demie Paralysie, ou en vne partie seule; & ce n'est alors, qu'vne Paralysie particuliere, appellée *Paraplegie*.

Fernel remarque, que le sentimét se perd quelquesfois, & que le mouuement demeure, ce mouuement pouuant aussi quelquesfois cesser, sans qu'il y ait rien à redire dedans le sétimét. Et cela arriue à cause de la difference qu'il y a entre les nerfs du cerueau, & les nerfs de la moëlle de l'espine. Les Paralytiques ont les nerfs de la moëlle de l'espine bouchez, & non pas ceux du cerueau; ce qui fait que plusieurs parties demeurent saines & entieres, & principalement les internes, à sçauoir les entrailles. Quelquesfois on deuient Paralytique, sans que les nerfs soient bouchez, estans seulement trop amolis, dautant que la trop grande mollesse,

& humidité de ces nerfs, peut engendrer la Paresie.

Quand la Paralysie est imparfaite, & que le
mouuement, & le sentiment ne semblent qu'en-
gourdis : cela se nomme *Stupor*, *Nothrosis*, ou
Engourdissement, & vient d'vne intemperie humide du cerueau. L'engourdissement dans les
fievres annonce quelque assoupissement comateux ou letargique futur ; & lors qu'il arriue
seul sans fievre, il fait connoistre le danger qu'il
y a d'vne Paralysie, ou Apoplexie.

Le Vertigo est vne deprauation de sentiment,
& de mouuement, par le moyen de laquelle on
croit que toutes les choses tournent, & cela
vient d'vne humeur venteuse, agitée dedans les
ventricules anterieurs du cerueau. Si elle ob-
scurcit la veuë, produisant des tenebres aux
yeux, on le nomme *Vertige tenebreux*, ou *Scoto-
dinos*. Il a ses causes dedans le cerueau mesme,
ou bien il procede des vapeurs éleuées des parties inferieures. Quand il vient du cerueau mesme, il est plus dangereux, estant ordinairement
suiuy du mal caduc.

La Conuulsion est vne violente retraction de
muscles vers leur principe. Il y en a de trois sortes, dont la premiere appellée *Emprosthotonos*,
qui se fait en deuant ; la seconde *Opisthotonos*,
en derriere ; & la troisiéme *Tetanos*, retire également tous les deux costez, qui fait que le
corps demeure tendu & roide à raison de cette
tension égale. La cause de cette maladie vient,
ou de l'obstruction des nerfs, ou de ce qu'ils sont
piquez par vne humeur acre, ou d'vne intemperie qui desseche à tel point les nerfs, qu'ils se
retirent, comme quand le feu desseche vne

corde de Luth , & cette sorte de Conuulsion est incurable. En vn mot la Conuulsion se fait ou d'inanition , ou de repletion.

L'Epilepsie, ou mal caduc, est vne conuulsion Periodique de tout le corps, c'est à dire, qui se fait de temps en temps, l'entendement & les sens estans blessez. Elle vient de l'obstruction des ventricules anterieurs du Cerueau, produite par vne grande quantité d'humeur piquâte, bilieuse , ou pituiteuse. Elle est propre au Cerueau mesme, où elle y vient d'ailleurs. La premiere est fort dangereuse; & la seconde , qui se fait par le deffaut de quelque viscere, principalement de la Ratte , ou de quelque autre partie infectée d'vne qualité veneneuse, n'est pas tant à craindre. On peut preuoir & empescher les accez de la derniere, non pas de la premiere , qui viennent tout à coup, quand la cause en est dans le Cerueau : mais quand elle vient des autres parties, ils arriuent petit à petit.

Fernel veut qu'outre l'humeur qui en est la cause commune, il y en ait encore vne autre specifique , à sçauoir vne vapeur maligne & veneneuse, qui contient quelque qualité grandement ennemie du Cerueau. C'est pourquoy outre les remedes generaux , il veut encores, que l'on mette en vsage les particulieres & specifiques pour ce mal.

Le tremblement est vn mouuement depraué, qui vient de l'impuissance & de la foiblesse de la faculté motrice, & de la pesanteur du corps qu'elle doit mouuoir ; si bien qu'autant que cette faculté s'efforce d'esleuer vne partie , autant celle-cy , qui n'est pas assez animée d'esprits, retombe de fois, attirée embas par sa

propre pefanteur. La caufe de ce mal vient de
ce que les nerfs font bouchez, ou trop amol-
lis, ou bien par vne caufe externe, comme de
fe feruir ou d'auoir efté frotté de vif argent.

Lors que le tremblement & la conuulfion
font meflez enfemble, cela fait vne efpece de
maladie, que l'on nomme *fpafmotremos*, ou
Conuulfion tremblante. Le friffon & l'horreur
font des mouuements du corps, qui arriuent
dans les fievres, & qui font les auant-coureurs
de leurs accez, ou d'vn plus grand redoublement. Ils arriuent auffi aux fuppurations des
abfcez internes, quand ils font prefts à fe cre-
uer; ce qui fait qu'Hippocrate apporte de
trois fortes de friffonnement, dont l'vn accompagne les fievres, l'autre furuient aux vlceres, & le troifiéme eft Symptomatique.

L'Inquietude, appellée en Grec ἄσση, ou
l'impatience du malade qui ne peut demeurer
en place, fe tournoyant de toutes parts, & iettant tous fes membres tantoft d'vn cofté, tantoft de l'autre, peut eftre mife au rang des
mouuemens déprauez. Elle vient de ce que
l'eftomach eft incommodé par vne humeur
acre, qui pique les nerfs du corps, & les membranes qui enueloppent la moëlle de l'efpine;
ce qui fait que les malades ne peuuent demeurer en repos en vn lieu, eftans contrains de fe
leuer de temps en temps, & de changer de po-
fture à tous momens.

La couftume que quelques malades ont de fe
leuer de nuit, & de fe pourmener en dormant,
fe peut auffi mettre au rang du mouuement depraué, parce qu'il ne fe fait pas auec iugement
& raifon, mais par la force de la maladie, c'eft

à dire, à cause que les fumées acres qui s'esleuent au Cerueau d'vn malade, ou d'vn homme sain qui est endormy, l'obligent de se leuer.

Parlons maintenant des symptomes qui arriuent à cause des excremens, qui sont ou retenus dans le Cerueau, ou qui en sont chassez en
trop grande quantité. Le Cerueau se décharge
ordinairement, ou des exhalaisons des vapeurs les plus subtiles, qu'il fait sortir par les
sutures du Crane, & par les pores de la peau, ou
d'vne humeur plus épaisse, qu'il fait écouler
par le nez, ou par le palais. L'humeur, qui
fluë par les narines, descend au dessus du troisiéme Ventricule, & sort entre la separation du
Cerueau, qui se purge par l'égoust du palais,
& les parties inferieures. Toutes ces choses
peuuent sortir ou en trop grande, ou en trop
petite quantité. Lors qu'ils ne sortent pas bien,
ils ne font pas vne espece particuliere de maladie, mais deuiennent les causes des maladies
du Cerueau, dont nous auons parlé. Il reste
maintenant à voir les maladies qu'ils apportent, quand ils sortent auec excez.

En premier lieu, le sang peut sortir par le
nez, ou tout d'vn coup auec violence, ou bien
lentement, & goutte à goutte, tous ces deux
accidens sont mauuais. Le premier affoiblissant
extrémement le malade, à cause de la perte
qu'il fait du sang & des esprits. Le second faisant voir, qu'il y a grande repletion dans la
Teste, mais que la nature accablée n'a pas assez de force pour s'en décharger. Ce qui oblige les Medecins de dire, qu'il est mauuais de
voir, dans les fievres qui sont causées de va-

peurs , tomber le fang goutte à goutte , foit qu'on le confidere comme figne du mal , foit que le fang qui eft retenu , foit confideré comme fa caufe.

La Pituite peut auffi fortir du Cerueau par excez , ce qui caufe plufieurs accidens. Le plus commun & le plus ordinaire s'appelle Rheume , catherre ou fluxion , qui n'eft rien autre chofe , qu'vne cheute d'humeur qui eft dans le Cerueau , fur les parties qui font au deffous de luy , laquelle change de nom Latin , felon les parties fur lefquelles elle tombe ; eftant appellée *Coryza* ou *granedo* , lors qu'elle tombe fur le nez : *Raucedo* , quand elle tombe dedans la gorge , ou les conduits de l'afpre Artere ; & *Ptyelifmos* , quand elle tombe dans la bouche, ou fur le palais.

Les François comprennent ces trois efpeces fous le nom general *de Rheume* ; neantmoins le peuple appelle enchiffernez ceux , à qui la pituite tombe par le nez en abondance,& enroüez ceux , qui ont peine de parler , la fluxion leur tombant dans la gorge.

Le Catharre ou fluxion qui fe fait fur les parties exterieures du corps , fe nomme *Rheumatifme* , & lors qu'il fe iette fur les iointures, on le prend pour la goutte, quoy qu'il differe d'elle en ce qu'il eft continu , & ne tient point par interualles. D'où vient que les chaftrez peuuent eftre fuiets aux Rheumatifmes ; quoy qu'ils foient exempts de la vraye goutte. Il eft fort à propos de voir ce que dit Galien *fur l'Aphorifme* , qui nous affeure que les enfans & les chaftrez ne font iamais trauaillez de la goutte. Le mefme Galien parle auffi fort fouuent , & en

plufieurs de fes Liures, des Rheumatifmes qui
eftoient auffi ordinaires à Rome, comme nous
les voyons à Paris. Or il gueriffoit cette maladie par les frequentes faignées. Hippocrate en
fait la defcription dedans le Liure, qu'il nous
a laiffé *des maladies internes*, fous le nom des
douleurs des Articles, où il dit que celle-cy arriue plus fouuent aux ieunes gens qu'aux vieillards.

Touchant le Rheumatifme, lifez *Hollier*,
Liure 6. de fes Inftitutions de Chirurgie; *& Bal-*
lonius en fes Definitions medecinales.

Hippocrate parlant des douleurs articulaires,
dit, *au Liure 2. des Prorrhetiques*, qu'elles arriuent à ceux, qui eftans accouftumez dés leur
enfance, ou ieuneffe d'auoir des hemorrhagies
de nez fort frequentes, en font defaccouftu-
mez tout d'vn coup. Le mefme Autheur dit,
au Liure 1. des maladies aiguës, *Aph. 74*. Que
ceux aufquels il doit arriuer quelques abfcez
autour des articles ou iointures, fôt deliurez de
cét accident par vne hemorrhagie du nez copieufe. Defquels paffages d'Hippocrate, on
peut facilement connoiftre, que la Phlebото-
mie eft neceffaire au Rheumatifme.

Les autres differences de Catharres, qui tirent
leur nom de la difference des parties, n'ont
point befoin d'eftre plus au long defcrites, il
fuffit de dire que toutes les fluxions qui fe font
fur les parties internes, peuuent eftre auffi ap-
pelléesRheumatifmes.La caufe des fluxions eft
vne intemperie froide & humide,ou bien chaude, accompagnée d'vne grande quantité d'humeur,qui eft agitée dans les vaiffeaux, ou hors
d'iceux; Galien reconnoiffant toutes ces deux
caufes.

La pluſpart des nouueaux Medecins ſuiuent le ſentiment des Arabes, & veulent que cette humeur formée des vapeurs qui montent à la teſte & qui s'y eſpaiſſiſſent, ſort touſiours hors des vaiſſeaux.

Fernel veut que la cauſe coniointe du Catarrhe ſoit vne ſeroſité, qui s'amaſſe hors des vaiſſeaux ſous la peau de la Teſte, mais que l'ātecedente eſt vne humeur renfermée dedans les vaiſſeaux. Ceux qui voudront en ſçauoir dauantage, peuuent lire ce que *Fernel* en a eſcrit, & ils y receuront toute ſorte de ſatisfaction.

De l'Oeil.

CHAPITRE III.

A Cauſe que l'œil & l'oreille ſe peuuent monſtrer ſans toucher à la face, i'ay deſſein de les deſcrire deuant que d'y arriuer.

L'œil, qui eſt le principal inſtrument de la veuë, & qui fait la principale partie de la face, a eſté mis au deuant de la Teſte, pour conduire les principales actions, à cauſe que toutes les choſes ſe font en deuant, les mains eſtant tournées de ce coſté-là. Cette partie eſtant organique, & compoſée de pluſieurs autres, dont les vnes ſont internes, & les autres externes. Celles-cy ſont les paupieres, qui ſont les couuertures de l'œil, & qui ſeruent auſſi à le fermer ce qui fait que chacune de ſes paupieres a ſon mouuement : mais il eſt plus euident en celle d'enhaut, à cauſe qu'elle eſt aydée par les muſcles, dont nous parlerons dedans la Myologie, ou diſcours des Muſcles, qui fera le cinquième
Liure

Liure de ce Traité, & d'où il faut tirer ce qui
est necessaire pour ce sujet.

La Paupiere est composée de la peau, d'vne
membrane, & de muscles. La membrane est au
dessous de la peau, & n'est autre chose qu'vne
suite ou production du Pericrane, qui descendant le long du front, iusques aux yeux, donne
vne couuerture aux paupieres, & produit en
mesme temps la tunique de l'œil appellée *Coniunctiue*, qui estant attachée au bord de la cauité, ou orbite de l'œil, le tient enfermé & res-
serré dedans ce lieu.

Les extremitez de chaque paupiere finissent
par vn petit cartilage qui leur sert de bordure,
que l'on appelle le *Tarse*, ou peigne, & sur iceluy le poil arrangé, qui naist en mesme temps
que luy ; & ce qui est remarquable, c'est que
ce poil garde tout le long de la vie, la mesme
grandeur qu'il auoit alors de la naissance. Ces
poils tombent fort rarement és maladies, si ce
n'est par la grande infection de la verolle, qui
fait generalement la guerre à tout le poil du
corps. Ces poils sont proprement appellez les
Cils.

Les deux extremitez des Paupieres où elles
se ioignent ensemble, sont appellées les Angles,
ou les coins de l'œil. Le plus grand est du costé du nez, & le plus petit est du costé des tempes. On remarque dans les Paupieres prés du
grand coin de l'œil, deux petits troux que l'on
nomme *Lacrimaux*, à cause que les humiditez
inutiles des yeux, que l'on appelle les larmes,
coulent par ce lieu là. Où il y a au dedans de ce
petit Os troüé vne petite glande qui les reçoit,
que l'on nomme *la glande Lacrymale*, ce pe-

Nn

tit Os estant aussi percé, afin que l'humeur s'escoule plutost par le dedans du nez, que par le
dehors.

La Paupiere superieure a vn muscle particulier pour la leuer, qui prend sa naissance dans
le fonds de l'Orbite, & se coulant le long du
muscle, qui releue l'œil, s'estend aussi sur la Paupiere, afin que l'œil estant leué vers le haut, la
Paupiere se leue aussi en mesme temps.

Il y a vn muscle large, qui est commun aux
deux Paupieres, qui sortant en rond des marges
de l'Os qui fait l'Orbite, enuironne l'vne & l'autre Paupiere, afin de les pouuoir serrer ensemble; & d'autant qu'il arriue iusques en haut, au
lieu que l'on nomme les sourcils, il sert aussi à
les abbaisser, quand on ferme puissammēt l'œil
& les Paupieres, si ce n'est qu'on les veüille separer en deux muscles; il y a aussi dessous du
Tharse de la Paupiere le muscle Ciliaire, *lisez le*
Chap. 9. liu. 5. de ce Manuel.

Or le Sourcil est cette eminence charnuë, &
couuerte de poils, qui sert comme d'auuent ou
de toict aux yeux; il est abbaissé par le muscle
rond des Paupieres, & releué par le muscle
Frontal.

Ayant pris garde à toutes ces choses, l'on
peut couper la Paupiere, & l'attache qu'elle a
auec l'œil, par le moyen de la membrane Coniunctiue, afin que l'œil se puisse mieux voir,
qui est composée premierement d'vne graisse,
qui l'enuironne, pour rendre son mouuement
plus facile, & remplir les inégalitez qui pourroient s'y rencontrer; des six muscles qui seruēt
à son mouuement; de plusieurs membranes,
d'humeurs, de veines, d'arteres & de nerfs.

Auant que d'oſter toute la graiſſe, il faut prendre garde à la ſituation des deux glandes, l'vne deſquelles eſt de trop grande conſequence, à ſçauoir la *Glande Lacrymale* : Et faut bien prendre garde à ſa ſubſtance charnuë, molle, petite, & à la ſituation qu'elle a dedans l'Os, qui eſt vne peau au deſſous d'elle.

En ſuitte de cela, vous obſeruerez vne autre glande qui luy eſt toute diſſemblable, placée dedans l'autre coin de l'œil, qui eſt platte, blanche, & ſemblable aux autres glandes, & apres auoir adroittement oſté toute la graiſſe, l'on void paroiſtre les ſix muſcles, & pour les mieux rencontrer, il faut commêcer par le Trochleateur, ou celuy de la Poulie, qui eſt le grand Oblique, placé dedans le grand coin de l'œil.

Il faut bien prendre garde de ne point rompre la poulie, ou cartilage fort, attaché à l'Os, au deſſous & proche de la glande Lacrymale. Car c'eſt par ce cartilage qu'il paſſe à trauers de la poulie, & qu'il tient lieu d'vne corde, le tendon rond du muſcle Trochleateur, s'allant de là inſerer dedans la partie ſuperieure de l'œil.

Il faut chercher en ſuitte le ſecond muſcle Oblique mineur dedans la partie inferieure de l'Orbite, & voir comme renuerſé ſous l'œil, il finit dedans le petit coin de l'œil. Les autres quatre muſcles ſont droits, le premier deſquels ſert à leuer l'œil en haut, comme le ſecond à l'abaiſſer, les deux autres le tirant à droit & à gauche. Tous ces muſcles prennent leur origine du fond de l'Orbite, proche du trou du nerf Optique, & chacun d'eux va droit à la membrane Coniunctiue.

Il faut en fuitte arracher l'œil, afin de voir
fa compofition, & ftructure interne; l'on doit
en premier lieu obferuer deux membranes
vrayes, qui l'enuironnent tout autour, les
autres n'eftans qu'imparfaites. Et auant que
de coupper la membrane Cornée, vous en offe-
rez les Aponeurofes des mufcles de l'œil, que
quelques-vns croyent eftre Tuniques; mais,
ils fe trompent lourdement.

Cette membrane Cornée eft tranfparente
par le deuant, afin que l'on puiffe voir au trauers d'elle, ne l'eftant point aux coftez ny au
derriere. Sa fubftance eft efpaiffe, & fe peut
feparer en plufieurs Pellicules, principalement
en deuant.

Lors que l'on la couppe, l'humeur aqueufe
s'efcoule; vous trouuerez que cette humeur
enuironne la membrane Vuée, fi l'on couppe la
Cornée par derriere. Cette humeur ne fe peut
arrefter ou garder, à caufe qu'elle coule comme de l'eau, d'abord qu'on a couppé la Tunique qui la contient.

La feconde membrane que l'on remarque,
eft appellée *l'Vuée*, à caufe de la reffemblance
qu'elle a auec vn grain de raifin noir. Et il faut
remarquer qu'elle a vn trou en deuant, femblable à vne petite feneftre; ce qui fait la prunelle de l'œil, le tour de laquelle paroiffant au
dehors, fe nomme *l'Iris*. Le tour de la prunelle de l'œil eft garny de petits rayons ciliai-
res, ou fibres, qui s'eftendent fur l'humeur
Cryftalline, & la retiennent en fon lieu. La
prunelle fe remuë tres-euidemment dans les
chats, mais elle eft immobile en l'homme, fi
ce n'eft qu'elle fe lafche, ou refferre par vne

grande & extraordinaire lumiere, qui luy suruienne.

Ayant obserué toutes ces choses, vous renuerserez en suitte les humeurs, ou vous trouuerez que la Crystalline est enfoncée dedans l'humeur vitrée, & alors la surface de la membrane Vuée paroist noire, en laissant mesme la teinture au doigt si on la touche. Elle est d'vne couleur meslée de verd, de noir, & de bleu dedans les bestes. C'est pourquoy il est à propos, en faisant la demonstration de l'œil de l'homme, d'en auoir aussi de bœuf, & de mouton, pour monstrer la difference, qu'ils ont entre eux.

Il faut chercher le nerf Optique, qui est attaché à la partie posterieure de la membrane Vuée, & prendre garde comment sa moëlle penetre ladite membrane Vuée.

Les humeurs des yeux sont donc au nombre de trois. La premiere tient beaucoup de la nature de l'eau, & s'estant desia respanduë, il n'en reste que deux attachées ensemble, à sçauoir la *Crystalline*, & la *Vitrée*, dont l'vne est semblable au Crystal, de la figure d'vne lentille, extremément transparente, & luisante, & estant mise sur des Lettres, les represëte plus grosses de beaucoup, côme sont les lunettes. On luy dône vne mébrane, que l'ô appelle *Crystalloide*. Cette humeur est, suiuant Hippocrate, coulante aux animaux viuans, ou du moins est beaucoup plus liquide, que dans les morts. Cette humeur estât ostée, il ne reste plus que la Vitrée, qui est plus espaisse que les autres, & qui ne s'escoule pas, à cause qu'elle a vne membrane particuliere qui est entretissuë, & enueloppe l'humeur; On ap-

pelle cette membrane *Amphiblistroide*, ou Reti-
culaire, c'est à dire, en forme de Rets, laquelle
estant déchiquetée auec vn canniuet en plusieurs endroits de ses petits filets, l'humeur se
liquefie & s'escoule.

Les veines & les arteres, qui accompagnent
le nerf Optique iusques à l'œil, se remarquẽt
plus facilement dedans le cerueau, que dedans
l'œil, lors qu'il est osté de sa place, & l'on ne
void pas si bien le nerf qui donne le mouuement
aux yeux dedans l'œil mesme, que l'on le void
dans le cerueau, lors que l'on les conduit iusques aux troux, par où ils passent aux yeux.

Remarques particulieres pour la pratique, que les Medecins peuuent tirer de la connoissance des parties de l'œil.

Bien que l'œil soit l'vne des plus petites parties du corps, il n'y en a pourtant point qui
soit plus attaquée, & incommodée de maladies qu'elle. Ce qui est cause que les anciẽs Medecins, apres auoir soigneusement consideré
tout ce qui entre en sa composition, y ont remarqué vne si grande quantité de maladies, ou
de Symptomes, qu'ils les ont fait monter iusques au nombre de six vingts, à chacune desqu'elles ils ont donné vn nom propre; ce qu'ils
n'ont pas fait aux autres parties du corps. Rome
& Alexandrie auoient des Medecins, qui ne se
mesloient d'autre chose, que de guerir les maladies des yeux. Nous suiurons en quelque façon leurs methodes, & descrirons toutes les
dispositions contre nature, qui suruiennent à

l'œil, aufquelles nous tafcherons de donner des noms propres en noftre langue, quoy que ceux qui font vfitez foient prefques tous Grecs. Nos Chirurgiens les ayans ainfi retenus, à l'imitation de Fuchfius, *dans fes Inftitutions.*

Vn Autheur Arabe, furnommé *Haly*, a efcrit vn liure particulier des maladies des yeux, & Iacques *Guillemeau*, Chirurgien du Roy, en a efcrit aufli vn en François, qui eft affez digne d'eftre veu. *L'Autheur des Definitions de Medecine* merite aufli d'eftre leu fur ce fuiet, auec les liures de Galien, *des differences, & des caufes des Symptomes, & le liure des yeux*, qui pafle fous fon nom, quoy qu'il ne foit pas de luy.

Hippocra te dit *au liure du Medecin*, que les yeux font de leur nature tellement foibles, que la moindre iniure, tant externe qu'interne, les peut facilement offenfer.

Entre les maladies de l'œil, on doit premierement metre fa grandeur, & fa petiteffe exceffiue. L'œil eft rendu plus petit qu'il ne doit eftre, quand fes parties maigriffent, & fe tabefient en l'Atrophie : il eft rendu trop grand, quand il eft fi tumefié qu'il fort de fon orbite.

Sa fituation eft changée, quand il femble tomber de fa cauité, ce qu'on appelle *Ecpiefmos* : ou bien quand il eft tourné de l'vn, ou de l'autre cofté, comme en ceux qui font Louches, cette fituation eftant appellée *Strabifmos* : & en celuy-là qui ne voyoit que par les narines, pour ce fuiet il fut appellé *Rhinopius*.

L'on doit auoir deux yeux, & quand il n'y en a qu'vn, cela fait vne maladie du nombre,

& l'on en peut appeller les malades, *Monocu-laires*, comme les Cyclopes.

L'œil peut auſſi eſtre trauaillé d'intemperie chaude, ou froide, & peut auoir inflammation en toutes ſes parties, qui ſe conuertit en abſcez, lors que les humeurs ſont putrefiées : Il peut auſſi eſtre vlceré, ce qui deperit l'œil, & en ſuite diminuë la veuë.

Si l'inflammation de tout l'œil vient à ſup-purer, ce qui eſt appellé *Hypopyon*, & que le pus, qui eſt ſous la Tunique cornée ſoit clair, & nous teſmoigne que les autres humeurs ne ſoient point corrompuës, on peut croire qu'a-yant picqué la cornée, & en ayant tiré la boüe, la veuë ſe reſtablira. Ce qui ſe prattique tres-heureuſement à Paris, & en cette opera-tion l'humeur qui tient de la nature de l'eau, ſort auec la boüe, comme nous le voyons ar-riuer, quand on abbat la cataracte.

Outre ces maladies generales, chaque par-tie qui entre en la compoſition de l'œil, a les ſiennes particulieres, & mon deſſein eſt de les deſcrire toutes les vnes apres les autres, & plus ſuccinctement que ie pourray.

Des maladies des Paupieres.

LA cauité ſemicirculaire, qui eſt au deſſous de la Paupiere inferieure ſe tumefie, quand il y a vne mauuaiſe habitude ou cachexie au reſte du corps ; elle deuient liuide, & battuë lors qu'on a la verolle, comme s'il y auoit meurtriſſeure ou contuſion, & s'appelle en Grec χοιλιδίχ & *Suggillatio* en Latin.

L'intemperie humide des Paupieres, accom-pagnée

pagnée de vents, ou d'esprit statueux, s'appelle *Emphyseme* : & quand il y a quantité d'humeur sereuse, *Hydatis*. Quand la Paupiere superieure est tellement abbaissée & appesantie par cette serosité, qu'elle ne se peut releuer en haut, cét accident est appellé par Celse *la Vessie*, ou *Aquula*.

L'intemperie chaude des Paupieres accompagnée d'vne humeur grossiere, se nomme *Sclirophthalmie*, ou dureté des yeux.

L'intemperie seiche sans humeur, *Xirophthalmie* ; si elle cause vne demangeaison, *Psorophthalmie* : à quoy on peut rapporter la *Phtiriasie*, maladie en laquelle il s'engendre des poux, & autres vermines en cette partie.

Si la mesme intemperie chaude & seche auec vne humeur acre, produit de la rougeur, & de la douleur aux Paupieres, & qu'elle en fasse tomber les poils, cette maladie s'appelle *Ptilose* ou *Milphose*, ou *Madarrhose*.

Si cette intemperie rend rude & aspre la partie interieure des Paupieres, cela s'appelle *Thracoma*, ou rudesse : laquelle estant arriuée à tel point que ces inégalitez ressemblent aux petits grains de figues, se nomme *Sycose* : Et si estant encore plus inueterée, ces grains s'endurcissent & deuiennent calleux, elle s'appelle *Thylose*.

L'amas d'humeur grossiere qui se fait en la Paupiere superieure en forme de clou, s'appelle *Crithi* ou *grain d'orge*, dit *orgueil* : s'il est plus grand, & mobile quand on le touche, dautant qu'il ressemble à vn grain de gresle, on le nomme *Calasion gresle*. Si cét amas ne se peut resoudre auec du froment masché, & de la cire ap-

pliquée deſſus, il le faut extirper par l'operation manuelle, renuerſant la Paupiere.

C'eſt vne maladie des Paupieres dans leur
contiguité, lors qu'elle ſont adherentes, ou
attachées à la Tunique de l'œil, ou bien quand
elles ſont attachées l'vne auec l'autre; ce qui
s'appelle *Anchiloblepharon*, priſe de Paupieres:
Sa cauſe eſt l'excoriation ou vlcere de la Tunique des yeux, ou des Paupieres : ces vlceres ſont
produits par vne intemperie chaude & ſeche,
auec vne humeur acre.

La conuulſion de la Paupiere ſuperieure, ou
quand elle eſt retirée en haut par vne cicatrice,
ou par vne couſture, s'appelle *Lagophthalmie*,
œil de liévre: Le tremblement de la meſme Paupiere ſe nomme *Ippos.* Tous ces deux Symptomes ſe font par communication ou ſympathie
du cerueau, & pour cette raiſon tous deux dangereux.

Ectropion eſt vne maladie de la Paupiere inferieure en ſa ſituation & ſa figure; à ſçauoir
lors que cette Paupiere eſt renuerſée. Ce qui
arriue ou par vne cicatrice, ou par vne croiſſance de chair au dedans de ladite Paupiere,
on l'appelle *œil éraillé.*

Chalaſis, ou relaxation des Paupieres ſe fait,
ou d'vne Paralyſie par le conſentement & ſympathie qu'elles ont auec les nerfs du cerueau,
ou d'vne intemperie humide de la Paupiere
meſme. Les poils ſe renuerſent en toutes les
deux.

La generation deprauée des Cils, s'appelle
Trichiaſie. Il y en a de deux ſortes. L'vne, lors
qu'il y vient plus de poils, qu'il ne doit, &
qu'ils ne ſont pas rangez comme il faut; ce qui

s'appelle *Dyſtichiaſis* : l'autre quand les poils
font plus longs qu'ils ne doiuent eſtre, & ſe
renuerſent, celle-cy s'appelle *Phalangoſis*.
Toutes les deux piquent l'œil, & procedent
d'vne intemperie humide des Paupieres, qui
produit quantité d'humeur benigne, & non
pas acre.

Les maladies des muſcles de l'œil, font deux.
L'vne eſt appellée *Strabiſmus* en Latin & en
Grec: l'autre ἴππος. Le Strabiſmos eſt le defaut qui rend les yeux louches, ou bigles, c'eſt
vne reſolution des muſcles de l'œil, non pas
de tous, mais de quelques-vns ſeulement, à
raiſon de laquelle les yeux font touſiours tournez ou en haut, ou embas, ou à coſtez: ἴππος eſt
vn defaut produit dés la generation, par lequel les yeux font en mouuement perpetuel
comme tremblans, on l'appelle *clignement
d'œil*, ou bien *œil hypocrite*. Au contraire, les
yeux font immobiles en la maladie qu'Hippocrate appelle πῆξις, à ſçauoir lors que le nerf
de la ſeconde coniugaiſon eſt affecté. Par fois
les yeux font perclus & tous roides dans les maladies phrenetiques, ou autres grandes maladies, qui prediſent la mort en bref.

Les maladies de la glande Lacrymale.

LA Caruncule, ou petite chair qui eſt au
grand coin de l'œil, fait par fois vne tumeur contre nature, qui s'appelle *Enchantis*
Quant cette meſme chair eſt diminuée, &
qu'elle laiſſe couler par le coin de l'œil la ſeroſité qui tombe du cerueau, cét accident eſt
appellé *Rhias*.

L'inflammation qui vient proche de cette Caruncule & du nez, qui se termine en abscez, s'appelle *Anchylops*. Quand cét abscez s'ouure & degenere en fistule, *Ægylops*.

La maladie des muscles de l'œil, soit intemperie, relaxation, ou solution de continuité, se discernent & se nomment Symptomes.

Les maladies de la Tunique conionctiue.

L'Intemperie chaude de cette Tunique accompagnée d'humeur, de sang, ou de bile, si elle n'est que fort legere, & produite par vne cause externe, comme du vent, de la poussiere, de quelque coup, s'appelle *Taraxu*.

Mais quand cette intemperie prouient d'vne cause interieure, à sçauoir d'vne grande repletion Plethorique, ou Cacochymique, elle est proprement appellée *Ophthalmie*, pourueu toutesfois qu'elle soit desia aduancée; car ne faisant que commencer, elle s'appelle *Epiphore*, ce nom estant commun à l'inflammation, & à la fluxion.

Que si l'inflammation est si grande, qu'elle empesche les Paupieres de se pouuoir ioindre l'vne auec l'autre, & qu'elle rende la superficie de l'œil inégale, c'est à dire que le blanc soit plus esleué & eminent que l'*Iris*, & que la prunelle, elle est appellée *Chemosis*, comme vn goulfre.

L'*Hyposphagma* est vn amas de sang sous la Conioncture, ou vne effusion de sang des veines capillaires dans la mesme conionctiue, faite par quelque coup & contusion.

Le *Pterygium*, maladie du nombre de la

Conionctiue, est vne certaine eminence membraneuse, qui sortant du grand coin de l'œil, s'auance peu à peu vers la prunelle, ou bien c'est vne petite bosse, ou tubercle calleux de la Conionctiue, dit *Ongle*. Tous deux se font d'vne intemperie humide, & d'vne humeur visqueuse.

La *Phlystene* est vne pustule, ou petite tumeur de la Conionctiue, & de la cornée, sa voisine prouenante d'vne humeur grossiere & acre, c'est pourquoy elle degenere en vlcere. Lequel estant creux & profond, s'appelle βόθριον, c'est à dire petite bosse : & s'il est couuert d'vne crouste comme vne galle, il s'appelle *Epicauma*. Apres l'vlcere vient la cicatrice, qui est vne dureté & espoisseur de la partie spermatique, en laquelle se termine la blessure, ou l'vlcere.

La petite Varice de l'œil est vne veine de la Conionctiue tumefiée sans inflammation, qui s'estend iusques à vn des coins. Quelquefois elle est tellement dilatée, qu'elle nuit à l'œil. On la guerit en piquant legerement la veine, & y appliquant en suite des remedes astringents.

Des maladies de la Tunique appellée Cornée.

LEs vlceres & cicatrices, qui suruiennent à cette membrane, ont grande ressemblance auec celles de la Conionctiue, à cause qu'elles sont fort voisines. Elles different neantmoins entre elles, en ce que les vlceres, qui sont dans la partie noire de l'œil, c'est à dire en la partie de la Cornée luisante, appartiennent à la Cornée seule. Tels sont le *Cheloma*, qui est vn vlcere large de la Cornée autour de l'Iris. Et à *l'Argemon*, vlcere de la Cornée qui est autour du cercle de l'Iris rond & blancheastre.

Les cicatrices, qui sont en la partie noire de l'œil, ou en la partie luisante & transparente de la Cornée, ne different entre elles que suiuant qu'elles sont plus, ou moins grandes. La plus grande cicatrice de la Cornée autour de l'Iris, ou de la prunelle, dautant qu'elle est blanche, s'appelle en Latin *Albugo*, λεύκωμα en Grec, & *vne Taye* en François : Si elle est moindre, on l'appelle en Grec, en Latin, & en François, *petit nuage*. Et si la cicatrice est fort mince & deliée, ou l'appelle *Caligo*, Offuseation.

Aux vieillards la cornée deuient'aussi toute flestrie, ridée, & opaque, les esprits en estans dissipez ; lequel defaut s'appelle *caligo* en Latin, ébloüissement en François, Ce n'est pas vn defaut de la cornée, lors qu'elle auance en dehors, ains c'est vne marque que la veuë en est meilleure, dautant que les especes, qui viennent de costé, se reçoiuent plus facilement dans l'œil.

Des maladies de la Tunique Vuée.

LOrs que la Tunique Cornée est brisée, & vlcerée, il s'ensuit vne maladie de situation en l'Vuée, qu'on appelle en Grec σταφύλωσις, en Latin *Procidentia*, qui veut dire en François, *cheute en deuant*, à sçauoir lors que l'Vuée auance au dessus de la Cornée.

Si cette sortie en dehors de l'Vuée est petite, on l'appelle *Myocephalon*, c'est à dire, *teste de mouche*, à cause de la ressemblance qu'elle a

auec la teste de cét insecte. Si elle est plus grosse, on l'appelle *Staphylome*, à cause qu'elle
ressemble à vn grain de raisin : ou bien on l'appelle μῆλον, *pommette*, à cause qu'elle ressemble
à vne pomme, ou luy est égale.

Or l'vcere de la Cornée, qui fait ainsi auancer en dehors l'Vuée, s'appelle ἧλος, *Clauus*,
vn Clou.

Ces vlceres de la Cornée, & de la Conionﬅi-
ue, ﬂont appellez *Carcinomes*, lors qu'ils ﬂont
malins.

Les maladies de la Prunelle.

LE trou de l'Vuée est-ce qu'on appelle *la
Prunelle*. Entre la Prunelle & la Cornée,
il y a vn espace remply d'esprit, & d'humeur aqueuse.

Cét espace a deux sortes de maladies, à sçauoir la *Zinisisis*, laquelle par vne intemperie
seche, consomme l'humeur aqueuse, & dissipe
l'esprit, qui y sont contenus, ou bien quand
on a receu vne blessure en cét endroit, qui fait
écouler l'humeur, & éuenter l'esprit.

L'autre maladie de cét espace est l'obstruction, qui se fait par le meslange d'vne humeur
pituiteuse estrangere, ou purulente, auec l'humeur aqueuse naturelle de ce lieu. Si c'est du
pus, on l'appelle *Hypopion*, c'est à dire, du
Pus amassé sous la Cornée : Si c'est de pituite
que l'obstruction se fasse, on l'appelle ὑπόχυμα,
suffusion cataracte : on les peut discerner en ce
que *l'Hypopion* arriue apres vne inflammation,
& la suffusion se fait par vne congestion ou
amas d'humeur grossiere, ou par la congela-

tion & épaississement de la mesme humeur, à
sçauoir lors que ce mal vient du deffaut propre
de cette partie, & non pas du consentement
de l'estomach, qui pousse des vapeurs en haut.

Fernel a veu naistre en vn iour vne suffusion
grande & consommée, car si quelque humeur
grossiere, qui tombe tout à coup dans le nerf
Optique, aueugle à mesme temps la personne,
pour quelle raison cette mesme humeur venãte
à tomber plus auant iusques à la Prunelle, ne
produira-elle pas vne suffusion à l'improuiste
toute parfaite ?

On est en doute du lieu, & de la situation de
la Cataracte, à sçauoir si elle est au dehors du
cercle de la Prunelle, ou bien si elle est au dedans estenduë, & attachée au Crystallin, que
les Operateurs Oculistes renuersent auec leurs
éguilles. Il est probable qu'elle est située au
dedans de la Prunelle, & que quand on l'oste,
on déchire le trou de la Prunelle. C'est pourquoy nous en voyons fort peu qui recouurent
parfaitement la veuë apres cette operation,
ains fort diminuée & obscure.

Le restrecissement de la Prunelle de l'œil est
tel dés la naissance, & premiere conformation,
ou prouient d'vne intemperie seche, & pour
lors, elle s'appelle *Phthisie*, ou consumption de
la Prunelle.

Galien escrit au liu. 1. des causes des Symptomes, que la petitesse de la Prunelle dés la
naissance mesme, est cause qu'on a la veuë
tres-exquise : mais quand elle se restrecit
apres la naissance, elle la rend foible & mauuaise.

L'eslargissement ou dilatation de la Prunelle

s'appelle *Mydriafie*; ou αλυσωειν. Elle eft caufée par vne intemperie humide, ou par folution
de continuité de quelque coup.

On remarque parfois, mais rarement vne
maladie en la Prunelle, qui eft vne palpitation
ou battement contre la volonté : on l'appelle
ἵππος, en ceux qui ont l'effigie d'vn cheual qui
faute, ainfi que Pline obferue.

Cét accident eft fort frequent auiourd'huy
aux fievres malignes, pareilles à celle que
defcrit Hippocrate parmy les autres, dont il
fait recit *au 1. liu. des Epid*. Il fe guerit fort difficilement, à moins qu'on y remedie bien
promptement.

La Prunelle a auffi par fois vn mouuement in-
uolontaire & trembl ottant, qu'on appelle ἵππος
dans l'œil, & ceux qui ont ce defaut femblent
auoir l'effigie d'vn cheual dans la prunelle. Et
feu mon Pere dit *en fa Methode*, auoir veu vn
tel mouuement de la prunelle. Pline fait auffi
mention de cét accident, *au liu. 7*. Les Efpeces
vifibles entrent par la prunelle comme par vne
feneftre en la tunique Retine, teinte d'vn humeur noire, qui eft attachée à fes parois, afin
que ces efpeces y demeurans mieux imprimées,
l'ame les puiffe difcerner. Dequoy nous voyons
vn exemple en ces chambres optiques obfcu-
res, lors que la lumiere fe reçoit par vn petit
trou, à l'oppofite duquel mettant vn papier bien
ample, tout ce qui fe fait fur la ruë, y eft clairement reprefenté.

Tout autour de la prunelle on void vn cercle
ciliaire, qui fe fait des fibres de l'Vuée, qui en
fortent comme des cils ; elles feruent à mouuoir ou arrefter l'humeur cryftalline, à mefure

que l'œil se tourne, & que l'hmeur cryftallyne
s'ébranle.

Les maladies de l'humeur Chryftalline & Vitrée.

LA maladie des humeurs Cryftalline & Vitrée eft l'intemperie ou fimple, ou accompagnée d'humeur; ou bien le deffaut de leur cô-
fiftance, comme l'efpaiffeur & la dureté. L'intemperie des humeurs & des Tuniques de l'œil
lors qu'il n'y a ny tumeur ny vlcere, fe rapporte
ordinairement à l'impuiffance de la faculté, &
à la qualité ou quantité des efprits mal difpofez: mais ny l'vne ny lautre font maladies, ains
pluroft Symptomes & effects de la maladie, car
l'impuiffance de la faculté n'eft autre chofe que
l'action bleffée.

Les efprits vifuels deuiennent trop groffiers
& efpais per vne intemperie froide & humide,
qui procede du deffaut de l'œil mefme, ou de la
Sympathie qu'il a auec le cerueau, ou auec les
autres parties du corps.

La trop petite quantité des efprits eft caufée
d'vne intemperie feche, propre à l'œil mefme,
ou au cerueau; cette intemperie peut prouenir
de l'humeur bilieufe, comme de fa caufe materielle, & de l'intemperie du foye, comme de
fa caufe efficiente.

L'épaiffeur & dureté de l'humeur Cryftalline s'appelle *Glaucofis*, ou *Glaucoma*, dautant
que fa couleur paroift comme iaunaftre. Elle
procede d'vne intemperie feche & froide, &
pour ce fuiet elle eft fort frequente aux vieillards.

Quelquesfois cette humeur est tellement dessechée, qu'elle paroist blancheastre au fond
de l'œil, ce qui fait qu'on ne void plus de cét
œil là. S'il n'y a en cette humeur, que quelque
obstruction, elle produit la Nyctalopie, de
laquelle ceux qui sont malades ne voyent que
de iour ; car aussi-tost que le Soleil vient à se
coucher, ils ne voyent desia que fort obscure-
ment, & de nuit rien du tout.

La dureté de l'humeur Crystalline paroist
fort-profonde dedans l'œil, comme vn poinct
blanc ; Elle se discerne d'auec la Cataracte,
en ce que celle-cy est plus au dehors, & tenduë
sur l'humeur Crystalline tout autour du cercle
de la Tunique Vuée.

La maladie de l'humeur Crystalline en sa situation n'a point de nom ; mais si elle deuient
trop éleuée, ou trop abbaissée, elle produit vn
Symptome particulier, qui fait voir double
vne chose qui est simple de soy, comme deux
testes en vn homme, ou deux nez en vn visage.

L'humeur aqueuse en piquant l'œil, se peut
écouler, mais elle renaist aux enfans, ainsi
que Galien a veu, & que l'on peut encore obseruer aux petits poulets.

L'esprit visif propre à l'œil se peut épaissir &
rendre l'humeur Crystalline plus opaque, &
obscure, de mesme que l'esprit auditoire propre de l'oreille, estant épaissy & rendu plus
grossier. blesse l'oüye.

Si l'humeur crystalline se retire plus qu'elle
ne doit vers le centre de l'œil, il ne void pas
bien les objets, que de prés ; ne voyant que
fort mal ceux qui en sont éloignez, lequel de-

faut s'appelle *Myopie*, Que si la mesme humeur
s'auance plus au deuant de l'œil, il ne void pas
bien les choses de prés, discernant mieux les
objets éloignez.

Les maladies des nerfs Optiques.

LEs maladies des nerfs Optiques communes aux autres parties, sont toute sorte
d'intemperie, & la solution de continuité; mais
celle qui leur est propre, & la plus frequente est
l'obstruction, qui se connoist par l'aueuglement
soudain qui arriue, nonobstant que toutes les
autres parties de l'œil soient en leur entiere &
parfaite disposition. C'est pourquoy les Modernes l'appellent, *la goutte Serene*, d'autres la
nomment *Amaurose*.

Les maladies & les Symptomes de la Veuë.

LA Veuë estant abolie, s'appelle *Aueuglement*: Estant diminuée, on l'appelle *Am-
blyopia*, ou la Veuë hebetée, de laquelle il y a
deux differences, à sçauoir la *Myopie* & la *Nic-
talopie*. Dans la Myopie les malades deuiennent
louches, & ne voyent pas qu'en clignottant les
yeux, & les approchant tout contre l'obiet
qu'ils veulent voir. Dans la Nyctalopie, ils ne
voyent que de iour seulement, & de nuict rien
du tout, ou fort obscurément. Toutes les autres
differences de la Veuë diminuée, sont compri-
ses sous le nom general d'Amblyopie, éblouis-
sement.

La Veuë deprauée est vne fausse idée, ou re-

presentation des obiets, qui se presentent à
l'œil; on l'appelle *παυέφαος* en Grec, *Hallu-
cinatio* en Latin, & *la Veuë trouble* en François,
à sçauoir quand on prend vn obiet pour vn
autre.

Les causes de ces Symptomes sont les mesmes, que celles des maladies des yeux, que nous
auons descrites. Car les causes de l'aueuglement, sont l'obstruction des nerfs Optiques, le
Glaucoma, *Leucoma*, *Hypopion*, *Hypochyma*, *Proptosis*, la *Mydriase* fort grande, le *Pterygium* estendu par toute la Prunelle, l'*Anchylo-
blepharon*, ou attachement des paupieres l'vne
auec l'autre.

La Veuë se diminuë par tous les autres defauts
des paupieres, ou d'vne petite cicatrice de la
cornée; que nous auons appellée *Nuage* & *A-
lys*.

Pareillement le *Leucoma* ou taye blanche,
qui ne s'estend que sur vne partie de la prunelle,
de mesme aussi que la Mydriase sont les causes
de la Veuë diminuée.

L'intemperie seiche des humeurs de l'œil fait
la Myopsie; ainsi que l'humidité & espaisseur
excessiue des mesmes humeurs, cause la Nyctalopie.

Les causes de la Veuë deprauée sont l'Hypopion en son commencement; ou l'Hypochyma,
à sçauoir lors que l'humeur n'est pas encore
beaucoup condensée ou congelée, de sorte que
l'esprit Visif ou Optique, puisse encore passer
par quelques lieux de cette humeur. C'est aussi
pour ce suiet qu'on croid voir des mousches
volantes, ou des petits corps noirs.

L'humeur aqueuse se diminuë, ou se trouble

dãs les longues maladies, & dãs la vieilleſſe de crepite. Au reſte cette humeur doit eſtre naturellement tranſparente, & priuée de toute couleur. Si elle eſt trop groſſiere ou eſpaiſſie, la veuë en eſt hebetée, tous les obiets ne paroiſſans que comme à trauers d'vn nuage, daurant que cette humeur briſe les rayons pluqu'elle ne doit.

Lors qu'on void les obiets autrement, qu'ils ne ſont, la Veuë eſt deprauée, dont la cauſe eſt l'Hypoſpagma. Cette action deprauée s'appelle *Amalopie*, ainſi quand on a la Iauniſſe, tout ce que l'on void paroiſt iaune. Mais ce Symptome arriue, lors que la tunique Cornée, qui couure la prunelle par deuant, eſt abbreuuée & teinte de ſang, ou de bile. Or ces Symptomes ſont du nombre de ceux qui appartiennent aux defauts ſimples des yeux.

L'action animale de l'œil, c'eſt à dire ſon ſentiment & ſon mouuement, ſont auſſi par fois bleſſez. Le ſentiment de l'œil bleſſé n'eſt autre choſe que ſa douleur, & icelle tres-violente, laquelle neantmoins ne paſſe point l'œil, mais y demeure, ſans ſe communiquer au Cerueau, comme fait la douleur des oreilles, ainſi que témoigne Celſe.

La cauſe de cette douleur eſt toute ſorte d'intemperie, ou la ſolution de continuité.

Le mouuement de l'œil bleſſé eſt la Paralyſie, ou la conuulſion, ou le tremblement.

Les yeux demeurent fixes & roides en vn meſme eſtat, lors qu'il y a Paralyſie, ou conuulſion: mais ils ſont inconſtants au tremblement, & en vne eſpece de conuulſion, appellée *Tetanus.*

L'action naturelle des yeux, comme la nourriture peut estre aussi blessée.

Les larmes qui tombent des yeux, sans le consentement de la volonté, appartiennent aux Symptomes des excrements, elles prouiennent d'vne intemperie humide, ou froide des yeux, ou bien de l'acrimonie de l'humeur, qui picque la partie ; ou bien de quelque autre cause externe, ou bien de la consomption de la Caruncule, qui est au grand coin de l'œil.

Les ordures qui viennent autour des yeux *chassieux*, que les Grecs appellent λϵίμαι se rapportent aussi au genre des Symptomes d'excrements. Elles s'engendrent par vne intemperie extreme de l'œil, qui dissoud & affoiblit entierement les forces naturelles de la partie.

Les accidens simples des yeux, sont les tasches & cicatrices des tuniques Conionctiue, & Cornée, lesquels sont, & maladie, & Symptome.

Quand les yeux ont perdu leur lustre naturel, & qu'ils sont comme obscurcis, ou ternis; cela vient de ce que la Prunelle ne rend plus l'image des obiets. Ce qui est de tres mauuais augure pour ceux qui sont trauaillez de quelque fiévre aiguë ; car cela ne predit que la mort.

Des Oreilles.

CHAPITRE IV.

L'Oreille, qui est l'instrument & l'organe, dont la Nature se sert pour ouyr, se diuise en partie externe, qui est celle qui paroiſt au dehors, qui eſt cartilagineuſe: & en partie interne, cachée dans l'Os pierreux ou petreux.

La partie qui paroiſt au dehors, s'appelle *la petite Oreille*, ou *Oreillette*, elle eſt faite d'vn cartilage reueſtu de peau ridée, & creuſée en pluſieurs endroits, & percée à l'endroit, où elle eſt placée ſur l'os pierreux. Elle eſt plus belle lors qu'elle eſt plus petite, celle qui eſt grande eſtát vilaine,& tenant quelque choſe de celle de l'aſne. Elle a eſté miſe en ce lieu, afin que l'on peuſt ouïr plus facilement, & n'eſtoit qu'il euſt eſté vilain & incómode,de la voir rénerſée, ou eſleuée, on auroit encore mieux ouy, ſi elle euſt eſté de cette ſorte, que comme elle eſt platte, & couchée ſur l'os des tempes ; car nous voyons que ceux qui ont difficulté d'ouyr, entendent mieux, quand ils mettent leur main creuſée au derriere de l'Oreille.

Il faut remarquer en cette partie le *Tragus*,& *l'Antitragus*, le reſte des autres noms de cette partie eſt inutile. Le premier des conduits de l'ouye eſt dedans cette Oreille exterieure, & s'eſtend iuſques au tambour. Son entrée eſt pleine de poils, pour empeſcher que les ordures & petites beſtes n'y entrent. Et c'eſt en ce lieu que s'amaſſe cét excrement de l'Oreille bilieux & iaunaſtre, auquel s'attache la pouſſiere, & ces petits animaux, comme à la glu ; on l'appelle en Latin *Marmorata*, & en François, du ſuif d'Oreille.

L'Oreille interieure qui eſt en fermée dans l'os petreux, eſt toute faite d'os, & diuiſée en trois cauitez differentes. La premiere eſt nommée la *Coquille*,& finit à la membrane que l'on
nomme

nomme le *Tambour*, estenduë à la fin de la premiere cauité.

Au trauers de cette membrane, il y a vne corde tenduë, comme aux tambours de guerre. C'est là aussi que l'on void ces trois petits osselets, que l'on nomme le *Marteau*, *l'Enclume*, & *l'Estrier*; quelques-vns y adioustent le quatriéme; qui n'est proprement qu'vne petite escaille d'os, comme on en trouue vne en l'artere Carotide, proche de l'os Sphenoïde, mais ie trouue cette remarque inutile.

Fortunatus Plempius met vne autre membrane au bout de cette Coquille; mais il ne dit point ny où, ny de qu'elle sorte elle est attachée. Si c'est aux deux petites fenestres, dont l'vne fait l'entrée du labyrinthe, & l'autre celle de la Petite coquille. Il est tres-difficile de trouuer, & de monstrer la composition interieure de l'Oreille. On void bien mieux tout ce qui en depend dans le Crane d'vn enfant, ou dans vne teste de veau, quand on separe auec la pointe d'vn cousteau, cette partie de l'os petreux, qui est au dedans du Crane, vers la base du Cerueau.

Il faut prendre garde à vn trou qui est au costé gauche de la coquille, qui penetre iusques à la cauité Sinueuse de l'Apophyse Mastoïde.

Le nerf auditoire passant par la petite coquille, & estans arriué à la grande, tombe dedans le palais, proche de l'Apophyse Pterigode, par vn petit trou ou canal, qui est ouuert au costé droit de la grande coquille.

C'est là tout ce que l'on peut dire de la composition interieure de l'Oreille, & nous auons

P p

obligation à Faloppe, apres Carpus, de l'inuention des deux petits oſſelets, qui font le marteau & l'enclume ? Philippe Ingraſſias, ſe ventant d'auoir le premier trouué le troiſiéme, à ſçauoir l'eſtrier.

Les Animaux viuans ont vn air naturellement conſerué dans les cauitez de l'Oreille, de neſme que l'eſprit viſif ſe trouue naturellement enfermé dedans l'œil, deſſous la membrane Cornée.

Remarques que le Medecin peut tirer de la connoiſſance des parties de l'Oreille, pour la pratique.

LE Cartilage qui fait l'Oreille exterieure, eſt ſuiet aux puſtules, à la contuſion, à l'inflammation, & aux vlceres. L'excez de froidure le peut gangrener, & faire mourir, malgré que l'on en ait, ſi bien que l'on eſt contraint de le couper, tant aux malades, qu'aux ſains. D'où vient qu'on appelle *Coloboma*, quand on a les Oreilles à demy-coupées, & *acrotiriaſment*, ceux à qui elles ſont entierement coupées. Quelque defaut qu'il y ait dans la grandeur de l'Oreille, & quelque vilaine qu'elle ſoit, on ne la peut pas corriger.

La tumeur & l'inflammation des glandes, qui ſont proche des Oreilles, ſont appellées *Parotides*. Ce qui eſt dangereux, quand elles ſuruiennent à vne fiévre aiguë, à cauſe du peu d'eſpace qu'il y a en ce lieu, & qu'il eſt fort proche du Cerueau : Encores que cette ſorte de

mal soit quelquesfois de bon augure, quand
la force de la nature par vne espece de Crise,
se descharge en ce lieu d'vne partie de la cause
du mal, & que le malade en est soulagé.

Les enfans sont fort suicts aux Parotides, à
cause qu'ils ont le Cerueau fort humide, &
cette maladie ne leur est pas dangereuse.

Fernel est d'auis, que l'on mette vn cautere
au creux du derriere de l'Oreille, dans les maladies de l'Oreille & des yeux.

Le premier des conduits de l'Oreille, à cause
qu'il est charnu, peut-estre bouché par vne tumeur, ou par vne surcroissance de chair, ou par
vne affluence de pus, qui sort du dedans, ou
par des excrements, ou quelques autres petits
corps, qui s'y peuuent ietter du dehors. Elle est
suiette aux inflammations, aux abscez, & vlceres, ou par son propre defaut, ou par le moyen
de quelque medicament acre qu'on y a mis,
qui l'excorie, ou de quelque humeur bilieuse,
ce qui a fait dire à Hippocrate, que la surdité
s'appaise fort & cesse entierement à ceux qui
ont vn benefice de ventre bilieux: s'augmentant
au contraire, alors que ce fiux de bile est ar-
resté.

Le tambour est à la fin de ce conduit, qui peut
estre incommodé, ou par son propre defaut, ou
par ceux qui luy arriuent d'ailleurs, par la communication des parties voisines, & principalement du Cerueau, & des entrailles. Il est fort
suiet aux inflammations douloureuses, & dangereuses, à cause que son mal se communique
au Cerueau.

Les cauitez internes ne sont point susceptibles
de douleur, à cause qu'elles n'ont point de pe-

rioste, si ce n'est que le nerf auditoire soit blessé. Et comme le tambour est fait d'vne partie de ce nerf, lors qu'il a quelque inflammation, qui se termine en abscez, il s'ensuit vn vlcere, qui déchire le tambour.

Mais ce *Tympanum* peut-estre non seulement brisé par vn vlcere, mais aussi par quelque coup, ou par vn son trop violent; ce qui fait que ceux qui demeurent proche des montagnes, où se font les sources, & les débordemens du Nil, sont presque tous sourds, à cause du grand bruit, que ses eaux font en tombant.

Il faut aussi obseruer, que la relaxation, ou trop grande humidité du tambour, peut estre cause de la surdité.

Il y a deux sortes de Symptomes propres aux Oreilles, à sçauoir ceux qui appartiennent à l'action blessée, qui est l'ouye, & ceux qui regardent les excremens, qui en doiuent sortir.

L'Ouye peut estre blessée de trois façons; car ou elle est entierement abolie; ce que l'on appelle *Surdité*, la quelle ne peut receuoir aucune guerison, quand elle vient dés la naissance, pouuant au contraire estre soulagée, lors qu'elle vient par accident: ou elle est diminuée, ce que l'on appelle *Barycoia, ou difficulté d'ouyr*, ou bien elle est deprauée, comme quand l'on entend du bruit, bourdonnement ou sifflement dans les Oreilles; ce qu'on appelle ὠρογκαδωσις.

La surdité & la difficulté d'ouïr procedent des mesmes causes, qui ne different entre-elles, que du plus ou du moins. Et les accidens que nous auons dit arriuer au tambour, & aux conduits, peuuent produire ces maladies. Mais l'oüye deprauée est causée, ou par vne intemperie humi-

de, ou trop seiche du tambour, laquelle faisant
le sens trop exquis & plus subtil qu'à l'ordinaire, produit vn sifflement aussi tost que le tambour est tant soit peu agité, par l'air naturel
qu'il contient, ou par celuy qui vient du dehors:
ou bien par l'affluence continuelle des esprits à
l'Oreille qui ne pouuans tous estre contenus en
vn lieu si estroit, font ce bruit & bourdonnement perpetuel, qui peut aussi prouenir du retentissement qui se fait dans la cauité Mastoïde, par quelque esprit qui y est renfermé.

L'on entend differens bruits dans les oreilles
suiuant la diuersité du mouuement & de la faço
des vents, qui y entrent : car les plus grossiers
font entendre vn broüissement, & bourdonnement. Les plus subtils produisent vn sifflemét;
quand ces mouuemens flatueux n'arriuent que
par interualles, ils font vn tintoüin. Mais ces
defauts arriuent quelquesfois sans que l'oreille
interne soit blessée d'elle-mesme, ains seulement par la communication des incommoditez du cerueau : comme quand les arteres, tant
internes qu'externes, sont trop eschauffées, &
battent auec plus de violence qu'à l'ordinaire.
L'on sent mesmes ce mouuement & retentissement plus grand, quand on se couche l'oreille
sur le cheuet.

Fernel en son discours des maladies, donne
tres-doctement les differences & les causes de
tous ces symptomes.

On peut demander en ce lieu, si lors que la
surdité est naturelle, & qu'elle vient dés la naissance mesme, & non pas des causes que nous
venons de rapporter, il est à propos de prattiquer ce qui reüssit tres-bien à vn homme in-

commodé de cette sorte, lequel y ayant enfoncé
vn cure-oreille, rompit le tambour, & les petits os, & entendit en suite tres-bien.

On peut aussi demander s'il est à propos de
percer l'Apophyse Mastoïde, afin que l'esprit
qui cause ces broüissemens, en puisse sortir.
D'aucuns croient aussi, que quand la trop grande espaisseur du tábour empesche la transpiration, & que les vents ne peuuent sortir, il n'est
pas mauuais de mettre vn petit de moustarde à
l'extremité du canal ou cõduit de l'oreille, derriere les grosses dẽts machelieres, ou de frotter
cette partie, de quelque liqueur acre.

Les symptomes des excremens, qui sortẽt de
l'oreille, consistent non seulemẽt en l'excez des
humeurs bilieuses & sereuses, mais aussi du pus
& du sang qui sortent du cerueau. Cette grande
quantité de pus qui sort des oreilles, n'estant
pas engendrée dans ses conduits, mais dedans
le cerueau.

Si l'on sent au derriere de la teste vne violente
douleur qui soit accompagnée d'inflammation
& de battement, & qu'il sorte quelque matiere,
qui s'arreste en suitte, bien que la douleur continuë, il sera bon d'ouurir auec le trepan perfo-
ratif le derriere de la teste, afin que le pus en
puisse sortir: car il n'y a point de peril dans l'o-
peration qui ne soit moindre, que celuy qui
arriueroit de cette matiere, si elle ne sortoit. On
peut ranger sous cette espece de symptome ces
vers qui s'engendrent dans les oreilles: on les
appellé ἰβλαι en Grec.

Il est bon que les enfans ayent le dedans & le
dehors de l'oreille, fort humide; car cela leur
purge le cerueau, & empesche que plusieurs

maladies ne leur arriuent.

On reconnoiſt dans les maladies qu'il y a grande ſympathie, entre les oreilles, la bouche, les poulmós, & le larynx. Ce qui fait que quád les oreilles ſont malades, la voix eſt changée, à cauſe que le nerf auditoire ſe reſpand dedans la gorge. Pluſieurs ſont morts ſubitement, à cauſe que les ordures du cerueau, qui auoient couſtume de ſe vuider par les oreilles, n'en ſortoient plus.

L'humeur purulente qui coule en abondance par la cauité de l'oreillette, ne prouient pas touſiours du cerueau, mais auſſi quelquefois de la glande qui eſt proche des vaiſſeaux, qui arrouſent l'Antitrague de l'oreille. Car la matiere eſtát amaſſée en cét endroit, s'eſcoule dás la cauité de la petite oreille, aux enfans fort naturellement, & aux autres perſonnes par le cartilage ouuert de l'oreille, qui eſt attaché tout autour du cercle de l'os, & qui deſcend dans le meate auditoire. Ce que vous remarquerez facilement, ſi vous preſſez du doigt proche de l'Antitrague ſur l'article de la maſchoire; car pour lors vous verrez couler l'humeur hors de l'oreille. Bien dauantage, ſi fermant la bouche & les narines on ſouffle fort, vous verrez clairement que cette humeur ſe pouſſe dans l'oreille. Il eſt auſſi certain que les excremens de l'oreille ſe peuuent eſcouler par le conduit de l'oreille interne, lequel s'eſtend iuſques au goſier.

De la Face & de la Bouche externe.

CHAPITRE V.

LA Face est la partie large & anterieure de la teste, qui comprend le fiot aux viuans & aux morts, auant la dissection: c'est pourquoy le front, les yeux, le nez, la bouche, auec les levres, & ce qui va iusqu'au menton, appartiennent à la face qui se diuise en l'Anatomie, en parties exterieures, & interieures.

Les Parties exterieures sont, La cuticule, & la peau, lesquelles sont extremément dessiées aux femmes. Les internes sont les muscles du nez, des levres, de la maschoire inferieure, & la graisse dont ils sont farcis, qui remplit les espaces vuides.

Il y a aussi le muscle tres-large, qui venant lateralement sur le front, enueloppe toute la face, & tout le col, excepté le derriere.

Les muscles des levres sont les extremitez de la bouche. Les autres qui appartiennent à la maschoire inferieure, comme le muscle des tempes, & le maschelier, qui remplissent les costez de la face, s'expliqueront dedans la Myologie, ou discours des muscles.

La bouche donc est vne fente, de la peau de la face, tres necessaire pour respirer, pour parler, & pour receuoir la nourriture, dont tout le corps a besoin : dautant que nous respirons, nous parlons, & prenons nos alimens par la bouche.

Les bords de cette fente se nomment *les Levres*, qui se remuent par le moyen des muscles

qui

qui feruent à les ouurir, & fermer.

Le bout d'embas de la face se nomme *le Men-*
ton, comme celuy d'enhaut, qui s'eftend depuis
le haut des fourcils, iufques à la racine des cheueux, fe nomme *le Front*. Ses deux coftez font
les Ioües.

Nous defcrirons apres cecy les parties internes de la bouche, comme les dents, les genciues, la luette, la langue. Le Larynx, l'os
Hyoide, le Pharynx, les glandes qui appartiennent au col.

La face, outre les veines & les arteres, a vn
nerf tres-confiderable, qui vient de la troifiéme paire, & paffant entre les deux tables de
l'os, fous le paué de l'orbite, refpand fes rameaux par toute la face, en forme d'vn pied
d'oye, principalement vers le nez & les leures.

Remarques particulieres pour la pra-
tique.

L A peau qui couure la face, eft vn miroir
qui reprefente les maladies du corps, &
principalement celles du Foye, de la
Ratte, & des Poulmons. Car les humeurs, qui
predominent au dedans du corps, paroiffent
ordinairement telles au deffus du vifage.

La chaleur du Foye fe reconnoift par vne
rougeur de vifage, qui dure long-temps, &
l'intemperie chaude des Poulmons, par vn petit vermillon, qui eft dans le milieu des Ioües.
Les roufleurs & lentilles, témoignent qu'il y
a quelque bile demeurée dans les pores, quoy-
que cela arriue quelquesfois de l'ardeur du Soleil, & alors on appelle ces taches *Ephelis*.

Si on eſt ordinairement fort rouge par tout le viſage, on appelle cette rougeur *gutta roſacea*, & les perſonnes qui ſont telles, *Antirhoei*.

Les ieunes filles, & ceux qui releuent de maladie, ſont ordinairement paſles : comme auſſi ceux qui ſont fort amoureux, ſuiuant la penſée du Poëte, qui dit : *Palleat omnis amans, color eſt hic aptus amanti*.

La maladie que les Grecs appellent χλώρωσις & les François *les paſles couleurs*, fort familiere aux pucelles, & meſmes aux femmes, qui n'ont pas leurs purgations menſtruelles, eſt vne fievre lente.

Les perſonnes valetudinaires, n'ont pas ordinairement la face bien colorée, pource que leur ſang eſtant tout ſereux dedans les vaiſſeaux, la face qui en eſt arrouſée, ●orte cette marque. Ceux qui ſont ſujets à cela, ſont appellez *Liphamoi*, comme s'ils eſtoient priuez de ſang. Et la κακοχρεια qui veut dire, la mauuaiſe couleur du viſage, eſt commune aux ſains, & aux malades. Vous verrez *dans les Prognoſtiques d'Hippocrate*, des choſes remarquables touchant les changemens de la face. Elle eſt auſſi ſujette à eſtre renduë inegale, & vilaine pas des puſtules ardentes, des poireaux & des verruës, & autres tumeurs qui changent de noms, ſuiuant leur figure.

Les petites tumeurs dures, qui reſſemblent à vne violette naiſſante, ſont appellées *Ionthos*. Celles qui ſont plus douces, mais qui ne ſont pas ſi rouges, & ſi enflammées, ſe nomment *Varus*; Et les autres ſont appellées *Figues*, ou Poireaux, & paroiſſent éleuées ſur la peau.

Ce que les Latins appellent *Lichen*, ou *Impetigo*; & en François *les Dartres*, est vne iné-galité ou eminence de la peau, qui est fari-neuse si elle est seiche, & excoriée ou vlcerée, si elle est humide & rend de la matiere sa-nieuse.

Il y a aussi d'autres verruës plattes, blanches, ou blasardes, ou liuides, appellées *Naui*, marques ausquelles il ne faut point toucher, de crainte qu'il n'arriue quelque chose de pis, à sçauoir vn Cancer. *Seneque* veut que la face ne soit pas si belle, quand elle manque de ces poireaux. Et ce qui est digne d'admiration, est que ces derniers poireaux de la face, en font naistre d'autres d'espace en espace, en differens endroits du corps, qui respondent à la grandeur qui s'estend depuis la face iusques au col. *Septalius* a escrit vn Liure sur ce suiet fort elegant.

La meurtrissure du visage ou contusion noi-re, s'appelle *Hypopium*.

Ce que les Grecs appellent *Spilli*, sont des ordures fuligineuses de la peau, enfermées dans les pores, que l'on oste auec vne esquille, ou en pressant le cuir, ou par le moyen de quel-que pommade, ou medicament qui amollisse, lors qu'elles sont dures, & espaisses. Les Fran-çois les appellent *des Tanues*.

Il arriue aussi vne Dartre particuliere au menton, appellée *Mentagra*, qui estoit tres commune & populaire à Rome du temps de Pline. C'est vne Dartre maligne, qui dure plusieurs années, qui est tres difficile à guerir, & change tellement la peau du menton & des levres, que l'homme en demeure sans barbe

Q q ij

pour le reste de ses iours.

L'action ordinaire de la face, est blessée dans le mouuement que l'on appelle *Spasme Cynique,* qui fait tellement tordre la bouche, que cela represente vn museau de chien : car c'est vn mouuement des muscles de la face, qui appartient à la Paralysie, ou à la Conuulsion. Si cela vient d'vne Paralysie, la partie malade est retirée vers celle qui est saine, à cause que l'opposition des muscles n'agit plus. Si cela vient d'vne conuulsion, la partie malade se retire de son costé. Et les nerfs, l'indisposition desquels produit ces mouuemens deprauez, sortent de la moëlle de l'espine, entre la seconde & troisiéme vertebre du col. Galien rapporte la cause de ce mouuement defectueux de la bouche, au muscle large.

Outre le Spasme Cynique, il y a encore vne autre Conuulsion, qui fait que la levre d'en-haut se retire vers l'œil. Ce mal est causé par le nerf de la troisiéme paire, que nous auons cy-dessus descrit, & se guerit en coupant ce nerf au dessous de l'orbite.

Il y a de deux sortes de Medecines particulieres pour la face, outre la generale ; l'vne desquelles sert à cacher ses deformitez, appellée *Cosmetique* : l'autre à la farder, dit *Commotique* Galien permet la premiere aux femmes, pour oster ce qu'elles ont de laideur, mais non pas celle qui les farde, & qui les fait paroistre plus belles qu'elles ne sont, laquelle il desapprouue, en laissant ce soin aux maquereaux & maquerelles.

Si l'on ne se sert auec adresse de ces fards, ils rident & rongent bien-tost le cuir du visage, ce qui se fait principalemēt par la Ceruse ou blanc d'Espagne, & le vermillon. L'vn des anciens Poëtes a descrit cette cheure de la peau du visage, en ces termes.

Tollere tunc cura est albos à stirpe capillos,
Et faciem dempta pelle referre nouam.

Le dehors de la bouche, c'est à dire les levres, sont sujettes à plusieurs maladies, comme à l'intemperie, à l'inflammation, aux vlceres, & autres defauts qui leur viennent de la premiere conformation, qui toutes peruertissent l'vsage & les actions des levres, qui seruent à fermer la bouche, à former la parole, à receuoir le boire & le manger, à retenir la langue dans la bouche, à ietter les crachats, à faire sonner & retentir la voix des trompettes, à succer le laict aux enfans, & enfin à orner la face des hommes, & des femmes: car elles la rendent tres-difforme, lors qu'elles sont coupées, & font que le visage d'vn homme ressemble à vn museau de chien.

Il y a certaines personnes qui ont les levres trop grandes, lors qu'elles auancent trop en dehors, on les appelle *Labrones*; & d'autres qui les ont fenduës en forme de bec de lievre. Ce dernier deffaut peut estre restably par vne operation de Chirurgie. La Paralysie peut rendre les levres fort lasches, & abbaissées. Les Anciens ont donné le nom de *Brochus* à ceux qui ont les levres renuersées. De *Cheilo* à ceux qui les ont trop grosses; & appellent *Mentones* ceux qui ont le menton trop auancé.

Les fentes & creuasses des levres s'appellent *Rhagades*. Il leur suruient quelques fois des tumeurs, pustules, ou vessies, principalement dans les fievres, quand la nature pousse sur les levres l'humeur maligne, qui estoit la seule cause de la fievre, tandis qu'elle occupoit les Veines & les Arteres. Et l'on en doit tirer vn bon augure, Auicenne voulant que soit vn signe que la fievre finira bien-tost; ce que nous experimentons souuent estre vray.

Ce n'est pas neantmoins que par fois ces enfleures, & vlceres des levres ne soient des signes mortels, comme l'on void par l'exemple des deux freres malades, dont Hippocrate fait mention, à sçauoir *Hermoptolemus & André.*

La mauuaise couleur des levres est suspecte dans les maladies; & dans ceux qui paroissent sains, elle nous doit faire croire qu'il y a quelque deffaut dans les Poulmons, ou dedans le sang.

Les remarques ou poireaux liuides & dures qui occupét les levres, sont fort suspects, & il se faut bien garder de les toucher auec le fer, ny les couper. Les levres grossissent quelquesfois naturellement, & principalement celles d'embas, quand la maschoire est déplacée, & alors les dents de la maschoire inferieure paroissent éleuées sur celles d'enhaut, & les enferment. La plus grande incommodité qui puisse arriver de l'action blessée des levres, est la difficulté que l'on a de parler; qui n'a point de nom propre.

Le mouuement des levres est souuent depraué, à sçauoir quand elles tremblent. Et cela viét de la sympathie qu'elles ont auec l'estomach, pour lors intemperé; car la membrane interieure de l'estomach est commune aux levres, ce qui fait aussi que la levre d'embas tremble à ceux qui sont prests à vomir. Ce tremblement s'appelle *Sismos*.

L'action qui ouure la bouche est blessée quand la maschoire demeure roide, comme celle qui la ferme quand elle deuient paralytique, ainsi qu'il arriue dedans les fievres. Ceux qui sont malades de fievres aiguës, ont souuent la bouche ouuerte, à cause de la grande ardeur des entrailles & des Poulmons, & de la difficulté qu'ils ont de respirer.

On peut mettre au rang des maladies de la bouche, le manque de cracher, & le trop cracher, encore qu'ils viennent de causes fort éloignées, pource que la saliue sert à mascher, parler, & gouster, au lieu que toutes ces choses sont empeschées quand il y a trop de saliue, outre que cela est fort vilain. *Taliacotius* a escrit de la façon de guerir les leures, qui sont coupées ou escourtées.

Du nez.

CHAPITRE VI.

LE Nez, qui est l'instrument, dont la Nature se sert pour fleurer, & pour purger le Cerueau de ses impuretez, est placé au milieu du visage, separant la face, & les yeux en deux parties égales. C'est vne chose fort vilaine de l'auoir trop long ou trop large, & il ne doit point passer la longueur du poulce. Il est tres-necessaire qu'il soit bien figuré pour la commodité de la vie, & vaut mieux l'auoir bien éleué que camus : Et les narines qui sont bien ouuertes, sont preferables à celles qui sont trop serrées.

Le Nez se diuise en deux cauitez, qu'on appelle *les Narines* separées par vn milieu, & qui s'estendent iusques à l'os Ethmoide.

Le Nez est beaucoup plus profond & spatieux en dedans qu'il ne paroist en dehors; car cét espace qui est entre les deux tables du palais, & du Sphenoide, & qui est diuisé en deux cauitez par l'os Vomer ou Soc de charuë, qui va iusques au milieu des narines, appartient au Nez. Tout cét espace est remply d'os spongieux, qui sont portions de l'os Ethmoide, & sont remplis de chairs spongieuses, qui s'abbreuuent de la pituite qui tombe du Cerueau, afin qu'elle ne coule point perpetuellement des narines.

Ces petits os, & ces Caruncules seruent aussi à espurer l'air que l'on tire par le nez; quand la bouche est fermée, afin qu'il soit plus pur quand il arriue aux Poulmons, & au Cerueau.

Le Nez est donc composé d'os, de cartilages, de membranes, & de muscles. Les os sont au nombre de deux, qui sont éleuez en dehors, & qui le composent. De ces os sortent cinq cartilages; deux lateraux également arrangez, qui sont mobiles, par le moyen des muscles qui les enuironnent. On les appelle en Latin, *Pinna*, & *les aisles du Nez* en François.

Il y a aussi vn cartilage au milieu, que l'on nomme *l'entredeux* des narines, & il dépend d'vn os, qui fait le milieu des narines, & qui est vne continuation de celuy que nous auons appellé Soc de charuë.

Le Nez est couuert en dehors d'vne cuticule & d'vne peau, au dessous desquelles sont les

muscles. Le dedans du Nez est garny d'vne
membrane remplie de fibres charnuës, par le
moyen desquelles les deux aisles des narines se
resserrent, quand on retire fortement son haleine : ainsi qu'elles s'ouurent & se dilatent par
les autres muscles externes, desquels vous verrez l'histoire au *Liure 5. de la Myologie.*

La Table Cribreuse de l'os Ethmoide, & les
auances ou Apophyses mammillaires, qui
aboutissent à ces os, appartiennent aussi au Nez.
Et l'on croid que c'est en elles que se fait l'odorat, quoy que quelqu'vn puisse douter s'il ne se
fait point dans ces petites chairs, qui sont enfermées dans ces os spongieux ; on peut du
moins croire, qu'elles y seruent de quelque
chose, puis que l'odorat est depraué ou aboly,
quand ces parties sont trop humectées, ou incommodées de quelque maladie.

Remarques particulieres pour la pratique de la Medecine.

LEs parties cartilagineuses du Nez peuuent receuoir inflammation, contusion,
vlcere, & les os peuuent estre brisez.
L'intemperie peut incommoder les vnes & les
autres, & tout le Nez est sujet aux maladies organiques qui viennent de la mauuaise conformation, lorsqu'il est camus, ce qui vient souuent par causes externes. Que si l'on connoist
quand l'enfant vient au monde qu'il ait le Nez
de cette sorte, on le peut redresser, & releuer.
Car Platon dit, qu'en Perse, lors que les enfans de la lignée Royale auoient ce defaut, on
leur mettoit des petits tuyaux dedans les nari-

mes, pour les mieux fermer petit à petit ; & par
ce moyen ces os mols comme de la cire, & ap-
prochans de la nature du cartilage, se dilatoient
& se redressoient.

Lors que le Nez est trop grand & trop éleué,
on ne le peut pas racourcir, sans y apporter vn
plus grand defaut. Mais lors qu'il y a des surcroissances de chair tubereuse qui viennent au
dessus, l'on peut corriger ce defaut en les coupant. Le dedans des narines s'enfle aussi quelquesfois, & s'emplit de petites éleueures ou pustules enflammées, qui enfin viennent à suppuration. Il arriue souuent vn vlcere dans la plus
profonde partie de ces os, & caruncules spongieuses, qui est tres-vilain & tres-puant, in-
commodant fort ceux qui sont proches de ces
malades, & il est tres-difficile à guerir: on l'appelle Ozena.

Ces petits os se corrompent & pourrissent à tel
point, qu'on les iette par le Nez en mouchant,
Quand il naist en ce lieu des surcroissances de
chair sans vlceres, ou auec vlceres, cela fait vne
autre espece de mal, appellé *Polypus*, qui descend dedans les narines, où remplissant les cauitez du dessus du palais, s'estend iusques au
gosier. Celse descrit tres-bien ce mal, *Liure 6.*
Chap. 8. & veut qu'on le puisse couper seurement quand il n'y a point de douleur, & que
l'on reconnoist par sa couleur qu'il n'y a point
de malignité qui luy soit iointe: mais cela ne
seruira de rien si on ne le coupe iusques à la
racine, autrement si on en laisse vne partie, il
repoussera tousiours. Quand ce mal au contraire a des signes de malignité, & qu'il est carci-
nomateux, on ne le doit en aucune façon tou-

cher ny auec les fers, ny auec des medicamens
cauſtiques, de crainte que ſi on l'aigrit, il ne
courre par toute la face, & la deuore.

Les Hemorrhoïdes des narines ſont differentes du Polypus, en ce que celuy-cy eſt plus dur
que les autres, eſtant preſque calleux. Falloppe, & Pierre Baryrſus, *Chap. 3. Liu. 5.* font difference entre ces maladies. Et ſuiuant l'interpretation de Dioſcoride, c'eſt ce qu'Hippocrate appelle *Bdella*: mais Galien les prend & nomme *Sangſües.* Voyez *Foëſius dans l'Oeconomie
d'Hippocrate.*

Les ſymptomes des narines appartiennent ou
aux actions bleſſées, ou aux ſimples indiſpoſitions, ou regardent la ſortie des excremens.
L'odorat eſtant l'action propre du Nez, il peut
eſtre aboly, diminué, ou depraué. Ces deux
premiers procedent d'vne meſme cauſe, à ſçauoir de ce que les conduits du dedans de l'os
Ethmoïde, & des Apophyſes mammillaires, dedans leſquelles l'odorat ſe fait, ſont bouchez.
Que ſi les ventricules anterieurs ſont bouchez
ſans que les parties du Nez ſoient engagées, l'ô
le reconnoiſt par la facilité que l'on a de parler,
ce qui teſmoigne que l'os Ethmoïde, & ſes A-
pophyſes mammillaires ſont libres.

L'odorat eſt depraué, quand l'on croid que
toutes choſes ſont puantes ; au lieu que ce ſont
les narines du malade, qui ſentent mauuais,
ainſi que peuuent reconnoiſtre ceux qui en ſont
les plus proches. La vraye cauſe de ce Simpto-
me eſt vne humeur corrompuë & pourrie, renfermée dans tous les conduits du nez. Et lors
que la pourriture eſt au dedans du Crane, Fernel
a tres-bien remarqué que les malades ne ſen-

tent pas la puanteur, & qu'il n'y a que ceux qui sont autour d'eux qui s'en aperçoiuent.

Les simples indispositions du dehors du nez sont les tasches rouges, ou noirastres, qui le rendent vilain, lesquelles on peut corriger ou effacer par quelques fards, si on ne peut les oster autrement.

Entre les Symptomes qui dépendent de la sortie des excremens; l'on peut mettre les Hemorragies du nez & le flux de serosité, ou de roupies qui sortent perpetuellement du nez. Ceux qui ont les narines trop humides, estans selon Hippocrate ordinairement mal sains. L'hemorrhagie du Nez vient, ou de ce que les narines sont escorchées, ou coupées, ou de ce que le sinus long de la durè Mere, qui s'estend iusques aux narines; s'ouure par l'acrimonie, ou par la trop grande quantité du sang. Si ce sang ne s'arreste apres quelques petits remedes, il faut en venir à la saignée du bras, si ce n'est lors que la nature s'en descharge par vne crise. Fernel croid qu'il faut tousiours arrester le sang du Nez, de quelque façon qu'il fluë, & qu'à sa place il vaut mieux faire vne saignée, contre la doctrine d'Hippocrate. Le sang qui vient du dedans du Nez, se peut facilement arrester; mais difficilement celuy qui coule des Meninges.

Si pendant les fiévres ardentes & malignes, le sang sort du Nez goutte à goutte, il doit estre suspect, comme vn mauuais signe, & vne mauuaise cause; parce que cela ne soulage point le malade, & nous fait connoistre que quoy qu'il y ait grande plenitude dans les vaisseaux, la nature est toutesfois trop foible

pour fe pouuoir defcharger de ce fardeau qui
l'oppreffe. Il faut en ce cas foulager la tefte
par toutes fortes de voyes, foit par reuulfion,
foit par deriuation du fang, ou que l'on apporte quelque rafraifchiffement au cerueau,
afin que l'inflammation ne furuienne point,
ou que le malade ne tombe point en affoupiffement comateux. Si le fang qui a couftume de fortir du Nez aux ieunes gens, n'en
coule plus à l'ordinaire, & que l'on ait douleur de tefte, à caufe que les vaiffeaux font
trop pleins, il le faut diminuer par la faignée.

Les Anciens ouuroient les veines du Nez,
ce que l'on ne pratique plus, à caufe que l'on
ignore l'adreffe dont ils fe feruoient pour les
ouurir.

Fernel dit, que l'on a treuué des vers velus
dans de certains Nez camus, & qu'ils y auoient
efté engendrez, ayant à la fin caufé vne fureur
& manie d'efprit, qui leur a donné la mort.
Quelques-vns croyent que ces vers fuffent
tombez du cerueau en ce lieu, mais veritablement ils auoient efté engendrez, & nourris
dans les cauitez du Nez ; dautant que ceux qui
fe font engendrez dedans les ventricules du
cerueau, n'en peuuent point fortir, à moins
que la table cribriforme, qui eft dans l'Os
Ethmoïde, ne foit rongée ou rompuë.

Fernel efcrit vne chofe tres digne de remarque, qui eft, que le fang qui fort par le Nez,
ne vient pas du cerueau, mais des veines du
nez. *Les veines,* dit-il, *qui vont dans les na-*
rines, ne fortent pas des parties interieures du
cerueau, mais viennent de la bouche, & du

palais, qui sont assez visibles, & seruent à descharger le sang superflu, comme les veines par lesquelles les hemorrhoïdes, & le sang des femmes ont coustume de s'escouler; & cela fait, que le cerueau estant oppressé de sang, ne s'en descharge point par ces veines, puis qu'il ne sort point des sinus de la dure Mere. Mon sentiment toutesfois est, que ce sang vient du cerueau. Galien & Aretée veulent que l'on puisse adroitement ouurir les veines qui sont dans les narines, au dessous de la table de l'Os Ethmoïde.

L'on peut attribuer l'esternuëment aux narines, à cause qu'elles l'excitent quand elles sont chatoüillées ou irritées. Ce n'est pas que l'on ne le puisse ranger auec toutes les maladies du cerueau, & qu'il ne soit ioint au mal caduc, qui est comme luy vne concussion ou conuulsion du cerueau de peu de durée. Il se fait au sentiment d'Hippocrate, de ce que les parties qui sont vuides dans la teste, sont eschauffées, ou humectées.

Du Col.

CHAPITRE VII.

L A partie qui est entre la teste & la poitrine, s'appelle le Col, qui a esté fait principalement pour contenir l'aspre Artere, & les Poulmons, & pour soustenir la teste.

Il doit estre mediocrement long, pour seruir au corps, & le conseruer en santé. Celuy qui est trop court, & qui n'est composé que de six vertebres, le rendant suiet à l'Apoplexie, & aux a

soupissemens, à cause que les vaisseaux qui vont
à la teste, sont trop courts. Celuy qui est plus
long qu'il ne faut, estant composé de huit vertebres, fait en fin tabefier le corps, & deuenir
Phtisique, à cause que les Poulmons se desseï-
chent trop, & s'eschauffent pour la petitesse du
lieu, où ils sont enfermez,

Le Col est composé de plusieurs parties. Les
vnes sont continentes, & les autres contenuës.
Celles qui contiennent sont communes ou propres. Les communes sont la Cuticule & la peau.
Les propres sont la membrane ou enueloppe
particuliere du Col, à sçauoir le muscle large,
qui semble estre production de la membrane
charnuë. Celles qui sont côtennes sont en grãd
nombre, comme les muscles de la teste, & du
Col, de l'Os Hyoïde, de la langue, de la luette,
& du Pharinx, lesquels estans coupez d'ordre,
& mis à costé, l'on descouure clairement le larynx, l'Os Hyoïde, le Pharinx, la langue, les
glandes, les quatre Iugulaires, les deux artçres
Carotides, le nerf de la sixiéme coniugaison,
tant Descendant, que Recurrent, les veines &
arteres ceruicales, la pluspart de ces parties
estans au deuant du Col, n'y ayant derriere que
les vertebres, & les muscles du derriere, qui
sont faits pour remuer le Col & la teste.

Ie ne descriray point icy les muscles, à cause
que i'en parle amplement en la Myologie, &
qu'il faut les y aller chercher, comme ceux des
autres parties.

En premier lieu, il faut obseruer les glandes
qui sont au dessus du cartilage Thyroïde, qui
sont plus grandes aux femmes qu'aux hommes
Pour bien connoistre toutes ces parties, vous

les chercherez ſuiuant l'ordre que ie vay deſcrire, & les mettrez à coſté, à meſure que vous
les rēcontrerez, ou biē les ſeparerez tout à fait.

Ayant dōc premierement oſté le muſcle
large, vous chercherez le nerf de la ſixiéme cō-
iugaiſon, entre la Iugulaire interne, & l'artere
Carotide. La Iugulaire interne a vers les Clauicules, quelques valuules, mais la Iugulaire
externe n'en a aucunes.

L'artere Carotide reçoit deux petits Os tres-
deliez, ſemblables a des lentilles, proche de
ſon entrée dans le Crane, & ces petits Os empeſchent que le ſang qui eſt dans les arteres, ne
monte auec trop d'impetuoſité. Si le nerf de la
ſixiéme coniugaiſon ſe lie eſtroitemēt des deux
coſtez du Col, en vn chien il perd entierement
la voix, mais lors qu'il n'eſt lié que d'vn coſté,
la voix en eſt ſeulement diminuée, ce qu'il faut
ſoigneuſement remarquer.

Il faut en ſuitte prendre garde à l'Os Hyoïde,
& conſiderer comme il eſt ſuſpendu & attaché
par des liens robuſtes aux Apophyſes Styloïdes, comment il ſouſtient le Larynx, la luette, & la langue, car le cartilage Thyroïde,
eſt attaché auec ſes petites cornes à l'Os Hyoïde. Cela nous fait voir que l'Os Hyoïde eſt le
foudement de toutes ces parties, & que neantmoins il eſt mobile, afin que l'on puiſſe aualler plus facilement.

Rondelet dit auoir veu la voix entierement
abolie, comme dans la Paralyſie, à cauſe que
les muſcles de l'Os Hyoïde eſtoient disjoints,
& c'eſt ce qu'il y a de remarquable touchant
cét Os.

Outre les glandes qui ſont au deſſus du cartilage

tilage Thyroïde, il y en a d'autres petites, parſemées le long de la Iugulaire interne, qui ſont arrangées les vnes apres les autres, & c'eſt ſur ces glandes que le cerueau ſe décharge.

Il y a auſſi deux autres glandes au deuant, & au haut du Col deſſous la machoire inferieure, leſquelles s'enflent ſouuent, & c'eſt en elles que s'engendrent les écroüelles.

A la racine de la langue il y a encore d'autres glandes appellées *Antiades*, c'eſt pourquoy Vlpian appelle *Antiagri*, la tumeur de ces glandes. Il faut bien prendre garde à toutes ces glandes, quand il ſe fait fluxion ſur le Col, ſoit qu'elles produiſent les écroüelles, ſoit qu'il s'y engendre le *Bronchocele*, que nous appellons les *goeſtres*.

Remarques particulieres pour la pratique.

LE Col peut eſtre incommodé de maladie ſimilaires, par l'intemperie ; ou organiques, par ſa mauuaiſe conformation. Lors qu'il eſt trop court, ou trop long, ou qu'il y a vne des vertebres du Col luxée ou demiſe, & principalement la ſeconde. Sa grandeur peut eſtre augmentée par les enfleures, ou tumeurs, comme il arriue aux goeſtres, aux écroüelles, & en l'Eſquinancie.

Le Bronchocele, ou les goeſtres, eſt vne tumeur du Col proche du Larynx, cauſée par vne humeur amaſſée en ce lieu. Il vient auſſi de ce que la glande du cartilage Thyroïde, eſt trop grande ; ce qui produit vn *Sarcoma*, ou ſurcroiſſance de chair, ou bien c'eſt vn abſcez

R 5

remply ou d'eau, ou de matiere semblable au suif fondu, ou au miel liquide, que l'on appelle *Atherome*, ou *Steatome*.

Le Bronchocele ne prouient pas des clameurs & cris excessifs, ainsi que plusieurs croyent, ny de la boisson ordinaire des neiges fonduës, visée à ceux qui habitent les Alpes, & autres montagnes; mais bien d'vne pituite grossiere & visqueuse, qui coulant peu à peu du cerueau, & des autres parties exterieures, par derriere les oreilles, s'amasse en cét endroit, ainsi que veut *Fernel*. Neantmoins *Pline liu.* 11. *chap.* 37. *& Vitruuius liu.* 8. *chap.* 3. disent que la gorge deuient tumefiée de la boisson des eaux.

On peut douter si cette matiere est contenuë entre le muscle large, & la peau du Col; ou si elle est toute renfermée dessous le muscle large; car si elle est sous ce muscle, on ne l'en pourroit tirer, parce qu'elle seroit trop renfermée dans les espaces des muscles. Mais si elle n'est qu'au dessous de la peau, & que la tumeur soit mobile, la matiere renfermée dans le *Cystis*, se pourra vuider & déraciner.

Ce mal commence ordinairement par les vents, qui destendent & separent la peau d'auec la membrane charnuë, ou bien le muscle large est separé des parties qui sont dessous luy. L'humeur qui coule petit à petit dans ces lieux est differente, suiuât la diuersité du temperamment, & la differente disposition du malade. Elle s'augmente petit à petit, & se nourrit non point par le moyen des veines, mais par de petits canaux, que la Nature a fait.

Ie voy que l'on applique à present des emplastres Mercuriaux pour resoudre les goestres,

Mais *Langius* remarque *dans ses Epiſtres*, que les Doreurs ſon ſuiets à ces tumeurs, à raiſon des vapeurs malignes du Vif argent, dont ils vſent pour dorer. Il faut empeſcher, ſi l'on peut, que le Bronchocele ne vienne à ſuppuration, crainte que les vaiſſeaux du col ne ſe corrompent ou ſe rongent par la matiere purulente, ou qu'elle ne tombe dans les Poulmons.

Au reſte les goeſtres ſont bien differentes des Eſcroüelles, dautant que celles-cy ſont plus entaſſées, plus dures, plus proches de la maſchoire inferieure, & ſont ſeparées les vnes des autres, ou entaſſées les vnes ſur les autres. Elles ſe forment d'vne matiere pituiteuſe & viſqueuſe, qui abbreue & tumefie les glandes, c'eſt pourquoy les eſcroüelles viennent ordinairement où il y a des glandes.

Il ſuruient auſſi par fois des tumeurs ſchirreuſes au Col, qui reſſemblent aux eſcroüelles, dont il ſe faut défier; elles viennent ſous la maſchoire, à l'aiſne, aux Parotides, & generalement en tous les lieux où il y a des glandes.

Il y a auſſi quelques endroits du corps, où la graiſſe s'eſpaiſſit, & s'endurcit en forme de ſchirre, & d'eſcroüelles.

Tulpius deſcrit fort exactement l'Anatomie des Eſcroüelles, dãs ſes obſeruations. Celſe dit que les Eſcroüelles ſont tumeurs, dans leſquelles il ſe fait comme de certaines glandes formées de pus ou de ſang. Guidon écrit, que les Eſcroüelles ſont des glandes immobiles. Neantmoins les glandes mobiles peuuent deuenir ſcrofuleuſes. C'eſt pourquoy il les faut extirper de bonne heure, ſi faire ſe peut, autrement elles croiſſent & ſe multiplient, y en venant d'autres.

On met auſſi au rang des tumeurs du col, celle qu'on appelle *Gongroni*, qui ſe forme d'vne
humeur moins eſpaiſſe & groſſiere, que celle
des Eſcroüelles, ou des goeſtres.

L'Eſquinancie eſt auſſi vne tumeur du col au
dedans, ou au dehors, ou vne inflammation de
ſes parties externes, on internes. L'externe eſt
appellée *Synanché*, & l'interne *Cynanche*; mais
Galien veut, qu'il ſoit inutile de s'arreſter à
cette difference de nom, quand il s'agiſt de
guerir ce mal : & pour moy, ie croid qu'il eſt
neceſſaire d'y prendre garde ; car bien que les
remedes generaux, conuiennent à l'vn & à l'autre, il y a toutesfois bien plus de danger en celle
du dedans, à cauſe que la voix & la reſpiration
y ſont empeſchées, & il faut faire les remedes
beaucoup plus viſte, & ouurir meſmes quelquesfois l'artere Trachée dedans les vingt-quatre heures, pour donner lieu à la reſpiration interceptée, iuſques à ce que le haut du larynx
ſoit entre-ouuert; car le ſeul larynx eſt enflammé, & bouché, lors que l'on ne void aucune enfleure exterieure.

Dedans les autres eſpeces de ce mal, les
muſcles qui ſont autour, ſont enflammez; mais
dedans celle-cy, la fluxion eſt ſeulement deſſus le muſcle Arytenoïde, & ſur la luette, &
les chairs muſculeuſes, qui ſont autour du larynx ; ce qui doit faire croire, que les conduits
du goſier ſont bouchez, & que ce mal eſt mortel, à cauſe que l'on ne peut pas viure ſans la
reſpiration, bien que l'on puiſſe faire aualer au
malade quelques boüillons.

On peut eſtre ſoulagé par le moyen d'vne
racine de poireau, parſemée de quelque poudre

acre & mordicante, que l'on fourre bien auant dans le gosier, ou par le moyen des vesicatoires que l'on applique sur le larynx. ou des scari-fications que l'on fait de costé & d'autre. L'on peut voir ce qu'Hippocrate a dit, en plusieurs endroits, touchant ce mal. Comme au *Liur.* 6. *Aphor.* 27. & 34. & *au Liure* 3. *des Prognost. Aphor.* 47.

Des Dents & des Genciues.

CHAPITRE VIII.

PArlons maintenant des parties interieures de la bouche, qui sont exposées à nos yeux, comme les Dents, les Genciues, le Palais, la Luette, & la Langue, lesquelles nous allons toutes expliquer par ordre. Nous commence-rons par les Dents, qui seruent à mettre les viandes solides en petits morceaux, & à for-mer la parole, puisque quand elles sont tom-bées, on ne peut pas bien hacher, ny mascher la viande, ny prononcer clairement & distin-ctement les paroles.

L'on considere les Dents d'vne autre façon aux enfans, iusques à l'âge de deux ou trois ans, que l'on ne fait aux personnes plus âgées. Elles naissent aux enfans les vnes apres les autres. Celles du deuant, que nous appellons *Incisoi-tes,* viennent les premieres, puis les *Canines,* & en suitte les *grosses Dents,* toutes ensemble ne passans pas le nombre de vingt, iusques à l'âge de trois ans, auquel temps les autres pa-roissent.

Ces premieres sont appellées *Dents de*

laté, fous lefquelles il y a vn germe, qui repouffe vne autre Dent, quand la premiere tombe d'elle-mefme, ou qu'elle eft arrachée.

Les Enfans ont deux temps, pendant lefquels ils reffentent de grandes douleurs de Dents. Le premier eft, quand elles germent, & le fecond, quand elles fortent. Hippocrate comprend toutes les maladies des Enfans, fous le nom du mal de Dents, à caufe qu'elles leur apportent de grandes douleurs & maladies, qui font fouuent caufe de leur mott.

Les Dents des perfonnes plus âgées, fe diuifent en deux rangs, à raifon des deux mafchoires, à chacune defquelles il y en a quinze ou feize, diuifées en trois ordres. Les quatre premieres placées en la partie anterieure de la mafchoire, s'appellent *Incifoires*, les deux d'apres font les *Canines*, ou vulgairement *Oeillieres*, & en fuitte il y en a cinq de chaque cofté, que l'on appelle *Mafchelieres*.

Toutes ces Dents font articulées par gomphofes dedans les troux, ou coches des mafchoires, dans lefquelles elles font naturellement immobiles, y eftant attachées par leurs ligaments propres, & affermies par les Genciues. Elles reçoiuent dedans le milieu de leurs racines, qui font creufes, des nerfs, des veines, & des arteres; & c'eft ce qui fait qu'elles font plus fenfibles que les autres Os. Leur partie exterieure qui paroift au dehors, s'appelle *la Bafe*, celle qui eft en dedans couuerte des Genciues, fe nomme *la Racine*; laquelle eft fouuent double ou triple.

Remarques particulieres pour la pratique.

LEs maladies des Dents ont deux temps, où ils incommodent fort les enfans. Le premier appellé *Odaxismos*, quand les Genciues s'enflent & s'enflamment, cause la fiévre, des vomissemens frequents, & le cours de ventre ce qui témoigne que les Dents germent. L'autre, dit *Odontophya*, est celuy de leur sortie, & les enfans se portent encore plus mal pour lors, souffrans beaucoup de douleur.

Les Dents des personnes âgées sont aussi suiettes à diuerses maladies, à toute sorte d'intemperie; mais principalement à la secheresse de vieillesse, elles deuiennent mobiles estans esbranlées. Il peut y auoir du defaut dans le nombre, quand il en tombe quelques-vnes, ou qu'elles sont vn double ou triple rang, ou lors qu'elles ne sont toutes qu'vn mesme os. Il y peut auoir excez ou defaut de grandeur, à sçauoir quand elles sont trop longues, ou trop courtes, ou trop estroites, estans à demy vsées.

Leur situation est vicieuse, quand elles sont mal rangées, estans trop esloignées, ou separées les vnes des autres, ou quand celles d'enhaut ne respondent pas à celles d'embas, ou quand celles-cy enferment & aduancent celles d'enhaut, ou quand les Dents sortent du palais.

Leur maladie commune est quand elles sont cariées, ou rompuës. Les Symptomes des Dents sont, ou quand leur sentiment propre est blessé ; qui s'appelle *Hæmodia*, à sçauoir quand elles sont agacées, ou quand le sentiment commun est attaqué ; ce qui produit *l'Odontalgie*, qui est la douleur des Dents, ou *l'Odontagre*, qui est vne fluxion sur les Dents, comme celle de la goutte sur les iointures. Or la douleur des Dents est mise au rang des plus grands tourments, ainsi que dit Celse, *.in. 6. Chap.* 9. encore que la partie soit fort petite.

Les indispositions simples des Dents sont leur noirceur, la crasse ou la roüille, qui croist autour, & l'humeur visqueuse qui s'y attache; ce qu'Hippocrate met au rang des signes, qui témoignent la violence de la fièvre. Il vient aussi dessus les Dents vne espece de crouste grauuleuse, & comme petrifiée.

Les Symptomes touchant leurs excrements, sont la puanteur des Dents, les surcroissances, les vers qui s'engendrent dedans leurs cauitez, où l'hemorrhagie excessiue, prouenant d'vne Dent arrachée, qui cause par fois la mort. *Voyez Duret dans les Coaques, où il explique la collision ou froissement des Dents, dedans les maladies.*

Quand les malades ont les Dents trop seiches, cela predit, ou conuulsion, ou delire futur.

L'on peut icy demander, si lors que l'on a arraché vne Dent, on en peut mettre vne autre à mesme temps en sa place, qui estant bien agencée dans la coche, se reprenne auec la Genciue, & s'y attachant fortement, ne soit en rien dissemblable aux autres, tant pour bien mascher, que pour les autres choses, à quoy les Dents
sont

font neceffaires? Ie veux croire, que ceux qui
confidererôt que les Dents ont vie, qu'elles reçoiuent des veines, des Arteres & des nerfs,
qu'elles font fufceptibles de fentimêt & de douleur, qu'elles font affermies, & arreftées par
des ligaments propres, n'aurôt iamais la penfée
qu'vne Dent eftrangere mife à la place d'vne
arrachée, y puiffe faire auffi bien fa fonction
que les autres, y eftre auffi bien placée & arre-
ftée, bien que certains Medecins le veuillent
perfuader au peuple, afin de fauorifer la cha-
landife du Normand, Arracheur de Dents,
m'ayant mefmes reproché mon incredulité en
cela, & accufé d'ignorance.

Il faut confiderer les troux de la mafchoire
d'enhaut & de celle d'embas, par lefquels les
nerfs, les veines, & les Arteres, paffent & entrent au dedans, pour s'inferer à la racine de
chaque Dent.

L'Artere qui va en la mafchoire fuperieure,
paffe par l'antitragne de l'Oreille, où elle peur
eftre bruflée, & où l'on peut mettre comme au
deffus des tempes, quelques emplaftres aftrin-
gents, pour arrefter les fluxions des Dents.

L'Artere de la mafchoire inferieure paffe auffi
proche de l'angle, & à l'endroit où fon battement eft fenfible, on peut y mettre le feu, & les
autres topiques, lors que l'on fent de violentes
douleurs en cette mafchoire.

Il fort quelquesfois des coches de quelques
Dents, comme vn Champignon, ou os fpongieux qui croift à tel point, qu'il remplit toute
la bouche, & pourroit eftouffer, fi l'on n'auoit
l'induftrie de le couper, ou de le brufler.

Les Dents peuuent eftre incommodées par

Sf

les fluxions du cerueau, par les vapeurs & fumées de l'estomach, ou par la saliue trop acre
qu'il enuoye continuellement à la bouche; mefmes les poulmons peuuent contribuer quelque
chose à leur perte.

Il est certain, qu'il peut renaistre des Dents en
la place de celles, qui sont tombées ou arrachées, & que cette palingenese, ou regenera-
tion se peut faire en toute sorte d'âge. Mais il
ne faut pas s'y fier beaucoup, apres que l'on a
sept ans.

Des Gencines.

CHAPITRE IX.

LEs Genciues sont les chairs qui enuironnēt
les Dents, & qui couurent leurs troux, tant
en dedans qu'en dehors, mais elles sont plus
larges, & esleuées en dehors. Si cette chair ex-
cede en quantité, elle incommode à manger,
& si elle est trop lasche, elle fait bransler les
Dents.

L'inflammation des Genciues s'appelle *Paru-*
lis ; Et la surcroissance de chair qui arriue par
leurs vlceres, *Epulis.* Le cancer s'y peut aussi
former, & sont suiettes aux hemorragies ex-
cessiues.

Elles peuuent estre rongées par des vlceres
nommez *Aphtha,* qui sont malins au *Scorbus*
ou en la maladie, que les Anciens appellent
Stomacacé, & *Oscedo.* Ces vlceres sont par fois
si malins, qu'ils rongent toute la langue, la
luette, & les glandes qui sont au dessous, sans
toutesfois qu'il y ait suiet de soupçonner la ve

role, comme l'on void par la description qu'A-
retée en a faite. Les Espagnols sont suiets à ce
mal, qui les estrangle, & ils l'appellent en
leur langage *Garotillo*, comme les Napoli-
tains, qui nomment cét vlcere *Syriano*. Ce qui
leur peut arriuer, à cause du commerce qu'ils
ont auec les Espagnols, ausquels les Escroüelles sont familieres : car la malignité des Escroüelles peut produire ces incommoditez à la
bouche, & au gosier.

Du Palais

CHAPITRE X.

LE Palais est la voute de la bouche, & est
fait d'vn os tres-delié, couuert d'vne
chair nerueuse ridée, à cause des inega-
litez qui se rencontrent dedans l'os. Ce qui fait,
que cette peau est fortement attachée à l'os, qui
n'a point de perioste.

Cét os estant fort tendre, peut estre facilement carié par la verole, apres que le Palais
est percé, si l'on n'y met remede de bonne heure, soit que le mal ait commencé par le nez,
ou par la bouche. Quand ce trou se fait, on est
fort incommodé en maschant & en parlant, si
ce n'est qu'on y mette vne platine d'argent, ou
de coton, ou d'vne éponge.

De la Luette, ou Gargarcon ; & de l'Isthme.

CHAPITRE XI.

L'On rencontre au bout du Palais, la Luette qui est vne petite partie charnuë, donnée à l'homme seul, pour former la parole, & à quelques oyseaux, qui l'imitent. C'est pourquoy elle a esté mise en ce lieu comme vne Archet, pour former & articuler la parole ; & Paul Eginete luy donne ce nom. Elle empesche aussi que les choses liquides ne rebroussent par le nez, & sert à épurer l'air qui entre dans le larynx. Ce qui fait, que ceux à qui elle est rongée, ont vne voix fort enroüée, qu'vne partie de leur boisson va dedans le nez, & que l'impureté de l'air qu'ils tirent, les rend bien-tost Etiques. Quoy que son mouuement soit obscur, elle ne laisse pas d'auoir des muscles pour le faire, qui seruent aussi à la soustenir & suspendre. Ie les décriray dans le discours des Muscles. Cette partie a deux ligaments lateraux, qui estans eslargis, ou dilatez par vne fluxion, ressemblent aux aisles des chauuesouris, & incommodent beaucoup. Ils doiuent estre naturellement secs & renuersez vers l'os du Palais. Ils sont doubles, & enferment les glandes qui sont en ce lieu.

Remarques pour la pratique.

LA Luette peut estre enflammée, tumefiée, allongée, & trop amenuisée. Quand elle est enflammée,elle represente vn raisin, & s'appelle *Staphyle*. Si elle ressemble à vne petite colonne, on la nomme *Columelle* & *Chion*; & si quelque humeur la rend trop lasche, cela fait vne autre espece de maladie, dite *Chalasis gargareonis*, ou la *Luette tombée*. On la peut resserrer & remettre, en mettant dessus du sel & du poivre, pour desseicher l'humidité, qui luy est suruenuë.

Quand elle pend trop bas, on en peut couper vne partie; si les membranes laterales sont aussi trop relaschées, on appellé ce mal *tmansis*, lequel est tres bien descrit par Aretée, *Liure I. des causes des maladies aiguës*, *Chap. 8. Voyez Hippocrate*, touchant la maladie de la Luette, *au 3. des Prognost. Sentence 31.*

De l'Isthme.

CEtte partie est l'espace du gosier, qui se trouue entre le Larynx, & le Pharynx. Et à cause qu'il est comme vne langue de terre entre deux mers, on le nomme *Isthme*.

C'est en ce lieu que sont les glandes appellées *Antiades* & *Paristhmia*, lesquelles estans enflammées, reçoiuent vne maladie de mesme nom que celle des autres glandes, qui sont en la racine de la langue. Elles sont quelquesfois si excessiuement grossies & enflées, qu'elles causent difficulté d'aualer, & de respirer, descendans dans le gosier en forme de pommes. Elles sont suiettes aux inflammations & aux abscez, auquel cas il faut y enfoncer le bistori, & les picquer,pour en tirer le sang ou le pus, autrement il y auroit danger d'estre estouffé. Quelques-

fois elles deuiennent carcinomateufes , & pour
lors, il ne faut attendre aucun fecours de la Medecine.

De la Langue.

CHAPITRE XII.

LA Langue, qui eft l'inftrument du gouft, du
difcours , & pour aualler les viandes , eft
faite d'vne fubftance charnuë, moëlleufe ou
fpongieufe, & reueftuë d'vne membrane fort
mince. Encore que nous n'en voyons qu'vne,
elle eft neantmoins feparée en deux parties fi
differentes , quoy que tres-bien iointes enfemble , que l'vne d'icelles peut eftre paralytique
fans l'autre, ou infectée d'vne mauuaife couleur, fans que l'autre s'en fente.

La Langue eft placée dans la bouche, & dedans le gofier, où elle eft fouftenuë par la bafe
de l'os Hyoïde, & attachée par vn fort ligamét.
Cette fituation luy a efté tres-commode, afin
qu'elle nous peuft donner des marques des maladies contenuës & cachées dans les trois cauitez du corps, à fçauoir dans la tefte, la poitrine , & le bas ventre, d'autant qu'elle s'abreuue
& s'infecte des humeurs , & excrements fuligineux, qui viennent des parties contenuës en ces,
trois cauitez fufdites ; fi bien qu'elle porte toûjours la couleur des humeurs qui predominent
dans le corps. C'eft pourquoy, deuant feruir au
gouft, à la parole , & à exprimer les penfées de
l'ame , il eftoit bien raifonnable qu'elle euft
communication auec toutes ces parties ; & en
toutes les maladies, on ne doit pas moins pren-

dre garde aux dispositions de la Langue, qu'aux
vrines, suiuant le sentiment d'Hippocrate, au
Liu. 6. des Epidem. sect. 3. tex. 14. où il dit, que
la Langue nous monstre la mesme chose que
l'vrine, & Galien commentant ce lieu, est de
mesme sentiment.

Il faut prendre garde à la grandeur de la
Langue : elle est naturellement de la longueur
du doigt du milieu. Son espoisseur n'esgale pas
entierement celle de ce doigt. Sa largeur ne
doit point passer deux trauers de doigts, &
quand elle est faite de cette sorte, elle est tres-
propre à la parole ; luy estant au contraire incommode, quand elle est trop longue, ou trop
espaisse. Le bout qui touche les Dents du deuant, s'appelle *Preglessis*, ou la pointe ; & celuy qui est large, & caché dedans le gosier,
s'appelle *la Base*, & afin qu'elle n'allast point
trop auant, & ne s'escartast point deçà & delà,
elle est retenuë en son lieu, par vn lien, au dessus
duquel elle est attachée, & qui s'appelle *Fræ-
num Lingua*, c'est à dire, *la bride de la Langue*,
qui est *le filet*. Elle reçoit ses veines des Iugulaires, & ses arteres de la Carotide. Les veines qui sont dessous la Langue, se nomment
Ranulaires & *Hypoglottides*, & les deux glandes qui sont placées tout contre, s'appellent
aussi *Ranulaires*. C'est en ces glandes, quand
elles sont dures, & tumefiées, que l'on void les
premieres marques de la ladrerie, comme on
les reconnoist en suitte par la grosseur des levres, par les boutons de la face, & par l'espaisseur de la Langue.

Elle a des nerfs pour le sens du goust, & pour
son mouuement. Car encore bien qu'elle soit

affez mobile de foy-mefme dans le difcours, il
a toutesfois efté neceffaire qu'elle euft des mufcles particuliers, pour faciliter fes mouuemens plus violens, en mafchant, en auallant,
& en crachant. Nous parlerons de ces mufcles dans la Myologie.

Remarques particulieres pour la pratique de la Medecine.

LA Langue eft fuiette aux trois genres de
maladies fimilaires, Organiques, &
communes : car elle peut fouffrir toute
forte d'intemperie, elle peut eftre trop lafche,
ou trop molle, trop dure, trop rare, trop efpaiffe, ou condenfée. Ses maladies organiques font lors qu'elle eft fi grande en longueur,
largeur, & profondeur, qu'elle ne fe peut contenir dans fes bornes, qui font les Dents. Elle
eft enflammée, quand il fe forme le *Batrachium*
fous elle, qui fe termine en abfcez, lequel
eftant ouuert, rend vne matiere morueufe,
femblable à vn blanc d'œuf, & par fois du
vray pus. S'il arriue que la Langue foit demife
ou hors de fa place, cela vient ou de l'os Hyoïde, ou de fes Mufcles, qui font ou paralytiques, ou en conuulfion.

Elle deuient auffi vlcerée, & fes vlceres font
ou fimples, appellez *Aphtha*, ou malins, qui
la pourriffent, la rongent, & la confomment.
Plufieurs Hiftoires nous font foy, que fa fubftance fe peut rengendrer, & que lors qu'elle
eft arrachée, la voix ne laiffe pas d'eftre en
quelque façon articulée. Et nous auons veu des
perfonnes fans Langue, parler affez diftincte-

ment pour se faire entendre; ce qui se faisoit peut estre à cause qu'il y restoit vne partie de la Langue dans le gosier, & que cette partie iointe auec la glotte, la luette pouuoit former la voix ainsi articulée.

Les Symptomes de la Langue, qui regardent l'action blessée, sont deux, à sçauoir de la parole, & du goust. La parole est blessée de trois façons, car ou elle est abolie, ou diminuée, ou deprauée.

L'abolition de la parole s'appelle en Grec *Anaudia*, & c'est en celle-cy, que l'on est muet. La parole est deprauée de plusieurs façós à sçauoir en la *Traulosie*, en la *Psallotie*, & en l'*Ischnophonie* : la premiere est, quand on ne peut prononcer vne certaine lettre : la seconde, quand on n'en peut proferer plusieurs, comme ceux qui parlent gras : Et l'Ischnophonie, quand on hesite en parlant, & que l'on est souuent obligé de repeter plusieurs fois vne mesme syllabe auec precipitation, comme font les Begues. Quand le filet ou la bride de la Langue est trop estroit, on appelle ce deffaut *Anchyloglossos*, comme quand il est trop lasche, *Mogilalie*.

Le goust peut pareillement estre aboly, diminué ou depraué. Il est depraué quand la Lágue est abreuuée de quelque mauuaise humeur, qui fait que la chose, qu'on gouste entrant dedans la substance de la Langue, prend la saueur de l'humeur qui s'y rencontre. Le goust est aboly, quand on ne discerne en aucune façon les saueurs des choses que l'on mange.

Le mouuement de toute la Langue est aboly en sa paralysie totale. Il est diminué, quand elle n'eſt qu'à demy paralytique, ſans que le gouſt ſoit pour lors offenſé. La paralyſie totale de la Langue eſt ordinairement ſuiuie de l'Apoplexie, quoy que *Fernel* diſe qu'il a veu ce defaut, ſans que l'autre ſoit arriué en ſuite ; mais il ne s'y faut pas fier, car il eſt tres à propos de la preuenir de tout ſon poſſible.

Quand la Langue eſt attaquée d'vne entiere Paralyſie, les malades ne parlent point du tout; & quand elle n'eſt qu'imparfaite, la parole eſt ſeulement déprauée.

Entre les ſimples indiſpoſitions de la Langue, on peut mettre ſa couleur, qui vient non ſeulement du defaut de la Langue meſme, mais auſſi fort ſouuent de la ſympathie qu'elle a auec les vlceres.

Dedans les maladies du cerueau, on obſerue ſouuent vn tremblement de la Langue, & mouuement frequent, lequel ſuiuant Hippocrate dans ſes Coaques, eſt vn ſigne de la phreneſie prochaine.

Du Larynx.

CHAPITRE XIII.

L'On nomme Larynx l'entrée, ou la teſte de l'aſpre artere, qui eſt l'inſtrument de la voix, & qui ſert de canal pour attirer, ou pour chaſſer l'air. Il eſt placé au deuant du col, le vulgaire le connoiſt ſous le nõ de *Goſſer.* Il auance, & s'eſleue beaucoup plus en deuant, aux hõmes qu'aux femmes, à cauſe qu'elles ont proche d'iceluy, deux glandes plus enflées ; ce qui rend leur col plus rond & plus eſgal, & fait que cette eminence bossuë ne paroist pas difforme, comme aux hommes.

Le Larynx est composé de cinq cartilages, dôt les deux plus grands font son corps: Le premier est le *Thyroide*; & le second le *Cricoide*, ils sont plus grands, & plus durs que les autres ; le troisiéme est dit *Arithenoide*, qui est au dessus du *Cricoide*, & sert à fermer le gosier ; le quarriéme se remarque en dedans ; on l'appelle *la Glotte*, qui est le principal instrument de la voix, quand on chante. Il se resserre, & s'eslargit auec l'Arythenoide : mais en l'inspiration (c'est à dire quand on retire l'air en dedans,) l'Arythenoide se ferme si fort auec la Glotte, qu'elle resiste au mouuement contraire des muscles de la poitrine, & du bas ventre, pour empescher l'expiration ou la sortie de l'air attiré ; pendant laquelle expiration, tous les muscles se relaschent, & les parties inferieures cessent de pousser en dehors & en haut. Il n'y a que la Glotte seule, qui agisse à former les tons differents de la voix, que l'on entend de ceux qui chantent.

Or afin qu'il ne tombe rien de solide, ny de liquide dans le Larynx, la Nature a mis au dessus vn petit couuercle, appellé *Epiglotte*, laquelle est tousiours ouuerte & esleuée, pour la respiration continuelle, à moins qu'elle ne soit abaissée & fermée, par la pesanteur des aliments solides ou liquides, quand on boit ou l'on mange.

Tout le Larynx est mobile, c'est à dire, qu'il peut monter & descendre, afin qu'on puisse aualler plus facilement auec l'assistance des muscles.

De plus, il y a deux de ces cartilages, qui ont leurs mouuements separez, à sçauoir le *Thyroide* & *l'Arithenoide* : le premier se dilate, & se resserre ; l'autre se ferme & s'ouure, car ces mouuemens sont contraires, & se font par des muscles separez, qui sortent du Cricoide cartilage immobile, lequel est placé comme le fondement des autres cartilages, & l'appuy des muscles qui forment le Larynx. Ces Muscles seront descrits en la Myologie.

Quoy que le Larynx soit fait de cartilages, ils deuiennent toutesfois si durs aux vieillards, qu'ils degenerent en os, & on a veu des personnes qui l'auoient entierement d'os; ce qui estoit cause qu'on ne les pouuoit estrangler au gibet. Et ce n'est pas seulement le Larynx qui est cartilagineux, mais aussi tout le canal de l'artere Trachée, qui estoit ainsi endurcy. Il se peut bien faire aussi que la corde fust trop grosse, & que cela empeschast qu'elle ne peust serrer assez prés, & forcer le Larynx ou le déchirer.

Remarques particulieres pour la Medecine.

LE Larynx peut receuoir toute sorte d'intemperie. Il est suiet aux inflammations, & aux tumeurs, & pour lors la parole & la respiration sont tellement empeschées, que l'on suffoque sans que rien paroisse au dehors.

Ce mal est d'vne estrange nature, & quelquefois, sans que l'on perde ny le sens ny la raison, on est estouffé en quinze ou vingt heures, si l'on n'a viste recours aux grands, & generaux remedes, apres lesquels si le malade n'est pas en

 derement soulagé, il faut faire des scarifications au col, & venir à *la Bronchotomie*, qui eſt
l'ouuerture de l'aſpre Artere. Ce dangereux
Symptome qu'Hippocrate appelle *Squinancie*,
eſt tres pernicieux. Car encore bien que les
choſes liquides penetrent & deſcendent dans
l'eſtomach, neantmoins on ne reſpire point du
tout; ce qui fait que l'on meurt en fort peu de
temps.

L'action propre du Larynx eſt la reſpiration
& la formation des tons de la voix. La priua-
tion de la voix s'appelle *Aphonie*. Elle eſt deprauée, quand on eſt enroüé, ou quand on a
la voix caſſée. Elle eſt diminuée en *l'Iſchnopho-
nie*. Pour ce qui regarde la reſpiration, elle
peut eſtre entierement abolie, ce qu'on appelle *Apnœa*, ou diminuée, quand on a difficulté de reſpirer, ce qu'on nomme *Dyſpnœa*: &
l'vn & l'autre de ces defauts arriue ou à cauſe de
l'indiſpoſition du Larynx meſme, ou des parties voiſines, ou de celles qui en ſont éloignées, principalement des Poulmons, qui
fourniſſent la matiere de la voix & de la reſpiration, le Larynx ne pouuant faire autre choſe, que d'en boucher le paſſage.

L'Epiglotte a auſſi ſes maladies, & peut eſtre
trop laſchée ou trop reſſerrée, & reſtrecie, ou
bien endurcie, & alors on a peine à aualler. Il y
en a qui auallent plus facilement les choſes ſolides, que les liquides, & c'eſt vn ſigne que
l'Epiglotte eſt extrémément dure, & ne peut
eſtre abaiſſée que par vne viande ſolide, auec
laquelle les liquides paſſent ſeulement. Quand
elle eſt trop relaſchée par vne fluxion, elle ne
ſe peut facilement releuer; & quand elle eſt

trop refferrée & trop reftrecie, elle ne couure
pas bien le cartilage Arytenoide, ce qui fait
que les miettes de pain & les viandes liquides
tombent dedans le Larynx. La nature a pourueu à cette incommodité, ayant mis aux coftez
de la Glotte, qui eft prefque toufiours fermée,
deux petites cauitez, pour receuoir les petites
portions du boire & du manger qui y peuuent
tomber, & puis les pouffer dehors en touffant.

De l'Afpre Artere, ou Artere Tra-
chée.

CHAPITRE XIV.

LE canal de l'afpre Artere eft placé au deuant du col, c'eft l'inftrument de la refpiration & de la voix, en ce qu'il porte l'air aux
Poulmons, & en rapporte les excremens fuligineux qui en fortent. La voix commence auffi
à fe former & articuler dans ce conduit.

Elle eft compofée de plufieurs cartilages fe-
micirculaires, feparez les vns des autres ; leur
cercle n'eftant pas accomply par derriere, à
caufe que l'œfophage ou le conduit qui porte
le boire & le manger, eft immediatement deffous elle.

L'Artere Trachée eft en dedans, reueftuë
d'vne membrane qui vient de celle de la bouche, qui s'eftend iufques au dedans de ce conduit & de l'œfophage.

Remarques particulieres pour la Me-
decine.

LE conduit de l'aspre Artere peut estre incommodé d'vne intemperie chaude ou
froide, accompagnée de quelque humeur qui tombe du Cerueau sur cette partie,
& c'est ce qui fait que l'on deuient enrheu-
mé.

Quand il arriue quelque playe en ce conduit,
elle se peut guerir, mesme on peut seurement y
faire incision au dessous du larynx entre deux
cartilages, quand on craint que le malade n'e-
strangle dedans la Squinancie.

On doute si l'on peut mettre ce remede en
vsage dedans le rallement où l'on estouffe, veu
qu'il semble qu'il y ait la mesme seureté, afin
que l'on puisse par ce moyen ietter dedans ce
conduit quelque liqueur douce, pour attenuer
& inciser l'humeur qui y est trop visqueuse &
grossiere, & faire cracher, s'il se peut, sans
qu'on sente en toussant aucune douleur.

De l'Oesophage.

CHAPITRE XV.

L'Oesophage est le chemin au conduit, qui
porte les viandes au Ventricule. Son commencement se nomme *Pharynx*, qui a son mouuement par le moyen de quelques muscles, afin
qu'on puisse pousser les viandes en bas, ou
aualler.

Il est fait d'vne membrane propre, charnuë,

& tiſſuë de fibres droites & circulaires. Il a vne autre membrane interne produite de celle de la bouche.

Ce conduit ſe courbe & s'incline vn peu vers le coſté droit, en paſſant par la poiſtrine, s'é-loignant de l'eſpine du dos, afin de donner paſ-ſage à la grande Artere.

En ce lieu où il ſe courbe il eſt ſouſtenu & ar-reſté des deux coſtez par deux glandes, qui in-commodent en aualant, lors qu'elles ſont en-flées & remplies d'humeurs eſtrangeres.

L'extremité inferieure de l'Oeſophage, qui ſe ioint au Ventricule, & proprement s'appelle *Eſtomach*, eſt ſouuent bouchée par des tumeurs ou œdomateuſes, ou ſchirreuſes, qui à la fin s'vlcerent & cauſent la mort.

Par fois cette extremité eſt remplie de ces pe-tits vlceres que nous auons appellez *Aphtha*, tels qu'il en vient à la langue, au palais, & aux genciues.

Tous ces accidens ſe reconnoiſſent par la diffi-culté que l'on a de faire paſſer les viandes de-dans le Ventricule : car ayant long temps de-meuré en cét endroit, on les reuomit apres.

Fin du quatrieſme Liure.

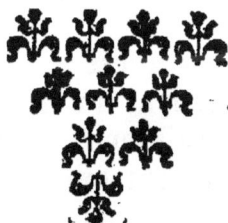

MANVEL

MANVEL ANATOMIQVE,

OV ABREGE'

DES PRINCIPALES PARTIES DE L'ANATOMIE,

& des Vſages que l'on en peut tirer
pour la connoiſſance & pour
la gueriſon des Maladies.

LIVRE CINQVIESME,

---

*Des extremitez du corps, qui ſont les
Mains & les Pieds.*

CHAPITRE I.

APRES auoir parlé de tout ce qui
appartient au tronc du corps, il
eſt maintenant neceſſaire de traiter des extremitez, deſquelles i'ay
non ſeulement deſſein de deſcrire
les Muſcles, les Veines, les Arteres, & les
Nerfs, mais auſſi les maladies qui leur arri-

Tt

uent. Ce qui ne se peut pas faire qu'apres la
dissection Anatomique de toutes les parties,
qui s'y rencontrent.

Mais auant que de commencer cét ouurage,
il faut considérer vn peu à loisir la face exterieure de ces parties, & faire voir les endroits
où l'on y ouure les veines, & où l'on applique
les cauteres.

Ces extremitez sont composées de la cuticule,
de la peau, de la membranes adipeuse, de
muscles, ou chairs musculeuses, de veines,
d'arteres, de nerfs, d'os, de cartilages, de
glandes, & toutes ces parties peuuent estre
comme ailleurs diuisées en contenantes, & en
contenuës.

Les parties contenantes, sont la cuticule, la
peau, la membrane adipeuse, & la membrane
commune des muscles. Les autres parties contenuës, sont celles qui sont enfermées par les
susdites. Ie ne diray rien de la peau ny de la
cuticule, à cause qu'elles ne sont icy en aucune
façon differentes de ce que i'en ay dit ailleurs:
Et pour ce qui regarde la membrane adipeuse,
elle s'estend en la main depuis les aisselles iusques au carpe, ou poignet : au pied, depuis les
aisnes iusques aux cheuilles.

La membrane commune des muscles sert à
contenir les muscles dedans leur situation naturelle. L'on rencontre en la cuisse vne membrane que l'on appelle *Fascialata*, ou la *Bande
large*, qui sert au lieu de cette membrane commune.

*Remarques particulieres pour la Me-
decine.*

LEs maladies vniuerselles de la peau, sont
diuerses sortes d'intemperies, simples, ou
iointes à quelque humeur. S'il y a quelque
humeur qui accompagne l'Intemperie, la peau
deuient rude, aspre, ou enflée. Les maladies
d'aspreté sont la gratelle, la galle farineuse,
qui ronge seulement l'epiderme, appellée
Psora, la vilaine galle fort espaisse & presque
continuë par tout le cuir : La Morphée, quand
la peau change de couleur naturelle, deuenant
plus blanche ou plus noire. Quand elle deuient
plus blanche, on l'appelle *Leuce*. Quand il n'y
a que des taches éparses de costé & d'autres, on
les appelle *Alphus* ou *Vitiligo*. Les Dartre, les
petites asperitez de la cuticule auec demangeaison legere, appellée *Lichen*, ou *Impetigo*.
Les grandes démangeaisons, les pustules, les
petites pustules, appellées *Phlyctena*. Les Bu-
bes ou Eurolles, appellées *Hydroa*, les Vessies,
dites *Psydracia*, les Verruës, les porreaux, les
Terminthes, qui sont pustules couuertes d'vne
bube noire, semblable à vn pois chiche, frequentes aux cuisses ; les Epinyctides mauuaises
pustules, qui ont la couleur rouge ou terne,
qui trauaillent fort de nuit ; le *Herpes miliaris*,
ou feu sauuage ; la Phthiriasie, quand les poux
s'engendrent dans la peau ; les creuasses de la
peau ; l'Ecchymose ou meurtrisseure, la petite
verole, la rougeole, le pourpre, la verole, la
ladrerie.

Les chairs peuuent aussi estre incommodées.

Tt ij

de toutes fortes de tumeurs, d'inflammation,
de Charbon, d'Eryfipele, d'Oedeme, de Scirrhe, de Cancer, de tumeur aqueufe, ou flatueufe, & generalement de tous abfcez, du Steatome, de l'Atherome, du Meliceris, d'vlceres, de playes, & de gangrene.

Il eft tres-dangereux d'auoir cette habitude du corps fi replete, qu'Hippocrate appelle *Athletique*, & dont il parle *au Liure premier de fes Aphorifmes*. Et Celfe veut, que quand vn homme eft d'vne conftitution trop graffe & replete, il doit craindre quelque maladie : mefme Hippocrate dit ailleurs, que les perfonnes graffes viuent moins que les maigres. Et ceux-là font plus frileux, qui ont l'eftomach plus chaud.

Leurs Veines & Arteres, leurs Nerfs, & les Iointures, ont auffi leurs maladies.

Les Os font fujets aux fractures, aux luxations, à eftre Cariez, à l'Exoftofe, à la feichereffe, & à d'autres femblables maladies, qui font décrites au Traité des Os.

Des extremitez d'enhaut, à fçauoir des mains.

CHAPITRE II.

LES extremitez fuperieures auffi bien que les inferieures, fe diuifent en trois principales parties ; La main fe diuifant au bras, au coude, & ce que les François appellent proprement la main : Et le pied fe diuife en la cuiffe, la jambe, & au pied proprement dit : & comme toute la main dépend de l'Omoplate, le pied dépend de l'os Ifchion, & que ces deux os n'appartiennent point aux os de l'épine, ie croy qu'il est plus à propos de rapporter l'origine des extremitez à ces lieux-là, à sçauoir, celle de la main à l'espaule, & celle du pied aux os des hanches.

Ie ne parle pas icy des Os, mais seulement de ces membres-là, suiuant qu'ils sont entiers & qu'il paroissent auant que l'on en ait coupé aucune chose.

De l'Espaule & du Bras.

L'Espaule iointe auec le bras fait vne iointure, & à l'endroit où elle se fait l'on rencontre des glandes, qui seruent d'Emonctoires à la Poitrine & au Cœur, comme les Parotides au Cerueau. On appelle l'endroit ou sont ces glandes, l'*Aisselle*.

Ces glandes sont souuent enflées, ont des abscez, deuiennent scrofuleuses, produisent mesmes vn bubon Venerien, comme il en arriue à l'aisne.

Cette iointure est suiette aux luxations, & souuent à la goutte, au rheumatisme, & autres fluxions.

La puanteur des aisselles, que l'on nomme *le Gousset*, prouient des glandes, qui sont en ce lieu-là ; Et c'est de cette odeur que parle Martial, quand il raille & dit :

Ladit te quadam mala fabula, quâ tibi fertur
    Valle sub alarum trux habitare caper.
Hunc metuunt omnes, neque mirum, nam
mala valde est
    Bestia.

Du Coude.

LA joincture du bras auec le Coudé n'est pas si suiette aux luxations, mais bien aux fluxions, qui produisent en ce lieu là plusieurs tumeurs, tres-difficiles à guerir. Et si l'on n'y prend garde de fort prés, elles alterent les Os qui rendent la ioincture vitieuse & courbée, à raison de l'Anchilose qui se fait dãs les cauités de l'article, où il s'est glissé quelque humeur, ou quelque sang caillé ; ce qui rend le Coude tout courbé. Hippocrate appelle *Galiancones*, ceux qui sont incommodez de cette sorte. Que si elle se fait à cause que le muscle est retiré, elle se guerit plus facilement, que quand elle vient d'vne humeur espaisse, & gluante, qui s'amasse & se dessleche dans les cauitez du ioinct.

La ioincture du Coude auec le carpe ou poignet, est aussi suiette à plusieurs maladies, comme à la goutte, au Rheumatisme, au Ganglion, ou Louppe, qui s'attache aux tendons des muscles, aux tumeurs pituiteuses, & autres.

De la Main extréme.

LA Main se diuise au Carpe, au Metacarpe, & aux doigts. Ces parties ont les maladies dont i'ay desia parlé : & de plus, il arriue souuent à la main la maladie du nombre, à sçauoir lors que les enfans apportent du ventre de leur mere vne sixiéme doigt, attaché ordinairement au pouce, ou au petit doigt, lequel se peut facilement couper.

Des Ongles.

LEs doigts sont finis par les Ongles, qui
sont suiets à plusieurs maladies de figure, & de grandeur, quand ils deuiennent trop espais, rudes, & inégaux, ou cour-
bes comme les ladres les ont. Ils sont aussi suiets à se fendre. Ils tombent apres les maladies, & ils se rengendrent.

La couleur des Ongles se change souuent
durant les maladies ; mais la plus grande maladie qui leur arriue, se nomme *Panarice*, &
Paronychia en Latin, auquel il s'engendre sous
l'Ongle vne humeur sereuse, fort acre, qui
cause des tourmens intolerables, l'inflammation de la main, & de tout le bras en suitte, si
l'on ne fait incision de la chair du doigt, iusques à l'Os, pour en tirer cette humeur.

La chair du bout du doigt se corrompt, & se
pourrit souuent, & quelquesfois la gangrene
ou le Sphacelisme se mettant à l'Os, il le faut
couper à la derniere iointure.

Ce que les Grecs appellent *Paronychia*, n'est
pas vn mal si grand ; ains vne petite creuasse,
qui va à la racine des Ongles, qu'on appelle
Redunia, laquelle ne s'attache pas aux tendons, & aux nerfs du doigt, comme le *Pana-
rie* des Arabes.

Les Philosophes & Medecins anciens auoient
accoustumé de deuiner sur la differente disposition des Ongles, & *Camillus Baldus* a depuis
peu escrit sur ce suiet.

Des extremitez inferieures.

CHAPITRE III.

ON diuise ordinairement les extremitez d'embas, que l'on nomme les pieds, en trois parties, qui sont la cuisse, la jambe, & l'extreme pied. L'Os des Iles est aussi mis en ce rang, & l'on peut commencer à mesurer le pied depuis cét Os. On trouue quantité de glandes à l'endroit où l'Os de la cuisse se ioint à l'Os des hanches, tant au dessus qu'au dessous, & c'est en ce lieu, que les bubons, tant de la peste, & de la verolle, que ceux qui viennent d'vne cause commune, s'engendrent. I'en ay parlé dedans *le Chapitre du Peritoine.*

Les extremitez inferieures sont suiettes aux mesmes maladies que celles d'enhaut ; ce qui fait qu'il n'est pas besoin de les reperer. Il se fait ordinairement au derriere des cuisses vn Sarcome, qui vient de ce qu'elles sont froissées pour auoir esté trop long-temps assis, ou à cheual. Fernel explique elegamment la matiere de ce mal. Il ne se fait pas de ce qu'il tombe quelque humeur sur cette partie, mais seulement de sa nourriture : car d'autant que cette partie est vlcerée en dedans, ou en dehors, ce mal, à moins qu'on y remedie, s'augmente tousiours par l'affluence continuelle des nouueaux alimens; mais il produit comme des veines & des arteres, par lesquelles il prend sa nourriture, & ainsi la peau demeurant entiere, & les chairs de dessous estans contuses, & leurs fibres rompuës, il se fait insensiblement vne

tumeur

rumeur excessiue, qui se nourrit de mesme que les autres parties, sans que l'on y ressente aucune douleur, bien qu'elle soit doüée d'vn sentiment tres-exquis, & remply de chaleur naturelle.

Il arriue dedans le ioinct de l'os de la cuisse autour de la cauité de l'Os Ischion, vne espece de goutte, que l'on appelle Sciatique, & lors que l'humeur tombe dedans la boëtte de cét Os, & qu'elle oblige la teste de l'Os de la cuisse à sortir, cette maladie est tres-difficile à guerir, & le malade en deuient à la fin boiteux.

S'il arriue que cette humeur se putrefie, & qu'elle carie les Os du ioinct, elle produit la Phtysie particuliere de cette partie, appellée pour ce suiet *Coxaria*, laquelle conduit le malade insensiblement à la mort. Quand l'humeur se iette sur le commencement de ce grand nerf, qui descend du derriere du pied, cela fait la fausse Sciatique.

Les enfleures des genoux, soit qu'elles viennēt d'vne pituite qui s'y amasse, ou par inflammation, sont tres-dangereuses, & de longue durée, elles empeschent de marcher, & durent souuent iusques à la mort, qu'elles auancent.

L'extreme pied se diuise au Tarse, au Metatarse, & aux orteils. Le premier Os du Tarse appellé *Pterna*, le talon peut estre incommodé du froid, ou d'vne fluxion qui se fait dessus; ce qui produit la mule au talon, appellé *Pernia* en Latin. Et comme le gros tendon de la iambe aboutit, & s'attache à cét Os, s'il luy arriue vne grande contusion, ou vne playe, cela cause des conuulsions, & la mort en suitte. Les orteils des pieds estans trop pressez & serrez dans

les souliers estroits, sont suiets aux cors, mal-
tres douleureux, qui ayant esté inconsideré-
ment arrachez, ont quelquefois causé la gangrene.

Tout le pied, depuis le ply de l'aine iusques
aux orteils, peut estre attaqué d'vne tumeur
dure, vilaine, & excessiuement grosse, appellée
l'E anuasi des Arabes, à cause qu'elle ressemble à vn pied d'Elephant.

Mais la iambe & le pied sont principalement
suiets aux fluxions, soit qu'elles arriuent à ceux
qui releuent de maladie, à cause que l'humeur
tombe sur ces parties, soit que cela vienne de
l'indisposititon propre, & de la Cachexie qui
s'y rencontre. Lisez sur ce suiet les Obseruations
de Dodonée Le vent, l'eau, & vne humeur
gluante & pituiteuse font la principale matiere
de ces enfleures, la derniere produit l'Oedeme.

Quelquefois les doigts des pieds excedent en
nombre, comme ceux de la main, quelquefois
aussi il est moindre qu'il ne doit estre. Il arriue
vne tres-sensible & douloureuse enfleure sous le
petit doigt du pied, appellée *Gemursa*, qui fait
gemir & pleurer le malade.

Les maladies de mauuaise conformation de
la iambe & du pied sont fort frequentes, car les
vns ont les iambes tortuës en dedans, les autres en dehors; d'autres ont les genoux ensemble, les pieds fort escartez; d'autres ont les
talons galtez, & le pied bot; d'autres ont les
pieds fort larges; d'autres les traînent par terre, ne les pouuans leuer; ce qui arriue aussi bien
aux personnes âgées qu'aux enfans.

Quelques-vns de ces deffauts arriuent aux
enfans dés la premiere conformation; à d'au-

tres depuis leur naiſſance, ſoit qu'ils ayent eſté
mal emmaillottez, ou trop preſſez quand on
les porte ſur les bras deça & delà. Quelquefois
il y a vn pied plus court, & l'autre plus long.
Ce qui fait boiter.

La puanteur des pieds eſt inſupportable, elle
vient de la chaleur & ſueur de ces parties exceſ-
ſiues; ce qui ſe doit corriger.

Les extremitez inferieures deuiennent ſouuent paralytiques, par la fluxion de quelques
humeurs, qui tombent du Meſentere ſur les
nerfs Lombaires. La fauſſe Sciatique tient
quelquesfois depuis le haut de la cuiſſe iuſques
au talon, c'eſt à dire, par tout où ſe trouue ce
gros nerf, qui ſort de l'Os ſacré. Les douleurs
des genoux ſont tres-ſenſibles, & font ſouuent
pleurer, à cauſe de la ſympathie qu'ils ont auec
les iouës, pour auoir eſté fort proches l'vn de
l'autre dedans le ventre de la mere; & Pline
veut que la vie reſide dedans les genoux. Les
fluxions qui ſe font ſur cét article d'vne humeur
pituiteuſe, ſont chroniques, durant fort long-
temps; ſont tres-dangereuſes & difficiles à
guerir, au ſentiment d'Ambroiſe Paré; & l'ex-
periéce iournaliere nous le fait voir. Les coups,
& les bleſſures, ou playes du talon, ſont mortelles, principalement quand le grand tendon
eſt meurtry ou offenſé; ce qui cauſe des frequentes conuulſions, ainſi que dit Hippocrate.

Vu ij

Des endroits où l'on applique ordinairement les Cauteres.

CHAPITRE IV.

IL faut maintenant que ie décriue les endroits où l'on met les cauteres, afin de faire couler comme par des égousts, la serosité qui flotte dans les vaisseaux en trop grande quantité, ou qui se trouue sous le cuir. Ie commenceray par la teste. On les applique souuent à l'endroit ou la suture sagittale, & la coronale se rencontrent. Ce lieu se reconnoist en mettant le bout du Carpe du malade iustement à celuy du nez entre les deux yeux; car où le bout du doigt du milieu arriue, c'est là où il faut appliquer le cautere.

Si l'on rencontre vne petite fosse au derriere de la teste, qui soit propre à le receuoir, on le peut mettre en ce lieu, sinon on le mettra de part & d'autre sur les allonges de la suture Lambdoide. On les met aussi au creux du derriere des oreilles pour les maladies des yeux, & des oreilles. Quelquefois aussi on en met proche de l'espine, vers les angles superieurs de l'Omoplate. On les peut mettre au col, vn de chaque costé, vers la trois, ou quatriéme vertebre, & au milieu du bras entre le muscle Deltoide, & le muscle à deux testes.

On en peut mettre deux ou trois, le long de la poitrine, pour les maladies du Thorax, & des Poulmons.

Pour la vraye Sciatique, quand l'humeur est au creux de la ioincture, on en peut mettre à

l'endroit où les fesses se courbent, vers le bout
des muscles fessiers, où l'on connoist que la
cuisse se remuë. On met aussi le cautere au dedans de la cuisse; deux doigts au dessus du genoüil, & au dedans de sa iambe, deux doigts
au dessous du genoüil. Quelquesfois aussi pour
destourner les fluxions qui tombent dessus les
cuisses, on les met de part & d'autre, au dessus
des Lombes vers l'espine.

Des veines qui s'ouurent ordinairement.

CHAPITRE V.

PArlons maintenant des veines de tout le
corps que l'on ouure ordinairement, & premierement de celles de la teste, qui sont celles
du front, du derriere de la teste, & celles des
tempes. La veine du front est appellée *preparee*,
à cause qu'elle est euidente, & que pour l'ouurir, il n'est pas besoin de raser le poil, comme
il faut faire pour ouurir celle du derriere de la
teste, que l'on nomme *la veine de la Poupe.*

Les Anciens ouuroient les veines qui sont
derriere les oreilles, mais maintenant cela n'est
plus en vsage. Hippocrate remarque que les
Scythes demeuroient steriles apres l'ouuerture
de ces vaisseaux, mais peut-estre entend-il les
Arteres. *Albucasis* nous enseigne la façon d'ouurir ces veines-là, *liur. 2. ch. 97.*

Cette ouuerture des veines de la teste n'est
pas inutile, à cause que celles qui sont externes
entrent par les trons du Crane, & ont communication auec les Meninges. Ie n'ignore pas
que *Fabrice d'Aquapendente* desaprouue l'ou-

Vu iij

uerture de ces veines, à caufe que le plus fouuent on ne les peut rencontrer, mais on les peut
rendre affez vifibles, fi on applique fur la tefte
quelque fomentation, & qu'apres l'auoir rafée
on la frotte, mettant au col vne mediocre ligature. La veine des tempes s'ouure auffi bien que
l'Artere, pour les longues & violentes douleurs
de tefte.

Les anciens ouuroient les veines qui font dedans le nez, comme on le reconnoift par la lecture d'Hippocrate en diuers endroits, & de
Galien, *liu. 6. des Epidem.*

Les Autheurs Grecs plus recents, comme
Paul Eginete, & Aretée, parlent de l'ouuerture
de ces veines, & ce dernier nous defcrit les inftrumens, dont on fe feruoit anciennement,
pour faire fortir abondamment le fang, qui ne
fortoit que goutte à goutte. Que fi l'opinion de
Fernel eft veritable, & que ce fang vienne des
veines de la face, qui arroufent le dedans des
narines, la tefte ne peut pas eftre foulagée, &
defchargée de fa trop grande quantité de fang
par ce moyen, dautant qu'il faudroit pluftoft
faire cette ouuerture des veines proche de l'Os
Ethmoïde, afin d'ouurir le conduit Longitudinal, qui aboutit en ce lieu-là; & pour en venir à
bout, il faudroit, à mon aduis, long-temps
fomenter ces parties d'eau tiede deuant de fe
feruir des inftrumens dont parle Aretée.

La façon dont fe fert *Albucafis* peut bien eftre
receuë, mais elle ne va pas iufques au haut du
nez, & à l'Os Ethmoïde.

On ouure auffi fouuent, & auec grand fuccez
les veines Ranulaires, ou qui font fous la langue, à ceux qui font incommodez des mala-

dies de la gorge, & de la teste. Ie n'ay veu
qu'Aurelianus, qui desaprouue cette ouuerture,
liu. 1. des maladies aiguës, ch. 2. refutant Diocles
qui la souftient. Il apporte pour raison, qu'elle
remplit trop la teste, & qu'on ne peut arrester
le fang, quand on les a ouuertes.

Il est bien vray que l'on en a veu quelques-
vns, aufquels le fang est forty auec telle abondance, que l'on ne le pouuoit arrester, ainfi
qu'il est arriué au Pere Ioseph le Clerc Capu-
cin Polytique, & intime du Cardinal de Riche-
lieu, comme ie l'ay fceu du fieur Pimpernele,
tres-habile Chirurgien de Paris, qui luy fit
cette operation.

On ouure au col la Iugulaire externe, &
Tralian dit *au liu. 4. chap. 1.* qu'il l'a ouuert
pour la Squinanfie auec vn heureux fuccez.
Soranus Ephefius, en fon Ifagoge *chap. 21.*
louë fort l'ouuerture de cette veine, *Actuarius*
en fait grand eftat pour les maladies dangereufes de la teste. *Cefalpinus liu. 2. des que-
ftions chap. 22.* veut que l'on l'ouure toufiours
pour la Squinanfie, par ce que ce mal vient
plutoft de ce que les veines Iugulaires font
trop pleines, que de ce que l'orifice du Larynx foit trop fermé & bouché.

*Profper Alpinus, liu. 1. des Medicamens des
Ægiptiens, chap. 9.* dit que ce remede eft ordinaire en Egypte, & *Iaiques Carpus* nous enfeigne *en fon Ifagoge Anat.* le moyen de le
pratiquer. Il faut lire pour ce fuiet le liure que
Paul le Grand a efcrit en Italien *de la faignée,
Rondelet en fa Methode, Mercatus chap. 13. de
la Meth. & Albucafis liu. 2. chap. 97.*

Rondelet nous defcrit, *liu. 1. de fa Meth.*

chap. 37. vne veine au dos, qu'il dit eſtre à la premiere vertebre du dos, & que l'on void eſleuée au haut des vertebres de toute l'eſpine, décendant tout le long du dos iuſques à l'Os ſacré. Il y a bien de l'apparence qu'elle ſort du cerueau, & tombe le long de la moëlle de l'eſpine. Il veut que pour les conuulſions & le mal caduc, l'on ouure cette veine, ou ſi elle ne paroiſt pas, on mette des ventouſes auec ſcarifications aux lieux où elle a couſtume de paroiſtre.

Mercatus, *liu.* 1. *de la Pratique chap.* 19. dit, que ce remede eſt tres-propre pour guerir les conuulſions; & Hippocrate au liure de la Veuë commande de bruler, & de picquer les veines du dos. *Alexandre Benedictus liu.* 1. *de la gueriſon des maladies chap.* 5. parle auſſi de ce remede, & *Gattinaria* conſeille de l'ouurir, pour arreſter les grandes hemorrhagies du nez, *au comm. ſur le* 9. *de Rhaſis.*

On ouure trois ſortes de veines aux bras. *La Cephalique* qui n'eſt accompagnée ny d'artere, ny de nerf, & pour ce ſuiet, on la peut ouurir auec ſeureté, *la Mediane*, & *la Baſilique.* Mais il faut bien prendre garde, en ouurant cette derniere, à l'artere qui en eſt proche, & au tendon du muſcle à deux teſtes qui eſt deſſous. Il peut auſſi y auoir du danger à ouurir la Mediane.

Au bout de la main, entre le petit doigt, & l'Annulaire, on ouure vne petite veine que l'on nomme *la Saluatelle.* Quelques-vns croyent que c'eſt ſuperſtition de faire ouuerture de cette veine, mais Hippocrate a ſouuent fait ouurir les veines de la main, & pluſieurs habiles

Medecins ont souuēt pratiqué ce remede, principalement aux maladies longues, comme en la fiévre quarte, choisissant le temps de la conionction du Soleil auec la Lune. Ce que i'ay veu tres-heureusement reüssir dans les fiévres quartes inueterées, apres auoir pratiqué sans fruict plusieurs autres remedes.

Nous n'ouurons point en ces quartiers les veines qui sont au bas de la cuisse, au dessous du genoüil, quoy que *Lazarus Sotus liur. 1. de ses animadu. Chap. 4. §. 61.* remarque qu'on les ouure souuent en Portugal, pour empescher que la goutte ne se iette sur les pieds, & pour desemplir les varices.

Les Anciens le pratiquoient ainsi au rapport *d'Aëtius, sermon 12. chap. 14. Platerus* dit, que ce remede est tres-vtile pour diminuer les varices; ce qui se peut confirmer par Galien, *au liu. 2. de la Methode à Glaucon.*

On ouure au pied *la Saphene,* qui paroist au dessus de la cheuille interne, ou sa continuation qui est au Tarse.

Quelquesfois aussi on ouure la veine appellée *sciatique,* qui est à la cheuille externe, mais on ne la doit point ouurir, qu'auec grande circonspection, à cause de l'Arrere du nerf, & des tendons, qui en sont fort proches.

Les Anciens ouuroient fort souuent la veine du ply du genoüil, mais cela ne se fait point maintenant, quoy qu'elle apporteroit autant de soulagement que celle du bras.

On pourroit toutesfois l'ouurir facilement, en mettant toute la iambe dedans vn tonneau remply d'eau chaude, & en frottant souuent cette partie, comme l'on fait en la saignée du pied. On pourroit mesme faire vne double ligature au dessus, & au dessous du genoüil.

On trouue cette veine au dessous du ply du iarret, vers le commencement des muscles iumeaux, on la peut facilement ouurir, & vne femme estant au lict, peut aussi commodément tendre sa iambe comme le bras, ayant auparauant couuert les lieux que la bien seance oblige de cacher.

Encores que la veine Sciatique, & la Saphene soient des branches de la veine Crurale; neantmoins d'autant que la Sciatique respond à la basilique du bras, comme la Saphene à la Cephalique, il est certain, que le sang vient en plus droite ligne de la Sciatique, que de la Saphene. Mais Galien, *liu.* 10 *1. lon les lieux ch. 2* nous conseille d'ouurir la Saphene, quand la Sciatique ne paroist pas; & lors qu'elle ne paroist pas en la cheuille externe, il faudra ouurir son rameau qui est au Tarse, ou bien au dessus de la cheuille, à l'endroit où elle paroist mieux. Il se peut faire qu'on la rende plus visible auec la ligature descrite par l'Autheur de l'Anatomie des viuans; en mettant vne bande longue & large depuis le haut de la cuisse, iusques à la cheuille du pied.

Des Arteres que l'on ouure ordinairement.

CHAPITRE. VI.

OVtre l'ouuerture que les Anciens faisoient des veines, ils ouuroient aussi les Arteres. Neantmoins *Horace Augenius* defend *au liure*

de la Saignée, chap 9. de le faire : & dit qu'il
n'en a iamais veu qui se repriʃʃent bien. Et *Au-*
relianus, liu. 1. *des* maladies *chroniques, chap.*
5. est de son sentiment Galien toutesfois *au*
liure de la Saignée, fait grand estar de l'ouuerture des Arteres, pour remedier aux grandes,
& inueterées douleurs de teʃte.

Heurnius souhaitoit qu'on puʃt ouurir auec
seureté les Arteres en quelque lieu du corps aux
fiévres continuës, à cauʃe qu'vne palette de
ʃang qui en ʃortiroit, rafraiʃchiroit plus que
dix de celuy qui ʃort des veines. Et au Commentaire de l'Aph. 23. *du liu* 1. pour la fiévre
de Hongrie, il dit qu'il euʃt ʃerui beaucoup
dans le temps meʃme qu'il ʃortoit du nez vn
ʃang fort vermeil, ʃi on euʃt oʃé tirer vn peu
de ʃang des Arteres. Mais qui voudroit hazarder cette operation? dit-il. Les plus doctes peuuent examiner cette affaire.

Pour moy, ie puis bien aʃʃeurer qu'à Paris,
on ouure ʃouuent auec grand ʃuccez les Arteres du front, & des tempes au deuant, & au
derriere des oreilles, & qu'on en void grand
ʃoulagement, pour les douleurs de teʃte inueterées, & les plus aiguës, pour la Phreneʃie,
pour les grandes inflammations, & les douleurs violentes qui arriuent aux yeux, & aux
oreilles.

Thadæus Dunus rapporte, *au chap.* 12. *de*
ʃes queʃtions meʃlées, ce grand ʃecours que l'on
peut tirer de l'ouuerture de l'Artere des tempes. *Lazarus Setus,* dit au lieu que nous auons
cité cy-deʃʃus, que dedans le Portugal on
ouure tres-vtilement les Arteres qui ʃont derriere les oreilles.

Loüys Mercatus Espagnol, n'ose pas conseiller cette Arteriotomie, crainte que l'on n'en deuienne sterile, mais l'experience iournaliere nous exempte bien de cette crainte.

On ouure aussi l'Artere qui est au derriere de la teste, apres auoir rasé cette partie, l'auoir souuent arrousée d'eau tiede, & frottée auec l'esponge, ou la main. Elle s'ouure de la mesme sorte que l'Artere des tempes. Et ie ne croy point qu'il faille s'arrester à la façon que proposent Paul Eginete, *Aëtius*, & *Albucasis*, qui coûpoient la peau auant que d'ouurir l'Artere.

Galien, *au liure de la Saignée*, dit, qu'il fit faire ouuerture de l'Artere qui est entre le poulce, & le doigt *indice*, pour vne inflammation de foye. *Prosper Alpinus* dit, *au liu. 3. de la Medecine d'Egypte*, *chap.* 12. que cela se fait souuent en Egypte, & *Septalius* asseure, *au liu. 6. des animad. article* 122 que l'on peut ouurir seurement les Arteres des doigts, pour remedier aux palpitations de cœur. Ce que l'on peut faire aussi au Tarse ou Metatarse du pied, suiuant le conseil de Galien, *liu. 3. de l'Administration Anatomique*, *chap. dernier.*

C'est vn crime d'ouurir les Arteres en d'autres endroits, si ce n'est qu'il y ait vn Os immediatement au dessous, afin que l'on puisse resserrer la partie, & que l'Artere se puisse refermer.

C'est pourquoy, s'il arriue qu'en vn corps maigre, elle ait esté inopinément ouuerte au bras, elle se peut refermer, si de bonne heure on serre fort la partie, & que l'on fasse le bandage de sorte, qu'il n'en puisse pas arriuer vn aneurisme.

Auant que d'ouurit les Arteres de la teste, pour destourner les fluxions qui s'y font, il ne sera pas inutile de faire l'experience que rapporte *Alexander Benedictus*. Il veut que l'on rase premierement la teste, & que depuis les sourcils, iusques au sommet de la teste, on applique les medicamens, qui desseichent les Epiphores des yeux. Que si par ce moyen les yeux deuiennent plus secs, c'est vn signe que l'humeur qui leur arriue passe par les veines qui sont dessous la peau. S'ils n'en sont pas moins humides apres l'vsage de ce remede, c'est que l'humeur vient par dessous l'Os.

Or les Cataplasmes que l'on fait pour arrester les fluxions, sont composez de la fleur de farine, de manne, d'encens, de blanc d'œuf, de Chalcanthum, & d'Alum de roche, le tout meslé ensemble en forme de Cataplasme.

Des Muscles, & premierement des Frontaux.

CHAPITRE VII.

AYant dessein de descrire tous les Muscles du corps, ie commenceray par ceux du Front, lesquels ie croy plustott estre destinez au mouuement des sourcils, qu'à celuy du Front.

Leur origine vient du haut du Front, & apres s'estre estendus tout le long du Front, ils aboutissent aux sourcils, afin de les pouuoir tirer en haut. Ils ont vne separation remarquable vers le milieu du Front au dessus du nez. Et d'autant que nous pouuons abbaisser & froncer les sourcils, selon que nous le souhaittons, la Nature a voulu que chacun d'eux eust son Muscle, & ie n'en trouue point là d'autres, que le Muscle Orbiculaire de chacune des paupieres, d'autant que les sourcils ne s'abaissent point, sans que les paupieres soient entierement fermées, & bien serrées.

Des Muscles Occipitaux, ou du derriere de la Teste.

CHAPITRE VIII.

ON trouue au derriere de la Teste deux muscles, ou plustost membranes charnuës, qui seruent à retirer en arriere la peau du front, & de toute la Teste, aux personnes qui l'ont mobile.

Ces deux Muscles aussi bien que ceux du front, font portions du muscle large, décrit par Syluius, qui le compare tres-bien aux cappelines, que l'on met pour aller à cheual, y estant entierement semblable, quand on en oste autant que le chapeau couure. Ce qui fait qu'il entoure le Col, la face, les parties de deuant, & les costez de la teste.

Des Muscles des Paupieres.

CHAPITRE IX.

LEs deux Paupieres font leurs mouuements par quatre Muscles, trois desquels font Orbiculaires; le quatriéme est droit, dedié à la Paupiere superieure. Il sort

du fond de la cauité de l'œil, & s'estendant sur
le Muscle qui leue l'œil, s'attache à la Paupiere.

Le premier des Obiculaires est appellé *Cy-*
léaire, à cause qu'il enuironne entierement les
deux cils des Paupieres ; l'autre est couché sous
les Paupieres, naissant de la circonference de
l'orbite. Le troisiéme Orbiculaire est de la
largeur d'vn doig, enuirónant la face exterieure de l'orbite. Il est au dessous des deux Paupieres, & arriuant aux sourcils, il presse fortement
l'vne & l'autre Paupiere. Il releue celle d'embas, & abaisse le sourcil.

Des Muscles des Yeux.

CHAPITRE X.

LEs Muscles des Yeux sont six, quatre
droits, & deux obliques, qui prennent
leurs nós des endroits où ils sót placez,
& des differentes actiós qu'ils font: Le premier
des droits est le superieur, tire l'œil en haut;
Le second est inferieur, & tire l'œil embas: Les
deux autres sont lateraux, desquels celuy qui est
au grand coin de l'œil, est appellé le *Lecteur,*
l'autre placé au petit coin, se nomme *Indigna-*
teur.

Tous ces Muscles naissent de la cauité de l'orbite, & s'inserent par vne lougue & forte aponeurose à la Tunique cornée, dessous la conionctiue.

Il est necessaire que ces Muscles soient opposez les vns aux autres, pour la facilité du mouuement de l'œil; car cette opposition estant dé-

prauée, l'œil se tourne d'vn costé ou d'autre.

La Nature a aussi fait exprés deux Muscles obliques, pour retirer l'œil vers le grand coin, & pour arrester le mouuement qu'il fait, quand on lit long-temps, ou qu'on regarde fixement vne chose. On les appelle obliques, à cause qu'ils font le mouuement oblique de l'œil, bien que toutesfois il n'y en ait point de tel, ces Muscles ne pouuans pas faire de mouuement oblique, à raison de leur origine & insertion; qui pour vn tel effet, deuroient estre contraires & opposées l'vne à l'autre.

Le grand Muscle oblique ou Trocleateur, contient en soy vn artifice admirable, qui se treuue dans l'homme, & que Rondelet a remarqué en quelques Poissons plus grands; car naissant de la partie interne de l'orbite, il produit vn tendó fort menu, lequel passant au trauers du cartilage transuersal, proche & au dessous de la grande lachrymale attachée à l'os, se dilate en suitte, & s'estend dessus l'œil.

Le petit oblique naissant proche du grand coin de l'œil, & sortant exterieurement de l'orbite, enuironne de trauers le globe de l'œil, pour paruenir au tendon du grand oblique afin que les aponeuroses de ces deux Muscles obliques s'vnissent ensemble, pour retirer & arrester fixement l'œil tourné vers le Nez, afin que quand les deux yeux regardent ensemble, ils puissent tirer vne ligne pyramidale sur l'objet qu'ils regardent.

Des Muscles de l'Oreille externe.

CHAPITRE XI.

CEs Muscles sont ou communs ou propres, lesquels sont rarement vn mouuement, à cause que l'Oreille ne se remuë gueres. C'est pourquoy ils sont plutost les marques des Muscles, que de vrays Muscles, tels qu'on rencontre aux Oreilles des bestes brutes.

Or les Muscles communs sont faits d'vne partie du Muscle frontal, qui arriue iusques à l'Oreille, d'vne partie du Muscle qui est sous la peau, & d'vne partie du Muscle Occipital, qui aboutit derriere l'Oreille. Il n'y a qu'vn Muscle propre, qui est caché sous le ligament de l'Oreille. Il naist de l'Apophyse mammillaire, & s'insere à la racine de l'Oreille.

Les nouueaux Anatomistes donnent deux Muscles à l'Oreille interne, dont l'vn est externe dans le Meate, ou conduit auditoire, lequel sert à retirer la membrane : l'autre est dedans la coquille, attaché au marteau.

Le Muscle de l'Oreille interne paroist bien mieux aux bestes qu'aux hommes.

Des Muscles du Nez.

CHAPITRE XII.

CEs Muscles sont ou propres, ou communs. Il n'y en a qu'vn qui soit commun, & n'est autre chose que la partie superieure du Muscle orbiculaire, qui enuironne les levres, laquelle

Xx

portion fert à abaiffer le Nez, quand la levre d'enhaut s'abaiffe.

Les narines font redreffées par deux Mufcles, y en ayant vn de chaque cofté, qui fortant d'entre les cils, fe coule le long de l'os des narines, & finit au bout des aifles du Nez. Leur mouuement fe reconnoift quand le Nez fe reftrecit, & fe fronce. En ceux qui ont de grands Nez, on treuue deux autres petits Mufcles, couchez au bout des cartilages du Nez, qui font eflargir les narines, fans qu'elles fe releuent.

Il y a auffi au dedans des narines, vn autre petit Mufcle membraneux, qui eft caché fous la peau, dont le dedans du Nez eft reueftu. Il eft fortement attaché aux parties du dedans, iufques aux aifles. On veut qu'il refferre les narines.

Des Mufcles des Levres.

CHAPITRE XIII.

CHacune des deux Levres a fes Mufcles propres, outre les deux Mufcles, qui font communs à toutes les deux Levres. La levre fuperieure eft releuée en haut par vn Mufcle, qui fortant du creux de la mafchoire, au deffous de l'os des iöües, defcend obliquement à la Levre d'enhaut. Elle eft abaiffée par le Mufcle qui fort du milieu de la mafchoire inferieure, & qui s'infere à la mefme Levre fuperieure. La levre d'embas eft tirée en haut par vn Mufcle, qui fortant du bas de l'os des iöües, s'infere lateralement à la levre d'embas. Elle

s'abaisse par vn Muscle qui sort du menton, &
se iette au milieu de la Levre.

Les Muscles communs sont latereaux, & tirét
la levre de costé & d'autre. Le premier est le *Zy-*
gomatique, qui est long & gresle, & naissant de
l'os Zygoma, il va iustement s'inserer au coin,
où les deux levres s'vnissent ensemble. L'autre
commun s'appelle ordinairement *Buccinateur*,
mais il vaut mieux le nommer le Boucon, à
cause qu'il fait enfler les iouës, quand on mange, & qu'il pousse la viande de costé & d'autre.
Sortant du haut des Genciues, ou des os qui
sont en cét endroit vers les dernieres Dents
mascheliercs, il aboutit aux deux levres.

Il est lasche, afin de pouuoir pousser & chasser
ce qui entre en la bouche, comme font les muscles du bas ventre, & afin qu'on puisse ouurir
amplement la bouche.

On peut y adiouster le Muscle orbiculaire des
levres, qui fait leur propre substance, & sert à
serrer la bouche, & ouurir, ou retirer en dedans,
ou enfler les levres. On le peut nommer le
Sphincter ou *Portier* de la bouche.

Des Muscles de la Maschoire inferieure,

CHAPITRE XIV.

Il y en a six de chaque costé. Le premier est
le Muscle *Temporal* ou *Crotaphite*, qui est
tres-fort, & sert à releuer la Maschoire. Il naist
de toute la cauité des Tempes, & se portant par
dessous le Zygoma, il se termine par vn tendon
tres-fort & nerueux à l'Apophyse Coronoïde
de l'os de la Maschoire d'embas.

Le second eſt le *Pterigoidien interne*, qui ayde
le premier en ſon action. Il ſort de la cauité de
l'Apophyſe Pterigoide, & s'inſere à l'angle de
la Maſchoire d'embas. Galien le nomme le
Maſſeter interne.

La Maſchoire eſt tirée embas par le Digaſtrique, & par le Muſcle large. Le Muſcle Digaſtrique eſt nerueux en ſon milieu, & charnu
en ſes extremitez. Naiſſant de l'Apophyſe Styloïde, il ſe recourbe en ſon milieu autour du
Styloceratoïde, s'inſerant au menton vers l'endroit où la Maſchoire ſe fleſchit.

Le Muſcle large ſortant du haut du Sternon,
de la clauicule, & de l'acromion, s'attache fortement à la baſe de la Maſchoire d'embas, enuironnant tout le col & la face; & à cauſe de
cette forte attache, l'on dit qu'il retire la Maſchoire embas.

La Maſchoire eſt pouſſée en deuant par le
Pterygoidien exterieur, qui pouſſe vn peu en
deuant la Maſchoire, lors qu'il s'eſſle; ce qui arriue lors que le dents de cette Maſchoire infé-
rieure deuancent celles d'enhaut, à ſçauoir
quand on tire la Maſchoire en deuant.

L'autre Muſcle appellé *Maſeter*, qui a deux
teſtes en ſon commencement, fait tourner & releue la Maſchoire. L'vne de ſes teſtes ſort du
Zygoma, & l'autre vn peu au deſſous. Ils ont
tous deux des fibres qui s'entrecoupent, & aboutiſſent à l'angle de la maſchoire d'embas. On
les peut facilement ſeparer en deux.

Des Muscles de l'Os Hyoïde.

CHAPITRE XV.

L'Os Hyoïde ayant esté mis dans le Col, pour soustenir la langue, & le larynx, a eu besoin de Muscles, outre les ligaméts qui le tiennent suspendu, afin qu'il se peust mouuoir auec la langue & le larynx. C'est pourquoy les Muscles sont communs à la langue & au larynx, & sont au nombre de dix, cinq de chaque costé, car i'y adiouste celuy que l'on apelle ordinairement *Mylogloße*, mis au rang des Muscles de la langue ; & que i'appelle *Mylohyoïdien*, à cause qu'il ne touche point la langue du tout.

L'os Hyoïde est donc leué enhaut par le *Geniohyoïdien*, qui sortant du dedans du menton, aboutit à la base de l'os Hyoïde. Il est aydé par le *Mylohyoïdien*, qui naist du dedans de la Maschoire, où les dents maschelieres sont attachées, & finit à la base de l'os Hyoïde.

Il est tiré embas par le *Sternohyoïdien*, qui sortant du haut du Sternon, se couche sur l'aspre Artere, & finit à la base de l'os Hoyïde. Le *Stylocerasoïdien* naist de l'Apophyse Styloïde, & s'insere aux cornes de l'os Hyoïde.

L'autre appellé *Coracohyoïdien* sort non pas de l'Apophyse Coracoïde, mais bien de la coste superieure de l'Omoplate, proche de l'angle superieur; il est charnu en son milieu, de mesme que le Digastrique, il s'insere és costez de l'os Hyoïde, qu'il tire embas & à costé.

Des Muscles de la Langue.

CHAPITRE XVI.

LA Langue est tirée en dehors, par le *Genioa gloffe*, qui fort du dedans du menton, & s'infere à la racine de la langue. Elle est retirée en dedans par le *Bafigloffe*, qui fortant de la bafe de l'os Hyoïde, finit à la racine de la Langue. Elle est tirée vers les coftez par le *Stylogloffe*, qui fort de l'Apophyfe Styloïde, & aboutit enuiron vers le milieu de la Langue.

Des Muscles du Larynx.

CHAPITRE XVII.

TOut le corps du Larynx qui est compofé de cinq cartilages, fe peut mouuoir vers le haut ou vers le bas. Il est tiré en haut par le mufcle Hyothyroidien, qui fortant de la bafe de l'os Hyoide, s'infere à la partie anterieure du milieu du cartilage Thyroide. Il est tiré embas par le Bronchique, qui fort de la partie interne du Sternon, & fe couchant fur les cartilages de l'Artere Trachée, monte iufques à la bafe du cartilage Thyroide.

Il n'y a que deux cartilages du Larynx, qui foient mobiles, *le Tyroide*, & l'*Arytenoide*, qui ont des petits mufcles pour ce mouuement ; ils naiffent du cartilage Cricoïde immobile.

Le Thyroide est donc dilaté par le Cricothyroidien anterieur, fortant de la partie anterieure & externe du Cricoide, il aboutit aux co-

ftez internes du Thyroide. Ce cartilage est ref-
ferré par le Cricothyroidien, qui naist du cofté du Crycoide, & se iette au côfté anterieur
du Thyroide. Le cartilage Arytenoide est ouuert par le muscle Thyroaritenoidien, qui sort
du dedans, & du deuant du Thyroide, & finit
au cofté de l'Arythenoide, ou pluftoft naist du
Crycoide & Thyroide, à cause qu'il est entre
les deux. Il est fermé par vn seul muscle, qu'on
appelle *Arythenoidien*, à cause qu'il l'enuironne & le ferme, comme vn Sphynêter ; fa bafe
ferre auffi la glotte, afin d'aider à former la
voix.

L'Epiglotte n'a point en l'homme de muscle
qui la releue ou qui l'abaisse, comme on en
trouue dedans les beftes brutes.

Des Muscles du Pharynx.

CHAPITRE XVIII.

LE Pharynx, qui est le commencement
de l'Oefophage, a sept muscles, dont
il y en a trois, qui sont accouplez, &
vn qui est seul, que l'on appelle *Oefophagien*.

Le premier se nomme *Sphenopharyngien*, &
fortant d'vne petite pointe de l'os Sphenoide,
qui est proche de l'Apophyfe Styloide, & se
baiffant, finit aux coftez du gofier, afin de
tirer le Pharynx en háut.

Le second est le *Cephalopharyngien*, il sort de
l'endroit où la tefte est iointe au col, & descendant vers le Pharynx, il s'eftend, & femble
former la membrane du Pharynx.

Le troifiéme est le *Stylopharyngien*, qui sort

de l'Apophyse Styloide, & s'insere au costé du
Pharynx, pour le pouuoir dilater.

L'Œsophagien sert à resserrer le Pharynx, il
sort de l'vn des costez du cartilage Thyroide, &
apres auoir entouré tout l'Oesophage, s'insere
à l'autre costé du Thyroide. Ou bien estant exterieurement attaché aux deux costez du Thyroide, il resserre le commencement de l'Oesophage, comme vn muscle Sphincter.

Des Muscles de la Luette, ou de l'Vuule.

CHAPITRE XIX.

LA Luette a deux muscles de chaque costé. Le premier est le *Peristaphylin externe*, qui sort de la maschoire d'enhaut
du dessous de la derniere des grosses dents, &
finit par vn tendon gresle, qui passe par la fente
grauée au haut de l'Apophyse Pterygoide, &
retournant de là comme par dessus vne poulie,
s'insere aux costez de l'Vuule. L'autre est le
Peristaphylin interne, qui sortant du bas de
l'aisle interieure de l'Apophyse Pterigoide, où
il a vn petit cartilage mobile dedié à son origine, monte le long de l'aisle interieure de l'A-
pophyse Pterygoide, & se termine à la Luette.

Des Muscles de la Teste.

CHAPITRE XX.

LEs muscles de la Teste sont communs, ou
propres. Les communs sont ceux qui remuent

muent la teste, & le col ensemble, comme sont les muscles du col. Les propres sont ceux qui remuent la teste, sans que le col se remuë.

Les Propres sont au nombre de quatorze, sept de chaque costé, dont il y en a six en derriere, & vn seul en deuant, que l'on nomme *Mastoidien*, qui fait baisser la teste. Il naist du haut du Sternon, & du milieu des clauicules, & s'insere obliquement a l'Apophyse Mastoide.

Il se trouue aussi quelquesfois au deuant du col vn autre muscle proche du muscle long, qui sert à baisser la teste auec le Mastoidien. Ie l'ay souuentesfois rencontré & monstré, & d'autresfois ie ne l'ay point trouué.

La teste est releuée par six muscles, deux gráds, & quatre petits. Le premier est le *Splenius*, qui naist des cinq vertebres superieures du dos, & des quatre inferieures du col, & s'insere à l'os occipital. Le second, qui ayde le premier, s'appelle *le Complexus*. Il naist des Apophyses trásuerses des mesmes vertebres, & s'insere au mesme lieu de la teste. Les petits muscles sót partie droits, partie obliques, des deux les vns sont plus grands, & les autres plus petits. Les grands droits viennent de l'espine de la deuxiésme vertebre, & s'inserent au derriere de la teste. Sous ces gráds il y en a deux petits, qui naissent de la partie posterieure de la premiere vertebre, & finissét aussi à l'os occipital. Les grands obliques naissent de l'espine de la seconde vertebre, & se rendent à l'Apophyse transuerse de la premiere. Les petits obliques sortent du mesme lieu, & se vont inserer au derriere de la teste.

Y y

Des Muscles du Col.

CHAPITRE XXI.

LE Col a huit muscles, quatre de chaque costé, placez au deuaut & au derriere. Il est fleschy par le long & par la Scalene. Le long, qui est placé sous l'Oesophage, sort du corps de la troisiéme vertebre du dos, & en montant s'attache aux costez de tous les corps des vertebres du Col, & finit à la partie anterieure de la premiere vertebre. Le Scalene naist de la premiere coste de la Poitrine, & par des fibres obliques s'insere au dedans de toutes les Apophyses transuerses du Col ; c'est au trauers de ce muscle que passent les vaisseaux, qui se distribuent dans tout le bras.

Le Col est estendu & releué par deux muscles. Le premier est l'Espineux, qui naissant des racines des sept vertebres superieures du Thorax, & des cinq du Col, s'insere à l'espine de la seconde vertebre du Col. Le second est le Transuersal qui sortant des Apophyses transuerses des six vertebres d'enhaut du dos, s'attache à toutes les Apophyses transuerses de celles du Col.

Des Muscles de l'Omoplate.

CHAPITRE XXII.

CEs muscles sont au nombre de quatre. Elle est releuée par le Releueur propre, qui sortant des Apophyses transuerses de la seconde

troisiéme, & quatriéme vertebre superieures
du Col, s'insere à l'angle superieur de l'Omoplate. Le second de ces muscles est appellé *Trapese*. Il naist de l'os occipital, de la pointe de
l'espine des cinq vertebres du Col, & des huit
ou neuf vertebres superieures du Thorax, &
s'insere à la base & à l'espine de l'Omoplate,
iusques à l'Acromion. Ce muscle fait diuers
mouuemens, suiuant la diuersité de ses origines, & de la direction de ses fibres.

L'espaule est tirée en deuant par vn seul muscle, que l'on appelle le *Petit dentelé*, qui naist
des quatre costes superieures, & finit à l'Apophyse Caracoide.

Elle est tirée en derriere par le Rhomboide,
qui naist des trois espines des vertebres inferieures du Col, & des trois vertebres superieures
du Thorax, s'insere à la base de l'Omoplate.

Encore que l'Omoplate retourne naturellement en sa place, à raison de sa pesanteur, si est-
ce qu'vne portion du muscle tres-large, lequel
s'estend iusques au bras, s'attache en passant à
l'angle inferieur de l'Omoplate & pour ce sujet
on croid, qu'il la tire embas.

Des Muscles du Bras.

CHAPITRE XXIII.

LEs Muscles du Bras, sont neuf. Le Deltoide, & le surespineux, le leuent en
haut. Le premier sortant du milieu de la
clauicule, de l'Acromion, & de toute l'espine
de l'Omoplate, descend iusques au milieu du
bras, où il s'insere. Lautre estant enfoncé de-

dans cette cauité de l'Omoplate, qui est au dessus de son espine, se porte par dessous l'Acromion iusques au col de l'os du bras, où il est
inseré.

Le tres-large & le grand Rond tirent le bras
embas : Le premier naissant des espines de l'Os
sacré, de celles des Lombes, & de neuf de celles
du dos, se vient inserer à l'os du bras, vn peu au
dessous de sa teste : Lautre sortant de toute la
coste inferieure de l'Omoplate, aboutit vers le
milieu du bras, aydant le premier en son actiõ.
Le bras est tiré en deuant par les muscles Pectoral, & par le Coracoidien. Le premier naist
de la septiesme, sixiesme & cinquiéme costes
vrayes, du Sternon, & de plus de la moitié de
la clauicule.

Il s'insere par vn tendon fort pointu vers le
milieu du bras, entre le Deltoide, & le muscle à
deux testes. Le Coracoidien sort de l'Apophyse
Coracoide, & finit vers le milieu du bras. Il sert
proprement à porter le bras vers l'espaule qui
luy est opposée.

Le bras est porté & retiré en arriere par trois
muscles : le Sousèespineux, le Petit rond, & l'Enfoncé, ou Souscapulaire. Le Sous-espineux passe
entre le Petit rond, & l'espine, & finit au col de
l'os du bras, qu'ils enueloppe. Le Petit rond
prend son origne du Sinus, qui est sous la coste
inferieure de l'Omoplate, & finit au col de l'os
du bras. Le Souscapulaire occupant la partie
caue & interne de l'Omoplate, se iette aussi au
col du bras. Ces trois muscles derniers agissant
ensemble font vn mouuement demy circulaire,
que les Grecs appellẽt *Diplasiasmos* à cause qu'il
paroist double ; c'est lors que le bras se porte

auec viſteſſe de bas en haut, & à meſme temps
en arriere.

Des Muſcles du Coude.

CHAPITRE XXIV.

LEs Coude a deux os, qui eſtans ioints par
differe, tes articulations, gouuernent auſſi
des differens mouuemens.

Le Coude ſert à fleſchir & eſtendre, & le rayõ
ſert à baiſſer, & à renuerſer; ce qui fait que cha-
cún d'eux a ſes muſcles particuliers.

Le Coude ſe fleſchit par deux, muſcles placez
en la partie interne du bras, dont l'vn eſt le Biceps, ou le Muſcle à deux teſtes; & l'autre le
Brachial interne.

Le Biceps ſuiuant ſes deux teſtes a deux origines, l'vne ſortant du bord de la cauité glenoïde, ſe porte le long de la fente du bras; &
l'autre de l'Apophyſe Coracoide, en ſuitte
dequoy ces deux teſtes s'vniſſent enſemble, &
forment vn meſme tendon, qui aboutit au
dedans du rayon à l'endroit où il paroiſt éleué.

Le Brachial interne placé ſous le Biceps
ſortant du milieu de l'os du bras auquel il eſt
fortement attaché, s'inſere entre le rayon &
le Coude, à l'endroit où ils ſe ioignent enſemble.

Le Coude eſt eſtendu par quatre muſcles,
qui ſont le Long, le Court, le Brachial externe, & l'Angoneux, ou Cubital. Le Long naiſſant de la coſte inferieure de l'Omoplate vers
ſon col, où il a vn Sinus particulier, ſe termi-

à l'Olecrane. Le Court venant de la partie poſterieure du col du bras, & rencontrant le Long, s'vnit auec luy de telle façon qu'ils ne font tous deux qu'vn meſme tendon, qui pour ce ſuiet eſt fort & nerueux, & s'inſere auſſi à l'Olecrane.

Galien, au lieu du troiſiéme muſcle, décrit vne maſſe de chair confuſe auec les deux muſcles precedens, qui s'inſere au meſme lieu. Pour moy ie l'appelle *Brachial externe*, parce qu'il eſt couché au dehors du bras, deſſous les deux autres ſuſdits. Galien dit en ce meſme lieu, ſçauoir au *Liure 1. de l'adminiſt. Anatomiq. Chap. dernier*, que chacun peut ſeparer ces trois muſcles, ſuiuant la rectitude de leurs fibres.

L'Angoneus, qui eſt le quatriéme, eſt au derriere du Coude, à l'endroit où ſe fait ſa flexion appellée *Angon*. Il répond au muſcle du genoüil. Il naiſt de la partie poſterieure & inferieure du bras, & ſe iettant entre le Rayon & le Coude, il s'inſere par vn tendon nerueux à la partie laterale du Coude, de la longueur du pouce au deſſous de l'Olecrane. Il eſt quelquesfois ſi fortement attaché à l'extremité charnuë du muſcle Brachial externe, qu'il n'y paroiſt point de ſeparation, & l'on croid pour lors, que ce n'eſt qu'vne portion du Brachial externe, qui s'eſtend iuſques en ce lieu.

Des Muscles du Rayon.

CHAPITRE XXV.

LE Rayon a deux muscles Pronateurs interne du Coude, l'vn defquels eft appellé le *Pronateur* inferieur, & le *Pronateur* fuperieur. Celuy-cy eft rond & naiſt de la partie interne du Condyle de l'os du bras, & s'infere obliquement vers le milieu du Rayon par vn tendon membraneux.

Le Pronateur inferieur eft quarré, & naiſſant de la partie inferieure du Coude, fe porte de trauers au bas du Rayon, auquel il s'infere tout charnu. Il ioint l'os du bras auec le Rayon, en forme d'vn ligament.

Les deux Supinateurs du Rayon font exterieurs. Le premier eft le long Supinateur, qui fort de la pointe de l'os du bras, fur le Condyle exterieur, & s'eftendant le long du Rayon, s'infere charnu à la partie inferieure & interne de fon epiphyfe.

Le fecond eft le court Supinateur, qui naiſſant de la partie exterieure du Condyle interne, fe ioint obliquement au milieu du Rayon, & fe renuerfant l'enueloppe eftroitement.

Des Muscles du Carpe.

CHAPITRE XXVI.

LE Carpe fe flefchit, s'eftend, & fe remuë lateralement par deux muscles de chaque cofté, à fçauoir le Flefchiſſeur & l'Extenfeur, lors qu'ils agissent ensemble.

Le Carpe est fleschy par deux muscles interieurs, dont l'vn est appellé *Cubiteus*, l'autre *Radieus*, à cause de leur situation. Le *Cubiteus* interne sort de la partie interne du Condyle interieur du bras, & se couchant sur le Coude aboutit au quatriéme os du premier rang des os du Carpe.

Le *Radieus* interne sortant du mesme lieu, s'estend le long du Rayon, & s'insere à l'os du Metacarpe, qui soustient l'indice.

Le Carpe s'estend par deux muscles externes, lesquels faisans le mesme chemin que les internes, retiennent les mesmes noms.

Le *Radieus* externe, ou le Muscle à deux cornes, naist de la pointe de l'os du bras, qui est au dessous du Condyle, & s'appuyant au Rayon iette deux Tendons, dont l'vn s'insere à l'os du Carpe, qui est au dessous du Rayon, & l'autre à l'os du Metacarpe, qui est au dessous de l'Indice.

Quelques-vns diuisent ce muscle, & en font deux, à cause qu'il paroist double à son origine & à son insertion. Car celuy qui aboutit au Carpe, sort de la pointe de l'os du bras, & l'autre naist du Condyle exterieur de l'os du bras, estendant le Metacarpe auec le Carpe. Ses tendons sont enfermez par des enueloppes particulieres nerueuses hors du ligament annulaire du poignet.

Le *Cubiteus* exterieur naist de l'Apophyse externe de l'os du bras, & se couchant, le long du coude se porte & enuoye son tendon au quatriesme os du Metacarpe, qui soustient le petit doigt.

Des Muscles de la Paulme de la main.

CHAPITRE XXVII.

ON remarque dans la Paulme de la main deux muscles considerables, que l'on nomme *Palmaires*, desquels l'vn est long, & l'autre court.

Le long sort de la partie interne du Condyle du bras, & se dilatant dedans la Paulme va iusques à la premiere ioincture des doigts. Il est charnu en son origine, mais aussi-tost apres il se change en vn tendon fort gresle, qui passant au dessus du ligament annulaire du Carpe (car il n'y est point enfermé auec les autres Tendons) s'eslargit & se dilate en vne membrane nerueuse, tellement adherente à la peau, pour rendre le sens plus exquis en cette partie, & faire qu'on puisse empoigner plus ferme, qu'on ne la peut separer de la peau qu'auec grande difficulté.

Outre ce Muscle Palmaire, il y a encore au fond de la main vne chair quarrée, large comme le poulce, plus rouge que celle des thenars, placée au dessus du ligament annulaire : quelquesfois elle est simple, quelquesfois fenduë, representant pour lors deux muscles, & estant couchée dessous le Muscle Palmaire, semble naistre de la racine du Thenar, & finir à ce huictiesme os du Carpe, qui est mis hors du rang des autres. Son office est de faire creuser la main & de former *le goblet de Diogene*, auec les muscles du poulce, & l'Hypotenar. On le peut nommer le Muscle *Palmaire court*.

Des Muscles des Doigts.

CHAPITRE XXVIII.

LE rang des Doigts se fleschit, s'estend, & se mene vers les costez. Les quatre Doigts sont fleschis par deux muscles, dont l'vn est appellé *le Sublime*, & l'autre *le Profond*. Le Sublime prend son origine de la partie interne du Condyle interieur de l'os du bras & produit quatre Tendons vers le Carpe, lesquels s'inserent aux secondes ioinctures des quatre Doigts, & sont troüez pour donner passage aux Tendons du muscle profond.

Ce muscle profond prend naissance des parties superieures des os du Coude & du Rayon, sortant vn peu au dessous de l'articulation, & se diuisant en quatre, s'insere aux troisiémes iointures des Doigts, passant par les trous susdits des Tendons du Muscle sublime. En quoy l'on doit admirer l'industrie de la Nature, laquelle voulant que les Doigts fussent fleschis en droite ligne au dedans, a formé des membranes dures, & comme ligamenteuses, vn canal qui enferme estroitement les tendons de ces deux muscles, de peur que ces tendons estans courbez quand on fleschit les Doigts, ne sortissent de leurs places, ou qu'ils ne s'esleuassent comme des cordes, & rendissent la peau de la main difforme. Et bien que ces Tendons soient estroitement enfermez dans ce canal, ils ne laissent pas toutesfois d'y auoir assez de liberté & d'espace pour leurs mouuemens, à cause qu'il est en dedans abreuué d'vne humeur grasse, & huileuse.

De ces quatre Tendons proche du Carpe, naiſſent quatre petits muſcles profonds, appellez
Lumbricaux, ou *Vermiculaires*: leſquels ſont attachez fortement au poignet, & s'inſerent à la
premiere ioincture de chacun des Doigts, où ils
s'vniſſent auec les Tendons des Entre-oſſeux.

Les muſcles qui eſtendent les Doigts, ſont
communs ou *propres*. I'appelle communs ceux
qui ſeruent aux quatre Doigts, comme *le grand
Extenſeur* des Doigts; ou bien ceux qui outre
l'extenſion font encore d'autres mouuemens,
comme les Lombricaux, & les Entre-oſſeux
ioints & agiſſans enſemble.

Les Propres ſont ceux qui ſeruent ſeulement
à quelques Doigts, comme celuy qui eſtend
l'Index, ou le petit Doigt.

Le grand Extenſeur des Doigts naiſt du Condyle exterieur du bras, & à l'édroit du Carpe ſe
fend en quatre Tendons, qui s'inſerent au deux
premieres ioinctures inferieures de chacun des
Doigts. Les Doigts ſont menez vers les coſtez
ces mouuemens s'appellent *Adduction* ou *Abduction*. Le premier ſe fait lors qu'ils tirent vers
le pouce, & l'abduction, lors qu'ils s'en eſloi-
gnent. Ces deux mouuemens ſe font par les
muſcles Entre-oſſeux, deſquels il y a trois externes, & trois internes, tous placez dans les
eſpaces qui ſont entre les eſpaces du Metacarpe.

Ces muſcles naiſſent de la partie ſuperieure
des os du Metacarpe proche du Carpe, & aboutiſſent en vn fort petit Tendon, lequel dés la
premiere ioincture monte lateralement le long
des trois os de chaque Doigt, iuſques à la racine des ongles, où le Tendon de l'autre coſté du

Doigt venant à s'vnir auec celuy-cy, ils finiſſẽt tous deux au bout du Doigt à la partie de de-uant. C'eſt pourquoy ces muſcles Entre-oſſeux agiſſans enſemble ſerrent les Doigts l'vn con-tre l'autre, lors qu'ils les eſtendent, ainſi qu'on les tient quand on nage.

Outre ces muſcles, on en remaque encore deux comme Entre-oſſeux externes, couchez en dehors ſur le premier & quatriéme os du Meta-carpe, deſquels l'vn s'appelle *Hypothenar*, qui eſt le propre muſcle du petit Doigt, & peut eſtre coupé en deux. Il prend origine du troi-ſiéme & quatriéme os du ſecond rang des os du Carpe, & s'inſere à la partie laterale des os du meſme petit Doigt, afin de le tirer arriere des autres vers le dehors.

L'autre eſt propre au Doigt Indice, eſtant pla-cé au deſſus de l'Antithenar. Il naiſt de la partie interne du premier os du pouce, & s'inſere en tous les rãgs du Doigt Indice, pour le tirer vers le pouce. C'eſt pourquoy on ne le peut appeller l'Abducteur de l'Indice. Ce Doigt outre le Té-don commun du muſcle Extenſeur, a encore vn autre muſcle particulier Extenſeur, qui peut eſtre appellé *l'Indicateur*, à cauſe qu'il fait vn mouuement particulier quand on veut mon-ſtrer quelque choſe auec ce Doigt. Il ſort du milieu de la partie exterieure du Coude, & ſe iette par vn Tendon fendu en deux à la ſeconde articulation; l'autre de ces Tendons ſe ioignant auec celuy du grand Extenſeur.

L'on donne auſſi vn Extenſeur propre au petit Doigt; lequel naiſt de la partie ſuperieure du Rayon, eſtant placé entre le Coude & le Rayon; il s'inſere exterieurement au petit Doigt par vn

double Tendon : mais l'vn de ces Tendons s'v-
nit auec celuy du grand Extenseur.

Il faut cependant remarquer que les Muscles
Lumbricaux, ou Vermiculaires, sont au nombre de trois ou de quatre, & rarement de cinq;
lesquels bien qu'entrelacez dedans les Tendons
du muscle profond, & que l'on croye qu'ils en
tirent leur origine, mō opinion est neantmoins
qu'il naissent du ligament orbiculaire, & ner-
neux du Carpe, afin que leur origine soit par ce
moyen plus asseurée & affermie.

Des Muscles du Poulce.

CHAPITRE XXIX.

LE Poulce seul equipolant en action à
tous les autres Doigts ensemble, a aussi des muscles particuliers, qui le fleschissent, l'estendent & le menent d'vn costé ou
de l'autre.

Il a deux muscles Extenseurs plus longs : le
premier desquels naissant de la partie laterale
superieure & externe du Coude, monte pardes-
sus le Rayon, & passant par le Carpe, s'insere
exterieurement par deux, & quelquesfois trois
Tendons, à la premiere & seconde iointure
du Poulce.

Le second prend son origine de la mesme partie du Coude, mais plus bas, proche du Carpe,
& s'insere à la troisiéme iointure du Poulce.

Le Poulce est fléchy par vn muscle, qui sortant de la partie interne de l'os du Coude, se
porte interieurement à la premiere & seconde
iointure du Poulce.

Le mouuement lateral du Poulce se fait par deux muscles. Le premier est le Thenar, qui tire le Poulce arriere des autres Doigts : Il sort de la partie interne du Carpe au dessous du Poulce, & se termine à l'os de la deuxiéme rangée du Poulce. L'autre, qui est l'Antithenat, qui tire le Poulce vers l'Indice. Il naist de la partie laterale externe du premier os du Metacarpe, qui soustient le Doigt Index, & finit à la premiere rangée des os du Poulce.

Il est tiré vers les autres quatre Doigts par vn muscle, qui ioint & placé dessous le Thenar, sort des trois os inferieurs du Metacarpe, se terminant au second os du Poulce. On le peut appeller *l'Hypothenar* du Poulce, à cause qu'il est dessous le Thenar.

Des Muscles du Thorax.

CHAPITRE XXX.

LEs muscles de la Poitrine sont Propres, ou Communs. Les Propres sont ceux qui appartiennent proprement à la Poitrine. Les Communs sont ceux qui sont destinez pour d'autres parties, mais qui ne laissent pas d'aider à la Poitrine, comme auxiliaires; tels sont les muscles superieurs de l'Omoplate.

Il y a cinq Muscles qui dilatent, ou esleuent la poitrine, dont il y en a trois anterieurs, à sçauoir le Sousclauier, le grand Dentelé, le Triangulaire, ou Pectoral interieur. Le quatriéme est posterieur, qui est le Dentelé superieur. Le cinquiéme est l'Intercostal externe.

Le Sousclauier prend vne origine charnuë de
la partie interne de la Clauicule, proche de
l'Acromion, & s'insere à la premiere coste proche du Sternon.

Le grand Dentelé naissant de la base interne de l'Omoplate, passe par dessus six, quelquefois sept costes, dont il y a cinq vrayes inferieures, & les deux fausses costes superieures.

Le Dentelé de derriere superieur, placé sous
le Rhomboïde, naist des épines des trois vertebres inferieures du col, & de l'espine de la
premiere vertebre du dos, & s'insere sur les
trois premieres costes superieures, & quelquesfois sur la quatriéme.

Les onze Muscles Intercostaux externes, qui
remplissent les espaces d'entre les costes, ne
tiennent lieu que d'vn seul Muscle, qui naissant de la partie laterale inferieure de la coste
d'enhaut, s'insere obliquement par deuant au
costé superieur de la coste d'embas.

Il faut adiouster le Diaphragme à ces Muscles qui dilatent le Thorax.

Le Muscle Triangulaire sortant du milieu de
la partie interne du Sternon, s'insere auxcar-
tilages des costes inferieures, iusques à la seconde & troisiéme des fausses.

La poictrine est resserrée par trois muscles,
à sçauoir par le Sacrolumbaire, par l'intercostal interne, & par le Dentelé inferieur du derriere.

Le Sacrolumbaire naist de l'Os sacré, & des
Apophyses épineuses des Lombes. Il se termine aux costes superieures proche de leurs racines, enuoyant à chacune des costes, vn double

tendon, ou vne anſe tendineuſe interne & externe. C'eſt pourquoy il ſert à abaiſſer les coſtes, & à redreſſer l'eſpine, alors qu'elle eſt baiſſée & courbée en deuant. Les Intercoſtaux internes, qui rempliſſent les eſpaces d'entre les onze coſtes, ne ſont contez que pour vn muſcle, qui naiſſant de la coſte inferieure, s'inſere obliquement à celle du deſſus. Il a ſes fibres contraires à celles de l'externe qui luy eſt oppoſé, car elles s'entrecoupent en croix.

Le dernier de ces trois muſcles, qui eſt le Dentelé inferieur du derriere, naiſſant des eſpines des trois dernieres vertebres du dos, & de la premiere des Lombes, finit aux trois ou quatre coſtes inferieures. Il eſt oppoſé au Dentelé ſuperieur du derriere, & tous deux ſe ioignent tellement enſemble par vne large & forte Aponeuroſe, qu'ils tiennent lieu d'vne grande bande pour lier, & ſerrer les muſcles poſterieurs de l'eſpine.

D'autres mettent au rang de ces muſcles les huiĉt du bas ventre, à cauſe que l'expiration violente requiert pluſieurs muſcles.

Du Diaphragme.

CHAPITRE XXXI.

CE muſcle eſt admirable, tant pour la façon dont il eſt compoſé, que pour ſon action continuelle, eſuentant iour & nuiĉt ſans ceſſer les parties naturelles & vitales. Leſquelles toutesfois il ſepare les vnes d'auec les autres, comme vne cloiſon, ou vn retranchement fait au milieu. Il naiſt de toute la circonference des
fauſſes

fauſſes coſtes, autour deſquelles il tourne obliquement, deſcendant iuſques aux vertebres des
Lombes. De ſorte qu'il tire à ſoy les fauſſes coſtes inferieures, à raiſon de ſes Apophyſes charnuës, leſquelles eſtans couchées ſous les vertebres des Lombes, font le vray chef de ce muſcle. La fin ou l'Aponeuroſe duquel eſt on ſon
centre nerueux. Quand nous attirons l'air en
dedans il ſe reſſerre, & ſe bande, & pour lors il
tire les dernieres coſtes vers le bas; & de conuexe qu'il eſtoit, il deuient droit. Mais lors que
nous pouſſons l'air au dehors, il ſe releue en
haut, par le moyen du Mediaſtin, & de droict
qu'il eſtroit, il deuient concaue.

Des muſcles du Dos, & des Lombes, qui ſeruent au mouuement de l'eſpine.

CHAPITRE XXXII.

LE Dos ne ſe remuë point, à cauſe des coſtes
qui l'en empeſchent, & par fante de muſcles, tát internes qu'externes. Ce n'eſt pas qu'il
n'y ait des muſcles au dehors couchez ſur luy;
mais ils ſont pour d'autres vſages. Il demeure
donc immobile entre le col & les Lombes, lors
que les extremitez ſe remuent.

Tout ſon mouuement ſe fait à la derniere
vertebre du dos, qui eſt receuë des vertebres voiſines, & n'en reçoit aucune; & d'autant qu'elle eſt contigue aux Lombes, on attribuë ce
mouuement pluſtoſt aux Lombes, qu'au dos,
encore qu'il appartienne à toute l'eſpine.

Or l'eſpine où les Lombes ſe flechiſſent, s'e-
ſtendent, & ſont menez vers les coſtez. Il y a

Z z

deux mufcles qui la flefchiffent, à fçauoir vn de chaque cofté, appellé *le quarré,* qui fortant de la partie pofterieure de l'Os Ifchion, & de la partie laterale & interne de l'Os facré, s'infere charnu aux Apophyfes tranfuerfes des vertebres des Lombes, iufques à la derniere cofte. Pour moy, ie croirois plutoft qu'il naift des Apophyfes tranfuerfes des deux vertebres inferieures du dos, & de la derniere cofte, afin de pouuoir, auec les mufcles Obliques defcendans & droits du bas ventre, agiter & mouuoir en deuant l'affemblage des Os Ilion. Les mufcles du bas ventre qui feruent à la refpiration, aydent auffi à flefchir les Lombes & toute l'efpine, dautant qu'en reftreciffant & abaiffant la poitrine, ils la font auffi neceffairement courber, lors qu'eftant couché à l'enuers, on releue le tronc du-corps fur les feffes, ou que l'on fe leue debout fur les pieds, fans s'aider des mains.

L'efpine, ou les Lombes s'eftendent par quatre mufcles, deux de chaque cofté, *le Sacré &* *le Demy-efpineux*, lefquels font tellement entrelaffez le long de l'efpine, qu'on pourroit en faire autant de paires, qu'il y a de vertebres, ou n'en faire qu'vne feule paire, qui enuoye des tendons à toutes les vertebres, ainfi que veut Galien.

Le demy-efpineux, qui eft nerueux en fon origine, la tire de toutes les efpines de l'Os facré, & finit aux Apophyfes des Lombes, & aux tranfuerfes de tout le dos.

Le facré dont le principe eft pointu & charnu, fortant de la partie pofterieure de l'Os facré, s'attache aux racines des efpines des vertebres du dos.

L'épine, ou les Lombes font leur mouuement lateral, lors que les muscles de l'vn des
deux coftez, tant extenseurs que fléchisseurs,
agissent separément sans ceux de l'autre costé.
Que si les muscles extenseurs de l'espine sont
opposez aux Obliques décendans & droicts du
bas ventre, ceux qui font mouuoir l'assemblage des Os de l'Ischion, doiuent necessairement
naistre des parties superieures de l'espine, pour
s'inserer à l'Os des hanches, & à l'Os sacré. Et
encore qu'ils naissent des parties superieures de
l'espine, ils ne laissent pas de seruir à la releuer, & seront tousiours opposez & antagoni-
stes aux muscles qui la flechissent, à sçauoir
au quarré, & au muscle Oblique ascendant.
Car ils reçoiuent aussi bien leurs nerfs és parties superieures, qu'en celles du milieu.

Des muscles du bas Ventre.

CHAPITRE XXXIII.

A Yant décrit les dix muscles du bas Ventre
au commencement du premier liure assez
exactement, il n'est pas besoin d'en faire maintenant vne repetition inutile.

Du mouuement des Os des Iles, & de l'Os
Sacré ioints ensemble.

CHAPITRE XXXIV.

C Et assemblage des Os des Iles, & de l'Os
sacré a vn mouuement, qui le pousse en
deuant & en derriere, quand on fait l'action

venerienne pour la generation. Ces Os font pouſſez en deuant par les muſcles droits du bas Ventre, & par les Obliques deſcendans, la poi-ſtrine pouuant eſtre pendant cette action im-mobile, auſſi bien que les cuiſſes, ſi elles ne ſui-uent le mouuement de l'Os des Iles ſuſdit.

Il eſt retiré en derriere par le ſacré, & par le demy-eſpineux, qui naiſſent des parties ſupe-rieures du dos. I'ay monſtré cela aſſez au long dans mon Anthropographie.

Des Muſcles du Teſticule.

CHAPITRE XXXV.

LE muſcle du Teſticule eſt propre ou com-mun. Chaque Teſticule a vn muſcle pro-pre, que l'on nomme *Cremaſter*, ou *Suſpenſeur*. Il naiſt de l'eſpine inferieure & anterieure de l'Os des Iles; ou pluroſt c'eſt l'extremité infe-rieure du muſcle Oblique aſcendant, laquelle eſt proche de l'Os *Pubis*, ou barré. Sa chair eſt plus rouge, plus deliée, & comme ſeparée de celle de ce muſcle Oblique aſcendant, enuelop-pant exterieurement la production du Peritoi-ne: il deſcend auec les vaiſſeaux ſpermatiques iuſque au Teſticule. Il retire le Teſticule en haut, & le ſouſtient ſuſpendu. Le muſcle com-mun n'eſt autre choſe que la membrane du *Scrotum*, que l'on appelle *Dartos*; qui eſt vne continuation du Panicule charnu qui couure le bas Ventre. Ce muſcle membraneux ſouſtient tous lesdeux Teſticules.

Les femmes ont auſſi vn muſcle ſuſpenſeur, ou Cremaſter mais plus court que celuy des hom-

mes, il est couché sur la production du Peritoine.

Le muscle de la Vessie.

CHAPITRE XXXVI.

Pour empescher que l'vrine qui est amassée
dans la Vessie n'en sortist pas sans le consentement de la volonté, la Nature luy a donné vn muscle rond, & charnu à son col, renuersé sur les Prostrates qui la tient fermée. Et
d'autant que ce muscle est large, il pousse l'vrine dehors, & serrant les Prostrates durant les
congrés, fait sortir la semence.

Or le col de la Vessie estant charnu, il fait l'office d'vn Sphincter & du muscle interne, qui
ferme exactement la Vessie.

Des muscles du membre Viril.

CHAPITRE XXXVII.

Cette partie a quatre muscles, deux de chaque costé. l'Erecteur naissant de la partie
interne de la tuberosité de l'Os Ischió, & couché sur le ligament de la verge, s'insere lateralement au milieu de son corps.

L'Accelerateur naist non seulement du muscle Sphincter de *l'Anus*, mais aussi de la tuberosité interne de l'Os Ischion au dessous du ligament de la verge, & couché auec son compagnon de l'autre costé, sous le conduit de l'vrine, s'auance iusques au milieu du membre
Viril, où il finit. Il sert à l'éjaculation de la

femence, la faifant fortir auec impetuofité &
vitefle ; & à pouffer dehors les gourtes d'vrine,
qui reftent dans le conduit apres qu'on a piffé.
Et d'autant qu'il eft double en fon origine, on
en pourroit faire deux mufcles : Mais comme
i'attribuë à l'Anus, la portion de ce mufcle
qui fort de la tuberofité de l'Ifchion, & que ie
la nomme le *Releueur externe du fiege*, pour ce
fuiet, le vray Accelerateur, fuiuant l'opinion
des autres Anatomiftes, & la mienne, naift
feulement du Sphincter externe de *l'Anus*.

Des mufcles du Clitoris.

CHAPITRE XXXVIII.

LE *Clitoris* des femmes reffemblant en
quelque façon à la verge de l'homme, a
obtenu des mufcles pareils, mais ils
n'ont pas le mefme vfage. I'en ay fuffifamment
parlé cy-deffus au Liure fecond, au Chapitre
de la matrice.

Des mufcles du Siege.

CHAPITRE XXXIX.

IE les ay affez foigneufement expliqué au Liure 2. Chapitre 33.

Des muscles de la Cuisse.

CHAPITRE XL.

LA Cuisse s'estend, se fléchit, se porte en
dedans vers l'autre cuisse : ce qu'on nomme
Adduction, se porte en dehors, s'esloignant
de l'autre cuisse ; ce que l'on appelle Abduction, & se tourne obliquement en rond. Elle
est estenduë, lors que nous sommes debout,
qu'elle est droite, & perpendiculairement mise au dessous de l'os Ischion ; ce qui se fait par
les muscles qui composent les fesses, c'est pourquoy on appelle ces muscles Gloutij, c'est à
dire fessiers, comme autheurs des fesses.

Le grand fessier externe naist du croupion,
des épines de l'Os sacré, & de plus de la moitié de la coste de l'os des Iles, & s'insere quatre doigts au dessous du grand Trochanter, à
l'endroit où il y a vne eminence à cét os.

Le second, qui est le fessier moyen ou du milieu, naist de la partie externe de l'os Ilion,
& s'insere au grand Trochanter externe.

Le troisiéme fessier interne, sort du bas de la
face exterieure de l'os Ilion, & s'insere à l'extremité superieure, ou tout au haut du grand
Trochanter.

La cuisse se flechit aussi par trois muscles. Le
premier est le muscle Lombaire ou Psoas, qui est
placé dans le creux du bas ventre, & couché sur
les vertebres des Lombes. Il sort des Apophyses
transuerses des deux vertebres inferieures du
dos, & se couchant sur la face interne de l'os
des Iles, s'insere au petit Trochanter. I'ay sou-

uent trouué aux hommes vn autre petit muscle
qui est couché sur celuy-cy,lequel estant en son
commencement charnu de la grosseur, & de la
longueur du petit doigt, s'estend par vn tendon
plat & gresse,sur le Psoas,estant arriué au muscle Iliaque, il aboutit en vne aponeurose large
& tres-forte, laquelle embrasse fortement les
muscles Iliaque & Psoas. Et ie croy que la Nature l'a donné aux hommes robustes, afin qu'il
renforçast, & tinst fortement en sa place le
muscle Psoas.

On le peut appeller *le petit Psoas*, & on le
trouue plus rarement aux femmes qu'aux hommes, neantmoins ie le rencontray en vne ieune
femme tres-forte, & tres-robuste,qui fut penduë en l'année 1631. pour plusieurs vols &
meurtres.

Le muscle Iliaque naist de la cauité interne de
l'os des Iles,& se ioignant par son tendon auec
le muscle Lombaire,il finit entre le grand & le
petit Trochanter. Le troisiéme, qui est le muscle *Pectineus*, sort de la partie superieure de
l'os *Pubis*,& se iette en deuant vn peu au dessous
du col, & de l'os de la cuisse.

La cuisse est portée en dedans,c'est à dire vers
l'autre cuisse par le muscle *Triceps*, qui a trois
differentes origines, & autant d'insertions separées. La premiere teste naist de la partie superieure de l'os *Pubis* : la seconde du mesme os:
& la troisiéme de la partie inferieure du mesme
os. Ses trois insertions se font à la ligne posterieure de l'os de la cuisse, les vnes apres les autres.

L'action de ce muscle est tres forte, lors qu'il
tire les cuisses en dedans, quand on monte au
haut

haut des arbres, ou des masts des nauires, ou qu'on est à cheual.

Ce muscle *Triceps*, est le premier qui reçoit les impuretez du corps, qui tombent sur les iambes, à cause que les vaisseaux passent par là.

La cuisse est menée en dehors par de petits muscles, à cause que l'abduction, ou ce mouuement de la cuisse en dehors, n'est pas si necessaire. Ces Muscles s'appellent les *quatre Gemeaux*, qui sont quatre petits muscles, placez en derriere sur la iointure de la cuisse, arrangez les vns apres les autres.

Le premier, qui est le *quadrigemeau superieur*, le plus long de tous, ressemble de sa figure à vne poire, quelques-vns le nomment l'*Iliaque externe*, il naist de l'extremité inferieure & externe de l'os sacré. Le second sort de la tuberosité de l'os Ischion. Le troisiéme contigu au second, part du mesme endroit, & ces trois s'inserent en la cauité du grand Trochanter.

Ces trois Muscles enfermez dans la cauité du grand Trochanter, seruent aussi à pousser embas, & allonger la cuisse, lors que l'on l'estend plus qu'elle ne l'est naturellement; ce que l'on remarque mieux, quand le corps est couché à l'enuers & tout estendu.

Cette action est faite de la mesme sorte, que celle du Pterigoidien interne, qui estant entre les deux maschoires, pousse vers le bas la maschoire inferieure. Le quatriéme des quatre Gemeaux est quarré, plus large, & plus charnu que les autres, & esloigné du troisiéme de la largeur de deux trauers de doigts. Il naist de la partie interne de la tuberosité de l'os Ischion, & s'insere à la partie externe du grand Trochanter.
A a a

La cuiſſe eſt tournée obliquement en rond par deux muſcles obturateurs, dont l'vn eſt externe, & l'autre interne. L'obturateur interne prend naiſſance de la circonference interne du trou, qui eſt dedans l'os pubis, & paſſant par la ſinuoſité qui eſt entre la tuberoſité & l'acetable ou la boîtte de l'Iſchion, s'inſere par vn tendon fendu en trois, à la cauité du grand Trochanter. Ce tendon s'enueloppe, & s'enferme dedans le ſecond & troiſiéme des quatre Gemeaux, qui repreſentent vne bourſe, & conduit par ce moyen le tournoyement externe de la cuiſſe.

L'obturateur externe naiſt de la circonference externe du meſme trou de l'os pubis, & ſe renuerſant vers le col de l'os de la cuiſſe, comme par deſſus vne poulie, ſe porte à la cauité du grand Trochanter, s'inſerant deſſous le quatriéme des quadrigemeaux. Ce Muſcle gouuerne le tournoyement de la cuiſſe en dedans.

Quand les Muſcles, quatre Gemeaux, & les deux obturateurs, ſont remplis d'humeurs ſereuſes, elles produiſent de tres-violentes douleurs, que l'on prend ſouuent pour vne vraye ſciatique. La cuiſſe en eſtant allongée, comme ſi elle eſtoit àdemy-luxée ; ce qu'il faut ſoigneuſement remarquer & diſcerner.

Des Muſcles de la Iambe.

CHAPITRE XLI.

LA Iambe eſtant iointe auec la cuiſſe par Gynglyme, elle n'a d'autres mouuement que celuy de flexion & d'extension ; mais a cause que l'articulation est lasche, elle laisse aussi facilement conduire la Iambe vers les costez ; c'est ce qui a fait que Du-Laurent, & d'autres Anatomistes apres luy, ont voulu que la Iambe fust portée en dedans ou en dehors par des muscles, destinez à ce mouuement.

La Iambe est tirée en dedans, ou approchée de l'autre par vn muscle tres-long, que l'on appelle le *Cousturier*, & menée en dehors ; & esloignée de l'autre par le muscle membraneux, que d'autres appellent *la Bande large*. Ie laisse la liberté à vn chacun de diuiser ces Muscles, suiuant leur volonté ; pour moy ie les diuise en fléchisseurs, & extenseurs.

Or la Iambe est fleschie par quatre muscles posterieurs : Le premier desquels est le demy-nerueux, qui sort de la tuberosité de l'os Ischion, & s'insere à la partie posterieure & interne de l'os de la Iambe.

Le second est le demy membraneux, qui naist de la mesme tuberosité, par vn chef ou origine nerueuse & membraneuse, finissant par vn tendon aussi membraneux, mais plus large, qui s'insere aussi à la partie interne & posterieure de l'os de la Iambe.

Le troisiéme, qui est le biceps, à cause qu'il a deux testes, naist de la mesme tuberosité, & se portant par la partie exterieure de la cuisse prend vers son milieu vne masse charnuë, que i'ay veu separée iusques à sa teste, comme vn autre muscle, & se termine enfin par vn seul tendon à la partie interne de l'os de la Iambe.

Le quatriéme est le gresle posterieur. Il sort de la ligne qui montre l'endroit, où l'os Ischion &

l'os *Pubis* se ioignent ensemble, & descendant le long de la partie interne de la cuisse, il s'insere à la partie interne de l'os de la iambe.

Le muscle poplitée ou du Iarret peut aussi estre mis au rang de ceux qui fleschissent la Iambe. Il est caché dedans le creux du Iarret, au dessus de la teste du Solier, & sortant de la tuberosité externe de l'os de la cuisse, s'insere obliquement à la partie superieure & posterieure de l'os de la Iambe, l'embrassât estroitemét.

Il y a six muscles qui estendent la Iambe. Le premier est le membraneux, qui sortant de l'espine superieure de l'os des Iles, s'insere à la partie anterieure de l'os de la Iambe, enueloppant comme vne bande membraneuse, tous les muscles de la cuisse & de la Iambe, excepté le Cousturier.

Ce Cousturier naist de l'espine superieure, & de la coste anterieure de l'os des Iles, & passant obliquement par le dedans de la cuisse, s'insere à la partie interne de la Iambe, laquelle il approche de l'autre, & la met sur icelle, comme font les Tailleurs.

Le gresle droit sort du bas de l'espine de l'os des Iles, & tombant tout droit le long de la cuisse, s'insere au deuant de l'os de la Iambe, au dessous de la surcroissance, qui est l'os. Les deux Vastes sont au deux costez du gresle droit, l'vn desquels est appellé *Externe*, qui sort de la racine du grand Trochanter, & finit à la partie exterieure de l'os de la Iambe, vn petit au dessous de la Rotule: l'autre est l'*Interne*, qui sortant de la racine du petit Trochanter, s'insere à la partie interne de l'os de la Iambe, vn peu au dessous de la Rotule.

Le Crural, qui eſt au deſſous de ces deux Vaſtes, ſort du deuant de l'os de la cuiſſe, entre les deux Trochanteres, eſtant attaché à tout le long de l'os de la cuiſſe; il inſere ſon tendon à la partie anterieure de l'os de la Iambe, au deſſus de la greve, où elle eſt plus eminente.

Ces cinq Muſcles, qui ſont le droit, le greſle, les deux Vaſtes, & le Crutal s'vniſſent enſemble vers le genoüil, ne formans qu'vn ſeul tendon tres-large, & tres-fort, qui embraſſe & enueloppe la Rotule.

Des Muſcles du pied, ou du Tarſe.

CHAPITRE XLII.

DE meſme que la main eſt diuiſée en trois parties, ainſi le pied ſe diuiſe au Tarſe, au Metatarſe, & à la rangée des orteils. Et comme en la main le Carpe ſe remuë, le Metacarpe demeurant immobile, ainſi au pied le Tarſe eſt mobile, ſans que le Metatarſe ſe remuë. C'eſt pourquoy le Tarſe ſe fleſchit, quand il eſt mené en deuant; il s'eſtend quand il eſt retiré en derriere.

Cependant il faut remarquer, que les fleſchiſſemens de tous les membres du pied, ſont contraires entr'eux, au lieu que ceux de la main ſont ſemblables; ce qui ſe fait pour faciliter l'apprehenſion de la main, & afin qu'on ſoit plus ferme quand on ſe tient de bout, & qu'on puiſſe mieux exercer les diuerſes actions du pied: Car la cuiſſe ſe fleſchit en deuant, la Iambe en arriere, le pied en deuant, & les Orteils en arriere.

Le Pied eſt fleſchy par deux muſcles anterieurs, à ſçauoir le *Tibieus* ou le *Iambier*, & le *Peronée*, ou *Eſperonnier*. Le Iambier anterieur naiſſant de la partie ſuperieure ou Epiphyſe de l'os de la Iambe proche du foſſile, s'attache tout le long de l'os de la Iambe, aboutiſſant neantmoins vers le milieu, par vn tendon qui paſſant ſous le ligament annulaire du Pied, ſe fend en deux, l'vn deſquels s'inſere au premier os innomine, & l'autre à l'os du metatarſe, qui eſt au deſſous du poulce.

L'Eſperonnier anterieur eſt ioint par ſon origine à celuy de derriere ; encore qu'ils faſſent tous deux paſſer leurs tendons par la fente de la cheuille externe, ils ne laiſſent pas d'eſtre ſeparez en leur inſertion.

Or cét Eſperonnier anterieur naiſt de la partie moyenne & externe du Peroné, & eſtant conduit par la fente de la cheuille externe du Pied, s'inſere en deuant à l'os du metatarſe, qui ſouſtient le petit doigt.

Le Pied eſt eſtendu par les muſcles poſterieurs. Les premiers, & qui paroiſſent en dehors, ſont les Gemeaux, ainſi nommez, à cauſe qu'ils ſont pareils entr'eux, en groſſeur, en force, & en action. Ils ſont auſſi appellez *Gaſtrocnimiques*, à cauſe qu'ils ſont vne partie du ventre, ou mollet de la iambe ; l'vn d'eux eſt interne, & placé en la partie interne & laterale de la iambe ; l'autre externe occupe la partie laterale externe de la meſme iambe. Le Gemeau interne ſort du condyle interne de l'os de la cuiſſe. Le Gemeau externe ſort du condyle externe du meſme os. Ils ſont ſeparez en leur origine ; mais ils ſe ioignent, & font vn ſeul

ventre, qui finit par vn tendon tres-fort au
derriere du Talon. Vefale eſt le premier qui a
remarqué les deux petits oſſelets Sefamoides,
placez aux deux origines de ce muſcle, afin que
par leur ſurface liſſée & polie, ils empeſchent
que l'os & le muſcle entre leſquels ils ſont, ne
ſe bleſſent l'vn l'autre, quand la cuiſſe s'eſtend.

Le muſcle Plantaire eſt caché entre les Gemeaux & le Solaire, il naiſt du condyle externe de l'os de la cuiſſe, où il eſt charnu par deſſus; mais auſſi toſt apres il aboutit en vn tendon fort greſle & long, lequel paſſant aupres
de la malleole interne par deſſous le Talon,
s'inſere à la plante du pied. Il a le meſme vſage au pied, que le Palmaire en la main, afin
que le pied ſoit proportionné à la main. Et lors
que le pied ſe creuſe, la peau s'attache fortement aux tendons, qui ſont ſous elle.

Le Solaire, qui eſt vn muſcle large & épais,
prend naiſſance de la partie ſuperieure du Tibia, ou bien de la commiſſure ſuperieure &
poſterieure du Peroné auec le Tibia, & ſon
tendon ſe meſlant auec ceux des Gemeaux,
s'inſere au derriere du Talon.

L'on remarque de grandes veines, arteres
& nerfs, qui paſſent par deſſous ce Solaire, &
c'eſt ce qui fait que quelquefois les douleurs du
mollet des iambes ſont ſi profondes, & durent
ſi long-temps.

Des Gemeaux, & du Solaire, ioints enſemble par embas, il forme ce tendon tres-fort,
& tres-gros, qu'Hippocrate appelle la grande
corde, dont les bleſſeures ſont mortelles auſſi
bien que les contuſions, & inciſions, qui s'y
pourroient faire.

A a a iiij

Le pied eſt eſtendu par deux muſcles, qui ſont au derriere de la iambe. Le premier eſt *le lambier poſterieur*, qui naiſſant de la partie ſuperieure de l'os de la iambe, auquel il eſt attaché tout du long, paſſe par la fente de la cheuille interne du pied deux tendons, l'vn deſquels ſe termine à l'os Nauiculaire, & l'autre à l'os Innominé, qui ſouſtient le gros orteil.

Le ſecond eſt *l'Eſperonnier* ou *Peronné poſterieur*, qui naiſt de la partie ſuperieure & poſterieure du Peroné, & paſſant par la fente de la cheuille externe auec le Peroné anterieur, va inſerer ſon tendon large, dure, & comme cartilagineux, ſous la plante du pied à l'os du metatarſe, qui ſouſtient le gros orteil, ſous la teſte tendineuſe de cette maſſe de chair, qui fournit les muſcles entre-oſſeux internes de cette partie.

Ces deux muſcles Eſperonniers anterieur & poſterieur, ſont differens en leur origine, & en leur inſertion, encore qu'ils paſſent tous deux par la poulie de la cheuille externe du pied. Car le tendon de l'Eſperonnier fleſchiſſeur, s'inſere à la partie externe de l'os du metatarſe, qui ſouſtient le petit orteil, au lieu que le tendon de l'autre Eſperonnier, qui eſt l'extenſeur & le poſterieur, paſſe interieurement plus auant par deſſous le pied. Et de plus, ces deux tendons ſont encore ſeparez par les anneaux ou gaynes nerueuſes, & cartilagineuſes, qui les enferment ſeparément.

Des *Muscles des Orteils.*

CHAPITRE XLIII.

LEs Orteils ont des muscles qui leur sont propres, & destinez à leur fleschissemét, extension, & mouuement lateral. Les tendons de tous ces muscles sont enfermez par vn ligament annulaire, & transuersal, qui enui-ronne le pied dessous les malleoles, comme ceux des doigts de la main sont enfermez par celuy qui est au carpe.

Les Orteils sont estendus par le long & par le court. Le long, dit *Cnymodactyle*, ou extenseur des doigts, naist de la partie anterieure & inter-ne de l'os de la iambe, à l'endroit où il se ioint auec le Peroné, & couché sous le muscle Iam-bier anterieur ; descend tout droit le long du Peroné, & passant au trauers du ligament annu-laire, il s'insere aux trois articulations des qua-tre Orteils, afin d'estendre en mesme temps ces trois articulations.

Le court qui estend les Orteils, appellé *Pe-dieus*, naist de l'os du talon & de la partie exter-ne & superieure de l'Astragale, & se couchant sous l'extenseur long, insere ses tédons à la pre-miere rangée de tous les Orteils. Tous ces ten-dons, tant du long que du court, s'entrecou-pent les vns les autres en croix, sur le meta-tarse.

Les Orteils sont fleschis par deux muscles, par le court & par le long, qui répondent au pro-fond, & au sublime de la main. Le long fleschis-seur des doigts, appellé *Perodactyle*, naist de

la partie superieure & posterieure du Peroné,
& passant au dessous de la cheuille interne, par
la sinuosité du talon, fend son tendon en quatre, & les conduit par les fentes du tendon du
muscle court fleschisseur, comme dans la main,
pour les inserer à la troisiéme articulation des
Orteils.

Le court fleschisseur des Orteils, ou *Pedieus
interne* naist de la partie interne & inferieure
de l'os du talon, & se coupant en quatre, s'insere à la seconde articulation des Orteils. Ces
tendons sont troüez, pour laisser passer ceux du
long fleschisseur.

Outre cela, les Orteils des pieds sont portez à
costez par les muscles entre-osseux, qui sont au
nombre de huit, quatre internes, & quatre externes, lesquels ne sont pas de mesme au pied
qu'à la main : les externes naissent des espaces
qui sont entre les os du metatarse : les internes
sont placez dedans le creux du pied, & couchez
sur les os, semblans naistre de cette masse de
chair, qui emplit le creux des os du metatarse.
Mais quand on oste la membrane, on void bien
qu'ils tirent leur origine pointuë & nerueuse,
attachée à la partie interne, de l'os du talon,
laquelle origine se fend en quatre tendons, qui
finissent à la seconde articulation des Orteils,
les vermiculaires ou lombricaux estans adhe-
rents à ceux-cy.

On doit donc remarquer, que ces muscles
entre-osseux externes, occupent l'espace des os
du metatarse, & que les muscles vermiculaires ne naissent pas des tendons du long fleschisseur des Orteils, comme en la main; mais
de cette masse de chair qui est cachée sous le

petit fléchiſſeur. Et cette maſſe de chair naiſt
de l'os du talon.

Des Muſcles du Poulce du Pied.

CHAPITRE XLIV.

LE fleſchiſſeur du Poulce eſt charnu, &
placé contre lelong extenſeur des doigts.
Il naiſt de la partie ſuperieure du Peroné, à l'endroit où il ſe ioint auec le Tibia, & paſſant par deſſous la cheuille interieure, & par la plante du pied, ſe va inferer dedans le premier os du Poulce; & deuant que
d'arriuer au ſecond, ſon tendon s'attache aux
deux oſſelets Seſamoïdes, plus grandelets que
les autres, pour le rendre plus ferme.

Il ſe fend quelquesfois ſous la plante du pied,
en deux tendons, & en enuoye vn au gros Orteil, & l'autre au ſecond doigt, & alors le long
fleſchiſſeur des doigts ne ſe diuiſe qu'en trois.

L'extenſeur du Poulce ſort de la partie laterale externe du Tibia : à l'endroit où il ſe ſepare du Peroné, & paſſant par le deſſus du pied,
il s'infere à tout le Poulce le long de ſa partie
ſuperieure.

Quelquesfois ce tendon eſt fendu en deux,
deſquels l'vn aboutit au dernier os du gros
doigt, & l'autre à l'os du metatarſe, qui eſt au
deſſous du Poulce.

Le Poulce & le petit doigt du pied ont deux
muſcles notables, ſituez au dehors de ces Orteils, pour en faire l'abduction, c'eſt à dire les
eſloigner des autres, de ſorte que celuy qui eſt
couché à la partie laterale de l'os du metatarſe,

qui eſt au deſſous du Poulce, s'appelle *le Muſ-cle Abducteur du Poulce*; & l'autre, qui eſt ex-terieurement placé ſur le cinquiéme os du me-tatarſe, ſe nomme *Abducteur du petit Orteil.* Ils correſpondent au Thenar & Hypothenar de la main.

Outre cela, le Poulce a vn autre muſcle tranſ-uerſal en la plante du pied, ſemblable à l'anti-thenar de la main, qui naiſſant du ligament de l'os du metatarſe, qui eſt au deſſous du petit doigt, ou de ſon voiſin, & paſſant obliquement par deſſus les autres os, finit par vn ten-don robuſte à la partie inferieure de la premie-re articulation du Poulce; & ce muſcle eſt op-poſé à l'abducteur, pour retirer le Poulce vers les autres Orteils. Ayant oſté la chair, on void vne membrane diuiſée en trois ou en quatre; pour moy ie veux croire, que ce n'eſt autre choſe, que la maſſe charnuë qui emplit le creux de la plante du pied. Vers le bout du pied, qu'on appelle le Veſtige, eſt contenuë la maſſe de chair, qui emplit l'eſpace & la cauité de la pre-miere iointure: d'où l'on veut qu'il en ſorte des tendons pour tous les doigts; mais ie croy que cette chair a eſté pluſtoſt miſe en ce lieu pour affermir les doigts, & aſſeurer leur pre-miere articulation, que pour les remuer. Elle peut auſſi ſeruir de couſſinet aux tendons des autres muſcles, qui ſe couchent ſur elle.

Methode & conduite particuliere, pour exactement anatomiser les Muscles de tout le Corps.

CHAPITRE XLV.

CEluy qui aura ponctuellement appris la Myologie, ou le discours des Muscles, entendra facilement la Myotomie, ou dissection d'iceux ; & pourra de son chef, & sans beaucoup de peine, dissequer les muscles, & en faire la demonstration, bien que plusieurs estiment cette partie del'Anatomie la plus difficile, pourueu qu'il obserue exactement la Methode que i'en donne icy. Où il estoit necessaire de traduire la Myotomie, apres auoir décrit la Myologie.

Du Muscle Frontal.

AYant coupé en rond la peau du Front au dessous des Sourcils, & l'ayant leuée iusques à la suture coronale, ou iusques au commencement des cheueux, on void paroistre les deux muscles du Front, qu'il faut exactement separer de l'os du Front, qui est au dessous, commençant par le haut du Front, & coupant iusques aux Sourcils. Ces Muscles sont separez vers le milieu du Front.

Du Muscle orbiculaire des deux. Paupieres.

LA peau des Sourcils, & de toute la face, ayant esté adroitemēt leuée, on verra les deux muscles Orbiculaires qui couurent toute l'orbite exterieure de l'œil, par tout en rond, de la largeur d'vn trauers de doigt. Ils sont couchez sous les Paupieres. De plus, vous trouuerez le muscle Ciliaire, qui est estendu en rond au dessous du Tarse, ou du bord des Paupieres.

Des Muscles des Levres.

TOute la face estant ainsi dépoüillée de sa peau, on trouue vn peu au dessous de l'orbite vn petit muscle deslié, & longuet, situé de trauers, que l'on nomme *Zygomatique*, à cause qu'il naist de l'os Zygoma, & s'estend iusques à la fente ou commissure, qui est entre les deux Levres. Il le faut bien separer de la graisse qui se trouue en grande quantité par toute la face, les muscles en estās mesmes farcis. C'est pourquoy vous la deuez separer, & l'oster auec les ongles, ou auec le ciseau, & bistori, afin que les muscles paroissent mieux.

Depuis le Zygoma iusques aux Levres, il faut chercher cinq muscles sās le Zygomatique. Or vous en trouuerez deux dessus la Levre superieure, qu'il faut separer l'vn de l'autre. Celuy qui est plus proche du Zygoma, appartient à la Levre inferieure; car il la retire en haut. Lau-

tre. qui eſt proche du nez, appartient à la Levre
ſuperieure; & le muſcle lateral large & charnu
qui couure les ioües, & les compoſe, & qu'on
appelle *Buccinateur*, ne doit point eſtre mis
hors de ſa place.

Il faut auſſi apres auoir oſté la peau chercher
deux muſcles en la maſchoire inferieure, iuſques au milieu de la levre d'embas. Celuy qui
eſt le plus proche du menton, tire embas la levre inferieure, & celuy qui eſt par de là, & proche du maſchelier, ou attaché au coin de la bouche, tire embas la levre ſuperieure. Ces deux
muſcles, quoy qu'eſtroitement vnis enſemble,
ſont toutesfois diſſemblables, & diſcernez par
la differente ſituation de leurs fibres ; car les fibres du premier montent du menton à la levre,
& forment comme vn muſcle pyramidal, dont
la baſe eſt embas, & la pointe touche la levre,
& les fibres de l'autre muſcle, montent à la
commiſſure des levres en ligne oblique.

Des Muſcles du Nez.

AYant ſeparé dextremēt la peau du Nez, on
treuue deux muſcles couchez ſur les aiſles
des narines, qui naiſſans du milieu ou entr'e-
deux des cils, finiſſēt au bout du Nez. D'aucuns
adiouſtent deux petits muſcles ſituez aux extremités des aiſles de trauers, pour dilater les
narines, comme les autres les eſleuent; mais on
ne les remarque qu'en ceux qui ont vn grand
Nez. Il faut cependant obſeruer, que tous ces
muſcles ſont ſi eſtroitement ioints enſemble,
que l'vne des levres, ou le Nez, ne ſe peuuent
mouuoir, ſans que les autres parties voiſines ſe

remuent auſſi. On trouue rarement les muſcles internes des narines, & ſeulement en ceux qui ont de gros nez.

Du Muſcle Temporal.

CEtte chair eſpaiſſe & remplie de fibres, qui eſt entre le petit coin de l'œil & l'oreille, s'appelle le Muſcle Temporal. le tendon duquel paſſant par deſſous le Zygoma, va s'attacher à la pointe de la maſchoire inferieure.

Du Muſcle Maſſeter, ou Maſche-lier.

CE Muſcle naiſt de la partie inferieure du Zygoma, & forme les coſtez charnus de la face. Il s'inſere au coin de la maſchoire inferieure. Il peut eſtre ſeparé en deux, ſes fibres internes & externes s'entrecoupans en façon de Croix.

De la Glande Parotide.

IL y a vers les oreilles ſur l'Articulation de la maſchoire inferieure quelques glandes, deſquelles il s'en forme vne grande, que l'on nomme Parotide, que l'on ne peut voir ſans auoir oſté le muſcle large, qui s'eſtend iuſques aux oreilles, & ayant oſté cette glande, ou cherche les muſcles de l'Oreille.

Des Muſcles de l'Oreille.

QVoy que l'homme ait l'Oreille ferme & immobile, elle ne laiſſe point pourtant d'auoir

d'auoir des muscles situez en derriere. Le pre-
ier est fort petit, & se diuise en deux, ou trois
bres charnuës, qui serrent le ligament de l'O-
eille, à la racine de laquelle il faut chercher ce
muscle. Les autres muscles des Oreilles sont
des parties du muscle Frontal, du muscle large, & du muscle Occipital, qui sont tous produits du Pannicule charnu.

Des muscles de l'œil.

ON trouue dedans le creux de l'œil sept
muscles, dont il y en a vn qui releue la
paupiere, quatre droits, & deux Obliques. Des
sept, il y en a six, qui naissent du fonds de
'Orbite. Vous en trouuerez deux au dessus du
globe de l'œil, l'vn desquels, qui paroist le
premier, est le hausseur ou receueur de la paupiere, & l'autre le hausseur de l'œil. Il faut
chercher les trois autres muscles droits à l'endroit où ils sont situez, suiuant l'action que
l'on sçait qu'ils doiuent faire. Mais il faut bien
prendre garde au sixiéme muscle, à sçauoir le
grand Oblique, qui, proche du grand coin de
l'œil, au dessus du trou de la glande Lachrymale, se renuerse autour du cartilage, comme
à vne poulie, ou enuironne le ligament annulaire comme vne bride.

Gardez-vous bien de rompre ou déchirer cette connexion; & pour cette raison, il faut commencer la Myotomie des yeux, par le grand
coin de l'œil, afin de conseruer la poulie, & l'insertion du tendon, qui est enfermé dans vn petit ligament nerueux, qui le reçoit & accompagne iusques à l'œil. La chair de ce muscle est

attachée aux Parois ofleux de la fofle de l'œil,
vers le grand coin. Le feptiéme mufcle, qui eft
le petit Oblique, naift de la marge interne de
l'Orbite inferieure, proche la glãde Lachrymale, & fe refléchiffant fur le mufcle humble, &
deffous l'Indignatoïre, finit au haut du globe
de l'œil, vers le mufcle que l'on nomme Su-
perbe. Ce mufcle eft le fecond qu'il faut chercher en faifant la preparation de l'œil, & on
doit bien prendre garde en cherchant les autres
de ne le pas découper. Pour bien voir les mufcles de l'œil, il faut leuer auec la pointe du bi-
ftori, la membrane conionctiue, & lors on verra qu'ils finiflent tous par vne petite Apone-
neurofe membraneufe à la Tunique cornée, &
qu'ils ne font point vne membrane particuliere
comme veut Colombe, d'autant que l'Aponeurofe de chacun de ces mufcles eft feparée.

Mais on ne peut pas bien voir, ny monftrer
ces chofes, fi l'on n'a ofté la graifle qui eft autour auec vn petit cifeau; & apres que l'on aura
monftré le releueur de la paupiere d'enhaut, &
fait voir les quatre droits, & le petit Oblique,
afin que vous puiffiez voir clairement le grand
Oblique, auec le tour qu'il fait fur la poulie,
vous oflerez l'œil de fõ lieu, luy laiffant attaché
grand mufcle Oblique, bien que vous ayez
coupé les autres auec le cifeau.

Des Mufcles placez au Col.

L E Col, que nous prenons depuis la bafe de
la tefte, iufques aux Clauicules, contenãt
fept vertebres, a plufieurs mufcles en deuant, les vns defquels appartiennent à la tefte,

d'autres à l'Os Hyoïde, d'autres au Larynx, d'autres à la langue, & finalement d'autres au Pharynx. Le premier qui se presente est le muscle large, qui enuironne tout le Col ; Il naist de la Clauicule, & du Sternon, & s'attachant à la base de la maschoire inferieure, se porte lateralement iusques à l'Oreille. On le doit exactement separer des chairs qui sont au dessous, à cause qu'il est tres-mince.

Apres auoir osté le muscle large au deuant du Col, sous le menton, on en trouue neuf qui vont iusques au Larynx, & six qui sont au dessous du Larynx. Le premier qui paroist vers la partie exterieure du Col, plus espais & rond est le Mastoidien, qui monte obliquement de la Clauicule à l'Apophyse Mastoide, il le faut separer à son origine, afin de monstrer les autres, mais en ceux qui ont esté pendus, on le trouue ordinairemēt tout brisé, & deschiré par la corde. On trouue sous le Mastoidien vn autre petit muscle caché, fort gresle & longuet, qui est le *Corachyoidien*. Il va obliquement de l'espaule à l'Os Hyoïde, seruant à le retirer. Ces muscles estant ostez, vous verrez l'Artere Carotide, & la veine Iugulaire interne, & le nerf de la sixiéme Coniugaison, qui est entre ces deux vaisseaux, en suitte dequoy l'on cherche les muscles qui sont au dessous du Larynx.

Le premier qui sort de la partie superieure du Sternon, est le *Sternohyoiden*, & celuy de dessous est le Bronchique, qui appartient au Larynx.

Il faut en suite preparer les muscles qui sont dessous le menton, au dessus du Larynx. Le premier est le muscle Digastrique de la maschoire.

inferieure; qui eſt greſle & nerueux vers ſon
milieu, afin qu'il ſe recourbe autour du Stylo-
ceratoidien; il finit à la partie interne du menton. On trouue ſous le menton proche de ce
muſcle deux petites glandes, qui groſſiſſent durant les fluxions. Ie ne ſçay pourquoy elles ſōt
nommées par Veſal *Animelles*. Il faut les oſter
afin de voir les autres muſcles, & ſeparer du
menton le muſcle Digaſtrique.

Car on void ſous luy le Milohyoidien, &
ſon compagnon, qui ſont fortement vnis enſemble, mais il y a vne ligne en dedans, depuis
la fente du menton, iuſques au milieu de l'Os
Hyoide, qui nous monſtre l'endroit où il faut
les ſeparer.

Deſſous le Mylohyoidien, on trouue deux
nerfs fort conſiderables, qui ſont de la ſeptiéme
Coniugaiſon, & le muſcle Geniohyoidien, qui
ſortant du dedans du menton, finit à l'Os
Hyoide; mais il eſt tellement attaché auec ſon
compagnon, qu'il n'en eſt ſeparé que par cette
ligne blanche, qui paroiſt au dedans.

Le Genioglſſe eſt caché ſous ces muſcles,
& à la partie Laterale du Genioglſſe, on trouue le Mylogloſſe, & deſſous celuy-cy, le Ceratogloſſe, ou plutoſt le Baſigloſſe.

Apres auoir remarqué ces choſes, il faut paſſer au creux du Col, ſous le coin de la maſchoire inferieure, où eſtoit cette glande que nous
auons cy-deuant fait oſter, & c'eſt en ce lieu
que l'on trouue le muſcle Styloglſſe, qui s'inſere dans le Ceratogloſſe.

Il y a plus bas deux muſcles, dont l'vn deſlié
& tout charnu, ſe nomme *Stylohyoidien*, & l'autre qui en eſt proche, & contigu, eſt charnu en

ſon origine, qu'il prend à l'Apophyſe Styloide,
& amenuiſé vers le milieu, en forme d'vne
corde. On le nomme le muſcle *Digaſtrique*, &
c'eſt le premier qui paroiſt, & que nous auons
cy-deſſus remarqué deſſous le menton.

Le Stylopharingien eſt auſſi caché ſous le
Stylogloſſe. Et l'on le trouue ſous le coin de la
maſchoire inferieure en dedans. A celuy-cy eſt
immediatement attaché le muſcle Pterigoidiē
interne, qui naiſt du creux de l'Apophyſe Pterigoide, & finit au dedans du coin de la maſchoire inferieure; on ne doit point l'oſter de ſa
place.

On void auſſi vn muſcle fort court, que l'on
appelle *Hyothyroidien*, qui ſort exterieurement
de la baſe de l'Os Hyoïde, & s'inſere au milieu
du cartilage Thyroide. Ce muſcle eſt ordinairement rompu par la corde à ceux qui ont eſté
pendus.

Tous ces muſcles' eſtans ainſi oſtez, vous
voyez paroiſtre l'Oeſophagien, muſcle large
& membraneux, couché ſur l'Oeſophage, qu'il
embraſſe & enuironne. Il finit exterieurement
aux aiſles du cartilage Thyroide.

Des muſcles du Larynx, du Pharynx, & de la Luette, ou Vuule.

APres auoir obſerué, & ſeparé le muſcle Oeſophagien, il faut oſter tout le Larynx,
pour voir de plus prés ſes muſcles propres, car
ils ſont petits. L'on en treuue iuſques à huiĉt ou
dix, les vns deſquels ſeruent à remuer le cartilage Thyroide, & les autres appartiennent à
l'Arytenoide.

Vous trouuerez placez en la partie inferieure & anterieure du Thyroide deux muscles, que l'on nomme *Cricoarytenoidiens anterieurs*, & aux costez & coins inferieurs du mesme cartilage Thyroide, se treuuent les Cricoarytenoidiens posterieurs. Vous remarquerez en la partie posterieure externe du cartilage Crycoide, les deux muscles Cricoarytenoidiens. Et ayant separé le cartilage Thyroide en dedans, & à costé, on void paroistre le muscle Thyroarytenoidien. On adiouste à ceux-cy le muscle Orbiculaire, qui enuironne tout le cartilage Arytenoide.

Mais on ne peut pas bien voir tous ces muscles, à moins qu'on ait osté l'Oesophagien, & les glandes Paristhmiques, ou Thyroidiennes, ausquelles le cartilage Thyroide est adherent.

L'Epiglotte n'a point de muscles en l'homme, mais on en treuue deux fort considerables dedans les brutes, comme ie l'ay veu clairement en vn Larynx de bœuf. On rencontre seulement en l'homme le ligament nerueux, qui tient l'Epiglotte tousiours leuée, si ce n'est qu'elle soit abaissée par la pesanteur des viandes qui passent par dessus.

Il faut apres cela chercher les deux muscles du Pharynx, dont l'vn est le *Sphenopharingien*, & l'autre le *Cephalopharyngien*. Vous pourrez en suite facilement trouuer les muscles de la luette, si vous auez appris dans la Myologie leurs origines, & leurs insertions.

Des muscles du derriere de la Teste, & du Col.

APres auoir osté la peau & la graisse du derriere du Col, & de tout le dos, iusques à l'os sacré, vous remarquerez plusieurs muscles, le premier desquels est le Scapulaire, ou Trapese, qui ioint auec le muscle large, couure le Col, le dos, & les Lombes, comme vne camisolle.

Or le Scapulaire, qui appartient à l'espaule, s'estend par vne de ses parties, assez large, iusques au derriere de la teste, enueloppant tous les muscles du col; & pour le bien anatomiser il le faut separer par bas du muscle tres-large, & de toutes les racines des épines, tant du dos, que du col, iusques au derriere de la teste; d'où il faut aussi le separer, le laissant seulement attaché à l'os de l'épaule.

Cela fait, il faut destacher le Rhomboide & le separer des poinctes qui paroissent le long de l'épine du dos. En suite dequoy vous trouuerez dessous luy le petit Dentelé superieur & posterieur.

Tous ces muscles estans ostez iusques à leurs insertions, on void paroistre les muscles de la teste: le premier desquels est le Splenius.

A costé de celuy-cy est le Releueur propre de l'épaule, l'origine duquel ne se peut voir qu'apres auoir leué le Mastoidien. Le Splenius estant separé du costé des épines du col, vous trouuerez au dessous de luy le Complexus; auquel touchent, mais du costé du col, les portions du muscle Espineux, & du Sacrolombai-

re, qui montent iusques à la seconde vertebre
du col.

Le Complexus estant osté au dessous de la seconde vertebre du col, on void deux muscles
dediez à son mouuement. Le premier est le
Transuersal, qui est placé entre les Apophyses
transuersales & épineuses du col & du dos, &
sous luy se trouue le demy Espineux, qui couure immediatement le corps des vertebres.

Huit autres petits muscles paroissent au dessus
de la premiere & seconde vertebre du col, quatre de chaque costé, desquels les deux grands
obliques sortans de l'Apophyse transuerse de la
seconde vertebre, se portent à l'Apophyse transuerse de la premiere. Les deux autres droits
plus grands, s'estendent depuis l'espine de la
seconde vertebre, iusques au derriere de la
teste.

Sous les extremitez superieures de ces vertebres, sont les deux petits, droit & oblique. Le
petit droit est caché sous le grand droit, lequel il faut separer du costé de la teste, afin que
le petit droit paroisse.

Le petit Oblique naissant du derriere de la teste, proche du petit droit, finit à l'Apophyse
transuerse de la premiere vertebre. Mais on ne
pourra pas voir ces muscles, tant droits, qu'o-
bliques si on ne les décharge de leur graisse. Il
faut aussi commencer la dissection des muscles
de la teste & du col, par les espines des vertebres.

Tous ces muscles estans bien considerez, il
en faut chercher vn autre dessus l'articulation
de la maschoire inferieure, caché sous le Zygoma. Il est placé sur l'aisle externe de l'Apophyse

physe Pterigoide, & tout charnu, & comme
rond il s'insere à la fente qui est entre la Couronne & le Condyle de la maschoire inferieure. On le peut appeller *le Pterigoidien* externe,
afin qu'il soit discerné du Pterigoidien interne, que nous auons descrit cy-dessus.

Des Muscles du Bras.

CEs Muscles estant preparez, il faut trauailler aux autres, & premierement vous
leucrez le Pectoral, commençant à le separer,
ou par le Sternon, ou par sa partie inferieure,
où il est ioint au grand Dentelé.

Cependant vous remarquerez que le petit
Dentelé est dessous le Pectoral, & qu'il est immediatement attaché aux costes, afin que vous
ne le deschiriez ou arrachiez point en separant
le Pectoral, qu'il faut leuer iusques au milieu
de la clauicule; où estant arriué il faut le separer du Deltoide, auquel il est fermement attaché par des liens obscurs. Et en suitte vous
destacherez le Deltoide, commençant par son
origine. On passe de là aux muscles couchez
sur l'Omoplate. Il y en a vn au dessus de l'espine de cét Os, & trois autres au dessous. Celuy qui est le plus proche de l'espine, s'appelle
le Muscle Sous-espineux, apres est le petit
Rond, & en suite le grand Rond, qui est estendu sur la coste inferieure de l'Omoplate. Le
creux de ce mesme Os est remply par l'Enfoncé, ou le Sous-scapulaire, qui est dessous l'O-
moplate.

Il ne faut point couper les origines, ny les
insertions de ces Muscles, mais seulement fai-

re vne petite separation à cofté pour les difcerner les vns d'auec les autres.

Des Mufcles qui font placez fur le Dos, & fur les Reins.

DE l'Omoplate vous décendrez au Dos, & aux Lombes, lefquelles parties font couuertes du Mufcle tres-large, qu'il faut feparer de l'Os facré & de la cofte externe de l'Os des Iles, iufques à l'angle inferieur de l'Omoplate, & iufques à fon infertion, qui finit à l'os du bras, vn peu au deffous de fon col. En le coupant vers les épines des vertebres, il faut bien prendre garde de gafter le petit Dentelé inferieur & pofterieur, qui eft deffous ce tres-large.

Et quand on aura leué le Dentelé, depuis fon origine, qui eft vers l'Os facré; iufques à fon infertion, vous preparerez les trois Mufcles, qui naiffent de l'Os facré, & s'eftendent le long de l'efpine, Defquels le premier, qui eft lateral & tourné vers les coftes, fe nomme *Sacrolombaire*, la diffection duquel fe doit commencer par enhaut vers la racine des coftes. Il y a vne ligne blanche remplie de graiffe, qui vous conduira de haut embas, à l'endroit où il eft feparé du mufcle quarré des Lombes, mais vous aurez beaucoup de peine de le feparer en fon origine d'auec le mufcle Efpineux. Il faut cepédant remarquer que le Sacrolombaire va iufques au derriere de la tefte, & qu'il diftribuë à chacune des coftes vn double Tendon.

En fuite vous feparerez l'Efpineux de l'Os facré: en oftant doucement & adroitement cette sure Aponeurose couchée sur le Muscle sacré, laquelle estant ostée, si vous continuez iusques en haut, vous connoistrez la difference qu'il y a entre l'Espineux & le Sacré.

Ce qu'ayant fait, vous separerez facilement ces Muscles en passant vostre Bystory en dedas, & tout droit iusques aux Apophyses trãsuerses. L'Epineux monte iusques à la seconde vertebre du col, entre le Transuersal, & le Complexus. Et le Sacré estant couché sur les Apophyses transuerses, monte aussi iusques au col.

Des Muscles de la Poitrine.

AYant renuersé le corps sur le dos, vous separerez de costé le grand Dentelé, & en mettant la main par dessous l'Omoplate, on connoistra qu'il s'estend iusques à la clauicule. L'on verra en suite le Sousclauier, placé entre la clauicule & la premiere coste.

Le Pectoral interne, autrement le Triangulaire, se doit chercher en la partie interne du Sternõ, que l'on a leué. Vous separerez en suite subtilement le Muscle intercostal externe d'auec l'interne. Les fibres de l'vn & de l'autre de ces Muscles, qui s'entrecoupent en croix, monstreront la distinction qu'ils ont entr'eux.

Des Muscles du Coude.

AYant preparé ces Muscles, il faut retourner au bras pour voir les Muscles du Coude, qui sont placez sur le bras.

Ils sont au nombre de cinq, qui enuironnent tous l'os du bras, deux en deuant, & trois en

derriere Les deux Fleschiffeurs du Coude doiuent eftre feparez en la partie interne & anterieure. Le premier qu'on rencontre eft le mufcle Biceps, lequel fe peut facilement feparer en
deux, depuis fon origine, iufques à fon infertió:
mais il faut prédre garde que l'vne de fes teftes
qui fort de l'Apophyfe Coracoide, eft accompagnée d'vne chair qui fuit lateralement le
mufcle Pectoral iufques à la moitié du bras, auquel il eft fortement attaché. Et cette partie
charnuë fait vn mufcle dedié à tirer le bras en
deuant. I'appelle ce mufcle, à caufe du lieu où
il prend naiffance, *le Coracoidien*.

I'ay auffi remarqué que ce mufcle Biceps, qui
n'a ordinairement que deux teftes, en vn homme fort nerueux & robufte, eftoit Triceps; c'eft
à dire qu'il auoit trois teftes, & qu'il fe feparoit
entierement en trois parties, depuis fon origine
iufques à fa fin. La troifiéme de ces teftes naif-
foit du Tendon du mufcle Pectoral.

Le Brachial interne eft placé au deffous du Biceps, fon commencement eft vers la fin du
Deltoide. Il le faut couper de cofté, pour le fe-
rarer de fes voifins.

On void en la partie externe du bras trois
mufcles, qui font le Long, le Court, & le Brachial externe fans compter l'Angoneux, qui eft
au deffous de l'Olecrane.

Ces mufcles externes, qui font le Long & le
Court, embraffent cette maffe de chair, que l'on
appelle le Brachial externe. Ils font feparez dés
leur commencement par le Tendon du mufcle
tres-large, mais en leur infertion ils fe ioignent
enfemble par vn fort & nerueux Tendon, ce qui
eft caufe que par enhaut on les fepare facile-

ment de ce muscle charnu : mais par embas vers l'Olecrane, on ne les en peut deftacher.

Or pour les preparer, il faut premierement leuer adroitement le Tendon nerueux qui eft proche de l'Olecrane, & montant touſiours en haut de coſté & d'autre, voire meſme en dedans, prenant bien garde à la ligne qui ſepare le Long d'auec le Court, iuſques à ce que le Brachial externe ſoit ſeparé de ces muſcles qui ſōt deſſus luy, & alors l'on verra que le Brachial externe naiſt charnu de l'os du bras, vn peu au deſſous de ſon col.

Le muſcle Angoneus ne paroiſt point qu'après auoir oſté la mēbrane nerueuſe qui le couure. Il prend ſa naiſſance de la partie inferieure du bras, proche de l'Olecrane, & s'eſtant caché entre l'os du Rayon, & l'os du Coude, il s'inſere à celuy du Coude. Il eſt de la longueur & de la groſſeur du doigt Indice,

Des Muſcles du Rayon, du Carpe, des Doigts, & du Pouce.

VOus trouuerez dedans le Coude les muſcles du Rayon, du Carpe, des Doigts, & du Pouce. Il y en a neuf en la partie interne du Coude iuſques au Carpe, & ſept en la partie externe.

Ceux du dedans ſont diſpoſez de cette ſorte. Le premier qui paroiſt, eſt le Long Supinateur du Rayon, qui naiſſant de l'Apophyſe externe de l'os du bras, ſe couche le long du Rayon. Son voiſin eſt le Radieus Fleſchiſſeur du Carpe. Le troiſiéme eſt le Palmaïre, qui va par deſſuc tous les autres, auec ſon Tendou tres-mincc

Ccc iij

ce. & fort long. Le quatriéme est le Sublime
Fleschisseur des doigts, qui est à costé du Palmaire. Le cinquiéme est le Cubiteus Fleschisseur du poignet, contigu au sublime.

Vous verrez en la partie superieure du coude,
proche de la iointure, entre le Long Supinateur
& le Radieus Fleschisseur, paroistre la teste
ronde du Pronateur du Rayon: lequel muscle est
fort court, & naissant de l'Apophyse interne de
l'os du bras, s'insere obliquement au Rayon.
Le Fleschisseur du Poulce est au dessous du
Radieus.

Le Fleschisseur profond des Doigts est au dessous du Sublime, estant couché dessous les Tendons des muscles, au bas du Coude vers le Poignet. Le Muscle quarré, qui est enuiron de la
largeur de trois doigts, est immediatement attaché de trauers aux os du Coude, & du Rayon.

Le premier des Muscles, qui sont en la partie
externe du Coude, est l'Extenseur du Carpe,
couché sur le Rayon. Le second, qui en est
proche, est l'autre Extenseur, qui va obliquement au Coude, sur lequel estant couché descend embas.

L'Extenseur des doigts est placé entre les os
du Rayon & du Coude, estant ioint à cette
masse de chair qui est couchée dessous le muscle Extenseur du poulce. Au dessous de celuy-
cy, proche de l'os du Coude, se rencontre aupres du Carpe l'Extenseur du petit doigt.

Vous trouuerez deux autres petits muscles
sous les tendons de l'extenseur des doigts, l'vn
desquels est l'Extenseur du poulce, & l'autre est
l'Indicateur destiné au doigt indice; le tendon
duquel s'vnit par ses fibres, au tendon de l'Extenseur des doigts.

La diuision ou separation de tous ces muscles est facile, pourueu qu'on la commence en la partie superieure du Coude, tant en dedans qu'en dehors; & c'est aussi par là qu'il faut tousiours commencer, dautant que si vous commencez par les tendons, vous augmenterez de beaucoup le nombre des muscles, & en ferez autant que vous trouuerez de tendons; si bien que vers le poignet & le bas du Coude il faut separer les tendons du sublime, & du profond, & en donner quatre à chacun d'eux, & trauailler en suitte vers le haut.

Le Radicus externe, Extenseur du Carpe, est appellé le Muscle *Bicornis*, ou à deux cornes, à cause qu'il a deux tendons. On le pourroit separer en deux, tant en son origine, qu'en son insertion; mais il vaut mieux n'en faire qu'vn.

On rencontre en la main dix-sept muscles. En la paulme de la main il y en a treize, à sçauoir: Les quatre Vermiculaires, l'Hypothenar, le Thenar, l'Antithenar, l'Abducteur de l'Indice, la Masse charnuë, & les quatre Entre-osseux internes. Au dehors de la main, on ne trouue que les quatre Entre-osseux externes, auec les tendons des Extenseurs des doigts, de l'Extenseur de l'Indice, & de celuy du petit doigt.

Des Muscles du bas ventre.

LA preparation des muscles du bas ventre se doit faire de cette sorte. Il faut premierement détacher le muscle Oblique descendant, l'extremité duquel est entrelacée en forme de dents auec le grand Dentelé. Et

l'on connoiſtra la difference qui eſt entr'eux
par les lignes blanches, & la differente ſituation
de leurs fibres. Vous vous ſeruirez d'vn petit
biſtory bien trenchant, pour ſeparer ce muſcle
Oblique d'auec les dents du Dentelé. La premiere dent eſt entre le muſcle droit, & vne partie du grand Dentelé, & la ſeconde & troiſiéme
ſont tres-difficiles à ſeparer, les autres quatre
ſont cachées ſous vne partie du muſcle tres-
large, & ne s'attachent point auec les productions charnuës du grand Dentelé.

Or pour les voir il faut leuer vne portion du
muſcle tres-large, iuſques à l'eſpine poſterieure de l'os des Iles, puis détacher ces quatre
dents d'auec les coſtes, & en ſuitte ſeparer le
muſcle de toute la coſte de l'os des Iles.

Ceux qui ſont adroits, & qui veulent ſe donner de la patience, peuuent remarquer que le
ſeconde, troiſiéme & quatriéme dent du muſcle
Oblique, vont bien plus auant ſous le Dentelé
que l'on ne croid, & il ſe trouue là vne teſte
remplie de nerfs & de tendons, qui s'attache au
coſté inferieur de la coſte. Et cette teſte reçoit
vne partie du nerf intercoſtal. Car ce nerf ſe
diuiſe en deux parties, lors qu'il eſt arriué en
ce lieu, dont l'vne s'inſere à cette teſte nerueuſe
des dents dudit muſcle Oblique, & l'autre s'attachant à la coſte, fait ces entre-coupures nerueuſes du muſcle droit. Ce muſcle eſtant coupé
de cette ſorte, on le renuerſera en l'vn des coſtez du ventre.

Cependant l'on remarquera que ſon Aponeuroſe eſt percée vers l'os Pubis, de meſme que
celles de l'Oblique aſcendant, & du Tranſuerſal, ſont percez proche de l'eſpine anterieure

& inferieure de l'os des Iles ; si bien que les deux trous des deux muscles Obliques, ne sont pas droitement opposez , mais mis les vns apres les autres , afin que le boyau ne peust pas si facilement tomber dedans l'aisne , ou dedans les bourses.

Il faut necessairement que ces trous se brisent, se dechirent, ou s'eslargissent aux hergnes des bourses, à quoy il faut bien prendre garde, quand on veut remettre le boyau en sa place, pour remedier à cette incommodité , que l'on nomme Estranglement de boyau. Et lors que l'on fait incision dedans l'aisne, pour faire rentrer le boyau , on doit en coupant dilater ce trou, afin que le boyau rentre plus facilement dedans le ventre.

Au dessus du muscle Oblique ascendant vers l'Hypogastre, on trouue vn petit nerf qui se glisse & s'introduit dedans la production du Peritoine pour estre porté aux Testicules, passant au trauers du muscle Transuersal. Et ce nerf sort des Lombaires, estant portion de ceux qui s'inserent au muscle ascendant Oblique & Transuersal.

Or le muscle Oblique ascendant estant destaché de la coste de l'os des Iles , à laquelle il est fortement attaché , il le faut conduire iusques aux Lombes, où vous le separerez d'auec le Transuersal : puis remontant on le destache des costes. Et à la fin le renuerserez sur le costé opposé, comme l'autre Oblique, prenant garde quand vous viendrez au muscle droit , que l'Oblique enueloppe le droit d'vn double tendon au dessus du nombril , mais qu'au dessous du nombril il ne passe qu'vn simple tendon par

deſſus le muſcle droit, qui eſt toutesfois tellement attaché vers les bords du muſcle droit à
l'Aponeuroſe du muſcle Oblique deſcendant,
que l'on ne l'en peut ſeparer par aucun artifice,
ſans tout deſchirer.

Il faut auſſi bien prendre garde quand on
ſepare les tendons des muſcles Obliques d'auec
les os Pubis, de ne pas deſchirer l'Apophyſe du
Peritoine, qui paſſe par ces tendons, conſeruant auſſi ſoigneuſemēt le muſcle Cremanſter,
qui eſt deſſus cette Apophyſe, & les tendons du
Tranſuerſal, qui ſont au deſſous.

On reconnoiſt le muſcle Cremaxſter par la
couleur, & par la conſiſtēce, ſa chair eſtant plus
rouge, & ſes fibres eſtant droites, & beaucoup
plus deſliées, ſa chair eſtāt auſſi ſeparée de celle
du muſcle Oblique aſcendant, & le long de
l'aiſne enueloppée de l'Apophyſe du Peritoine.
Les femmes ont auſſi vne ſemblable chair cachée ſous cette production du Peritoine, mais
elle eſt beaucoup plus courte : & plus eſtroite.

On trouue vers les Lombes, entre le muſcle
Oblique aſcendant & le Tranſuerſal, vne grāde
quantité de veines, qui ſont rameaux des Lombaires & des Hypogaſtriques. Mais il faut ſur
tout obſeruer deux nerfs tres-conſiderables, qui
outre les deux petits nerfs intercoſtaux, abou-
tiſſans aux dents de l'Oblique deſcendant, naiſſent des deux vertebres du dos inferieures, &
couchez obliquement ſur les fauſſes coſtes, ſe
diſtribuent dans les chairs du muſcle Oblique
deſcendant & du Tranſuerſal, vers la derniere
des fauſſes coſtes.

Le muſcle droit eſt tres-facile à ſeparer par la
ligne blanche, ſans que l'on coupe les deux ex-

tremitez ; & si l'on coupe doucement & auec
soin ses extremitez opposées à la ligne blâche,
vous trouuerez que les nerfs intercostaux percent le Peritoine , afin d'arriuer & de produire
les entrecoupeures nerueuses de ce muscle : lesquelles neantmoins ne se trouuent point en certains corps, ainsi que i'ay obserué. I'ay veu souuent qu'il y en auoit deux au dessus du nombril,
mais imparfaites. Quand on trouue la troisiéme , elle est directement opposée au nombril; &
la quatriéme se trouue fort rarement. Vous remarquerez en dedans & vers la fin de ce muscle
droit , la veine Epygastrique ascendente , & la
veinne Mammaire descendante , lesquels s'assemblent vers le milieu de ce muscle, & s'vnissent ensemble par leurs mutuelles anastomoses.

La ligne blanche est veritablement l'Interualle qui se trouue entre les deux muscles droits,
elle s'estend depuis le Cartilage Xyphoide, iusques à la fente des os barrez : Et c'est mal l'entendre , que de prendre pour la ligne blanche,
le concours des Aponeuroses du muscle Oblique ascendant , veu que ces Aponeuroses sont
continuées, encore qu'il n'y paroisse aucune ligne qui les discerne.

Les femmes grosses ayans pendant les derniers mois de leur grossesse le bas ventre extremement estendu , pour ce suiet en ce temps-
là les muscles droits sôt separez les vns des autres : ce qui fait que l'on void vne ligne liuide
depuis le Cartilage Xyphoide iusques à la Symphyse de l'os Pubis , laquelle de meure deux ou
trois mois apres l'enfantement ; en suitte dequoy elle s'efface petit à petit , les muscles
droits se rapprochans, & se reioignás enséble,

Le petit muscle Pyramidal est couché sur l'extremité inferieure du muscle droit, il le faut tres-soigneusement leuer: car en ayant osté vn, vous verrez que le tendon du muscle droit, qui est tres-fort & tres-nerueux, s'insere à l'os Pubis.

Le Pyramidal du costé gauche, est souuent plus court & plus estroit que celuy du costé droit.

Le muscle Transuersal estant fortement attaché au Peritoine, ne s'en peut que difficilement separer. Si neantmoins vous commencez à separer ce muscle par les Lombes, vous le pourrez facilement destacher du Peritoine auec le doigt seul, sans autres instrumens.

Des Muscles du membre Viril.

ON remarque au membre Viril deux muscles de chaque costé, qu'il faut chercher dans l'aisne, & dedans le Peritoine, mais il faut prealablement oster toute la graisse dont ils sont entourez. Le premier s'appelle l'Erecteur, qui naissant du muscle Spyncter de l'Anus, se va coucher sur le ligament cauerneux & spongieux de la Verge. L'autre, qui est couché sur le conduit de la Verge, se nomme Accelerateur, & sort de la tuberosité de l'os Ischion, au dessous du ligament spongieux de la Verge, encore qu'il soit attaché par vne de ses parties charnuës au Spyncter, pour soustenir l'Anus. Ie monstre ordinairement cette portion charnuë pour les deux muscles exterieurs, qui releuent le fondement.

Des Muscles du Siege.

ON treuue six muscles externes du Siege. Il
y en a deux que l'on nomme *Spyncteres*, *ou*
Portiers, & quatre que l'on appelle *Releueurs*
externes. Il y a d'autres Releueurs internes qui
sont cachez en dedans. La femme a vn muscle
particulier, qui est attaché au Croupion. Il
faut commencer à preparer le muscle Spyncter
Cutanée qui est dessous la peau, & en suitte l'autre plus large qui est fort rouge, & apres on
trouue les Releueurs à costé, deuant & derriere, qui partent de la bosse de l'os Ischium &
qui sortent en derriere du Croupion, & en deuant d'vn peu plus bas que les muscles Accele-
rateurs. En suitte de quoy il y faut mettre par
dessous la main, ou le manche du Bistory, pour
voir les autres; ce qui se fera beaucoup mieux,
si l'on oste le bout du boyau droit, & la vessie,
& la matrice aux femmes, & si l'on separe les
os barrez l'vn de l'autre à l'endroit, où ils sont
fortement vnis.

Alors on verra vne chair tres-large, mais fort
desliée, qui s'estend depuis l'os sacré, iusques
à l'epine de l'os des Iles, soustenuë par vn ligament fort, qui se trouue en ce lieu, & qui
s'etend iusques au mesme os Ischion. L'on doit
prendre cette membrane charnuë, pour le releueur du fondement; car l'on trouue au dessous d'elle le muscle obturateur interne.

Outre ces Releueurs, on en trouue vn autre
qui sort de l'extremité de l'Os sacré, & du
Croupion, qui est vne chair mince & pointuë,
dont les fibres sont droites, enuironnant les

coſtez du Croupion de part & d'autre. Il ſouſtient le Spynĉter, & ainſi lors que l'orifice externe de la partie honteuſe d'vne femme eſt dilaté, il retire le Croupion en arriere, comme durant l'enfantement, auquel temps il eſt
beſoin qu'il ſoit retiré. Ce muſcle ſe rencontre
fort rarement aux hommes, & quand il s'y
trouue, il ſert à chaſſer les excrements groſſiers, qui ſont dans le boyau; ce qui ſe fait auec
plus de facilité, lors que le Croupion eſt repouſſé en arriere. Le Spynĉter interne, s'il eſt
beſoin d'en admettre vn troiſiéme, n'eſt autre
choſe que cette chair comme liuide, membra-
neuſe, qui enueloppe comme vne guayne le
boyau droit. Les fibres dont elle eſt compoſée
ſont droites, en ayant fort peu de circulaires.
Que ſi elle eſt la membrane charnuë des boyaux, celle cy eſt differente de celle qui enueloppe le dedans des autres boyaux; ce qui
fait que le boyau droit eſt different des autres,
ſans qu'il ſoit beſoin de dire, que la ſituation
des membranes ſoit changée en ce lieu.

Des Muſcles de la Veſſie.

L E muſcle Spynĉter ou Portier de la Veſſie,
eſt en l'homme au deſſus des Proſtates, leſquelles il comprĕd de la largeur de deux doigts,
& on le void facilement hors du conduit de la
Verge. Si l'on coupe ce conduit auec le ci-
ſeau, depuis le Balanus iuſques aux Proſtates,
il faut examiner en ce lieu, s'il y a deux Portiers de la Veſſie, l'vn au deſſus, & l'autre au
deſſous des Proſtates; ce que ie n'ay iamais remarqué.

Or la partie du col de la Vessie, qui regarde l'os *pubis*, est toute charnuë entre les deux glandes Prostates, & l'on pourroit en cét endroit faire deux Portiers, dont l'vn seroit charnu, & couché dessus ces glandes; mais dessous les Prostates, ce seroit le muscle membraneux du col de la Vessie. Et cét autre muscle large, qui est au dessus des Prostates, & qui se retourne embas, seroit le second Portier, à cause qu'il enueloppe en tournant, dessus & dessous les Prostates.

Le col de la Vessie des femmes est à peu prés de la longueur du poulce, il est tout nerueux & spongieux, & noirastre en dedans comme le conduit de la Verge de l'homme. Il est enuironné d'vne chair fort rouge, qui peut tenir lieu de muscle Spyncter; & lors qu'on void ce col extraordinairement enflé, si l'on met le doigt dedans le col de la matrice, on y remarque vne tumeur dure & longue, & la chair qui est au haut de la partie honteuse, & qui ferme l'orifice de la Vessie aux filles & aux femmes, est plus grande que toutes les autres. Et encore que les autres glandes soient déchirées, & effacées par les accouchements frequents, celle-là demeure tousiours entiere, iusques à la fin de la vie.

Des Muscles du Clitoris.

IL faut chercher les muscles de cette partie, apres auoir petit à petit osté la graisse, iusques à ce que l'on voye paroistre vne chair rouge. Le premier, qui est large & vn peu enfoncé, se doit separer du muscle Spyncter de l'Anus, duquel il sort & s'attache aux leures de la partie honteufe de la femme, lefquelles auffi, felon mon auis, il releue & refferre. L'autre eft le grefle, qui eft couché fur le ligament du Clitoris.

Des Mufcles de la Cuiffe.

ON apperçoit lors que le bas ventre a efté vuidé de fes entrailles, vn mufcle long & rond, couché fur les Lombes, que l'on nomme *Pfoas*. lequel il faut feparer depuis fon origine, iufques à fon infertion, qui eft au petit Trochanter.

Il y a vn autre mufcle grefle couché fur le *Pfoas*, que l'on trouue fouuent aux hommes, plus rarement aux femmes, il femble eftre mis en ce lieu, pour affermir & refferrer comme vn ligament la chair mollaffe, & lafche du mufcle *Pfoas*.

On void auffi vn autre mufcle large, que l'on appelle *Iliaque*, qui remplit le creux de l'os des Iles, qui paffant auec le *Pfoas* fur l'os *Pubis* & ioignant fon tendon auec le *Pfoas*, finit au petit Trochanter.

Apres auoir confideré ces chofes, il faut retourner le corps, & leuer les mufcles qui compofent les feffes, que l'on appelle pour ce fuiet, *Mufcles feffiers*, qui font au nombre de trois, couchez l'vn fur l'autre. Le premier & le plus grand feffier, doit eftre premierement bien nettoyé vers fon tendon, & defchargé de fa graiffe en fuitte dequoy on le feparera par deuant, & par derriere, vous continuerez à le détacher par en haut, & par tout, iufques à fon infertion, qui eft au grand Trochanter, où vous le laifferez. On peut auffi le feparer par le deuant, ayant

premierement

premierement oſté la bande large.

Le ſecond feſſier, qui eſt celuy du milieu, eſt au deſſous de ce premier, la ſeparation duquel eſt facile, tant en ſa partie ſuperieure que laterale, vers l'Os ſacré. On trouue ſous le milieu du ſecond feſſier, le troiſiéme ou petit feſſier, qui eſt entierement attaché à l'Os Ilion; il n'eſt pas beſoin de leuer ce dernier.

On doit remarquer entre le petit feſſier & celuy du milieu, deux veines aſſez conſiderables, qui ſôt Rameaux de l'hypogaſtrique, & ſe gliſſent le long du muſcle obturateur interne, eſtâs accompagnées d'vne artere, & d'vne petite portion du grand nerf poſterieur, qui ſe fendent en pluſieurs petits rameaux. C'eſt de là que procedent les violentes douleurs, que l'on ſent dans le fond des feſſes, que l'on prend ſouuent pour vne Sciatique. Pour ce ſuiet, il y a bien de l'apparence, que ſi l'on ouuroit les veines hemorrhoidales, on receuroit beaucoup de ſoulagement.

Vous deuez en ſuitte preparer les quatre Gemeaux, & les obturateurs, que l'on void facilement vers le bas, quand on a ietté à coſté le grand feſſier. Le premier, qui eſt ſuperieur & le plus long de tous, s'appelle *Pyriforme*, eſtant fait en forme de poire, aupres duquel on void les deux autres petits, qui ſont ioints enſemble, & ſemblent enuelopper le tendon de l'obturateur interne. Le quatriéme, qui eſt plus large & plus charnu que les autres, ſe treuue aupres d'eux.

Les Obturateurs ſont deux, à ſçauoir l'interne & l'externe. Le premier naiſſant de la circonference du trou qui eſt en cét os, paſſe ſon ten-

Ddd

don entre deux ligamens; & caché dans le creux du second & troisiéme des quatre Gemeaux, se porte de là au creux du grand Trochanter ; ce qui fait que pour le bien voir, il faut separer & deschirer le second & troisiéme des quatre Gemeaux.

Or les ligamens , dont nous venons de parler, au trauers desquels passe le tendon de l'Obturateur interne, sont deux: L'vn externe, qui sortant de l'Os sacré, s'attache à la tuberosité de l'Os Ischion: L'autre interne, est couché sous le premier , & sortant du mesme Os sacré, s'attache à l'espine de l'Os Ischion.

L'Obturateur externe ne se peut pas descouurir , qu'apres auoir leué le quatriéme des quatre Iumeaux ; & afin que l'on voye mieux de quelle sorte il se conduit, il est necessaire d'oster le muscle *Triceps*, ou à trois testes.

I'ay quelquesfois obserué au dessus du premier des quatre Iumeaux, celuy que l'on nomme *l'Iliaque exterieur gresle*, qui naissant des espines inferieures & transuerses de l'Os sacré, s'attache à la pointe du grand Trochanter ; si bien qu'il y a onze muscles de la cuisse à preparer, au dessus de l'Os des Iles ; y en ayant neuf en la partie du derriere , à sçauoir les trois Fessiers , lesquels estant ostez, font voir les quatre Iumeaux, & les deux Obturateurs. Les deux autres sont en deuant, dedans le creux de l'Os des Iles , dont l'vn est le *Psoas*, qui vient de plus haut que l'os Ilion, & l'autre est le muscle Iliaque.

Des muscles de la iambe.

Il faut preparer en la cuiſſe depuis l'Os de la hanche iuſques au genoüil, & au iarret, onze muſcles; vous en trouuerez ſept en deuát, à ſçauoir le muſcle long, la bande large, le droit greſlé, les deux Vaſtes, le Crural, & le muſcle à trois teſtes. Ils ſont diſpoſez de telle ſorte. Celuy qui paroiſt le premier eſt le *long*, qu'on appelle autrement le *Couſturier*. Le ſecond eſt le membraneux, ou la bande large, qui s'éſtend droit le long de la cuiſſe. Le troiſiéme eſt le droit greſlé, ſous lequel ſont placez les deux Vaſtes, & deſſous eux le Crural, qui touche immediatement l'Os de la cuiſſe. Le dernier eſt le muſcle à trois teſtes, qui eſt voiſin au Vaſte interne, caché au dedans de la cuiſſe.

On trouue au derriere de la cuiſſe quatre muſcles, qui ſont diſpoſez de cette ſorte. Le greſle poſterieur eſt attaché à la partie interne du muſcle à trois teſtes, à ſon coſté eſt le demy-nerueux, & entre luy & le col Vaſte externe, on trouue le muſcle à deux teſtes.

Au deuant de la cuiſſe, il faut commencer par le muſcle long: & l'ayant coupé, deſtacher adroitement la bande large, & la conduire toute entiere, ou vne partie d'icelle iuſques au genoüil. On leue en ſuite le greſle droit, puis les deux Vaſtes, leſquels ſont diſcernez du Crural par vne ligne entr'eux qu'il faut couper, afin qu'on les puiſſe plus facilement ſeparer.

Alors vous détacherez le Vaſte externe par ſon coſté externe, mais la ſeparation du Vaſte interne eſt plus difficile. Il faut commencer à le feparer par la partie d'embas, proche de la Rotule, & s'aydant de la main & du biſtory, en tirant vers le haut, on pourra feparer les deux Vaſtes d'auec le Crural.

On vient en fuite au muſcle à trois teſtes, que l'on pourroit mieux dire le muſcle à quatre teſtes, ou plutoſt quatre Iumeaux, d'autant qu'il a quatre chefs, & quatre infertions diffe-rentes. Il eſt placé au dedans de la cuiſſe, & ſa partie, qui paroiſt la premiere, qui eſt celle d'é-haut, ſortant de l'Os *Pubis*, femble eſtre vn muſcle fep aré, que l'on peut appeller le muſcle *Pectineus*, à cauſe de ſa fituation. I'ay quelques-fois trouué, outre ce muſcle, quatre autres por-tions, entierement feparées les vnes des autres; la derniere defquelles, comme la plus longue, reſſemble au muſcle demy-nerueux, & s'eſtend par vn tendon nerueux, iuſques à l'os de la jambe. Ie croy que c'eſt ce muſcle que l'on trouue different des autres aux femmes, & que l'on adiouſte aux quatre poſterieurs comme le cinquiéme. Car ainſi qu'on a remarqué, il naiſ-ſoit de la tuberofité de l'Os Iſchion, & s'infe-roit au derriere de l'Os de la iambe. Il ſe trou-ue plus fouuent aux femmes, à cauſe qu'elles ont les feſſes, & les cuiſſes plus groſſes que les hommes.

Les quatre autres muſcles qui ſe trouuent placez au derriere de la cuiſſe, à ſçauoir le de-my-nerueux, le demy-membraneux, le muſ-cle à deux teſtes, & le greſſe interne, font fort faciles à leuer. I'ay fouuent remarqué que le muſcle à deux teſtes eſtoit auſſi bien double en ſon infertion, comme il l'eſt en ſon origine,

Des Muscles du Tarse.

ON trouue dedans la iambe, depuis le genoüil, iusques au Tarse, treize muscles,
cinq desquels sont placez au derriere suiuant
cét ordre. Les deux premiers sont les Gemeaux, sous les testes desquels est le muscle Po-
plitaire, & entre les Gemeaux, & le Solaire,
est caché le Plantaire. Le Solaire est dessous les
Gemeaux, & touche immediatement l'os de la
iambe. Au costé externe de la iambe vers l'épine, on trouue le Peronée flechisseur du pied, &
proche de luy le long Extenseur des doigts. En
suite duquel est l'Extenseur du pied, à sçauoir
le *Tibieus* posterieur. L'Extenseur du gros orteil est dessous le long Extenseur des doigts,
& dessous le flechisseur du pied Peronée, se
trouue l'Extenseur Peronée.

La partie laterale interne de la iambe est oc-
cupée par le flechisseur du poulce, & au bas de la
la iambe entre celuy-là, & le *Tibieus* posterieur, on trouue le flechisseur du milieu des
doigts.

Il est facile de separer les muscles qui sont autour de la iambe, pourueu que l'on ait premierement osté la bande large, qui s'estend iusques au pied. Et ayant separé les testes des Gemeaux, il faut chercher le muscle *Popliteus*,
qui est placé obliquement au dessus de la teste
du Solaire, & remarquer en suite la teste charnuë du muscle Plantaire, qui est cachée entre
les Gemeaux & le Solaire. Ce muscle Plantaire
est semblable au Palmaire de la main.

Au deuant de la iambe on remarque le Peromée externe, & le Peronée interne, lesquels semblent ne faire qu'vn mesme muscle, d'autant qu'ils prennent naissance en vn mesme lieu, & passent tous deux par la fente de la cheuille exterieure du pied; mais l'vn d'eux s'inserre interieurement à l'Os du Metatarse, qui soustient le petit doigt, & l'autre s'estant couché sous la plante des pieds, s'attache à l'Os du Metatarse, qui soustient le poulce.

On rencontre dix-sept muscles au pied. Cinq au dessus, qui sont le *Pedieus*, & les quatre entre-osseux externes. Les douze autres se trouuent en la plante: Le premier estant le flechisseur court des doigts, les trois Vermiculaires, les quatre entre-osseux internes, produits de cette masse de chair, & les quatre entre-osseux externes, issus du mesme lieu. A chacun des costez du pied, on trouue vn muscle couché, à sçauoir l'Abducteur du poulce, & l'autre est l'Abducteur du petit doigt.

L'on trouue vne autre masse de chair dedans le creux du pied, qui est au dessous de la premiere, & qui touche immediatement les Os, qu'on peut separer en quatre ou cinq parties, sans la confondre auec les muscles entre-osseux, placés entre les Os du Metatarse.

On remarque aussi en la plante du pied vn muscle interne, qui est opposé à l'Abducteur du poulce, qui respond à l'Antichenar de la main, on le peut appeller le *muscle Transuersal*.

Des Veines, des Arteres, & des Nerfs qui se rencontrent dans les extremitez.

CHAPITRE XLVI.

LEs Veines des extremitez commencent aux mains par les aisselles, & aux pieds par les aisnes. La Veine axillaire produit proche de l'aisselle la Veine Humerale, que l'on appelle *Cephalique*, qui n'est point accompagnée d'Artere, & elle va tout le long du Rayon.

Vn peu apres, elle produit la Thoracique, qui se distribuë par toutes les parties externes du Thorax, & va rencôtrer les rameaux de la veine Azygos. Elle s'appelle en suite *la Basilique*, & se fend en deux rameaux, à l'endroit du ply du coude, l'vn desquels s'estend le long de la partie interne du coude, & l'autre descend le long de la partie externe dessous la peau, iusques à la main.

Le rameau interne s'appelle *la Veine Mediane*, & reçoit vne des branches de la Cephalique: à l'endroit où le Coude se flechit, & en ce lieu on luy donne le nom, ou de *Cephalique*, ou de *Basilique*. Toutes ces trois Veines se peuuent ouurir audessous du ply du coude.

Mais il faut bien prendre garde que la Basilique a vne Artere, ou à costé, ou au dessous d'elle, & que le Nerf, ou le tendon du muscle à deux testes, qui flechissent le coude, en sont aussi fort proches; ce qui fait qu'on se doit bien garder de piequer ces parties, d'autant qu'elles peuuent apporter de grandes incommoditez au bras.

La Cephalique, qui eſt couchée le long du Rayon, à l'édroit du poignet, ſe deſtourne pour aller au Metacarpe, & pour arrouſer la paulme de la main ; & entre le doigt Annulaire, & le petit doigt, on peut remarquer deſſus le Metacarpe, celle que l'on appelle *Saluatelle*, qui ſe peut ouvrir, entre le poulce & le doigt Indiee. On en ouure auſſi vne aurre, qu'on nomme la Veine du poulce. La Mediane eſt preſque toute exterieurement deſſous la peau, & va iuſques à la paulme de la main.

La Baſilique arrouſe les parties internes & externes du coude auec ſes deux Rameaux.

Les veines ont cela de particulier dedans les extremitez, qu'elles y ont vne grande communication auec les Arteres. Galien le prouue au Chapitre dernier du troiſiéme Liure des Facultez naturelles, & en beaucoup d'autres endroits & ie trouue que cela eſt ſi clair, que l'on n'en doit douter en façon quelconque.

Il faut auſſi obſeruer, que les Veines des extremitez, & les Iugulaires internes, ont de petites valuules dedans les grands canaux, où à l'édroit où les petits ſe fendent, on y en trouue vne de chaque coſté, qui ſont oppoſées & arrangées l'vne apres l'autre.

On peut maintenant douter de l'vſage de ces valuules, depuis que l'on eſt demeuré d'accord du mouuement circulaire du ſang, d'autant qu'autrefois on diſoit qu'elles auoient eſté miſes en ces lieux, afin d'empeſcher que le ſang n'arriuaſt auec trop de violence à ces extremitez, qui ſont en vn perpetuel mouuement. Mais ceux qui tiennent le mouuement circulaire du ſang, nous aſſeurent qu'elles empeſchent que
le

le sang qui va tousiours droit au cœur, ne puisse refluer. Et c'est là l'opinion de *Harueus*, auec lequel ie suis d'accord en ce poinct.

En suite des veines de la main, parlons de ses Arteres. Le Rameau Susclauier estant arriué aux aisselles, s'appelle *Axillaire*, il accompagne la veine Basilique, la Céphalique n'ayant point d'Arteres. Proche de l'aisselle, il produit le rameau Thoracique, en enuoyant aussi d'autres petits aux parties voisines, estant arriué au coude qui se fend en deux, qui arrousent, & vont iusques au dedans de la main. Car le dehors de la main n'a point ny de chairs, ny d'Arteres. L'vn de ces rameaux se coule le long du Rayon, & se peut reconnoistre par le battement qui se fait au Carpe. L'autre coule le long de l'os du bras, & se disperse dedans la main auec son compagnon le long du poulce, & du petit doigt, enuoyant de petits rameaux à tous les doigts.

Ie descriray aussi briefuement les nerfs qui se rencontrent dedans la main. L'on void sortir cinq ou six nerfs des quatre Vertebres inferieures du col, & des deux premieres du dos. Ces nerfs se cachans par dessous le muscle *Scalenus*, passent dessous les Clauicules, vont iusques aux aisselles, où ils s'entrelassent les vns dedans les autres, comme les cordons d'vn chapeau de Cardinal.

En suite dequoy les quatre superieurs se iettent en la partie interne du bras, sous le muscle Deltoide, & accompagnent la veine Basilique, & l'Artere du bras, se glissant entre le muscle *Biceps*, & le brachial externe.

Le cinquiéme, & le sixiéme nerf se retour-

nans sous le grand muscle rond de l'espaule, se
iettent dedans les muscles posterieurs de la
teste, si bien qu'il ne reste que les quatre premiers, dont nous auons parlé au commencement, qui se portans le long du bras & du coude, les arrousent.

Le premier nerf se iette au dessous de la teste
de l'os du bras, se cachant sous le Coracoydien,
& passant sous la partie laterale interne du
muscle à deux testes, se cachant sous son tendon, se vient ioindre à la veine Cephalique,
où il deuient plus delié, & se met sous cette veine, à l'endroit où le coude se fleschit.

Le second nerf ne se separe point, ains demeurant en sa mesme grosseur, descend iusc-
ques au ply du Coude, n'estant couuert que de
graisse, & il se met en ce lieu sous l'artere, &
la veine basilique, quoy que la veine basilique
vn peu au dessus du Coude, se retire en dedans,
& s'éloigne de ce nerf, afin qu'elle s'vnisse à la
veine cephalique. Ce qui n'empesche pas, que
quatre doigts au dessous du ply du Coude, il
ne demeure couché sur la basilique, & qu'il
n'arriue sans se diuiser iusques au poignet, où
la veine prend le dessus. Vers le Carpe il se fend
en dix petits filets, en donnant deux à chacun
des doigts, qui vont lateralement vn de chaque costé iusques au bout.

Où il faut remarquer, que trois ou quatre
doigts au dessous du Coude, il est couuert des
muscles fleschisseurs du Carpe, & du Coude,
qui naissent de la tuberosité interne de l'os du
bras.

Le troisiéme nerf est porté sans estre diuisé à
l'angle du Coude, dit Angon, où passant par la

fente, qui est entre l'olecrane, & le condyle interne de l'os du bras, il coule le long de l'os du
Coude, & se couchant sur le Cubiteus externe,
il se porte au carpe, & de là au petit doigt; &
c'est ce qui fait, que quand nous nous appuyons
sur le Coude, la main en deuient toute engour-
die. Il se fend vers la main en quatre, & se distribuë à la partie externe de la main.

Le quatriéme nerf, qui est tres-gros, s'étrelas-
se auec les veines & arteres, & se cachant sous le
muscle Brachial externe, passe du deuant du
bras en sa partie posterieure, le long de laquelle
il descend vers le Rayon, & se ioint à la Cephalique, finissant au Carpe.

Venons maintenant à la description des veines, qui sont dans les extremitez inferieures. La
veine Crurale produit à l'aisne vn rameau tres-
considerable, à sçauoir la Saphene, qui descend
iusques au Iarret, le long du muscle cousturier,
& s'appelle au dessous d'iceluy, *la veine Poplitée*, qui s'ouuroit anciennement. Il iette aussi en
ce lieu vn rameau qui remonte en haut, iusques
au dessus du Iarret, & se ioint aux veines Crurales, ou plutost la Saphene reçoit ce rameau
des veines Crurales.

Cette Saphene se fend ensuite en deux rameaux, l'vn allant à la cheuille du pied, & l'autre à la cheuille externe. Mais le plus grand va
à la cheuille interne, & c'est en ce lieu que l'on
la nomme proprement *Saphene*, & l'on a coustume de l'ouurir ordinairement. Son nom luy
vient de la corruption du mot Grec σαφα, in-
uenté par les derniers Autheurs Grecs; car Galien n'en fait point mention.

La Veine Crurale ayant produit la Saphene,

se fend aussi tost apres en quatre rameaux, desquels les deux exterieurs, lateraux, & plus courts, se distribuent dedans les muscles superieurs de la cuisse, tant internes, comme est le Biceps, qu'externes, à sçauoir les Vastes & le Crural.

Le troisiéme Rameau ente en dedans, & s'appelle *Ischiadique*. Le quatriéme se nomme *Musculaire*.

Apres que ces quatre Rameaux sont sortis du tronc de la veine Crurale, il se fend en deux descend iusques au genoüil, estant aussi accompagné de l'artere crurale aussi fenduë en deux rameaux. L'vn desquels est exterieur & sublime, n'arrousant que les parties externes: l'autre est plus profond. Tous les deux distribuent de petits rameaux aux parties voisines, & quand ils sont paruenus au Iarret, passant entre le Solaire, & les Gemeaux, descendent iusques aux deux cheuilles du pied. Mais la cheuille externe est principalement arrousée du rameau crural plus profond; ce qui n'empesche pas qu'on ne trouue deux veines assez remarquables autour de la cheuille.

Celle qui est dessus la cheuille interne, est vne branche de la Saphene, & celle qui est au dessous de la cheuille, & qui s'estend le long du Tarse, est vn scion de la veine Crurale. L'vne & l'autre de ces deux veines ne se peut ouurir auec seureté, si elle n'est fort enflée, à cause des Arteres qui en sont proches, lesquelles ne se trouuent point en la Saphene de la cheuille interne. Ce qui fait qu'on ouure tousiours la Saphene interne, pour diuerses maladies des hommes, & des femmes. Ie croy pourtant, que pour la

Sciatique, on ouuriroit auec bien plus de succez, la veine qui est au dessous de la cheuille
externe du pied, à cause qu'elle a plus grande
communication auec la partie affectée, à sçauoir la hanche.

L'Artere Crurale ne se diuise pas de mesme
que la veine; car elle ne produit point de Saphene, mais elle enuoye au dessous de l'aine
deux rameaux, qui passant au trauers du muscle
à trois testes, se respandent dedans les muscles
fessiers. En suitte dequoy elle en enuoye deux
autres aux parties anterieures de la cuisse. Apres
quoy elle descend sans aucune diuision iusques
au iarret, où elle se fend en deux rameaux,
l'vn desquels arrouse la partie externe & laterale de la iambe, au dessus du muscle Peroné.
L'autre perçant le Solaire, & passant par le talon, se distribuë en la plante du pied, au lieu
que le premier arrouse la partie externe. Si bien
que la Saphene n'a point d'artere qui l'accompagne, & le nerf en estant fort esloigné, on la
peut seurement ouurir.

Les nerfs du deuant de la cuisse, sont deux,
separez entr'eux en leur commencement : mais
ils s'vnissent vn peu apres, & ne font qu'vn seul
corps, qui ne se separe point iusqu'à l'aisne, où
ils se fendent ordinairement en cinq branches,
enueloppées d'vne membrane, & se distribuans
de costé & d'autre dedans les muscles anterieurs
de la cuisse, arrousent toutes ces parties iusques
à la masse de chair, que l'on y trouue.

L'origine de ces nerfs vient des trois dernieres vertebres des Lombes, & ne paroist point
qu'apres auoir déchiré le muscle *Psoas*, dans
lequel ils sont cachez.

Et pour lors, outre ces deux nerfs, on en
void encore vn autre grefle, qui paffe par le
trou oual de l'os *Pubis*, & fe perd dans les mufcles voifins, particulierement dans le mufcle
à trois teftes.

On trouue au derriere de la cuiffe le grand,
& tres-gros nerf, compofé de trois, & le plus
fouuent de quatre portions en fon origine, qui
fortent des trois ou quatre trous fuperieurs de
l'os facré, & paffant tous par le *Sinus* de l'os Ifchion, qui eft entre l'efpine & l'extremité de
cét os, ils vont vnis enfemble, & fans fe diuifer, parmy les mufcles du derriere de la cuiffe
iufques au genoüil. Il eft neantmoins quelquefois double, mais folitaire, fans eftre accompagné ny de la veine, ny de l'Artere, ainfi que
le font les autres nerfs du corps.

Eftant arriué au Iarret, il fe fend en deux, &
quelquefois en quatre rameaux, diftribuant de
petites branches aux parties voifines, fuiuant
leur grandeur.

L'vn de ces deux rameaux paffe par le derriere de la iambe, le long du mollet, & décend
au talon, difperfant de petits filets, de part &
d'autre. De là paffant par la fente de la cheuille interne du pied, il fe fend en la plante du
pied en autant de rameaux, qu'il y a de doigts.
L'autre rameau fe porte le long de la partie anterieure de la iambe, eftant couché fur le Peroné, & defcend à la cheuille externe du pied,
où eftant arriué, il fe diuife fur la partie fuperieure du pied, en autant de parties que fon
compagnon en la plante du pied.

Ce gros nerf fe trouuant incommodé, caufe
la fauffe Sciatique, laquelle fubfifte en ce nerf,

& la douleur qu'elle produit, s'estend non seulement à la hanche, mais aussi tout le long de
la cuisse, du iarret, & du gras de la iambe,
iusques au bout du pied, à sçauoir par toute
l'estenduë de ce gros nerf, qui sort de la hanche incommodée, ainsi que dit Fernel, *Chap.*
18. liur. 6. de sa Pathologie. C'est pourquoy en
cette fausse Sciatique, il faut appliquer des
cauteres au dessus du ply des fesses, faire des
liniments sur ces parties, & y mettre quelque
emplastre qui attire fortement.

Or touchant cette fausse Sciatique, notez que
ces nerfs sont abbreuuez par les veines hypogastriques, & par les arteres, qui sont couchées dessus eux : Si bien qu'il est presque impossible de desseicher ces nerfs, si l'on ne desemplit ces vaisseaux par plusieurs saignées des
bras & des pieds, & par des sangsuës appliquées
autour du siege.

Galien nous donne la raison de ce que ce
nerf ne se mesle pas auec ceux du deuant de la
cuisse, comme il arriue au bras, descendant
seul le long du derriere. Cela se fait, dit-il, à
cause que l'articulation du bras est plus esloignée des vertebres du col, que celle de la cuisse ne l'est de celle des Lombes, & de l'os
sacré.

Vers l'origine de ce gros nerf, il y en a vn
autre, qui sortant du troisiéme trou de l'os sacré, & passant par dessus l'espine de ce mesme
os, se distribuë en plusieurs rameaux dedans les
muscles fessiers, & fleschisseurs de la iambe,
s'estendant en suite iusques au iarret.

Eee iiij

Remarques particulieres pour la Medecine.

LEs maladies qui arriuent aux veines des extremitez, & particulierement en celles d'embas, sont les varices ou dilatations noüeuses des Tuniques des veines, dedans lesquelles, comme dans de petits sachets, le sang s'amasse. Ces varices se guerissent par des remedes astringens, auec vne ligature estroitement serrée, & conuenable au mal; ou bien l'on en euacuë tout le sang, en ouurant les varices mesmes; ou bien on lie la veine principale, qui est au dessus des varices, & qui les nourrit par le sang qu'elle leur fournit, ou bien on lie la varice en son commencement, & se coupe.

Plusieurs croyent, que les veines estant coupées, se peuuent r'engendrer, & donnent pour exemple, les veines qui s'engendrent aux Sarcomes, ou surcroissances de chair fort grosses. Mais *Fernel* a bien remarqué, que ce ne sont pas veines, ains seulement des canaux, entre cuir & chair, que la Nature a fait, comme de petits ruisseaux, pour arrouser & nourrir cette masse de chair. Plusieurs croyent aussi, que les veines estans coupées, & reliées auec vn filet, se reprennent & s'vnissent; ce que ie ne me puis persuader.

Hippocrate appelle les veines, les souspiraux du corps, qui estant ouuerts, sont cause que tout le corps est éuenté; & selon le mesme Autheur, les petites veines estans desseichées, attirent les humeurs acres & bilieuses, durant les fievres ardentes. Il veut aussi, au premier liure des maladies, que les veines attirent plus que ne font les chairs, principalement lors qu'elles sont eschauffées & desseichées.

Lors que les veines sont affoiblies par l'indisposition du foye, elles laissent couler le sang, non seulement par les orifices des veines, tant superieures qu'inferieures; mais aussi par toute la peau du corps, comme par vne sueur sanglante; ce que i'ay veu deux ou trois fois.

Quelquesfois les veines & les arteres sont si engagées & bouchées, que ce mouuement est entierement intercepté; ce qui arriue aux corps fort replets, si bien qu'on ne sent plus le battement des arteres, aux lieux où le poulx paroist ordinairement. Hippocrate ordonne la saignée pour guerir cét engagement des veines.

Par fois le poulx ne se fait point en toutes les Arteres, & mesmes en celles des aines, ou crural, quoy que le mouuement du cœur continuë tousiours; ce qui est mortel, lors qu'il dure long-temps. Que si le mouuement du cœur cesse, il faut mourir en peu de temps. I'ay veu d'eux hommes ausquels on ne sentoit aucun poulx, quoy que le cœur fist son mouuement. Ils ont vescu en cét estat, l'vn six ans, & l'autre dix, mais auec tres-grande foiblesse. *Balduinus Ronsseus* dit *en ses Epistres*, qu'il en a veu de mesme.

Lors que cela arriue, on peut demander, pourquoy le cœur se remuant, quoy que lentement, les arteres n'ont pas leur battement à proportion? Il faut de necessité; que la grande Artere soit bouchée fort prés du cœur, & qu'ainsi l'in-

fluence des efprits, & le cours du fang arteriel
foit intercepté. Et pour lors, le fang des veines
eftant attiré par le cœur,quand il fe dilate en la
Diaftole, entre bien dans fon ventricule droit,
pour y receuoir l'impreffion des efprits & fa vi-
talité:mais en eftant auffi toft repouffé dehors,
quand le cœur fe reftrecit par la Syftole,il rentre dedans la veine Caue, & en ce moment,
les efprits vitaux fe portent impetueufement le
long de fon canal,& fe communiquent auec le
fang aux arteres,par les mutuelles anoftomofes
qu'il y a entre les veines & les arteres. I'en ay
veu quelques-vns, aufquels le battement des
arteres eftoit fouuent intermittent & intercepté, ou bien extrémement inegal, durant plufieurs iours.

Apres quoy l'empefchement qui eftoit proche du cœur eftant ofté,i'ay remarqué la mefme inefgalité dans l'artere Celiaque, dont le
battement eftoit fort violent,bien qu'en tout le
refte du corps, le poulx fuft efgal & bien reglé.

Ie croy que cela venoit de quelque morceau
de chair,ou de graiffe,qui montant aux portillons du cœur,rendoit ce poulx inefgal; Mais en
eftant chaffé dedans l'artere Celiaque, qui eft
vne production de la grande Artere,il y caufoit
auffi ce mouuement déreglé.

L'artere Crurale eftant grande, fait fentir à
l'aine vn mouuement tres-manifefte, & fon
battement y paroift tres-grand, à caufe de la
grandeur du vaiffeau. Il y demeure auffi le dernier, apres que le poulx eft aboly aux autres
parties exterieures: C'eft pourquoy il faut toucher, & tafter en ce lieu le poulx,mefmes aux
femmes, autant que la bien-feance le permet,

lors que l'on ne trouue plus de battement aux
autres lieux ordinaires. Que si l'on ne sent point
le poulx en cét endroit, & que la maladie soit
grande, la mort s'ensuit bien-tost.

La maladie de l'artere dilatée, ou coupée,
arriue principalement dans les parties externes, où les arteres sont petites, n'estans que
sions du grand Tronc. Cette maladie s'appelle
Aneurisme, lequel arriue rarement au Tronc
de la grande Artere, à cause que les membranes dont elle est composée, sont extrémement
espaisses.

Fin du cinquiesme Liure.

MANVEL ANATOMIQVE,

OV ABREGE'

DES PRINCIPALES PARTIES DE L'ANATOMIE,

Et des Vsages que l'on en peut tirer
pour la connoiſſance & pour
la gueriſon des Maladies.

LIVRE SIXIESME.

OSTEOLOGIE NOVVELLE.

En laquelle il eſt traité des Os, des Ligamens, & des Cartilages de tout le corps, dont le corps demeure compoſé, apres que les muſcles en ſont oſtez, & de toutes les maladies & Symptomes qui peuuent arriuer aux Os.

CHAPITRE I.

LA Nature, & le Medecin ont deux intentions contraires, touchant la fabrique du corps humain. La Nature voulant conſtruire le corps, commence par les

parties les plus simples , & paſſant de là
petit à petit , à celles qui ſont plus compoſées , acheue inſenſiblement ſon ouurage.
Au contraire, le Medecin voulant connoiſtre cét ouurage , commence petit à petit
par les parties les plus compoſées , & vient
enſuite à la connoiſſance de celles qui ſont les
plus ſimples:De ſorte que les premieres parties
de la compoſition du corps , ſont les dernieres
de ſa reſolution. Ainſi quand nous démoliſſons
vne maiſon , nous abbattons premierement le
toiċt , puis les murailles , & en fin nous boul-
uerſons les fondemens.

Nous ſuiuons cét ordre en la deſtruction du
corps humain, quand nous en faiſſons l'Anatomie;car nous conſiderös en dernier lieu les Os,
qui ſont les fondemens du corps , & conſtruits
deuant les autres parties;ce que nous ferons par
vne Oſteologie nouuelle qui n'eſt pas moins
vtile & neceſſaire , que celle du Scelet humain deſcrit au premier Liure.

Ayant donc expliqué & monſtré les parties
molles du corps humain , ſuiuant l ordre de reſolution ; ie paſſeray aux plus ſolides & dernieres par ordre de compoſition. Tels ſont les Os,
qui ſe conſiderent icy autrement que quand ils
ſont boüillis & deſſechez , ainſi qu'on les montre ordinairement.

De l'vtilité de cette Oſteologie nouuelle.

CHAPITRE II.

IL y a deux ſortes d'Oſteologie, l'vne qui s'enſeigne en faiſant voir les Os deſſechez & pre-

parez, quand on les a fait boüillir. L'autre se
monstre auec les Os du Cadavre, comme ils
font encore naturellemēt attachez les vns auec
les autres. Et toutes ces deux Methodes font
fort necessaires pour l'vsage de la Medecine, &
vne parfaite connoissance du corps humain.

Car lors que l'on nous monstre les Os secs,
nous n'en pouuons connoistre que la forme exterieure, la situation & connexion qu'ils peuuent auoir entre eux. Mais quand nous les con-
siderons ioints ensemble en vn Cadavre, nous
y pouuons remarquer beaucoup plus de choses pour l'vsage de la Medecine, d'autant que
la liaison que les Os ont ensemble, par le moyē
des cartilages & des ligamens, & mesmes par
la diuersité de leurs articulatiōs, font beaucoup
dissemblables en de certains Os dessechez, d'a-
uec celles que l'on void dans les Os, lors qu'ils
font encores humides; Car il y a de certaines
cauitez aux Os secs, qu'on iugeroit estre Cotyloides, à cause qu'elles font despoüillées de leur
cartilage, qui veritablemēt font Glenoides dedans le Cadavre, leurs cauitez estans remplies
par des cartilages. Et au contraire, quelques-
vns paroissent Glenoides dedans les Os secs,
qui font Cotyloides dedans le Cadavre, leurs
cauitez estant augmentées par les sourcils cartilagineux de ces Os,

De plus, la forme exterieure, & les qualitez
de l'os se monstrent bien plus clairement au
Cadavre, qu'aux os preparez, d'autāt qu'ils perdent beaucoup de choses en les faisant boüillir,
comme les bordures cartilagineuses, la membrane qui les enueloppe, qui est le perioste, la
substance glaireuse qui se trouue entre les os, la

moëlle ou suc moëlleux qui est dedans leurs cauitez, toutes ces choses se pouuans voir dedans
le Cadavre, & non pas dedans le Scelet.

Il est donc necessaire pour la pratique de la
Medecine, & pour guerir les deffauts des os, ou
rompus, ou luxez, de considerer soigneusement de quelle sorte ils sont faits & vnis entr'eux en vn Cadavre. Ce n'est pas toutesfois
que ie veüille desapprouuer la coustume de garder les os secs, pour enseigner & monstrer l'O-
steologie ordinaire, par laquelle il faut tousiours commencer, ainsi que nous auons fait,
pourueu que l'on monstre en suite la disposition
des os dans le corps mesme. Car en repetant &
monstrant deux fois l'os, nous imiterons l'ordre & le dessein de la Nature, qui en engendrant les parties forme les os les premiers, &
toutesfois ne leur donne la derniere perfection
qu'apres qu'elle a perfectionné toutes les autres
parties : Les os ayant, selon Aristote, coustume de s'augmenter tant que le corps est capable de croistre. Et si nous en voulons croire
Hippocrate, *au liure 6. des Epid.* les femmes
ont leurs purgations menstruelles, iusques à
ce que les os ayent acquis leur entiere perfection.

Des choses qu'il faut remarquer aux Os du
Cadavre, auant que les faire boüillir.

CHAPITRE III.

IL faut premierement obseruer la constitution naturelle de l'os, afin que l'on puisse
remarquer la difference qu'il y a entre luy

& celuy, qui est vicieux. L'os doit estre dans
vn corps viuant, suiuant sa disposition naturelle. 1. Dur, pour estre le soustien & l'appuy
du corps. 2. Huileux & gras en dehors, parce
qu'il prend nourriture. 3. Couuert de la membrane du Perioste, afin qu'il puisse auoir le
sentiment duquel il est priué quand il est dé-
poüillé de cette membrane. 4. Blanc & mediocrement rouge, à cause que c'est vne partie
spermatique qui se nourrit de sang. 5. Creux,
ou spongieux, afin qu'il puisse conseruer la
moëlle ou le suc moëlleux necessaire à sa nourriture. 6. Reuestu de cartilage en ses extremitez. 7. Arrousé d'vne humeur onctueuse, pour
faciliter ses mouuemens. 8. Auoir sa figure naturelle & propre. 9. Estre d'vne substance continuë & égale. C'est pourquoy vous pourrez dire, qu'vn os est vicieux quand vous verrez
qu'il est mol, comme Ruelline, Fernel & Hollier en ont souuent veu en de certains corps, qui
par la violence de quelque maladie, s'estoient
rendus si mol & si faciles à se fléchir, ou plo-
yer, qu'on les pouuoit mener de quelque costé
que l'on eust voulu, comme s'ils eussent esté
de cire. Aristote dit, *au liu. 3. de l'hist. d s ani-*
maux. qu'il n'y a point d'os qui se puisse fléchir, ny fendre, ains seulement se briser ou
rompre. Et Scaliger, *au Commentaire qu'il a*
fait sur ce passage, dit, qu'il en a veu qui en
suite des maladies veneriennes, ou de l'vsage
de quelques medicamens, auoient l'os de la
cuisse courbé en forme de corne. Les Geogra-
phes écriuent qu'il y a vne certaine contrée
dans l'Ethiopie, où les habitans ont tout le
corps tellement propre à se fléchir, qu'ils le
peuuent

peuuent mettre en toutes fortes de postures &
situations. Nous lisons dedans Hippocrate, que
de son temps il nasquit vn enfant qui n'auoit
point d'os du tout, dont toutesfois les principales parties estoient discernées ; & Forestus
rapporte, auoir veu vn enfant qui en quelques
membres estoit formé de cette mesme façon.

C'est pourquoy si l'os est exterieurement trop
desseiché & aride, cela marque l'intemperie de
la partie. Celuy qui est trop blanc, nous tesmoi-
gne qu'il manque de chaleur. Celuy qui est
trop rouge, a quelque inflammation. Celuy qui
est noir, est carié, & gangrené. Lors que l'os est
sensible, il y a quelque defaut caché en sa substance, ou en la membrane qui l'enueloppe. S'il
est tout solide & massif sans aucun creux, il rēd
le corps tres-pesant & tres-paresseux, & n'a
point de moelle. Pline parle de certaines gens
qui ont les os tous solides, & sans moelle, &
qui ne laissent pas de viure, mais ces gens-là
sont rares, & on les appelle *Cornei*. Les signes
que l'on donne pour les connoistre, sont, qu'ils
n'ont iamais point de soif, & qu'il ne suënt
point. Le nom de *Cornei* leur a esté donné, à
cause du rapport qu'ils ont auec le Cornoüiller
masle, qui est vn arbre sans moelle, ainsi que
dit *Rhodiginus*. Tel estoit, à ce que dit l'histoire,
Syracusanus Lygdamus, qui remporta le premier
prit du combat de la luitte aux Ieux Olympi-
ques, en la trente-troisiéme Olympiade, dont
les os furent trouuez sans moelle, au rapport de
Solinus chap. 4. Et *Antigonus* escrit, que les os
du Lyon sont tellement durs, qu'en les frappant
ensemble on en fait sortir du feu, comme d'vn
caillou.

FFF

Columbus ne veut pourtant pas que ces os foient fans moëlle. Ce que neantmoins Epicure prouue eftre poffible, contre l'opinion d'Ariftote, ainfi que dit *Athenæus au liu.* 8. *Deipnofophiftarum. Aldroandus* remarque, que l'Auftruche, entre tous les oyfeaux, a les os les plus fermes, & fans moëlle.

Les Os qui n'ont point de cartilage en leurs bouts, & qui font dépoüillez de la membrane du Periofte, fe remuent tres-difficilement, & n'ont aucun fentiment. S'il y a quelque inégalité, ou quelque partie éleuée, où elle ne le doit pas eftre on appelle cela *Exoffofe*, ou vulgairement *Nodus*. Ce qui eft vne marque affeurée d'vne verolle inueterée & confirmée, encore que cela puiffe venir de quelque autre caufe. Enfin l'os qui eft mal difpofé, & mal formé, luxé, ou mis hors du lieu où il doit eftre, bleffe les actions de tout le corps, ou de quelque partie. Eftant diuifé en fa fubftance, il tefmoigne folution de côtinuité, fente, ou fracture en l'os, & encores que l'os rompu puiffe eftre exterieurement repris, par le moyen d'vn cal qui s'y engendre, il ne laiffe pas d'eftre diuifé au dedans.

De la nourriture, du fentiment, & de la moëlle des Os.

CHAPITRE IIII.

OR les Os ont deux fortes de matieres pour leur fournir de nourriture, tandis qu'ils font en vn corps viuant. L'vne éloignée, l'autre coniointe & prochaine. *Arift. liu. des parties des Anim.* La matiere éloignée eft la portion du

fang la plus efpaiffe & la plus terreftre: La prochaine eft la moëlle ou le fuc moëlleux, qui fe
trouue en ce tẽps-là enfermé dãs les cauitez des
Os. La moëlle, *dis Hypocrate, au liure des alimẽs,*
eft l'aliment des Os. C'eft pour ce fuiet qu'ils
fe reüniffent par le cal. Mais comment fe
pourra-il faire, dira quelqu'vn, que le fang
fourniffe de nourriture aux Os, puis qu'ils
n'ont point de veines, lefquelles font les feuls
inftrumens à porter le fang? Hippocrate efcrit,
au liure de la nature des Os, qu'il n'y a entre
tous les Os, que la feule mafchoire inferieure,
qui ayt des veines; Et Galien, *au liu. 8. de*
placitis, donne à chacun des Os vne veine
grande ou petite, à proportion de leur grandeur. Et *au comment. du 1. liu. des humeurs,* il
veut qu'il y ait vn petit vaiffeau fait exprés
pour diftribuer le fang à chaque Os : Mais *au*
liure 16. de l'vfage des parties, chap. dernier, il
confeffe que les veines des Os font fi petites, &
fi deliées, qu'elles ne paroiffent pas méme dans
les plus grands animaux, dautant que la Nature
leur en donne tantoft de plus petites, & tantoft
de plus grandes, felon le befoin que les parties
en ont. De plus, les petits trous qui fe trouuent
aux bouts des Os, nous font clairement voir,
qu'il y entre quelque chofe. Or il n'y peut rien
entrer que de petites veines; les arteres n'entrant iamais dedans les Os, au dire de *Platerus,*
l'efprit fe portant facilement iufqu'au fond de
l'Os, fans qu'il ait befoin de fon vehicule. Ie
ne croy point auffi qu'il foit befoin que les petits nerfs entrent dedans la fubftance des Os,
pour leur donner le fentiment, puis qu'ils ne
l'ont que par le moyen du Periofte qui les en-

ueloppe. Neantmoins *Nicolaus Maſſa* nou
aſſeure puiſſamment auoir veu vn homme, qui
auoit vn vlcere en la cuiſſe, où l'Os eſtant découuert, ne laiſſoit pas d'y auoir vn ſentiment
fort exquis, & ne ſouffroit pas qu'on le tou-
chaſt auec aucun inſtrument vn peu rude, à
cauſe de la grande douleur, quoy qu'il n'y euſt
aucune membrane deſſus. Il perça meſme l'Os,
& la douleur ne laiſſa pas de ſe faire ſentir au
dedans. Ce qu'il rapporte, afin que les Anatomiſtes voyent, s'il n'y a point quelque petite
partie de nerf qui penetre au dedans de la ſubſtance de l'Os.

On ne peut pas voir les cauitez ny la moëlle
des Os, ſans les rompre entierement. Or i'y
remarque trois ſortes de cauitez, & de moëlles. Dedans les plus grandes cauitez des gros
Os, la moëlle eſt rouge : dedans les petites des
petits Os, on trouue vne moëlle blanche : &
dedans les petits os ſpongieux, on n'y rencontre qu'vn ſuc moëlleux.

Cependant vous remarquerez, que la moëlle
qui eſt enfermée dans les cauitez des os, n'eſt
point enueloppée de membrane, & qu'elle n'eſt
point ſenſible par le moyen des petits nerfs qui
entrent dedans les Os, ainſi que Paré s'eſt ima-
giné. Hippocrate a eſcrit le premier, *au liure*
des principes, que la moëlle de l'eſpine n'eſt pas
ſemblable à celle des autres Os, car il n'y a
qu'elle qui ait des membranes ; les autres
moëlles n'en ayant point.

Des Articulations ou Iointures des Os,

CHAPITRE. V.

PArlós maintenãt de la Ionctiõ ou articula-
tiõ des Os. Il y a plusieurs choses qui cõcou-
rêt aux Articulatiõs: à sçauoir, la teste de l'os, la
cauité, le cartilage, l'humeur pituiteuse & le li-
gamêt. Toute teste d'os est de sa nature, & suiuant, son origine, Epiphyse; mais par succez de
temps elle degenere en Apophyse. La teste est
interieurement rare & spongieuse, ou cauer-
neuse, en forme d'esponge, remplie de sang ou
de suc moëlleux, Exterieurement elle est couuerte d'vne escorce tres-dure, & fort condensée, & mesme reuestuë d'vn cartilage.

La teste de l'Os est ou grande & longue, ou
courte & platte. Et c'est ce qu'on appelle Condyle.

La cauité de l'Os qui reçoit la teste de l'autre,
est aussi couuerte d'vn cartilage; & lors qu'elle
est profonde, on la nomme Cotyle; & quand elle
n'est que superficielle, on la nomme Glene.
Quelquesfois ces cauitez sont augmentées par
vn sourcil, ou rebord cartilagineux, afin que
les Os ne sortent pas si facilement de leur place, & ne tombent pas.

On trouue dedans ces cauitez vne humeur
pituiteuse, gluante, espaisse, & huileuse, pour,
faciliter le mouuement des Os. De mesme sorte
qu'on a coustume de graisser les essieux des ca-
rosses & charettes, auec du vieil oing, ou quelque autre chose grasse & visqueuse, afin que les
roües tournent auec plus de facilité.

Par le defaut de cette humidité dans les corps hectiques & extremément defechez, quand ils marchent, ou que les extremitez fe remuent, on entend craquer les os, qui fe frottent les vns contre les autres : comme on en void vn exemple memorable que rapporte *Symphorianus Campegius*, de dans les *Hiftoires Medicinales de Galien*. Ce que i'ay auffi obferué plufieurs fois.

Or afin que les Os fe ioignent enfemble pour faire l'articulation, il eft neceffaire qu'il y ait entr'eux vn ligament, qui foit large ou rond en fa fubftance, d'vne couleur blanche, ou rougeaftre & fanglante, tel qu'eft le ligament rond de la cuiffe auec l'Ifchion, celuy de l'Os de la iambe auec l'Os de la cuiffe, celuy de l'Aftragale, auec le *Pterna*, & celuy du mefme Aftragale auec les trois os du Tarfe; qu'on appelle *Æneiformia*. Car tous ces ligamens font rouges & fanglants, & placez entre ces os, & font fort durs; mais ceux qui font autour des articulations, font prefque toufiours blancs. Ainfi i'ay remarqué que les ligamens nerueux & cartilagineux, qui font entre l'os facré, & l'os Ifchion, fe trouuoient d'vne couleur fanglante en vne femme accouchée depuis peu.

Or la Nature a fait les ioints, ou articulations, ou à caufe du mouuement, ou de la tranfpiration, ou pour donner paffage à quelque fubftance, ou pour difcerner les parties d'entre elles, ou pour plus grande feureté, ou pour mieux refifter aux efforts.

Les ioinctures faites pour le mouuement, fe remarquent principalement dans les doigts, dans le coude, dans l'efpaule, dans la cuiffe, de dans les iambes, le talon, les coftes, & les ver-

tebres,& en vn mot, en toutes les articulations
mobiles.

La conionction des Os faite en faueur de la
transpiration, se trouue aux sutures du Crane.
Celle qui se fair pour laisser passer quelque substance, paroist en la production du Pericrane,
& au passage de quelques vaisseaux qui se portent partie en dedans, partie dehors la teste.
Et c'est pour ce suiet que les sutures ont esté
faites. Celles qui sont faites pour mieux resister
aux efforts, & pour la seureté des parties, se rencontrent en tous les endroits qui sont composez de plusieurs Os. Celles qui font discerner
les parties paroissent dedans les Os de la maschoire superieure.

Sur ces fondemens, il est tres-aisé de rapporter toutes les especes & differences des ioinctures, conformément à la doctrine de Galien,
liu. 11. de l'usage des parties, chap. 18. Et on les
peut descrire de cette sorte. Les os sont ioints
ensemble, ou par articulation, ou par symphyse.

L'articulation est vne commissure, ou connexion de plusieurs os, faite ou pour le mouuemét,
ou pour quelque autre chose. A raison du mouuement, on fait deux especes d'articulations:
L'vne estant faite pour le mouuemét manifeste
& fort, qu'on appelle *Diarthrose*; l'autre est destinée au mouuemét obscur & difficile, ou tout
à fait nul; & celle-cy se nomme *Synarthrose*.

La Diarthrose comprend trois differentes
especes, à sçauoir l'Enarthrose, l'Arthrodie, & le
Gynglime. On range aussi trois especes semblables sous la Synarthrose, qui ont les mesmes
noms, à sçauoir l'Enarthrose, l'Arthrodie, & le
Gynglime, d'autant que la Synarthrose, & la

Diarthrofe, ne different entre elles que par la quantité du mouuement, c'eſtà dire plus grand, ou plus petit, comme Galien l'enſeigne au Liure des Os; ce qu'il monftre auſſi au liure de la diſſection des muſcles, *chap. 22. & chap. 13. au liu. des Os.*

Mais à cauſe que la Synarthrofe n'eſt pas faite ſeulement pour le mouuement, ains auſſi pour quelque autre ſuiet, comme pour la tranſpiration, pour la diſtinction des parties, & pour la reſiſtance, elle contient encore ſous ſoy trois autres eſpeces; à ſçauoir la Suture, l'Harmonie, & la Gomphoſe.

Ces ſix differences de Synarthrofe ſe peuuent démontrer par des exemples de mouuement, & du ſens. Les coſtes ſont iointes au Sternon par Arthrodie, qui à cauſe du mouuement appartient à la Synarthrofe.

Les os du Carpe ſont ioints & vnis à ceux du Metacarpe, mais cette Synarthrofe ſe fait par Arthrodie. L'Aſtragale ſe ioint au Serphoïde, auec vn mouuement tres-obſcur, qui eſt Enarthrofe. *Gal. chap. 24. au liu des Os.*

Le Gynglyme qui ſe trouue aux vertebres du dos, ſe doit rapporter à la Synarthrofe, & le Ginglyme des autres vertebres, appartient à la Diarthrofe, *Galien au liu. 2 de la compoſ des med. ſelon les lieux, & au 12. de l'uſage des parties, appelle les Sutures de la teſte Synarthroſes.* Il appelle auſſi l'harmonie de la maſchoire inferieure Synarthrofe, au *Comment. du liu. 2. des Fractures, partie. 9.* Les os du Sternon immobiles entre eux, ſont ioints par Synarthrofe, & ie pourrois prouuer par l'authorité de Galien au liure des Os, & en d'autres lieux, que la maſchoire

maſchoire, & les os du Sternon, ſont ioints par
ſymphyſe, d'autant qu'ils s'vniſſent, & ne
font qu'vn os par ſuccez de temps, & qu'il ne
reſte aucune marque de leur ancienne diuiſion.
Et le meſme Galien appelle *Symphyſe* l'vnion
qui eſt en l'os de la maſchoire vers le menton.

La Symphyſe eſt vne vnion d'os immobile,
qui ſe fait, ou par le moyen de quelque choſe
qui eſt entre deux, ou ſans icelle.

Et à raiſon des trois corps qui peuuent eſtre
en ce milieu, il y a vne eſpece de Symphyſe, dite Synchondroſe, à cauſe du cartilage qui eſt
au milieu ; l'autre Syneuroſe, à cauſe d'un nerf;
l'autre Syſſarcoſe, à cauſe de la chair. On en
peut dire vne quatriéme Neurochondroſe, eſtãt
faite en partie du nerf, & en partie du cartilage,
mais i'ay parlé de ces choſes fort amplement
au Commentaire que i'ay fait ſur le liure que
Galien a eſcrit des Os.

On voïd toutes les differences de Symphyſe
dedans les os de la maſchoire inferieure, dedans
les corps des vertebres, dedans l'vnion qui eſt
entre les deux os *Pubis*, & en celle des os des
hanches auec l'os ſacré, en l'vnion qui ſe trouue entre les vertebres de cét os ſacré, & ſon Epiphyſe, en la ionction de l'Os Sphenoide, auec
les couronnes de l'os Occipital, en toutes les
vnions des os, qui eſtoient diuiſez dans les enfans, & qui s'vniſſent quãd on eſt plus âgé. Tout
cela ſe rapportant à l'eſpece de ſymphyſe, qui
ſe fait ſans milieu, c'eſt à dire, ſãs qu'il y ait aucun corps entre les deux os, qui s'vniſſent par
ſymphyſe, & c'eſt de cette ſorte que Galien ſ'entend au liure des Os.

Les ligamens qui attachent les os enſemble,

G g g

l'humeur pituiteuſe, dont ils ſont arrouſez, & les cartilages qui ſont entre ceux qui s'emboiſtent les vns dans les autres, ſont tous communs ou propres, à vn chacun des os, dont ils garniſſent les bords; & i'en parleray en deſcriuant, & examinant chaque os en particulier.

Remarques particulieres pour la Medecine.

LEs maladies communes qui arriuent ordinairement aux os, ſont la pourriture, quand ils ſont cariez; ce qui prouient d'vne cauſe commune, ou extraordinaire, telle qu'eſt la maladie Venerienne, l'Exoſtoſe, ou Nodus, qui viennent à l'os, lors qu'il s'eſleue & ſe tumefie contre ſa nature; ce qui vient des meſmes cauſes. Hippocrate les appelle *Kedmata*, & dit qu'ils viennent d'vne fluxion, qui ſe fait en ſuite d'vne longue maladie ſur toutes les articulations, mais principalement ſur celle des hanches. On peut lire ſur ce ſuiet les definitions de Medecine de *Gorraus*, & *Foëſſus*, *en ſon Oeconomie d'Hippocrate*.

La maladie que Paracelſe appelle *Synouie*, ou *Hydarthroſe*, eſt vne fluxion côtinuelle d'humeur ſereuſe, ou ſanieuſe, qui ſort des ioinctures vlcerées, principalement lors que l'vlcere va iuſques aux nerfs & ligamens, qui y ſont. *Hildanus* a fait vn Liure particulier, dans lequel il prouue que cette Synouie de Paracelſe n'eſt autre choſe que la *Meliceria* de Corneille Celſe.

Il eſt tres-certain, que les os qui ſont affectez iuſques à la moëlle, laiſſent couler le ſang,

& Galien l'a bien remarqué.

Il enseigne aussi au *liu. 6. de la Methode, chap.* 5. que les os peuuent conceuoir l'inflammation. Et Hippocrate au *liu. 4. des Epidem.* dit en l'Histoire du vieillard, qui demeuroit dans les mazures, que ce vieillard eut vn mal où les os suppurerent. Pareillement Auenzoar enseigne, au *liu. 1. traité 6. liu. 2. chap. 2.* que les os sont suiets à l'inflammation, aux tumeurs, aux abscez, & à la pourriture, ou carie.

Les fractures, & les luxations sont aussi maladies propres aux os. Or la fracture est vne diuision de l'os, prouenant de quelque cause externe qui coupe, ou qui brise & meurtrit. Il y a deux sortes de fractures ; car ou elle est droite, ou oblique : elle est droite quand l'os se fend en long, de la sorte que se fẽd vne planche, & alors les Grecs l'appellent *Schydacidon.* Elle est oblique quand elle se fait de trauers, & ils la nomment *Raphadidon,* ou *Caulidon* ; l'oblique se diuise encore en d'autres especes, par les nouueaux Medecins, apres Hippocrate ; mais si nous en croyons Galien, c'est auec trop de curiosité. Ils obseruent donc que les os se rompent, en forme d'ongle, quand il y a vne des parties rõpuës droite, & l'autre circulaire. Les Grecs la nomment *Calamidon,* & l'autre espece où l'os est escrasé en plusieurs petits éclats, se nomme *Alphithidon.*

Quelquesfois la partie rompuë de l'os est entierement ostée de sa place, laquelle on sent au lieu où estoit l'os. Ils nomment cela *Apotraufis* : Hippocrate en descrit vne autre espece, quand l'os se rompt en vn endroit où il se ioint à vne autre. Et il appelle cette maladie *Apocla sma*, mais Galien la nomme *Apagma*.

La luxation eft vne maladie de l'os en fa fi-tuation, à fçauoir quand il eft demis de fa pla-ce. Il y en a deux fortes; L'vne parfaite, quand l'os eft entierement defplacé, & fa tefte eft tout à fait fortie du lieu, où elle doit eftre : Ce que les Grecs nommēt *Exarthrima*: L'autre impar-faite, quand il n'eft qu'à demy hors de fon lieu, & comme allongé; ce qe qui arriue principale-ment en l'os de la cuiffe; Et les Grecs nomment cette efpece *Paratrima*. On connoift la differen-ce qu'il y a entre ces deux efpeces, d'autant qu'en la premiere la iambe malade eft plus courte que l'autre; & en la feconde, elle eft plus longue.

Les caufes des luxations & fubluxations, font externes ou internes. Les externes fōt quelques coups, quelques violentes detorfes; & les in-ternes, font quelque humeur deffiéé & fubtile, qui relafche les ligamens, ou vne humeur grof-fiere qui emplit petit à petit la cauité de l'Arti-culation, & chaffe enfin l'Os de fa place, apres s'eft efpaiffi & occupé la place que l'Os doit auoir. Ce que les Grecs nomment *Anchylofe*, qui eft vn deffaut de l'articulation, auquel la ca-uité de l'Os qui doit receuoir la tefte d'vn au-tre, fe trouue remplie, foit que cela arriue en l'Enarthrofe, ou en l'Arthrodie, ou au Gyngly-me. En fuite dequoy l'Os qui eft au deffus de l'Articulation demeure ou courbé, ce que l'on nomme *Ancylodoti*, ou droit & roide, ce que l'on appelle *Ortocoli*. Que fi fans cét accident les tendons qui font en l'vn ou l'autre cofté des membres font coupez, les Os demeurent droits ou courbez, & ils ne feruent plus à flechir, ny à eftendre les Os.

Des Os du Crane.

CHAPITRE VI.

APres auoir bien obferué les Ioinctures, il
eft neceffaire de parler de ce que chacun
Os a de confiderable, & qu'on ne void pas
quand ils font deffechez. Ie les vay donc parcourir depuis la tefte iufques aux pieds, les vns
apres les autres; fuiuant l'ordre que i'ay accouftumé de les anatomifer Laquelle operatió
d'Anatomie fe fait de deux fortes; i'appelle la
premiere Ofteotomie, lors qu'on fepare les Os
les vns des autres : L'autre *Offifragium*, quand
on les brife, afin de faire voir ce qu'ils ont de
remarquable en dedans.

Il faut donc premierement remarquer les
deux tables du Crane, qui font plus deliées aux
femmes, qu'aux hommes. Celle d'enhaut eft
plus épaiffe, plus dure, & plus polie, que celle
d'embas, qui eft plus rude & inégale que l'autre : car elle eft comme grauée, ou crayonnée
en dedans, pour placer les vaiffeaux qui arrou-
fans la Dure-mere, font vn peu plus efleuez,
que le refte de cette membrane, de laquelle
mefme il fort quefques-vns de ces vaiffeaux
affez remarquables, qui entrent proche de
oreilles dans le Crane, & fe répandent entre ces
deux tables pour en arroufer le milieu.

Or le milieu de ces deux tables n'eft autre
chofe qu'vne fubftance fpongieufe, qui reçoit
le fuc moëlleux neceffaire à la nourriture de ces
Os. Ce fuc eft rouge, à caufe du fang qui fort
des petites veines qui arroufent cette partie, &

Ggg iij

que l'on void paroiſtre lors que l'on trepane vn homme viuant.

Selon Hippocrate, *au liure des playes de la teſte*, le Crane eſt double, appellant le milieu *Diploe*, qui n'eſt autre choſe que le creux contenu entre ces deux tables, pour receuoir le ſuc moëlleux neceſſaire à la nourriture des Os, où il dit auſſi, que preſque toute la teſte, excepté vne petite partie, reſſemble à vne eſponge remplie de petites chairs humides, deſquelles le ſang ſort quand on les preſſe auec le doigt. On y void auſſi de petites veines remplies de ſang.

Et quand ces petites chairs ont eſté froiſſées par la violence de quelque grand coup, le ſang qui en ſort ſe pourrit, & corrompt l'os, quoy qu'il paroiſſe entier en dehors, & la matiere ſanieuſe & purulente, paſſant au trauers de la table interieure, qui eſt plus mince, corrompt, & pourrit la ſubſtance du cerueau. Ce n'eſt pas pourtant qu'il faille croire, quand le ſang ſort en perçant, ou ruginant le crane, que la fracture penetre la ſeconde table, dautant que ce ſang peut venir du Diploé, qui eſt entre les deux tables.

La ſurcroiſſance ſpongieuſe en forme de Champignon, qui arriue aux playes de la teſte, vient de ce meſme Diploé, comme l'a fort bien remarqué Hippocrate. On peut voir ce que Senert a dit touchant ces Champignons, pour ſçauoir ſi ceux du cerueau viennent de la fracture du crane, ou de la dure Mere. Pour moy, i'ay ſouuent cherché dans ce milieu ces petites chairs, dont parle Hippocrate, & quelque choſe que puiſſe dire Falloppe, ie ne les

trouue point, si ce n'est qu'on veuille prendre
pour chair, la substance de l'os semblable à
l'esponge.

Nous auons desia dit, que le milieu des deux
tables, est appellé Diploé par Hippocrate.
Neantmoins Galien, contre l'opinion des Anciens, appelle Diploé la seconde table du Crane, qui est l'interieure, & celle qui touche le
cerueau.

On donne trois vsages à ce Diploé : Le premier est, de receuoir le sang, pour la nourriture
du Crane:le second est, afin que la Nature puisse engendrer le Pore Sarcoide : c'est à dire vne
substance qui reünisse, & remplisse la place des
fractures du Crane : le troisiéme est, pour faire
exhaler plus facilement les humeurs & vapeurs
du cerueau.

Il se glisse quelquesfois vne humeur maligne, entre ces deux tables, qui s'attache &
s'arreste en ce lieu, où estant putrefiée & corrompuë, cause de tres-violentes douleurs de
teste, & cela arriue souuent en la verole, en
laquelle mesme les os s'esleuent & sureroissent,
comme aux autres endroits.

Le dessein de la Nature est admirable, d'auoir
separé ces deux tables, afin que quand on reçoit
quelques coups en la teste, la fracture ne se
communique pas à toutes les deux; car il arriue
souuent que l'vne soit fenduë, sans que l'autre
soit blessée.

Iulien *Paulmier* rapporte *au liu. du mal Venerien, Chap.* 4. que la table externe est fort
souuent rongée de verole, & quelquesfois celle
de dedans, sans que le malade meure. *Beniue-
nius* en rapporte aussi des exemples. Ce que

nous auons veu plufieurs fois.

Quoy que les futures de la tefte foient forte-ment iointes les vnes aux autres, aux perfonnes viuantes, il s'en trouue neantmoins quelques-fois qui font entre-ouuertes, & caufent de gran-des douleurs, au rapport de Galien, *à la fin du 3. Comment. fur l'Officine d'Hippocrate.*

Mais on ne les trouue pas trop ouuertes à l'endroit, où la Sagittale rencontre la Coro-nale, pourueu que ce foient perfonnes âgées; l'on nomme ce lieu, la Fontaine de la tefte; ce qui me fait croire, que l'on peut fans danger y appliquer le cautere. Et *Fabricius* fait grand eftat de cette operation, quoy que d'autres, comme *Matthaus de Gradis, Vefale, Montanus, Zechius, & Carcanus* la blafment, la iugeans dangereufe.

Ce n'eft pas que ie nie, que les enfans n'ayent cette partie remplie d'vn cartilage mol, & qui s'endurcit tres-difficilement, fi bien qu'il en retient quelque chofe en ceux qui font âgez, Galien mefme y ayant veu quelque palpita-tion, & battement, *liu. 13. de la Method. Chap.* 22. Et pour lors, il eft tres-dangereux d'y met-tre le cautere. *Mercurial* dit, que l'on auoit couftume de mettre le feu fur la Fontaine de la tefte, aux enfans de Libye. On brufloit auffi les veines qui font au deffus de la tefte, apres la quatriéme année, auec vne corde de laine allumée. Que s'il en arriuoit des conuulfions, on arroufoit la partie auec de l'vrine de bouc.

Nous lifons dans *Herodote, Aratus, & Aria-nus, en la vie d'Alexandre,* que les Ethio-piens, & les Egyptiens n'ont point de Sutures en la tefte; & c'eft ce qui a obligé *Paré* d'écrire, que les Ethiopiens, les Maures, & ceux qui habitent les Pays chauds vers le Midy, & en la ligne Equinoctiale, ont le Crane fort dur, & épais, & qu'ils n'y ont point ou peu de sutures. Ce que nous auons trouué faux en vn Ethiopien tres-noir, dont i'ay publiquement fait la dissection *au Theatre des Escholes de Medecine de Paris.*

Il y a en la Teste plusieurs cauitez, que les Anatomistes nomment *sinus*; Il faut les rechercher toutes, pour sçauoir si elles sont vuides, ou couuertes de quelque membrane, & quelle communication elles ont entr'elles.

Ces cauitez sont quatre de chaque costé. La premiere est la Maxillaire, qui est cachée entre la maschoire superieure. La seconde est celle du front, qui est proche des sourcils en l'os du front. La troisiéme est la Sphenoidienne, cachée sous la selle de l'os Sphenoide. La quatriéme, la Mastoidienne, qui est entre les Apophyses Mastoides, & tous ces Sinus sont vuides, & couuerts d'vne petite membrane. Le Mastoidien seul est creux comme les autres; mais il n'est point reuestu de membrane. Celuy-cy est diuisé en sept ou huit petites cellules, comme celles que l'on voit dans les Ruches des mousches à miel.

L'entrée du Sinus Maxillaire paroist au dedans de la cauité des narines, à costé de l'os spongieux. L'entrée du Sinus frontal se remarque tout au bout superieur des narines. Et celle du Sinus Sphenoidien se trouue au bas des narines bien auant, apres que l'on en a osté les os spongieux.

L'entrée du Sinus Maxillaire est assez visible,

fans en ofter aucun os. Celle du frontal eft auffi
fort euidente, pourueu qu'on coupe l'os du front
au deffus des fourcils ; mais celle du Sphenoidien ne fe peut voir, qu'apres auoir ofté la felle,
ou la table interne de l'os Sphenoide. L'entrée du Maftoidien eft à cofté gauche de la coquille de l'oreille, proche l'Apophyfe Maftoi-
de, & on ne la peut voir ; qu'apres auoir rompu, & defchiré la voute de la coquille, ou le
conduit de l'ouye. *Syluius* croit, que la pituite
qui paffe par les petits trous de la table fuperieure de l'os, s'amaffe dedans le Sinus Sphenoidien, & s'eftant efpaiffie, fe iette au palais.
Il le prouue par quelque paffage de *Galien. Vefale, Colombe, Falloppe*, & *Valuerda*, reiettent ce fentiment, & veulent qu'elle coule par
les trous voifins, qui font à l'entour de la felle
du Sphenoide.

La raifon *de Galien* & *de Syluius* eft, qu'il
vaut bien mieux que ces impuretez paffent
au trauers de ces trous, & qu'elles demeurent
quelque temps dans ces Sinus, que de cou-
les perpetuellement dans la bouche, & nous
obligeant à cracher, tenir la bouche ouuerte.
Et bien que ces Sinus Sphenoidiens paroiffent
vuides de pituite, & de ferofité, lors que l'on
fait la diffection des corps, il y a pourtant bien
de l'apparence que l'humeur fereufe, qui coule
de la Coane, paffe par la table cribriforme de la
felle, pour couler dans les Sinus qui font au
deffous, & que de là elle fe vuide par des trous
faits en oual affez grands, pour eftre reiettées
par les os fpongieux des narines. Ils demeurent
d'accord, qu'vne partie de la ferofité fort auffi
par la table inferieure qui eft percée, pour fe

ietter fur le palais. Mais l'humeur fereufe qui
eft receuë par ces os fpongieux des narines, coule petit à petit, & excite la Nature par fa quantité, ou par fa qualité, à s'en defcharger. Pour
moy, ie ne voids point de meilleur vfage de ces
Sinus, puis qu'il n'y a pas d'apparence qu'ils
foient faits, pour rendre les os de la tefte plus legers, ny pour conferuer l'air neceffaire à la generation de l'efprit animal, d'autant qu'ils font
efloignez plus de la largeur d'vn doigt des autre Sinus du front, n'ayans mefmes point de
communication ny de continuité entr'eux.
D'ailleurs, l'air qui doit eftre tres-pur, s'infe-
cteroit en paffant & repaffant par ces os : Auffi
en plufieurs corps, dont i'ay fait la diffection,
où il pouuoit y auoir quantité de glaires, & de
matieres pituiteufes, n'ay-ie iamais trouué les
Apophyfes mammillaires plus grandes aux vns
qu'aux autres. Or il faudroit que la pituite al-
laft par ces lieux à l'os Ethmoide, ou qu'apres
auoir demeuré en la bafe du cerueau quelque
temps, elle coulaft en ce lieu, d'autant que les
ventricules du cerueau font rarement troüez, &
qu'il n'y a prefque iamais de conduit, qui d'i-
ceux s'eftende aux narines. C'eft ce qui m'o-
blige de croire, que toute la pituite du nez ne
paffe point par l'os Ethmoide, mais qu'elle
tombe fur le palais, par les quatre conduits de la
Coane; ou que s'eftât amaffées dedans les Sinus
Sphenoidiens, elle tombe dedans les os fpongieux du nez, lors qu'elle a paffé par les petits
trous de la table de l'os Sphenoide.

Cét os fpongieux eft fort creux en dedans, &
a quantité de petites cellules remplies de petites chairs, lefquelles eftant tumefiées, produifent le Polype.

Apres auoir veu toutes ces chofes, il faut regarder la communication qu'il y a entre les narines & le palais, par les deux Sinus feparez l'vn de l'autre, par l'os Vomer, ou foc de charruë.

L'on void auffi vers la racine de l'Apophyfe Pterigoide, vn petit trou enuironné d'vn cartilage, qui eft l'extremité du conduit, qui de l'oreille va iufques au palais. Et c'eft par le moyé de ce petit conduit, que les fourds entendent en ouurant la bouche, quand quelqu'vn leur parle dans la bouche. C'eft auffi pour ce fuiet, que l'oreille fe purge fort bien par l'vfage des Mafticatoires.

Remarques particulieres pour la Medecine.

L'On voift naiftre fur le Crane, à raifon du Diploé, qui eft entre les deux tables, quantité de tumeurs dures & approchantes de la nature des os, mefmes quelques vnes font des os, comme les cornes. La tumeur qui paroift dure, platte, vn peu longuette, s'appelle Teftudc, Tortuë. Il y en a vne autre en quelque façon femblable, que l'on nomme Talpa, Taupiere. On en void vne autre, qu'on appelle Natta, Loupe, qui croift fouuent au dos, eftant penduë par une tres petite racine. Ces trois fortes de tumeurs deuiennent extraordinairement grandes, fi l'on n'y prend garde de bonne heure. Les cornes fortent du Crane, du front, & d'autres endroits des os. I'en ay veu vne de la longueur du doit, qui fortoit du bout de l'os de la jambe, en forme d'éperon. Sennert a fort bien traité de ces Cornes, *au cinquiéme liure de sa Pratique.*

Outre ces tumeurs qui arriuent au Crane, il est fort suiet aux fractures, qui viennent d'vne cause violente & externe. Or toute fracture du Crane est ou sans contusion, ou auec contusion. Il y a trois sortes de fractures sans contusion. La premiere est, quand vn instrument trenchant entre dedans bien auant, ce que l'on nomme *Diacopé.* La seconde est, quand la partie de l'os coupé est emportée, Et celle-cy s'appelle *Aposchopernismes.* La troisiéme, où il n'y a rien que la place, ou le vestige de l'instrument qui a coupé, celle-cy se nomme *Hedra.* Pour ce qui regarde la fracture auec côtusion, lors qu'elle est estroite, & que l'os ne change point de place, & qu'elle est dans le mesme os, qui a esté frappé, on l'appelle fissure ou fente, & en Grec *Rhogmé.* Que si elle est en vn autre os, on la nomme contrecoup, & en Grec *Apechema,* qui veut dire retentissement du coup. Il y a trois sortes de fractures, quand l'os change de place, la premiere desquelles est appellée *Engleisoma,* quand l'os est enfoncé vers la meninge. L'autre, que l'on nomme *Ecpiesma,* est bien vne enfonceure du Crane, mais l'os est brisé en plusieurs petits morceaux. Et la troisiéme se nomme *Camarosis* lors que l'os fracturé est éleué en forme de voute. La contusion qui se fait sans qu'il y ait rien de rompu, se nomme *Enthlasis,* comme si c'estoit vne enfonceure du Crane ramolly. Cette espece de contusion est fort bien representée par vne bosse qui se fait en vn chaudron, quand on y donne vn coup de marteau qui l'enfonce sans le briser. Les os du Crane sont suiets à estre ca-

riez, & aux Exoftoſes ou Nodus, qui peuuent
eſtre produits par vne cauſe commune, mais
bien plus ſouuent par la verole.

Si quelqu'un eſt tombé ſur ſa teſte, ou a eſté
frappé auec violence, d'vn inſtrument plat &
peſant, il ſe peut faire, que ſans fracture, la Dure
mere ſe ſepare & deſtache des ſutures du Crane
auſquelles elle eſt attachée. Et par ce moyen
toute la maſſe du cerueau n'eſtant plus ſuſpen-
duë, comme elle doit eſtre naturellement, s'af-
faiſſe, & tombe ou à droit, ou à gauche, & reſſerre de telle ſorte ſes Ventricules, qu'ils ſont
accablez, n'ayant plus ſon mouuement d'éleuation ou d'abbaiſſement libre. Ce qu'il faut
ſoigneuſement remarquer aux grandes contuſions de la teſte, pour vtilement examiner &
conſulter s'il faut trepaner, ou vſer d'autres remedes, meſmes quand il y a des aſſoupiſſemens
comateux.

De la Maſchoire ſuperieure.

CHAPITRE VII.

LEs maladies de la Maſchoire ſuperieure ſõt
aſſez frequentes autour des coches, ou trous
des dents, à cauſe des racines des dents pour-
ries, leſquelles infectent les marges & extremitez des os, & les carient. Quelquesfois ces
maladies appartiennent aux Sinus Maxillaires.
Parfois il s'eſcoule vn humeur par le trou, qui
eſt au deſſous de l'orbite de l'œil, à trauers
duquel paſſe vn nerf aſſez conſiderable, & cét
humeur peut carier l'os de la maſchoire Il
croiſt quelquesfois de certaines tumeurs oſſeu-

ses, ou surcroissances d'os sur celuy des Fosses, que les Latins appellent *Dionyssei*, telles qu'il en vient aux Ladres, ou Elephantiques.

De la Maschoire inferieure.

CHAPITRE VIII.

LA Maschoire inferieure est continuë aux personnes âgées, sans que l'on voye aucune marque qu'elle ait esté autresfois separée du menton. Son Articulation est fort lasche, n'estant affermie que par le ligament orbiculaire. Il y a vn cartilage mobile couché sur son condyle, pour faciliter son mouuement. Il y a vn petit conduit creusé dans la Maschoire pour côtenir les vaisseaux: qui est separé de la cauité où la moëlle est contenuë; c'est par la que chacune des dents reçoit sa portion de tous les vaisseaux. Ce conduit est placé vers le milieu de la Maschoire, & se peut voir facilement. C'est ce qui a obligé Hippocrate à dire, *au liu. des Os*, qu'il n'y a de tous les Os, que la Maschoire inferieure qui ait des veines.

Des Dents.

CHAPITRE IX.

EN suitte de cela on doit arracher vne Dent de chaque espece, afin d'en considerer toutes les racines, les ligamens, & la forme & figure de leurs trous. Vous trouuerez en brisant les racines, qu'elles sont pleines de mucosité & de filets, qui sont leurs vaisseaux. Les cauitez

internes des Dents fe voyent bien mieux dedãs
les feiches & atides, c'eft pourquoy il faut en
voir des vnes & des autres, pour les conferer
enfemble.

Pour bien voir, & monftrer aux autres la diftribution des petites veines, nerfs, & arteres
qui font dans les dents, il s'y faut prendre de
cette forte. Prenez la mafchoire inferieure d'vn
bœuf, ou d'vn mouton, (où tout fe pourra
mieux voir) fendez là par le cofté de dedans,
en fuite dequoy vous l'ouurirez iufques à ce
que vous voyez la moëlle & le nerf. Puis vous
en tirerez la moëlle, & la membrane qui eft fur
le nerf, & alors le nerf vous paroiftra compofé
de plufieurs filets, les vns defquels font femblables aux veines & arteres, vous prendrez
garde comme ils s'entrelacent les vns dedans
les autres, pour entrer dedans la racine des
Dents.

Les Dents canines, & les incifoires ont les
nerfs plus gros, mais les mafchelieres en ont
trois ou quatre fort defliez, fuiuant le nombre
de leurs racines.

Il faut en fuite tirer vne mafcheliere, & vne
incifoire de leurs coches, & prendre garde en
les arrachant à de petits filets, qui font dans
leurs racines qu'il faut prendre pour des nerfs.
Et ces Dents eftans arrachées, on void au bout
de leurs racines vne matiere en partie fibreu-
fe, qui fort des vaiffeaux, & en partie gluante,
afin d'attacher & coller fortement la Dent à la
coche par fyffarcofe. Si l'on fend par le milieu
la Dent, ou d'vn bœuf, ou d'vn mouton, on
trouuera fa fubftance interieure glaireufe, en-
tretiffuë de vaiffeaux euidents.

On

On peut fort bien voir toutes ces choses dedans la maschoire d'vn bœuf, d'vn veau, &
d'vn mouton, mais on ne les void pas si bien
aux Dents de l'homme. On y void neantmoins
les racines sanglantes, & le nerf qui entre dedans les racines, lesquelles sont creuses aux
Dents seiches & arides.

De l'Os Hyoïde, & de ses ligamens.

CHAPITRE X.

ON void au dessous du commencement du
muscle Digastrique, vn ligament, qui va
depuis l'Apophyse Styloïde iusques au coin de
la maschoire inferieure. Il faut voir en suitte
dans le Cadavre la situation, la connexion, &
la structure de l'os Hyoïde : car ces choses ne
se trouuent point dans le Scelet.

Il est donc placé dedans le gosier, au dessous
de la maschoire inferieure, pendu aux Apophyses Styloïdes, par le moyen des ligamens qui
s'y rencontrent. Il est composé de cinq os,
desquels celuy du milieu, qui est le plus grand,
& le plus large, s'appelle la base de la langue.
De chacun de ses costez il sort vne petite corne
cartilagineuse, rarement osseuse, qui est attachée aux costez superieurs du cartilage Thyroïde. Ces deux petites cornes se prennent
pour le six, & le septiesme os de cette partie.

Galien *au liu. 7. de l'vsage des part. chap.* 19.
nous fait remarquer vne chose tres-considerable, qui est, que cét os n'est pas seulement attaché & lié par les muscles, mais aussi par ses

Hhh

ligamens & membranes, ioint aux Apophyses
Styloides, & par ses cornes superieures au cartilage Thyroide, de peur que si vn muscle estoit
priué de son action, la force qui eust esté necessaire pour le soustenir, n'estant plus en ces
muscles, il ne fust tombé à droit, ou à gauche,
ou par embas; ce qui eust non seulement empesché la voix, mais aussi donné grande peine
à aualer. Et c'est pour ce suiet que la Nature
preuoyant cette incommodité, l'a attaché fortement par ces quatre ligamens aux Apophyses Styloides, & au cartilage Thyroide.

Les femmes ont l'os Hyoide plus gresle, &
plus deslié, & composé d'vn plus petit nombre
d'os, au defaut desquels suppléent les ligamens
qui le soustiennent, estans pour ce suiet plus
longs.

La derniere chose qu'il faut remarquer, est,
qu'il n'y a que l'Epiglotte qui soit dedans la
cauité de l'os Hyoide, & que la langue est seulement appuyée sur le costé superieur de sa base.

Du mouuement de la Teste, & de ses
ligamens.

CHAPITRE XI.

LA Teste se remuë en droite ligne ou oblique, sur la seconde vertebre, qui par derriere est esloignée de la premiere de la largeur
d'vn doigt; cette premiere estant si fortement
attachée à l'Os Occipital, qu'elle est entierement immobile en cét endroit, mesmes estant
fortement esbranlée auec la main.

L'Apophyse dentiforme est aussi attachée a

eſtroitement au corps de la ſeconde vertebre,
que quand la teſte ſe baiſſe, ou ſe tourne à coſtez, la moëlle de l'épine ne peut eſtre en aucune façon bleſſée. C'eſt ce qui nous fait clairement connoiſtre, que l'opinion de *Veſale*, &
de quelques autres Anatomiſtes, que les mouuemens droits de la teſte, & les Obliques, ſe
font ſur la ſeconde vertebre, eſt tres-verita-
ble.

En effet, la Teſte ne peut en façon quelconque
faire vn mouuement circulaire, par le moyen
de la premiere vertebre, d'autant que les corps,
qui font ce mouuement, ne doiuent eſtre appuyez que ſur vne ſeule baſe. Ce n'eſt pas que
l'opinion de Galien ne ſemble eſtre confirmée par l'vnion de ces deux premieres vertebres du col, que i'ay veu iointes & vnies enſemble en vn ſoldat, qui ayant tué ſon compagnon au cabaret, fut pendu en l'année 1611. &
diſſequé publiquement dans le Theatre des Eſ-
choles de Medecine. Où l'on remarqua, en faiſant cuire ſes os pour compoſer vn Scelet, que
les deux vertebres ſuperieures du col eſtoient
naturellement vnies; ce qui n'empeſchoit pas
qu'il ne remuaſt bien la teſte, comme ie l'ay
ſçeu de ceux auec leſquels il auoit veſcu. Celſe
auoit, auant Veſale, & Colombe, deſcrit le mouuement de la Teſte en ces mots. La premiere
vertebre ſouſtiẽt la Teſte, dont les petites Apophyſes ſont receuës par les deux Sinus de ladite vertebre; ce qui fait que la Teſte a des inégalitez, à cauſe de ces tuberoſitez, tant en haut
qu'embas. La ſeconde vertebre eſt enlacée dans
la premiere, pour ſeruir au mouuement circulaire. La partie ſuperieure de cette ſeconde ver-

tebre eſt plus petite, que celle d'embas, auſſi la premiere vertebre qui enuironne la ſeconde, n'empeſche pas que la Teſte ne ſe remuë d'vn coſté & d'autre.

Or ſi quelqu'vn veut clairement connoiſtre les mouuemens de la Teſte, qu'il ſepare toutes les chairs muſculeuſes du col, & du derriere de la teſte, y laiſſant toutesfois les plus petits muſ-cles, & pour lors qu'il examine ces mouue-mens. Dernierement, comme ie faiſois cette re-cherche auec grande curioſité, ie trouuay à ce que i'en pû iuger, que les mouuemens tant droits, qu'obliques de la teſte, ſe faiſoient ſur la premiere vertebre; & que les mouuemens o-bliques du col, ſe faiſoient par le moyen de la premiere vertebre, tournée ſur la ſeconde, & c'eſt à cecy que l'Apophyſe Odontoide eſt de-ſtinée. C'eſt pourquoy lors que les mouue-mens de la Teſte ne ſont que fort legers, ils ſe font par le ſeul moyen des petits muſcles droits & obliques: mais les plus grands muſcles ante-rieurs, & poſterieurs ſont deſtinez à l'erection ferme & continuelle de la Teſte auec le col.

On remarque trois ligamens, qui ſeruent à l'articulation de la teſte; le premier eſt orbicu-laire, qui enuironne en dedans la premiere & ſeconde vertebre iuſques à l'Os Occipital. Les deux autres ne vont que iuſques à l'Apophyſe dentiforme, l'vn d'iceux attachant fortement cette Apophyſe auec le corps de la premiere vertebre, & l'autre ſortant de cette meſme A-pophyſe Odontoide, s'inſere à l'Os Occipital.

De l'Oreille interne.

CHAPITRE XII.

ENtrons maintenant dedans cét antre de
l'Oreille interne, dont l'accez n'a point esté
permis aux anciens Medecins , & visitons exactement l'Architecture admirable de cette
partie.

L'on rencontre trois cauitez dans l'Oreille,
disposées de cette façon. La premiere est appellée *Concha*, ou *Bassin* ; la seconde, *Labyrinthe*; &
la troisiéme, *la Coquille*. A l'étrée de la premiere, la Nature a mis le Tambour , qui n'est pas
verd , comme a creu *Pauuius* , ny directement
opposé au trou exterieur de l'Oreille; mais il est
plutost tendu obliquement , afin que les petits
corps qui tomberoient , ou seroient iettez dedans l'Oreille , ne peussent aller tout droit au
Tambour , & l'offenser. Ce Tambour se peut
voir par dehors dedans les animaux viuants,
qui ont les Oreilles ouuertes, pourueu que l'ón
se mette au Soleil , ou que l'on en approche la
chandelle.

Toute la structure de la grande Coquille ou
Bassin, dans laquelle se trouuent les trois petits
os de l'Oreille , le Tambour , la corde qui est
tendüe au trauers du Tambour , & le muscle,
se peut voir en mesme temps aux enfans , en
arrachant auec la pointe du cousteau l'Apophyse de l'Oreille , qui en ce temps-là n'est,
seulement qu'Epiphyse , mais on la doit leuer
par le dedans du Crane.

Il n'en est pas de mesme dans les hommes

âgez & parfaits, où l'on ne peut pas faire voir
si facilement toutes ces choses, sans briser &
gaster plusieurs parties de celles qui composent
le dedans de l'Oreille, lors que l'on coupe l'os
pierreux vers le derriere de la teste.

Il se faut comporter de cette sorte, pour briser l'os pierreux, apres auoir osté toute la
moëlle du cerueau, auoir arraché l'Oreille, &
détaché entierement toutes les chairs qui sont
autour. Il faut premierement couper auec des
ferremens fort trenchans, & de bonne trempe,
cét os pierreux qui enferme tout ce petit basti-
ment, & commencer par le dehors; & apres
auoir leué la voulte, ou la partie superieure de
l'os pierreux, on verra fort bien les trois petits
os, qui sont le marteau, l'enclume, & l'e-
strier. Ce qu'estant veu, on prendra garde au
Tambour, & à sa corde, & à de petits muscles,
qui sont attachez à de petits os, tant au dedans
qu'au dehors du Tambour : Mais toutes ces
choses se peuuent beaucoup mieux voir dedans
les autres animaux, que dans l'homme, auquel on n'y en trouue qu'vn, qui occupe la partie laterale du dedans de l'Oreille, vers le derriere de la teste, estant attaché à la petite teste
du marteau. Mais on y trouue deux petits tendons ou ligamens, l'vn desquels arreste le
manche du marteau, & l'autre s'attache à l'angle superieur de l'estrier.

La corde, ou le petit nerf, s'estend sur le
marteau, afin de l'arrester, & de le ioindre sur
le Tambour.

De plus, vous pourrez fort bien voir les trois
osselets de l'Oreille, en vne teste, que l'on
aura houuellement fait boüillir, ou seches; ils

se trouuent dedans le Baſſin. Si vous regardez de prés, & au grand iour par le conduit externe, vous pourrez tirer tous ces os auec vne éguille.

De la Clauicule.

CHAPITRE. XIII.

LA Clauicule, à l'endroit qu'elle eſt ioin-te au Sternon, eſt garnie d'vn cartilage mobile, afin qu'elle obeïſſe plus facilement aux mouuemens du bras & de l'épaule. Il faut prendre garde pourquoy la Nature luy a donné cette figure tortuë, approchante de la lettre Italique S, & de quelle ſorte les deux Clauicules ſont iointes entr'elles, par le moyen d'vn ligament tres-fort.

Du Sternon.

CHAPITRE XIV.

LE Sternon eſt fait d'os aux perſonnes âgées; mais ils ſont d'vne autre nature que le reſte des autres; car leur couleur tire ſur le rouge. Galien veut qu'il ſoit cōpoſé de ſept os, afin que chacun d'eux ſe ioigne, & réponde à chacune des ſept coſtes vrayes, & que tous ces os fuſſent mieux ioints enſemble. Hippocrate ſéble eſtre de cét aduis, quand il dit, que le Sternon eſt compoſé de pluſieurs parties vnics enſemble; mais diſcernées à l'endroit, où elles ſont obliquement attachées aux coſtes. On ne trouue toutesfois aux perſonnes âgées, que trois ou quatre ſeparations au Sternon.

Valuerda dit, que l'os de la Poictrine est
composé de six ou sept os, qui s'vnissent tellement à mesure que l'on vieillit,qu'il ne semble
plus estre composé que de deux ou trois..

Il est aussi quelquesfois composé d'onze os;
ce qui arriue fort rarement, quoy que nous en
ayons veu vn exemple à Rome,en l'année 1554.
en vne petite fille âgée de sept ans, qui auoit
cét os diuisé en six, dont les cinq derniers
estoient depuis le haut iusques embas, fendus
& separez en deux par le milieu.

Barthelemy Eustachius adiouste, qu'il arriue
souuent,ce que plusieurs autres n'ont pas obserué, que les os du Sternon, excepté le premier
& le dernier, soient tous, ou du moins beaucoup deux separez vers le milieu par vne ligne,
qui va selon leur longueur, qui est quelquesfois
droite, & quelquesfois oblique, diuisant par ce
moyen les os du Sternon, en dix,ou neuf, mais
ordinairement en sept, ou huit.

Le Sternon est quelquesfois percé vers son
milieu, d'vn trou assez large; ce que *Syluius* &
Eustachius ont remarqué. Ce trou est pour donner passage aux vaisseaux; ie l'ay souuent rencontré de cette sorte, & principalement aux
femmes. I'ay mesmes veu vne femme en laquelle ce trou estoit si grand, que l'on y pouuoit passer le petit doigt. Et cette mesme femme auoit treize costes de chaque costé de la
Poitrine.

Nicolas Massa se glorifie, d'auoir le premier
trouué ce trou dans le milieu du Sternon, disant qu'il est fait, afin que le Mediastin & les
parties voisines puissét exhaler par là quelques
matieres fuligineuses, ou plutost pour donner
passage

paſſage à la veine mammaire, qui ſe diſtribuë dans les mammelles.

On remarque aux femmes qui ont beaucoup de ſein, & ſont fort graſſes, qu'apres auoir oſté toute cette maſſe des mammelles, leur Sternon eſt eſleué en pointe, & qu'elles ont la poitrine fort eſtroite; ce qui eſt cauſe qu'elles ont ſouuent peine à reſpirer. Et cét eſtréciſſement de la poitrine peut bien eſtre cauſé par la trop grande peſanteur des mammelles.

La figure du Sternon faite par branches, telle qu'on le depeint, n'eſt pas naturelle, d'autant que ſelon Galien, elle doit repreſenter la figure d'vn glaiue: pour ce ſuiet quelques-vns l'appellent l'Os Xiphoide.

Apres auoir oſté toutes les branches cartilagineuſes, qui ſont parties des coſtes, le manche du poignard paroiſtra vers le haut du Sternon, & la pointe vers le cartilage Xiphoide. La figure de ce cartilage paroiſt differente, ſelon la diuerſité des corps; car quelquesfois elle eſt ſimplement triangulaire; quelquesfois elle ſe fend en deux, repreſentant la feüille de l'herbe *Hippogloſſum*, ayant la plus grande partie appuyée ſur la plus petite. Quelquesfois elle eſt ſemblable à vn trident, d'autresfois à vne fourche, ou à vn croc à deux dents.

Les Barbares le nomment pomme de Grenade, à cauſe qu'on y apperçoit trois angles comme en la fleur de ce fruit, au rapport de *Nicolas Maſſa*.

Galien dit, qu'il eſt mis en ce lieu pour deffendre l'eſtomach, & le Diaphragme, mais le Ventricule en eſtant aſſez eſloigné, il y a de l'apparence qu'il eſt ſeulement fait pour ſeruir

Iii

au Diaphragme, ou plutoſt pour attacher le ligament qui ſouſtient le foye.

Amatus Luſitanus remarque, que ce cartilage eſt percé, afin que la tranſpiration ſe faſſe par là, & que le ventricule ſe deſcharge des mauuaiſes vapeurs; ce que ie trouue ſans fondement, dautant que quand ce cartilage n'eſt point fendu, il y a vn trou par où paſſe la veine mammaire interne : & les femmes qui n'ont point ce trou à l'os Sternon, l'ont dedans le cartilage Xiphoide.

Quand ce cartilage eſt recourbé en dedans, & enfoncé, il incommode tellement le foye, que les enfans en deuiennent tabides,& meſmes les perſonnes âgées ſont perpetuellemẽt ſuiettes à vomir, iuſques à ce qu'on l'ait remis en ſa place.

Touchant la cheute ou enfonceure du cartilage Xiphoide, liſez Mercurial *Tome 4. de ſes Conſeils. Codronchius* en vn liure particulier, & *Septalius* en vn Traité de meſme, ſur ce ſuiet.

Des Coſtes.

CHAPITRE XV.

CHacune des Coſtes eſt compoſée de deux differentes ſubſtances, dont l'vne eſt oſſeuſe,telle qu'eſt la plus grande partie de la Coſte: l'autre, qui eſt cartilagineuſe, & inégale en longueur, eſt articulée au Sternon par Arthrodie, afin qu'elle puiſſe plus facilement obeir aux mouuemens de dilatations & de compreſſions de la poitrine : Mais elles ont vne autre articulation auec les vertebres, qui eſt double en chacune des Costes.

Or il y a sept Costes vrayes ou parfaites, qui sont iointes au Sternon par Arthrodie ; il y en a quelquesfois huit, comme ie l'ay treuué en plusieurs dissections ; & la huctiéme est attachée proche la racine du cartilage Xyphoide. Pour cette raison Aristote a dit, qu'il y auoit seize Costes vrayes. Et Pline suit la mesme opinion.

Les cinq autres inferieures sont fausses & imparfaites, à cause qu'elles n'arriuent iamais à l'os de la poictrine, ains finissent par vn long cartilage recourbé en haut, par le moyen duquel elles sont attachées entre elles. *Galien* enseigne *au liure de la Conseruation de la santé,* les moyens de dilater la poitrine trop estroite.

De L'Espine.

CHAPITRE XVI.

APrés que l'on a osté les chairs des muscles qui couurent l'Espine, on void paroistre sa figure admirable, appellée par Hippocrate, *Ithyscolios,* qui est en partie droite, & en partie oblique, estant courbée en dedans, & tantost en dehors. *Hippocrate* est le premier qui a fait remarquer cette figure: & *Duret,* que l'on peut nommer *le genie d'Hippocrate,* nous la descrit admirablement bien *dedans les Coaques.* Il y a par tout entre les deux vertebre vn cartilage espais & gluant, pour les attacher. Galien escrit au liure des os, que c'est vn ligament dur, & comme cartilagineux.

Toutes les vertebres sont couuertes par dehors, d'vne membrane dure, & par le dedans elles ont vn ligament membraneux, qui va depuis les vertebres superieures, iusques à l'os sacré; ce qui semble estre fait pour la conseruation de la moëlle de l'espine, qui a encore cette couuerture, outre les deux membranes, dont elle est reuestuë.

I'ay souuent remarqué dedans les corps de ceux qui ont esté pendus & bruslez, & i'ay mesme sçeu du Bourreau, que c'est vne chose ridicule, de croire qu'il y a vne des vertebres du dos, qui soit entierement incorruptible, ainsi que les Cabalistes nous asseurent, disans qu'il se trouue dedans le dos vne vertebre, qui s'appelle *Luz*, de laquelle les os doiuent estre rengendrez au iour de la Resurrection, *Agrippa*; *Vesale*; & *Colombe*, mettent cét os *Luz*, dedans le pied. Neantmoins *Hieronymus Magius* rapporte, qu'Adrien fils de Rabi Iosué, connut par experience que c'estoit vne vertebre du dos, d'autant qu'ayant pris l'espine, il se rencontra vn os au dessous de sa masse, qui ne se pût en aucune façon escraser, ny mesme brusler, quoy que l'on le iettast dans le feu; & l'ayant mis dans l'eau, il ne s'y pût point resoudre. Et en fin estant mis sur vne enclume, & frappé d'vn fort marteau, tant s'en faut qu'on le sceust briser, ny aucune de ses parties, qu'au contraire, l'enclume & le marteau se rompirent plûtost en morceaux, que de nuire en aucune façon à cét os. Mais ce que *Magius* rapporte en ce lieu est extrémemét faux: car on sçait par experience, que toutes les vertebres se peuuent briser, brusler, & reduire en cendre. Ce qui doit faire iuger de la croyance que nous deuons auoir aux Cabalistes qui nous

en font fi impudemment à croire en des chofes
tres-claires.

Si Ariftote eut foigneufement confideré de
quelle forte la vnze & douziéme vertebres font
compofées, il n'auroit pas efcrit que le dos eft
charnu, & les lombes décharnez, à caufe que les
lieux où les mêbres fe fléchiffent, doiuent eftre
fans chairs. Nous voyons au contraire, que les
Lombes font beaucoup plus charnus que le dos;
mais l'articulation qui fe fait en la douziéme
vertebre, eft bien differente des autres, eftant la
caufe de tout le mouuement qui fe fait au deffus
d'elle, dautant que cette vertebre reçoit par
haut & par bas, & n'eft receuë en aucune de fes
parties : ce que l'on ne remarque point aux articulations des autres vertebres.

Apres auoir pris garde aux Lombes, vous
pouuez defcendre au croupion, que vous con-
noiftrez eftre compofé de trois petits os, & d'v-
ne fubftance fpongieufe, rougeaftre, & de figure triangulaire.

Nous lifons qu'il y a de certains peuples aufquels le croupion deuient fi grand, qu'il pend
en forme de queuë. Et Pline écrit, *liu. 7. ch.*
22. que dans les Indes, les hommes naiffent
auec vne queuë fort longue. Paul Venitien
écrit auffi, *liu. 3. de fes voyages, ch. 28.* que
dans le Royaume de Lambry on a trouué des
hommes qui ont des queuës comme des chiens,
de la longueur d'vn empan, & ces hommes ne
demeurent pas dans les villes, mais feulement
dans les montagnes. Il y a auffi dedans vne Ifle
des Indes Orientales, que l'on nomme *Nama-*
neg, vne nation qui eft fuiette à auoir vne queuë,
comme nous lifons dans la Geographie Arabique

de Nubie, page 70.

Haruens page 10. *du liure de la generation des animaux*, rapporte par la relation d'vn vieux Chirurgien, qui auoit demeuré long-temps aux Indes Orientales, que dans l'Isle Borneo il se trouue vne certaine sorte de peuples, (ainsi que nous lisons dans Pausanias, estre arriué en autres lieux :) desquels on prit vne fille sauuage, qui auoit vne queuë charnuë de la longueur d'vn empan, qu'elle serroit entre ses cuisses pour en couurir ses parties honteuses. Mais ie croy que ce sont fables, ce que les Historiens escriuent, qu'il y a des Anglois qui ont des queuës, ausquels par punition diuine, à cause des supplices qu'ils auoient fait souffrir *à S. Thomas de Cantorbie*, le croupion est allongé en forme de queuë.

Lors que le croupion est demis & luxé en dedans, nous ne pouuons rehausser les talons vers les fesses, ny fléchir le genoüil, suiuant le rapport *d'Auicenne*; ce qui a esté confirmé par l'experience *d'Ambroise Paré*. Cét empeschement se fait à cause que le gros nerf, qui sortant proche du croupion, descend tout le long du derriere de la cuisse & de la iambe, est trop pressé. Le croupion luxé se remet facilement en sa place, en fourant le doigt dans le fondement. Les Sage-femmes repoussent auec la main le croupion en dehors aux femmes qui sont prestes d'accoucher, afin qu'en dilatant le passage, elles ne souffrent pas tant quand l'enfant vient à sortir.

Apres auoir remarqué toutes ces choses, vous decouperez les vertebres, afin de voir la fabrique & structure admirable de la moëlle de l'é-

pine, à ſçauoir la diuiſion des nerfs, qui ſortent de ſon bout en forme d'vne queuë de cheual, à cauſe d'vne milliaſſe de petits nerfs entrelacez les vns dans les autres, qui ſe deme-
ſlent facilement, lors qu'on les trempe dans
l'eau : car c'eſt alors qu'ils repreſentent vne
queuë de cheual.

Or pour découper les vertebres, il en faut
ſeparer toutes les coſtes à l'endroit où elles ſont
iointes, & attacher l'épine à vne table auec
deux crampons de fer, qu'il faut mettre au deſſus & au deſſous de l'endroit où vous voulez
ſier ; de meſme que font les Menuiſiers qui arreſtent premierement le bois ſur lequel ils veulent trauailler, l'attachant à vn trou de l'eſta-
blier auec vn grand clou. L'eſpine eſtant donc
arreſtée de cette ſorte, il faut la couper de coſté
& d'autre en tous les endroits où l'on void la
fente des vertebres, & où elles ſont iointes enſemble, decoupant toutes les vertebres auec
toutes les Apophyſes obliques, les vnes apres
les autres, depuis le col iuſqu'à l'Os ſacré, ce
qui a la verité eſt tres-difficile; mais il eſt raiſonnable que ceux qui veulent auoir le plaiſir
de manger les noyaux, ſe donnent la peine de
caſſer les noix.

Et auant que de couper tout cét Os qui eſt fait
en forme de tuyau, pour voir à loiſir la moëlle
de l'eſpine, il ne ſera pas hors de propos d'apprendre quelque choſe de la diſpoſition naturelle de cette moëlle,& de la naiſſãce des nerfs.

La moëlle de l'Eſpine eſt vne production du
grand & du petit cerueau, & quoy qu'elle paroiſſe ſemblable à la moëlle du cerueau, elle a
toutesfois quelque choſe de diſſemblable, car

elle eſt plus molle ; & outre les deux membranes qu'elle reçoit des deux Meninges, & deſquelles elle eſt reueſtuë, elle en a encore vne troiſiéme forte & nerueuſe, qui empeſche qu'elle ne ſoit preſſée ou rompuë par les mouuemés de l'Eſpine. Ie n'ay encore ſceu remarquer ſi cette membrane, qui eſt produite de la Dure-mere, a quelque battement, & ſi la moëlle de l'Eſpine ſe ſepare en deux cauitez par toute ſa longueur, iuſques à l'endroit des Lombes.

Il eſt bien certain que cette moëlle de l'Eſpine qui deſcend le long du tuyau de l'Eſpine, s'endurcit & deuient touſiours plus petite à proportion qu'elle approche des Lombes. Où elle ſe ſepare en pluſieurs filamens, qui reſſemblent à vne queuë de cheual, afin qu'elle ne fuſt pas ſuiette à ſe rompre en ce lieu, où elle ſouffre les efforts des mouuemens aſſez violens.

Les nerfs qui ſortent de la moëlle de l'Eſpine, ſont compoſez de pluſieurs filamens attachez les vns aux autres, & enueloppez d'vne membrane fort déliée, ſortent d'autant plus haut de chaque vertebre, que la moëlle de l'Eſpine deſcend plus bas.

Et la Nature voulant pouruoir à la ſeureté des nerfs, à l'ẽdroit où ceux-cy ſortent par les trous des vertebres, elle les a enuironnez & munis d'vne ſubſtance glaireuſe, ſemblable à celle du Ganglion, laquelle attache & lie enſemble ſi eſtroitement les fibres de ces nerfs, qu'on ne les peut ſeparer les vnes d'auec les autres. Apres que ce nœud eſt paſſé, & que le nerf eſt ſorty hors de ce trou, on les peut facilement ſeparer; mais on doit admirer l'adreſſe de la Nature, laquelle outre qu'elle a enueloppé le nerf d'vne

petite membrane, pour éuiter qu'il ne se rom-
pist si facilement, elle ne le fait pas sortir par le
mesme trou, qui est toute contre son origine,
mais par celuy qui est au dessous : & lors que ce
nerf est sorty de ce trou, il ne se iette pas dans
la coste voisine, mais il descend dans celle qui
est au dessous : où estant arriué, il se fend en
deux rameaux, le plus petit desquels retourne
vers l'Espine, & le plus grand s'en va le long de
la coste en deuant.

Les Anatomistes sont fort en peine de quelle
sorte la faculté animale se porte auec l'esprit
par tout le corps, par le moyen des nerfs, d'autāt
que l'on ne void en eux aucun trou ou conduits,
excepté aux nerfs Optiques ; ils ne paroissent
pas mesme spongieux, mais fermes & solides,
& tissus de plusieurs filets, à proportion de leur
grosseur.

Cesalpinus liu 5 . des quest. Peripat. croit que
ces petits filets sont des veines & arteres qui se
sont assemblées en vn, & qu'elles sont vne continuation des branches du Retz admirable, ce
que l'on ne peut pas demonstrer ; mais simplement s'imaginer. On peut seulement croire
que l'esprit animal, qui est tres-subtile, se
porte auec vistesse en tous les membres du
corps entre les petites membranes de chacun
des nerfs : Car ie ne voy point comment *Ce-*
salpinus puisse prouuer la continuation de ces
nerfs de la moëlle de l'espine, auec le Retz admirable.

Au reste, il sort de l'espine vingt-huict paires de nerfs, sept du col, douze du dos, cinq
des lombes, & quatre de l'os sacré. Mais il est
tres-difficile de les suiure & conduire iusques

aux endroits où ils aboutiſſent : cela ne ſe pouuant faire ſi on n'a vn corps exprés pour ce ſuiet, auquel on ne cherche autre choſe, que
cette propagation de nerfs.

Remarques particulieres pour la Me-decine.

LA moëlle de l'eſpine eſt auſſi conſiderable
pour la vie, que le cerueau ; c'eſt pour ce
ſuiet qu'Hippocrate l'appelle *aïar, touſiours vi-*
uante, croyant que la vitalité du corps reſidoit
en elle : *Erotianus* dans ſon Dictionnaire, &
Foëſius dedans l'Oeconomie d'Hippocrate, le
prouuant ainſi. Platon, *in Timeo*, croid que la
moëlle de l'eſpine eſt au deſſous de la teſte le
principe & le fondement de la vie, & Hippocrate enſeigne, qu'il y a beaucoup de grandes
maladies, qui arriuent aux hommes par le
moyen de la moëlle de l'eſpine. Il dit qu'il y a
vne eſpece de conſomption qui ſe communique à tout le corps en ſuitte d'vne fluxion, laquelle tombant ſur elle, la deſſeche : l'homme
meſme mourant infailliblement, lors que la
moëlle de l'eſpine eſt bleſſée.

Il veut auſſi ailleurs, que quand la moëlle de
l'eſpine eſt malade, ſoit par vne cheute ou par
quelque autre cauſe interne, ou externe, l'homme ne puiſſe remuer ny les bras, ny les cuiſſes,
& que ſi on le touche il ne le ſent pas, & qu'il
ne ſente pas meſme du commencement la neceſſité de laſcher les excremens du ventre ny de
la veſſie, ſi ce n'eſt lors qu'il en eſt preſſé par
la trop grande quantité : mais lors que le mal
eſt inuetéré, toutes ces impuretez ſortent

d'elles-mesmes, & le malade meurt quelque temps apres.

En suitte des fluxions qui se font sur la moëlle de l'espine, nous voyons naistre vne langueur & consomption, cachée & difficile à reconnoistre ; & lors que la fluxion se fait par derriere, sur les vertebres & sur les chairs, l'hydropisie s'ensuit ordinairement, selon Hippocrate, *liure 2. des maladies*.

Il décrit aussi fort exactement de quelle sorte la moëlle de l'épine fait naistre la Phthysie dorsale, dont il fait mention.

Auant que parler des maladies qui arriuent à ce long Os de l'épine, il est besoin de remarquer quelle est sa figure naturelle, qui est *Ithuscholios* par tout, c'est à dire comme droite, ce qui n'empesche pas qu'elle ne soit *Ithylordos* au col & aux lombes ; c'est à dire courbée en dedans : Et *Ithykyphos* au dos, c'est à dire voutée en dehors. C'est pourquoy l'on peut facilement expliquer tous les vices, qui arriuent à la figure de l'espine, comme sont le *Lordosis, Cyphosis, Scoliosis, & Sisis*, qui rendent les hommes bossus en deuant, ou en arriere, ou à costez.

Le *Cyphosis* est vn vice de l'espine, lors que ses vertebres sont forjettées en dehors, & font vne bosse par derriere.

Le *Lordosis* est vn vice de l'espine, lors que ses vertebres sont hors de leur place, & enfoncées en dedans, faisans vne bosse en deuant.

Le *Lordosis* arriue au dos, comme le *Cyphosis* arriue au col, & aux lombes.

Le *Scoliosis* est vne destorse de l'espine, d'vn costé ou de l'autre, lors qu'elle est tortuë, faisant comme vne S.

Le *Sifis* eſt vn ébranlement des vertebres de l'eſpine, lors qu'elles ſont bien en leur place & figure, mais leur liaiſon eſt rompuë & relaſchée.

Lors que nous nous courbons ou boitons d'vn coſté ou d'vn autre en marchant, cela vient de la douziéme vertebre du dos : ſur laquelle ſe fait le mouuement de l'eſpine, cette vertebre eſtant receuë par ſes voiſines, tant ſuperieure, qu'inferieure, & n'en receuant aucune, comme les autres, à cauſe qu'elle eſt ioínte par Arthrodie, & non par Gynglime. C'eſt pourquoy ſi ſes Apophyſes, qui montent ou qui deſcendent, viénent à eſtre froiſſées & enfoncées, cette vertebre ne peut plus ſouſtenir le tronc du corps, ny le tenir droit; ce qui oblige l'homme à pancher d'vn coſté ou d'autre. Ce deffaut vient ſouuent dés l'enfance ou dés le ventre de la mere, ou de ce que l'on a mal porté l'enfant, ou de ce que ſes vertebres ſont deuenuës fort molles, à cauſe que l'on a fait marcher l'enfant trop toſt.

I'ay rapporté au Chap. de l'os de la cuiſſe vne autre cauſe, qui fait que l'on boite, au ſentiment de Galien : Et ces deux cauſes qui rendent les hommes boiteux, ſont irreparables, & incurables.

La luxation de la ſeconde vertebre du col cauſe vne Squinancie, qui eſtouffe l'homme en peu d'heures, dautant qu'on ne la peut remettre en ſa place.

Les maladies de l'Os ſacré ſont de grande conſequence, ſoient tumeurs, ſoient vlceres, à raiſon de ſa conſtitution naturelle. Dautant que preſque tout cét os eſt ſpongieux, fiſtuleux, & poreux, ou percé, tant en dedans qu'en dehors,

C'est pourquoy ses indispositions nous menacent toufiours du danger de la mort, ainsi que remarque Hippocrate, *au liure des glandes*.

Et au liur 3. des fractures, il nous aduertit, que l'Os sacré estant vlceré, se guerit fort difficilement. Ce qui est aussi confirmé par Galien, au Commentaire. *Langius* escrit en ses Epistres auoir veu deux Gentils-hommes, qui apres des douleurs & tourmens incroyables, qu'ils souffroient de la pourriture engendrée en cét Os en estoient à la fin deuenus tabides, & morts, auec de grands supplices,

De l'Espaule.

CHAPITRE XVII.

APres auoir veu tout ce qu'il y a de remarquable dans le tronc, il faut passer aux extremitez, & prendre premieremét garde à l'articulation de l'espaule auec le bras, qui se fait par Arthrodie, auec l'entremise d'vn ligament nerueux & tres espais, qui enuironne toute cette articulation.

Cette mesme articulation est aussi entourée par les tendons larges de quatre muscles, à sçauoir, du sur-espineux, du sous-espineux, du rond & du petit sous-capulaire.

Le cauité de l'os de l'espaule, que l'on nomme Omocotyle en Grec, n'est pas suffisante pour receuoir l'os du bras, ce qui s'est fait pour rendre le mouuement du bras plus aisé, & plus libre : mais elle est augmentée par vn cartilage qui enuironne ses bords comme vne couronne.

Il faut aussi prendre garde à vn ligament large,

& fort confiderable, placé deffous le mufcle Deltoide, qui s'eftend depuis l'Acramonie iufques à l'apophyfe Coracoide, afin qu'il retienne le bras en eftat par enhaut, & qu'il ne fe démette point quand on le repouffe en haut.

Le bout de la clauicule, qui eft articulé auec l'Acromion, doit eftre auffi fort curieufement obferué : on l'appelle *Cataclis*, encore que Galien, *au liu. de la diffection des mufcles, chap.* 12. donne ce nom à la premiere cofte fuperieure, à caufe qu'elle eft au deffous de la clauicule. *Rufus Ephefius* appelle l'Acromion l'vnion de la clauicule auec l'os de l efpaule. Et *Eudemius* dit que c'eft vn petit os, qui n'eft que cartilagineux aux enfans, croyant qu'il fe change en os par le fuccez de temps ; il retient neantmoins, contre la nature des os, beaucoup du cartilage, iufques à dix-huit ans. Quelquesfois l'Acromion eft fi peu attaché à l'efpine de l'os de l'efpaule, que vers le milieu de l'âge il s'en fepare par vn leger effort, comme il arriua à Galien, s'exerçant au lieu publique, ainfi qu'il rapporte luymefme, *liure* 1. *des Articles.* Il efcrit auffi vn cas femblable, *au comm. de la feƈ.* 1. *de officina.* Hippocrate mefme dit, *au liu.* 1. *des Articles,* auoir veu vne pareille luxation, & en fuite que l'homme eft bien different des autres animaux touchant l'Acromion.

On trouue auffi vne Apophyfe couchée deffus le col de l'os de l'efpaule, qui eft fimplement Epiphyfe aux enfans : Elle tire fes noms de la reffemblance qu'elle a auec vn bec de Corbeau, & vn ancre, eftant appellée *Coracoide & Anchyroide.* Elle empefche, au fentiment de Galien: *comm. fur la part.* 2. *feƈ.* 1. *des Articles,* que l'ef-

paule ne tombe du cofté qu'elle eft placée eftant
faite pour la feureté de l'Articulation. Dautant
que les actions de la main fe faifant en deuant,
le bras fe deboiteroit facilement, fi cette Apophyfe Coracoide ne le retenoit, auffi eft-il fort
rarement demis en deuant : *Hippocrate* ne l'a-
yant veu qu'vne fois, & *Galien* cinq fois à Rome, ainfi qu'il le tefmoigne, *au comm. de la
partie.* 4 *fect* 1. *des Articles.*

Au refte, il fait cette diftinction entre les parties de l'os de l'efpaule. Il appelle *Homon* tout
ce qui fe void de cét os proche de la iointure:
Epomin, ce qui eft au deffous de la commiffure,
& c'eft ce que nous appellons Acromion. Il
nomme *Omoplate,* cette partie large qui eft du
dernier, & qui eft cachée par les mufcles.

On peut tirer de là l'interpretation d'vn paffage tres-difficile, qui eft au liure huictiéme de
Celfe, en ces mots. Il y a encore deux os larges,
qui vont du col, de cofté & d'autre, iufques aux
efpaules. Les Latins les nomment *Scoptula
operta,* & les Grecs, ὠμοπλάτας. Et Celfe leur
donne ces noms, à caufe qu'ils fortent dehors,
comme des branches d'arbres, & qu'ils font
en la partie fuperieure de la poitrine, les anciens Latins ayans appellé le haut des montagnes *Scopula.* Et Tertullien fe fert de ce mot
pour parler du haut des montagnes. Varron
fe fert auffi du mot *Scopi,* pour exprimer les
petits rameaux des arbres ; ce que fait auffi
Caton, en parlant du Myrthe.

Les femmes ont pris garde à vne chofe que la
longue experience leur a confirmé eftre veritable, qui eft, que les hommes qui ont les efpaules larges, font ordinairement de grands en-

fans, & cela vient de ce qu'ils ont le cœur fort chaud. Galien voulant, *au liu. de arte parua*, que la grandeur de la poitrine procede de la chaleur du cœur. Et c'est ce qui estoit cause que la belle mere de *Forestus*, qui auoit beaucoup d'enfans, ne vouloit point marier ses filles à des Platoniciens, crainte qu'elles ne fussent en danger pendant l'enfantement, si elles venoient à engendrer de grands enfans ; ce que *Forestus* resmoigne, *au liu. 28. obseru 70.* estre souuent arriué à celles qui auoient espousé ces hommes.

Il est aussi difficile d'apporter les causes de cela, que de l'incommodité que nous voyons arriuer en France, où les filles, principalement les nobles, ont ordinairement l'espaule droite plus éleuée & plus enfiée que la gauche, y ayant à peine dix filles entre cent, qui ayent les espaules bien faites. Ce qui vient peut-estre de ce qu'elles remuent trop souuent & trop facilement le bras droit : d'où il arriue que l'espaule venant à s'escarter du corps, les muscles qui sont en ce lieu, s'esleuent, & font auancer cette partie. Ioint aussi que le bras droit des enfans, aussi bien que des personnes âgées, est plus lourd que le gauche, au sentiment *d'Amatus Lusitanus, cent. 4. cur. derniere.*

On peut demander en ce lieu, d'où vient que la main droite est plus forte que la gauche, & qu'on trouue rarement des personnes ambidextres qui s'aydent du gauche comme du droit. Les vns disent, que c'est à cause que les poulmons, & le foye panchent plus vers le costé droit, que vers le gauche. Les autres, à cause que les nourrices apprenaut aux enfans à mar-

cher,

cher, les fouftiennent ordinairement du bras
droit. Les meres ont auffi accouftumé de faire
abbaiffer les efpaules à leurs filles, & de leur ferrer eftroitement le corps, pour le rendre plus
menu, croyant par là enrichir leur taille. Car
fi quelqu'vne paroift vn peu replete, elles l'appellent groffiere, & ruftique, & pour l'ame-
nuifer luy retranchent de fa nourriture, la
faifant ieufner iufques à ce qu'elle foit plus
menuë, & comme vn jonc, ainfi que dit Terence. Mais toutes ces chofes ne fe peuuent
faire fans incommoder la fanté, dautant qu'en
preffant trop les parties inferieures de la poitrine, celles d'enhaut fe dilatent. Et c'eft en
partie ce qui leur éleue les efpaules, & les rend
voutées. Ou bien la conformation naturelle de
l'efpine, deuient vitieufe & deprauée, par cette
diftorfion iournaliere qu'on luy donne.

Des Os du bras, du Coude, & du Rayon.

CHAPITRE XVIII.

EN tous les Os du bras, vers le milieu, en
la partie interne qui regarde les coftes, il
y a vn trou fort ouuert, qui regarde embas, &
penetre vifiblement dans la fubftance de l'Os.
C'eft par ce trou que paffe vne veine confiderable dedans le creux de l'Os, pour fournir la
nourriture à fa moëlle. C'eft pourquoy la
moëlle decét Os paroift toute fanglante, quand
on le brife.

L'articulation du Bras auec le Coude eft affermie par vn ligament nerueux, & membraneux.

Kkk

Le Rayon eſt ioint au Coude, afin de pouuoir conduire ſes mouuemens obliques, c'eſt à dire, la pronation & ſupination, leſquels mouuemens s'obſeruent, & ſe voyent facilement, lors qu'ayant oſté les muſcles, on manie & pouſſe le Rayon de part & d'autre.

L'Os du Coude, & le Rayon ſont eſloignez l'vn de l'autre vers leur milieu, afin que le mouuement demy-circulaire ſe faſſe plus librement ; & que les muſcles qui ſont pluſieurs en cét endroit, ayent plus d'eſpace à s'y loger. L'on void en cét eſpace vn ligament membraneux, par le moyen duquel le Coude & le Rayó ſont fortement attachez enſemble, & les muſcles internes ſont ſeparez d'auec les externes. Il ſert auſſi à l'égalité du mouuement, afin que le Coude, & le Rayon ſe fléchiſſent, ou s'eſtendent à meſme temps l'vn auec l'autre.

Les deux extremitez de ces deux Os ſont iointes enſemble, par vne articulation toute differente, d'autant que par les bouts ſuperieurs, le Coude reçoit le Rayon : au contraire, par embas, le bout du Rayon reçoit celuy du coude, la grandeur & groſſeur de leurs bouts ſe changeans ainſi : car le Rayon eſt plus large vers le poignet, afin que receuant la plus grande partie des Os du Carpe, il les puiſſe tourner plus facilement : l'Os du Coude eſt plus large par en haut, à cauſe qu'il n'y a que luy qui ſoit articulé auec l'Os du Bras, car l'articulation qui ſe fait du Rayon auec le Condyle de l'Os du Bras, eſt fort legere.

Finalement vous obſeruerez, ſi l'Apophyſe Styloide du Coude qui touche au Carpe, y eſt articulée.

Hippocrate remarque *au liure des Articula-tions*, que la partie externe du Coude qui eſt l'olecrane peut eſtre luxée, & *Dalechamp* té-moigne l'auoir veu.

Ceux qui nient que l'Os du Coude touche au Carpe en l'homme, diſent qu'il y a entre cét Os, & le Carpe, vn grand cartilage mobile, qui remplit cét eſpace. Et en effet, ce cartila-ge ſemble y auoir eſté mis, pour y ſeruir com-me de couronne.

Des Os du Carpe.

CHAPITRE XIX.

LE Carpe & le Rayon ſont ioints enſem-ble, par le moyen d'vn ligament ner-ueux, qui enuironne cette articulation: mais outre celuy-là, on y remarque le liga-ment nerueux annulaire, qui ceint & enuironne le poignet, comme vn cercle, qui enferme les tendons qui paſſent par le creux du poignet, & qui ſont couchez ſur ſon dos, excepté quel-ques-vns. Ce ligament annulaire paroiſt tou-tesfois fort deſlié en la partie exterieure du poi-gnet.

Les Os du poignet, qui ſont au nombre de huict, ſe diuiſent en deux rangs, dont le premier eſt compoſé de trois Os, & le ſecond de qua-tre, car le huictiéme Os, qui s'y rencontre, eſt hors de rang au deſſus des autres. Mais nous le rangerons comme Syluius, auec ceux du pre-mier rang puis qu'il eſt au deſſus du troiſiéme Os de cette rangée. Neantmoins *Veſale* le met au nombre des Os Seſamoides, a cauſe qu'il

remplit en ce lieu vn efpace vuide : mais comment peut-il auoir l'vfage de Sefamoide, puis
qu'il n'eft point mis entre les Os; au contraire,
il eft placé fur les autres, afin qu'il forme vne
cauité en la partie interne du poignet? Auſſi le
Mufcle *Cubiteus*, flechifſeur du Carpe, eſt-il
attaché à cét Os.

Les trois Os du premier rang du Carpe, ſont
rangez de telle forte, qu'ils forment enſemble
vne cauité, laquelle reçoit deux Os du ſecond
rang, qui eſtans ioints enſemble, font vne teſte
comme pour vne articulation. Ce qui nous fait
connoiſtre qu'il y a vn mouuemént obſcur entre ce premier rang, & le ſecond, & que l'on
doit rapporter cette eſpece de iointure à l'Arthrodie, ce mouuement ſe pouuant facilement
voir en vn Cadavre, alors que les tendons ſont
oſtez : le reſte des Os du Carpe qui ſont ioints
auec la main ſont ſans mouuement, ou en ont
vn tres-obſcur. L'on trouue rarement neuf Os
dans le poignet, quoy que quelques-vns les y
ayent obſervé.

Du Metacarpe, des Doigts, & des Os Sefamoïdes.

CHAPITRE XX.

APres le Carpe, on peut voir ce qu'il y a de
remarquable au Metacarpe, qui eſt baſty
de cinq Os, ſi nous en croyons *Celſe*, *Rufus*, &
Pline meſme, qui ne donnent que deux articulations au poulce. Mais *Galien* a mieux fait de
ſeparer le premier Os du poulce d'auec ceux du
Metacarpe, à cauſe qu'il eſt ioint au Carpe par

vn Diarthrose Arthrodiale, ayãt vn mouuemẽt manifeste, au lieu que les Os du Metacarpe sont articulez au Carpe par Synarthrose, sans aucun mouuement. A quoy vous pouuez adiouster, que cét Os est plus court que ceux du Metacarpe, qu'il n'est pas ioint auec eux, que sa situation, & son mouuement sont bien differens de ceux du Metacarpe. Le poulce mesme est ainsi appellé, & *Pollex* en Latin, à cause qu'il est equipollẽt à la force de quatres autres doigts: & afin qu'il fust plus fort, il a deu auoir trois Os, de mesme qu'il a eu des muscles particuliers, attachez au premier de ses Os, afin que ses mouuemens fussent manifestes & vigoureux.

Les Atheniens apres auoir pris leurs ennemis, qui estoient les Eginetes, auoient coustume de leur couper le poulce, pour les rendre tout à fait inutiles aux combats de mer, & de terre.

Aussi appellons-nous *Polletrons*, qui veut dire le poulce coupé, ceux qui sont si couards, & qui ont tant de lascheté, que de se sousmettre à la rigueur d'vn Iuge, ou General qui les peut supplicier de cette sorte. Les anciens les appelloient en riant *Muros*.

Le Metacarpe est donc composé de quatre Os seulement, deux desquels sont sans mouuement; mais les deux autres, qui soustiennent le trois & quatriéme doigt, ont vn mouuement visible.

L'on trouue à l'endroit où le poulce se ioint au Brachial, comme vne cauité, en laquelle se fait le caustique, ou bruslure Arabique, que Gesnerus nous descrit tres-bien en son Appendice de Chirurgie. Et ce n'est pas vne merueille si quelques-vns promettent auiourd'huy de

guerir la verolle, en mettant ſimplement de
l'eau Mercuriale en cette partie, d'autant qu'elle penetre ſi auant, apres auoir rongé le cuir,
qu'elle peut exciter le flux de bouche.

Il faut remarquer dedans la paulme de la
main le ligament tranſuerſal, qui tient attaché
les Os des doigts auec ceux du Metacarpe. L'on
trouue auſſi dedans ce meſme lieu pluſieurs ligamens nerueux.

Il y a fort peu d'Os Seſamoides en la main,
& encore ſe trouuët-ils en la partie interne: car
il n'y en a point du tout en la partie externe, &
ceux qu'on trouue ſont cachez entre les premieres articulations des doigts. Le poulce auſſi
en a quelques-vns, en ſa ſeconde & troiſiéme
articulation, mais il n'en a point en ſa premiere.

Or pour trouuer ces Os Seſamoides, tant
en la main qu'au pied, vous en vſerez de cette
ſorte. Il faut premierement couper les tendons
des muſcles qui eſtendent les doigts, en ſorte
qu'on n'oſte point les cartilages des articulation qui ſont deſſous, qui pourroient eſtre pris
pour ces petits Os. Et deſſous ces tendons l'on
trouue fort ſouuent en la main, principalement
dans les corps durs & robuſtes, vne certaine
dureté, tantoſt cartilagineuſe: tantoſt oſſeuſe.
En ſuite, vous couperez de trauers les ligamens
de toutes les articulations des doigts, en la
main, iuſques à leur ſuperficie interne, & au
pied iuſques à la ſurface externe; car c'eſt en ces
endroits que l'on trouue ces petits Os, mais
apres auoir coupé les ligamens qui les enueloppent, ou les auoir vn peu retirez en haut
vers la racine des doigts.

Des Os Ilion, & de la Cuisse.

CHAPITRE XXI.

APres auoir veu les mains, vous descendrez aux extremitez inferieures, & prendrez premierement garde à vn fort, & robuste ligament, qui est entre l'Os sacré & la tuberosité de l'Os Ischion. Il y a aussi vn autre ligament tendu au dessous de la commissure, ou Symphyse de l'Os *pubis*.

L'articulation de l'Os de la Cuisse auec l'acetable, ou boite de l'Os Ischion, est garnie du ligament orbiculaire qui l'enuirone, lequel estant coupé, on void l'autre ligament longuet & sanglant. Et ce sang vient des petites veines qui se iettent dedans la boite de l'Os Ischion.

Ce ligament sortant de la pointe de l'Os de la Cuisse, se va attacher à la fente qui est en la partie laterale & anterieure de la boite ou acetable, auquel il est fortement collé. Ce ligament estant relasché, & sorty de sa place, on en deuient boiteux, sans esperance d'en pouuoir guerir. Et quoy que l'on remette fort bien l'Os de la Cuisse en sa place, il ne laisse pas de retomber tousiours.

Hippocrate parle d'vne maladie remarquable, qu'il appelle *Pethsie des hanches, ou Ischiadique, liu. de la maladie sacrée,* à sçauoir lors qu'en suite d'vn abscez, ou d'vne fluxion dans la boite de l'Ischion, qui pourrit, & corrompt ses ligamens, la hanche se tabefie & desseiche entierement. Chacun sçait ce passage d'Hippocrate, qui dit: Que les Os malades, ne croiſſent plus, & que ſi la partie qui en contient vn autre eſt vicieuſe, elle communique bien-toſt ſon vice à celle qui eſt contenuë. C'eſt pourquoy lors qu'il y a quelque corruption dedans l'Iſchion, l'Os de la cuiſſe ne demeurera pas long-temps en ſon entier; i'ay ſouuent remarqué cette maladie.

Le trou oual qui eſt en l'Iſchion eſt appellé *Thyroide*, à cauſe de la reſſemblance, qu'il a auec vne porte. Il a eſté mis en l'Os *Pubis*, afin qu'il fuſt plus leger. Il eſt exactement bouché par vne dure membrane qui le couure, & ſepare les muſcles Obturateurs des deux coſtez.

Ce qu'Ariſtote a eſcrit *au liu. 4. de l'hiſtoire des animaux, chap. 10.* qu'il n'y a aucun animal à quatre pieds qui ait ces Os Iſchion, ſe rencontre faux.

Quant à l'Os de la Cuiſſe, vous obſeruerez que ſa figure eſt boſſuë, pour eſtre plus commodément aſſis, & plus ferme quand on marche. Hippocrate marque tres-bien cette figure, *au liu. des Fractures*, & nous recommande lors que l'Os de la Cuiſſe eſt caſſé, de la bien conſeruer en le reſtabliſſant, d'autant que ceux qui ont l'Os de la Cuiſſe naturellement trop droit, ont les iambes tournées en dehors, & boitent vers le genoüil; ce qui eſt cauſe que leur corps tremble, & ne ſe peut tenir ferme, lors qu'ils ſont debout, ou qu'ils ſe promenent. Au contraire, ceux qui ont ces Os plus courbez, ſont touſiours en vn eſtat plus ferme que ceux qui les ont trop droits, ſoit qu'ils ſe ſouſtiennent ſur vn pied, ſoit qu'ils s'appuyent ſur tous les deux.

L'Os de la Cuiſſe a vn col vn peu long & oblique,

lique, afin de donner place au tendon du muscle Rotateur inferieur, qui la fait tourner, quoy que Galien croye qu'il a esté fait de cette sorte, afin de donner plus de lieux aux muscles, qui sont placez plus bas, & aux grandes veines, arteres, & nerfs, & aux glandes qui sont en ce lieu proche de la diuision des vaisseaux.

Ceux qui ont le col de cét Os trop court, ont les aisnes estroites, & fort serrées, & clochent en marchant, de costé & d'autre. Galien les nomme *Vatij, liu. 3. de l'vsage des parties.* Et de fait, la longueur de ce col oblique sert de beaucoup à l'appuy, & soustien du corps, & à le tenir droit. L'on peut tirer de là deux causes, pour lesquelles nous voyons boiter beaucoup de personnes, d'vn costé ou de tous les deux, quoy qu'ils ayent les pieds & les iambes également longs. Et c'est ce que personne n'a encore remarqué.

L'extremité inferieure de l'Os de la Cuisse, iointe auec celuy de la iambe, se nomme le *Genoüil,* où l'on trouue deux ligamens qui attachent ces Os ensemble: L'vn desquels est circulaire, enuironnant les deux bouts de ces Os, l'autre placé entre les deux Os, est vn peu long, & rougeastre, ou ensanglanté, à cause des veines voisines, qui descendent dedans la iambe. Ce ligament sortant du milieu des Condyles de l'Os de la cuisse, s'attache à la pointe ou eminence du milieu des Condyles de l'Os de la iambe. Les malades se plaignent souuent d'vne grande ardeur vers ce ligament.

On trouue aussi sur les Condyles de l'Os *Tibia* ou de la iambe, deux cartilages demy-circulai-

LII

res, qui feruent à tenir plus fermes les Condy-les de l'os de la cuiſſe, & empeſcher qu'il ne s'eſbranle, ou chancelle dans les mouuemens violens & deſtorſes de la iambe. Voyez Galien, *au liu 2. des Fractures*, touchant l'articulation de la cuiſſe auec la iambe.

La partie poſterieure oppoſée au genoüil, qui eſt vuide & creuſe, s'appelle *le Iarret*. Où, apres auoir oſté les vaiſſeaux qui paſſent par là, on apperçoit vn eſpace vuide, qui eſt entre les deux Condyles, dont Pline ſemble auoir parlé, *liu. 11. chap. 45.* quand il dit. Il ſe trouue en la commiſſure de chaque genoüil droite, & gau-che, qui eſt double par derriere, vn certain eſpa-ce vuide, lequel eſtant percé, les eſprits en ſor-tent, comme ſi l'on auoit la gorge coupée.

Auſſi ay-ie touſiours remarqué que les playes ou bleſſures du iarret ſont mortelles, non ſeule-ment à cauſe de la grande quantité des eſprits qui ſe diſſipent par là: mais auſſi à cauſe qu'il y a de grands & conſiderables vaiſſeaux, à ſçauoir les veines, les arteres, & les nerfs, qui paſſent par le derriere de la cuiſſe, leſquels eſtant cou-pez, cauſent la mort infaillible.

Il y a vne Symphathie admirable entre les ge-noux, & les ioües, deſcrite par *l'Autheur du liure de l'Ordre des membres du corps* (que l'on attribuë fauſſement à *Galien.*) Car les ge-noux eſtant bleſſez & malades, les yeux com-patiſſans à leur ſouffrance, en pleurent. Ce qui vient de ce qu'ils eſtoient autresfois vnis, & proches les vns des autres dedans le ventre de la mere, auquel lieu l'enfant eſt ſitué de ſorte qu'il ſouſtient & touche les ioües, & les yeux auec ſes deux genoux.

De la Rotule.

CHAPITRE XXII.

LA Nature a mis vn Os au deſſus de l'articulation de l'Os de la cuiſſe, auec celuy de la
iambe, que l'on nomme *la Rotule.*

Cét Os n'a aucuns ligamens qui le tiennent
attaché au genoüil, ains eſtant ſeulement comme collé aux tendons des muſcles de la iambe,
ſe tient au deſſus du genoüil. Neantmoins ſi
l'on regarde de prés, on verra vn ligament ſan-
glant, qui attache le Rotule à la graiſſe dure
qui eſt au deſſous.

L'Office de cét Os, eſt de conſeruer la iointure, de conduire ſon fleſchiſſement, & de rendre ſon mouuement plus facile, dautant qu'il
empeſche que la iambe ne s'eſtende plus auant
qu'en droite ligne, ou qu'elles ne ſoiét demiſes
en deuant, lors que nous voulons nous aſſeoir,
& quand nous auons les genoux pliez. Et
comme le corps panche fort en deuant, quand
on marche en vne deſcente bien roide, il empeſche que le corps ne tombe.

Galien a veu vn exemple de ces choſes en vn
ieune homme, lequel ayant eu en luittant la
Rotule miſe hors de ſa place, luy eſtant mon-
tée vers la cuiſſe, il luy en arriua ces deux accidens, à ſçauoir que ſon genoüil ſe courboit
en deuant, & qu'il tomboit facilement quand
il deſcendoit quelque valée. C'eſt pourquoy
il ne ſe pouuoit paſſer d'vn baſton pour ſe ſouſtenir, quand il marchoit par ces lieux. *Paré*
remarque qu'il n'a iamais veu perſonne auoir

cét Os rompu, qui n'en soit demeuré boiteux.

I'ay veu aussi des personnes qui ayans cét Os demis & poussé en haut, auoient beaucoup plus de peine qu'auparauant, de reculer ou démarcher en derriere, quand il falloit monter ou descendre.

Vesale nie toutesfois *dans sa Chirurgie*, que cét Os serue à rendre l'articulation plus ferme, & que l'on deuienne boiteux lors qu'il est rompu ou tiré dehors, voulant seulement qu'il soit mis là pour la deffense, & plus grande seureté de cette articulation. Et il ne s'essoigne pas beaucoup *en son Anatomie* de cette opinion, lors qu'il dit, que cét Os a le mesme vsage en ce lieu, que les Sesamoides ont en d'autres articulations.

Hippocrate donne vn autre vsage à cét Os, disant *au liu. des lieux en l'homme*, qu'il est fait pour empescher, que cét article ne soit rendu trop lasche, par les humiditez qui coulant des chairs du dessus, sans cét Os pourroient s'arrester en la iointure.

Cette Rotule estant si necessaire, ie croy que nous deuons mettre au rang des fables, ce que l'on nous rapporte des gens de Thebes, qui se faisoient oster vn os des genoux, afin de pouuoir courir plus viste.

Si toutesfois nous croyons aux Relations de ceux qui ont fait voyage par mer, ils nous disent qu'on trouue vers la nouuelle Zemble, de petits hommes, qui plient le genoüil en deuant, & en derriere, qui sont toutesfois si legers à la course, que personne ne les peut attraper.

Remarques particulieres pour la Medecine.

LEs tumeurs des genoux font fort difficiles à guerir. Lifez ce qu'en a écrit *Ambroife Paré*, lequel vous verrez aufsi touchant la mauuaife conformation des pieds des enfans, à fçauoir quand ils les ont tournez en dedans, ou en dehors. Thomas Reinefius en a fait aufsi *diuerfes leçont.* Et *Hofman*, en traite *au Commentaire qu'il a fait fur le liure de Galien, de l'ufage des parties.*

Au refte, vous confidererez en ces defauts, s'ils confiftent en la longeur de l'os, viticufe & courbée à raifon de la foibleffe de la partie: ou bien s'ils procedent des Epiphyfes du Tibia & de l'os de la cuiffe, qui ne font pas encore aflez renforcées; ou bien fi cela vient de ce que les iointures font trop lafches.

C'eft aufsi en ce lieu qu'il faut rapporter la maladie, que les Anglois appellent *Richen*, qui arriue aflez frequemment aux enfans, & ne fe diminuë point qu'auec l'âge. Ils ont en cette maladie la poitrine platte & mal formée, & le defaut confifte aux pieds & aux genoux. Ce font les vieilles Matrones qui gueriffent ordinairement ce mal en Angleterre.

Des Deux Os de la Iambe, à sçauoir du Tibia, & du Peroné, ou Focile.

CHAPITRE XXIII.

ON rencontre deux Os dans la Iambe, le plus grand desquels est l'interne, & retient le nom du tout, s'appellant *Tibia* ; l'autre plus delié, & externe, s'appelle *Peroné*, ou *Focile.* Mais le Peroné en Grèc signifie deux choses dans *Hippocrate*, à sçauoir tout l'os delié de la Iambe, & l'appendice ou epiphyse de l'os, comme remarque *Galien*, *en l'explication des Diḍions d'Hippocrate*. Au reste, ce mot Grec περόνη, est deriué du Verbe Grec πείρω, qui signifie troüer, ou passer à trauers. Les Latins le nomment *Fibula*, qui signifie en l'Architecture, des morceaux de bois qui seruent à soustenir & renforcer les autres, parce que le Focile soûtient le Condyle externe de l'Os Tibia, auquel il est attaché, à raison que la pesanteur de la cuisse & de tout le corps, panche plus de ce costé-là.

Les extremitez inferieures de ces deux os de la Iambe, se nomment *cheuilles* du pied, ou *malleoles*, toutes les deux sont garnies d'vn ligament robuste & circulaire, qui les tient attachées ensemble ; & c'est par là que passent les tendons des muscles, comme nous auons dit au Carpe.

Du Pied.

CHAPITRE XXIV.

L'Articulation de l'os appellé Astralage, auec le Scaphoide, est si serrée, qu'elle paroist quasi immobile : de sorte qu'on croiroit facilement que le Pied ne se peust remuer vers les costez.

Il y a deux os *Sesamoides* placez au derriere du poulce du Pied, afin qu'ils puissent faire passer auec seureté le tendon du muscle qui fléchit cét orteil.

Vous trouuerez plusieurs ligamens en la plante du Pied, qui serrent fortement les os de cette partie, afin de rendre le Pied creux. Et entr'autres vous obseruerez soigneusement le ligament transuersal qui ioint les os du metatarse, auec le premier rang des os des doigts, comme nous auons remarqué en la main.

Ce que Pierre Argelata nomme *Ventosité de l'espine*, *en son liu. 7. traict. 2. chap. 8.* est vne maladies des Os, principalement autour des iointures, assez frequente aux enfans. Il s'amasse aux enfans vne pituite autour des articles des Pieds & des mains, qui petit à petit degenere en abscez, & carie les os. Nos Chirurgiens estiment cette maladie scrofuleuse, & se rapporte aux Escroüelles. Elle se guerit difficilement, & en ce cas il faut donner vn petit flux de bouche, pour nettoyer tout le corps de cette humeur. On appelle cette maladie *Ventosité de l'espine*, à cause que l'humeur est si acre en dedans, qu'elle picque & perce comme vne espine, & enfle la partie. Elle arriue aux enfans mal nourris ou dans le ventre de la mere, ou bien du depuis, par vne Nourrice pituiteuse, & peut-estre scrofuleuse. Elle arriue aussi par fois aux enfans mal habituez ou cachectiques; & pour lors il s'ensuit vne petite fievre lente, qui les tabefie & les fait mourir à la fin. *Nicolas Florentin* explique cette maladie, *au serm. 6. chap. 40.* Et *Iean de Vigo, liu. 7. de sa Chirurg. chap. 34. Langius, en ses Epistres.*

Pour ce qui regarde les defauts des Os des Enfans, voyez-les au *Chap. 26. du premier Liure de cét Abregé.*

Du nombre des Os pour le Scele

CHAPITRE XXV.

POur preparer & composer le Scelet, il faut auoir deux cens trente-deux os, en rabbatrant quinze du nombre de deux cens quarante-sept, dautant que le Sternon n'est compté que pour vn, de mesme que l'Os sacré & le Croupion, à cause que quand on fait boüillir, & que l'on nettoye les os, ils ne se separent point, & que le Croupion, le Larynx, l'os Hyoide, ny le Sternon, ne se mettent point boüillir. Ie laisse donc en arriere les six os des oreilles, l'os Hyoide, & le Larynx, à cause qu'ils ne se ioignent point auec les autres par articulation.

Des choses que l'on doit remarquer dans les Os, quand on les brise.

CHAPITRE XXVI.

APres que vous aurez veu, & que vous sçaurez le nombre des Os, il les faut tous briser & mettre en pieces l'vn apres l'autre, pour connoistre leur structure & composition interieure. Cette connoissance sert beaucoup pour les fractures des Os: car vous apprenez par là dans combien de temps vn Os fracturé se peut reprendre.

Hippocrate escrit, *au liure des alimens*, que l'on connoist par la fracture des Os de quelle sorte ils se nourrissent. Il faut donc s'imaginer qu'à proportion de la nourriture qui est destinée aux os du nez, qui est par exemple de dix parties, il en faut donner le double, à sçauoir vingt aux maschoires, aux clauicules, & aux costes; le triple à ceux du coude; le quadruple à ceux du bras, & de la jambe; & cinq fois autant à l'os de la cuisse, & aux autres plus ou moins à proportion de leur espaisseur.

Or puisque la quantité de la nourriture des Os, & le temps qu'il faut pour les nourrir est proportionné à leur espaisseur: comme par exeple si l'os du nez, c'est à dire l'os de la partie superieure des ioües, qui arriue iusques au nez, a pour sa nourriture dix parties, les os de la maschoire inferieure des costes, & des clauicules, qui sont vne fois aussi espais que l'os du nez, auront aussi le double de nourriture; & faudra encore vne fois autant de temps pour les nourrir.

Ce qui se reconnoit lors qu'ils sont rompus, & par le temps qu'il faut en suite pour guerir les vns, & les autres.

Pour ce suiet, à proportion que les Os sont plus gros & plus espais, plus il leur faut de nourriture, & plus de temps pour les reprendre, & reioindre, quand ils sont rompus. De sorte que si par exemple les os du nez, suiuant ce que nous auons dit cy-dessus, ont dix parties de nourriture, & qu'il faille pour les reioindre l'espace de dix iours, il s'ensuiura que les os des costes, de la maschoire, & des clauicules, qui ont vne espaisseur encore vne fois aussi grande, prendront aussi vne fois autant de nourriture, & qu'il faudra vne fois autant de temps pour les reioindre & reünir, alors qu'ils seront brisez: Et que l'os du coude, qui est trois fois aussi espais que ceux du nez, aura besoin de trois fois autant de nourriture, & qu'il luy faudra trois fois autant de temps pour se reünir; Et de cette sorte l'os de la iambe & du bras, qui sont quatre fois plus gros que ceux du nez, demandent aussi le quadruple de nourriture, & de temps : Enfin l'os de la cuisse estant cinq fois plus espais, prendra aussi sa nourriture à proportion, & luy faudra cinq fois autant d'espace pour se pouuoir nourrir & reioindre. Et de là vient qu'il y a des os brisez qui se reprennent pluftoft ou plus tard que les autres.

Celse a escrit *au liure* 7. suiuant la doctrine d'Hippocrate, que la maschoire, les ioües, les clauicules, la poitrine, l'os large des espaules, les costes, l'espine, l'os des hanches, celuy du derriere & du deuant du talon, ceux de la main, de la plante des pieds, se gueriffent en quatorze

& vingt iours ; les os des iambes & des bras, en
vingt & trente iours; & les espaules, & les cuisse, en vingt-sept ou quarante iours. Et ce lieu
ne se peut entendre si ce n'est qu'on ait égard
aux trois cauitez & trois moëlles differentes
qui se trouuent dedans ces os.

Car ie trouue trois sortes de moëlles, enfermées en trois sortes de cauitez, à sçauoir vne
qui est plus rouge, qui est dedans les cauitez
des grands os, comme du bras, & de la cuisse.
La seconde, blanche, qui est dans les cauitez des
os de mediocre grandeur, comme celuy du
Rayon, du Coude, du Tibia, & du Focile; &
pour ce qui est dedans les autres cauitez des os,
qui sont en quelque façon spongieux, & diuisez
en petites cellules, on peut plustost dire, qu'ils
ont vn suc moëlleux, que non pas vne moëlle
rouge, comme les autres.

On remarque toutesfois que la maschoire inferieure qui est creuse en sa base, mais ferme &
solide comme vne pierre au menton, contient
vne moëlle rouge qui ne va point d'vn bout de
la maschoire à l'autre, à cause de la dureté &
solidité de cette partie au menton.

La Clauicule, que *Galien* escrit estre fistuleuse,
est spongieuse par tout, de mesme que les costes
les vertebres, l'omoplate, l'os des hanches, les
os du tarse, & du metatarse; ceux du carpe &
du metacarpe, sont spongieux, & ressemblent à
vne pierre ponce. Les os des doigts des mains
sont creux, & contiennent vne moëlle blancheastre; mais dedans le pied, il n'y a que ceux
du poulce qui soient de cette sorte.

Des choses qu'il faut observer pour assembler les Os, quand on les veut garder.

CHAPITRE XXVII.

SI on ne veut pas briser les Os, mais simplement les preparer, & les mettre en estat de pouuoir composer vn Scelet, qu'on aura dessein de garder, il faut pour ce suiet faire deux choses: L'vne, qui est de bien nettoyer les Os, & la seconde de les bien arranger, & aiuster ensemble, ce que l'on peut appeller *Sceletopœia*, ou *composition du Scelet*.

Pour ce qui regarde le premier point, qui est de bien nettoyer les Os, Scaliger remarque dás ses Exercitations, que toutes les chairs du corps se peuuent facilement consommer, & deuorer dans peu de temps par le moyen d'vne certaine pierre, que l'on peut pour ce suiet appeller *Sarcophage*, & ainsi les Os demeurent entierement dénuez & depoüillez de leurs chairs. *Pausanias* parle d'vn certain Démon qu'il nomme *Eurynomus*, qui mangeoit les chairs des morts, & ne leur laissoit que les Os. Et les Hebreux croyent qu'il y a vn Démon infernal nommé *Azazel*, qui est mentioné *dans le Leuitique*, sous le nom *de Prince des Deserts*; lequel mange & deuore les chairs des corps morts, ne leur laissant que les os.

A Paris, nous n'vsons point de cette pierre *Sarcophage*, parce que nous n'en auons point, & que nous ne connoissons point ses effects. Nous n'employons pas aussi le seruice de ce Démon *Eurynemus*, ayans trop d'auersion & exsecration pour ces esprits malins.

Mais ayans despoüillé les os de toutes leurs chairs auec nos cousteaux, nous les iettons tous dedans vn chaudron plein d'eau boüillante, excepté le Sternon, l'os Hyoide, & le croupion.

Il faut donc premierement emplir vn grand chaudron plein d'eau, & y mettre les os, en sorte qu'ils soient entierement dans l'eau, & que l'on n'en voye paroistre aucune partie. Et pour bien faire, il faut que l'eau boüille deuant que d'y ietter les Os, & de cette sorte, ils seront bien plutost cuits. Les Os estans dans l'eau de cette sorte, il faut faire vn bon feu dessous, & les faire boüillir l'espace de quatre ou cinq heures.

Il faut bien prendre garde pendant tout ce temps-là qu'il n'y ait quelque os dehors de l'eau qui s'infecte de la fumée.

Il est aussi necessaire d'oster l'escume, & la graisse qui surnage dessus l'eau, afin que les os en soient plus clairs & plus nets. Et afin d'en venir plus facilement à bout, il faut percer auec vn poinçon les bouts de tous les plus grands os remplis de moëlle, afin que toute cette moëlle, qui est inutile & nuisible à la conseruation des os, en puisse sortir. On peut aussi changer la premiere eau, & les recuire dans vne seconde, afin d'en mieux attirer toute la moëlle.

Apres que vous aurez tiré les os de l'eau, il les faut prendre les vns apres les autres, les ratisser & nettoyer auec vn cousteau. Or il est necessaire de les en retirer, tandis que l'eau est encore boüillante, d'autant que si l'on attend qu'elle soit refroidie, ils demeureront tousiours gras.

Il y en a quelques-vns qui iettent dedans

l'eau enuiron vne liure de chaux viue, afin que les os deuiennent plus blancs, mais cela ronge les Epiphyses, & les cartilages, dont les extremitez des os sont garnies, lesquelles il ne faut point oster, lors que l'on ratisse & nettoye les os.

Estans ratissez, il-les faut reietter encore vne fois dans de l'eau tres-claire, & toute boüillante, & les recuire encores vne heure, afin que toute la graisse, & la moélle en puisse sortir. Puis les ietter dedans de l'eau froide, les essuyer & bié frotter auec des gros linges & durs.

Quelques-vns apres auoir preparé les os de cette sorte, les mettent à l'air l'espace de deux ou trois mois, afin qu'ils deuiennent plus blancs. D'autres les mettent dedans vn coffre de bois percé de tous costez, au fond d'vne riuiere ou d'vn ruisseau rapide, afin que l'eau les lauant, & relauant souuent les puisse rendre blancs. Pour moy, i'aimerois mieux les mettre au dessous de l'eau qui tombe d'enhaut, comme à l'auge d'vn moulin, de sorte que l'eau tombe dessus les os, & les y laisser dix ou douze iours.

Pierre Belon, *Medecin de Paris*, rapporte *au liu. des choses admirables*, qu'il a souuent veu à Boulogne en Picardie, sur le riuage de la Mer, vne grande quantité d'os tres-blancs, qui estoient des corps submergez dans la Mer, lesquels auoient esté iettez au bord, & renfermez sous le sable. Il dit aussi auoir veu la mesme chose au desert d'Arabie vers la Mer rouge, & les os qui sont preparez de cette sorte, sont encore attachez ensemble par le moyen de leurs nerfs & ligamens qui y tiennent encore

& font fans aucun artifice humain tres-polis,
& plus blancs que la neige. De mefme qu'é-
roient les deux Sceletes de *Galien*, pour feruir
à fes Anatomies. *Belon* remarque que les corps
fe conferuent en ce mefme lieu fans fe corrompre, fi on les oint d'huile de Cedre ; & que fi
on les frotte auec le fuc de Cedre, on les peut
conferuer entiers.

Quand vous aurez bien feché & nettoyé vos
os, vous les mettrez ainfi dans vn coffre, ou
bien les ajancerez enfemble auec vn fil de richard, comme ils font dans le corps, & les
conferuerez dans vne boëte faite exprés, pour
placer le Scelet. Il eft neceffaire d'en auoir de
ces deux fortes, mais comme remarque *Vefa-
lius*, les os arrangez & liez auec vn fil de richard, feruent plutoft de parade & de curio-
fité, que pour inftruire les Efcholiers.

Au refte, fi vous faites boüillir long-temps,
& en fuite iertez dans l'huile boüillante, les os
de la tefte, & ceux de la mafchoire fuperieure,
ils fe fepareront facilement les vns des autres,
comme ie l'ay fouuent remarqué. Et les ayant
feparez par cette inuention, vous en pourrez facilement connoiftre, & monftrer les trois dimenfions. La façon de les affembler depend de
l'adreffe de l'ouurier, ou de l'exemple que l'on
prend fur vn autre Scelet qui foit bien fait, auquel on a deffein de faire le fiē femblable. Vous
trouuerez quantité de belles chofes, fur le fuiet
de l'affemblage des Os dedans les liures de *Vefale, & de Colomb. Charles Eftienne* a auffi fait
des remarques de cette matiere par deffus ces
deux Autheurs, lefquelles ne font pas à méprifer.

Fin du Sixiéme, & dernier Liure.

Discours contre la nouuelle Doctrine des Veines Lactées, tiré de la Response faite par le sieur R I O L A N.

LEs temps, disoit Tacite, sont rarement assez heureux, pour permettre à vn chacun d'auoir les sentimens tels que bon luy semble, & de dire hardiment ce qui luy vient en la pensée : mais nous pouuons dire auiourd'huy, que nostre siecle est trop remply de ce bon-heur puis qu'au grand detriment de la Republique il est permis à vn chacun, sans que les loix y pouruoyent, de produire & mettre au iour toutes les nouuelles opinions erronées & pernicieuses, que son caprice luy fournit, tant en matiere de Religion, que de Medecine : Aussi voyós nous, que la veritable & primitiue Religion de nos ancestres se destruit iournellement, que l'ancienne & veritable Medecine, confirmée par les experiences de tant de siecles, se corrompt & peruertit entierement, tant par l'introduction des nouueaux monstres d'opinions chymeriques, que par l'exhibition de mille sortes de medicamens venimeux, inuentez pour tuer les hommes impunément. Vn chacun inuente à present & fait la Medecine, comme il la veut & l'entend: chacun a la liberté de faire prendre aux autres tout ce qu'il a pour medicament. Maintenant ce n'est plus la Medecine qui guerit les malades ; mais tout ce qui semble auoir guery, est Medecine : En vn mot, la plus grande partie de la science d'auiourd'huy est,

eft, de ne fçauoir guerir les malades. Ce qui
arriue par l'ignorance de la vraye Medecine, & du mépris, qu'on fait des Medecins doctes & experts. Il ne fe faut pas donc eftonner,
fi la Medecine eft deuenuë auiourd'huy fi dé-
faite & difforme par tant de fauffes opinions,
qu'à peine luy eft-il demeuré aucune marque
de fa premiere fplendeur. *Pecquet* a bien fait da-
uátage, il a cómencé à bouleuerfer la ftructure
& compofition du corps humain, par fa doctrine nouuelle & inoüie, qui renuerfe entierement
la Medecine ancienne & moderne, ou la noftre,
tant en la Phyfiologie, qu'en la Pathologie, &
Therapeutique. Car fi le Foye, fuiuant fon opinion, n'eft plus au rang des parties principales,
n'eft plus le fiege de la faculté naturelle, n'eft
plus celuy qui produit le fang dans nos corps;
ains feulement dedié à vn employ beaucoup
plus vile & abject, à fçauoir à purger & feparer
l'excrement de la bile contenuë dedans le fang
de la veine Porte: il s'enfuiura, que les maladies
que nous attribuons au Foye, à caufe de fon
action bleffée, à fçauoir lors que l'atraction ou
retention du chyle eft diminuée, ou abolie; ou
que la fanguification ne fe fait pas, telles que
font la Diarrhée chyleufe, la Diarrhée hepatique, la cachexie, l'atrophie, l'hydropifie: il s'enfuiura, dis-ie, que ces maladies ne dépendront
plus du Foye, mais feulement de ces veines lactées nouuellement découuertes, ou bien du
Cœur mefme, & des Poulmons. Et par confequent, que pour la cure de ces maladies fufdites, il ne faudra plus auoir égard au Foye, ny
luy addreffer les remedes. C'eft pourquoy il
faudra d'orefnauant trouuer ou forger vne nou-

M m m

uelle methode de guerir. Car si le Foye n'est
point le lieu où se forme le sang, en vain re-
cherche on les corruptions de la masse du sang
dedans le foye : en vain luy en attribuë on les
causes; en vain trauaille-on à le corriger, &
purger ; en vain accuse-on le foye, comme
autheur de l'hydropisie, à cause de la sanguifi-
cation frustrée; en vain a-on recours au foye,
comme à la source du sang ; & luy applique-
on des remedes, pour arrester les grandes
hemorrhagies & flux de sang. Il faudra dire,
qu'Hippocrate s'est abusé bien lourdement,
quand il a escrit, qu'on deuoit attribuer au
foye bien disposé & fleurissant, la santé & la
perfection de toutes les parties du corps. Aristote mesme se sera trompé, & aura escrit contre son opinion, puis qu'il dit, Que le foye con-
tribuë beaucoup au temperament, & à la santé
du corps, à cause qu'il est la fin & le but des
choses contenuës dans le sang, & que de tous
les visceres, excepté le Cœur, il en est le plus
remply & le plus important. Il falloit qu'il fust
encore bien ignorant, quand il a dit, que la
Nature auoit placé proche du foye les recepta-
cles des excrémens, afin que le sang, qui s'y
forme, fust espuré & separé des excremens, qui
autremēt ne se pouuoient point porter au Cœur
sans l'infecter. *Aretæus* estoit demonté d'esprit,
quand il a escrit, Que le foye apporte dautant
plus d'incommoditez & de mal, quand il est
malade, qu'il cause de bien au corps, quad il est
sain. Si la ratte a vn pareil vsage, & le mesme
office, que le foye, pour purifier la masse du
sang, lors qu'elle en attire & succe l'humeur
acide, elle ne trauaillera en façon quelconque

à la fanguification. Il faudra auoüer, que tous
les Medecins & les Anatomiftes ont eu bien peu
de iugement, quand ils ont traité de l'action de
la ratte, ayans dit, qu'elle feruoit à feparer
du fang, & à receuoir l'humeur melancholique, & mefme à preparer le fang, fuppléant
au defaut du foye, quand il eft malade ou
corrompu, ou bien à tirer & à boire les humiditez fuperfluës du chyle, ainfi que veut
Ariftote. Tous les Peripatetiques, qui defen-
dent la doctrine d'Ariftote, difent que le fang
fe prepare dedans le foye, fe perfectionne dedans le cœur, où il reçoit la vertu nutritiue &
vitale, & fa chaleur, fe recuifant encore dedans fes ventricules, pour deuenir vital. Les
Medecins font bien abufez tous les iours, &
abufent encore plus leurs malades, quand ils
eftabliffent l'origine & le fondement prefque
de toutes les maladies dans les obftructions du
foye, de la ratte, du mefentere, & du pancreas,
& qu'ils ordonnent des remedes aperitifs, pour
déboucher ces parties. Galien dit, qu'il n'y a
point de vifcere plus fuiet aux obftructions, que
le foye, à raifon de la diuerfité & du meflange
des alimens, defquels le chyle eft formé, & de
la petiteffe des vaiffeaux, qui font parfemez
dans la fubftance du foye. Or fi le foye ne reçoit plus le chyle, cette caufe de maladie ceffe-
ra entierement, & ne faudra plus rechercher
dans les obftructions des parties fufdites, les
caufes des maladies Chroniques & rebelles.

Il faut donc croire (au dire de Pecquet) que
le chyle tout crud & indigefte, de mefme qu'il
eft compofé de diuerfes viandes, fe portant dãs
des veines particulieres, par vn fort long che-

min, à sçauoir depuis les lombes iusques aux
rameaux sousclauiers de la veine Caue, se rend
en fin dedans le Cœur. Et par conſequent le
Cœur ſera le chaudron du chyle, ou bien (pour
parler en ſes termes) il ſera la marmite deſti-
née à cuire, & à preparer le ſang, & chaſſera
les ordures par le Ventricule droit dans les
poulmõs, ou bien il les entraiſnera auec ſoy dãs
le Ventricule gauche du cœur, & de là dans la
grande Artere, laquelle receura la premiere les
ordures, deuant qu'elles ſoient paruenuës aux
veines. Si la Bile du ſang qui tombe par la veine Caue, ſe ſepare d'iceluy dans les reins, ſi la
Bile du ſang qui fluë par la veine Porte, ſe ſepare dedans le foye, il faut de neceſſité que toutes ces deux biles ſoient contenuës dans le
Chyle, & que tout impur, comme il eſt, il ſe
porte dans le cœur, & dans les poulmons, la
ſeparation de cét excrement bilieux, ne ſe pouuant faire qu'apres pluſieurs reuolutions du
ſang par les veines & Arteres.

Donc, le cœur & les poulmons ſeront plus
mal nourris, que toutes les autres parties du
corps, puis qu'ils ſont les premiers à receuoir
ce Chyle impur. De meſme ce ſang impur ſe
portant auec l'eſprit vital par les Arteres carotides dedans le ceruean, il en ſera nourry, &
faudra qu'il en forme l'eſprit animal : (qui
neantmoins doit eſtre tres-pur, & tres-ſubtil)
ce qui nuiroit ſans doute, & incommoderoit
extremément le ceruean, & toutes ſes fonctions
tant principales, que ſubalternes.

Car la portion du ſang arteriel, qui ſe porte
par le tronc ſuperieur de la grande Artere aux
parties ſuperieures, ſi vous y côprenez la teſte,

fera égale à l'autre, qui est enuoyée aux parties inferieures. Et partant, le Chyle qui est attiré par le cœur en chasque battement qu'il fait, & qui en est chassé auec le sang, arriuant au cerueau, y apportera grand détriment.

Pecquet auoüe de plus, qu'il y a deux sortes de bile, contenuë dans le foye, l'vne subtile dans la vessie du fiel; l'autre plus grossiere, qui fluë par le meat ou conduit, & que toutes deux s'escoulent, & se purgent par les boyaux. Par consequent, cette bile infectera le Chyle, qui sera porté au cœur auec ces ordures par les veines lactées dorsales. Mais il n'explique point pourquoy l'on trouue deux sortes de bile dans le sang de la Veine porte, qui n'est que d'vne mesme nature, ny pourquoy estant separée dans le foye, elle se renferme en diuers lieux : Il en deuoit bien rendre la raison, puis qu'il a tiré cette doctrine de *Riolan*, qui en monstre les causes *dans son Anthropographie, au Chap. de la vessie du fiel:*

Si la Diarrhée bilieuse s'écoule incessamment du foye par les boyaux, le Chyle sera gasté & remply de mauuaises humeurs bilieuses, qui monteront au cœur auec le Chyle.

Quelquesfois les alimens liquides que les Valetudinaires & malades prennent, ne se peuuent conuertir en Chyle par l'estomach, qui est indisposé. Neantmoins si ces alimens sont d'vn suc loüable, le foye, qui pour lors est desseché, les attire & les succe, afin de pouuoir fournir la nourriture aux autres parties affamées, & pour lors, ils se changent en sang, bon ou mauuais. Or si ce suc est attiré par les veines lactées, & qu'au lieu de Chyle, il soit porté au cœur, il nuira dangereufement au cœur, & aux poulmons, à toutes les veines & Arteres.

Ariſtote a efcrit, & Pline apres luy, qu'il n'y a que le cœur dedans le corps, qui ne ſoit point ſuiet aux maladies, & qui ſoit exempt des ſupplices de la vie. Et s'il conçoit vne fois la pourriture dedans ſa ſubſtance, il n'y a point de remede ſi puiſſant, ou ſi efficace qu'il ſoit, qui la puiſſe oſter ou corriger, ainſi que dit Galien. Il n'eſt donc pas probable, que la Nature ait voulu accabler d'ordures le cœur, puis que c'eſt vne partie ſi noble, & la principale de tout le corps; toutes les autres n'eſtant faites & formées qu'en ſa faueur, & pour ſes vſages. Et d'autant que l'ame, ſuiuant l'opinion de pluſieurs, habite & reſide au cœur, & que l'on croid le ſang arteriel animé pour ce ſuiet; Qui fera l'homme aſſez infenſé pour croire, que le cœur, qui eſt le Throſne de l'ame, & l'Aſtre du Soleil, faſſe la cuiſine de tout le corps dans ſon cabinet, & que toutes les impuretez du bas ventre s'y tranſportent? Si cela eſtoit, la vie de l'homme ſeroit bien miſerable, & ſuiette à vne infinité de maladies & d'incommoditez, à raiſon des ordures du Chyle, qui monteroient inceſſamment en haut.

Si ces veines lactées ſont couchées, & fortement attachées le long des Vertebres des Lombes & du dos, puis qu'elles ſont fort menuës, & pour ce ſuiet plus faciles à rompre, quand il y aura luxation de pluſieurs vertebres, comme quand l'eſpine des Lombes, & du dos ſe recourbe violemment, ou qu'elle fait quelque puiſſant mouuement aux Lombes, ces vei-

hes, qui font le receptacle du Chyle, fe bri-
feront.

Et fi ce receptacle eft placé deffus les Lombes, entre les deux reins, & les mufcles *Pfoas*,
qu'eft-il befoin icy de l'affiftance du foye, pour
exciter & pouffer ces veines lactées, comme vn
pilõ ou battoir, lorfque nous refpirons? qu'eft-
il befoin de la contraction des mufcles? *Pecquet* n'auoit que faire de prouuer ces chofes
par des artifices méchaniques, puis que le feul
mouuement des Lombes fuffiroit à pouffer le
Chyle en haut. Mais il faut croire qu'il l'i-
gnore.

Encore que veritablement il y ait des veines
lactées, fi eft-ce que tous les Anatomiftes, qui
les admettent, ne font pas d'accord, touchant
leur vfage & office. Car *Gaffendus*, l'authorité
duquel eft citée par Pecquet, leur donne d'autres vfages, & dit, que le Chyle eft infecté de
bile, fe trouuant encore iaunaftre dans les veines lactées: Laquelle opinion i'ay refuté dans
mon *Anthropographie*.

De ce temps-là *Follius, Venitien*, fort ieune
quand il efcriuit, propofa cette mefme opinion
en Langue Italienne: Et *Bartholin le fils*, luy fit
refponfe en peu de mots, dans fon *Anatomie* de
la feconde Edition. *Harueus*, tres-expert Anatomifte, Autheur, & Inuenteur de la Circulation du fang, par le cœur & les poulmons, fait
peu de cas de ces veines lactées, croyant & fou-
ftenant que le Chyle paffe par les veines Mefa-
raïques, & que le foye le fucce, & le tire d'icelles, dequoy neantmoins ie m'eftonne fort, puis
qu'en effet elles font exiftentes, & que nous les
voyons manifeftement. Cela me fait douter

des experiences, qu'il se vante auoir faites dans les animaux viuans. D'autres croyent, que le Chyle se porte au Pancreas par le canal de *Virsangus*, lequel est remply de suc lactée aux animaux viuans.

Pour moy, ie croy que ces veines lactées ne sont pas inutiles, mais qu'elles seruent à reporter le Chyle des boyaux au foye: Mais il est impossible qu'elles portent ce Chyle au cœur, à raison de la distance du trauers de huict doigts qu'il y a du cœur à l'insertion de ces veines lactées dans les rameaux sousclauiers: (qu'il auroit plus proprement appellez Axillaires.) Car si l'intention de la Nature eust esté, d'enuoyer le Chyle par la veine Caue au cœur, pour y en preparer du sang; elle eust bien plus commodément pû inserer ces veines lactées dans la veine Caue, proche du Diaphragme, où elle n'est éloignée du cœur que du trauers de deux doigts, ou plutost de l'espaisseur du Diaphragme, afin que le Chyle se meslant auec le sang qui monte, entrast aussi auec luy dans le cœur.

D'ailleurs, puis que ce receptacle du Chyle est tout contre la veine Caue aux Lombes, le Chyle pouuoit dés là se respandre dedans le tronc de la veine Caue, veu que suiuant la doctrine de la Circulation, le sang qui est contenu dans ce tronc de la veine Caue descendante, monte continuellement iour & nuict vers le cœur.

Conringius remarque en son Liure de la Generation, & du mouuement du sang, *pag.* 81. que le Chyle ne se porte pas tout au foye, mais qu'il y en a vne portion, qui parfois se transporte aussi-tost dans la veine Caue; que mesme

tout

tout le Chyle lactée n'est pas cuit dedans le foye, &c. parce qu'il y en a vne portion, qui se porte auſſi-toſt tout droit à la veine Caue, *page 123.* Ce qui a eſté premierement obſervé par *Aſellius*, puis par *Valleus* dans ſa premiere Epiſtre.

Or d'autant que les veines lactées n'ont pas de tronc, auquel elles s'vniſſent, & ſe rendent, comme les Meſenteriques, tout au moins, doiuent-elles auoir vn lieu commun, dans lequel elles verſent le Chyle, comme dans vn magazin. Tel eſt cette groſſe glande remplie de Chyle, qui n'eſt pas faite en forme de ventre, mais eſt vn corps ſpongieux, duquel eſt puiſé le Chyle, que portent au foye les deux canaux, qui s'y vont inſerer, celuy qui eſt contenu dans les deux autres canaux de Pecquet, qui montent en haut, & s'inſerent dans le tronc ſuperieur de la veine Caue, & celuy que contiennent les autres canaux, qui s'inſerent dans le tronc inferieur de la veine Caue.

Apres tant de meditations, & d'obſeruations touchant ces veines lactées, y eſtant deuenu plus expert : (car comme dit l'Eſcriture Sainte, *Dies diei eructat verbum, & nox nocti indicat ſcientiam.*) Ie m'en vay librement vous en dire mon ſentiment.

Encore que ces veines lactées ſe trouuent dedans les animaux bien repeus, en leur ouurant le ventre quatre heures apres; il ne s'enſuit pas, qu'il s'en puiſſe trouuer de meſmes dedans les hommes. Et ſi par hazard il s'y en rencontre, ie croy que ce ſont des petites branches du rameau Meſenterique de la veine Porte, qui pour lors ſont remplies de Chyle, qu'elles portent

au foye par le tronc de la veine Porte. Que les
autres rameaux difperfez par le Mefentere, qui
paroiffent rouges, & pleins de fang, font des
branches de l'artere Celiaque, lefquelles four-
niffent auffi d'alimens aux boyaux, lors que les
veines Mefaraiques font remplies de Chyle.

Cette traduction, ou paffage du Chyle ne dure peut-eftre que deux ou trois heures, apres
quoy le fang retourne aux boyaux, par les veines Mefaraiques. Or comme en vn animal viuant, le foye attire continuellement le Chyle,
par la veine Porte, le fang fe retire auffi dedans le foye : Et comme les veines Mefenteri-
ques font pour lors remplies de Chyle, l'animal eftant mort, & fa faculté attractrice abolie, le fang qui fe retenoit par icelle dedans le
foye, retombe dedans les veines Mefaraiques,
& en ce cas, les veines lactées difparoiffent, à
caufe du reflux, & du meflange de ce fang,
qui par fa rougeur deftruit la blancheur du
Chyle.

Et en effet, les veines lactées, au rapport mefme d'*Afellius*, qui en eft l'inuenteur, & fuiuant
l'obferuation de plufieurs autres apres luy, ne
font pas vifibles, fi ce n'eft en vn animal encore
viuant, car elles difparoiffent d'abord qu'il eft
mort. Pareillement, fuiuant l'inuenteur mefme, elles n'ont aucun tronc, c'eft pourquoy
plufieurs trauaillent en vain à le rechercher. Il
ne faut point pour tout cela s'effoigner de l'ancienne doctrine touchant la diftribution du
Chyle, à fçauoir, qu'il fe peut faire que diuerfes humeurs, comme le Chyle & le fang, puiffent paffer ou couler par les mefmes vaiffeaux,
mais en diuers temps, & alternatiuement. Bien

dauantage, il n'eſt pas impoſſible que le Chyle
reçoiue quelque teinture de ſang dedans le trôc
de la vêine Porte, ny meſmes que diuerſes humeurs paſſent par les meſmes vaiſſeaux, & en
meſme temps ; pourueu que les parties qui les
attirent ſoient differentes. Or les boyaux tirent
le ſang par les veines Meſenteriques : & le foye
tire le Chyle, tandis qu'il y en a dans ces vaiſ-
ſeaux-là. Ainſi nous voyons dans vn verre, vulgairement appellé *Montevin*, que par ſes meſmes tuyaux le vin monte, & l'eau deſcend.
Nous obſeruons auſſi, qu'il ſort des parties ſuperieures du pus tout pur, par les veines & les
arteres, ſans aucune teinture de ſang, ou du
moins fort legere. Nous voyons des fleuues, qui
paſſant au milieu de la Mer, y conſeruent la
douceur de leurs eaux, ſans qu'elles ſe meſlent
auec celle de la Mer qui eſt ſalée, ainſi que teſmoignent ces Vers:

Ac tibi cum fluctus ſubter labere Sicanos
Doris amara ſuam non intermiſceat vndam.

Si quelqu'vn me demande, ce qu'il me ſemble de ces deux vcines lactées nouuellement in-
uentées, comme elles ſont deſcrites par Pecquet : Ie reſpondray auec Pline, *Que de toutes*
les choſes, il y a de certains ſecrets cachez, qu'il
faut reſeruer en ſon cœur. C'eſt pourquoy ie n'en
propoſeray mon opinion que fort froidement,
& tremblant de meſmes que les Deuins, qui ne
diſent rien que par les coniectures.

Car i'ay appris du Philoſophe, que c'eſt vne
doctrine Θεωνικα τα πινον, qu'il y a de certaine ignorance docte, & que ce n'eſt pas vne des
moindres parties de la ſcience, de ſçauoir qu'on
ignore beaucoup de choſes.

Ces deux veines lactées sont donc ainsi faites, & disposées, peu t-estre afin que le sang,
qui fluë auec trop de violence dans les arteres
par la circulation, se rende plus grossier dans
les veines, aux endroits où le tronc de la veine
Caue se diuise, à sçauoir vers les rameaux
Axillaires, & proche des Iliaques, car le tronc
de la veine Caue reçoit ces veines lactées en ces
deux lieus-là. Peut-estre aussi, pour donner la
nourriture à diuerses parties du corps, qui naturellement requierent des alimens differens, côme les Os, & la moëlle : Peut-estre pour la generation, & reparation de la graisse respanduë
par tout le corps : Peut-estre pour produire la
matiere fibreuse necessaire au sang, à le rendre
plus lent dans ses mouuemens trop violens ; ce
qui est plus vray-semblable. Peut-estre ce Chyle se verse-il dans le tronc de la veine Caue,
proche des rameaux Axillaires, afin qu'vne portion du sang, s'estant espaissie par le meslange
de ce Chyle, demeure & tarde plus long-temps
dans le cœur, pour y seruir, comme d'vn leuain
plus chaud, & plus acide, à la preparation du
nouueau sang arteriel ; car ce sang ainsi espaissi
s'estant fourré dans les petites fosses, & recoins
des Ventricules, & sous les colonnes charnuës
ou musculeuses, s'y peut arrester quelque téps,
puis que tout le sang qui est contenu dans le
cœur, n'en sort point à chasque systole, y en
restant quelque petite portion, cachée dans les
lieux susdits.

Aussi d'ailleurs, falloit-il que le sang fust
composé de diuerses substances, pour la nourri-
riture de diuerses parties, afin que chacun d'i-
celles trouuast dans le sang, qui se distribuë par

ȝ out le corps, quelque chofe qui luy fuſt fami-
ſiere & ſymboliſante à ſa nature, & le pûſt choiſir parmy le reſte, l'attirer, & le conuertir en ſa
ſubſtance. De là vient, que nous voyons vne
ſubſtance groſſiere, & fibreuſe meſlée dans le
ſang, & vne humeur pituiteuſe, priſe & gelée
au deſſus. Or les fibres du ſang ſemblent plutoſt
eſtre produites de la portion la plus ſubtile du
Chyle, qui ſe iette dedans le tronc de la veine
Caue, tant en haut qu'embas, que non pas de
celle qui ſe porte au foye, dans lequel le ſang
ſe produit vniforme, ou de meſme nature: Auſſi
les fibres du ſang ne ſe peuuent point former &
produire dans l'eſtomach, quoy que Fernel l'ait
eſcrit, dautant que le Ventricule, bien que nerueux, ne communique rien de ſa ſubſtance au
Chyle, car s'il donnoit tous les iours deux ou
trois fibres de ſa ſubſtance, il ſeroit conſommé
en bref. C'eſt pourquoy il eſt plus probable,
que les fibres du ſang ſe forment de la matiere
groſſiere, & pituiteuſe, telle qu'eſt la portion
du Chyle la plus ſubtile, qui ſe coule par les
veines lactées dans le tronc de la veine Caue,
en ſa partie ſuperieure, & inferieure.

Et lors que nous voyons enuiron l'eſpaiſſeur
d'vn petit doigt vne matiere blancheaſtre, collée & gelée au deſſus du ſang, que l'on a tiré
par la ſaignée dans vne poilette, elle ne prouient pas tant de la pourriture & corruption du
ſang, que de cette portion ſuſdite du Chyle,
qui ſort auec le ſang par l'ouuerture de la veine, & ſurnage au deſſus du reſte dedans la poilette, comme le moins recuit. Que ſi elle eſt
corrompuë, ſes fibres eſtans diſſipées & putrefiées, elle ſe conuertit toute en ſeroſité, inu-

tile à nourrir le corps, qui pour cette raiſon tombe en atrophie, & deuient tabide. C'eſt pourquoy les Medecins ont accouſtumé de rechercher auec vn baſton large dedans les chaudrons où l'on a tiré du ſang du pied, s'il y a des fibres en quantité, car lors qu'elles ſe trouuent, ils iugent le ſang loüable : s'il n'y en a point, ils diſent qu'il eſt fort corrompu.

Si ces veines lactées ſe trouuent en l'homme, peut-eſtre que ce Chyle ſe diſtribuë aux rameaux Axillaires & Iliaques de la veine Caue, afin qu'eſtant meſlé auec le ſang d'en haut, elles fourniſſent vn aliment viſqueux & gluant à diuerſes glandes, qui en ſont voiſines, comme aux glandes Axillaires, à celles du Larynx, du goſier, du deſſous du menton, & aux autres du col, qui ſont placées le long de la veine Iugulaire externe, aux Parotides, & meſme aux mammelles des femmes. Le Chyle meſlé auec le ſang d'embas, donne nourriture aux glandes des aiſnes ſituées au deſſus, & au deſſous des Os Pubis. Mais le Chyle qui eſt contenu dans les canaux, ou veines lactées du Meſentere, fournit de nourriture à vne infinité de glandes, & meſme au Pancreas, qui eſt glanduleux. Et d'autant qu'il s'amaſſe beaucoup de graiſſe autour deſdites parties glanduleuſes, comme aux bras & au Thorax, & aux parties inferieures, aux feſſes & aux cuiſſes ; ce meſme Chyle ſemble ſeruir à ſa production & reparation.

La graiſſe du ventre reſpanduë par tout, & principalement vers les Lombes, peut auſſi prouenir du Chyle du Meſentere. Cependant vous remarquerez la ſympathie admirable, qu'il y a du Meſentere auec le col, les aiſſelles, & les

mammelles, par le moyen de ces veines lactées?
Et pour ce suiet, le vice des glandes scrofileu-
ses, ou en vn mot les écroüelles, ne paroissent
iamais en ces lieux-là, que prealablement elles
ne soient fondées ou enracinées dans le Mesentere. C'est donc auec raison, que les Medecins,
tant Anciens que Modernes, establissent l'origine des écroüelles dans les glandes du Mesentere, & faut croire, qu'elles ne se peuuent parfaitement guerir, qu'on n'ait entierement dé-
raciné la matiere grossiere & visqueuse, entas-
sée en ce lieu-là. Mais pour quelle raison est ce
que ces tumeurs naissent plutost autour de la
Iugulaire externe? d'autant qu'elle est plus proche de l'insertion desdites veines lactées, &
qu'elle nourrit ces parties externes.

Si quelqu'vn me demande à quoy sert en la
pratique de Medecine la recherche si curieuse
des Veines Lactées, il le pourra connoistre par
les remarques suiuantes, & autres semblables.
Il y a vingt ans qu'*Asellius* a mis au iour son
Liure *des Veines Lactées chyliferes,* lesquelles il a
trouué en la dissection des animaux viuants, &
les destine à porter le chyle, ayãt montré qu'elles sont differètes & separées des Veines Mesaraïques, Telles Veines Lactées sont si bien receuës & approuuées en toutes les Academies,
que personne n'en doit desormais plus douter,
bien que *Valeus* descriue autrement leur distribution & progrés, que n'a fait *Asellius* leur Inuenteur. Mais outre les Veines Lactées, ie croy
que les Veines Mesaraïques, en cas de necessité,
c'est à dire quand les Lactées sont entierement
bouchées, peuuent faire le mesme office, sup-
pléant au defaut des Lactées, afin que la distri-

bution du chyle, qui eft interceptée dans les
Veines Lactées, ne cefle point entierement.

Il me fouuient d'auoir iadis fouuent veu, &
montré publiquement dans les cadavres des
hommes pendus, aufquels on auoit fait faire vn
bon repas vn peu deuant leur fupplice, des Veines blanches parfemées dans le Mefentere, lefquelles i'ay toufiours prifes pour les Mefente-
riques, fans auoir recherché leur origine, ny
leur diftribution. Mais ie fouhaiterois à prefét,
qu'on fift bien difner les hommes deftinez au
gibet, trois ou quatre heures deuant leur fupplice, afin qu'on puft incontinent apres qu'ils
font morts, obferuer ces Veines Lactées; car
cela feruiroit beaucoup à la connoiffance, & à
la guerifon des maladies: dautant que l'on peut
connoiftre du mouuement du chyle les indifpo-
fitions du Ventricule, les maladies des boyaux,
du Mefentere, & des parties concaues du foye;
car plufieurs de ces maladies dependent du vice de la concoction dans le Ventricule. D'autres viennent des empefchements qu'il y a en
la diftributions du chyle au foye, eftant tres
certain que la feconde digeftion ne corrige pas
les deffauts de la premiere : Et partant le chyle
qui eft corrompu ou dés le Ventricule, ou pen-
dát le chemin qu'il fait pour fe porter à la partie concaue du foye, retombe comme inutile
dedans les gros boyaux, ou bien s'il eft porté
par les Veines Lactées iufques au foye, ou il
oppile les Veines Lactées, ou il imprime fon vice à la partie concaue du foye, & gafte ces parties. C'eft d'où prouiennent ces diuers flux de
ventre, qui font produits auffi bien du foye &
du Mefentere, que du Ventricule & des boyaux.

Or pour les bien difcerner; Vous deuez confiderer au Ventricule la conftitution de fa fubftance membraneufe, la digeftion, la diſſolution, & la diftribution de l'aliment: Et dans fa
diftribution la vertu periftaltique ou aftringẽ-
te des boyaux, leurs plis & replis, ou rugofitez
deftinées à retarder ou arrefter le chyle en
iceux autant qu'il eſt neceffaire. Puis vous examinerez la liberté des conduits iuſques au foye,
c'eſt à dire, fi les Veines Lactées ne font pas
bouchées depuis leur principe iuſques au foye;
fi pareillement les autres conduits, qui rapportent le fang du foye, & les autres humeurs
ſuperfluës, font libres. Par ce moyen vous
diſcernerez plus facilement le flux Celiaque
du Lienterique, & tous ces deux de la Diarrhée chyleuſe, ou ſereuſe, du flux Meſenterique
& Hepatique; & par conſequent vous reme-
dierez auec beaucoup plus de facilité, & de
ſuccez, à chacun de ces flux de ventre, pourueu
que vous ayez la connoiſſance de toutes ces
choſes, à laquelle eſt abſolument neceſſaire
celle des Veines Lactées. Voila ce qui oblige
les veritables Medecins à les rechercher dans le
corps humain, auec tant de curioſité, qui ne
peut eſtre exceſſiue, beaucoup moins inutile,
puis qu'elle peut rapporter tant d'vtilité au public.

DISCOVRS

Contenant le iugement general du Sieur
RIOLAN, *touchant le mouuement*
du Sang, tant aux brutes, qu'aux hom-
mes, tiré de la Réponse qu'il a faite à
SLEGEL; *& les vtilitez de la Circu-*
lation.

ARVEVS a écrit du mouuement
du cœur, & du sang dans les Animaux; comprenant l'homme sous
le nom d'animal, & s'imaginant
que le mouuement du cœur & du
sang se fait en l'homme, de mesme qu'aux autres animaux. *Slegelius*, plus prudent & cir-
conspect, n'a seulement traité du mouuement
du sang, qu'en ce qu'il appartient à l'homme.

Pour moy ie souftiens, que le mouuement
du cœur, & du sang en l'homme, est different
de celuy des animaux, leurs vsages estans mesmes dissemblables.

Car la structure du cœur & ses sinus estans differens aux hommes & aux brutes, il est certain
que ses mouuemens seront diuers.

Le mouuement du sang en l'homme est aussi
different, tant à raison de la structure des parties internes, que de la figure de tout le corps,
laquelle regarde embas aux brutes, leurs testes

eſtant enclinées & tournées vers la terre. C'eſt pourquoy le ſang coule dans leurs vaiſſeaux depuis l'extremité des parties iuſques à leur teſte, d'vne façon differente de celle de l'homme, la figure duquel eſt droite, la teſte éleuée, & le cerueau tres-ample.

Ie m'en vay montrer à preſent la verité de ces propoſitions dans toutes les parties principales, par leſquelles ſe fait la circulation.

Le cœur des beſtes brutes eſt veritablement conoïde, & plus dur que celuy de l'homme : ſes colonnes charnuës ne ſont pas entretiſſuës de tant de fibres ou filaments, & ne ſe peut pas ſi facilement dilater en approchant ſa pointe de la baſe ; ains ſeulement s'eſlargir de meſme qu'vn ſoufflet : Il eſt placé tout au milieu de la poictrine, laquelle il frappe de ſa pointe dans ſon mouuement.

Le cœur de l'homme eſt plus mol, & pour ce ſuiet plus facile à ſe dilater, retirant ſa pointe vers la baſe : il eſt incliné vers le bas ventre par le moyen du Pericarde, lequel eſt orbiculairement adherent au centre nerueux du Diaphragme, afin qu'eſtant plus proche de l'eſtomach & du foye, il les eſchauffe, & puiſſe faciliter par ſon battement le paſſage du ſang, quand il môte. Le ſang du bœuf, qui eſt fibreux, & tardif, eſt excité à s'émouuoir, & à ſortir du foye. C'eſt pourquoy le cœur frappe de ſa pointe le centre nerueux du Diaphragme, & de ſa baſe qui eſt eminente, il bat la poictrine, par la grande Artere : Auſſi le mouuement & battement, que l'on ſent à la poictrine n'eſt autre choſe que la dilatation & éleuation du tronc de la grande Artere.

Aux brutes, la ſtructure des parties internes du bas ventre eſt diſſemblable. Le foye eſt fendu en quatre lobes, à raiſon des facultez attractrice, retentrice, concoctrice, & expultrice.

C'eſt pourquoy anciennement, dans l'Auruſpicine, on appelloit vn de ces lobes, la table; l'autre, le foyer; le troiſiéme, le couſteau; & le quatriéme, le chartier. La ratte des brutes eſt dure, fibreuſe, n'a point, ou fort peu de veines, & d'arteres entretiſſuës, & touſiours d'vne meſme figure, ne ſe trouuant iamais allongée, ny tumefiée. Le Pancreas, le Meſentere, & les boyaux ſont auſſi differents aux brutes.

Le foye de l'homme eſt continu; la ratte molle, ſpongieuſe, remplie d'vne infinité de veines & d'arteres, à raiſon deſquelles elle ſe réplit, & ſe vuide: pour ce ſuiet elle change fort ſouuent de figure. Les parties genitales des brutes ſont entierement differentes de celles des hommes, tant aux maſles, qu'aux femelles. C'eſt pourquoy en la generation des beſtes, on trouue dans la matrice les Cotyledons, qui ſont chairs orbiculaires & ſpongieuſes, au lieu du *Placenta*, qui ſe rencontre en la creation de l'homme.

La ſtructure du cerueau des brutes eſt auſſi tout à fait differente de celle de l'homme. Pour ce ſuiet, la circulation du ſang, qui ſe fait en cette partie là, ſera differente de celle qui ſe fait dans le cerueau humain.

La figure droite de l'homme, & ſa teſte eſleuée, teſmoignent bien que le ſang de l'homme monte droit au cœur, & à la teſte. Au lieu qu'aux brutes, il fluë ſimplement, & flotte dans leurs vaiſſeaux, n'ayant point de tels mouuemens, ny de semblables causes d'émotions.

C'est vne chose fort ridicule, de vouloir mesurer la quantité du sang, qui sort du cœur en
chaque systole, par le battement du pouls de
l'homme, & par la proportion du sang que
l'on trouue dans le cœur d'vn homme estranglé au gibet, ou par la quantité du sang, qui
s'escoule du cœur d'vn animal viuant, que l'on
ouure : Parce que le cœur des brutes, & des
hommes, bat encore quelque temps apres qu'on
l'a tiré hors du corps, sans qu'il luy arriue de
nouueau sang, & ce à raison de la propre faculté qu'il a de se mouuoir soy-mesme. La quantité de sang, que l'on trouue dedans le cœur
d'vn homme estranglé, dépend de la suppression du sang, qui auoit accoustumé de se distribuer ailleurs en grande quantité, par les arteres Carotides, & Axillaires. En vn animal
viuant, que l'on bourrelle cruellement, le sang
se retire de toutes parts, & se porte au cœur,
remplissant tout à coup ses Ventricules, &
rompant, ou du moins forçant les escluses des
Valuules.

L'vsage, ou la fin du mouuement du sang, est
aussi differente aux brutes & en l'homme : car
les parties extrémes des bestes n'ont pas besoin
d'estre réchauffées, par l'affluence continuelle
du sang, comme aux hommes, puis qu'elles
sont couuertes & garnies d'vn cuir espais, con-
densé, velu, ou charnu : & viuent tout le long
de l'année sous le Ciel, comme quand elles
paissent dans les champs iours & nuicts, ne
reuenans aux establies, que pendant les plus
grandes gelées.

Galien fait gloire de ce que, par l'inspection

de la forme externe du corps des beſtes brutes,
qu'il n'auoit iamais veu auparauant, il con-
noiſſoit, quelle ſtructure elles auoient au deſſous de la peau, parce que tous les animaux
ont obtenu la ſtructure & compoſition du
corps, proportionnée à leurs mœurs & facultez.

C'eſt pourquoy la diſtribution du ſang par
tout le corps, n'eſt pas égale aux brutes, & aux
hommes, ny ſon vſage ſemblable, ny leurs
vaiſſeaux formez & diſpoſez de meſme. Auſſi
eſt-ce vne mocquerie de vouloir montrer la
circulation du ſang en l'homme, par l'inſpection des brutes, ainſi que *Harueus*, & *Slegelius*
l'ont deſcrite. Ie m'en vay donc dire en peu de
mots, ce qu'il faut conclure de cette controuer-
ſe, lors que i'auray repreſenté vne obſeruation
tres-remarquable contre la Circulation de
Harueus, qui dit eſtre ſemblable aux animaux, comme aux hommes.

I'apprens dans les Commentaires de
Iean Faber, ſur les animaux des Indes,
vne Hiſtoire admirable. Il aſſeure auoir
diſſequé & anatomiſé des Tortuës grandes &
petites, tant des eaux que des foreſts, auſquelles il a trouué le cœur placé au milieu de la
poitrine, auec ſes deux oreilles pleines de ſang,
qui pour aller du ventricule droit au gauche, il
y a vn trou fort apparent; les poulmons ſont
ſituez dans le ventre ſous le Diaphragme, &
que l'aſpre artere deſcend iuſques là; le cœur
a ſa diaſtole & ſyſtole, ſans que les poulmons
s'enflent. Il aſſeure que l'animal eſtant viuant
il a trouué le ſang mediocrement froid, & que
le cœur au toucher eſtoit froid. Voyez ſi la

chaleur naturelle est necessaire au mouuement
du cœur. Poursuiuons nostre discours.

Il n'y a personne de bon sens, qui veüille soustenir, que le sang soit immobile, & se repose
dedans les vaisseaux : Mais aussi plusieurs sont
en doute, & non pas sans raison, s'il a vn mouuement perpetuel, & circulaire. Car on n'a pas
encore assez visiblement reconnu, ny décidé, de
quelle façon il se meut dans nos corps : si c'est
par vn flux ou reflux continuel, parcourant toû-
siours les mesmes vaisseaux, qui luy sont propres, de sorte que le sang arteriel vienne & re-
uienne dans les arteres seulement : Le sang veneux de mesme par ses propres vaisseaux, comme vn Meandre, fleuue de Carie dans l'Asie
mineure, le mouuement duquel est fort bien
descrit par Ouide, *au liu. 8. des Metamorphoses,*
par ces Vers:

> *Non secus ac liquidis Phrygius Mæander in*
> *vndis*
>
> *Ludit, & ambiguo lapsu refluitque fluitque*
> *Occurrensque sibi, venturas adspicit vndas*
> *Et nunc ad fontes, nunc ad mare versus a-*
> *pertum*
> *Incertas exercet aquas.*

On a aussi suiet de douter, si le sang passe des
arteres dans les veines, & reciproquement des
veines dans les arteres, par leurs Anastomoses
mutuelles, ainsi qu'a crû l'antiquité : Ou bien
s'il a vn mouuement circulaire continuel, qui
dure iour & nuict par tout le corps; car on est
encore incertain, comment ce mouuement se
fait. Au rapport d'Hippocrate, il y a deux sortes de sang, le veneux, & l'arteriel, qui se meuuent circulairement tout le long du corps, pas-

fant d'vn vaiffeau à l'autre, à fçauoir des arteres
dans les veines, pouuant toutesfois repaffer des
veines dans les arteres

Depuis vingt-fept ans le fieur *Harueus* Medecin, & Anatomifte tres-fçauant, a mis au iour
vn Liure, par lequel il montre affez fubtile-
ment & artificieufement, que le mouuement
du fang fe fait autrement. Il a trouué des approbateurs, & defenfeurs de fon opinion, &
d'autres qui la defaprouuent.

Ie me fuis interpofé entre les deux parties,
fuiuant vne opinion metoyenne entre ceux qui
l'affirment, & les autres, qui la nient. I'ay mô-
tré, que veritablement il y a vne circulation,
mais ie l'ay expliquée à mon fens, & voicy
mon aduis, touchant cette controuerfe.

Suiuant Ariftote, aux liures de la Phyfique, il
y a cinq chofes requifes à la perfection du mouuement : à fçauoir le Mouuant, le Mobile, les
deux extremitez, de l'vne defquelles le Mobile
paffe à l'autre par vn milieu, & le temps, qui mefure le mouuement. Il faut obferuer ces mêmes
chofes au mouuement du fang, pour en faire
vne demonftration parfaite.

Il eft certain, que le premier Mouuant du
fang eft le cœur, lequel de foy-mefme a bien vn
mouuement naturel, mais pour le continuer,
il a befoin de quelque matiere, à l'entour de
laquelle il foit occupé, la receuant inceffam-
ment dans fes cauitez, & la chaffant à mefure.
C'eft pourquoy le Mobile eft le fang veneux,
que le cœur reçoit pour le conuertir en arteriel,
puis en vn moment le pouffe dehors, & le refpand par tout le corps, afin de reftaurer la chaleur naturelle, qu'il diftribuë à toutes les parties

du

du corps. Les deux extremitez, entre lefquelles
le fang fait fon mouuement, font les vaiffeaux
circulaires, les veines, & les arteres, à fçauoir
la veine Caue, & la grande Artere, auec leurs
productions, qui vont depuis les extremitez des
pieds & des mains, par le milieu du tronc du
corps. Le temps, qui mefure le mouuement de
la circulation du fang, eft cét efpace de temps,
durant lequel le fang paffe au trauers des Ventricules du cœur, & par fois à trauers des poulmons. Le fang arteriel fortant de ce centre, ie
veux dire du cœur, & fe refpandant iufques aux
extremitez du corps, retourne par les veines au
cœur, repaffant des bouts des petites veines dedans le tronc de la veine Caue.

Le fang en faifant ce chemin, eft en partie attiré par les chairs des mufcles, & des vifceres,
pour leur nourriture, fi par hazard elles en ont
befoin, parce que l'impulfion ou mouuement
impetueux du fang arteriel, fe termine dans les
arteres mefmes: En partie il retourne dedans le
tronc de la veine Caue, pour y remplir le vuide
qui s'y rencontre toufiours, le cœur en attirant continuellement du fang.

Or le fang allant & venant, & faifant le mefme chemin d'vn mouuement continuel, deux
ou trois fois en vn iour naturel, l'efpace du
temps qu'il faut pour acheuer la circulation de
ce fang, peut eftre de douze heures, quelquesfois plus bref, parfois plus long, fuiuant que
le fang fait fon mouuement plus vifte, ou plus
lentement.

Aux brutes, le fang defquelles eft plus groffier, la circulation d'vne partie de leur fang, &
mefme de tout fe peut faire auffi à trauers des

poulmons. Mais en l'homme, qui a befoin d'vn
fang tres-pur, pour la generation des efprits
vitaux & animaux, & pour la nourriture d'vn
cerueau tres-ample, tel qu'eft le fien, la portion du fang la plus pure eftoit neceffaire à ces
vfages. Or les efprits animaux de l'homme ne
font pas feulement contenus dans le cerueau,
ains fe diftribuent auffi par toutes les chairs
mufculeufes : Mais aux beftes brutes, l'efprit
vital peut fuffire à cela, pourueu qu'il foit accompagné de quelque peu d'efprit animal

Encore que tout le fang, qui fe prepare dedans le foye, foit propre de foy-mefme & fuf-
fifant, pour nourrir le corps, fi eft-ce qu'vne
portion d'iceluy eftoit neceffaire pour la preparation du fang arteriel, deftinée à la confer-
uation de l'humide-radical fitué au cœur, & à
la continuation du mouuement perpetuel du
cœur. Car toutes les parties du corps font fo-
mentées, r'animées, & réchauffées par l'affluence continuelle de ce fang arteriel, qu'elles reçoiuent du cœur, duquel auffi elles fe peuuent nourrir & accroiftre leur fubftance. Neantmoins il n'eft pas naturellement deftiné à
nourrir, tandis qu'il eft renfermé dedans les
arteres, mais bien à reftaurer les efprits, &
auec fa partie la plus fubtile à conferuer l'humide-radical, inné & enraciné en toutes les
parties du corps.

Que fi la maffe du fang a efté beaucoup épui-
fée par vne longue famine, ou par de longues
& copieufes hemorrhagies, ou flux d'humeurs,
faites par artifice ou naturellement ; non feulement cette portion du fang la plus pure fe cir-
cule, mais auffi tout le fang de la veine Por-

te, & celuy qui est contenu dans l'habitude &
circonference du corps, afin de fournir au cœur
quelque matiere, pour la continuation de son
mouuement, & la conseruation de la chaleur
naturelle, qui autrement s'esteigneroit en son
foyer, si elle n'estoit ressuscitée, & conseruée
par l'affluence perpetuelle du sang. Mais nous
nions, que tout le sang se doiue circuler par le
cœur, & les poulmons, pour acquerir la vertu
non seulement vitale, mais aussi alimentaire;
celle-cy luy estant donnée non pas du cœur,
mais bien du foye.

I'aduoüe bien que le mouuement du sang
est necessaire par tout le corps, crainte qu'il ne
se putrefie & corrompe, & qu'vne portion d'i-
celuy monte au cœur, pour les vsages, que ie
viens de dire : Mais ie soustiens que la circulation & passage du sang à trauers du cœur & des
poulmons, n'est pas absolument necessaire,
suiuant le cours ordinaire de la Nature.

Or quant à l'vtilité de la circulation du sang,
il y en a de deux sortes, l'vne qu'en peuuent tirer les Physiciens; l'autre, les Medecins. Considerant la circulation du sang, comme Physi-
cien, ie trouue qu'elle estoit necessaire pour
fomenter & conseruer la chaleur naturelle du
cœur, & des autres parties de tout le corps,
d'autant que la chaleur ne se peut conseruer sãs
mouuement. Il falloit donc que le cœur fust en
mouuement perpetuel: mais il ne peut pas conseruer long-temps son mouuement, s'il ne luy
arriue quelque matiere chaude & remplie d'esprits, telle qu'est le sang. Or le sang se porte au
cœur par le tronc de la veine Caue, & estant receu, ou plutost attité dedans la cauité droite du
cœur, il passe à trauers du *Septum medium* dans

Ooo ij

la cauité gauche, où en vn moment il se change en sang arteriel, beaucoup plus chaud & plus
spirituelle que le veneux, car il est subtilisé & espuré dans les Ventricules du cœur, comme l'or
meslé se raffine dans le dernier fourneau de la
coupelle. De là il se distribuë iour & nuict, par
les arteres à tout le corps, pour conseruer la
chaleur des autres parties, & les nourrir.

Par le moyen de cette circulation, le sang se
preserue de putrefaction, à moins qu'elle ne
prouienne d'ailleurs, dautant que ce mouuement l'éuente, & en chasse les vapeurs saligi-
neuses : & s'il y a quelque pourriture attachée
entre les fibres & dans les fosses du cœur, à la
seconde ou troisiéme fois que le sang y passe, il
la nettoye & l'entraine dehors.

Ioubert en sa 2. *Decade, Paradoxe 1.* enseigne
que les humeurs ne se putrefient point dans les
veines; par consequent beaucoup moins, si elles font vn mouuement de circulation perpetuel par les arteres, & par les veines.

Mais ce n'est pas assez qu'vn Medecin connoisse la circulation, s'il ne la sçait reduire à
l'vsage de son Art, & en profiter pour la guerison des maladies. Or considerant, comme Medecin les vtilitez de la circulation du sang, il
s'en presente vne infinité à mes yeux : mais il
s'en rencontrera doresnauant encore bien dauantage en la meditant tous les iours, & en l'obseruant dans les cures des maladies.

En premier lieu, les Chirurgiens apprenn-
ent de la circulation du sang les moyens de
biē faire la Phlebotomie, de faire sortir le sang
facilement par l'ouuerture, & de l'arrester en
bref quand ils veulent. C'est pourquoy le Chi-

rurgien voulant ouurir la veine du pied, ou du
bras, doit frotter la partie vn peu rudement de
haut embas, pour y retirer le sang:& auſſi-toſt
apres il liera eſtroitement auec vne bande la
partie, vn trauers de doigt,ou de deux, au deſſus de l'ouuerture qu'il veut faire.

La ligature eſtroite empeſche le sang de remonter en haut,auſſi voyons-nous, que la partie qui eſt au deſſous d'elle,s'enfle & ſe tumefie,
mais non pas celle qui eſt au deſſus de la ligature ; ce qui ſe deuroit faire ſi les fortes ligatures attiroient, Pour ce ſuiet, auſſi-toſt qu'on a
fait & ſerré la ligature, il faut faire l'ouuerture ; autrement ſi le Chirurgien tarde vn peu
trop en recherchant la veine, la partie qui eſt
au deſſous de la ligature s'eſſe à tel point, qu'elle cache la veine, qui pour lors ne ſe peut plus
ſentir du doigt. Auquel cas il faut laſcher la ligature, afin que le ſang remontant en haut, la
partie ſe desenfle. La veine eſtant ouuerte : ſi
vous relaſchez trop, ou déliez la bande, le ſang
s'arreſte,ou ne fluera que fort lentement,à cauſe qu'il remonte tout en haut : ſi vous preſſez
la veine auec le doigt au deſſous de l'ouuerture, le ſang s'arreſtera auſſi, & n'en fluera point
de la partie d'enhaut, ſi ce n'eſt qu'en la frottant, vous en repouſſiez, ou attiriez embas. Et
appliquant la ligature vn peu eſtroite au deſſus
de l'inciſion, le ſang recommencera à fluer.
Quand il y a peu de ſang en la partie inferieure
du bras, il faut relaſcher la ligature, afin que
le ſang y puiſſe plus librement deſcendre par les
arteres ; mais auſſi-toſt apres il la faut reſſerrer, afin d'empeſcher que ce ſang qui y eſt arriué, ne remonte en haut par les veines, iuſ-

ques au deſſus de la ligature.

S'il arriue que l'on n'ait picqué qu'vne petite veine du deſſous de la peau, le Chirurgien pour éuiter la honte, & les reproches d'auoir mal picqué la veine, à raiſon du peu de ſang qui en ſort, fera encore vne autre ligature au deſſous de l'ouuerture vers le Carpe, eſloignée de la premiere de ſix doigts ; par ce moyen il en fluera du ſang ſuffiſamment, à raiſon de la communication que les arteres & les veines ont entr'elles en cét eſpace-là, la ſeconde ligature empeſchant que le ſang arteriel ne deſcende à la main : Auſſi le ſang vient-il en plus grande abondance de l'ouuerture qu'on fait au coude, qu'en la main, dautant que iuſques au coude, les veines & les arteres ont communication enſemble par leurs Anaſtomoſes.

Lors que le Chirurgien connoiſtra, que le ſang des veines & des arteres va d'vn mouuement contraire, il pourra arreſter le ſang qui fluë des playes, tandis qu'on ait preparé les autres remedes neceſſaires, en preſſant du doigt au deſſus, ou au deſſous de la bleſſure, ſuiuant le vaiſſeau duquel l'hemorrhagie ſort. De meſme quand il faudra lier quelque vaiſſeau bleſſé, ſi c'eſt vne artere, il liera la partie au deſſus de la bleſſure ; ſi c'eſt vne veine, il liera la partie du deſſous, car ainſi on éuitera la grande perte & profuſion de ſang, qui trouble & empeſche les operations de Chirurgie.

L'opinion de *Spigelius* de la ſaignée, qui ſe fait à la Saluatelle, eſt fondée ſur ce, qu'elle profite, & rafraiſchit dauantage que la ſaignée du coude, à cauſe des Anaſtomoſes des veines & des arteres, qui ſe font en la main. C'eſt

pourquoy le fang, qui fluë entre deux ligatures
au bras & au pied, fort des Anaſtomoſes, &
pour ce ſuiet il eſt plus chaud, & ſortant auec
plus d'impetuoſité, fait tomber en foibleſſe.
Auſſi *Valeus* ordonne cette ſorte de Phlebotomie, lors qu'il reconnoiſt qu'il y a quantité
de fang ſpirituel, & boüillant dans le corps, qui
produit la maladie.

Primeroſius aſſeure, qu'en preſſant la veine
auec le doigt au deſſous de l'ouuerture qu'on y
a faite, le fang ne s'arreſte point, ainſi qu'il
dit auoir experimenté cent fois : mais l'experience nous montre aſſez le contraire, ou bien
il faut que le fang qui en fort, deſcende des
parties ſuperieures, comme il ſe peut faire,
au rapport d'Hippocrate, *liu.* 2. *des Epid. ſect.*
3. Les ligatures relaſchées font ſortir le fang
plus impetueuſement en la Phlebotomie, mais
eſtans ſerrées elles arreſtent le fang. De ce paſſage, *Primeroſius* veut prouuer que le fang ne
fluë point, ſi la ligature eſt ſerrée, encore
que l'artere batte; ſi on ſerre extrémement
le bras au deſſous de l'ouuerture de la veine,
le fang ſortira encore au deſſus de cette ligature. Il adiouſte, ſi on fait vne ligature tres-eſtroite au Carpe, depuis ce lieu là, iuſques
à la ligature qui eſt au deſſus du coude, la partie ſe tumefiera, & ſi on pique la veine, le
fang en ſortira; donc le fang ne vient pas des
parties inferieures, & celuy qu'on tire des veines de la main, profitera tout autant que de la
veine du coude. Mais ces objections ne concluent pas, que le fang ne monte point aux
parties ſuperieures vers le cœur: Nous n'ignorons pas auſſi, que le fang ne puiſſe deſcendre

contre fon mouuement naturel , par fucceſſion
de l'eſpace vuïde , quand on ouure la veine.

De plus, le Chirurgien connoiſtra en faiſant
ſes bandages autour des fractures, & des playes,
où il les faut plus ſerrer , pour empeſcher l'hemorrhagie , ou intercepter la fluxion du ſang.
Nous voyons qu'à raiſon d'vn bandage trop
eſtroit aux cuiſſes, & aux bras, leurs parties inferieures ſe tumefient , & ſi la partie eſt beaucoup trop ſerrée , la chaleur vient à ſe ſuffoquer , & s'enſuit la gangrene , à cauſe que la
circulation eſtant interceptée , la partie inferieure ſe tumefie , le mouuement du ſang eſtant
arreſté.

En outre , le Chirurgien apprendra aux am-
putations de membres , qu'il faut principalement lier les arteres , on les bruſler auec vn fer
chaud, puiſque le ſang des veines s'arreſte facilement, remontant de ſoy-meſme en haut vers
le cœur Il connoiſtra auſſi , ſuiuant le conſeil
d'Hippocrate , que pour les grandes playes , il
faut copieuſement ſaigner le bleſſé , & le faire
ieuſner , afin de diminuer la quantité du ſang,
pourueu toutesfois qu'il n'en ait pas deſia fait
quelque grande perte. Finalement , la circulation du ſang bien conſiderée , & ſouuent medi-
tée dans l'Art de la Chirurgie & de l'Anatomie,
découurira pluſieurs ſecrets inconnus aux autres , ainſi que chacun pourra experimenter en
faiſant l'eſſay.

Pour ce qui regarde le Medecin, outre les vtilitez ſuſdites de la circulation du ſang, qui luy
ſont communes, auſſi bien qu'au Chirurgien, &
au Philoſophe , il connoiſtra , que le reflux du
ſang des arteres dans les veines, pour retourner

aij

au cœur, est necessaire, à esuenter le sang, en
exhaler vne portion, le nettoyer, le diminuer,
& le rafraichir, toutes ces commoditez ne se
pouuant faire par les arteres, qui sont six fois
plus espaisses, que les veines. Voicy comment
ie prouue toutes ces vtilitez de Medecine.

Et premierement, le sang est esuenté par cette
reuolution continuelle des arteres dans les veines, passant dans le cœur, pour retourner dans
les arteres. Car, selon Hippocrate, *au liure de
morbo sacro*, les veines sont les souspiraux de nostre corps: & *au liu. 2. des Epidé*. La saignée guerit l'euaporatió du sang Or les veines sont souspiraux, dautant que les vapeurs inutiles du sãg,
les esprits flatueux & les serositez s'exhalent, &
sortent par la tendresse de leurs membranes. Et
par ainsi la masse du sang se nettoye & purifie
de ses ordures les plus subtiles, & le sang boüillant des arteres se rafraichit, passât par les veines: car il perd beaucoup de son ardeur, lors que
sa chaleur & ses esprits s'exhalent à trauers des
membranes, se conuertissans le plus souuent
en sueur.

Cette vtilité de la cirtulation n'est pas petite
puis qu'elle empesche que les parties du corps
ne soient accablées par vne affluence de sang
trop soudaine, & que la chaleur naturelle ne
soit suffoquée, comme elle seroit au deffaut de
ce souspirail, de cette euacuation, & de ce rafraischissement continuel. Car l'abondance &
l'amas de sang seroit fort dangereux, s'il n'a-
uoit cette distribution, qui nous deliure de ce
danger si funeste par la circulation du sang. Ie
sçay bien que les parties estans oppressées &
accablées d'vne quantité de sang, s'en peur

Ppp

uent defcharger & deliurer par d'autres voyes,
comme le cerueau, par les narines & par la
bouche ; les poulmons, par l'artere trachée;
le foye, par la ratte, & par le ventricule, ou
par la matrice aux femmes : mais toutes ces
euacuations font fufpectes, à caufe qu'elles
font violentes, immoderées, & contre nature.

La circulation du fang nous indique les
moyens de guerir les maladies des parties éloignées, par des medicamens conuenables, tant
alteratifs, que purgatifs ; mefmement par des
alimens & medicamens fouuent continuez, afin
que leur vertu puiffe paruenir à ces parties éloignées par le paffage frequent du fang circulé,
qui eftant imbu des qualitez de ces medicamens, agit à la fin fur la partie affectée, &
change fa mauuaife difpofition.

La circulation du fang nous enfeigne, qu'aux
maladies chroniques qui occupent l'habitude
du corps, il faut vfer des remedes reïterez durant quelques femaines, & mefmes quelques
mois, pour effacer les impreffions malignes
enracinées aux parties, afin que la force des remedes y foit continuellement portée auec le
fang : Que pour les perfonnes tabides, il faut
ordonner des alimens qui foient en partie medicamens, & iceux liquides, tel qu'eft le laict
d'afneffe, pris en grande quantité, de forte
que les malades ne foient nourris que de ce laict
& de quelques œufs, pendant plufieurs femaines, car ainfi les parties du corps deffeichées
s'arrouferont & s'humecteront.

Par la circulation du fang, i'expliqueray plus
facilement les defauts & les caufes des pouls
intermittant, inégal, dereglé, captizant, de

celuy qui frappe deux coups , du frequent , du
rare , du debile , de l'oppreſſé , du petit , du
grand , de celuy qui ſe perd ou diſparoiſt tout
à coup pour quelque temps , que ſi ie les rapporte aux vapeurs malignes , qui s'eſleuent des
entrailles au cœur ; on les attribuë à quelque
tubercule renfermé dans les branches de l'artere trachée reſpanduës par les poulmons , ou
à la plethore , ou à la cacochymie , ou à la
quantité de la ſeroſité contenuë dans le Pericarde, ou aux paſſions de l'ame , ou à la malignité de la maladie , ou à la grandeur , ou
à l'oppreſſion des forces , ou à l'imparité de la
faculté motrice à l'égard du corps qu'elle doit
mouuoir , ainſi que concluent tous ceux qui
ont eſcrit de cette matiere. Galien , *au liure*
des pouls aux ſyrons , deſcrit en peu de paroles
les cauſes des changemens, qui ſe font aux
pouls , diſant , qu'ils procedent ou de la diſſolution de la faculté vitale , ou de ſon oppreſſion. La diſſolution de la faculté ſe fait par le
defaut d'alimẽt, par la malignité des maladies,
par la violence des paſſions de l'ame, par la violence ou longueur de la douleur, ou par les euac-
cuations immoderées. La même faculté eſt oppreſſée & accablée par la quantité exceſſiue de
la matiere, ou par les indiſpoſitions des inſtrumens, telles que ſont les inflammations , les
ſcyrrhes, les tumeurs, les abſcez, & diuerſes
corruptions: Partant la faculté languiſſante fait
le pouls petit, debile , & fort frequent : eſtant
oppreſſée & accablée, le pouls eſt inégal & deſ-
ordonné , tant en violence, qu'en grandeur.
Mais ſi nous conſiderons ponctuellement la
qualité, la quantité & la conſiſtence , ou ſub-

ſtance du ſang qui entre dedans le cœur, ou qui y eſt introduit; qui eſt receu dans les ventricules ſubitement, ou lentement, qui paſſe par le *Septum medium*, qui ſe caille, ou qui eſt deſia caillé dedans les ventricules, qui demeure dans les ventricules, ou en eſt chaſſé, qui heſite & retarde deuant les portillons du cœur, qui en eſt par fois repouſſé bien loin, & par apres y retourne. Si nous examinons bien toutes ces choſes, nous connoiſtrons & diſcernerons bien mieux les cauſes des pouls ſuſdits. Des meſmes cauſes dépendent pluſieurs defauts & maladies du cœur, deſquelles la connoiſſance & la gueriſon ſera bien plus facile, & plus heureuſe, en ſuppoſant la circulation du ſang par le cœur.

Or comme le cœur eſt vne partie organique & diſſimilaire, il faut conſiderer diuerſes parties diſſimilaires, deſquelles il eſt compoſé. Telles ſont les quatre vaiſſeaux, les deux oreillettes, les deux vētricules, le *Septum medium*, auſquels lieux diuerſes humeurs ſe peuuent arreſter, & grumeller ou endurcir, & par conſequent bleſſer extremément le cœur. De plus, le cœur peut eſtre incommodé en ſa partie exterieure, par les indiſpoſitions du pericarde, ſoit qu'il contienne vne humeur ſuperfluë, ou qu'il y ait des vers renfermez dans iceluy; ſoit que la ſubſtance du cœur meſme ſoit offenſée, comme tumeſiée ou vlceree. Toutes ces choſes eſtans bien obſeruées, elles donneront grande lumiere aux maladies du cœur, & des connoiſſances particulieres des cauſes de la mort ſubite, tant pour les preuoir, que pour s'en preſeruer & parfaitement guerir; à ſçauoir, en addreſſant les remedes au cœur, tant pris par la bouche, qu'appliz

quez au dehors. Lefquels doiuent eftre fpiri-
tuels & chauds, afin qu'ils puiffent diffiper &
refoudre ces humeurs qui y font adherentes,
ou caillées, & qu'augmentans les efprits du
cœur, il fe deliure plus facilement de tous ces
empefchemens fufdits.

La circulation du fang nous montre, quand,
combien, comment il faut purger les malades, fuppofant la feparation & difference qu'il y
a entre la veine Porte & la veine Caue, qui n'ót
point, ou du moins fort peu de communication entr'elles dedans le foye. Car dautant que
la plufpart des impuretez du corps s'engendrét
& s'amaffent dans la region du bas ventre, &
que les excremens de la premiere & de la feconde concoction fe retirent & fe referuent dans les
parties de la premiere region, n'y ayant que le
fang feul qui naturellement fe repande & coule
par les veines & les arteres les plus grandes &
circulatoires, qui ne connoiftra point, qu'il faut
purger au commencement des maladies, &
quand elles font vn peu auancées & en leur declin, pourueu que la neceffité y foit, & la commodité? Hippocrate Aph. 10. du liure 4. a dit,
Qu'il faut vfer de medicamens purgatifs aux ma-
ladies fort aiguës dés le premier iour, fi l'humeur
eft en orgafme ou émotion; car en ce cas le retar-
dement eft mauuais. Galien, *au Commentaire,* en
donne la raifon, à fçauoir deuant que les forces
de la nature foient diminuées, & la chaleur de
la fievre augmentée, ou que les humeurs, qui
font efbranlées dans le corps, fe foient iettées
fur quelque membre principal. Le mefme Hippocrate décrit en autres lieux, les precautions
dont il faut vfer, difant, qu'aux maladies aiguës

il faut rarement purger , & en leurs commencemens, & encore le faut-il faire auec vne exacte
premeditation, *au* 1. *liu. Aph* 22. Il faut purger
& mouuoir les humeurs cuites ; mais non pas
celles qui sont cruës, ny au commencement , à
moins que la matiere, ne soit esmeuë ; mais ordinairement elle ne l'est pas. Galien , *au Commentaire* , dit , qu'il faut euacuer les humeurs,
qui sont en mouuement & fluides, mais qu'il ne
faut émouuoir par aucun remede celles qui sont
arrestées en quelque partie du corps : Et expli-
quant l'autre particule de l'Aphorisme , *que la
pluspart des humeurs n'est pas en emotion* , il adiouste ; Qu'il peut arriuer , que les humeurs se
transportent d'vne partie à l'autre : mais qu'il
arriue plus souuent, qu'elles soient arrestées en
quelque partie, où elles se cuisent & digerent
pendant tout le cours de la maladie , iusques à
sa solution. Ie connoistray donc,& par les sens,
& par le raisonnement, que les ordures & impuretez du corps sont contenuës dans le bas
ventre, comme la sentine du corps , que les excremens de la seconde digestion ou concoction
s'amassent au mesme lieu : Pourquoy donc ne
commenceray-ie pas dés le premier iour à purger les humeurs,si elles sont en emotion, pourueu qu'il n'y ait point d'inflammation en quelque partie noble, ny grande plethore, qui re-
pugnent à vn tel remede ? Or ce purgatif doit
agir promptement , afin qu'au plutost, & sans
troubler le corps dauantage , il entraine auec
soy de la premiere & seconde region , les humeurs agitées d'elles-mesmes, telles que sont
la serosité & la bile.

Mais bien-tost apres la purgation, il faudra

vſer de la ſaignée, laquelle deſemplira les plus
grands vaiſſeaux, & moderera l'ardeur du ſang.
Neantmoins il vaudra mieux faire la ſaignée
deuant la purgation: Et lors que l'on aura pourueu en quelque façon à la plenitude des vaiſſeaux, crainte que les humeurs renfermées dans
les conduits de la veine porte, & dans les parties
concaues du foye, n'entrent dans la veine caue:
Pourueu que l'ardeur de la fievre ſoit vn peu
appaiſée, & qu'il n'y ait point d'inflammation
en quelque partie principale, il y aura lieu de
purger, le ſeptiéme iour eſtant paſſé, rarement
deuant le ſeptiéme, & encore en ce cas faut-il
vſer de grande premeditation & de circonſpe-
ction. Et pour lors les medicamens purgatifs
ſeront doux, benins & minoratifs, qui en eua-
cuant doucement rafraichiſſent, ſans grande
douleur, & ſans troubler beaucoup le corps; ce
qui ſe fera par Epicraſe.

Suiuant la circulation du ſang, on peut douter ſi le ſang qui roule continuellement par les
grands vaiſſeaux, & paſſe par le cœur, ſe peut
putrefier de ſoy-meſme: ou ſi la pourriture, qui
s'y rencontre, luy arriue d'autre part, comme
du ſang de la veine porte putrefié dans le bas
ventre, ou du ſang des petits vaiſſeaux diſperſez
par l'habitude du corps, qui n'eſtant point eſ-
uenté en ce lieu-là, s'y corrompt & pourrit: car
cette queſtion eſt digne d'eſtre bien examinée,
pour bien guerir les fievres putrides & malignes. Dautant que ſi la pourriture eſt contenuë
dans l'habitude du corps, il y a bien de l'apparence, qu'il la faut euacuer par les ſueurs : Si
elle eſt renfermée dans les canaux de la veine
porte, on la doit purger par les ſelles : Mais ſi

elle subsiste dâs les grâds vaisseaux, il sera plus
à propos de la diminuer par la saignée, la corriger par les cardiaques, & la chasser par des diuretiques froids, ou temperez. Que s'il n'y a aucun vice dans le sang, il est certain que la pourriture est renfermée en quelque autre lieu, n'e-
stant pas encore respanduë dedans les grands
vaisseaux circulatoires; ou bien qu'elle est attachée aux esprits; ce que vous reconnoistrez par
l'indisposition du cœur , par le grand changement qu'il y a au pouls, & par la mauuaise couleur qu'il y a en la surface du sang , tandis qu'il
est encore chaud, mais qui disparoist aussi-tost
qu'il se refroidit. Le plus souuent la pourriture
consiste dedans la serosité du sang , sans que le
reste de la masse soit corrompuë.

En ce cas on demande, s'il faut tirer du sang
aussi copieusement , que si toute la masse estoit
fort corrompuë, & putrefiée : ou bien s'il faut
incontinent purger , afin d'euacuer cette serosité, laquelle à raison de sa subtilité, de sa chaleur, & mobilité , estant agitée , se peut facilement transporter aux poulmons & au cerueau.
Il se peut faire aussi qu'à raisô d'vne pourriture
extraordinaire, il y ait dans la masse du sang, ou
dans les esprits, vne qualité virulente, pestilentielle & venimeuse, qui s'attachant au cœur, le
destruit, & produit la mort. Ce que reconnois-
sant vn prudent Medecin, il doit estre fort cir-
conspect touchant la saignée , laquelle il faut
faire plustost en diuerses fois, & en petite quantité , que fort copieuse.

C'est pourquoy la circulation du sang nous
enseigne, qu'il faut traiter les fievres ardentes,
malignes, putrides, auec les remedes alteratifs,

cardiaques,& corroboratifs: Les alteratifs doiuent estre liquides, & pris en grande quantité,
afin qu'ils puissent paruenir iusques au cœur,&
se distribuer par tout auec le sang par la circulation.

Quant aux cardiaques & corroboratifs, la circulation nous montre assez clairement leur
vsage. Au reste, le titre des cardiaques a beaucoup d'apparence en l'Art de la Medecine, leurs
vertus sont extremément prisées, leur matiere
est precieuse; mais l'abus en est encore plus
grand, & mesme souuentesfois pernicieux.
Des Cardiaques, les vns agissent par des qualitez manifestes; d'autres par des occultes, ou par
vne propriété specifique, laquelle est fort suspecte aux Medecins experts, qui ne s'y fient pas
beaucoup. Or afin de connoistre parfaitement
quelles sont les vertus ou proprietez des medicamens cardiaques, il faut prealablement sçauoir ce que c'est qu'vn remede cardiaque. C'est
tout ce qui conserue & restaure les forces & la vi-
gueur du cœur & qui le preserue de pourriture. La
force & la vigueur du cœur consiste en sa temperie, & en l'integrité de sa substance, c'est à
dire, en sa chaleur innée, ou humide radical,
pur & parfait, sans estre infecté. Cette chaleur
innée se conserue & se restaure par vn sang pur
& loüable,& par les esprits. Les esprits loüables
se forment & se forgent dedans le cœur, & sont
les conducteurs ou porteurs de cette chaleur innée, qui sortant du cœur se respand & distribuë
vniuersellement par tout le corps. De là vous
pouuez conjecturer ce que l'ő doit esperer d'yne
matiere qui n'a point d'odeur, qui est insipide,
& inutile à produire des vapeurs & des esprits,

C'eſt pourquoy les cardiaques remplis d'eſprits chauds, ou temperez, eſtans portez au
cœur par la circulation du ſang, peuuent conſeruer ſes forces & corriger ſes defauts. Et dautant que la vertu du ſang procede du cœur, il
faut preſque en toutes les maladies auoir grand
égard à cette partie, tant en faiſant prendre des
cardiaques par la bouche, que les appliquant au
dehors à la region du cœur.

Or afin de bien ordonner & preſcrire la ſaignée, pour la gueriſon des maladies, & deſem-
plir les parties affectés, il faut ſçauoir la diuerſe
diſtribution du ſang en trois lieux differents,
ſon mouuement, & ſon repos, la nature du ſang
veneux & arteriel, la communication des vaiſſeaux entre eux, & comment ces differens lieux
ſe peuuent vuider. Ie m'en vay expliquer toutes ces choſes plus amplement & plus clairement. Le ſang ſe diſtribue autrement dans le
ventre inferieur, autrement dans le cerueau, autrement par tout le reſte du corps. Le ventre inferieur a ſa veine particuliere, à ſçauoir la Veine Porte, qui nourrit, & arrouſe les parties, qui
compoſent la premiere region du corps.

Le ſang du ventre inferieur n'eſt pas mobile
& circulatoire, mais il eſt different & ſeparé du
ſang de la Veine Caue: Il ne laiſſe pas pourtant
de receuoir le ſãg arteriel par les arteres Celiaques, qui ont communication auec les rameaux
de la Veine Porte. Le ſang de ce vêtre inferieur
s'euacuë commodément, en ouurant les veines
du pied. Le ventre du milieu, c'eſt à dire le
Thorax, auec tout le reſte du corps, horſmis
la teſte, ſe nourrit du ſãg veneux & arteriel qui
fluë par tout le corps dedans les troncs de la

Veine Caue, & de la grande Artere. Vne portion de ce sang-là, telle qu'il est necessaire, se
distribuë, par les branches des vaisseaux, dedans
les chairs, & les visceres : laquelle portion de
sang n'est pas circulée, bien qu'elle communique auec le sang des arteres voisines, & compa-
gnes. Ces parties se desemplissent par l'ouuerture des veines, tant superieures, qu'inferieures.
La teste ne se nourrit que d'vn sang tres-subtil
& arteriel, lequel n'a point de mouuement, ains
seulemēt s'écoule par les anfractuositez du cerueau, n'y ayant que celuy qui est dedans les canaux de la dure mere qui soit circulatoire, encore y a-t'il vn mouuement tardif. Donc ce
sang superflu sortant des sinus de la dure mere,
descend dedans les veines Iugulaires & Ceruicales. La teste se desemplit par l'ouuerture des
veines du bras, & de la Iugulaire externe.

Outre toutes ces choses, vous considererez
que le tronc de la veine Caue est tout droict &
continu, depuis les clauicules iusques à l'Os
sacré. Que la grande Artere, encore qu'elle soit
vn peu recourbée à l'endroit où elle se diuise en
sa partie ascendante & descendante, ne fait aussi
qu'vn mesme conduit continu, de mesme que
la Veine Caue : que le tronc de la Veine Caue
n'est pas interrompu au cœur, ains seulement
qu'elle est entre-ouuerte pour s'attacher au
cœur. Qu'elle passe par dessous le foye, auquel elle enuoye seulement vn rameau plus petit qu'elle n'est. C'est pourquoy le sang va &
vient librement par ces grands canaux de la
Veine Caue, & de la grande Artere ; & en ouurant les veines de l'vn des bras, ou des pieds,
on les peut desemplir.

Mais ſuiuant la doctrine de la Circulation dē *Haruew*, le ſang monte touſiours, c'eſt à dire retourne inceſſamment vers le cœur, par toutes les veines, & principalement par le tronc de la Veine Caue, & ne deſcend iamais. C'eſt pourquoy, en ouurant les veines du bras ou du pied, on ne luy fait pas changer ſon cours ordinaire, & par conſequent le ſang qu'on tire par leſdites ouuertures, ne vient que de la partie de la Veine ouuerte, qui eſt au deſſous de l'ouuerture; les petites branches de ladite Veine receuans leur ſang des Arteres aux extremitez de la main, ou du pied. Mais ſuiuant la nouuelle Circulation & la mienne, ie ſouſtiens que le ſang flotte par les branches des troncs de la Veine Caue, & de la grande Artere, qu'il fluë deçà & de là dans les parties, c'eſt à dire, qu'il monte & deſcend, mais dedans ſon canal. Que par fois il rebrouſſe & retourne, s'il regorge & boult dedans ſon tronc, ou bien que le tronc le r̃tire, s'il eſt deſemply. Et partant la Cephalique eſtant vne production du tronc, comme auſſi la Saphene: ſi on ouure ces deux Veines, qui ne ſont point accompagnées d'Artere, le tronc de la Veine Caue ſe deſemplira, dautant que par ſucceſſion du ſang euacué, autrement pour éuiter le vuide, le ſang du tronc meſme eſt attiré embas, & par conſequent il deſcend.

La meſme choſe n'arriue pas, quand on ouure la Baſilique, en laquelle le ſang ne deſcend point, dautant que de la main il monte incontinent droit au cœur. C'eſt pourquoy vous n'obſeruerez pas vn ſi grand emolument, quand on ouure la Cephalique, ou la Saphene, que ſi on

ouuroit la Bafilique, ou la Veine Poplitique,
ou bien la Veine Sciatique, dautant que l'ouuerture de ces Veines rafraichit dauantage;
Parce que fuiuant la doctrine de la Circulation,
elle tire le fang de la partie affectée, par les
Arteres, qui communiquent auec ces Veines
ouuertes, & ainfi par ces faignées, on euacuë
le fang tant des Veines que des Arteres, iufques à la partie affectée. Mais, fuiuant la doctrine de Galien, ie veux que pour la faignée
on eftabliffe le milieu du corps, iuftement au
foye. C'eft pourquoy les parties du corps, qui
font au deffus du foye iceluy y eftant auffi compris, font plus foulagées dans leurs maladies,
par la faignée des Veines fuperieures : Et les
parties qui font au deffous du foye, fans y comprendre le foye, fe defchargent plus facilement
par les faignées des Veines inferieures. Et mefmes dautant que la Veine Porte n'a point de
reflux au foye, ny au cœur, ny de communication auec la Veine Caue, elle fe defemplit
commodement, par l'ouuerture des Veines inferieures, parce que l'Artere Celiaque efpuife
le fang des parties, qui font nourries de la Veine Porte, lors qu'il eft ou trop boüillant, ou
trop abondant ; puis elle s'en defcharge dans la
grande Artere defcendante : & comme le fang
arteriel defcend tout droit aux pieds, en ouurant
la Veine Poplitique, ou la Sciatique, ce fang là
s'euacuë. Et pleuft à Dieu qu'on ouurift auiour-
d'huy la Poplitique, qui eft vne continuation
du rameau Crurale, ainfi que faifoient les anciens Medecins, fans doute on en receuroit vn
plus grand emolument, comme quand on ouure la Bafilique au bras. Et n'eftoit que l'ouuer-

ture de la Veine Sciatique, autremẽt de la Mal-
leolaire externe, eſt trop dangereuſe, à cauſe du
nerf & de l'artere qui en ſont proche, que les
Chirurgiens moins experts pourroient facilement bleſſer, ie la preferois à l'ouuerture de
la Saphene.

Cependant vous remarquerez, que les Anaſtomoſes des Veines & des Arteres ſe font aux
cuiſſes, depuis les aiſnes iuſques aux pieds. Et
aux bras, depuis les aiſſelles iuſques aux mains,
Au reſte, la reuulſion que l'on eſpere & que l'on
ſouhaite faire de la teſte en ouurant la Saphene,
ne ſe peut pas faire ſi commodement en ouurãt
les Veines du pied, que par la ſaignée du bras,
dautãt que le ſang du trõc de la Veine Caue ne
deſcend pas libremẽt, & d'ailleurs la teſte eſt la
partie la plus éloignée, de laquelle on ne peut
pas ſi toſt faite reuulſiõ par les Arteres, à moins
que l'euacuation du ſang ne ſoit fort copieuſe,
& encore en ce cas fera-elle plutoſt tomber le
malade en ſyncope, à raiſon de la grande perte
des eſprits, que de deſcharger la teſte. De plus,
le ſang ne peut pas deſcẽdre par les Arteres Carotides, c'eſt pourquoy ie prefererois l'ouuerture de la veine Baſilique du bras, dautãt que l'A-
xillaire eſt vne continuation de la Souſclauiere
qui produit les Veines Iugulaires, leſquelles re-
portent le ſang du cerueau dans le tronc de la
Veine Caue, Or comme la Carotide naiſt de
l'Artere Souſclauiere au bras droit, en ouurãt la
Veine du bras droit pluſtoſt que du gauche, elle
deſempliroit pluſtoſt le cerueau : Et ſi le ſang
deſcend au bras par la Veine Axillaire, par ſucceſſion de celuy qui eſt vuidé, la teſte ſera deſ-
chargée par vn plus court chemin en ouurant la

Bafilique, dautant que le fang de la tefte defcéd dedans le tronc par les Veines Iugulaires. Or les Iugulaires internes & externes fortent du rameau Soufclauier, duquel l'Axillaire eft vne continuation. Pour fuppléer au defaut de cette vtilité, on appliquera plufieurs cornets ou petites ventoufes fur les angles des omoplates, & fur les clauicules, auec des fcarifications legeres : car elles feront puiffante reuulfion de la tefte, fuiuant la doctrine de la Circulation, fi le fang qui reuient du cerueau par les Veines, defcend dedans le tronc par les Iugulaires.

Outre l'Artere Celiaque, qui par le reflux du fang dedans le tronc de la grande Artere defcendâte, defemplit toutes les parties nutritiues, aufquelles fe diftribuë le fãg de la Veine Porte; ces mefmes parties fe peuuent auffi defcharger par les Veines Hemorrhoidales, tant internes qu'externes, lefquelles aux extremitez du boyau droit ont communication auec les rameaux de l'Artere Celiaque, qui s'eftendent iufques-là.

Au refte, il faut qu'vn Medecin confidere, s'il eft neceffaire, pour le falut des malades, de retarder cette circulatiõ du fang, en vfant de peu de remedes purgatifs, ordonnãt plutoft vn regime de viure cõuenable, & cõbattant la maladie auec des remedes alteratifs, & cardiaques : ou au cõtraire, fi nous deuons hafter & rendre plus frequente cette circulation par vne diete, ou ieufne tres-exquis, ou par vne euacuation liberale & copieufe du fang vicieux; & s'il faut preferer la circulation du fang, qui fe fait par vn ieufne exacte, à celle qui fe fait par vne faignée copieufe. Car ces chofes bien examinées regle-

ront le Medecin dans l'vfage de tous ces remedes, en comparant exactement les forces du
malade & les qualitez du fang, auec la nature
de la maladie.

Et pour fatisfaire à la premiere propofition,
Galien, *au liu. 2. des iours critiques, chap. 11.* re-
prend les Medecins, qui font trop affidus & offi-
cieux à donner des remedes à contre-têps, lor
qu'il faudroit laiffer les malades en repos, da u
rant qu'ils troublent les mouuemens de la na
ture, & empefchent les crifes : *Et Vidus Vidius*
difoit fort prudemment, que le Medecin gueriroit beaucoup plus de malades, s'il fçauoit qu'il
eft le Miniftre de la Nature. Et veritablement
c'eft vne folie de trauailler, lors que nous auons
befoin de repos difoit *Euripide :* Mais au contraire, comme dit le Poëte.

Alitur vitium, viuisque tegendo
Si medicus adhibere manus ad vulnera paftor
Abnegat, & meliora Deos fedet omnia pofcens.

La maladie s'entretient & s'augmente, tandis
que le Medecin attend vne faifon plus conuenable pour y apporter les remedes neceffaires.
C'eft pourquoy il ne fe faut pas tellement
confier à la bonté de la Nature, que nous de-
uions laiffer tout le foin de la guerifon à fa
preuoyance. Il eft neceffaire d'affifter & feconder parfois la Nature affligée & oppreffée,
crainte qu'elle ne fuccombe fous le faix de la
maladie, en luy fourniffant les remedes, que
l'Art ordonne à vn Medecin expert : Car l'Art
fait plufieufieurs chofes plus parfaitement
que la Nature, difoit Ariftote, *au 1. liure*
des Mechaniques: & apres luy Fernel, au liu. 1 d.
la Method. chap. 2. C'eft pourquoy il faut vfer de
la

la faignée,& de la purgation, fuiuant la neceffité, fans toutesfois negliger les cardiaques,
tant pris par la bouche,qu'appliquez au dehors
qui refiftent à la pourriture de la maffe du fang,
afin d'auoir toufiours égard au cœur,quand il y
a grande impureté dans le fang, crainte que
repaffant fouuent par le cœur,il n'y laiffe quelque chofe de fon infection : mais le moyen le
plus affeuré de nettoyer la pourriture,eft l'euacuation du fang partagée en plufieurs fois,c'eft
à dire,la faignée fouuët reïterée,mais en petite
quantité ; & la purgation, quand la maladie la
requiert,faite par epicrafe.Il eft vray-fëblable,
que les Egyptiens font faire abftinence de rou-
te forte de chofes à leurs malades,quand ils ont
defendu, qu'on ne donne aucun medicament
deuãt le quatriéme iour.Il eft auffi tres-certain
que plufieurs maladies ont efté gueries par le
ieufne de trois ou quatre iours, sãs prëdre quoy
que ce foit : car ainfi la maladie fe digere,l'humeur inutile fe diffipant & exhalãt par la force
de la chaleur naturelle,la proprieté de laquelle
eft d'affembler les chofes homogenées ou de
mefme nature, & de feparer les heterogenées.
C'eft pourquoy les humeurs du bas vëtre, ou de
la premiere region,n'eftans pas agitées & troublées par aucun medicament, quoy que le corps
foit impur,il n'y entrera rien ou peu de fes impuretez dedans le cœur:ains pluftoft la vigueur
de la chaleur naturelle renfermée dãs le cœur,
les repouffera bien loin de ce vifcere,& s'ë def-
chargera fur les parties inferieures. On pourroit donc demander auec raifon, fi en vn corps
mediocrement fanguin, pourueu que quelque
douleur aiguë, ou l'inflammation de quelque

Q q q

partie interne, ou la fievre ardente ne preſſent
point, il eſt plus à propos, & plus ſalutaire au
malade, de ſe tenir en repos, ſans eſmouuoir les
humeurs, laiſſant le tout au ſoin de la Nature,
qui eſt celle qui guerit les maladies, que d'agiter & troubler l'interieur du corps par des remedes : obſeruant toutesfois exactement le regime
de viure preſcrit par Hippocrate, de ſorte que le
corps ſoit en quelque façon ſuſtenté, & que les
ordures de la maſſe du ſang ſoient entraiſnées
dehors par la boiſſon liberale & medecinale.
Que ſi le corps eſt plethorique, auſſi-toſt vous
le ſaignerez vne fois ou deux, pour diminuer
la plenitude des vaiſſeaux, & conſiderer la
qualité du ſang ; que ſi elle eſt mauuaiſe,
nous en ſerons dautant plus hardis à reïterer
les ſaignées, afin que par le reflux du ſang
arteriel dans les Veines deſemplies & vuidées
par ces ſaignées, le vice du ſang veneux ſe
corrige en quelque façon. Mais ce ſang arteriel retourne droit au cœur par les grandes
Veines, ſans eſtre interrompu, ſans s'arreſter
aux autres viſceres impurs, leſquels il fuit tant
qu'il peut.　Et partant il ne portera rien au
cœur de l'infection des viſceres malades, ne
faiſant aucune agitation ny emotion en iceux,
ains ſeulement paracheuera ſon cours paſſant
au trauers du cœur, iuſques à ce que la perte
du ſang veneux ſoit reparée par les alimens.
Au reſte, s'il n'y a point de fievre, que la chaleur ne ſoit allumée dedans le cœur, il eſt vray-
ſemblable, que le ſang arteriel eſt plus ardent
tandis qu'il eſt dedans les vaiſſeaux, que dedans les Veines ; & partant que l'ardeur de la
fievre eſt plutoſt contenuë dans les Arteres,

que dans les Veines. C'est pourquoy aux fievres ardentes si nous tirons quantité de sang Veneux, celuy des Arteres se rafraischira beaucoup, en ce que par succession de celuy qu'on a vuidé, tout le sang arteriel retournera dedans les Veines, où il se rafraischit bien mieux que dans les Arteres, y pouuant mieux exhaler ses esprits ardens, s'esuenter, & se mouuoir plus librement, & se mesler auec le sang Veneux, bien plus froid que luy. Pour cette raison quelques Practiciens ont iugé, qu'vne once de sang arteriel tirée de ses vaisseaux (si on les pouuoit ouurir auec seureté) profiteroit dauantage pour esteindre l'ardeur de la fievre, que douze onces de celuy des Veines. De plus, par ce meslange du sang arteriel dedans les Veines, l'impureté, ou la crudité du Veneux se pourra digerer, ou corriger. Neantmoins il ne faut point abuser de ce remede : car Hippocrate nous enseigne, *au liu.* 1. *des Aph.* 3. qu'il ne faut point desemplir les vaisseaux à toute extremité, ces euacuations extremes estans tousiours dangereuses : mais qu'il faut saigner à proportion de la force & de la nature du malade. De mesmes les purgations qui euacuent iusques à l'extremité, sont dangereuses. Finalement, il nous auertit de garder tousiours la mediocrité dans l'autre remede, qui est la Diete, disant que les malades peuuent aussi pecher en mangeant trop peu, ce qui augmente leur maladie, & que le defaut qui se commet à trop peu manger, est plus grand que l'excez qui se fait, quand on mange vn peu plus qu'on ne doit.

Pour bien entendre la Circulation du sang, il

faut auoir vne parfaite connoiſſance de ſa bonté & integrité dans vne bonne ſanté, afin de reconnoiſtre les alterations & corruptions, qui
luy arriuent, & ſçauoir y remedier. Le ſang eſt
vne humeur nourriſſiere principe de noſtre vie,
& qui l'entretient. En noſtre premiere generation il a ſeruy pour réplir les eſpaces des filets,
qui compoſent le tiſſu de noſtre corps, lequel
eſtant formé, il luy a fourny d'aliment, pour
s'accroiſtre, & luy conſeruer la vie. Pédant que
l'enfant eſt enfermé dans le ventre de ſa mere,
elle luy donne ſon ſang ; eſtant ſorty de ſa priſ-
ſon, le foye de l'enfant forme le ſang du chyle,
qui vient de l'eſtomach traduit par les Veines
Meſaraiques, ou Lactées, pour eſtre porté au
foye, où il eſt conuerty en couleur rouge, qu'on
appelle Sang. Sa temperature eſt chaude & humide, & par conſequent ſuiette à ſe corrompre,
& pourrir. D'où viennent les fievres malignes
Synoches, Il eſt tres-certain, qu'il préd ſa teinture rouge dans le foye, qui eſt rouge, & auſſi
par le meſlange du ſang qu'il rencontre à l'entré du foye, dans la Veine Porte.

Ie ſçay que d'autres ſouſtiennent, que la chaleur luy donne pluſtoſt cette couleur, dautant
que beaucoup d'animaux & grands poiſſons ont
abondance de ſang rouge, & neantmoins ont
le foye verd, ou iaune, ou noir ; ce qui a fait
croire aux Peripateticiens, que le ſang ne rece-
uoit ſa perfection & teinture, que dans le cœur,
qu'il deuoit du foye tout droit aller au cœur,
pour y receuoir ſa vertu alimentaire.

On tient pour tres-certain, que la maſſe du
ſang eſt compoſée de quatre humeurs, bile, pituite, humeur melancholique, & celuy qu'on

appelle le vray fang, qui eft en plus grande
quantité qne les trois autres, & les comprend
en foy fi bien vnis & meflez, qu'on ne les peut
trouuer feparez que dans les maladies, felô que
l'on predomine il conuertit les autres en fa nature. Outre ces quatre humeurs, on remarque
au fang vne ferofité, que l'on croid eftre naturelle, quand elle eft en petite quantité, & fert
de Vehicule, pour diftribuer le fang par tout le
corps : mais lors que la maffe du fang fe corrompt & fe diuife, on void cette ferofité en plus
grande abondance, & felon la nature de l'humeur predominante, elle en retient la couleur.
Quelquesfois ladite ferofité manque, quand le
fang eft trop bruflé & deffeiché : quelquesfois
la ferofité eft feule corrompuë, la maffe du fang
fe trouuant affez loüable.

Il faut encore obferuer en la maffe du fang vn
efprit, foit naturel ou vital, qui entre dans fa
compofition, lequel fe peut corrompre feul
dans les fievres malignes & peftilentielles, fans
que la maffe du fang foit gaftéc.

De plus, pour donner corps à la fubftance du
fang, il eft remply de fibres, qui font petits filets, que l'on rencontre, quand le fang eft detrempé dans l'eau ; ce que l'on apperçoit clairement au fang de porceau, quand on le manie
auec les mains ? & dans le fang de bœuf. Fernel
croid que les filets viennent de la fubftance de
l'eftomac : mais il y a plus dapparence qu'ils
viennêt d'vne portion déliée du chyle des Veines lactées, qui fe iettent dâs le trôc de la Veine
Caue au deffous des reins, & en haut proche
des Axillaires : laquelle portion du chyle dans
les maladies, quand le chyle n'eft pas bien cuit

& labouré, abonde dauãtage dans dans la Veine
Caue, & lors il s'escoule auec le sang quand on
en tire du bras, ou du pied. Alors on le void
nager sur le sang dans la poillette. Plusieurs
prennent cette surface blancheastre pour vne
pituite pourrie; les autres, pour vne boüe de la
masse du sang.

On remarque dans le corps deux sortes de
sang produit en diuers lieux, & enfermé en diuers vaisseaux. Celuy qui est engendré au foye,
se peut nommer *Hepatique*; l'autre, qui est formé au cœur par le transport du sang hepatique, se peut nommer *Cardiaque*, ou *Arterieux*,
qui est contenu dans les Arteres, comme l'hepatique dedans les Veines. Or l'hepatique à
raison de sa substance & de ses vaisseaux est
double dans le ventre inferieur, dautant que la
partie plus subtile du sang s'en va dans la Veine Caue : la portion plus grossiere se iette dans
la Veine Porte, pour nourrir toutes les parties
du ventre qui seruent à la cuisine du corps, &
forment sa premiere region. Du sang de la
Veine Caue toutes les autres parties sont nourries. C'est pourquoy la Nature ayant formé
deux sortes de Veines dans le foye, elle les a
fait d'vne composition toute differente l'vne
d'auec l'autre; dautant que la substance de la
Veine Porte est plus dure & plus épaisse que la
Veine Caue. La Veine Porte produit plus de racines dans le foye, que non pas la Caue. De
plus, les rameaux de la Veine Porte ne sont
pas si remplis de troux, comme sont ceux de la
Veine Caue. Nous voyons aussi, que la Veine
Porte respand ses racines dans la partie Caue

du foye: La Veine Caue iette les siennes dans
la partie conuexe. Les racines de la Veine Porte sont fortement attachées au Parenchyme:
celles de la Caue se peuuent aisément separer,
& enleuer.

Harueus, en son liure de la generation des ani-
maux, exercitation 50. & 51. a voulu prouuer,
que le sang estoit plus excellent que le cœur,
qu'il luy donnoit le mouuement & toute la force qu'il possede. I'ay refuté cette opinion fausse
& erronée, en la response que i'ay faite sur son
premier liure de la circulation du sang.

Tout ce discours seruira pour mieux entendre les causes de l'alteration & corruption du
sang, & comme il faut moderer la saignée dans
les maladies; posant pour fondement quenous
n'auons en tres-bonne santé, qu'enuiron quinze ou seize liures, ou chopines de sang, que
durant le cours de la maladie la premiere region
du corps estant gastée & infectée, il ne s'en peut
faire de bon, pour remplacer au lieu de celuy
qu'on a vuidé, & que le siege des fievres & autres maladies, est d'ordinaire en la premiere
region du corps remplie d'ordure, qui s'eschauffent les premieres, & entretiennent les
fievres & autres maladies, si on ne les euacuë
apres cinq ou six saignées, tant du bras que du
pied.

Tous les Medecins establissent l'origine & le
foyer des maladies, qui prouiennent des causes
internes, dans le sang, à sçauoir quand il ex-
cede ou en quantité, comme en la Plethore, tant
à l'égard des vaisseaux, que des forces : ou en
qualité vitieuse & impureté, ce qu'ils appellent
Cacochymie; ou bien quand il est ardent & en-

flammé, comme aux fievres. Outre ces defauts
& vices du sang, ils y reconnoissent vne pourriture dedãs ou dehors des vaisseaux, de laquelle il y a diuers degrez. Car outre la pourriture
ordinaire, ils en obseruent vne autre insigne,&
en degré supreme, que Galien appelle Pestilentielle, laquelle comme vn puissant poison corrompt & putrefie fort promptement le sang, &
pour ce suiet tuë le corps en bref : ainsi que l'on
peut lire dans l'histoire de Criton dans Hippocrate, *& dans le Commentaire de Galien*, comme aussi en plusieurs endroits des Epidemies, &
aux liures des pàrties malades, *& au Commentaire des Prorrhetiques*. La putrefaction
pestilentielle, ou maligne, offense plutost par
vne certaine qualité occulte, que par vn grand
excez de chaleur, n'estant accompagnée d'aucun grand symptome, si ce n'est d'vne imbecillité extreme des forces, laquelle conduit
les malades à la mort, à raison des vapeurs
veneneuses, qui montans du siege au foyer
de la pourriture au cœur, & au cerueau, infectent & corrompent les esprits vitaux & animaux. Car en vne fievre putride les humeurs
corrompuës ne tuent pas si-tost le malade, à
moins que les alimentaires, desquelles le corps
se doit nourrir, soient infectées, tant en la premiere, qu'en la troisié me region du corps, auquel cas il suruient vn flux de ventre putride &
puant, qui ne procede pas seulement des Visceres nutritifs, mais aussi de tout le reste du
corps, qui pour lors semble se fondre & lique-
fier, & par ce moyen le malade est conduit au
trespas. Souuentesfois la serosité du sang de la
premiere region est la premiere infectée, comme

me celle qui de soy-mesme n'est qu'excrement
& la plus suiette à se putrefier. Cette portion
sereuse du sang estant transportée à l'habitude
du corps, s'y corrompt encore dauantage, &
putrefie le suc alimentaire. De-là elle retourne dedans le bas ventre, où elle produit
ces diarrhées si fascheuses.

Galien parle sagement au liu. XI. de sa Methode, des fievres putrides, & de leur guerison:
disant au chap. 4. que la pourriture est contenuë, ou dedans les plus grandes veines, qui
sont entre les aisselles & les aisnes : ou dedans
quelque petite partie, qui est attaquée du Phle-
gmon, ou sans icelle comprend en soy le siege
& le foyer de la fievre. Et au chap. 8. du même
liure, il dit, que la nature de la pourriture est
de disposer à la corruption la nourriture de tout
le corps, qui se pourrit par le moyen de la chaleur externe, laquelle s'introduit, lors que la
transpiration est empeschée, & le mouuement
du sang intercepté. Cette chaleur putrefie &
corrompt premierement les humeurs, à raison
de l'humidité, puis elle attaque la graisse &
les chairs. Fernel au Chap. 2. de la Methode
generale de guerir les fievres, establit le premier siege de la cacochymie en la premiere region du corps, disant que les sucs des plus grandes veines se corrompent & s'infectent rarement, s'il n'y a point d'impureté dans les visceres, parce que d'iceux les humeurs portent
tout le mal dans la veine Caue, de mesme que
le bon sang receu dans vn verre, si vous y ver-
sez de l'eau de vie, aussi tost boüillonne & se
corrompt, de mesme le sang de la veine Caue
se corrompt si la bile corrompuë de la veine

R r r

Porte se transporte dans la veine Caue.

Et d'autant que ce traité de l'alteration & de
la corruption du sang est de grāde importance
en la Medecine, & qu'il appartient à la circulation du sang, comme celle qui a montré les
vrais nids & foyers de la pourriture : Ie commenceray par Hippocrate, l'opinion duquel
touchant le changement du sang, qui cause les
maladies, a esté negligée, bien que toutesfois
elle soit tres-considerable. Il y a vn beau pass'a-
ge dans cet Autheur, au liure de la Nature humaine, où apres auoir montré, qu'il y a quatre
humeurs dans nos corps, à sçauoir la bile iaune
& la noire, la pituite & le sang, il adiouste, que
par le moyen de ces humeurs l'homme est ou
malade, ou en santé. Il est en santé, lors que ces
humeurs ont entre elles vn temperamēt si bien
concerté & moderé, qu'aucune d'icelle n'ex-
cede ny en faculté, ny en quantité, & lors
qu'elles sont bien meslées ensemble.

Il est malade, lors qu'il y a moins, ou trop
de quelqu'vne de ces choses, ou quand elle est
separée des autres dedans le corps, ou quand
elle n'est pas temperée par toutes les autres.
Car lors que quelqu'vne est separée des autres,
& qu'elle est seule, il faut de necessité que non
seulement le lieu, d'où elle est sortie, deuienne
malade : mais aussi que celuy-là où elle est, &
auquel à raison de sa quātité excessiue, elle s'est
répanduë, soit pressé de douleur & de maladie.
Or cette separation ou secretion d'humeurs se
peut reduire à trois chefs. Le premier est quand
quelqu'vne des quatre humeurs est tellement
augmentée dans le corps, qu'elle surpasse de
beaucoup toutes les autres. Le second, est le

mouuement ou la confusion & agitation des
humeurs. Le troifiéme, eft vne alteration infi-
gne fuiuant les premieres qualitez, ou fuiuant
la corruption de la fubftance. *Martianus* prouue
ces trois caufes, *au comment. fur Hipp. page 86,*
Ces fondemens pofez, on pourra plus facilement expliquer l'autre texte, qui eft au cômen-
cement du liure des vlceres. En tous la pourriture du fang fe fait du changement ou tranf-
mutation du fang. C'eft pourquoy de mefme
que l'vnion & la fymmetrie des humeurs nous
maintient en bonne fanté, ainfi eftant violée,
c'eft la mere prefque de toutes les maladies. La
Plethore, ou la Cacochymie vient de l'agitatiô
& troublement des humeurs, de mefme qu'en
agitant le laict, ou le meflant auec quelque
corps eftrange, il fe fait feparation de fes parties & fe corrompt. Pour lors il faut foigneufement examiner & regarder le fang qu'on a tiré
dans les poillettes, tant en fa couleur, qu'en fa
fubftance, afin de reconnoiftre & difcerner la
nature de l'humeur predominante & peccante.
Car fuiuant la nature de l'humeur, il fera ou
iaune, c'eft à dire bilieux, ou liuide, marque de
l'humeur melacholique predominante, ou blancheaftre, qui denote la pituite, & tant plus il eft
blanc, tant plus eft il crud, ou plus pituiteux,
Le fang vermeil, comme l'arterieux, eft tel, ou
parce qu'il eft trop adufte & bruflé, ou qu'il y a
beaucoup de fang arterieux meflé auec luy, à
fçauoir lors qu'il paffe fort promptement par
tous les vaiffeaux, tant veneux qu'arterieux, &
qu'il ne s'en diftribuë que fort peu dans les
chairs.

Chaque humeur a fa ferofité particuliere, &

en la separation des humeurs de la masse du sãg,
la serosité represente la nature & la couleur de
son humeur,estãt par fois liuide,parfois aqueuse,tantost iaune, tantost rouge;ce qui s'obserue
aussi dans les vrines.Que si la serosité se trouue
lactée,est-ce vne marque d'vne pourriture insigne,encore que le corps du sang ne paroisse pas
corrompu ? ou bien est-ce plustost la pituite li-
quefiée & pourrie?Galiẽ, *au liu.1. des differences
des fievres.chap 6.*fait mention de cette putrefaction blancheastre dedans les Veines. Quant à
la serosité du sang , Hippocrate l'appelle I*chor*,
& dit, *au liure de l' Art*,que tout le corps est plein
d'esprit& de sang,tandis qu'il est en santé:mais
de vens & de serosités,quãd il est malade. Galiẽ
remarque, *au liure de la Nature humaine,text.4.*
qu'on trouue des serositez aux maladies les plus
difficiles: car il y a vne serosité benigne,l'autre
sauuage & farouche,au rapport de Platon ; &
Aristote retient cette diuisiõ, *au liu .1.des parties
des animaux,chap.4.*où il remarque,que la douce & benigne retourne en grace auec la Nature
c'est à dire , qu'elle deuient si douce, qu'elle se
peut cõuertir en sãg. Et c'est ainsi qu'il faut en-
tẽdre Aristote, *au liu.3.de l'histoire des animaux,
c. 19.* où il dit, que des serositez cuites il se fait
du sãg. Le mesme Auteur, *l. 2.des part.des anim.
chap.4.* dit,que la serosité est vne partie du sang
aqueuse, soit qu'elle se fasse , parce que le sang
n'est pas encore parfaitement cuit , ou qu'il se
soit corrompu apres la concoction : mais il faut
qu'il se pourrisse dauant que se tourner en serosité.

Dans Homere,Iliade 1. la serosité des hom-
mes-Dieux est prise pour leur sang. Et Plutar-

que cite ce paſſage d'Homere; *dans la vie d'A-lexandre.* Hippocrate appelle ὁδατανούσας, ſe-reuſes les femmes, qui ont le ſang aqueux.

Cette ſeroſité eſtant répanduë par tout le corps, ſoit par vne colliquation, ſoit par la corruption des humeursſecondes, dans peu de temps refluë dedans l'eſtomach & les boyaux, où elle produit le *Cholera morbus*, ou des flux de vêtre pernicieux & mortels; ou ſi elle ſe por-te aux poulmons, elle cauſe l'hydropiſie du thorax; ſi dans le foye, l'hydropiſie du ventre. Ce qui arriue aux fievres ardentes & malignes: meſmes dés le commencement.

DISCOVRS DES ONGLES.

POLYCLETE, excellent Peintre, diſoit ele-gamment & ſubtilement, qu'il n'eſtoit ia-mais plus empeſché, que quand il en eſtoit ve-nu à peindre les Ongles. Auſſi puis-ie dire, que ie rencontre beaucoup de difficulté à expli-quer la nature de l'Ongle, tant elle eſt embar-raſſante & obſcure. Il n'y a que l'homme ſeul qui ait des Ongles: les autres animaux n'ayans que des griffes, ou des cornes aux pieds. Au reſte le nõ Latin *Vnguis*, eſt deriué du Verbe *Vngere*, oindre, parce que nous auons accouſtumé de polir auec les Ongles; ou bien de la diction Grec que νύχη, tirée du Verbe νύσσω, qui ſignifie picquer.

Pline appelle les Ongles les dernieres cloſtu-res des nerfs. C'eſt pourquoy *Aphrodiſeus liu. I. probl. 46.* attribuë vn ſens ſi exquis aux douleurs des Ongles. Hippocrate ne s'eſloigne point de cette opinion, quand il enseigne, *au liu. de la nature de l'enfant*, que les Ongles naissent & se forment des Veines, des Arteres & de la peau de la main, & que fermans les extremitez des Veines, ils empeschent qu'elles ne croissent pas dauantage en longueur, ny que l'vne deuance l'autre. Mais, *au liu. des Principes*, il dit absolument, que les Ongles se forment de l'humeur gluante, qui fluë des os, par le moyen de la chaleur qui desseiche & endurcit cette substance. Et Aristote escrit, *au liu. 2 de la gener. des animaux. chap. 6*. que les mains des hommes sont garnies d'Ongles, parce qu'entre tous les animaux elles abondent le plus d'excrement terrestre.

Pour vous declarer mon sentiment des Ongles, ie vous diray, que l'Ongle est l'extremité du Tendon, qui remuë les doigts, exposée à l'air hors de la chair, & de la peau, pour affermir & perfectionner les operations des doigts.

L'Ongle a deux parties: l'vne interne, qui a vie & sentiment: l'autre externe, insensible: toutes deux sont continuës, & n'ont qu'vne mesme substance produite par le Tendon: Et partant, le Tendon estant ligamenteux, comme nous auons prouué ailleurs, l'Ongle sera d'vne mesme nature, mais plus solide, que le Tendon, parce que l'air, auquel il est exposé, le desseiche & l'endurcit.

Les Ongles de l'hôme sont autres aux mains, autres aux pieds. Ceux de la main sont plus beaux, & n'y a que ceux là, que les Medecins & Chiromantiens considerent, pour en trier quelques indices à faire leurs prognostiques touchant la vie, & les mœurs des hommes. C'est pourquoy il faut exactement sçauoir & connoiftre les differences des Ongles.

Or ils different entr'eux par leur fubftance, par leur quantité, par leur qualité, par leur lieu, par leur action & paffion.

La fubftance confifte en leur dureté, molleffe, rareté, denfité, âpreté ou rudeffe, & politeffe.

La quantité fe confidere en leur grandeur, petiteffe, continuité & folution.

La qualité dépend de la couleur liuide, pafle, vermeille, luifante, obfcure, ou parfemée de taches.

La figure des Ongles eft ou droite, ou ronde, ou courbée, ou égale, ou inégale, & fcabreufe.

Par l'action des Ongles, les vns font plus robuftes, les autres plus debiles : leur action eft l'apprehenfion. Mais la figure ou la forme des Ongles dépend du Tendon, comme la couleur dépend des humeurs, qui predominent, ou qui manquent. C'eft pourquoy, fuiuant la conftitution naturelle, ou contre nature des Ongles, on peut connoiftre & preuoir plufieurs chofes en l'homme; & fi c'eft vn Medecin expert, il en pourra prognoftiquer des chofes plus certaines que ne feroit vn Chiromantien.

Au refte, les Chiromantiens diuifent l'Ongle en trois parties : La premiere eft appellée la racine, qui ordinairement eft blanche, & eftant attachée à la chair & au Tendon, eft doüée de vie & de fentiment. La feconde partie eft celle du milieu, qui eft vermeille en ceux qui fe portent bien. La troifiéme eft celle qui n'a ny vie, ny fentiment, qui croift toufiours, & fe roigne fans aucun reffentiment, de mefme que les cheueux. Pour celle-cy, on n'en fait point de cas dans la Chiromantie.

Les Chiromantiens, qui deuinent plus subtilement que les Medecins, disent, que la main droite montre la destinée des personnes, qui naissent de iour: & la gauche, la bonne ou mauuaise aduenture de ceux, qui naissent de nuit.

De plus, ils attribuent les doigts aux Planetes: le poulce, à Venus; l'Indice, à Iupiter; le doigt du milieu, à Saturne: l'Annulaire; au Soleil; l'Auriculaire au petit doigt, à Mercure. La main droite montre les prosperitez: & la gauche, les infortunes.

Camillus Baldus montre fort elegammēt, que la Chiromantie, & par consequent l'Onychomantie, ne contiennent rien du tout de vray ny de sain, que les predictions que font les Medecins des Ongles, à raison de leur constitution naturelle, & contre nature, sont bien plus asseurées. Neantmoins i'ay trouué faux, ce qu'Aristote & Pline rapportent, à sçauoir que si la mere mange des viandes fort salées pendant sa grossesse, elle accouche d'vn enfant, qui n'a point d'ongles. Hippocrate enseigne, que la vitalité des enfans se connoist par les Ongles, disant, *au liu. de superfœtatione*, que quand la chair surpasse les Ongles, aux enfans nouuellement nés, ils ne viuront pas. Et pour lors les Ongles des mains & des pieds leur manquent.

Et comme les Ongles nous croissent continuellement, tandis que nous viuons, lors qu'ils sont plus longs, que les extremitez des doigts, il les faut roigner. Anciennement il n'estoit point permis de les roigner sur la mer, à moins qu'il y eust grand orage, ainsi que rapporte *Petronius en son Poëme satyrique.* Mais Hippo-

crate décriuant la beauté des Ongles & leur
forme vtile, montre comment il les faut roigner, difant *en la ſection* 1. *particule* 20. *de ſon*
Officine, Que les Ongles ne ſoient pas plus longs
ny plus courts, que les extremitez des doigts,
parce qu'eſtans trop longs ils ne peuuent pas
bien exactement prendre les petits corps, de
meſme que ceux qui ſont trop courts rendent
les extremitez des doigts inualides à l'apprehenſion : mais ceux qui égalent les extremitez
des doigts font qu'on prend & qu'on tient ferme.

Outre la commodité de l'apprehenſion, l'v-
ſage des Ongles eſt de ſeruir au plaiſir de ſe
gratter, ainſi que témoigne Socrate, *in Phæ-*
done, dans Platon, lequel eſtant déchaiſné ſe
reſioüit du grand plaiſir qu'il auoit eu de ſe
gratter, deuant que de boire la potion de ciguë.
Suiuant Ariſtote, *liure* 4. *des parties des ani-*
maux, les Ongles n'ont eſté donnez qu'aux
hommes ſeuls pour couuerture, car ils couurent
& vniſſent les extremitez des doigts : les autres
animaux en ont pour d'autres vſages.

Au reſte, bien que les Ongles ayent le dernier lieu de ſituation entre toutes les parties,
ils ne ſont pas les moindres en dignité. Car
Hippocrate propoſe vne docte Onychomantie,
lors qu'il donne les ſignes des maladies par
l'inſpection des Ongles, deſquels on peut tirer
les indices de la vie & de la mort : En la Phthiſie, ils deuiennent crochus, ou courbez; ce qui
arriue auſſi aux Peripneumoniques ſuppurez.
Les Ongles des mains & des pieds, ſont retirez en l'Hydropiſie : S'ils deuiennent liuides
aux maladies aiguës, c'eſt vn ſigne aſſeuré de

la mort prochaine. Mefmement on peut tirer
des Ongles les marques des mœurs, de l'efprit,
de la vie, & de la mort. Ce qui eft tout defcrit
dans *la Phyfionomie de Baptifte Porte.*

Difcours des Poils.

PVisqve la Nature n'a rié produit d'inutile,
rien d'abjet, rien à méprifer, & comme dit
Ariftote, *au liure x. des animaux*, il n'y a rien
dans toute l'eftenduë de la Nature, qui ne contienne quelque chofe d'admirable, nous pouuons dire auffi qu'il n'y peut rié auoir de fuper-
flu dans la confideration des chofes naturelles.
Et partant ce n'eft pas vne occupation ridicule,
ny oifiue de rechercher la nature du Poil, veu
que fuiuant Pline, la nature mefme des chofes,
n'eft iamais dauantage, que dans les plus petites. Et Hippocrate, *au liu. de Flatibus*, dit,
qu'il eft difficile de connoiftre dans l'Art de la
Medecine, les chofes qui font ordinairement
eftimées viles & abjectes, comme au contraire,
il eft facile de connoiftre celles, qui font de
quelque prix : auffi n'y a-il que les Medecins
feuls qui connoiffent les chofes viles, que le
commun du peuple ignore.

Le Poil eft vn corps froid & fec, fort deflié côme vn filament, fortant de la peau molle, & qui
fe plie facilement, & qui s'efténd pluftoft que de
fe rompre. C'eft pourquoy les filamens des plâ-
tes, comme ceux de l'Epithyme, de la Filofelle,
du Cufcuta, du Tragopogon, ne fe peuuent appeller Poils, qu'improprement : Et les filamens
qui s'engendrent dans les parties internes du

corps, autour du Cœur, au Ventricule, aux Reins, & qui fe trouuent dedans les mammelles & dedans les abfcez, ne font pas de la nature des Poils, ains feulement leur reffemblent en quelque façon.

Ariftote diuife generalemēt les Poils, en ceux que l'homme apporte au monde dés l'inftant de fa naiffance, qu'il appelle *Congenitos*, tels que font les Poils des paupieres, des fourcils, & de la tefte : & en ceux, qui pouffent en certain temps apres la naiffance & en certaines parties du corps, qu'il nomme *Poftgenitos*, comme font les Poils de la face, des aiffelles, ceux des parties honteufes, du fiege, de la poitrine, du nez & de oreilles.

Il y a deux fortes de matiere des Poils, *L'vne en laquelle ils fe forment; l'autre, de laquelle ils font formez.* La matiere en laquelle ils font produits eft la peau mefme, en laquelle ils font enracinez, de forte que comme la peau eft difpofée en fes fecondes qualitez, c'eft à dire fuiuant qu'elle eft efpaiffe, ou déliée, dēfe ou rare : ainfi les Poils en fortent plus groffiers ou plus deliez, plus denfes ou plus rares. Or la peau doit eftre tēperée en fes qualitez actiues, à fçauoit chaude & feche, pour la production des Poils, qui ne croiffent pas bien lors qu'elle eft extrémement feche, ou humide.

Outre la difpofition de la peau, propre & requife à cette production, il faut au rapport d'Hippocrate, *au liure des Glandes*, vne fubftance glanduleufe, qui humecte la peau, & qui fourniffe de matiere pour produire & nourrir les Poils. Pour ce fujet il y a ordinairement des glandes aux parties qui feruent d'emonctoires,

& qui sont humides ; Et pour marque de cette verité, c'est qu'où il y a des glandes, nous y voyons des Poils. Car la Nature a fait que les glandes & les Poils participent à la mesme vtilité, les glandes, en attirant ou receuât ce qu'il y arriue d'humidité, & les Poils, en amassant ce que les glandes poussent & rejettent aux extremitez, en sont formez & augmentez. Or quand le corps est sec, il n'y a ny glandes, ny Poils. Au reste, il y a des glandes des deux costez des oreilles, proche des Veines Iugulaires du col : aussi y a-il du Poil aux mesmes lieux. Pareillement, il y a des glandes & des Poils sous chaque aisselle. Les aisnes & la partie honteuse ont aussi des glandes & des Poils, de mesme que les aisselles. Et comme le Cerueau est plus grand que les autres glandes, ainsi les cheueux sont plus grands que les autres Poils. Et tout cecy d'Hippocrate.

La matiere de laquelle sont produits les Poils, est suiuant l'opinion des Medecins, & particulierement de Galien, vn excremēt humide, suligineux, grossier & terrestre. Aristote, *au liu. 4. des Meteores*, definit l'excremēt fuligineux. *Vne vapeur de quelque matiere grasse* Et Galien dit, *au liu. 8 de la Methode, chap. 5.* que c'est vne vapeur terrestre. Cette matiere des Poils prouient de la graisse, qui est au dessous de la peau, ou d'vne humeur visqueuse & lente, qui est attachée au dessous de la peau : c'est de là que les Poils prennent leur aliment & accroissement, car les racines des Poils penetrent iusques au dessous de la peau, & touchent la graisse qui y est. Hippocrate, *au liure des Principes*, escrit que les Poils de la teste se forment de l'humeur gluante. Et Ariſtote ne s'éloigne point de cette opinion, *au liure 5. de l'hiſtoire des animaux, chapitre 11.*

Chaque genre de Poils a autour de ſa racine vne certaine humeur lente, qui auſſi-toſt que les Poils ſôt arrachez, attire à ſoy les choſes legeres ſi elle en touche. Or cette matiere gluante & viſqueuſe du deſſous de la peau, ſert à mieux attacher & enraciner les Poils.

La forme du Poil eſt la figure longue & ronde, bien qu'il ſemble à d'autres, qu'elle ſoit triangulaire, ſoit d'vn angle droit, ſoit d'vn obtus, car ils diſent, que les Poils des ſourcils ſôt rectangulaires; & les autres angulaires obtus. On peut rapporter à la figure du Poil ſa rectitude, ou friſure. Sa ſubſtance, ſelon Ariſtote, ſe peut fendre; & de telle ſorte, dit *Scaliger*, qu'vn cheueu coupé ſemble eſtre creux en dedans.

La cauſe efficiente des Poils, ſuiuant l'opinion de quelques-vns, eſt la faculté expultrice, laquelle eſtant ſecondée par la chaleur naturelle, pouſſe en dehors l'excrement fuligineux des parties. A meſure que cét excrement ſe pouſſe petit à petit en dehors, la froidure externe de l'air le deſſeiche dauantage, de meſme que le corail, qui n'eſtant qu'vne herbe molle dedans l'eau, s'endurcit à meſure qu'il ſort des eaux. I'aimerois mieux dire, que les Poils ſont produits par la faculté vegetatiue, aſſiſtée des facultez alteratrice & formatrice, & pédât qu'elle agit ſur les Poils, on la peut appeller *Piliſique* & dautant qu'elle n'opere qu'en certain temps & en certains lieux particuliers du corps, il eſt conſtant, qu'elle eſt gouuernée par vne cauſe plus excellente, à ſçauoir par l'ame.

Il y a trois sortes de fin pour les Poils. La premiere, pour couurir & munir les parties : ainsi en baftiffant les murailles, si on mefle de la laine auec la chaux, elles en refifteront mieux aux coups de moufquets & de canon. Auffi *Bufhequius* raconte en fon voyage de Conftantinople, y auoir veu vn Ianiffaire dont la tefte eftoit tellement garnie de cheueux, que les coups de moufquets ne le pouuoient bleffer en cette partie.

La feconde fin eft l'embelliffement & l'ornement du corps.

Turpe pecus mutilum, turpis fine gramine campus,
  Et fine fronde frutex, & fine crine caput.

La troifiéme fin eft pour boire & confommer les excremens fuligineux de tout le corps. C'eft pourquoy Razis & Auicennne tefmoignent par leur experience, qu'en coupant fouuent les cheueux on en void plus clair, dautant que les Poils attirent & boiuent les vapeurs fuligineufes. Car de méme que les arbres fouuent taillez en repouffent beaucoup mieux, ainfi les cheueux fouuent coupez en croiffent plus efpais. Celfe, *au liure 2.* confeille de fe faire rafer les cheueux iufques à la peau, pour vne defluxion pituiteufe de longue durée. Ce n'eft pas auffi fans myftere ce que nous lifons dans Paufanias, que les femmes de Sycionie, qui auoient foin de leur fanté, confacroient les cheueux, qu'on leur auoit coupez, à Hygeia fille d'Efculape, c'eft à dire, à la fanté. De mefme, les Egyptiens coupoient les cheueux des enfans, & en formoient des mots qui fignifioient leurs Dieux, afin qu'ils conferuaffent la fanté de ces enfans. *Laërtius* raconte, qu'Ariftote ne fe faifoit rafer le fom-

met de la teste pour autre raison, que pour la
conseruation de sa santé ; ce que les Medecins
du temps de Galien auoient aussi accoustumé
de faire, qui se faisoient raser iusques à la peau,
au rapport mesme de Galien, *liu.6. des Epidem.*

Aristote enseigne, que si vn homme, ou vne
femme, n'ont point de Poil aux parties honteuses, à raisõ de quelque defaut des parties genitales contracté dés leur naissance, ils en deuiennent steriles. Ce qui est confirmé par Hippocrate, *au liure des articulations*, où il dit, que
la barbe & le Poil des parties honteuses croissent plus tard à ceux qui ont l'espine bossuë au
dessous du Diaphragme, & qu'ils sont moins
accomplis, & moins feconds, que ceux qui ont
la bosse en la partie superieure.

DISCOVRS DES VALVVLES
des Veines.

L'On trouue dedans les cauitez des Veines
certaines petites membranes esteduës tout
autour, qu'on appelle *les Valuules des Veines*,
& sont comme des appendices de la tunique des
veines eminentes dedans leur cauité, qui ont la
forme Sigmatoïde ; Au lieu où elles sont placées la veine paroist plus ample, & comme tumefiée, afin qu'elle puisse contenir dedans sa
cauité vn autre petit vaisseau de sãg ; c'est pourquoy les veines estans comme tubereuses, re-
presentent des nœuds en ces endroits-là, ainsi
que nous voyons aux corps viuans, quand on
serre le bras auec vne bande, pour faire la Phlebotomie. On en treuue ordinairement deux

ensemble, à sçauoir vne de chaque costé, eloi-
gnées toutesfois quelque peu l'vne de l'autre,
& situées d'vne façon differente, de sorte que la
partie laterale de la Valuule suiuante regarde la
partie conuexe de la precedente.

L'vsage des Valuules est, de moderer, comme des portillons, le cours, & l'impetuosité du
sang. Elles empeschēt aux extremitez du corps
que le sang ne se iette en trop grande quantité,
& auec trop de violence, sur les parties inferieures, ou decliues, quand elles sont eschauffées,
par leur mouuement & agitation frequente, à
moins dequoy elles seroient oppressées & accablées par l'affluence excessiue du sang, qui s'y
porteroit. Elles renforcent aussi le corps des veines, empeschans qu'elles ne se dilatent excessiuement lors qu'elles retardent le cours impetueux du sang, tandis que la nourriture s'a-
cheue. Les veines du col, qui entrent dedans
le cerueau, ont des valuules, pour empescher
que quand on a la teste baissée, l'impetuosité
du sang qui monte au cerueau n'accable quelque partie noble. Telles valuules sont attachées
à la iugulaire interne. *Haruæus*, tres-docte
Medecin, croit que les valuules des veines ont
le mesme office pour la circulation du sang,
que les Sigmoïdes du cœur, afin qu'estans exactement fermées, elles resistent au sang, qui
des parties inferieures remonte en haut, ou
bien afin qu'elles empeschent que le sang ne se
porte auec violence du centre aux extremitez
du corps, ou plutost afin que des extremitez du
corps il retourne vers le centre. Pour cette raison les valuules sont situées de telle sorte dans
les veines, qu'elles regardent vers le cœur;
mais

mais ſi elles empeſchent le ſang de s'en éſoigner
& de paſſer aux extremitez, elles reſiſteront
au ſang qui deſcend, & par conſequent il ne
paſſera que fort peu de ſang, ou point du tout,
pour la nourriture des parties inferieures, ſi
ces valuules ſont entierement fermées. Pour
moy i'aduoüe que les valuules ont eſté placées
aux endroits, où les vaiſſeaux ſe diuiſent, afin
que le ſang des grandes veines ne ſe iettaſt impetueuſement, & en grande abondance dedans
les petites, autrement il les deſchireroit, ou
du moins les rendroit variqueuſes.

Fabrice d'Aquapendente a compoſé vn petit
liure des valuules & portillons des veines, dans
lequel il fait fort l'eſtonné, de ce que les Anatomiſtes, tant anciens que modernes, ayent
tellement ignoré les valuules des veines, que
non ſeulement perſonne n'en ait fait mention:
mais auſſi que perſonne ne les ait veuës deuant
l'an 1574. auquel temps il les remarqua auec
grande ioye en faiſant ſes diſſections. Neantmoins ie trouue *dans la vie du Pere Paul, Reli-
gieux de l'Ordre des Seruites, Venitien,* qu'il
auoit montré ces valuules *a Fabrice d'Aquapendente,* & qu'il luy fait reproche de ſon ingrati-
tude, en ce qu'il n'a point parlé de luy comme
l'inuenteur deſdites valuules. Ie trouue auſſi que
ces Epiphyſes des membranes dans les veines,
ont eſté connuës long temps deuant Fabrice,
tant aux anciens Anatomiſtes, qu'aux plus
recens.

Ie ne produiray pas Picolomini Italien, qui
a décrit les valuules des veines, parce que Fabricius les auoit peut-eſtre montré à Padoüe
auparauant. Mais perſonne n'ignore que *Iac-*
S ſſ

ques Syluius, *Professeur du Roy en Medecine &*
l'Vniuersité de Paris, n'ait deuancé Fabrice aussi
bien en âge, qu'en doctrine. Or *Syluius dans*
son Isagoge Anatomique descrit fort elegamment de cette sorte les valuules des veines, bien
qu'il ne les appelle pas du mesme nom. *Il y a*
aussi vne Epiphyse membraneuse à l'orifice de la
veine Azygos, & souuent en ceux des autres grãds
vaisseaux, comme des veines Iugulaires, des Bra-
chiales, des Crurales, & au tronc de la veine
Caue qui sort du foye. L'vsage de cette Epiphyse
est le mesme que celuy des membranes qui ferment
les orifices des vaisseaux du cœur. Voila ce qu'en
dit Syluius, *liu. 1. chap. 2. des Membranes.* Ve-
sale le remarque aussi *dans l'examen des Obser-*
uations de Fallope, *que Cananus luy a proposé*
de petites membranes dans les grandes veines,
de mesme que celles qui sont au cœur. Et le
mesme Autheur, *au liu. 6. de sa grande Ana-*
tomie, chap. dernier, reconnoist que dans le
corps des veines on rencontre vne espaisseur
membraneuse, qui a esté faite pour fortifier
les canaux. *Cependant*, dit-il, *que ie faisoit*
l'Anatomie, il s'est esmeu vne dispute touchant
ces eminences membraneuses, que l'on void dans
les veines, quelques-vns soustenans, qu'elles
sont faites pour empescher le reflux du sang dans
le tronc de la veine Caue.

   Au reste, la Iugulaire interne a des valuules
au col, bien que *Fabrice d'Aquapendente* ne luy
en donne point : La Ceruicale & la Iugulaire
externe n'en ont point, parce qu'elles ne nourrissent que les parties externes, & qu'elles n'entrent point dedans le cerueau. La veine Axillaire en a deux, rangées l'vne apres l'autre, tous

proche de son origine. I'en ay veu grande
quantité dans la Cephalique & la Basilique,
placées les vnes apres les autres. I'en ay trouué
deux, & par fois quatre, dans la Veine sans Pareille, qui sont descrites *dans l'Histoire de la*
Veine Caue descendante, en mon Anthropogra-
phie. Il y a aussi vne petite membrane deuant
l'orifice de la Veine Coronale. Mais ie n'ay
iamais sceu rencontrer les Valuules dans la
Veine Caue proche du foye, que *Syluius &*
Charles Estienne escriuent y estre placées, pour
empescher que le sang preparé dans le foye, &
qui en est vne fois sorty, n'y puisse plus rentrer. Ie n'en ay aussi sceu trouuer aucune dans
le tronc de la Veine Porte : Mais i'ay veu aux
Veines emulgentes les Valuules, que Vesale y
a remarquées. I'en ay aussi obserué plusieurs &
bien grandes dedans la Veine Crurale, les deux
premieres sont vn peu au dessous de l'aisne, &
au dessous des Valuules de la Veine Crurale,
vous en trouuerez aussi deux dans la Saphene.
On en trouue aussi dans les rameaux du Mesentere vers la Veine Porte. Les Arteres n'ont
point de Valuules, afin que l'esprit vital se
porte en vn instant, comme les rayons du
Soleil, iusques aux parties les plus éloignées.
Outre les trois Valuules Sigmoides, qui sont
placées au commencement de la grande Artere, & les deux Triglocines, ou triangulaires
de l'Artere Veneuse, vous en trouuerez encore
vne au commencement de l'Artere Coronaire,
si elle est solitaire.

Ce n'est pas dans les Veines de l'homme seul
qu'on trouue de ces Valuules, mais aussi dans
celles des autres animaux à quatre pieds vers

la diuifion des Veines Crurales, & vers le principe de l'Os facré. Et outre les Valuules, i'ay
rencontré dedans les Veines Crurales des petits
tuyaux de la longueur d'vn doigt, formez de la
fubftance mefme de la Veine, pour empefcher
que le fang qui s'y pourroit amaffer en trop
grande quantité, ne rompift la Veine, ou que
la tumeur des cuiffes ne les priuaft de leur
mouuement.

TRAITE'
DE L'ANATOMIE
PNEVMATIQVE.

'E s t vne operation Anatomique
industrieuse, qui se fait en soufflant dans les petits vaisseaux, &
dans les parties cachées, où les
petits ciseaux ny le bistory ne peuuent atteindre, & mesme en les coupant on ga-
ste tout l'ouurage. Partant cette administration Anatomique, qui se fait en soufflant les
vaisseaux & les cauitez, est necessaire à la re-
cherche des conduits, ou communications &
connexions qu'ont les parties entr'elles : & cette operation se doit faire aux brutes, tandis
que le corps est encore chaud : & aux cadavres
humains, incontinent apres qu'ils sont estranglez, dautant que les cauitez ne sont pas encor
abbaissées. Ie trouue aussi en beaucoup d'endroits, le corps estant froid, deux ou trois
iours apres la mort, pourueu qu'il n'y ait point
de gelée qui roidisse les parties, que cette operation se peut faire. Par ce moyen vous connoistrez les voyes de la circulation du sang, en
diuerses parties du corps, desquelles on pourroit estre en doute. Par cét artifice on peut con-
uaincre de mensonge & d'imposture, les nouueaux circulateurs du sang, touchant les voyes

ridicules qu'ils proposent, pour faire retourner le sang dans la Veine Caue.

Si on souffle vn corps encore chaud, auec vn tuyau, ainsi que font les Bouchers aux animaux, & qu'auec vne verge large on le batte bien fort au dos, au ventre, & autres lieux, tout le corps se tumefiera, & la peau se pourra plus facilement separer. Les anciens boursouffloient ainsi leurs Victimes, afin qu'elles parussent plus pleines & plus grasses, ainsi que j'ay montré ailleurs.

Si on souffle par la Veine Vmbilicale d'vn enfant mort, apres ou pendant sa naissance mesme, vous verrez que tout son corps s'enflera, & si vous ouurez le bas ventre & le Thorax, vous trouuerez que tous les Visceres, les Poûmons, le Cœur, le Cerueau, les Visceres nutritifs, les Veines & les Arteres, sont remplis de vent. Ce qui vous fera connoistre la communication mutuelle, qu'il y a entre tous les vaisseaux, & que l'esprit se répand facilement par tout le corps; car, suiuant la sentence d'Hippocrate, toutes ses parties communiquent, conspirent & sympathisent ensemble.

Vous examinerez, en soufflant la Veine Porte, si le vent penetre dedans la Veine Caue, passant par le milieu du Foye, & par là vous reconnoistrez si ces deux Veines ont communication entr'elles, dedans le Foye.

Vous soufflerez dans le tronc de l'Artere Cœliaque, afin de connoistre la communication qu'il y a entre les Veines & les Arteres Mesenteriques. Vous ferez la mesme chose au tronc du Rameau Mesenterique.

Vous soufflerez l'Artere Splenique, pour connoiftre le cours des vents pouffez iufques à la
Ratte, & leur retour dans la Veine Splenique
& l'Artere Celiaque.

Vous foufflerez auffi la Veine & l'Artere E-
mulgentes, mais chacune feparément, pour voir
fi le vent paffe iufques aux Vreteres.

Vous foufflerez pareillement dans les Vreteres, pour voir la diftenfion de la veffie.

Vous foufflerez l'Oefophage, pour obferuer
la diftenfion du Ventricule & des boyaux, iufques au fiege : & fi la Ratte s'enfle en quelque
façon, à caufe de la communication qu'elle a
auec le Ventricule, par le vaiffeau court.

Il faut fouffler le conduit qui porte la bile hepatique, pour voir fon infertion dans le boyau,
& foufflant dans la partie inferieure du mefme
canal, vous obferuerez le chemin qu'il fait, &
fon eftenduë dans le Foye, & s'il a communication auec la veffie du fiel. Ouurant le fond de
cette veffie du fiel, vous y foufflerez auec voftre
tuyau, pour fçauoir fi le vent monte au Foye, &
defcend à mefme temps au boyau, par les conduits qui y portent la bile : car cecy vous fera
connoiftre, fi la bile, qui eft contenuë dedans
la veffie, eft differente de celle qui coule par le
conduit de la bile hepatique.

Vous foufflerez la portion de l'Epiploon, qui
pend & couure les boyaux, la perçant legerement en quelque endroit, afin que vous con-
noiffiez fon eftenduë iufques à la partie concaue du Foye, où elle s'infere aux petites cauernes
qu'il y a, comme dentelées ; & par le mefme
moyen, vous confidererez, fi l'autre portion du
mefme Epiploó, qui eft ramaffée entre la ratte,

& l'estomach : se peut estendre de la mesme sorte, ainsi vous connoistrez la continuité des cauitez.

Vous soufflerez les canaux ou Veines lactées,
pour connoistre leur production, iusques aux
Rameaux Axillaires, & pour voir si le vent passe
au delà : Et par bas, pour remarquer quelle
communication a ce receptacle du chyle auecla
Veine Caue descendante, & auec les boyaux,
par ses petits rameaux.

Il faut souffler la Veine Spermatique aux hô-
mes, pour connoistre si le vent peut paruenir
aux testicules, & si de là le sang superflu peut
retourner dans la Veine Caue, par la mesme
Veine Spermatique. Il faut aussi souffler la Vaisseau Ejaculatoire au dessus de l'os Pubis où il
est gros, & descend aux glandes prostates, & aux
vesicules seminaires. Vous connoistrez par ce
moyen, si le vent peut paruenir iusques-là, s'il
estend ces parties, & s'il peut sortir par la Verge liée aupres du Balanus.

En la femme vous soufflerez la Veine Spermatique, & l'Artere Hypogastrique, afin de voir
les anastomoses de ces vaisseaux.

Aussi-tost apres l'accouchement, l'arriere-
faix estant tiré du ventre de la femme, & separé
du nombril de l'Enfant comme il appartient,
vous soufflerez puissamment la Veine, ou l'Artere Vmbilicale de cét arrierefaix, afin de connoistre les connexions ou synastomoses de ces
vaisseaux vmbilicaux, dedans le Placenta; Et si
ces vaisseaux s'enflent de sorte qu'ils paroissent
manifestement, vous pouuez par là conjecturer, que le sang qui est superflu dans les vaisseaux du corps du Fœtus, retourne par les Arte-

ces Vmbilicales dans le Placenta, où il se mesle & confond auec l'autre sang, que le mesme arriefaix attaché aux parois de la matrice, succe de la mere.

Dans le Thorax vous soufflerez le Mediastin, pour connoistre la capacité qu'il y a entre ses deux membranes. Ce qui se fera exterieuremēt, à sçauoir en perçant le Sternon iustemēt au milieu, auec vn poinçon, de sorte qu'on y puisse faire passer le tuyau par lequel on veut soufflez: puis leuant petit à petit le Sternon proche des clauicules, l'estenduë de la cauité du Mediastin se verra.

Vous soufflerez le Pericarde, pour connoistre, si le vent va dans les Poulmons, ou au Cœur, afin que vous trouuiez la voye de sa serosité: Ou bien s'il reçoit plustost cette serosité par les Veines du Diaphragme.

Il faudra souffler la Veine Azygos, pour faire paroistre ses Valuules, & pour voir si la production de cette Veine va iusques à la portion de l'Epiploon, qui est entre la Ratte & le Ventricule, ainsi que croid *Tulpius*, & iusques aux vaisseaux Emulgents. Il faudra aussi souffler la Veine Thoracique, pour obseruer la communication de ces deux vaisseaux sous le muscle Pectoral, laquelle se doit considerer, pour la guerison de la Pleuresie, à celle fin, que l'on tire plutost du sang de la Veine Basilique, que de la Cephalique, ou de la Mediane, si cela se peut faire

Vous soufflerez pareillement l'Artere Trachée, afin de voir commēt l'air penetre iusques aux deux Ventricules du Cœur, & iusques dans la grande Artere.

Tt

Vous verrez ſi en ſoufflant la Veine arterieuſe, les parties ſuſdites s'enflent de meſme, par ce moyen on connoiſtra, iuſques à quel point le Poûmon ſe peut amplifier, & s'il pouſſe le Diaphragme embas, quand il attire l'air ; ce qui ſe doit faire prudemment, à ſçauoir, lors que le Sternon n'eſt pas encore tout à fait eſleué.

Au col, vous ſoufflerez l'Artere Carotide, afin que vous connoiſſiez par où paſſe le vent, & s'il peut paruenir iuſques aux Ventricules du Cerueau, & aux canaux de la Duremere. Pour ce ſuiet, quand vous aurez ſoufflé long-temps & bien fort, auant que de tirer la canule, vous lierez la Carotide auec vn filet au deſſus du trou, par lequel vous auez ſoufflé.

Si vous oſtez adroitement la moitié du Crane, de ſorte que la Duremere ne ſoit point dechirée, ny offenſée, perçant cette Meninge en quelque endroit, & la ſoufflant auec voſtre tuyau, vous verrez ſon eleuation au deſſus du Cerueau, & ſon eſtenduë.

Vous ſoufflerez auſſi les Iugulaires internes, pour connoiſtre ſi le vent monte aux Sinus de la Duremere, & s'il deſcend dedans la ſubſtance du Cerueau. Ce que vous reconnoiſtrez en ſoufflant l'vne des Carotides, & les Veines Iugulaires.

Vous ſoufflerez ſeparément les Arteres & les Veines de la iambe & du coude, afin d'obſeruer la communication de ces vaiſſeaux entr'eux, & ſi les Valuules, qui ſont dans les Veines, arreſtent le cours du vent, que vous y ſoufflez : ou ſi le vẽt paſſe plus viſte des Arteres dãs les Vei-

Res, & plus lentement des Veines dans les Arteres.

Ces obseruations se peuuent faire plus facilement dans les Hospitaux aux corps maigres, desquels les vaisseaux ne sont pas accablez ny enseuelis dedans la graisse, & ce en plusieurs cadavres, dont les Veines & les Arteres soient vuides, pourueu que ces corps ne soient pas corrompus, & qu'ils soient encore chauds: Car en ceux des personnes estranglez, les vaisseaux superieurs du col & de la teste sont tumefiez, à cause de la suppression du sang; & les vaisseaux du col, les Veines Iugulaires, & les Arteres Carotides, sont tellement resserrées & meurtries de la corde, qu'à grand peine paroissent-elles.

Ces Experiences se doiuent faire, tandis que la saison est froide, crainte que quand il fait chaud, elles ne blessent, & ne nuisent aux Anatomistes qui les font, & aux autres Spectateurs. Pour moy ie les ferois encore volontiers en ma vieillesse, n'estoit que la foiblesse de mes Poûmons m'interdit cét ouurage.

Or pour bien faire ces operations, il faut auoir diuerses canules ou tuyaux, des grands, dont les troux soient fort amples, d'autres plus petits, les vns droits, les autres obliques, d'aucuns courts, d'autres longs, qui soient ou d'argent, ou de corne, ou de tuyaux de plume. Il faut aussi auoir des esponges, des aiguilles courbées, pour y prendre les vaisseaux, & y passer le fil. Il faut vn bistory bien deslié, des ciseaux, & vn petit crochet ou erigues, pour esleuer les membranes. Il faut finalement diuers filz de richard, qui se puissent plier, & longs, pour introduire dedans les vaisseaux, & pour ce suiet il en faut quelques-vns, qui ayent vne petite geste au bout.

FIN.

NOBILIS VIRI

CAROLI ARTVRI PLESSII

DOCTORIS MEDICI

ABRINCENSIS

Obſeruatio non vulgaris,

Quâ conſtat, non modò ſtabulante cal-
culo, ſed etiam in vrinæ ſuppreſſio-
ne, aut difficultate grauiori, ſupe-
ratis leuioribus auxilijs, ſecari tutò
Veſicam.

CLARISSIMO VIRO

IOANNI RIOLANO,

Mariæ Mediceæ Auguſtæ quòndam
Archiatro, Anatomicorum noſtri tem-
poris facilè Principi, conſecrata, di-
cataque.

VOD Anatomēm Phyſiologiæ ocu-
lum, totiuſque Medicinæ princi-
pium ac fundamentum ab Hippocrate primùm excultam, à Galeno
ſummopere illuſtratam, noſtris ve-
ro temporibus vltimis prope lineamentis ha-
bemus affectam, debemus id tibi, Vir inter pauc

 Tt iij

cos numerandæ; Etenim cum à 45. circiter annis, sub feliciſſimi Principis HENRICI MA-
GNI auſpiciis, Anthropographiæ nomine,
hanc Spartam exornandâ ſuſcepiſſes, tot veluti
certiationibus hunc laborem retractaſti, lituris
caſtigaſti, nouis tum meditationibus au-
xiſti; tam concinnè perpoliuiſti, vt tandem
veluti totius artis Apoteleſma aſſurgat apuiſ-
ſimè in lucem abſolutiſſimum opus. Ex quo ceu
ampliſſimo refertiſſimoque promptuario tum
veteres, tum noui artis theſauri depromantur
vberrimè. Atque vt nihil tam eximio operæ
pretio deeſſet, addidiſti auctarij vice aureú Enchiridium Anatomicum & Pathologicum, artis operibus promouendis dirigendiſque verſiſ-
ſimum. Quibus nominibus publicas tibi deberi
gratias, nemo eſt qui non fateatur, nemo etiam
qui cumulatè peractas non agnoſcat clarâ illâ
doctiorum omnium approbatione, dum à tot
annis pro ſummo Anatomes Dictatore, non
modo è Scholarum ſuggeſtis theatriſque, ſed
tot præclaris etiam libris tum à noſtratibus
Gallis, tum ab exteris quoque Anglis, Batauis,
Germanis, Italis, Hiſpanis in lucem editis paſ-
ſim commendaris cum elogio. Quæ cum à me
ingenui, candidique animi viro liberius expen-
duntur, te vnum inter tot literatos noſtro
æuo præilluſtrem ſuſpicio, mirorque. Quid
enim adeo præclarum, glorioſumqué quam vi-
uenti ſentientique concedi id decus, *quod poſt
cineres rari habent Poëta*, vt cum Martiale lo-
quar, cuius ſalibus te delectari animaduerto.
Macte igitur animi, vir de iudiciorum alea ſe-
cure, quique de arte Anatomica admiratio-
nem omnem ſuſtuliſti. Quo elogio ipſius Hip-

ṗocratis laudes compleuit doctiſſimus Dure-
tus. Perge caniciem tuam galeâ premere, nec
modò vnum Fabricium ab Aquapendento
octogeſimo anno ſcribendis libris incumben-
tem tibi pro æmula exercitatione propone : ſed
etiam Cornarum Venetum, Leonicenum, alioſ-
que (quibus noſtratem Guillelmum Poſtellum
ex agro Abrincenſi oriundum accenſere liceat)
qui centeſimum annum attingentes in litera-
rum palæſtra vitam coronarunt feliciſſimè. Verum enim vero(VIR CLARISSIME) quæ
huc vſque à me perſtricta ſunt, manifeſtum fa-
ciunt, peractas tibi publico nomine gratias,
& patere etiam à me reddi priuatas, & reni-
denti vultu benigniuſque accipe hanc tuo no-
mini dicatam non vulgarem Obſeruationem,
cuius pars magna fui, quam ſpero Medicinæ
ſtudioſis non fore inutilem.

Scias igitur, quæſo me prope ſexagenarium,
habitu tenui & melancholico, ab immodico
viſcerum calore, totiuſque corporis ſqualore
perpetuò ferè cauſarium, ſubſultoriam præte-
rea Medicinam inter Northmaniæ Armoricæ-
que confinia laborioſius agentem, nuper me-
dio Aprili incidiſſe derepente in moleſtiſſimam
ſtrangurioſamque veſicæ difficultatē cum in-
ſigni p̄deris ſenſu in perineo & recto inteſtino,
pungentibuſque doloribus circa veſicam, vrethram, ipſumque præſertim Balanum, maximé
dum ſe laxaret aut conſtringeret muſculus ad
excluſionem vrinæ, quæ tum prodibat paulò
craſſior cum ſedimento purulento, minus tamen
exquiſitè confecto. Interim mihi conſulo, ſan-
guinis tum è manu, tum è pede detractione, le-
nienti refrigerantique purgatione, frequētibus

T t t iiij

clyfmis, refrigerareque victu, vitatis fedulo feu
alimentis, feu medicamentis quæ humores ad
partes affectas deducerent: Non intermiffa tamen quoties fe obtulit occafio, moderatâ in
equum gradarium familiari exercitatione.
Cumque in leuioribus huius morbi prolufioni-
bus integer ferè menfis abfumptus fuiffet, tandem die quintâ Maij in omnimodam veficæ
fuppreffionem noctu me fenfim delapfum fen-
tio. Vix dici poteft quantos cruciatus breui at-
tulerit horrendum hoc fymptoma, quantùm
fuerint inania vulgò vfurpari præmittiq; foli-
ta artis præfidia, *quantum cura poteft arfque do-*
loris. Enemata fcilicet, fomenta, femicupia, ca-
taplafmata; quibus cum nil proficerem, coactus
fum circa vefperâ admittere catheterem, foler-
ti Iohannis Bugij Chirurgi in artis operibus
verfatiffimi manu introductum; fed fine fuc-
ceffu, reuulfo propulfatoque toties à renitente
fphintere inftrumento. Moneo intrepidus hæ-
rentem amicum, fatagat audentius pertenta-
re, fuperareque obftaculum. At vir prudês dùm
grauius quid metuit, maiorem vim adhibere
recufat. Vnde fumma mihi & illi defperatio,
cû omne à longinquo quæfitum remedium in
tanta tormentorum fæuitia nimis ferum vide-
retur. Venit in tanto Agone nobis in mentem.
Dominus Fuluus, magni nominis Medicus, & in
morbis veficæ per manus operam fanandis
fpectatiffimus, fumma celebritate Medicinam
exercens in Maclouiêfi Emporio, nouem leucis
hinc diffito. Expeditus ftatim curfor tam neceffarium auxilium celerrimè accerfiturus: At
fruftra hæc diligêtia fuiffet, nifi raro miroque
Dei beneficio contigiffet tunc tot votis exopta-

rum virum in Ponturfonéfi diuerforio præfenté
adfuiffe; dum iter fufciperet in Meduaniam,
vrbem apud Cœnomanos. Is de meo periculo
eodem feré momento admonitus, aduolat fuâ
fponte, primoque ingreffu me prope exanimem
fpem iubet habere ratam, polliceturque fe non
prius difceffurum, quin me à morbo fecurum
reddidiffet, ftatimque veficæ diftentionem, mi-
ramque ad fuperiora exagitationem contem-
platus, omnia ex arte molitur. Ter etiam catheterem admouet, & licet toties repulfam fuerit
paffus, non deftitit tamen ab inftituto, fed re-
mollitis larga olei affufione partibus, & itera-
tis enematis, fotibus, infeffibus, admiffaque iterum fiftulâ, vrinam tandem educit copiofiffi-
mam. Cumque hac ratione fe pro tempore
meæ faluti profpexiffe exiftimaret, derelictâ
Bugio noftro admouendi prædicti organi, quoties neceffarium videret, curâ, intermiffum iter
perfequitur; datâ fide fe poft fex dies rediturû.
Verum cum paulo poft eius difceffum, admif-
fus denuo pro neceffitate catheter, fuo attritu
perrupiffet, detexiffetque infignem Abfceffum
circa veficæ collum, copiofo pure manantem,
iterum vrinam fupprimi contigit, rarius labo-
riofiufque proficiente catheteris auxilio. Vi-
fum interim veterem amicum, imo ftudiorum
meorum incentorem & fautorem Andream
Gaudinum celeberrimum longè Medicum, A-
cademiæ Cadomenfis vindicem & inftaurato-
rem de tam præcipiti periculo certiorem
facere, ab eoque fcifcitari, num victis aliis
remediis veficæ fectionem, quam folidaria
meditatione pro vnica falutis anchorâ ani-
mo concipiebam, approbaret. Huius doctif-

ſimi viri reſponſum non alienum à votis,
redditum, mihi eodem ferè momento quo
rediit deſideratiſſimus Fuluus ; idque mirâ
iterum opportunitate , intra fatalia ſcilicet
tempora , quibus ob tormentorum auctam
ſæuitiam , citra ambages , citra moram de
rerum mearum ſummâ decernendum erat. Itaque cum tentato fruſtra cathetere,facilè anim-
aduerteret vir ſagaciſſimus,omne mihi præclu-
ſum vulgare auxilium,fatetur vnicam ſupereſſe
ſalutem in veſicæ ſectione,circa quam me veluti geſtientem adeoque pronum videbat,ſuadet
tamen in diem craſtinum differendam. At ego
collabi interim vires aduertens,exclamo mini-
mè procraſtinandum remedium ; certæque de-
ſperationi præferendum. Acquieſcit Sapientiſ-
ſimus Artifex.Attamen vt palam faceret,ſe nil
impatientis ægri petulantioribus votis temerè
concedere , depromit è ſinu aureum tuum Enchiridium,Vir Clariſſime,in mediumque pro-
fert ſententiam tuam de veſica , in ſummâ hu-
iuſmodi deſperatione ſecanda , affirmatque ſe
huius felicem ſucceſſum in pluribus alioqui de-
ſperatis ægris comprobaſſe. Quid plura ? Sta-
tim ſuſcepta à ſtrenuo viro,ſtatim peracta Chi-
rurgica operatio,incredibili celeritate felicita-
teque:educta inſignis cœnoſi craſſique puris diu
in toto ſphincteris ambitu ſuppreſſi copia.Ha-
bita deinde diligens admodum vulneris cura à
fidiſſimo Bugio, intraque 20. dies inducta ci-
catrix.Quam tamen omnino obfirmari,& callo
veluti prorſus obduci veritus ſum,dum me an-
xium reddit metus præcludendæ huius viæ mihi pro ſalutari vrinæ diuerticulo adfuturæ, ſi
forſan in priora horrendaque ſymptomata me

iterum relabi contingat. Quandoquidem crebrioribus adhuc interuallis, singulis prope scilicet horis, copiosior adhuc prodeat vrina cum molesta alui segnitie, eaque non penitus acrimoniæ expers, quæ vrethram leniter titillat, consistentiâ crassior decocto hordei crassiusculo, aut sero lactis minus curiose depurato non absimilis quæ depositâ saburrâ purulentâ mox inclarescat. Certissimum mihi argumentum prauæ Diatheseos in vesicâ superstitis, vlcerumque forsan in fungosa illa musculi substantiâ delitescentium, quæ tamen nullo dolore, aut officij impedimento se prodant. Vnde tutius duxi superesse cicatrici exiguum quem vix oculus detegat meatum, per quem iniectæ decoctiones vulnerariæ veluti transcolantur, ipsaque vrina suo tempore prodiens : nisi dum admoto oppressoque cicatrici digito per consuetas vias facillimo negotio retruduntur. In istis itaque inter spem metumque angustiis, ego naturæ cunctabundus consilium ex tempore euentuque expecto. Maximè verò à Te, Vir humanissime, qui tot annorum experimentis maturus facilè præuidere potes quemnam tandem exitum habituræ sint istæ morbi reliquiæ.

Ponturfoni die vltima Iunij, anno Domini 1651.